연산증폭기

-OP앰프-

박 건 작 저

(주)북스힐

머 리 말

최근 디지털 기술의 발달로 최첨단 IT 제품들이 속속 등장하고 있다. 디지털 신호처리 기술은 무엇보다 다양한 기능을 창출해낼 수 있다는 장점을 지니고 있기 때문에 인간이 추구하고자 하는 많은 새로운 첨단제품을 구현하는 데 크게 기여하고 있다.

그러나 인간이 외부로부터 접하는 사물의 형상이나 변화는 모두 아날로그량이고, 이들 아날로그량을 디지털 기술로 처리해서 신속. 정확. 편리하게 되돌려 보내는 신호 또한 아날로그량이다. 따라서 디지털기술의 전 단계 및 후 단계에서는 반드시 아날로그 기술의 밑받침이 절대적으로 필요하다. 아무리 정교하게 처리된 디지털 신호도 전 단계 및 후 단계에서 아날로그 신호의 정밀성이 떨어진다면 디지털 신호처리 기술은 그 위력을 발휘할 수가 없게 된다.

이와 같이 아날로그 기술은 매우 중요하다. 디지털 기술의 핵심이 DSP(Digital Signal Processing) 칩이라면 아날로그의 주역은 OP 앰프이다. 각 제조업체에서 다양한 OP 앰프 IC를 제공하고 있다. 이들을 얼마나 용도에 맞게, 효율적으로 사용하느냐가 아날로그 기술 습득의 비결이라고 볼 수 있다. 결국 OP 앰프의 기본회로를 정확히 이해하고, 그 응용회로를 바로 익힌다면 디지털과 아날로그 기술의 조화에 의해 첨단 기술의 습득은 자연스럽게 이루어질 수 있다.

이 책은 이러한 점을 감안하여 실용적인 면에 역점을 두어 1장 및 2장, 3장에서는 OP 앰프의 개요 및 그 기본회로와 주파수 보상회로를 다루었고, 4장에서는 비교기, 5장에서는 능동 필터의 설계, 6장에서는 적분기와 미분기, 7장에서는 각종 파형 발생기, 8장에서는 변환기, 9장에서는 특수용도의 증폭기, 10장에서는 안정화 전원회로, 끝으로 11장에서는 기타회로를 다루었다. 되도록이면 실용의 관점에서 회로의 개념을 확실히 파악하고 용도에 맞게 활용할 수 있는 능력에 접근하도록 예제와 여러 가지 응용회로를 소개하였다.

이 책을 통해서 아날로그 기술에 쉽게 접근할 수 있기를 기대하며, 계속 내용을 보완해 가면서 독자의 요구에 부응하고자 한다.

2006년 1월

저 자

차 례

1장 OP 앰프의 개요

2장 OP 앰프의 기본회로

3장 OP 앰프의 주파수 응답과 보상

4 장 비교기

5 장 능동 필터

6 장 적분기와 미분기

7장 파형 발생회로

8장 변환기

9장 특수 증폭기

10장 정류 및 안정화 정전압 회로

11장 기타 회로

1
OP 앰프의 개요

내　　용

학습목표

- 차동 증폭기의 동작원리를 배운다
- OP 앰프의 구성원리를 배우고, 표시기호를 익힌다
- OP 앰프의 동작 모드를 이해한다
- OP 앰프의 주요 정수를 익힌다
- OP 앰프의 주파수 특성을 이해한다

1.1 차동 증폭기

OP 앰프는 집적회로(IC)로 되어 있으며, 그 기본원리는 **차동 증폭기**에 바탕을 두고 있다. 일반적으로 OP 앰프는 하나 이상의 차동 증폭기로 구성되어 있으며, 그림 1.1은 차동 증폭기의 기본회로를 나타낸다.

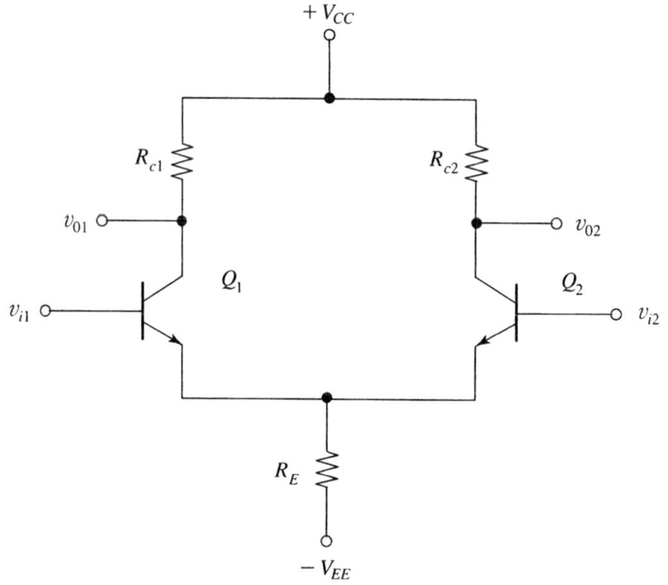

그림 1.1 차동 증폭기의 기본회로

$+V_{CC}$와 $-V_{EE}$ 2개의 공급전압이 있고, Q_1, Q_2의 베이스에 입력전압 단자 v_{i1}, v_{i2}가 있고, 콜렉터에 v_{o1}, v_{o2}의 출력전압 단자가 있다.

그림 1.2는 Q_2의 입력단자가 접지된 차동 증폭기 회로이다. Q_1의 입력신호가 없다고 가정할 때 그 직류 동작특성을 살펴보기로 한다. 트랜지스터 Q_1, Q_2의 전기적 특성이 같고, 각각의 콜렉터 저항이 같다면 Q_1, Q_2의 이미터 전류는 같고, I_{E1}, I_{E2}의 합이 이미터 저항 R_E에 흐르는 전류 I_{RE}이므로 아래와 같다.

$$I_{E1} = I_{E2} = \frac{I_{RE}}{2} \tag{1.1}$$

I_{RE}는 아래와 같이 V_E와 V_{EE}의 차이전압을 R_E로 나눈 값으로 나타낼 수 있다.

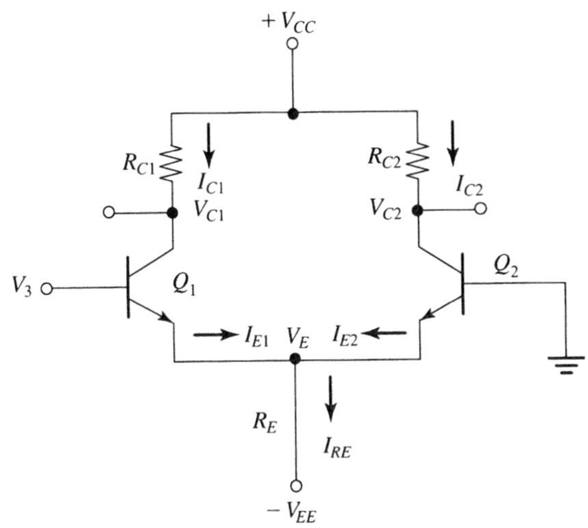

그림 1.2 차동 증폭기의 단일 입력 직류 동작회로

$$I_{RE} = \frac{V_E - V_{EE}}{R_E} \tag{1.2}$$

또한 콜렉터 전류 I_C 와 이미터 전류 I_E는 거의 같으므로 식 (1.1)은

$$I_{C1} = I_{C2} \fallingdotseq \frac{I_{RE}}{2} \tag{1.3}$$

로 고쳐 쓸 수 있고, Q_1, Q_2의 콜렉터 전압 V_{C1}, V_{C2}는 $R_{C1} = R_{C2}$이므로 아래와 같다.

$$V_{C1} = V_{C2} = V_{CC} - I_{C1}R_{C1} \tag{1.4}$$

Q_1의 베이스에 순방향 바이어스 전압 V_B가 가해지면 이미터 전압 V_E는

$$V_E = V_B - 0.7\,[\mathrm{V}] \tag{1.5}$$

가 된다. 여기서 초기에 Q_2의 베이스는 접지 상태이고, Q_2의 베이스-이미터 전압(V_{BE})은 0.7 [V]이다. 만일 Q_1의 베이스 전압 V_B가 증가한다면 i_{c1}이 증가하므로 식 (1.4)에 의해 V_{C1}이 감소한다. 아울러 식 (1.5)에 의해 V_E가 증가하므로, Q_2의 V_{BE}는 0.7 [V] 이하로 떨어지므로 I_{C2}는 감소하면서 V_{C2}는 증가한다. 반대로 Q_1의 베이스 전압 V_B가 감소하면 I_{C1}은 감소, V_{C1}은 증가하지만 I_{C2}는 증가, V_{C2}는 감소하게 된다. 따라서 그림 1.3과 같이 Q_1의 베이스에 정현파 교류 입력전압을 가한다면 Q_1의 출력전압은 입력

입력전압과 반대위상으로, Q_2의 출력전압은 입력전압과 같은 위상으로 나타나게 된다.

1.1.1 단일 입력 차동 출력회로

그림 1.3에서 출력전압을 v_{o1}, v_{o2} 단자 사이에서 취하는 경우의 교류 등가회로가 그림 1.4이다. v_{o1}을 기준으로 v_{o2}를 출력전압으로 취할 때의 출력전압 v_o는 아래와 같다.

$$v_o = v_{o2} - v_{o1} = i_c R_C - (-i_c R_C) = 2 i_c R_C \tag{1.6}$$

이미터 저항 R_E는 r_e'에 비해 상대적으로 아주 크므로 R_E의 병렬효과를 무시한다면 입력전압 v_i는

$$v_i = i_e r_e' + i_e r_e' = 2 i_e r_e'$$

가 된다. 여기서 $i_e \fallingdotseq i_c$이므로 이를 대입하면 v_i는 아래와 같다.

$$v_i \fallingdotseq 2 i_c r_e' \tag{1.7}$$

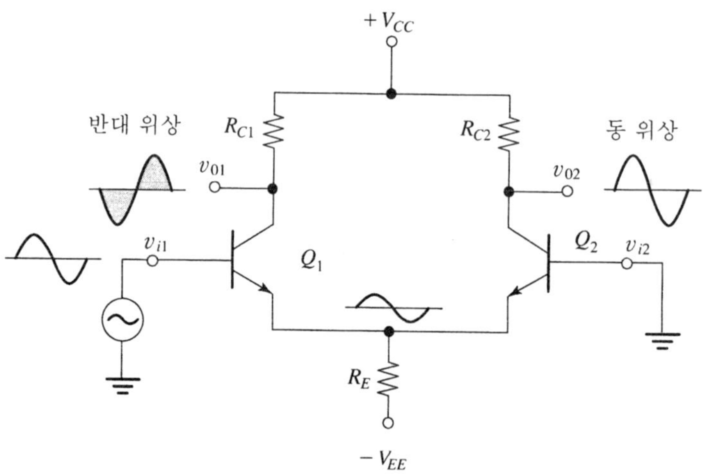

그림 1.3 단일 입력 차동출력 증폭기 회로

참고

r_e'는 교류 동적저항으로 $r_e' = \dfrac{26}{I_E[\text{mA}]}$ [Ω]이다.

전압 증폭도 $A_v = v_o / v_i$이므로 이 관계식에 식 (1.6)과 식 (1.7)을 대입하면

$$A_v = \frac{2i_c R_C}{2i_c r_e'} = \frac{R_C}{r_e'} \tag{1.8}$$

가 된다.

만일 그림 1.3에서 Q_1을 접지시키고, Q_2 측에 입력전압을 가하는 경우의 전압 증폭도는 식 (1.8)과 크기는 같고, 부호만 −로 나타날 것이다.

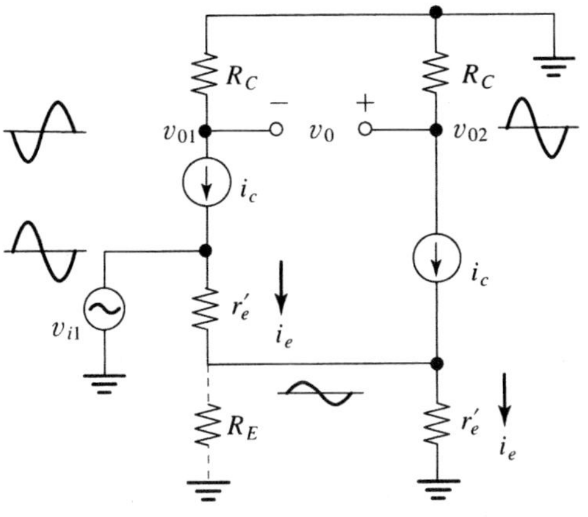

그림 1.4 단일 입력 차동 증폭기의 교류 등가회로

예제 1.1

그림 1.3에서 $R_{C1} = R_{C2} = 1\ [\text{k}\Omega]$, $I_E = 1.3\ [\text{mA}]$일 때 차동 증폭기의 전압 증폭도는 얼마인가?

풀이

$$r_e' = \frac{26}{I_E[\text{ mA}]} = \frac{26}{1.3} = 20\ [\Omega]$$

$$A_v = \frac{R_{C1}}{r_e'} = \frac{1000}{20} = 50$$

1.1.2 단일 입력 단일 출력회로

그림 1.5는 v_{i2}를 접지시킨 상태에서 v_{i1}이 입력단자가 되고, v_{o2}를 접지시킨 상태에서 v_{o1}단자를 출력전압으로 취하는 회로이다. 출력전압은 입력전압과 반대로 나타나므로 v_{i1}을 **반전(inverting) 입력**이라 한다.

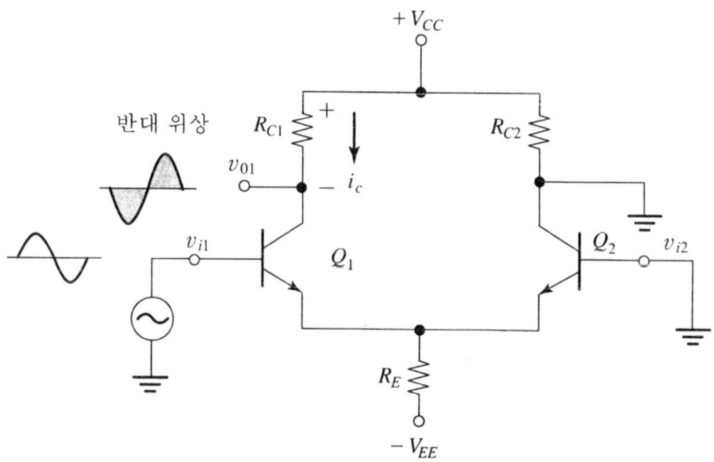

그림 1.5 단일 입력 단일 출력회로(A)

출력전압 v_{o1}은 아래와 같다. 단, $R_{C1} = R_{C2} = R_C$

$$v_{o1} = -i_c R_C \tag{1.9}$$

따라서 전압 증폭도는 식 (1.7)과 식 (1.9)로부터

$$A_v = \frac{v_o}{v_i} = \frac{-i_c R_c}{2i_c r_e'} = -\frac{R_C}{2r_e'} \tag{1.10}$$

가 된다. 그림 1.6은 v_{i1}을 접지시키고, v_{i2}를 교류 입력단자로, v_{o1}을 출력단자로 사용하는 단일 입력 단일 출력회로이다.

이 회로에서 전압 증폭도의 크기는 그림 1.5의 경우와 같지만 부호는 +이다. 입력전압과 출력전압의 위상이 같으므로 v_{i2}를 **비반전(non-inverting) 입력**이라 한다.

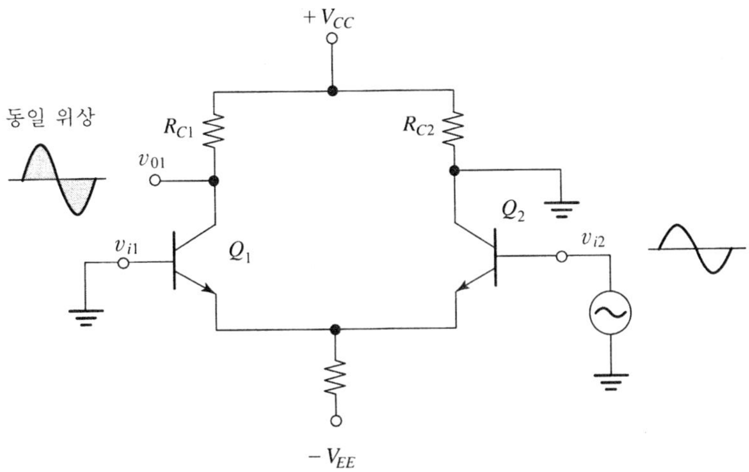

그림 1.6 단일 입력 단일 출력회로(B)

예제 1.2

그림 1.6에서 $R_{C1}=R_{C2}=R_C=1\,[\text{k}\Omega]$, $I_E=1.3\,[\text{mA}]$일 때 전압 증폭도는 얼마인가?

풀이

$$r_e' = \frac{26}{I_E[\text{mA}]} = \frac{26}{1.3} = 20\,[\Omega]$$

$$A_v = \frac{R_C}{2r_e'} = \frac{1000}{2\times 20} = 25$$

앞에서도 언급한 바와 같이 OP 앰프는 그림 1.7과 같이 초단과 다음 단(stage)에 차동 증폭기를 사용하고, 최종 단에 B급 푸시 풀 이미터 폴로워로 구성되지만 설명의 편의상 그림 1.5, 그림 1.6과 같이 한 단(stage)의 차동 증폭기에서 v_{o1}을 단일 출력전압으로 취한 경우와 같은 동작이라고 간주하고, OP 앰프의 기호를 그림 1.8(a), (b)와 같이 나타낸다.

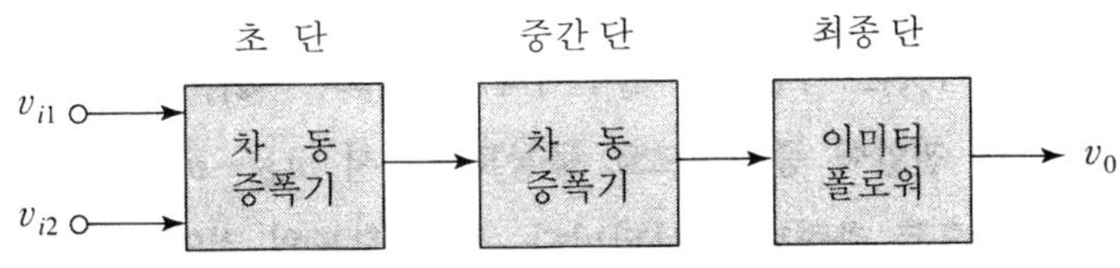

그림 1.7 OP 앰프의 구성도

그림 1.8(a)는 그림 1.5에 해당하며, 이를 **반전 증폭기**, 그림 1.8(b)는 그림 1.6에 해당하며, 이를 **비반전 증폭기**라 한다. 입력단자의 −는 반전, +는 비 반전을 뜻한다.

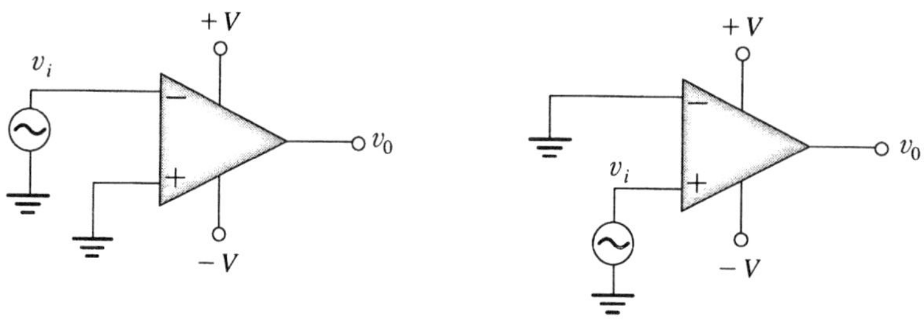

(a) 반전 증폭기 (b) 비반전 증폭기

그림 1.8 단일 입력 모드 OP 앰프

1.2 차동 증폭기의 동작 모드

1.2.1 단일 입력 모드(Single-ended Mode)

앞서의 그림 1.8(a), (b)와 같이 한쪽 입력을 접지 시키고, 다른 한쪽에 입력신호가 들어가는 동작방식을 말한다. 그림 1.8에서 반전 증폭기의 전압 증폭도는 $-A_v$, 비 반전 증폭기의 전압 증폭도는 A_v가 된다. **단일 입력 모드**는 일반적으로 많이 사용되는 방식이다.

1.2.2 동상(同相) 모드(Common Mode)

그림 1.9와 같이 반전입력과 비 반전입력에 같은 크기의 입력전압이 들어가는 동작방식을 **동상 모드**라 한다. 동작원리의 설명을 나타낸 그림 1.1에서 Q_1, Q_2가 동일한 전기적 특성이라면 출력전압 v_{o1}, v_{o2} 또한 같게 되므로 $v_{02} - v_{o1} = 0$이 된다. 결국 동상 모드의 전압 증폭도는 0이다. 이것은 이상적인 경우이다. 실제로는 Q_1, Q_2의 개차(個差)가 존재하므로 이 개차에 의한 전압이 증폭되므로 동상모드에서 $v_{o2} - v_{o1}$은 0이 아닌, 0에 가깝지만 아주 작은 전압값으로 출력단에 나타난다. 동상 모드의 전압 증폭도 A_{cm}은 아래와 나타낸다. 단, 아래의 식에서 A_{cm}은 $v_{i2} \neq v_{i1}$인 경우의 값이다.

$$A_{cm} = \frac{v_{o2} - v_{o1}}{v_{i2} - v_{i1}} \tag{1.11}$$

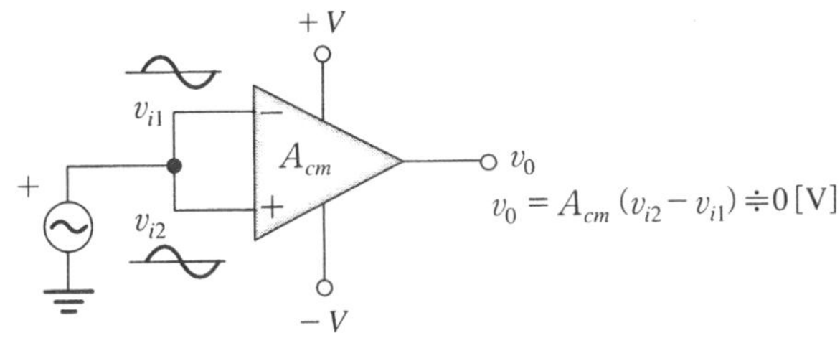

그림 1.9 동상 모드 OP 앰프

1.2.3 차동(差動) 모드(Differetial Mode)

그림 1.10(a), (b)와 같이 v_{i1}, v_{i2}의 크기가 다를 경우에 $v_{i1} > v_{i2}$인 경우에는 그 차(差) 전압이 증폭되어 출력에는 반전된 전압이 나타나고, $v_{i1} < v_{i2}$인 경우에는 그 차 전압이 증폭되어 비반전 출력전압이 나타나게 된다. 이때의 전압이득을 차동 전압 증폭도 A_{dm}이라 하며 아래와 같이 나타낸다.

$$A_{dm} = \frac{v_o}{v_{i2} - v_{i1}} \tag{1.12}$$

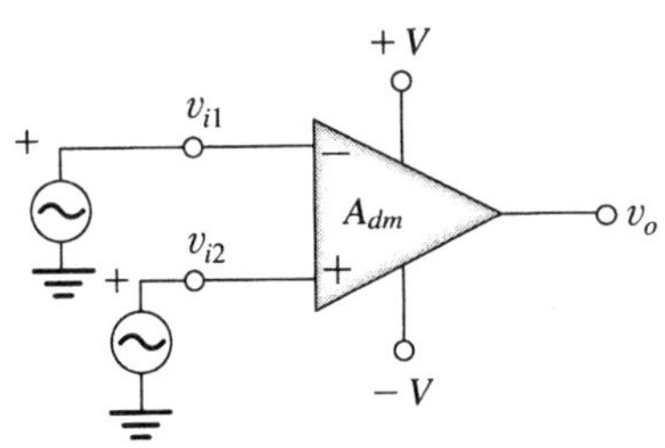

그림 1.10 차동 모드 OP 앰프

그림 1.11은 비교적 많이 사용되고 있는 OP 앰프 IC 741의 내부회로이다. 입력 단은 Q_1, Q_2로 구성되는 차동 증폭기이고, 중간 단은 Q_{16}, Q_{17}의 다링톤 쌍에 의한 고 전압이득 증폭기이다.

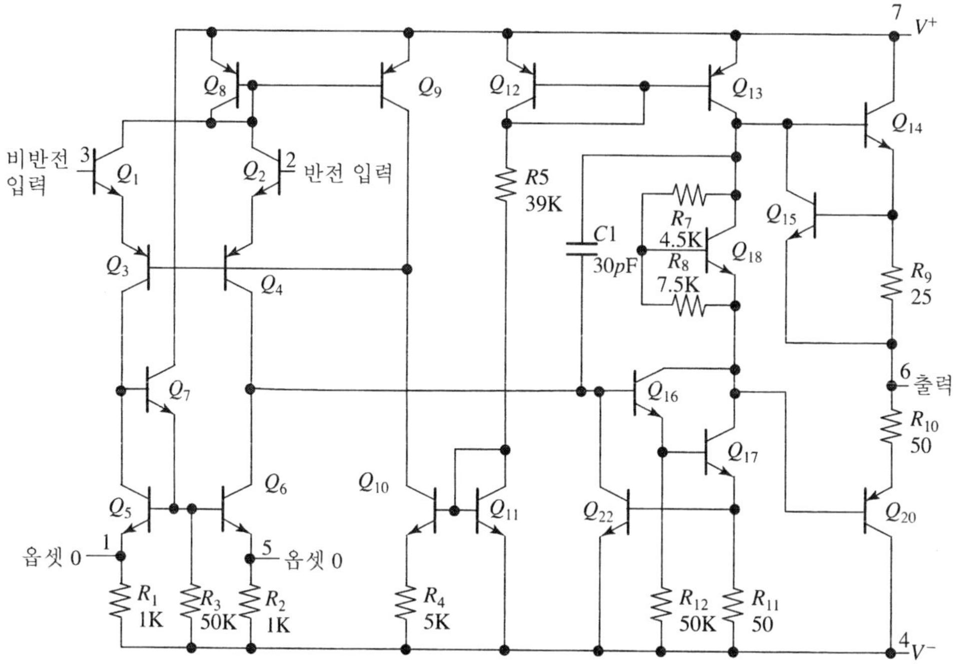

그림 1.11 OP 앰프 IC 741의 내부회로

Q_{16}은 차동 증폭기의 출력단과 연결되어 있고, 이미터 폴로워로 동작하기 때문에 차동 증폭기의 출력단 전압의 저하를 막는 역할을 한다. 최종 단은 Q_{14}, Q_{20}으로 구성되는 B급 푸시 풀 전력 증폭기이고, 이미터 폴로워이므로 전압이득은 없으나 전류증폭이 크게 이루어지며, 출력 임피던스가 낮다. 그림 1.12는 그림 1.11의 내부회로에 대한 등가회로를 나타낸다. Q_8, Q_9, R_2와 Q_{12}, Q_{13}, R_3 회로는 차동 증폭기의 정 전류원 및 Q_{17} 증폭기의 콜렉터 **능동 부하저항**(active load resistor)으로 동작하는 **전류거울**(current mirror)이다.

〈주〉 능동부하저항, 전류거울 : 부록 1 참조

입력 단의 차동 증폭기는 이미터 폴로워로 동작하며, 그 출력 부하저항은 Q_5, Q_6, Q_7로 구성되는 정 전류원의 전류거울 회로가 된다. 차동 증폭기의 능동 부하저항으로 동작하는 전류거울은 높은 임피던스를 갖기 때문에 차동 증폭기의 전압이득을 높이는 역할을 한다. Q_1, Q_2의 이미터에 연결된 pnp 트랜지스터 Q_3, Q_4는 Q_1, Q_3와 Q_2, Q_4가 등가적으로 pnp 트랜지스터로 동작하며, npn 트랜지스터에 비해 높은 B-E간의 브레이크 다운 전압(V_{BEO}) 특성을 갖는 pnp를 트랜지스터에 의해 B-E 접합의 손상을 막기 위한 용

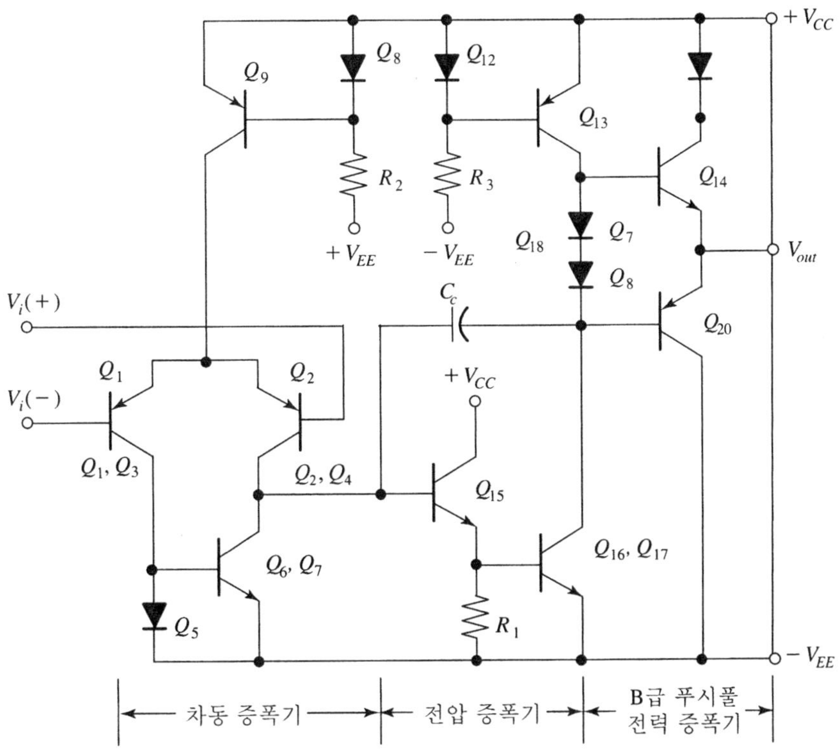

그림 1.12 IC 741의 등가회로

도이다. Q_{18}은 Q_{14}, Q_{20}의 푸시 풀 증폭기를 AB급으로 동작시키기 위한 바이어스 전압 ($=2V_{BE}$)을 공급하는 회로이다. 그림 1.11에서 Q_{15}는 부하 단락 시 전류를 제한하여 출력 트랜지스터 Q_{14}, Q_{20}의 손상을 방지하기 위한 보호회로이다. 741제품에는 741A, 741C, 741E, 741N 등이 있으나 이들은 전압이득, 온도범위, 잡음레벨 및 기타 전기적 특성면에서 차이가 있다. 741C("C"는 '상업용'의 약자)가 값도 가장 싸고, 제일 많이 이용되는 품종이다. 그 주요 특성은 표 1.1과 같다.

표 1.1 741C의 주요 특성

입력 저항	출력저항	개루프 전압이득	최대 공급전압
2 [MΩ]	75 [Ω]	100 [dB]	±18 [V]

1.3 OP 앰프의 개요

OP 앰프는 'Operational Amplifier'를 간단히 줄여서 부르는 이름으로 **연산 증폭기**라고도 부른다. 아날로그 회로에서 OP 앰프가 차지하는 비중은 아주 높다. 그 이유는 이상적인 증폭기가 갖추어야 할 조건을 지니고 있기 때문이다. 그 특징은 아래와 같다.

OP 앰프의 특징

1. 전압 증폭도가 아주 크다.
2. 입력 임피던스가 높다.
3. 출력 임피던스가 낮다.
4. 신뢰성이 매우 높다.
5. 사용 공급전압이 비교적 낮다.

그림 1.13(a)는 플라스틱 패키지로서 8핀 및 14핀 DIP(Dual-In-line Package)라 한다. 14핀은 하나의 패키지에 2 회로가 들어있는 경우이다. 그림 1.13(b)는 **금속 케이스**(metal can) 패키지로서 탭(tab)의 핀 번호가 8번이고 번호순은 반시계 방향이다.

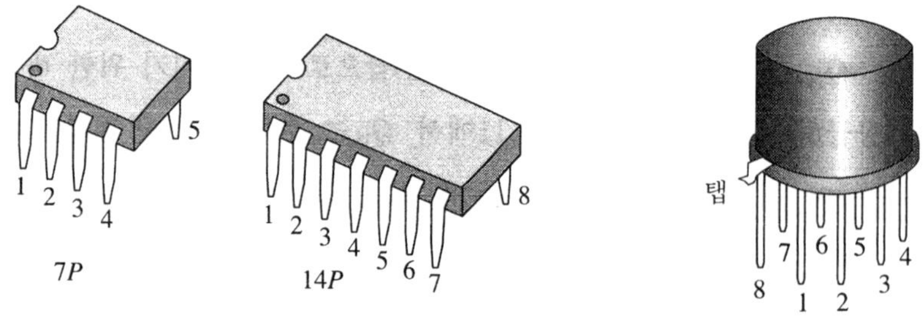

(a) DIP (b) 금속 케이스

그림 1.13 OP 앰프의 패키지

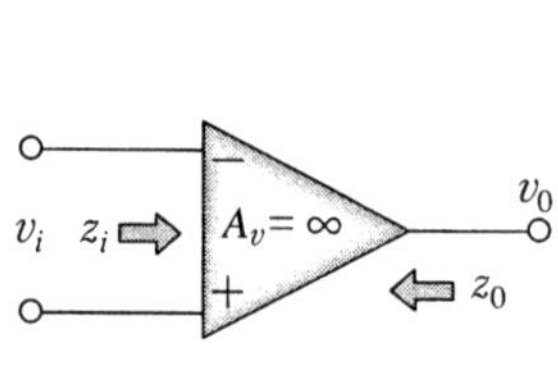

$z_i = \infty, \ z_0 = 0$

그림 1.14 이상적인 OP 앰프의 등가회로

이상적인 OP 앰프는 그림 1.14와 같이 전압 증폭도 및 입력 임피던스가 ∞이고, 출력 임피던스가 0이다.

그러나 실제의 OP 앰프는 전압 증폭도가 수만에서 수십만, 입력 임피던스가 수 [MΩ], 출력 임피던스가 수십 [Ω] 정도이다. 그림 1.15는 실제의 OP 앰프에 대한 등가회로이다.

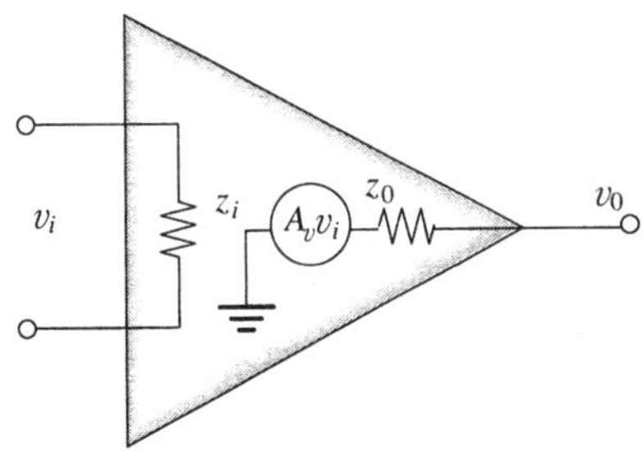

그림 1.15 실제의 OP 앰프에 대한 등가회로

OP앰프의 품종은 다양하게 나와 있다. 품명 표기에 대한 설명은 아래와 같다.

□□ ××× ■ ◆ : 〈예〉 LM324CN
↑ ↑ ↑ ↑
① ② ③ ④

위의 표기에서 ①(□□)은 제조업체, ②(×××)는 지정번호, ③(■)은 사용온도, ④(◆)는 패키지 종류를 나타낸다. 참고로 ①, ③, ④에 대한 설명은 아래와 같다.

①	③	④
AD/OP : Analog Devices	C : 0~70℃	D,VD : 표면실장형(SMD) DIP
LM : National Semiconductor	I : -25~85℃	J : 세라믹 DIP
LT : Linear Technology	M : -55~125℃	N, P : 일반 DIP
MC : Motorla		
KA/μ A : Fairchild		
TL : Texas Instruments		
NE/SE : Signetics		
OPA : Burr-Brown		

1.4 OP 앰프의 정수

OP 앰프 IC의 전기적 규격표에는 입력 옵셋 전압, 입력 옵셋 전류, 입력 바이어스전류, 전압 증폭도, 동상 제거비(CMRR), 공급전압 제거비, 슬루율 등이 나와 있다. 용도에 따라 이들 정수들을 참고로 해서 알맞은 OP 앰프 IC를 선정하는 것도 매우 중요하다.

1.4.1 입력 옵셋 전압과 출력 옵셋 전압

OP 앰프의 내부 입력단에서 차동 증폭기를 구성하고 있는 트랜지스터가 아무리 전기적으로 같은 것끼리 짝을 짓는다고 해도 이미터-베이스 전압이 $V_{BE1} \neq V_{BE2}$일 때 그림 1.16과 같이 출력선압은 0이 되지 않고, 수[mV] 정도의 작은 전압이 나타난다. 이때 원인 제공을 하는 입력 간 차이전압 $V_{BE1} - V_{BE2}$를 **입력 옵셋 전압**(Input Offset Voltage) V_{io}라 하고, 이로 인해 출력에 증폭되어 나타나는 전압을 **출력 옵셋 전압**(Output Offset Voltage) $V_{o(offset)}$이라 한다. 전압 증폭도를 A_v라 하면 V_{io}와 $V_{o(offset)}$의 관계식은 아래와 같다.

$$V_{io} = \frac{V_{o(offset)}}{A_v} \text{ [V]} \tag{1.13}$$

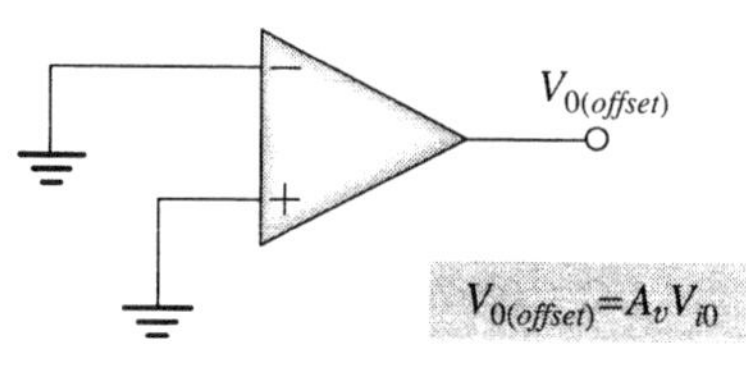

그림 1.16 옵셋 전압

OP 앰프 IC 101, 709, 741 등은 출력 옵셋 전압을 0으로 만들기 위해 옵셋 0 조정 핀(pin)단자가 있다. 741의 경우에 핀 5번과 1번이 이 단자들이다.

출력 옵셋 전압을 0으로 하기 위해서 그림 1.17과 같이 이들 핀 사이에 조정용 반고정 저항 10[kΩ]을 삽입하여 가변단자를 $-V$에 연결한 뒤 출력단자에서의 전압이 0이 되도록 반고정 저항을 조정한다. 108형(type)은 내부보상이 되어 있으므로 옵셋 0 조정 핀이 붙어있지 않다. 때로는 높은 주파수에서 큰 전압 증폭도를 얻기 위해 주파수 보상 핀이 붙어 있는 OP 앰프 IC도 있다. 따라서 해당 OP 앰프 IC의 규격표에는 이들 보상 핀에 R이나 C를 연결하여 옵셋 0 조정이나 발진 방지에 대한 대책 설명이 들어있으니 규격표 상의 해당사항을 참조하기 바란다.

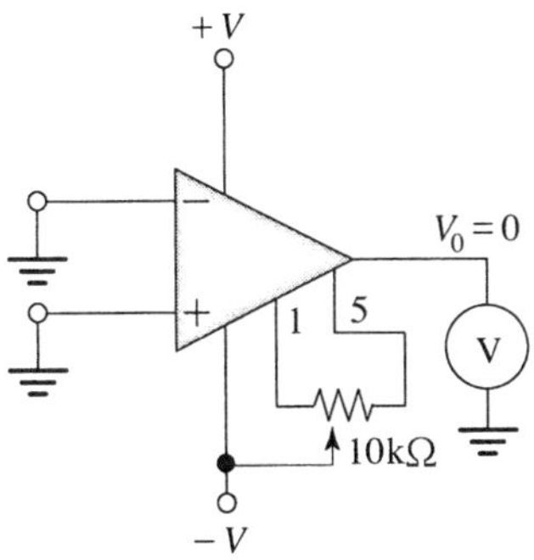

그림 1.17 옵셋 0 조정

1.4.2 입력 옵셋 전류

OP 앰프의 입력단의 차동 증폭기를 구성하고 있는 Q_1, Q_2 끼리 전류 증폭율의 정확한 일치가 이루어지지 않을 때 반전 및 비반전 간에 입력 전류 차이가 생기는데 이를 **입력 옵셋 전류**(Input Offset Current)라 한다. 이 전류의 차이 또한 출력 옵셋 전압을 유발하게 된다. 이를 해결하기 위해서는 그림 1.18과 같이 비 반전 입력단자에 저항 R_i와 R_f의 병렬 합성저항과 크기가 같은 보상용 저항 R_C를 어스에 연결한다.

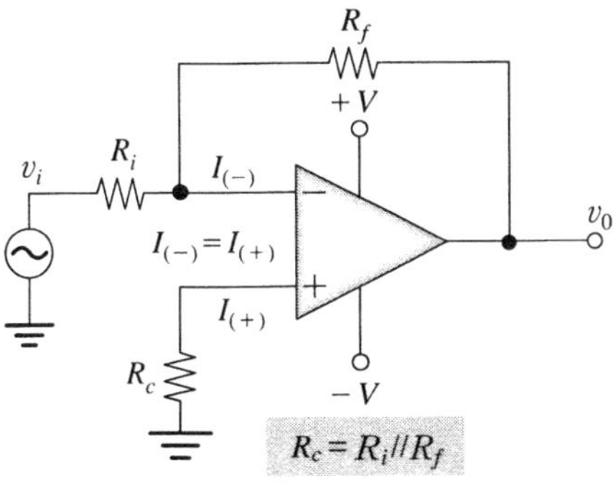

그림 1.18 외부저항에 의한 옵셋 0 조정

1.4.3 입력 바이어스 전류

이상적인 OP 앰프라면 입력 단으로 흘러 들어가는 전류가 없지만 실제의 경우는 OP 앰프가 동작하기 위해서 내부 트랜지스터에 바이어스 전류가 흘러야 한다.

반전 및 비반전 입력 단으로 흘러 들어가는 직류전류를 그림 1.19와 같이 각각 I_1, I_2라 할 때 입력 바이어스 I_B는 아래와 같이 두 전류의 평균치이다.

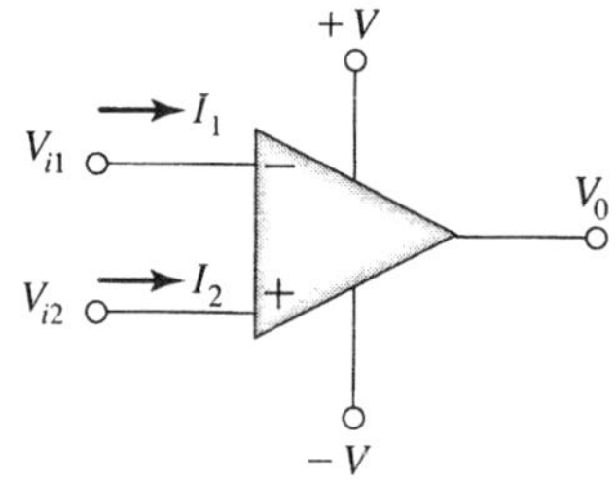

그림 1.19 입력 바이어스 전류

$$I_B = \frac{I_1 + I_2}{2} \text{ [A]} \quad (1.14)$$

1.4.4 개(開) 루프 및 폐(閉) 루프 전압 증폭도

그림 1.20(a)와 같이 OP 앰프의 입력 단과 출력 단 사이에 귀환 저항이 연결되지 않은 경우의 입력전압과 출력전압의 비를 **개 루프(open loop) 전압 증폭도** A_{ol}이라 하며, 그

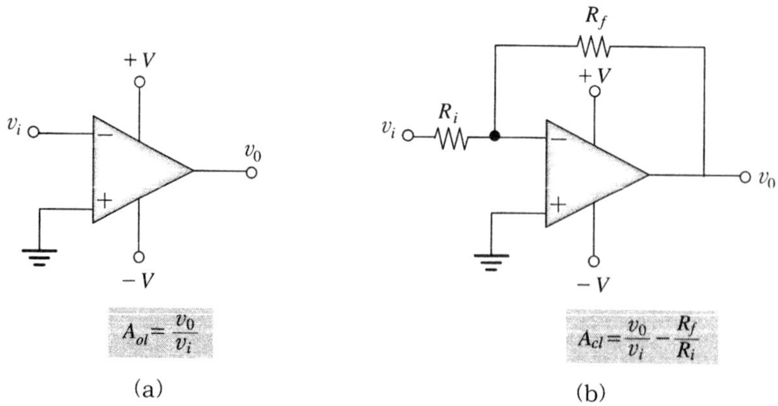

그림 1.20 개 루프 및 폐 루프 전압 증폭도

림 1.20(b)와 같이 귀환저항 R_f가 연결된 경우의 입력전압과 출력전압의 비를 **폐 루프 (closed loop) 전압 증폭도** A_{cl}이라 한다. 입력저항이 R_i일 때 $A_{cl} = -R_f/R_i$이다.

1.4.5 동상 제거비(CMRR)

OP 앰프는 잡음의 영향을 받기 쉽다. 따라서 잡음신호 등으로 유기되는 동상신호를 잘 제거해야만 원하는 신호를 제대로 증폭할 수 있다. 동상 증폭도에 비해 차동 증폭도가 클수록 차동 증폭기의 성능은 우수하며, 이 비가 역시 OP 앰프의 중요한 성능척도가 된다. 동상 증폭도 A_{cm}에 대한 차동 증폭도 A_{dm}의 비를 **동상 제거비(CMRR : Common Mode Rejection Ratio)**라 하며, 그 정의식은 아래와 같다.

$$CMMR = \left| \frac{A_{dm}}{A_{cm}} \right| \tag{1.15}$$

일반적으로 CMRR은 데시벨(dB)로 나타내며, 아래의 식과 같다.

$$CMMR = \log \left| \frac{A_{dm}}{A_{cm}} \right| \text{[dB]}$$

실제에 있어서는 A_{dm} 대신에 규격표 상에 나와 있는 개 루프 전압 증폭도 A_{ol}을 대입한다.

$$CMMR = \log \left| \frac{A_{ol}}{A_{cm}} \right| \text{[dB]} \tag{1.16}$$

일반적으로 OP 앰프의 CMRR 값은 70~100 [dB]이다.

1.4.6 공급전압 제거비(PSRR : Power Supply Rejection Ratio)

공급전압 변화에 대한 출력전압의 변화 비(比)를 PSRR이라 한다. OP 앰프의 PSRR은 일반적으로 −70~−100 [dB]이다.

1.4.7 슬루율(Slew Rate)

OP 앰프에서 신호입력 변화에 대해서 출력전압이 얼마나 빨리 대응해서 변화할 수 있느냐를 나타내는 척도가 **슬루율**이다. 슬루율은 매 μs마다 출력전압이 얼마나 변하는 가로 나타낸다. 예를 들어 슬루율이 0.5V/μs라면 1 [μs] 동안 출력전압이 0.5 [V] 올라가거나 떨어짐을 말한다. 슬루율은 OP 앰프의 최대 동작 주파수 f_{max}를 결정짓는 정수로서 출력 전압의 피크치가 V_p라면 아래의 관계식을 갖는다.

$$f_{max} = \frac{\text{슬루율}}{2\pi V_p} \text{ [Hz]} \tag{1.17}$$

1.4.8 최대 스윙 출력전압(Output Voltage Swing)

OP 앰프가 낼 수 있는 최대 스윙 출력전압은 이상적인 경우에는 −V～+V이다. 그러나 실제에 있어서는 출력 트랜지스터의 포화전압이 존재하므로 2 [V] 정도의 전압강하가 발생한다. 예컨대 공급전압이 ±15 [V]이고, 그림 1.21과 같이 부하저항이 10 [kΩ]이라면 그림 1.22와 같이 ±14 [V]이므로 전체 스윙 출력전압은 28 [V]가 된다.

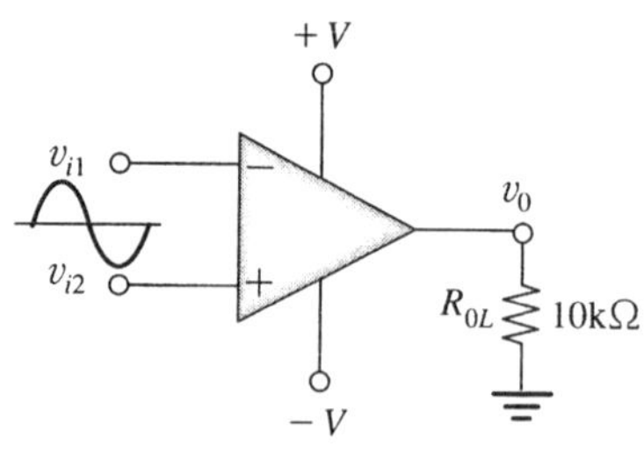

그림 1.21 OP 앰프의 부하저항

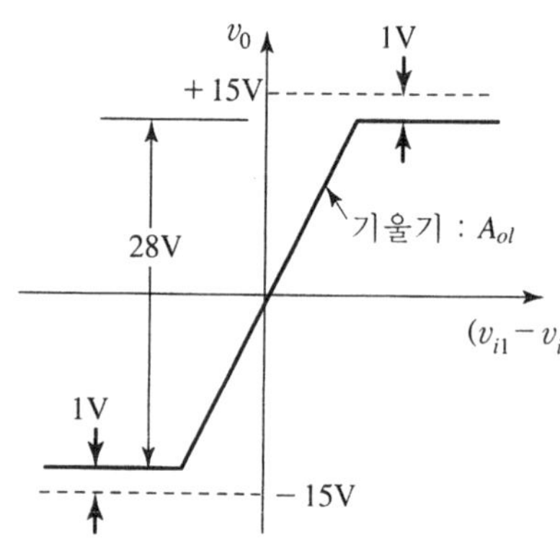

그림 1.22 OP 앰프의 최대 스윙 출력전압

그림 1.21은 부하저항이 10 [kΩ]으로 출력저항(Ro)에 비해 아주 크므로 스윙 전압 폭도 크지만 부하저항이 작아지면 스윙 전압 폭은 작아진다. 그림 1.23은 공급전압이 ±15 [V]인 741 IC의 부하저항에 대한 스윙 전압의 크기를 나타내는 곡선이다. 그림 1.23에서 부하저항이 3 [kΩ] 부근까지는 스윙 전압이 28 [V]이지만 500 [Ω]에서 21 [V]로 크게 떨어짐을 알 수 있다.

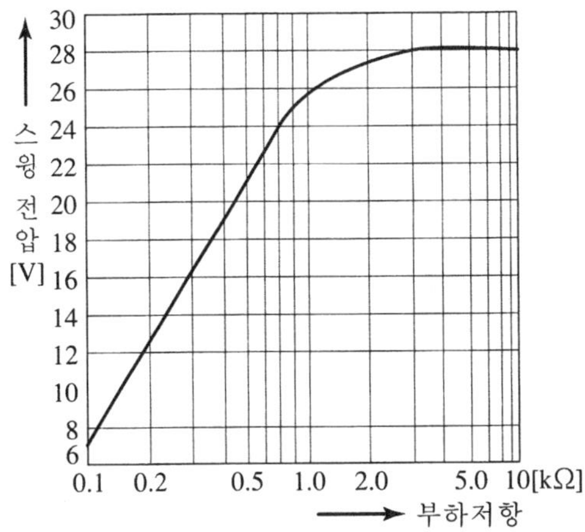

그림 1.23 741의 부하저항-출력 스윙 전압 곡선

참고로 몇 개의 OP 앰프 IC에 대한 주요 정수를 소개하면 표 1.2와 같다.

표 1.2 OP 앰프의 주요 정수

품 명	입력 옵셋 전압(최대) [mV]	입력 바이어스 전류(최대) [nA]	입력저항 (표준) [MΩ]	개 루프 증폭도(dB)	슬루율 [V/μ s]	CMRR (표준) [dB]	비 고
CA3140	15	0.03	–	–	–	90	일반용
LF351	10	0.2	–	88	13	70	BIFET
LF356	5	0.2	–	94	12	85	BIFET
LM301A	7.5	250	2	106	0.5	90	외부보상
LM308A	7.5	7	40	108	0.3	110	정밀용
LM318	10	500	–	86	70	70	저슬루율
LM741C	6	500	2	106	0.5V	90	일반용
OP177A	0.01	1.5	26	140	0.3	130	초정밀용
TL072	10	0.2	–	88	13	70	저잡음용
TL082	5	0.03	1,000	94	13	80	저잡음용

표 1.3 듀얼, 쿼드 OP 앰프

듀얼(2회로)	쿼드(4회로)	비 고
LM747/1458	LM3488	일반용
TL072	TL074	저전력용 J-FET
TL082	LF347	광대역용 J-FET

OP 앰프 IC는 하나의 패키지에 2회로(듀얼) 또는 4회로(쿼드)가 들어있는 제품도 있으며, 그 예는 표 1.3과 같다.

1.5 밴드 폭과 단위 이득 주파수

OP 앰프는 직류 증폭기이므로 DC는 물론 아주 낮은 주파수의 증폭도 가능하다. 증폭기에서의 **차단(cut-off) 주파수**는 중역 주파수(1kHz)의 전압 증폭도보다 증폭도가 $1/\sqrt{2}$ ($\fallingdotseq$0.707)로 떨어지는 주파수를 말하며, 저역 차단 주파수 f_{cl}과 고역 차단 주파수 f_{ch}가 있으며, 증폭기로서 사용할 수 있는 주파수범위를 나타내는 **밴드 폭**(BW : Band-Width)은 고역 차단 주파수와 저역 차단 주파수의 차(差)를 말하며 아래와 같이 나타낸다.

$$BW = f_{ch} - f_{cl} \tag{1.18}$$

그림 1.24는 OP 앰프의 주파수-전압이득 곡선이다. 주파수가 10배 변할 때마다 전압 증폭도는 1/10(−20dB)씩 떨어진다.

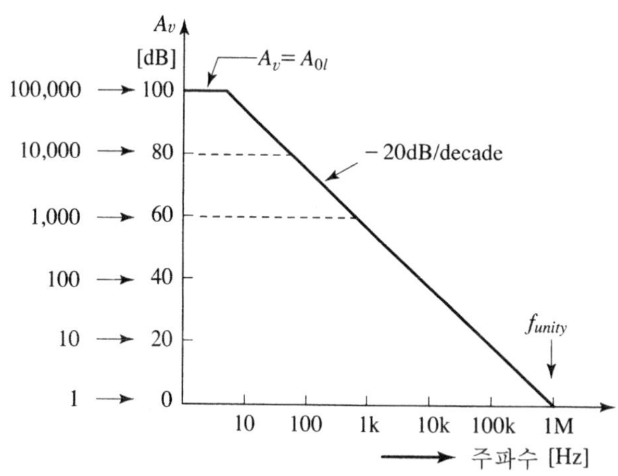

〈참고〉 전압이득은 [dB]로 나타낸 전압 증폭도를 말한다.

그림 1.24 OP 앰프의 주파수–전압이득 곡선

전압 증폭도의 기준은 개 루프 전압 증폭도 A_{ol} 이지만 귀환이 걸린 실제의 증폭기에

서는 폐 루프 이득 A_{cl}이 된다. OP 앰프의 저역 차단 주파수 f_{cl}은 직류 증폭이 가능하므로 0 [Hz]이다. 따라서 OP 앰프의 밴드 폭은 고역 차단 주파수가 바로 밴드 폭 주파수 값이 된다.

$$BW = f_{ch} \tag{1.19}$$

그림 1.24로부터 아래와 같은 현상을 알 수 있다.

- OP 앰프의 전압 이득이 높아질수록 밴드 폭은 좁아진다.
- OP 앰프의 전압이득이 낮아질수록 밴드 폭은 넓어진다.

그림 1.24에서 전압 증폭도가 1(0dB)이 되는 주파수를 **단위이득 주파수** f_{unity}라 하며, OP 앰프에 귀환 저항이 연결된 경우에 폐 루프 전압 증폭도가 A_{cl}이라면 전압이득과 밴드 폭의 곱은 식 (1.19)에서 $A_{cl} \cdot BW = A_{cl} \cdot f_{ch}$가 되고, 이 값은 단위이득 주파수의 값과 같다.

$$A_{cl} \cdot BW = A_{cl} \cdot f_{ch} = f_{unity} \tag{1.20}$$

〈주〉 A_{vf}가 1이하이면 증폭이 되지 않으므로 f_{unity}는 증폭기로서 사용할 수 있는 상한 주파수를 뜻한다.

예제 1.3

OP 앰프 부 귀환 증폭기에서 $A_{cl} = 10$, $f_{unity} = 2$ [MHz]일 때 밴드 폭(BW)은 얼마 인가?

풀이

$$BW = \frac{f_{unity}}{A_{cl}} = \frac{2000}{10} \text{ [kHz]} = 100 \text{ [KHz]}$$

간추림

1.1 차동 증폭기

■ 차동 증폭기는 그림 1.25와 같이 전기적 특성이 동일한 2개의 트랜지스터를 사용한 증폭회로이다. $v_{i1} \neq v_{i2}$일 때 v_{i1}와 v_{i2}의 차이 성분이 증폭되어 출력전압으로 나타나며, 아주 높은 전압 증폭도와 저 잡음회로를 구현할 수 있는 이점이 있다.

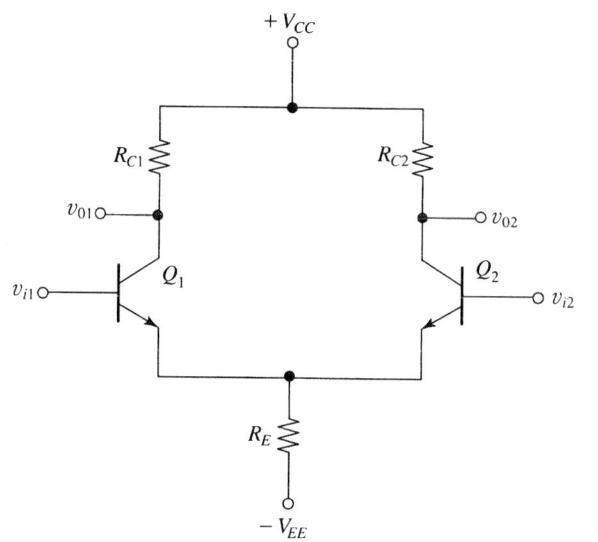

그림 1.25

1-2 차동 증폭기의 동작 모드

■ 그림 1.25의 v_{i1}, v_{i2}가운데 어느 하나를 접지시키면 단일 입력 모드, v_{i1}와 v_{i2}를 함께묶어서 사용하면 동상 입력 모드, v_{i1}와 v_{i2}를 각각의 입력단자로 사용하면 차동 모드가 된다. 표 1.4는 이를 나타낸다.

표 1.4 차동 증폭기의 동작 모드

동작 모드	입력단		출력단
단일 모드	v_{i1}	접지	v_o
	접지	v_{i2}	v_o
동상 모드	$v_{i1} = v_{i2}$		v_o
차동 모드	v_{i1}	v_{i2}	v_o

1-3 OP 앰프의 개요

■ OP 앰프의 구성도는 그림 1.26과 같다.

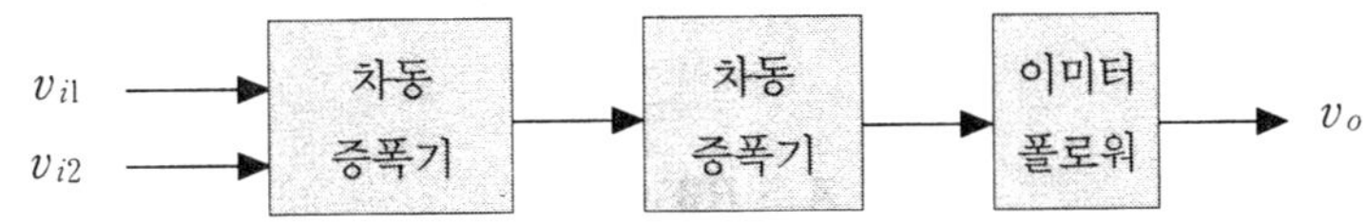

그림 1.26

■ OP 앰프의 특징은 아래와 같다.
- 전압 증폭도가 아주 크다.
- 입력저항이 아주 크다.
- 출력저항이 아주 작다.
- 신뢰성이 매우 높다.
- 사용 공급전압이 비교적 낮다.

1-4 OP 앰프의 정수

■ **옵셋 전압** : OP 앰프의 v_{i1}및 v_{i2} 입력을 모두 접지시켜도 두 트랜지스터의 B-E전압 차이로 발생하는 미소한 입력전압이 크게 증폭되어 출력단에 나타나는 전압이 **출력 옵셋 전압**이고, 입력측에 발생하는 전압이 **입력 옵셋 전압**이다. 741의 경우 최대 입력 옵셋전압은 5[mV] 정도이다.

■ **입력 옵셋 전류** : OP 앰프의 입력단을 구성하고 있는 두 트랜지스터의 전류 증폭율의 차이에 의해 나타나는 +입력단자 및 −입력단자 간의 전류 차를 입력 옵셋전류라 한 다. 741의 최대 입력전류는 200[nA]이다.

■ **입력 바이어스 전류** : OP 앰프의 + 및 −입력단자에 흘러들어가는 전류를 I_+, I_-라 하면 입력 바이어스 전류는 이 둘의 평균값인 $(I_+ + I_-)/2$이다.

■ **개 루프 및 폐 루프 전압 증폭도** : OP 앰프 자체의 전압 증폭도를 개 루프 전압 증폭도 A_{ol}이라 하며, OP 앰프에 부 귀환을 걸었을 때의 전압 증폭도를 폐 루프 전압 증폭도 A_{cl}이라 한다. 귀환율을 β라 할 때 $A_{cl} = 1/(1 + \beta A_{ol})$이다.

■ **공급전압 제거비(PSRR)** : 공급전압 변화에 대한 출력전압의 비를 말한다.

■ **슬루율** : 신호입력의 변화에 출력전압이 얼마나 빨리 대응하는가를 나타내는 척도로서 그 단위는 [V/μS]이다.

■ **최대 스윙 출력전압** : OP 앰프가 스윙할 수 있는 최대전압이며, ±(V−1)[V]정도이다.

1-5 밴드 폭과 단위이득 주파수

- OP 앰프에서의 대역폭(BW)은 고역 차단 주파수 f_{ch}와 같다. 전압 증폭도가 1로 떨어지는 주파수를 단위이득 주파수 f_{unity}라 하며 대역폭 BW, 전압 증폭도 A_v 간에는 아래의 관계식이 성립한다.

$$A_v \cdot BW = f_{unity}$$

연습문제 Chapter 1

1. 차동 증폭기의 특징에 해당되는 것은?

(가) 입력저항이 작다.
(나) 출력저항이 크다.
(다) 전압 증폭도가 아주 크다.
(라) 잡음의 영향을 다소 받는다.

2. 차동 증폭기의 동상 모드의 설명으로 맞는 것은?

(가) 입력과 출력전압의 위상이 같다.
(나) 두 입력전압이 같다.
(다) 두 입력전압 가운데 하나는 접지이다.
(라) 입력과 출력전압의 위상이 반대이다.

3. LM301N에서 'N'은 무엇을 뜻하는가?

(가) 패키지 형태를 나타낸다.
(나) 온도범위를 나타낸다.
(다) 제조회사를 나타낸다.
(라) 일반용을 나타낸다.

4. OP 앰프에서 +및 −입력단자를 모두 접지 시켜도 나타나는 작은 출력전압은 무엇이 존재하기 때문인가?

(가) 입력 옵셋 전압　　(나) PSRR
(다) CMRR　　(라) 슬루율

5. 차동 증폭도를 동상 증폭도로 나눈 값은?

(가) ±V　　(나) PSRR
(다) CMRR　　(라) BW

6. OP 앰프의 + 및 −단자의 입력 전류가 1 [mA], 1.2 [mA]라면 입력 바이어스 전류는?

(가) 1 [mA]　　(나) 1.1 [mA]
(다) 1.2 [mA]　　(라) 2.2 [mA]

7. OP 앰프에서 출력 옵셋 전압이 1 [mV]이고, $A_{ol}=60,000$이라면 입력 옵셋 전압은?

(가) 0.00167 [nV]　　(나) 0.0167 [mV]

(다) 60 [mV]　　(라) 60 [V]

8. OP 앰프에서 동상 증폭도가 1/500, 차동 증폭도가 200이라면 CMRR은?

(가) 100,000　　(나) 0.4

(다) 2.5　　(라) 500

9. OP 앰프에서 6 [μS] 동안에 출력전압이 3 [V] 변화하였을 때의 슬루율은?

(가) 0.5 [V/μ/S]　　(나) 2 [V/μS]

(다) 9 [V/μS]　　(라) 18 [V/μS]

10. OP 앰프의 $f_{unity}=1$ [MHz], $A_{cl}=50$일 때 고역 차단 주파수는 얼마인가?

(가) 20 [kHz]　　(나) 50 [kHz]

(다) 1 [MHz]　　(라) 50 [MHz]

11. 그림 1-27에서 V_{C1}값은 몇 [V]인가?

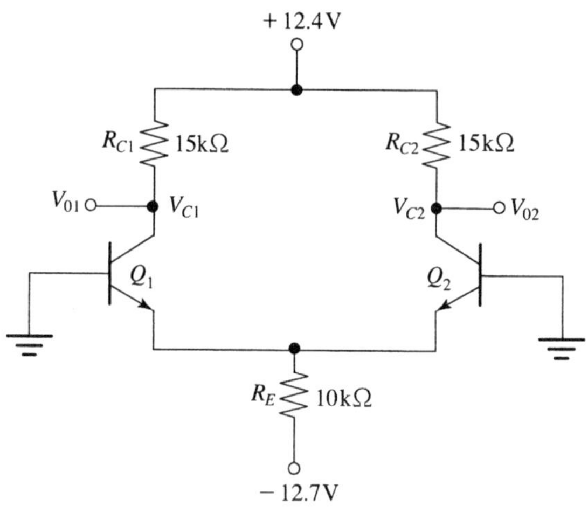

그림 1-27 차동 증폭기

12. OP 앰프에서 차동전압 증폭도(A_{dm})는 2,000, 동상전압 증폭도(A_{cm})는 0.1이다. CMRR은 몇 [dB]인가? 단, $\log_{10}2 \fallingdotseq 0.3$.

13. OP 앰프에서 출력전압의 파형이 그림 1-28와 같다. 슬루율(slew rate)은 얼마인가?

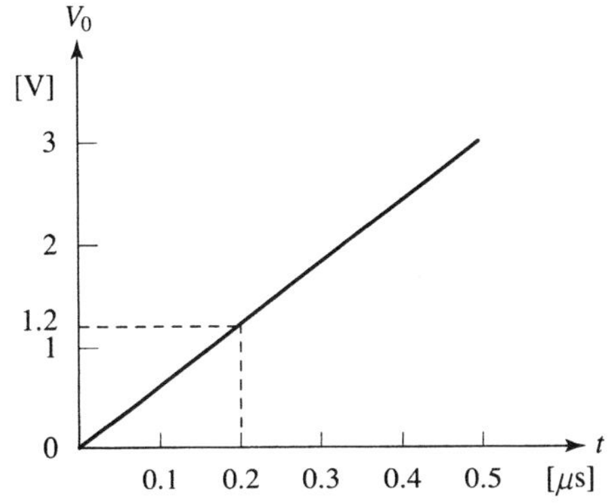

그림 1-28 슬루율

14. OP 앰프의 $f-Av$ 곡선이 그림 1-29과 같다고 가정할 때 고역차단 주파수(f_{ch})는 얼마인가?

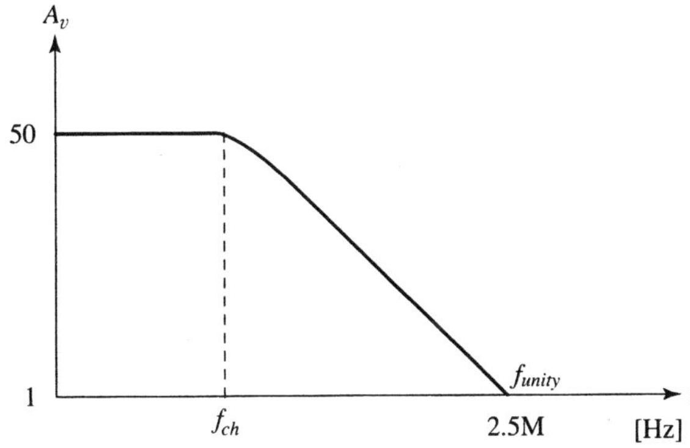

그림 1-29 밴드 폭

2
OP 앰프의 기본회로

내 용

학습목표

- OP 앰프의 부귀환 특성을 배운다
- 반전, 비반전, 차동 증폭기의 동작특성을 이해한다
- OP 오디오 증폭기의 주파수 특성을 이해한다
- 전압 폴로워의 특성을 이해한다
- 가산 증폭기의 구성회로를 익힌다
- OP 앰프의 옵셋 전압 조정법을 익힌다

2.1 OP 앰프의 부귀환

OP 앰프의 **부귀환**은 그림 2.1(a), 그림 2.1(b)와 같이 출력전압의 일부가 입력단자로 되돌려 보내지는 경우에 발생한다. 그림 2.1(a)는 입력전압과 출력전압의 위상이 반대인 ($\theta=180°$) 반전 증폭기의 경우를 나타내고, 그림 2.1(b)는 출력전압이 입력전압과 위상이 같은($\theta=0°$) 비 반전 증폭기의 경우이다. 두 경우 모두 입력전압과 반대위상의 전압이 귀환되고 있으므로 **부귀환(negative feedback) 증폭기**라 한다. A_{ol}은 OP 앰프의 개 회로 전압 증폭도를 가리키지만 β는 출력전압 가운데 입력단자로 귀환되는 전압의 비율을 말하며, **귀환율**이라 한다.

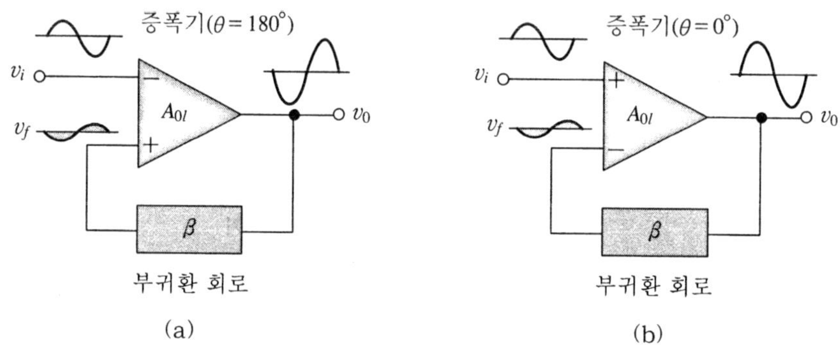

그림 2.1 OP 앰프의 부귀환 동작

부귀환 증폭기는 그 회로의 구성방식에 따라 크게 전압귀환과 전류귀환으로 구분하며, 이들은 다시 병렬방식과 직렬방식으로 구분한다. 여기서는 직렬전압 부귀환과 병렬전압 부귀환방식을 다뤄 보기로 한다.

2.1.1 직렬전압 부귀환방식

그림 2.2는 **직렬전압 부귀환 회로**이다. 출력전압의 일부 ($v_f=\beta v_o$)가 입력측에 직렬로 귀환되는 회로이다. 출력전압 v_o는

$$v_o = A_{ol} v_i \tag{2.1}$$

이므로 $v_f = \beta v_o = \beta A_{ol} v_i$가 된다. 또한 v_s는 v_f와 v_i의 합이므로 아래와 같다.

$$v_s = v_i + \beta A_{ol} v_i \tag{2.2}$$

따라서 부귀환 시의 전압 증폭도 A_{vf}는 아래와 같다.

$$A_{vf} = \frac{v_o}{v_s} = \frac{A_{ol} v_i}{v_i + \beta A_{ol} v_i} = \frac{A_{ol}}{1 + \beta A_{ol}} \tag{2.3}$$

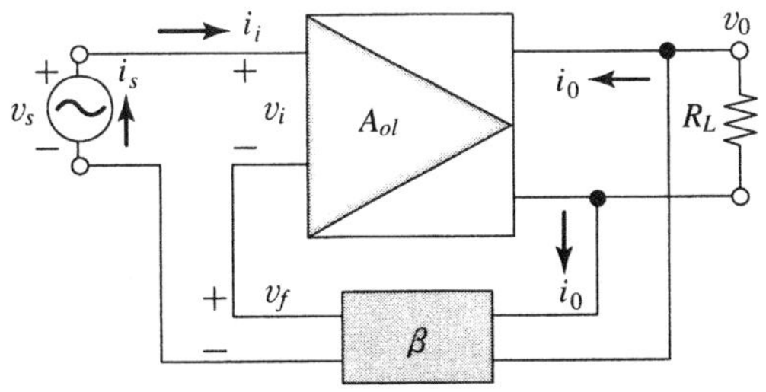

그림 2.2 OP 앰프의 직렬전압 부귀환 회로

식 (2.3)의 우변을 A_{ol}로 나누면

$$A_{vf} = \frac{A_{ol}/A_{ol}}{\frac{1}{A_{ol}} + \beta \frac{A_{ol}}{A_{ol}}} = \frac{1}{\frac{1}{A_{ol}} + \beta}$$

이 된다. 일반적으로 A_{ol}은 아주 큰 값이므로 $1/A_{ol} \fallingdotseq 0$으로 볼 수 있다. 따라서 아래와 같이 간략화할 수 있다.

$$A_{vf} \fallingdotseq \frac{1}{\beta} \tag{2.4}$$

그림 2.2에서 $i_s = i_i$이므로 부귀환 시의 입력저항 R_{if}는

$$R_{if} = \frac{v_s}{i_s} = \frac{v_i + v_f}{i_i} = \frac{v_i + \beta A_{ol} v_i}{i_i} = \frac{(1 + \beta A_{ol}) v_i}{i_i} \tag{2.5}$$

위의 식에서 v_i/i_i는 R_i이므로 아래와 같이 고쳐 쓸 수 있다.

$$R_{if} = (1 + \beta A_{ol}) R_i \tag{2.6}$$

부귀환 시의 입력저항은 귀환이 걸리지 않을 때에 비해 $(1+\beta A_{ol})$배만큼 커짐을 알 수 있다. 그림 2.2에서 출력전류 i_o는 v_f+v_o을 출력저항 R_o으로 나눈 값이므로

$$i_o = \frac{v_o + v_f}{R_o} = \frac{v_o + \beta v_o}{R_o} = \frac{(1+\beta)v_o}{R_o} \tag{2.7}$$

직렬전압 부귀환 시의 출력저항 R_{of}는 v_o/i_o이므로 이 관계식에 식 (2.6)을 대입하여 정리하면 아래와 같다.

$$R_{of} = \frac{v_o}{i_o} = \frac{1}{1+\beta} R_o \tag{2.8}$$

부귀환이 걸리지 않은 경우보다 $1/(1+\beta)$배만큼 출력저항이 줄어든다.

2.1.2 병렬전압 부귀환방식

그림 2.3은 **병렬전압 부귀환 회로**이다. 병렬전압 부귀환에서는 출력전압이 입력단에 전류로 귀환되기 때문에 아래의 관계식을 갖는다.

$$i_f = \beta v_o \tag{2.9}$$

$$\beta = \frac{i_f}{v_o} \tag{2.10}$$

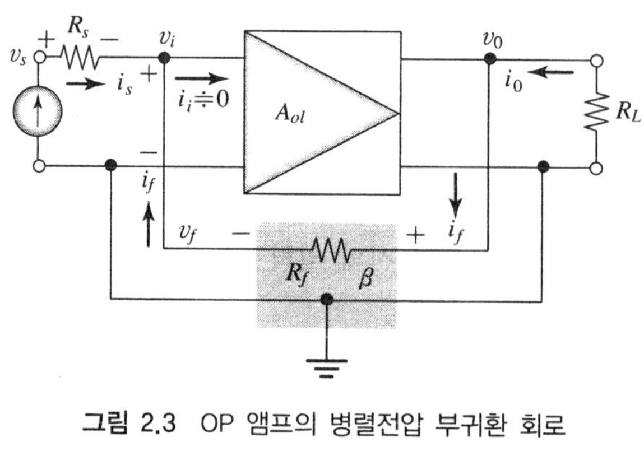

그림 2.3 OP 앰프의 병렬전압 부귀환 회로

그림 2.3에서 $i_i = i_s + i_f$이지만 $i_i \doteqdot 0$이므로 아래와 같은 관계식이 성립한다.

$$i_s \doteqdot i_f \tag{2.11}$$

따라서 입력전압은 아래와 같다.

$$v_i = -i_s R_s \fallingdotseq i_f R_s \tag{2.12}$$

출력전압 $v_o = v_i - v_f$이지만 $v_o \gg v_i$이므로 $v_o \fallingdotseq -v_f$이고, $v_f = i_f R_f$이므로

$$v_o \fallingdotseq -i_f R_f \tag{2.13}$$

가 된다. 따라서 전압 증폭도 A_{vf}는 아래와 같다.

$$A_{vf} = \frac{v_o}{v_i} = -\frac{R_f}{R_s} \tag{2.14}$$

병렬전압 부귀환 회로의 입력저항 R_{if}는 아래와 같다.

$$R_{\text{if}} = \frac{v_i}{i_s} = \frac{-i_f R_s}{-i_f} = R_s \tag{2.15}$$

그림 2.3에서 $i_o' = i_o + i_f$, $R_o = v_o / i_o$, $v_o = A_{ol} v_i$, $v_i = i_f R_s$이므로 병렬전압 부귀환회로에서의 출력저항 R_{of}는

$$\begin{aligned} R_{of} &= \frac{v_o}{i_o'} = \frac{v_o}{i_o + i_f} = \frac{v_o}{v_o/R_o + i_f} = \frac{A_{ol} v_i}{A_{ol} v_i / R_o + i_f} \\ &= \frac{A_{ol} v_i}{A_{ol} v_i + i_f R_o} \cdot R_o = \frac{A_{ol}}{A_{ol} + \dfrac{i_f R_o}{v_i}} \cdot R_o \\ &= \frac{A_{ol}}{A_{ol} + \dfrac{i_f R_o}{i_f R_s}} \cdot R_o = \frac{A_{ol}}{A_{ol} + \dfrac{R_o}{R_s}} \cdot R_o \end{aligned}$$

$R_s \gg R_o$이므로 $R_o / R_s \fallingdotseq 0$으로 놓을 때 출력 저항 R_{of}는 아래와 같다.

$$R_{of} \fallingdotseq R_o \tag{2.16}$$

부귀환을 걸지 않은 때의 찌그러짐을 $THD_{(ol)}$라 하고, 부귀환 시의 찌그러짐을 $THD_{(f)}$라 하면 아래와 같이 크게 줄어든다.

$$THD_{(f)} = \frac{1}{1 + \beta A_{ol}} \cdot THD_{(ol)} \tag{2.17}$$

또한 부귀환 시의 차단 주파수 $f_{ch(f)}$도 아래와 같이 개선된다.

$$f_{ch(f)} = (1 + \beta A_{ol}) f_{ch(ol)} = \frac{A_{ol}}{A_{vf}} \cdot f_{ch(ol)} \tag{2.18}$$

부귀환의 특징을 요약하면 아래와 같다.

- 전압 증폭도가 안정된다.
- 찌그러짐 및 잡음이 줄어든다.
- 주파수 특성이 좋아진다.

2.2 반전 증폭기

이상적인 OP 앰프는 그림 2.4(a)와 같이 입력 임피던스가 ∞이기 때문에 반전 입력이나 비반전 입력에 흐르는 전류는 거의 0 [A]이다. 즉 $i_{(+)} = 0$, $i_{(-)} = 0$, $v_i = 0$=0이고, OP 앰프의 전압 증폭도를 A_v라 하면 출력전압 v_o 또한 0 [V]이므로 아래의 관계식이 성립한다.

$$v_o = A_v[v_{(+)} - v_{(-)}] = A_v v_i = 0 \tag{2.19}$$

식 (2.19)로부터 $A_v[v_{(+)} - v_{(-)}] = 0$이므로 아래의 관계식이므로 성립한다.

$$v_{(+)} - v_{(-)} = 0, \quad v_{(+)} = v_{(-)} \tag{2.20}$$

식 (2.20)에서 $v_{(+)}$와 $v_{(-)}$가 같다는 것은 그림 2.4(a)에서 ①과 ②가 단락(short)된 것과 같다는 뜻이다. 이와 같은 것을 **가상 단락(virtual short)**이라 한다. 그림 2.4(b)는 이를 나타낸 회로이다.

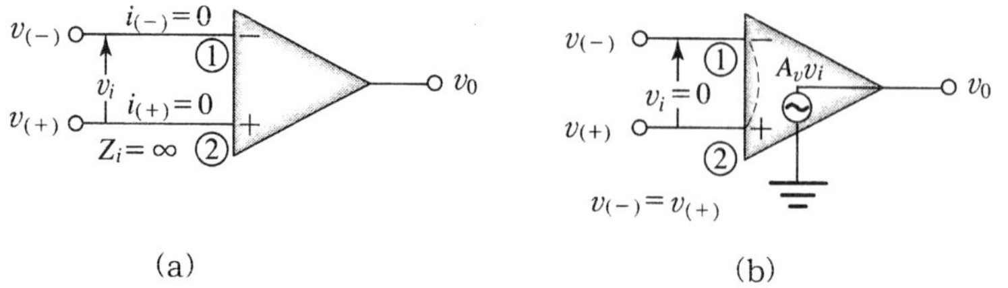

그림 2.4 OP 앰프의 가상 단락

2.2.1 반전 증폭기

그림 2.5(a)는 비반전입력을 접지시킨 **반전 증폭기** 회로이다. 반전입력 $v_{i(-)}$가 입력단자이다. 출력전압은 입력전압과 반대의 위상으로 나타난다. 그림 2.5(b)는 그림 2.5(a)의 등가회로이다. 입력전압은 ①점에서의 전압이므로 $v_i = 0 - v_{(-)} = 0 - iR_1$이 된다. 따라서

$$\therefore v_i = iR_1 \tag{2.21}$$

이 되고, 출력전압은

$$v_o = -iR_2 \tag{2.22}$$

가 된다. 따라서 전압 증폭도 $A_v = \dfrac{v_o}{v_i}$이므로

$$A_v = \frac{v_o}{v_i} = \frac{-iR_2}{iR_1} = -\frac{R_2}{R_1} \tag{2.23}$$

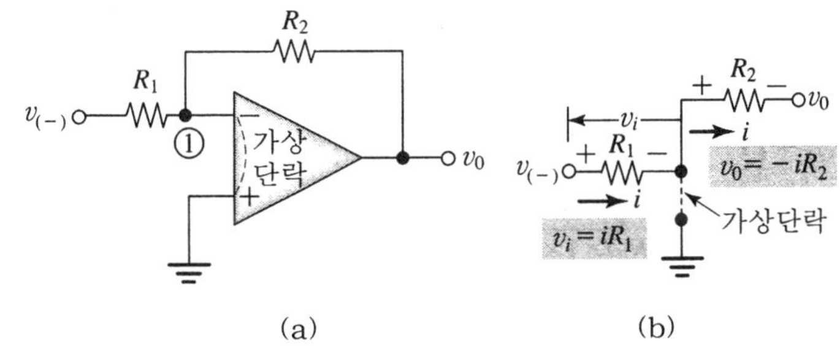

그림 2.5 접지형 반전 증폭기 회로

그림 2.5(a)의 반전 증폭기는 2.2.1에서 다룬 직렬전압 부귀환 회로에 해당한다. 귀환율 β는 v_f/v_o이고, 그림 2.5(b)에서 R_1에 걸리는 전압이 v_f이므로

$$\beta = \frac{v_f}{v_o} = \frac{iR_1}{-iR_2} = -\frac{R_1}{R_2} \tag{2.24}$$

이 된다. 따라서 직렬전압 부귀환 회로에서 구한 식 (2.3)으로부터 전압 증폭도를 이용하면 식 (2.23)과 같은 결과를 얻을 수 있다.

$$A_v \fallingdotseq \frac{1}{\beta} = \frac{1}{-R_1/R_2} = -\frac{R_2}{R_1} \tag{2.25}$$

앞서 구한 식 (2.6)과 식 (2.8)에 식 (2.24)를 대입하면 아래와 같은 반전 증폭기의 입력저항과 출력저항의 관계식을 얻을 수 있다.

$$Z_i = (1 - \frac{R_1}{R_2} A_{ol}) R_i \tag{2.26}$$

$$Z_o = \frac{1}{1-(R_1/R_2)A_{ol}} R_o \tag{2.27}$$

〈주〉 위에서 R_i와 R_o는 OP 앰프 자체의 입력 및 출력저항이다.

예제 2.1

그림 2.5의 반전 증폭기에서 $R_1 = 1\,[\mathrm{k}\Omega]$, $R_2 = 20\,[\mathrm{k}\Omega]$일 때 전압 증폭도 A_v, 입력 및 출력 저항 $R_{i(I)}$, $R_{o(I)}$를 구하라. 단, $A_{ol} = 100,000$, $R_i = 1\,[\mathrm{M}\Omega]$, $R_o = 50\,[\Omega]$

풀이

$$A_v = -\frac{R_2}{R_1} = -\frac{20}{1} = -20$$

$$R_{i(I)} = \left(1 - \frac{R_1}{R_2} A_{ol}\right) \times 1 \times 10^6 = \left(1 - \frac{1}{20}\right) \times (-100,000) \times 1 \times 10^6 \fallingdotseq 5 \times 10^9\,[\Omega]$$

$$R_{o(I)} = \frac{1}{1-(R_1/R_2)\times 1\times 10^5} \times 50 \fallingdotseq \frac{50}{5000} = 0.01 \fallingdotseq \frac{50}{5,000} = 0.01\,[\Omega]$$

2.2.2 단일 전원 반전 증폭기

OP 앰프에서 +, − 양 전원이 아닌 단일 전원으로 반전 증폭기를 구성하고자 하는 경우에는 그림 2.6과 같이 비반전입력 단자의 직류전압이 공급전압의 1/2이 되도록 직류 바이어스를 설정해주어야 한다. 이렇게 하기 위해서 R_3, R_4의 값을 같게 한다.

그러나 다이나믹 레인지(dynamic range)를 넓게 하자면 두 저항(R_3, R_4)의 병렬 합성저항을 R_2와 같게 잡는 것이 유리하므로 R_3, R_4는 아래와 같이 R_2의 2배로 잡는다.

$$R_3 = R_4 = 2R_2 \tag{2.28}$$

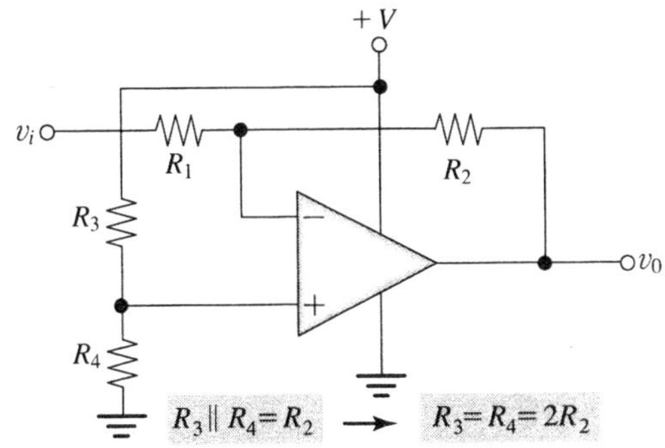

그림 2.6 단일 전원 반전 증폭기 회로

그림 2.7은 반전 증폭기의 입력 및 출력 단에 입력 결합 콘덴서 C_i, 출력 결합 콘덴서 C_o를 삽입한 **오디오 반전 증폭기**이다.

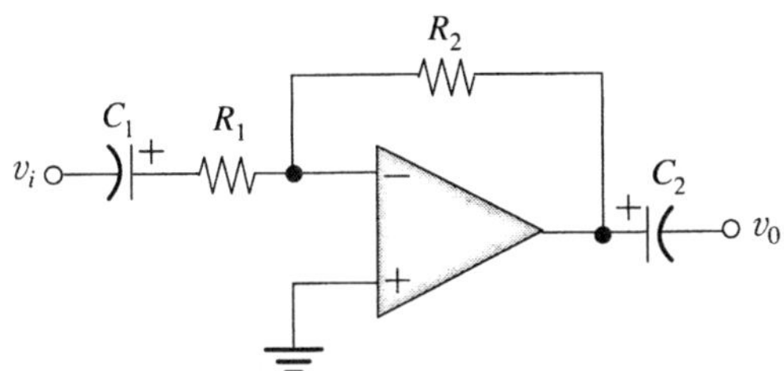

그림 2.7 오디오 반전 증폭기 회로

그림 2.7의 오디오 반전 증폭기에 대한 입력저항 $R_{i(AI)}$ 및 출력저항 $R_{o(AI)}$는 아래와 같다.

$$R_{i(AI)} \fallingdotseq R_1 \tag{2.29}$$

$$R_{o(AI)} \fallingdotseq R_o \tag{2.30}$$

그림 2.8의 오디오 증폭기의 입력 단에서 중역 주파수(보통 1kHz)에 비해 전압 증폭도가 3 [dB](0.707배) 떨어지는 저역 차단 주파수 f_{cl}은 아래와 같다.

$$f_{cl} = \frac{1}{2\pi R_1 C_1} \text{ [Hz]} \tag{2.31}$$

한편 단독 증폭기인 경우에 출력 콘덴서 C_o는 부하저항 R_L에 의해 결정되며, 아래와 같다.

$$C_o = \frac{1}{2\pi R_L f_{cl}} \text{ [F]} \tag{2.32}$$

또한 종속 증폭기인 경우에 C_o는 뒤 단의 입력저항에 의해 결정되며, R_L이 없고, 뒤 단의 입력저항이 R_i라면 차단 주파수를 f_{cl}로 하기 위한 C_o의 값은 아래와 같다.

$$C_o = \frac{1}{2\pi R_i f_{cl}} \text{ [F]} \tag{2.33}$$

2.3 비반전 증폭기

2.3.1 비반전 증폭기

그림 2.8(a)와 같이 입력전압을 +단자로 취하면 입력과 출력전압이 동일한 위상이 되기 때문에 **비반전 증폭기**라 한다. 반전 단자(−)와 비반전 단자(+)가 가상단락이므로 등가회로는 그림 2.8(b)와 같다.

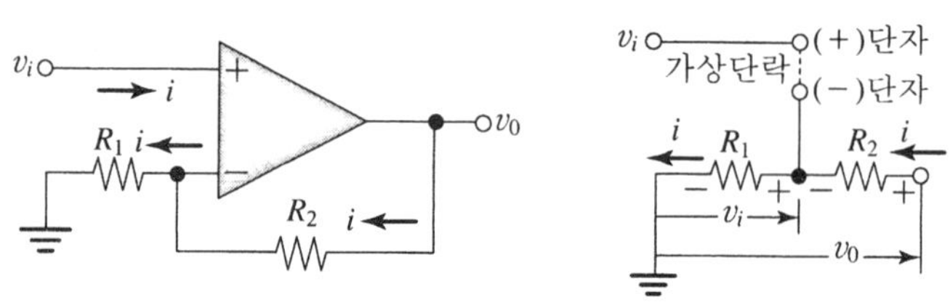

그림 2.8 비반전 증폭기 회로

그림 2.8(b)에서 입력전압 v_i는 R_1에서의 전압강하이고, 출력전압 v_o는 R_1과 R_2의 직렬연결에서의 전압강하이므로

$$v_i = iR_1 \tag{2.34}$$

$$v_o = i(R_1 + R_2) \tag{2.35}$$

가 된다. 전압 증폭도 A_v는

$$A_v = \frac{v_o}{v_i} = \frac{i(R_1 + R_2)}{iR_1} = \frac{R_1 + R_2}{R_1} = 1 + \frac{R_2}{R_1}$$

$$A_v = 1 + \frac{R_2}{R_1} \tag{2.36}$$

가 된다. 이미 앞서 2.11에서와 같이 비반전 증폭기는 직렬전압 부귀환 회로에 해당하므로 전압 귀환율 β는

$$\beta = \frac{v_f}{v_o} = \frac{iR_1}{i(R_1 + R_2)} = \frac{R_1}{R_1 + R_2} \tag{2.37}$$

이므로 OP 앰프 자체의 입력저항을 R_i라 할 때 입력 임피던스 Z_i는 식 (2.4)에 위의 식 (2.37)을 대입하면 아래와 같다.

$$Z_i = (1 + \frac{R_1}{R_1 + R_2} A_{ol})R_i \tag{2.38}$$

참고

- **증폭기의 입력저항이 매우 높으면**
  1. 미약한 신호의 증폭에는 유리하지만
  2. 증폭기의 입력 단이 개방(open) 시 외부 잡음의 영향을 받기 쉽다.

따라서 외부 잡음의 영향을 덜 받기 위해서는 그림 2.9와 같이 입력 단에 병렬로 저항 R_3을 연결하며 이 저항 값이 증폭기의 입력저항이 된다. 이때 입력저항은 R_3이 되므로 아주 작은 값으로 떨어진다.

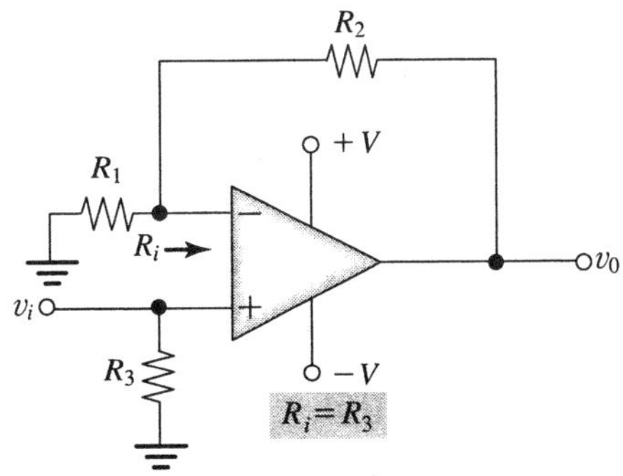

그림 2.9 R_3 병렬 비반전 증폭기 회로

다음에 출력 임피던스 Z_o는 식 (2.7)에 의해 아래와 같다.

$$Z_o = \frac{1}{1 + R_1/(R_1 + R_2)A_{ol}} R_o \tag{2.39}$$

$R_1/(R_1 + R_2)$이 1/10이하라면 출력 임피던스는 아래와 같이 간략화할 수 있다.

$$Z_o \fallingdotseq \frac{1}{A_{ol}} R_o\,[\Omega] \tag{2.40}$$

R_o는 OP앰프 자체의 출력저항 값이다. 따라서 출력 임피던스는 아주 작은 값이 됨을 알 수 있다.

예제 2.2

그림 2.8에서 $R_1 = 2.2\,[\mathrm{k\Omega}]$, $R_2 = 33\,[\mathrm{k\Omega}]$일 때 전압 증폭도 A_v, 입력 및 출력저항 $R_{i(I)}$, $R_{o(I)}$를 구하라. 단, OP 앰프의 $A_{ol} = 100,000$, $R_i = 2\,[\mathrm{M\Omega}]$, $R_o = 750\,[\Omega]$.

풀이

$$A_v = 1 + \frac{R_2}{R_1} = 1 + \frac{33}{2.2} = 16$$

$$R_i = \left(1 + \frac{R_1}{R_1 + R_2} A_{ol}\right) R_i = \left(1 + \frac{2.2}{2.2 + 33} \times 100,000\right) \times 2 \times 10^6$$

$$\fallingdotseq 1.27 \times 10^{10}\,[\Omega]$$

$$R_{o(I)} \fallingdotseq \frac{R_o}{A_{ol}} = \frac{750}{100,000} \fallingdotseq 0.0075\,[\Omega]$$

2.3.2 비반전 오디오 증폭기

그림 2.10과 같이 입력 및 출력 결합 콘덴서를 삽입하면 **비반전 오디오 증폭기**가 된다. 입력과 출력 측의 파형은 위상이 같고, 전압 증폭도는 아래와 같다.

$$A_v = 1 + \frac{R_2}{R_1} \tag{2.41}$$

2개의 차단주파수 f_{c1}, f_{c2}는 아래와 같고,

$$f_{c1} = \frac{1}{2\pi R_1 C_1}\,[\mathrm{Hz}] \tag{2.42}$$

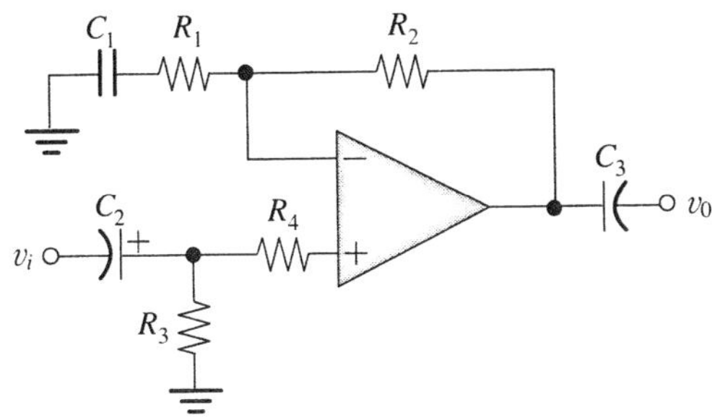

그림 2.10 비반전 오디오 증폭기 회로

$$f_{c2} = \frac{1}{2\pi R_3 C_2}\ [\mathrm{Hz}] \tag{2.43}$$

이고, 잡음성분을 줄이기 위해 f_{c1}이 f_{c2}보다 5~10배 커야 한다.

입력저항 R_i는 아래와 같다.

$$R_i = R_3 \parallel R_4\ [\Omega] \tag{2.44}$$

2.4 차동 증폭기

그림 2.11은 OP 앰프의 차동 증폭기 동작회로이다.

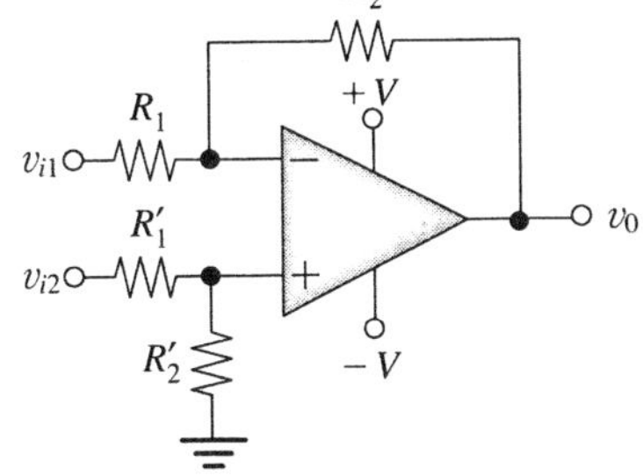

그림 2.11 차동 증폭기 회로

v_{i1}에 대한 출력전압 성분을 v_{o1}이라 하면

$$v_{o1} = -\frac{R_2'}{R_1'} v_{i1} \tag{2.45}$$

이고, v_{i2}에 대한 출력전압 성분을 v_{o2}라 하면

$$v_{o2} = \frac{R_2}{R_1} v_{i2} \tag{2.46}$$

가 된다. 출력전압 v_o는 v_{o1}과 v_{o2}의 합이므로

$$v_o = v_{o1} + v_{o2} = -\frac{R_2'}{R_1'} v_{i1} + \frac{R_2}{R_1} v_{i2} \tag{2.47}$$

위의 식에서 $R_1 = R_1'$, $R_2 = R_2'$라면

$$v_o = \frac{R_2}{R_1}(v_{i2} - v_{i1}) \tag{2.48}$$

가 된다. 이와 같이 2개의 전압에 대한 차이를 증폭하는 동작은 계측기 등에 많이 활용된다. 그림 2.22는 단일 전원 차동 증폭기 회로이다.

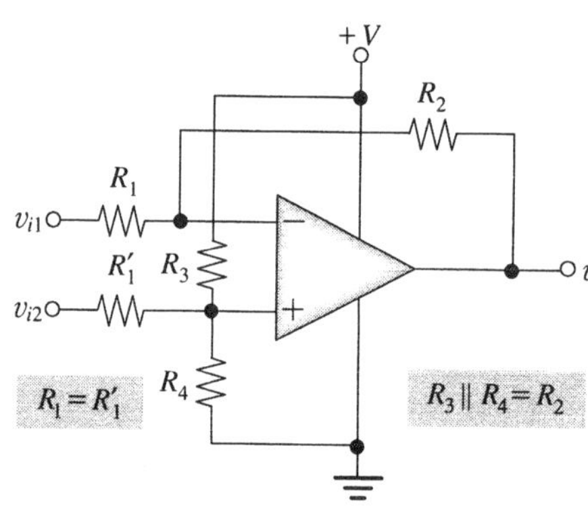

그림 2.12 단일 전원 차동 증폭기 회로

단일 전원 동작인 경우에는 직류 출력전압 레벨이 중앙(+V/2)에 오게 하기 위해서는 아래의 조건이 성립하도록 R_3와 R_4를 선정해야 한다.

$$R_3 \parallel R_4 = R_2 \tag{2.49}$$

또한 출력 옵셋 전압을 최소화하기 위해서는 $R_3 = R_4$이어야 하므로 R_3, R_4의 값을

아래와 같이 선정한다.

$$R_3 = R_4 = 2R_2 \tag{2.50}$$

예제 2.3

그림 2.12에서 $R_1 = R_1' = 1.5\ [\mathrm{k\Omega}]$, $R_2 = R_2' = 18\ [\mathrm{k\Omega}]$, $v_{i1} = 15\ [\mathrm{mV}]$, $v_{i2} = 20\ [\mathrm{mV}]$ 일 때 출력전압은 몇 [mV]인가?

풀이

$$v_o = \frac{R_2}{R_1}(v_{i2} - v_{i1}) = \frac{18}{1.5}(20 - 15) = 12 \times 5 = 60\ [\mathrm{mV}]$$

2.5 전압 폴로워

그림 2.13(a)는 비반전 증폭기이고, 이때의 전압 증폭도는 아래와 같다.

$$A_v = 1 + \frac{R_2}{R_1} \tag{2.51}$$

그러나 그림 2.13(b)와 같이 출력단자와 반전 입력단자가 직접 연결된 경우에는 $R_1 = \infty$이고, $R_2 = 0$인 경우에 해당하므로 $R_2/R_1 = 0$이 되므로 전압 증폭도는 아래와 같이 1이 된다.

$$A_v = 1 \tag{2.52}$$

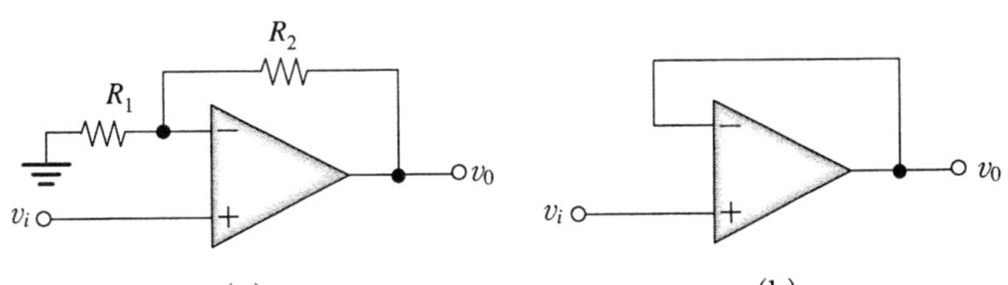

그림 2.13 전압 폴로워

이와 같이 출력전압이 입력전압을 따른다고 해서 **전압 폴로워(voltage follower)**라 한다.

전압 폴로워는 단순히 전압이득이 1인 회로이므로 증폭기로서 가치가 없다고 생각되지만 **임피던스 변환기(impedance transformer)** 또는 **버퍼(buffer)**로서 요긴하게 활용되는 회로이다. 전압 폴로워는 이상적인 경우에 입력 임피던스가 ∞이고, 출력저항이 0이므로 신호원(source)의 출력 임피던스가 큰 경우에 신호원과 그 부하 사이에 전압 폴로워를 삽입하면 부하효과(loading effect)를 크게 줄일 수 있다. 예컨대 그림 2.14(a)와 같이 1 [kΩ]의 부하 임피던스를 구동하는 100 [kΩ]의 출력 임피던스를 갖는 전압 원(voltage source)이 있다고 가정하자. 이러한 예는 온도 감응 저항이나 브리지 회로 등과 같이 신호원이 변환기(transducer)인 경우에 해당한다. 이 경우의 전압 증폭도를 간단히 계산하면

$$\frac{v_o}{v_i} = \frac{R_L}{R_L + R_S} \fallingdotseq 0.01$$

이 되므로 부하효과를 크게 받아 신호전압의 감쇠가 크게 발생한다. 그러나 그림 2.14(b)와 같이 그 사이에 전압 폴로워를 연결하면 전압 폴로워의 입력 임피던스가 아주 크고, 출력 임피던스가 아주 작으므로 100 [kΩ]과 1 [kΩ]의 영향을 받지않아 전압 증폭도는 줄어들지 않고 입력전압이 그대로 출력단에 넘어갈 수 있게 된다. 따라서 전압 폴로워는 광 센서나 압력 센서 등의 미약한 신호를 증폭하는 계측용으로도 사용된다.

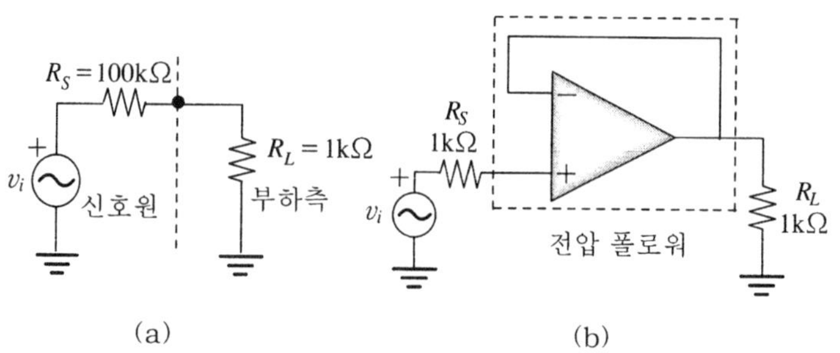

그림 2.14 전압 폴로워의 버퍼 동작

2.6 가산 증폭기

2.6.1 반전 가산 증폭기

반전 증폭기의 입력단자에 그림 2.15와 같이 R_1, R_2, R_3의 저항을 병렬로 연결하고, 이들 저항에 흐르는 각각의 전류를 I_1, I_2, I_3이라 하면 반전 입력단자(−)와 비반전 입력단자(+)가 가상단락이므로 아래의 관계식이 성립된다.

$$i_1 = \frac{v_{i1}}{R_1}, \quad i_2 = \frac{v_{i2}}{R_2}, \quad i_3 = \frac{v_{i3}}{R_3}$$

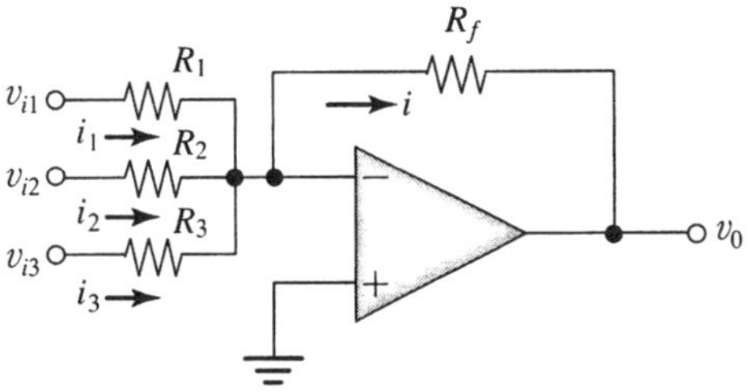

그림 2.15 반전 가산 증폭기

$i = i_1 + i_2 + i_3$이고, $v_o = -iR_f$이므로

$$v_o = -\left(\frac{v_{i1}}{R_1} + \frac{v_{i2}}{R_2} + \frac{v_{i2}}{R_3}\right)R_f \text{ [V]} \tag{2.53}$$

가 된다. 만일 $R_1 = R_2 = R_3 = R$ 이라면

$$v_o = -\frac{R_f}{R}(v_{i1} + v_{i2} + v_{i3}) \text{ [V]} \tag{2.54}$$

전압 증폭도 $A_v = -R_f/R$이므로 식 (2.54)는 아래와 같이 고쳐 쓸 수 있다.

$$v_o = A_v(v_{i1} + v_{i2} + v_{i3}) \text{ [V]} \tag{2.55}$$

이해하기 쉽게 식 (2.55)에서 $A_v = -1$이라면

$$v_o = -(v_{i1} + v_{i2} + v_{i3})\ [\mathrm{V}] \tag{2.56}$$

가 되므로 입력전압 v_{i1}, v_{i2}, v_{i3}이 가산된 뒤 반전되어 출력전압 (v_o)으로 나타나게 된다. $A_v \neq -1$인 경우는 **반전 가산 증폭기** 동작이 된다.

2.6.2 비반전 가산 증폭기

그림 2.16은 **비반전 가산 증폭기**를 나타낸다.

그림 2.16에서 비 반전 입력단자로 흘러들어가는 전류가 0이므로 키르히호프의 전류법칙에 의해 아래의 관계식이 성립한다.

$$\frac{v_{i1} - v_i}{R_1} + \frac{v_{i2} - v_i}{R_2} + \frac{v_{i3} - v_i}{R_3} = 0 \tag{2.57}$$

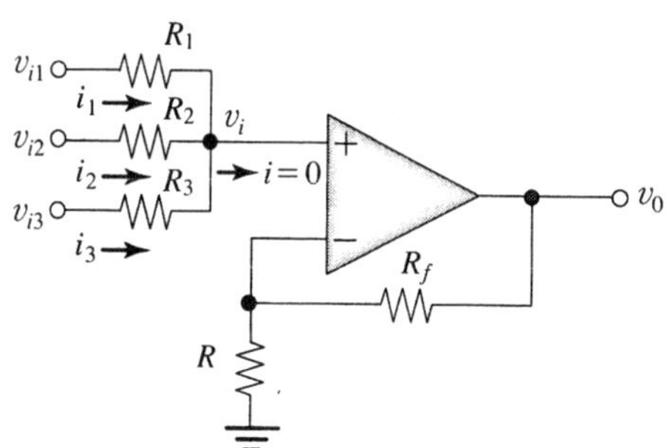

그림 2.16 비반전 가산 증폭기

v_i에 관해서 풀면 아래와 같다.

$$v_i = \frac{\dfrac{v_{i1}}{R_1} + \dfrac{v_{i2}}{R_2} + \dfrac{v_{i3}}{R_3}}{\dfrac{1}{R_1} + \dfrac{1}{R_2} + \dfrac{1}{R_3}}$$

비반전 증폭기의 전압 증폭도는 $A_v = \left(1 + \dfrac{R_f}{R}\right)$이므로

$$v_o = A_v v_i = \left(1 + \frac{R_f}{R}\right)\frac{\dfrac{v_{i1}}{R_1} + \dfrac{v_{i2}}{R_2} + \dfrac{v_{i3}}{R_3}}{\dfrac{1}{R_1} + \dfrac{1}{R_2} + \dfrac{1}{R_3}}\ [\mathrm{V}] \tag{2.58}$$

만일 $R_1 = R_2 = R_3 = R$이라면 출력전압은 아래와 같은 관계식이 성립한다.

$$v_o = \frac{1}{3}\left(1 + \frac{R_f}{R}\right)(v_{i1} + v_{i2} + v_{i3})\ [\mathrm{V}] \tag{2.59}$$

예제 2.4

그림 2.16에서 $R_1 = R_2 = R_3 = 1\,[\mathrm{k\Omega}]$, $R = 1\,[\mathrm{k\Omega}]$, $R_f = 5\,[\mathrm{k\Omega}]$, $v_{i1} = 1\,[\mathrm{mV}]$, $v_{i2} = 2\,[\mathrm{mV}]$, $v_{i3} = 3\,[\mathrm{mV}]$ 일 때 출력전압은 몇 [mV]인가?

풀이

$$v_o = \frac{1}{3}\left(1 + \frac{R_f}{R}\right)(v_{i1} + v_{i2} + v_{i3}) = \frac{1}{3}\left(1 + \frac{5}{1}\right)(1+2+3) = 2 \times 6 = 12\ [\mathrm{mV}]$$

2.7 옵셋 전압의 조정

OP 앰프에서 아주 작지만 출력단에 나타나는 **출력 옵셋(off-set) 전압**은 직류 증폭기로 사용하는 경우에는 이 성분이 가산되므로 바람직하지 못하다. 일부 OP 앰프 IC는 외부에 옵셋 0 조정단자가 나와 있는 경우도 있다. 예컨대 741 IC인 경우에는 그림 2.17과 같이 2개의 옵셋 조정 단자가 IC 핀에 붙어있으며, 이 단자에 가변저항 10 [kΩ]을 연결하여 출

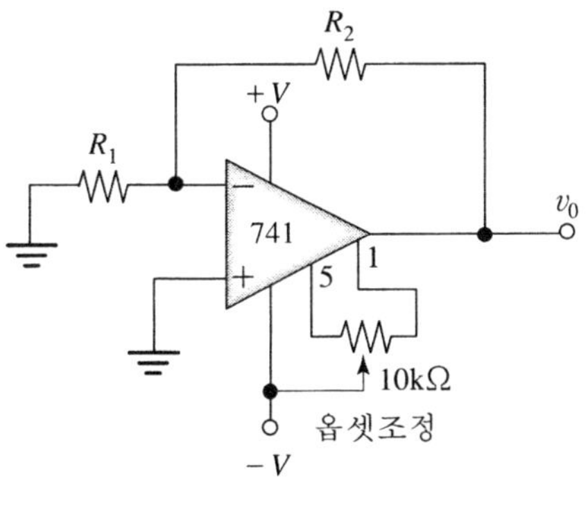

그림 2.17 옵셋 전압의 조정 회로(A)

력단에서 직류 출력전압이 0 [V]가 되도록 조정한다. 최근에 나오는 대부분의 OP 앰프 IC는 내부에 보상회로가 들어있는 경우가 많다.

출력전압에 그림 2.18과 같이 $+\Delta V_o$가 나타난다는 것은 $V_o = A_v V_i$에 의해

$$\Delta V_i = \frac{\Delta V_o}{A_v} \tag{2.60}$$

이 존재한다는 것과 같다. 그림 2.1과 같은 반전 증폭기인 경우에 A_v 값은 −이므로 그림 2.18(a)와 같이 ΔV_o와 반대 극성의 ΔV_i가 입력단에, 즉 비반전단자에 존재한다는 뜻이다. 바로 이것이 **입력 옵셋 전압**이다. 따라서 옵셋 출력전압 ΔV_o을 없애기 위해서는 그림 2.18(b) 및 그림 2.18(c)와 같이 반대극성의 ΔV_i를 가해주면 된다.

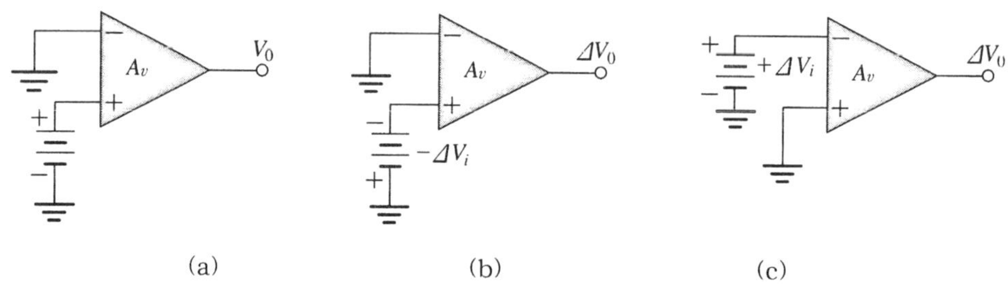

그림 2.18 옵셋 입력전압

그림 2.19(a)는 $+V$와 $-V$ 사이에 가변저항을 사용하여 비 반전 입력단자에 $-\Delta V_i$를 만들어주는 방법이다. 가변저항의 가변단자가 중앙에서 $-V$쪽으로 약간 이동한 위치에서 조정이 된다. 그림 2.19(b)의 경우에는 가변저항의 가변단자가 중앙에서 $+V$쪽으

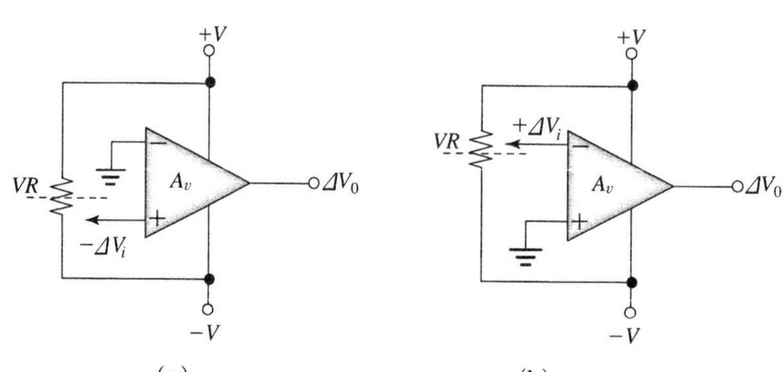

그림 2.19 옵셋 전압의 조정 회로(A)

로 약간 이동한 위치에서 조정이 된다.

그림 2.20은 반전 증폭기의 **출력 옵셋 전압 0 조정회로**이다. 가변저항 VR로 조정한 전압을 다시 미세조정을 하기 위해서 R_3와 R_4로 전압을 분배한 방식이다. 옵셋 전압의 조정 범위는 아래의 식과 같다.

$$\pm V_o \fallingdotseq \pm V \cdot \frac{R_3}{R_4} \tag{2.61}$$

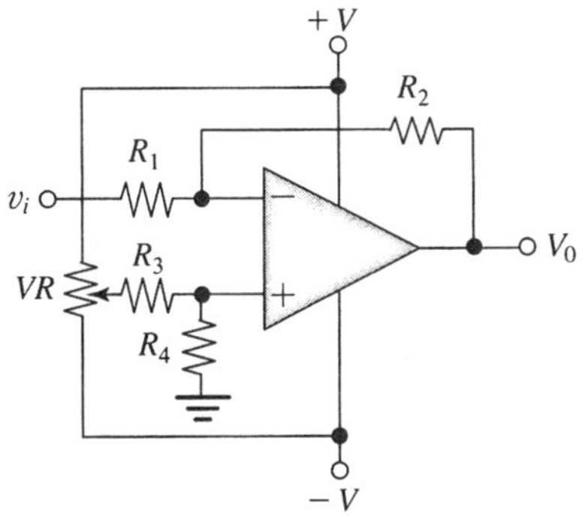

그림 2.20 반전 증폭기의 옵셋 전압 조정회로

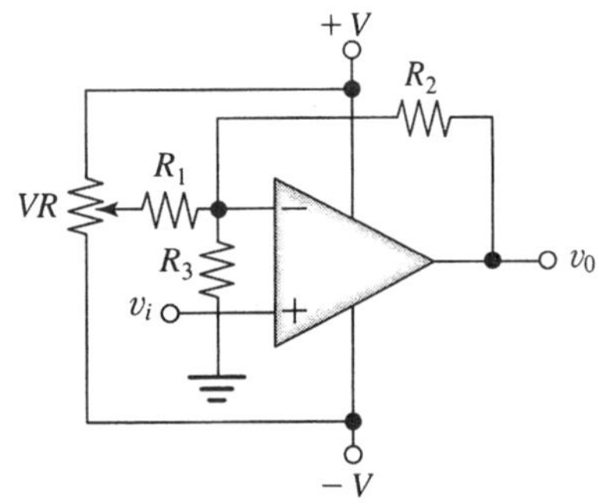

그림 2.21 비반전 증폭기의 옵셋 전압 조정회로

그림 2.21은 비반전 증폭기의 출력 옵셋 조정회로이고 조정 전압 범위는 아래와 같다.

$$\pm V_o \fallingdotseq \pm V \cdot \frac{R_3}{R_1} \tag{2.62}$$

예제 2.5

그림 2.20에서 $\pm V = \pm 15\,[\mathrm{V}]$, $R_3 = 1\,[\mathrm{k\Omega}]$, $R_4 = 15\,[\mathrm{k\Omega}]$ 일 때 출력전압의 조정 범위는 얼마인가?

풀이

$$\pm V_o \fallingdotseq \pm V \times \frac{R_3}{R_4} = \pm 15 \times \frac{1}{15} = \pm 1\,[\mathrm{V}]$$

그림 2.22는 차동 증폭기의 옵셋 전압 조정회로이고, 출력전압 조정 범위는 아래와 같다.

$$\pm\Delta V_o \fallingdotseq \pm V\left(\frac{R_4}{R_3}\right)\left(\frac{R_1'}{R_1'+R_2}\right) \tag{2.63}$$

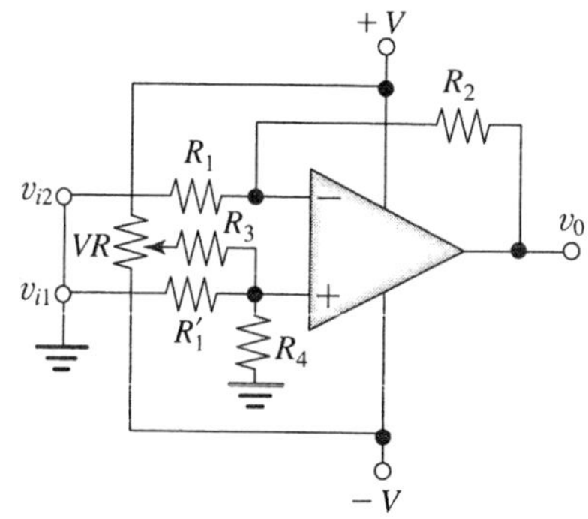

그림 2.22 차동 증폭기의 옵셋 전압의 조정 회로

그림 2.23은 전압 폴로워의 옵셋 전압 미세 조정회로이다. 저항 R_1과 저항 R_2는 전압 분배용이고, $R_1 \gg R_2$이므로 실제로는 반전 입력단자와 출력단자가 단락된 것과 등가회로이다.

실제의 전압 증폭도는

$$A_v = \frac{R_1 + R_2}{R_1}$$

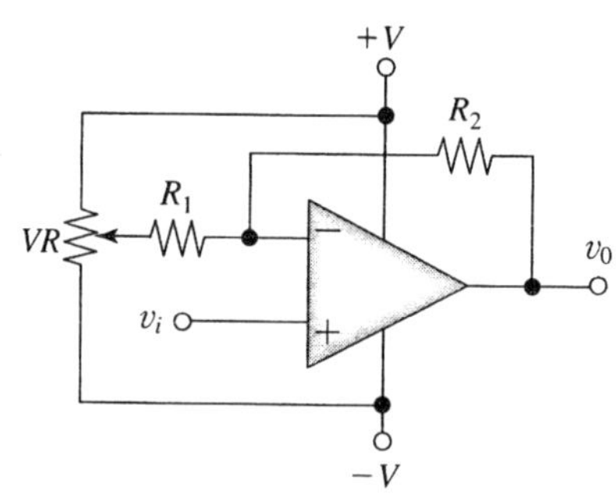

그림 2.23 옵셋 전압 미세 조정회로

이지만 $R_1 \gg R_2$이므로

$$A_v \fallingdotseq \frac{R_1}{R_1} = 1$$

이 된다. 또한 출력전압 조정 범위는 아래와 같다.

$$\pm V_o \fallingdotseq \pm V \cdot \frac{R_2}{R_1} \tag{2.64}$$

또 한가지 방법은 입력 옵셋 전류를 이용하여 그림 2.24와 같이 비반전 입력단자에 저항 R을 연결하여 접지시키는 회로이다. '입력 옵셋 전류× R'의 전압강하가 $-V_i$가 되도록 하는 원리이다. 이때의 저항 값은 입력 옵셋 전류를 I_{is} 라 하면 아래와 같다.

$$R = \frac{\Delta V_i}{I_{is}} = \frac{\Delta V_o}{A_v I_{is}} \tag{2.65}$$

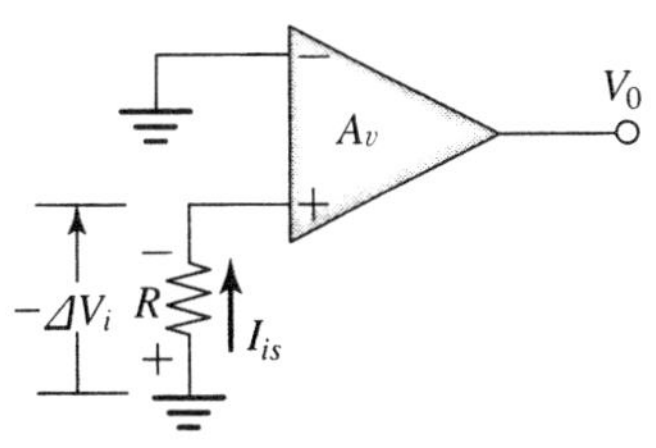

그림 2.24 입력 옵셋 전류를 이용한 회로

예제 2.6

그림 2.24회로에서 입력 +단자를 저항으로 접지시킬 때 $V_o = 5$ [mV]이다. 옵셋 저항 R을 얼마로 할 때 V_o는 0 [V]가 되는가? 단, OP 앰프의 $A_{ol} = 50,000$, $I_{is} = 20$ [nA].

풀이

$$R = \frac{5\times 10^{-3}}{5\times 10^4 \times 20 \times 10^{-9}} = \frac{5\times 10^{-3}}{1\times 10^{-3}} = 5\ [\Omega]$$

몇 개의 OP 앰프 IC에 대한 규격표 상의 입력 옵셋 전압은 표 2.1과 같다.

표 2.1 OP 앰프 IC의 입력 옵셋 전압

구 분	LM101A/201A	LM301A	MC356	μ A709	LM741
최대 입력 옵셋 전압	2 [mV]	7.5 [mV]	1 [mV]	2 [mV]	5 [mV]

간추림

2.1 OP 앰프의 부귀환

- 입력전압과 반대위상의 전압이 출력단으로부터 입력단으로 되돌아오는 현상을 부귀환이라 하며, 비교적 많이 쓰이는 방식으로 직렬 부귀환과 병렬 부귀환방식이 있다. 귀환율(β)=(귀환전압/출력전압)이다.

2.2 반전 증폭기

- 그림 2.25는반전 증폭기의 기본회로이다.

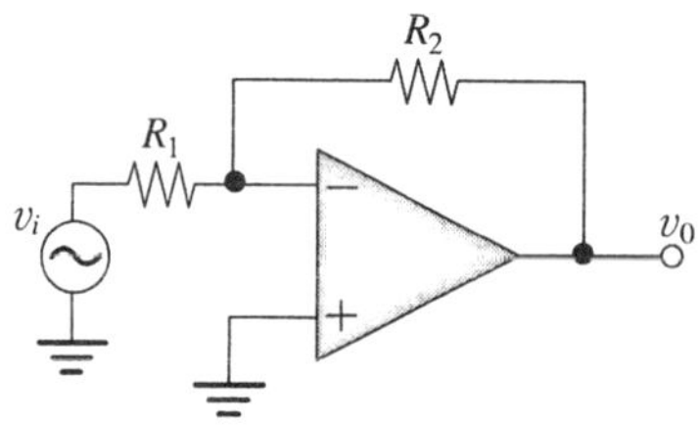

그림 2.25 반전 증폭기의 기본회로

- 그림 2.25에 대한 반전 증폭기의 전압 증폭도, 입력저항, 출력저항은 표 2.2와 같다.

표 2.2 반전 증폭기

전압 증폭도	$-\dfrac{R_2}{R_1}$
입력저항	$\left(1-\dfrac{R_1}{R_2}A_{ol}\right)R_i$
출력저항	$\dfrac{1}{A_{ol}}R_o$

2.3 비반전 증폭기

- 그림 2.26은 비반전 증폭기의 기본회로이다.

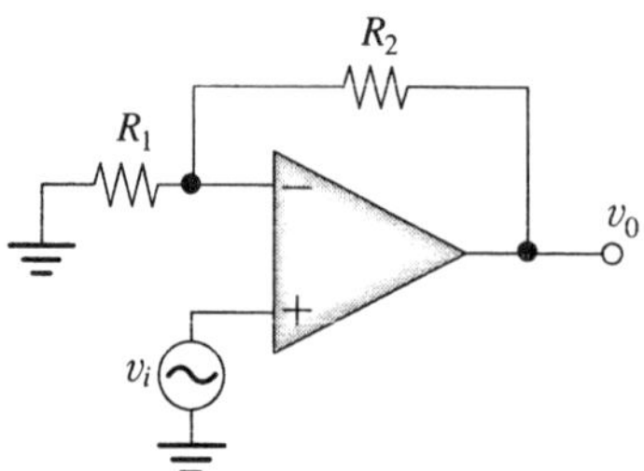

그림 2.26 비반전 증폭기의 기본회로

■ 전압 증폭도, 입력 및 출력저항은 표 2.3과 같다.

표 2.3 비반전 증폭기

전압 증폭도	$1+\dfrac{R_2}{R_1}$
입력저항	$\left(1+\dfrac{R_1}{R_1+R_2}A_{ol}\right)R_i$
출력저항	$\dfrac{1}{A_{ol}}R_o$

2.4 차동 증폭기

■ 그림 2.27은 차동 증폭기의 기본회로이다.

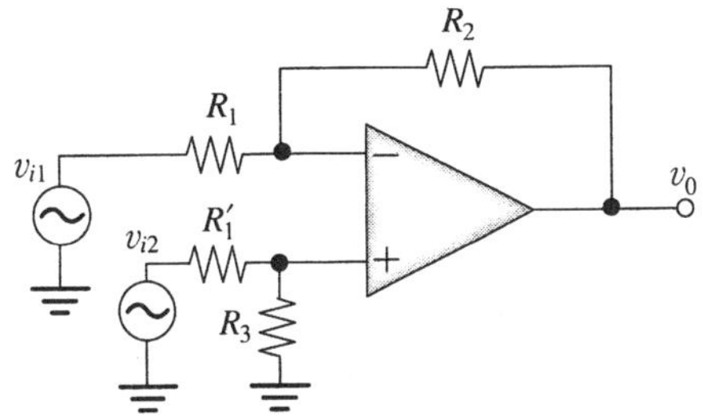

그림 2.27 차동 증폭기의 기본회로

■ 그림 2.27에서 차동 증폭기의 출력전압은 아래와 같다.

$$v_o = \frac{R_2}{R_1}(v_{i2}-v_{i1})$$

2.5 전압 폴로워

■ 그림 2.28은 전압 폴로워이며, 전압 증폭도는 1이다. 주로 버퍼로 사용한다.

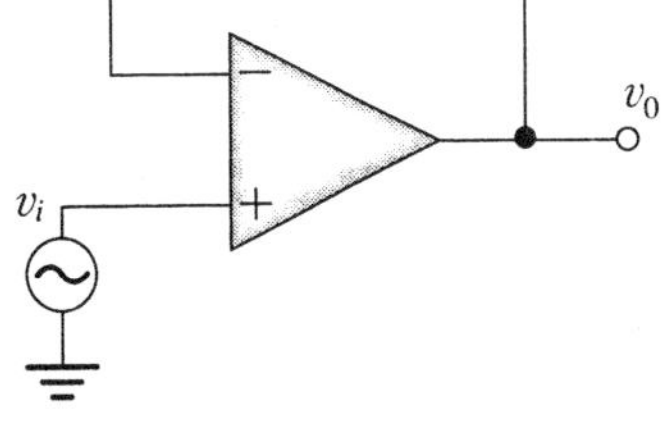

그림 2.28 전압 폴로워

2.6 가산 증폭기

- 그림 2.29는 반전 가산 증폭기회로이다. 모든 저항이 같고, $A_v = -1$이면 출력전압은 아래와 같다.

$$v_o = -(v_{i1} + v_{i2} + v_{i3})$$

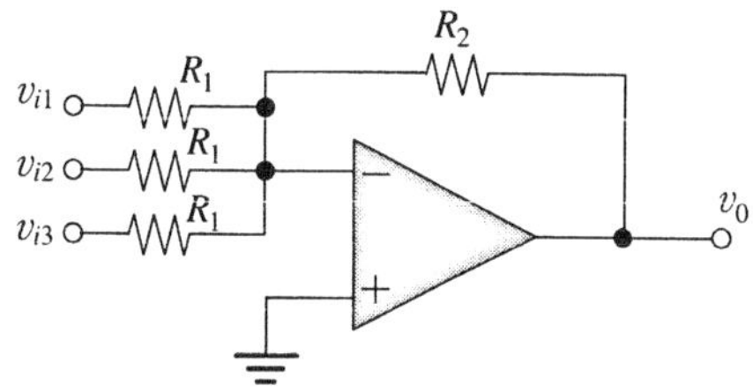

그림 2.29 가산 증폭기

2.7 옵셋 전압의 조정

- 출력 옵셋 조정은 입력전압이 0 [V]일 때 출력전압이 0 [V]가 되도록 상쇄 입력전압을 가해주는 것이다.
- 그림 2.30(a), (b)는 반전 증폭기와 비반전 증폭기의 출력 옵셋 전압 0 조정회로이다. 입력전압이 접지된 상태에서 출력전압이 0 [V]가 되도록 VR로 조정한다.

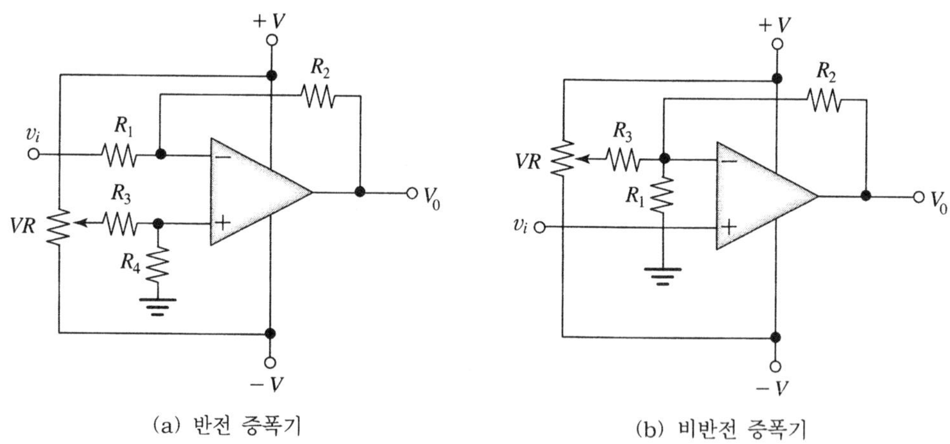

그림 2.30 옵셋 전압의 조정회로

연습문제 Chapter 2

1. 부귀환 시의 전압 증폭도는?
(가) 개 루프 전압 증폭도와 같다.
(나) 개 루프 전압 증폭도보다 크다.
(다) 개 루프 전압 증폭도보다 작다.
(라) 개 루프 전압 증폭도와 관계없다.

2. 부귀환 OP 앰프에서 출력저항은?
(가) 무귀환 시보다 증가한다.
(나) 무귀환 시보다 감소한다.
(다) 개 루프 전압이득이 클수록 작아진다.
(라) 개 루프 전압이득이 클수로 커진다.

3. 반전 증폭기의 전압 증폭도는?
(가) 귀환율이 커질수록 커진다.
(나) 귀환율이 작을수록 커진다.
(다) 공급전압이 클수록 커진다.
(라) 귀환저항이 커질수록 작아진다.

4. OP 앰프에서 반전 증폭기의 입력저항은?
(가) 무귀환 시보다 작아진다.
(나) 무귀환 시와 같다.
(다) 귀환율이 작아질수록 커진다.
(라) 귀환율이 커질수록 커진다.

5. OP 앰프에서 반전 증폭기의 출력저항은?
(가) 수십 [Ω]
(나) 수백 [Ω]
(다) 수 [kΩ]
(라) 수십 [kΩ]

6. 입력 결합 콘덴서가 있는 OP 반전 증폭기의 저역차단 주파수는?
(가) 콘덴서가 클수록 작아진다.
(나) 콘덴서가 작을수록 작아진다.
(다) 주파수가 클수록 커진다.
(라) 주파수에 관계없다.

7. 증폭기에서 입력저항이 아주 크면?
(가) 주파수 특성이 나빠진다.
(나) 전압 증폭도가 떨어진다.
(다) 저역 차단 주파수가 올라간다.
(라) 잡음의 영향을 받기 쉽다.

8. 전압 폴로워의 전압 증폭도 A_v는?
(가) $A_v < 1$
(나) $A_v > 1$
(다) $A_v = 1$
(라) $A_v = 10$

9. OP 앰프를 사용한 비반전 가산 증폭기에서 입력저항과 귀환저항이 모두 같다면 출력전압은? 단, 입력은 세가지.

(가) 2(입력전압의 합)/3　　(나) 입력전압의 합

(다) 2×(입력전압의 합)　　(라) 3×(입력전압의 합)

10. OP 차동 앰프의 옵셋 조정과 관계가 깊은 것은?

(가) 전압 증폭도　　(나) 귀환저항

(다) 공급전압(±V)　　(라) 입력저항

11. 부귀환 반전 증폭기에서 $A_{ol} = 1,000$, $\beta = 0.05$일 때 전압 증폭도 A_v를 구하라.

12. 그림 2.31에서 전압 증폭도, 입력저항, 출력저항을 구하라. 단, OP 앰프의 $A_{ol} = 20,000$, $R_i = 1.2$ [MΩ], $R_o = 60$ [Ω].

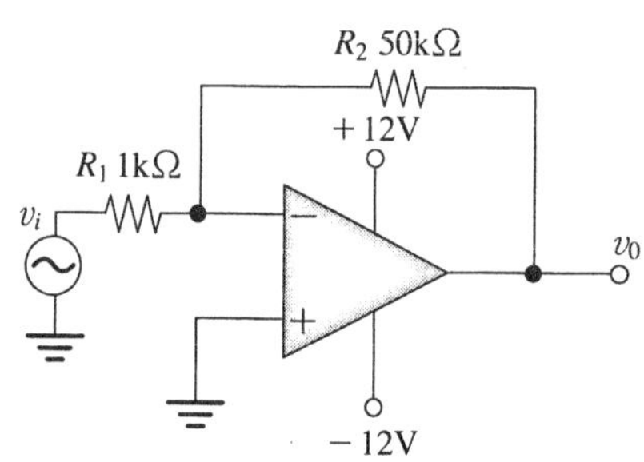

그림 2.31 반전 증폭기

13. 그림 2.32에서 전압 증폭도, 임력저항 및 출력저항을 구하라. 단, OP 앰프 자체의 $A_{ol} = 20,000$, $R_i = 1.2$ [MΩ], $R_o = 60$ [Ω].

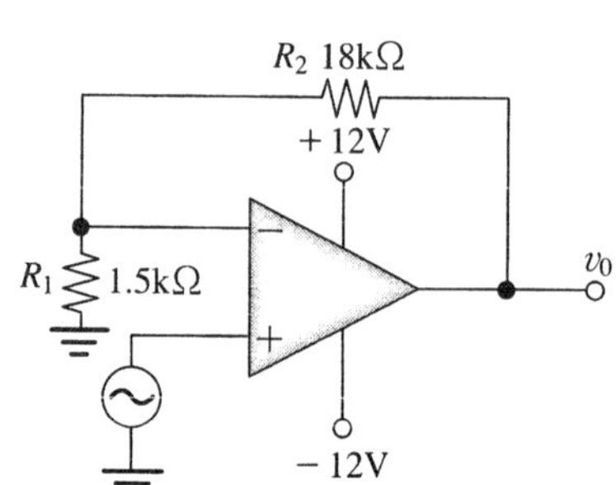

그림 2.32 비반전 증폭기

14. 그림 2.33의 비반전 증폭기의 저역 차단 주파수를 구하라.

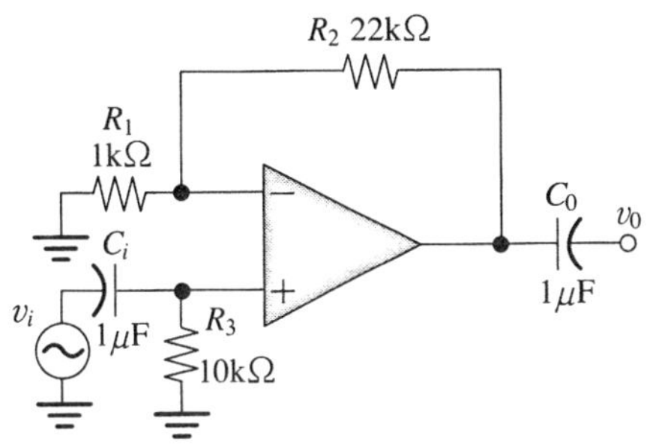

그림 2.33 비반전 증폭기의 f_{cl}

15. 그림 2.34와 같은 전압 폴로워의 CMRR을 구하라. 단, $A_{cm} = 0.002$.

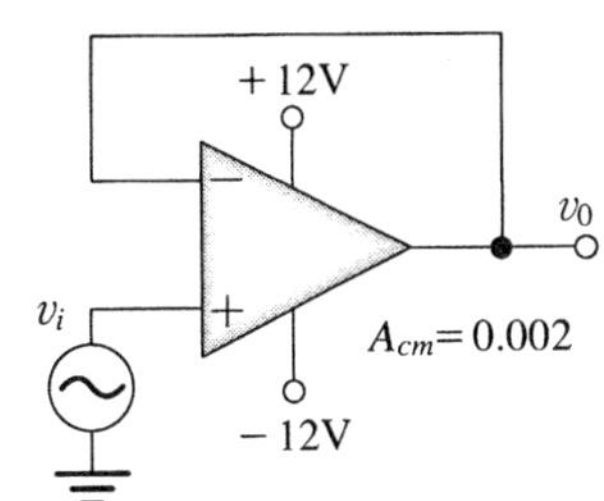

그림 2.34 전압 폴로워

16. 그림 2.35의 비반전 가산 증폭기의 출력을 구하라.

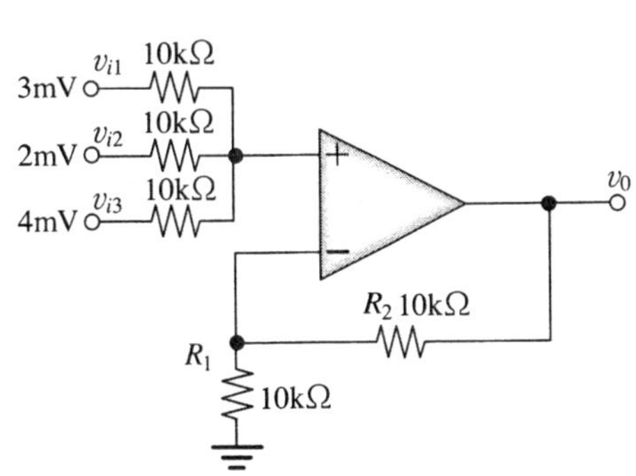

그림 2.35 비반전 가산 증폭기

17. 그림 2.36은 차동 증폭기의 옵셋 조정회로이다. 출력전압 조정 범위를 ± 10 [mV]로 하기 위한 R_4 값을 구하라.

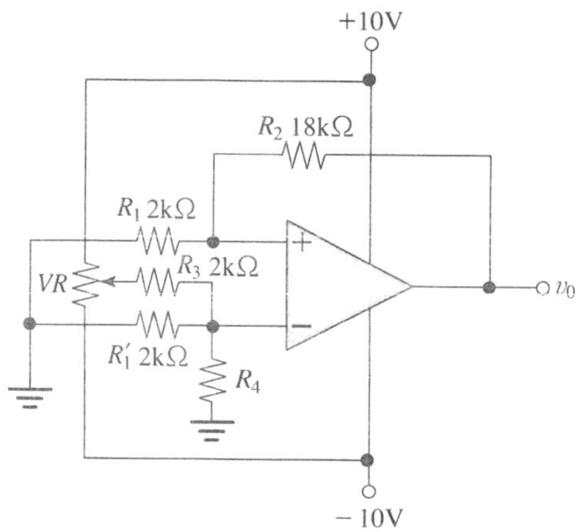

그림 2.36 차동 증폭기의 옵셋 조정

3

OP 앰프의 주파수 응답과 보상

내 용

학습목표

- OP 앰프의 주파수 특성을 나타내는 용어의 정의를 이해한다
- OP 앰프의 주파수 특성을 이해한다
- OP 앰프의 안정도에 미치는 위상에 대해서 배운다
- OP 앰프의 C 및 R, C 보상회로를 익힌다

3.1 OP 앰프의 주파수 특성

이미 앞서 1-5에서 언급한 바와 같이 OP 앰프의 주파수 특성은 차단 주파수 f_c, 대역폭(BW), 단위이득 주파수(f_{unity})로 결정된다. 대역폭의 정의는 고역 차단 주파수와 저역 차단 주파수의 차(差)이지만 OP 앰프에서 저역 차단 주파수는 0이므로 전압이득이 −3 [dB]인 차단 주파수 f_c가 바로 **대역폭**이 된다. 그림 3.1은 이를 나타낸다.

$$BW = f_c \,[\text{Hz}] \tag{3.1}$$

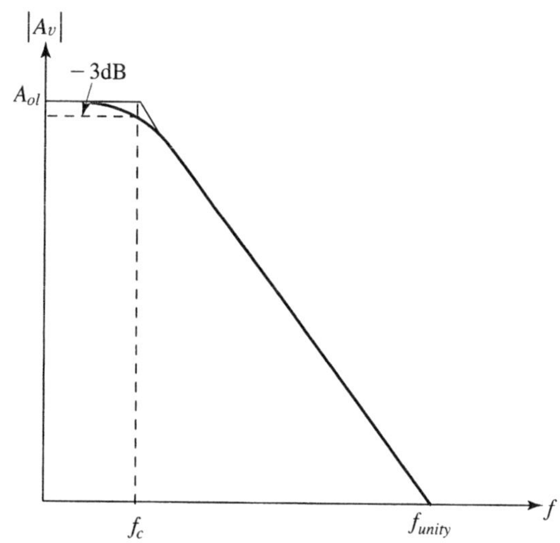

그림 3.1 OP 앰프의 주파수 특성곡선

또한 차단 주파수 이상에서 아래의 관계식에 의해 전압이득이 크면 대역폭은 작고, 대역폭이 크면 전압이득은 작아진다.

$$A_v \cdot BW = A_v \cdot f_c = f_{unity} \,[\text{Hz}] \tag{3.2}$$

3.1.1 데시벨(dB)과 decade

전압이득은 전압 증폭도의 상대적인 비를 대수로 나타낸 값이며, 그 단위는 데시벨(dB)로 나타낸다.

$$전압이득_{dB} = 20\log(\frac{V_o}{V_i})\ [dB] \quad (3.3)$$

표 3.1은 전압 증폭도와 전압이득(dB)의 관계를 나타낸다.

표 3.1 전압 증폭도와 전압이득

전압 증폭도(Vo/Vi)	전압이득(20log(Vo/Vi)
1	0 [dB]
10	20 [dB]
100	40 [dB]
1,000	60 [dB]
10,000	80 [dB]
100,000	100 [dB]

3.1.2 dB/decade, dB/octave와 보드선도

decade란 주파수의 10배 변화를 뜻한다. 예컨대 주파수가 10 [Hz]에서 100 [Hz]로 변한다면 한 decade, 10 [Hz]에서 1000 [Hz]로 변한다면 두 decade가 된다. 또한 **롤-오프**(roll-off)란 주파수에 따라 전압이 감쇠하는 것을 말한다. RC 위상 지연회로에서 전압이

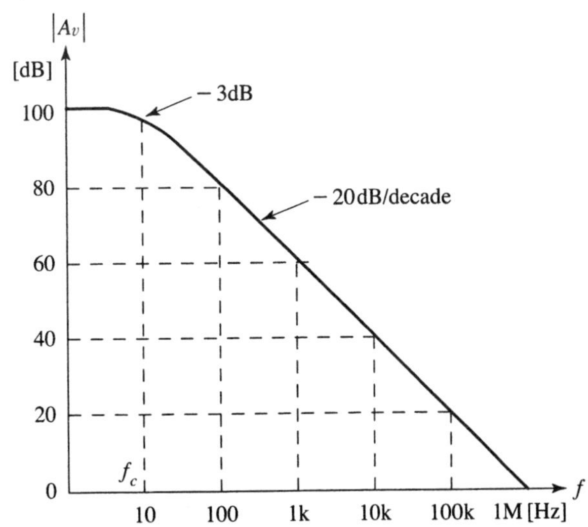

그림 3.2 증폭기의 보드선도

득은 차단 주파수(f_{cl}) 이하 또는 차단 주파수(f_{ch}) 이상에서 decade당 20 [dB]씩 감소한다(−20dB/decade). 그림 3.2와 같이 반 그래프 용지에 주파수의 변화를 decade 또는 octave로 균등하게 눈금을 매기고, 전압이득을 dB로 나타낸 주파수-전압이득의 특성 곡선을 **보드선도(Bode plot)**라 한다. 전압이득 대신 주파수-위상으로 나타내기도 한다. 주파수 눈금을 decade당 일정 간격으로 나타내면 주파수의 상대적인 변화가 10배일 때의 전압이득이나 위상의 변화를 쉽게 알 수 있으므로 주파수 특성을 이해하는데 편리하다. 그림 3.2의 초기 −3dB 부근(f_c)에서는 점선과 같지만 이상적인 경우로 가정하여 직선으로 나타내는 것이 해석하기 쉽다.

예제 3.1

주파수가 1000 [Hz]에서 10 [Hz]로 변하면 몇 [dB/decade]인가?

풀이

$10/1000 = 1/100 = 10^{-2}$이므로 $20\log 10^{-2} = 20 \times (-2) = -40$ [dB/decade]이다.

3.1.3 RC 지연회로

대부분의 OP 앰프는 내부에 등가적으로 그림 3.3과 같은 **RC 지연회로**가 포함되어 있다.

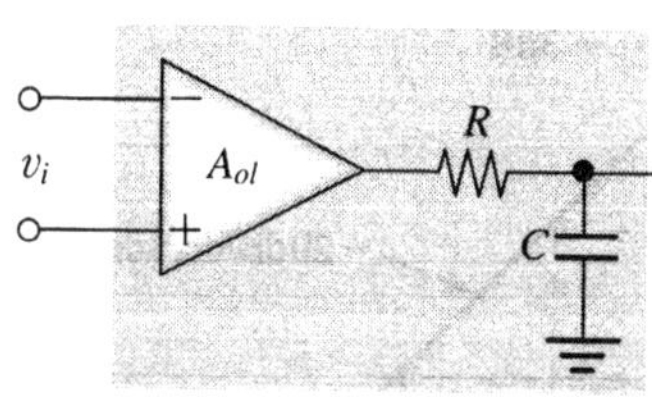

그림 3.3 OP 앰프의 내부 RC 회로

그림 3.3에서 전압 증폭도는 아래와 같다.

$$A_v = \frac{v_o}{v_i} = \frac{X_c}{\sqrt{R^2 + X_c^{\ 2}}} \tag{3.4}$$

전압이득이 −3 [dB]로 떨어지는 차단 주파수 f_c는

$$f_c = \frac{1}{2\pi RC} \text{ [Hz]} \tag{3.5}$$

이고, 콘덴서의 리액턴스 $X_c = 1/(2\pi fC)$이므로

$$f = \frac{1}{2\pi CX_c} \text{ [Hz]} \tag{3.6}$$

가 된다. 따라서 식 (3.5), 식 (3.6)으로부터 아래의 관계식을 얻을 수 있다.

$$\frac{f_c}{f} = \frac{X_c}{R} \tag{3.7}$$

식 (3.7)을 식 (3.4)에 대입하면 아래와 같다.

$$A_v = \frac{1}{\sqrt{1 + (f/f_c)^2}} \tag{3.8}$$

위의 식에서 $f = 0$이면 A_{ol}, $f = f_c$이면 전압 증폭도는 $A_{ol}/\sqrt{2}$, $f = 10f_c$이면 $A_{ol}/10$, $f = 100f_c$이면 $A_{ol}/100$으로 감소한다. 표 3.2는 $A_v = 100,000$일 때의 주파수에 따른 전압이득을 나타낸 것이다. 여기서 알 수 있는 것은 주파수가 10배 증가할 때마다 전압이득은 −20 [dB]씩 감소한다. 즉, 차단 주파수 이상에서는 −20 [dB/decade]의 기울기로 전압이득이 감소한다.〈주〉 정확히는 f_c에서의 기울기가 −17 [dB]이지만 이상적인 급경사로 간주하여 −20 [dB]로 해석.

표 3.2 주파수-전압이득

f/f_c	전압 증폭도	전압이득 [dB]
0	100,000	100
1	$100,000/\sqrt{2}$	97
10	100,000/10 = 10,000	80
100	100,000/100 = 1,000	60
1,000	100,000/1,000 = 100	40
10,000	100,000/10,000 = 10	20
100,000	100,000/100,000 = 1	0

그림 3.4는 이를 보드선도로 나타낸 것이다. *RC* 위상 지연회로는 입력전압의 위상이 0°일 때 출력전압의 위상이 0°~90°뒤져서 나타나며, 그 위상차 Φ는 아래의 관계식과 같다.

$$\Phi = -\tan^{-1}\left(\frac{R}{X_c}\right) = -\tan^{-1}\left(\frac{f}{f_c}\right)\ [°] \tag{3.9}$$

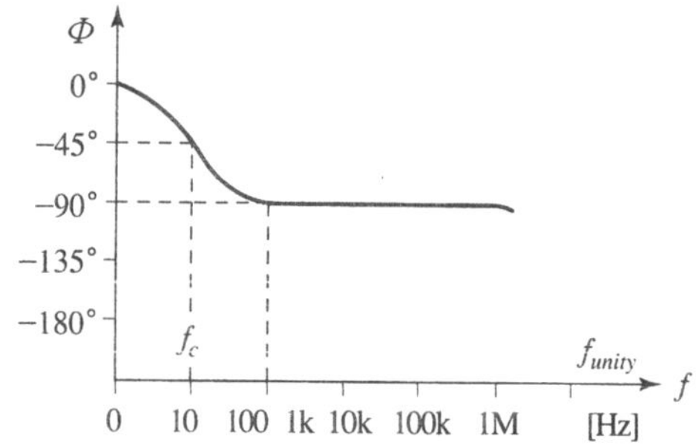

그림 3.4 위상 보드선도

출력전압의 위상지연은 $f = f_c$에서 −45°가 되고, $f = 10f_c$에서 −90°로 최대가 된다.

지금까지는 개 루프(open loop) OP 앰프에 대한 설명이었지만 그림 3.5(a)와 같은 부귀환 반전 증폭기에서는 그림 3.5(b)의 보드선도에서 보는 바와 같이 전압 증폭도가 줄어들고, 대역폭은 커진다. OP 앰프의 개 루프 전압 증폭도가 100,000(=100dB)이라면 그림 3.5(a)회로에서 귀환율 $\beta = R_1/(R_1 + R_2) = 1/(1+100) \fallingdotseq 1/100$이므로 부귀환 시의 전압 증폭도는 $A_v = A_{ol}/(1+\beta A_{ol}) = 100,000/\{1 + (1/100) \cdot 100,000\} \fallingdotseq 100(=40\text{ dB})$이 되고, 이득×대역폭, 즉 이득×차단 주파수 = $f_{unity}(=1,000,000)$이므로 개 루프일 때 100,000×10에서 부귀환일 때 100×10,000으로 차단 주파수의 값이 $f_c = 10$ [Hz]에서

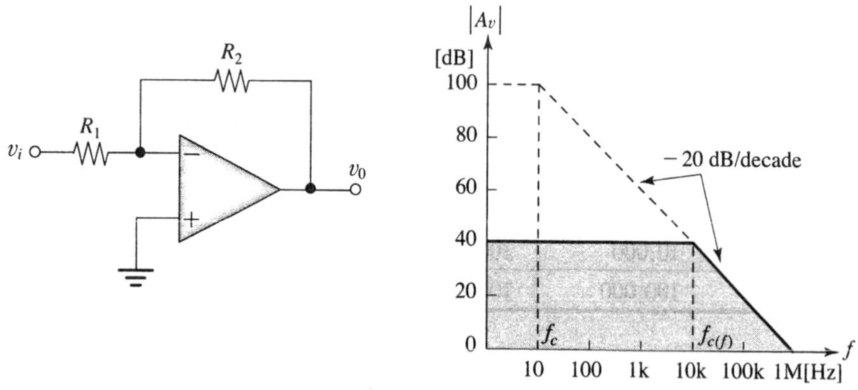

(a) 회로 (b) 전압이득 보드선도

그림 3.5 부귀환 반전 증폭기

$f_{c(f)} = 100$ [kHz]로 훨씬 커진다.

참고

- $BW_{(f)} = (1 + \beta A_{ol}) \cdot BW \fallingdotseq \beta A_{ol} \cdot BW$ [Hz]
- $f_{c(f)} = (1 + \beta A_{ol}) \cdot f_c \fallingdotseq \beta A_{ol} \cdot f_c$ [Hz]

예제 3.2

그림 3.6과 같은 부귀환 반전 증폭기의 전압이득-주파수 보드선도를 그리고, 단위이득 주파수를 구하라. 단, 차단 주파수 $f_c = 1$ [kHz]이다.

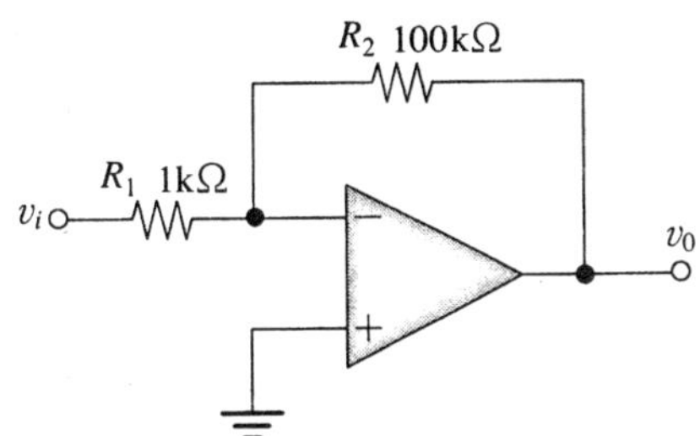

그림 3.6 반전 증폭기

풀이

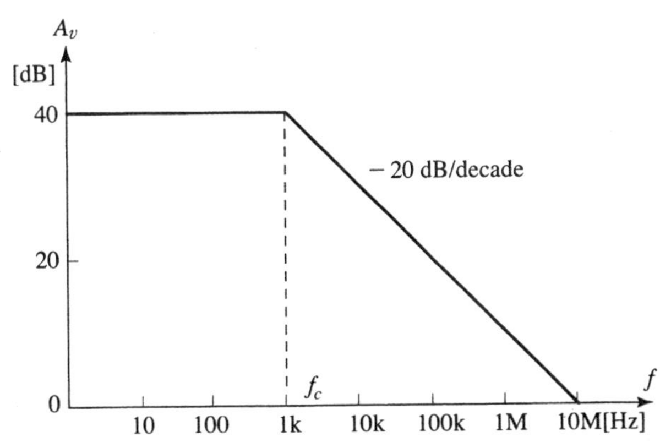

그림 3.7 예제 3.2의 $A_v - f$ 보드선도

$|A_v| = \frac{R_2}{R_1} = \frac{100}{1} = 100(=40\text{dB})$이고, 차단 주파수 1 [kHz]이상부터 decade당 20 [dB]씩 전압이득이 감소하므로 전압이득이 0 [dB]가 되는 단위 이득 주파수는 10 [Mz]가 된다. 전압이득 보드선도는 그림 3.7과 같다.

3.2 OP 앰프의 안정도

3.2.1 정귀환과 발진

OP 앰프를 증폭기로 사용할 때 무엇보다 중요한 것은 **안정도(stability)**이다. 증폭기의 입력단자에 아무런 신호가 들어가지 않았는데도 출력단자에 발진전압이 나타난다든가 입력단자에 신호가 들어갈 때 출력전압이 물결치듯이 흔들려 나타나는 것은 불안정한 동작상태이다. 이러한 현상은 출력전압의 일부가 입력단자로 동위상 전압으로 귀환될 때 일어나는 현상이며, 이를 **정귀환(positive feed-back)**이라 한다. 정귀환은 전압이득이 1이상이고, 입력전압과 출력전압의 위상이 ±360°일 때 일어난다. 따라서 증폭기에서 발진이 일어나지 않도록 하기 위해서는 입력전압과 출력전압의 위상차가 360° 이하이어야 한다.

3.2.2 부귀환 증폭기의 안정도

앞절에서도 언급했지만 부귀환은 증폭기가 줄어들지만 전압이득의 안정, 주파수 특성의 개선, 잡음의 감소 등 여러 가지 장점이 있다. 그러나 부귀환 증폭기는 입력전압과 출력전압의 위상이 반대이므로 이미 −180°의 위상지연이 있다는 것을 염두에 둘 필요가 있다. 만일에 앞서의 3.1.3에서와 같은 RC 지연회로가 내부에 들어있다면 최대 −90°의 위상지연이 추가되므로 $-360° - (-180° - 90°) = -90°$의 위상지연이 추가된다면 증폭기는 발진하게 된다. 따라서 어떻게 하면 추가 위상지연을 줄여서 증폭기를 안정되게 하는가에 대해서 공부할 필요가 있다. 그림 3.8과 같이 OP 앰프를 3단으로 연결하여 증폭기로 사용할 때 총 전압이득(dB)은 이들 각각을 합한 값이며, 총 위상지연 또한 각각을 합한 값이다. 그림 3.8에서 RC 지연회로는 OP 앰프의 내부 및 외부 지연회로를 합해서 등가적으로 나타낸 것이라고 가정한다. 각단의 전압이득-주파수특성을 함께 나타낸 것이 그림 3.9이다.

전체 위상지연은 식 (3.9)에 의해 아래와 같다.

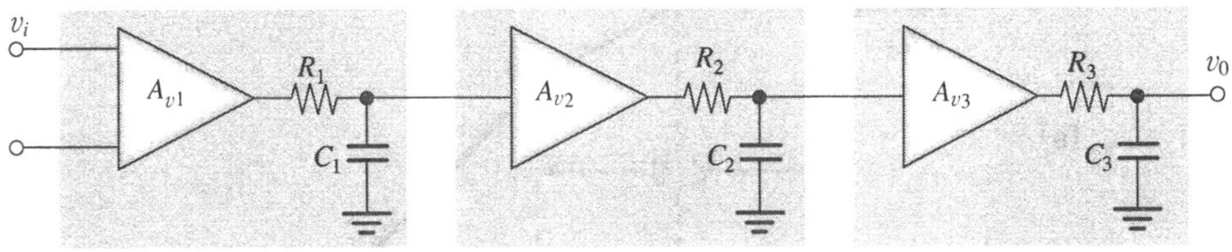

그림 3.8 3단 OP 증폭기의 등가회로

$$\Phi = -\tan^{-1}\left(\frac{f}{f_{c1}}\right) - \tan^{-1}\left(\frac{f}{f_{c2}}\right) - \tan^{-1}\left(\frac{f}{f_{c3}}\right) [°] \quad (3.10)$$

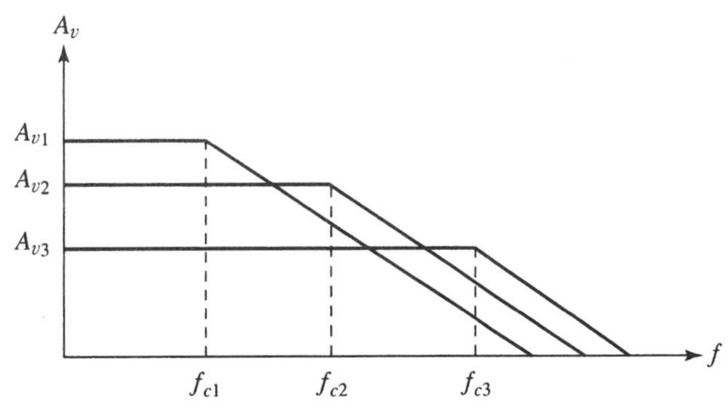

그림 3.9 각단 전압이득–주파수 특성 곡선

그림 3.10(a), (b)는 그림 3.9의 종합특성(전압이득, 위상 보드선도)을 나타낸 것이다. 설명의 편의상 그림 3.10(b)에서 $f_{c2} = 10f_{c1}$, $f_{c3} = 10f_{c2}$로 가정한다. 차단 주파수 f_{c1}에서 위상지연은 −45°이며, f_{c2}에서 −90°가 되고, f_{c3}에서 −135°가 된다. 물론 실제의 f_{c2} 및 f_{c3}에서는 이 값보다 약간 작게 나타날 수 있다.

여기서 관심있게 살펴볼 것은 A−B구간에서 전압이득의 기울기는 −20 [dB/decade]이며, 위상지연은 −45°에서 −90°이다. 따라서 부귀환 증폭기인 경우 위상차 −180°에 이들 값이 추가된다고 해도 최대 −270°이므로 발진이 일어나기 위한 **위상 여유(phase margin)**는 −90°가 남아 있다. 따라서 −20 [dB/ decade] 구간에서는 최소 위상여유가 −90°이므로 증폭기의 안정상태를 보장한다고 말할 수 있다. 일반적으로 증폭기의 안정된 동작을 위해서 위상여유를 최소 −(60°~45°)로 잡도록 권장한다.

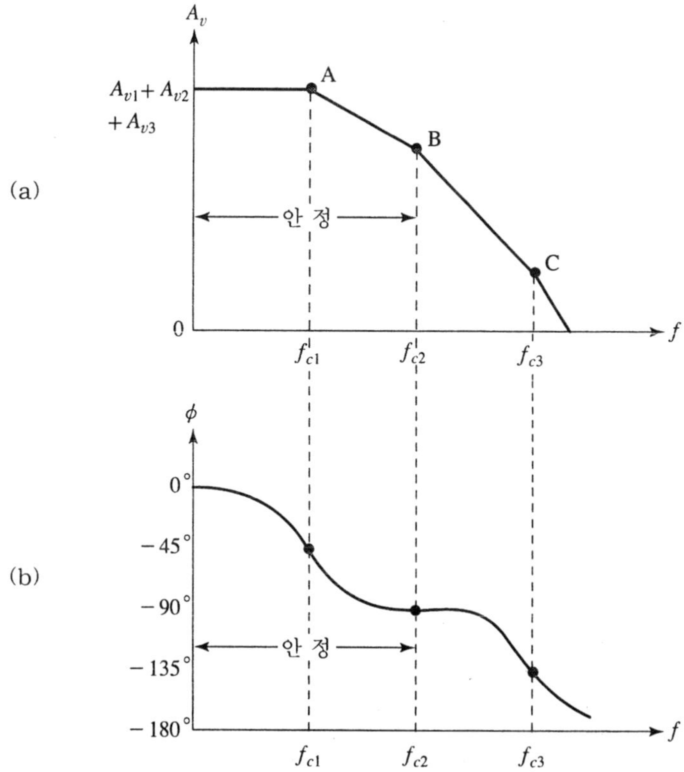

그림 3.10 3단 증폭기의 A_v-f, $\Phi-f$ 보드선도

예제 3.3

그림 3.11과 같이 3단 증폭기의 $f_{c1}=1$ [kHz], $f_{c2}=10$ [kHz], $f_{c3}=100$ [kHz]이다. 주파수 5 [kHz]에 서 증폭기의 안정도를 위상의 관점에서 판정하라.

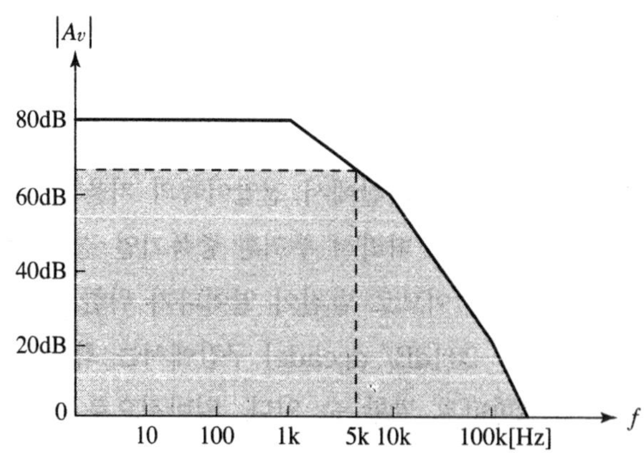

그림 3.11 3단 증폭기의 보드선도

풀이

전체 위상지연은

$$\Phi = -\tan^{-1}\left(\frac{f}{f_{c1}}\right) - \tan^{-1}\left(\frac{f}{f_{c2}}\right) - \tan^{-1}\left(\frac{f}{f_{c3}}\right)$$
$$= -\tan^{-1}\left(\frac{5\,\text{kHz}}{1\,\text{kHz}}\right) - \tan^{-1}\left(\frac{5\,\text{kHz}}{10\,\text{kHz}}\right) - \tan^{-1}\left(\frac{5\,\text{kHz}}{100\,\text{kHz}}\right)$$
$$= -\tan^{-1}(5) - \tan^{-1}(1/2) - \tan^{-1}(1/20)$$
$$= 78.69° - 26.57° - 2.86° = -108.12°$$

따라서 부귀환 시의 위상 $+\Phi = -180° - 108.12° = -288.12°$

이고, 위상여유는 $-360° - (-288.12°) = -71.88°$ 이므로 안정.

3.3 OP 앰프의 보상

OP 앰프에 따라 내부 보상회로가 들어있는 제품도 있고, LM101과 같이 외부에 C 또는 R, C를 연결하여 보상하는 제품도 있다. 그림 3.12는 C에 의한 보상원리를 설명하는 개념도이다.

C가 작은 경우의 차단 주파수가 f_{c1}'과 큰 경우의 차단 주파수 f_{c1}''가 보상전의 차단 주파수 f_{c1}보다 모두 커졌다. 따라서 증폭기의 대역폭 및 안정영역(−20dB/decade)이 증가

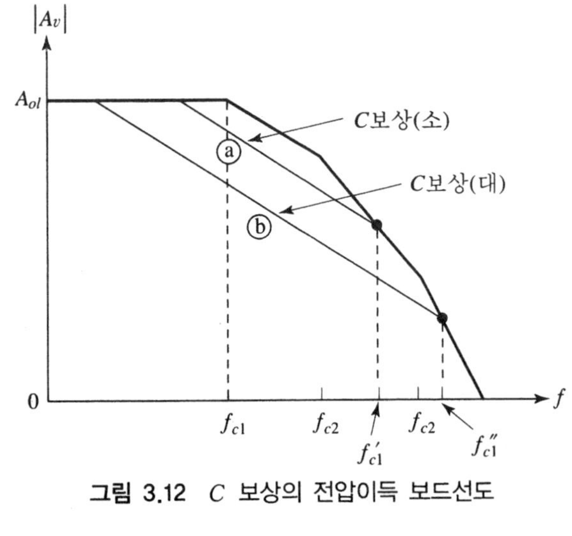

그림 3.12 C 보상의 전압이득 보드선도

했으므로 ⓐ의 경우에는 보상전 다소 불안한 영역(−40dB/decade) 중간부분(f_{cl}')까지, ⓑ의 경우는 보상전 불안정 영역(−60dB/decade)을 약간 초과한 영역(f_{cl}'')까지 안정된 증폭기로 사용할 수 있다.

3.3.1 C 보상

그림 3.13(a)는 LM101의 C 보상회로를 나타내고, 그림 3.13(b)는 부귀환 전압 이득이 $A_v = 40$ [dB]인 경우에 C 값이 3 [pF]인 때와 30 [pF]인 때의 전압이득 보드선도를 나타낸다. 그림 3.13(b)에서 차단 주파수는 보상하기 전 10 [Hz]에서 ⓐ의 경우에 10 [kHz], ⓑ의 경우에 60 [kHz]까지 증가하였음을 알 수 있다.

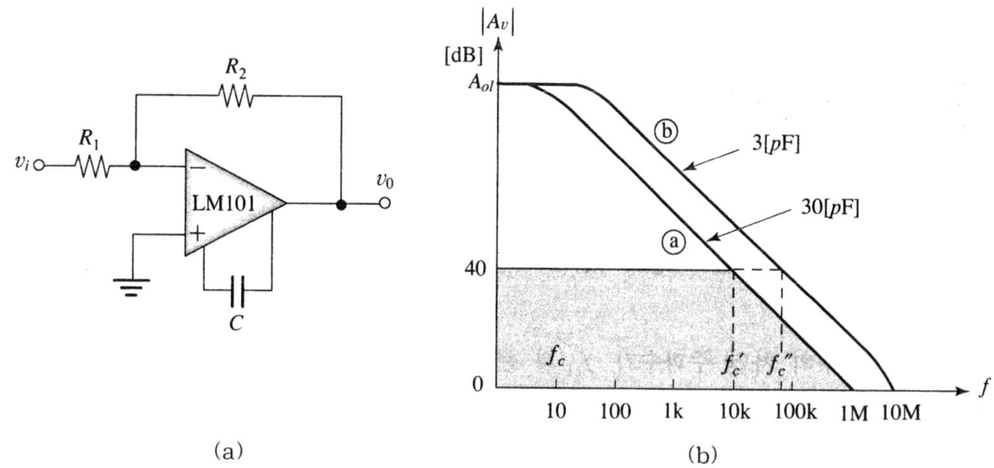

그림 3.13 LM101의 C 보상회로

그림 3.14과 같이 증폭기의 출력단자에서 입력단자로 콘덴서 C가 귀환되어 있는 경우이다.

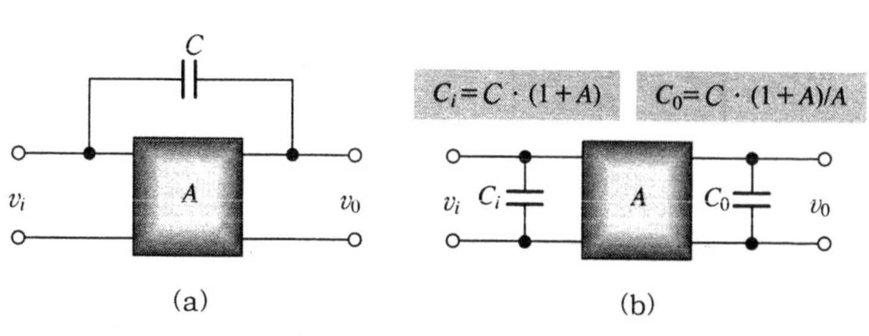

그림 3.14 귀환 콘덴서 증폭기

이를 등가적으로 입력 콘덴서와 출력 콘덴서로 분할하여 나타낸 것이 **밀러 효과**(Miller effect)이다. 밀러 효과에 의한 C_i, C_o는 아래와 같다. 단, A는 증폭기의 전압 증폭도이다.

$$C_i = C \cdot (1+A)\ [\mathrm{F}] \tag{3.11}$$

$$C_o = C \cdot \frac{1+A}{A}\ [\mathrm{F}] \tag{3.12}$$

그림 3.15는 3단 OP 앰프회로이고, 둘째 단에 귀환 콘덴서를 넣은 경우의 차단 주파수 f_{c1}'은 아래와 같다. C_i는 식 (3.11)에 대입한 값과 첫째 단의 출력용량과의 병렬 합성용량이고, R_i는 둘째 단 OP 앰프의 입력저항과 첫째 단의 출력저항의 병렬 합성저항이다.

$$f_{c1}' = \frac{1}{2\pi R_i C_i}\ [\mathrm{Hz}] \tag{3.13}$$

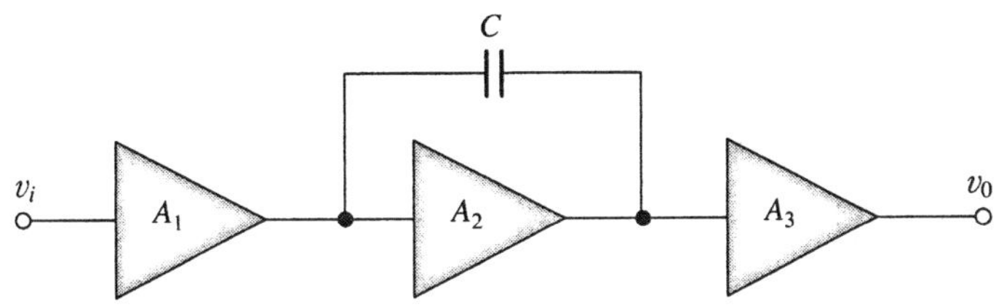

그림 3.15 3단 증폭기의 C 보상

따라서 귀환 콘덴서에 의한 C 보상에 대한 전압이득 보드선도는 그림 3.16과 같다. 앞서 설명한 바와 같이 -20dB/decade 영역은 f_{c2}'까지 확장될 수 있다.

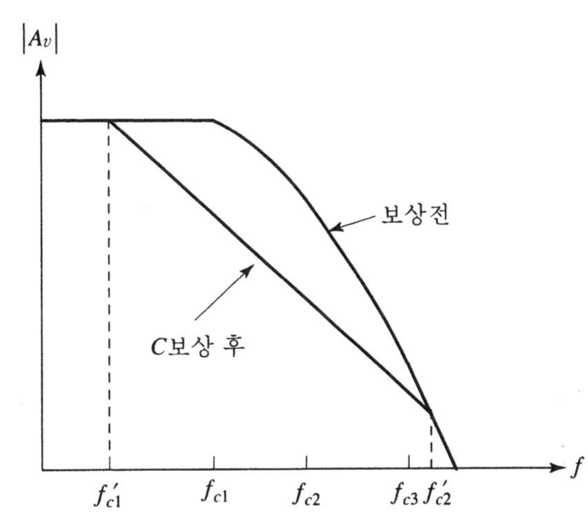

그림 3.16 3단 증폭기의 C 보상 전압이득 보드선도

예제 3.4

그림 3.15에서 $C = 30$ [pF]일 때 차단 주파수 f_{c1}'를 구하라. 단, 증폭기의 $A = 10,000$, $R_i = 53$ [kΩ]

풀이

$$C_i = (1 + A)C = (1 + 10,000) \times 30 \times 10^{-12} \fallingdotseq 3 \times 10^{-7} \text{ [F]}$$

$$f_{c1} = \frac{1}{2\pi R_i C_i} = \frac{1}{2 \times 3.14 \times 53 \times 10^3 \times 3 \times 10^{-7}} = \fallingdotseq \frac{100}{9.9852} = 10 \text{ [Hz]}$$

3.3.2 R, C 보상

그림 3.17(a)와 같은 RC 회로에서의 주파수 특성을 살펴본다. C값이 매우 큰 경우에 낮은 주파수에서 콘덴서의 리액턴스 X_c는 ∞가 되므로 입력전압이 감쇠됨이 없이 그대로 출력전압으로 나타나지만 주파수가 어느 정도 높아지면 $X_c(=1/(2\pi fC))$는 0에 가깝게 된다. 따라서 이때 차단 주파수 f_c까지는 전압 증폭도가 R_1, R_2에 의해 아래의 관계식에 의한 감쇠가 이루어진다.

$$A_v = \frac{R_2}{R_1 + R_2} v_i \tag{3.14}$$

주파수 f_c까지의 전압이득은 1이지만 그 이상에서는 그림 3.17(b)와 같이 −20dB/decade로 감소한다. 이때 차단 주파수는 아래와 같다.

$$f_c = \frac{1}{2\pi(R_1 + R_2)C} \text{ [Hz]} \tag{3.15}$$

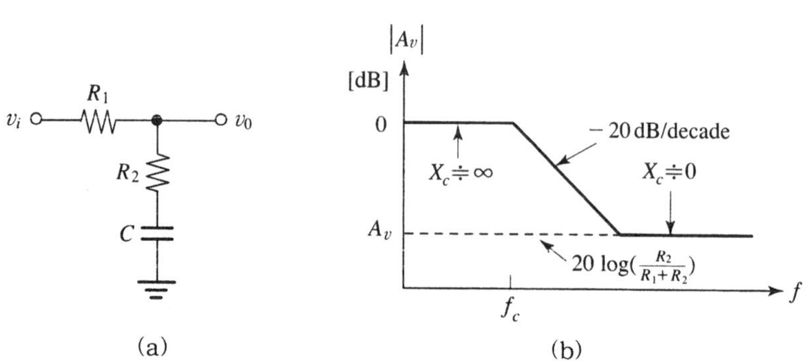

그림 3.17 R, C 보상

그림 3.18은 2단 증폭기의 첫째 단의 출력단자에 보상회로가 들어간 경우의 회로이다.

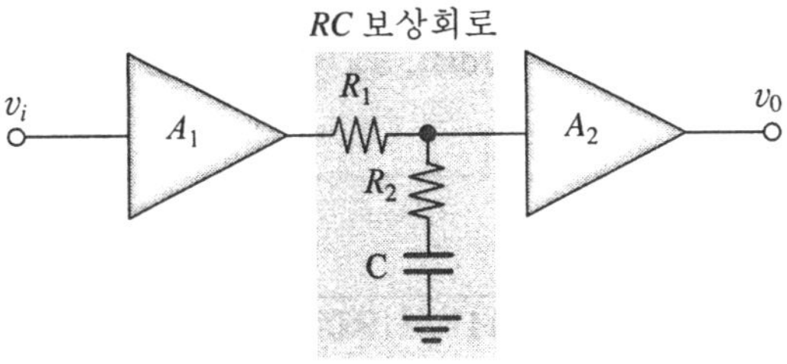

그림 3.18 2단 증폭기의 RC 보상회로

그림 3.19는 RC 보상회로가 들어간 2단 증폭기의 전압이득 보드선도이다. 곡선 ⓐ의 경우가 보상 전의 바깥 곡선에 비해 차단 주파수 f_{c1}이 낮아지고(f_{c1}'), 차단 주파수 f_{c2}가 높아졌다(f_{c2}'). 따라서 -20dB/decade영역이 훨씬 넓어졌고, 안정도가 확보되었다. 만일 C 값을 크게 하고, $20\log(R_2/(R_1+R_2))$ 값을 줄여가면 ⓑ와 같이 f_{c2}''가 증가하여 더 높은 주파수까지 안정도가 보장될 수 있다. 단, 이 경우에는 전압 증폭도가 감소한다는 점을 감안하여야 한다.

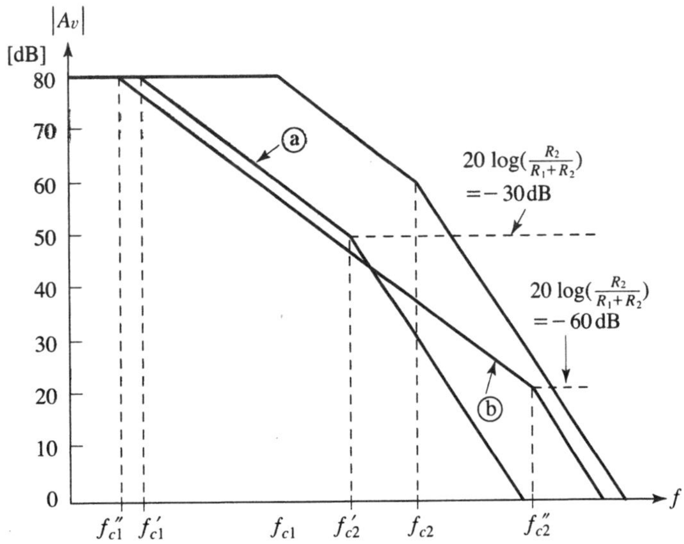

그림 3.19 2단 증폭기의 RC 보상곡선

예제 3.5

그림 3.18에서 $C=1\,[\mu F]$, $R_1=1\,[M\Omega]$, $R_2=10\,[k\Omega]$일 때 보드선도를 그려라. 단, 개루프의 전압 증폭도 $A_{ol}=1,000(=60dB)$, $f_{c1}=10\,[kHz]$, $f_{c2}=100\,[kHz]$

풀이

$$f_{c1}'=\frac{1}{2\pi(R_1+R_2C)}=\frac{1}{2\times3.14\times(1,000+10)\times10^3\times0.1\times10^{-6}}$$

$$=\frac{100}{6.3428}\fallingdotseq15.8\,[Hz]$$

$$20\log\frac{R_2}{R_1+R_2}=20\log\frac{10}{1,000+10}\fallingdotseq20\log\frac{1}{100}=20\log10^{-2}=-40\,[dB]$$

$A_v=40\,[dB]\ \ f_{c2}'$

따라서 보드선도는 15.8 [Hz]에서 시작한 −20dB/decade선과 $A_v=40\,[dB]$와 만나는 점이 f_{c2}'가 되고, 그 이상부터 그림 3.20과 같이 −40dB/decade의 기울기를 갖는다.

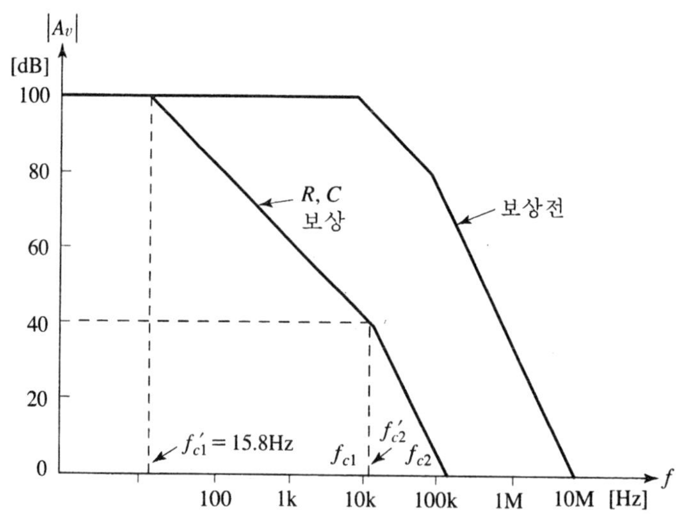

그림 3.20 RC 보상곡선

간추림

3.1 OP 앰프의 주파수 특성

- **차단 주파수** : 전압 증폭도가 직류 증폭도보다 $1/\sqrt{2}$로 떨어지는 주파수를 말한다.
- **단위이득 주파수** : 전압 증폭도가 1로 떨어지는 주파수를 말하며, 이 주파수 이상에서는 발진이 이루어지지 않는다.
- **데시벨(dB)** : 전압 또는 전류 이득을 아래와 같이 대수형태로 나타낸 값이다.

$$\text{전압이득dB} = 20\log\left(\frac{V_o}{V_i}\right)\ [\text{dB}]$$

- **−20dB/decade** : 주파수가 10배 변할 때 전압이득이 1/10로 떨어짐을 말한다.
- **보드선도** : 전압이득-주파수 또는 위상-주파수 특성을 −20dB/decade로 나타낸 곡선을 말한다.
- **RC 지연회로** : 그림 3.21과 같이 OP 앰프의 출력단에 RC 지연회로가 연결될 때의 전압 증폭도, 위상, 차단 주파수는 아래와 같다.

$$A_v = \frac{v_o}{v_i} = \frac{X_c}{\sqrt{R^2 + {X_c}^2}}$$

$$f_c = \frac{1}{2\pi RC}\ [\text{Hz}]$$

$$\Phi = -\tan^{-1}\left(\frac{R}{X_c}\right) = -\tan^{-1}\left(\frac{f}{f_c}\right)\ [°]$$

* RC 지연회로에서의 위상차는 −(0∼90°).

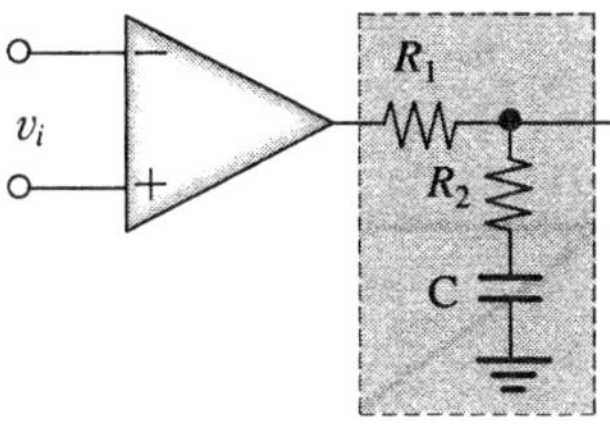

그림 3.21 *RC* 지연회로

3.2 OP 앰프의 안정도

- OP 앰프의 안정도란 정귀환에 의한 발진이 일어나지 않고, 안정한 증폭기로 동작할 수 있는 정도를 말한다.
- OP 앰프의 전압이득 보드선도의 기울기가 −20dB/decade 영역에서 동작시키면 OP 앰프는 안정하다.

3.3 OP 앰프의 보상

■ OP 앰프가 안정된 동작을 하기 위한 보상방법에는 그림 3.22와 같이 C 보상과 R, C 보상법이 있다.

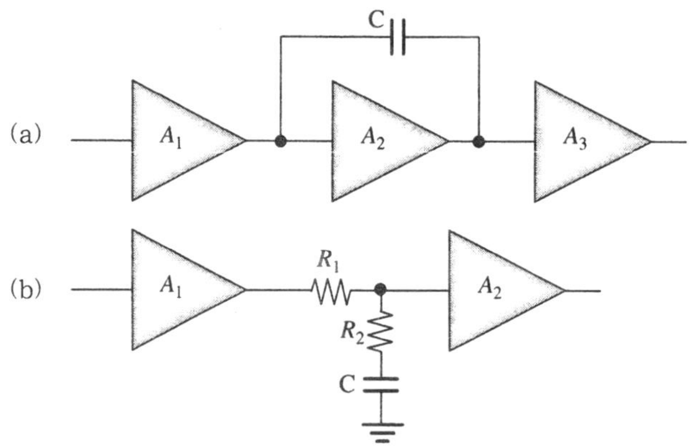

그림 3.22 OP 앰프의 보상회로

■ 그림 3.22(a)와 같은 C 보상의 경우는 밀러효과에 의한 아래와 같은 값의 용량

$$C_i = C \cdot (1 + A) \text{ [F]}$$

와 앞단 증폭기의 C_o와의 병렬 합성용량 값이 C_i'라 하면 차단 주파수 f_{c1}'는 아래와 같이 떨어진다. 단, R_i는 C가 연결된 증폭기의 입력저항.

$$f_{c1}' = \frac{1}{2\pi R_i C_i'} \text{ [Hz]}$$

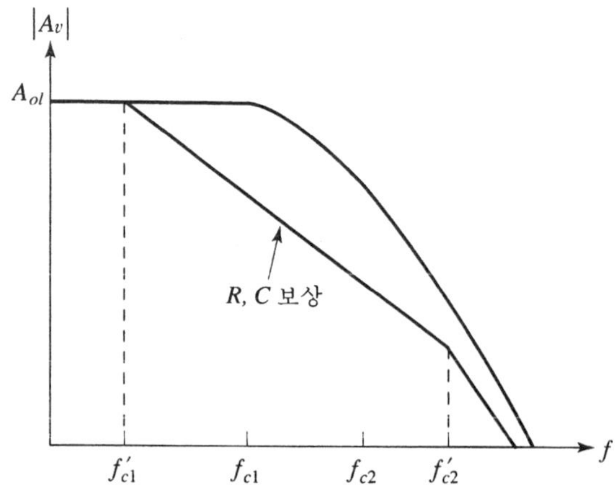

그림 3.23 C 보상 $A_v - f$ 보드선도

또한 f_{c2}'는 그림 3.23에서와 같이 증가된다. 따라서 −20dB/decade 영역이 넓어지므로 증폭기의 안정영역이 확대된다.

■ 그림 3.22(b)와 같이 R_1, R_2, C가 연결된 회로에서의 전압 증폭도는 이들 R, C 회로의 삽입 전보다 떨어지므로 그림 3.24와 같이 −20dB/decade 영역 (f_{c1}'~f_{c2}')이 넓어지므로 안정화 영역이 증대된다.

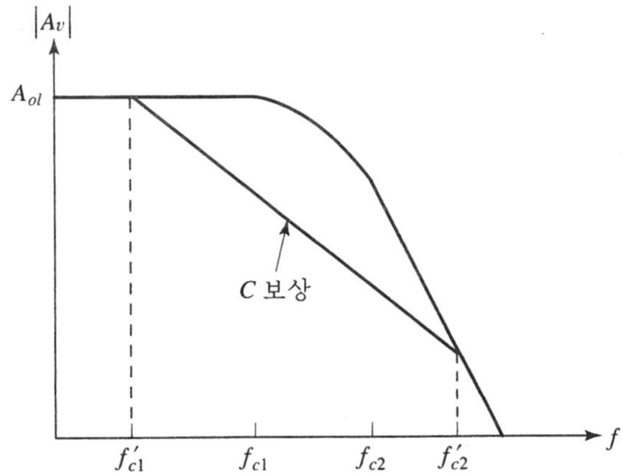

그림 3.24 R, C 보상 보드선도

연습문제 Chapter 3

1. 차단 주파수는?

(가) 발진이 멈추기 이전의 주파수이다.

(나) 전압 증폭도가 최대가 되는 주파수이다.

(다) 전압 증폭도가 최대 전압 증폭도의 0.707배가 되는 주파수이다.

(라) 전압 증폭도가 최대 전압 증폭도의 1/2이 되는 주파수이다.

2. 단위이득 주파수는?

(가) 전압이득이 1/2이 되는 주파수이다.

(나) 전류이득이 1이 되는 주파수이다.

(다) 전압이득이 0 [dB]가 되는 주파수이다.

(라) 전압 이득이 $1/\sqrt{2}$이 되는 주파수이다.

3. 전압이득이 −40 [dB/decade]라는 것은?

(가) 전압이득이 −40이 됨을 뜻한다.

(나) 주파수가 10배 증가할 때 전압이득이 10배 증가함을 뜻한다.

(다) 주파수가 10배 증가할 때 전압이득이 100배 증가함을 뜻한다.

(라) 주파수가 10배 증가할 때 전압이득이 1/100로 감소함을 뜻한다.

4. RC 지연회로에서 $R = X_c$일 때 전압 증폭도는?

(가) $1/\sqrt{2}$ (나) 1/2 (다) 2/3 (라) 1

5. OP 앰프에 부귀환이 걸릴 때 이득-대역폭은?

(가) 감소한다. (나) 증가한다.

(다) 변함이 없다. (라) 귀환율에 따라 감소할 수도 증가할 수도 있다.

6. OP 앰프의 전압이득 보드선도에서 증폭기의 안정도가 가장 보장 되는 최대 기울기는?

(가) −20 [dB/decade] (나) −40 [dB/decade]

(나) −60 [dB/decade] (라) −80 [dB/decade]

7. OP 앰프로 구성된 3단 증폭기에서 아래의 총 위상지연 가운데 가장 안정된 경우는?

(가) −120 [°] (나) −135 [°] (다) −135 [°] (라) −180 [°]

8. OP 앰프의 보상방법에 해당되는 것은?

(가) RC 미분회로　　　　(나) C 보상회로

(다) 가산회로　　　　(라) 반전회로

9. OP 앰프에서 $f/f_c = 0$일 때의 전압 증폭도가 10,000이라면 f가 f_c보다 10배 클 때의 전압이득은 몇 [dB]인가?

10. 그림 3.25와 같은 반전 증폭기에서 OP 앰프의 개 루프 전압이득이 -100 [dB], 차단 주파수가 10 [Hz], 단위이득 주파수는 1 [MHz]이다. 차단 주파수를 1 [kHz]로 높이기 위해서는 R_2를 얼마로 선정해야 되는가?

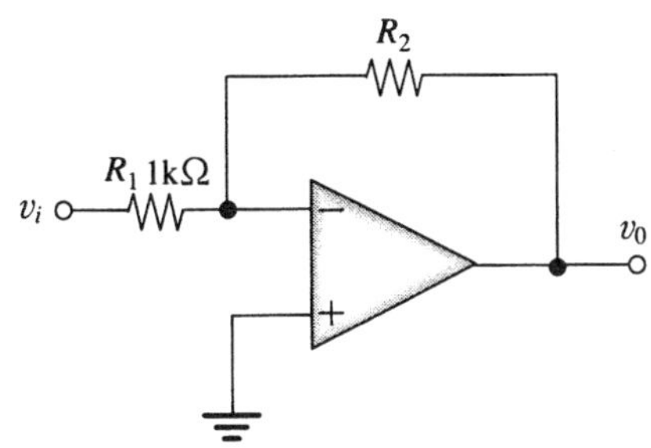

그림 3.25 반전 증폭기 회로

11. 그림 3.26과 같은 OP 앰프 RC 지연회로에서의 전압이득 보드선도를 그려라.

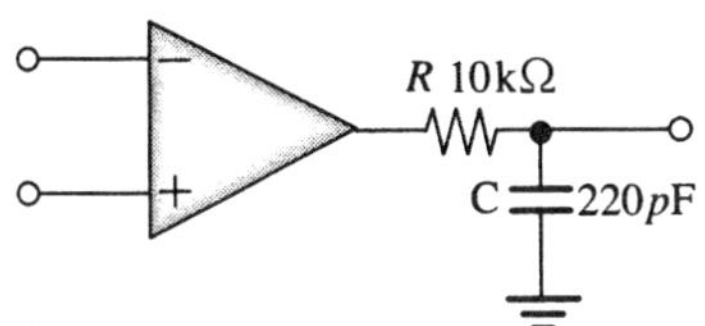

그림 3.26 OP 앰프 RC 지연회로

12. OP 앰프 2단 증폭기에서 $f_{c1} = 100$ [Hz], $f_{c2} = 10$ [kHz]일 때 $f = 2$ [kHz]에서의 위상차를 구하여 안정도를 판정하라.

13. 그림 3.15에서 개 루프 보드선도는 그림 3.27과 같다. $A_2 = 20,000$, $R_i = 10$ [kΩ]이다. 보상 콘덴서 C의 정전용량이 20 [pF]일 때 보상 후의 보드선도를 그려라. 단, 앞단의 출력용량에 대한 영향은 무시.

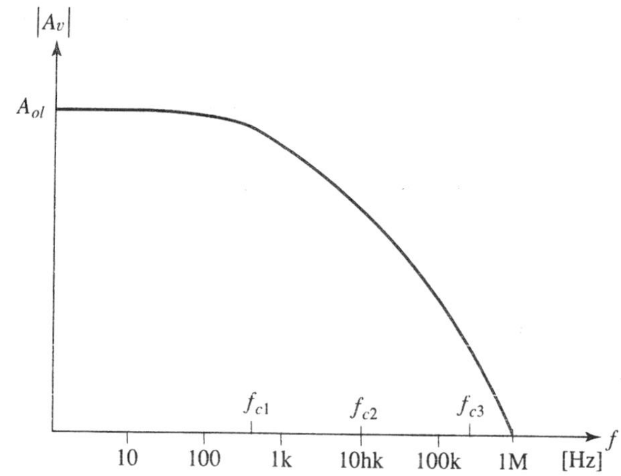

그림 3.27 개 루프 보드선도

14. 그림 3.28은 2단 OP 앰프의 R, C 보상회로이다. 보상소자 R_c, C가 삽입되기 전의 보드선도가 그림 3.28과 같다면 보상 후의 보드선도는 어떻게 변하는가? 단, $R_1 = 10\,[\text{k}\Omega]$, $R_c = 1\,[\text{k}\Omega]$, $C = 1.5\,[\mu\text{F}]$.

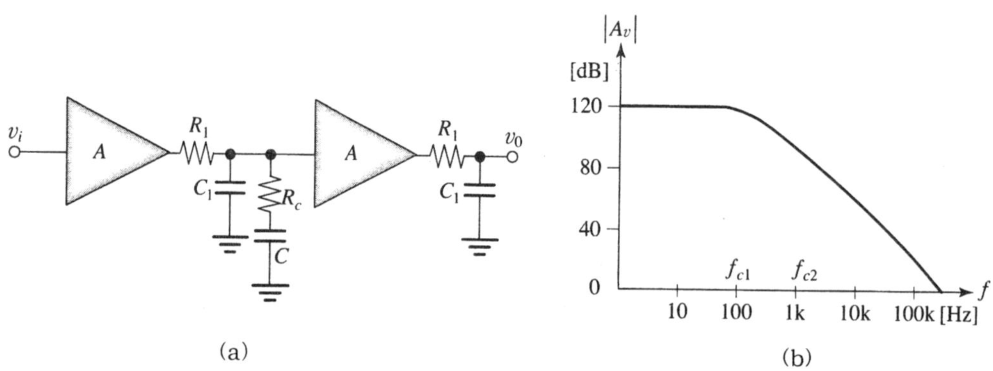

그림 3.28 2단 OP 앰프 R, C 보상

4 비교기

내 용

학습목표

- 비교기의 동작원리를 이해한다
- 0전위와 기준전위 비교기의 차이점을 이해한다
- 정귀환의 특징을 배운다
- 비교기의 출력전압 제한회로를 익힌다
- 윈도우 비교기의 구성회로를 익힌다
- IC 비교기의 사용법을 익힌다

4.1 차동 증폭기

비교기(comperator)는 가해지는 2개의 입력상태를 비교하여 고(High)레벨 또는 저(Low)레벨의 출력상태로 나타내는 회로이다. 비교기에 들어가는 2개의 입력 가운데 하나는 기준(reference)입력이고, 다른 하나는 비교입력이다. 그림 4.1는 비교기를 나타내며, OP 앰프의 반전 입력단자에 기준입력 v_r, 비반전 입력단자에 비교입력 v_i가 연결된다.

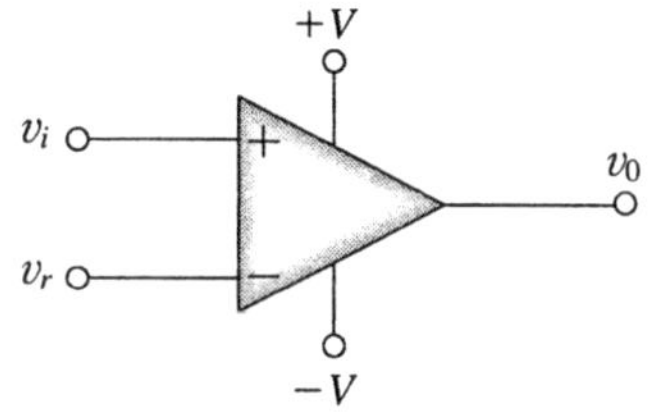

그림 4.1 비교기 회로

표 4.1과 같이 v_i가 v_r보다 작으면 출력전압은 부(−)의 포화전압($-V_{sat}$)이 되고, v_i가 v_r보다 크면 출력전압은 정(+)의 포화전압(V_{sat})이 된다.

표 4.1 비교기의 동작표

입력	출력
$v_i < v_r$	$-V_{sat}$
$v_i > v_r$	$+V_{sat}$

그림 4.1에서 OP 앰프의 개 루프 전압 증폭도는 아주 크기 때문에 아주 작은 입력전압에 의해서도 출력전압은 포화가 된다. 만일 반전 증폭기를 사용하는 경우에는 그림 4.1에서 v_i와 v_r의 위치가 바뀌므로 그 동작은 표 4.2와 같게 된다.

표 4.2 반전 비교기의 동작표

입력	출력
$v_i < v_r$	$+V_{sat}$
$v_i > v_r$	$-V_{sat}$

4.2 0전위 비교기

그림 4.2(a)는 비반전 입력단자를 접지시키고, 반전 입력단자에 비교입력 v_i가 들어가는 **0전위 비교기**이다. OP 앰프의 공급전압이 ±15 [V]이면 출력 포화전압이 ±14 [V] 정도이므로 OP 앰프의 개 루프 전압 증폭도가 100,000이라고 할 때 출력전압이 포화되는 입력전압은 ±14/100,000 = ±14/100 [mV] = ±0.14 [mV]가 된다. 따라서 입력전압에 대한 출력전압의 특성 곡선은 그림 4.2(b)와 같다. −0.14 [mV]와 +0.14 [mV] 사이의 입력전압

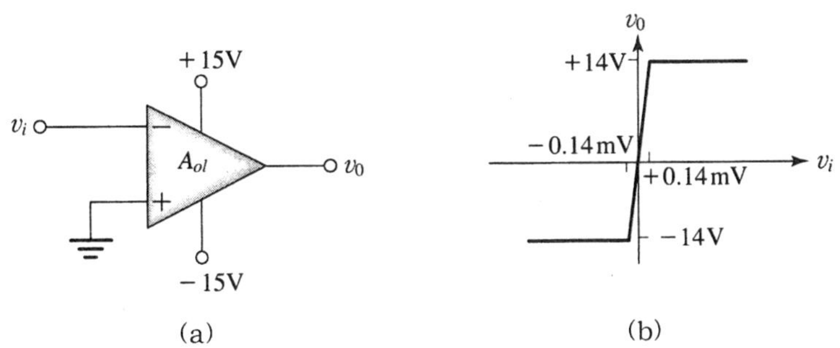

그림 4.2 0전위 비교기

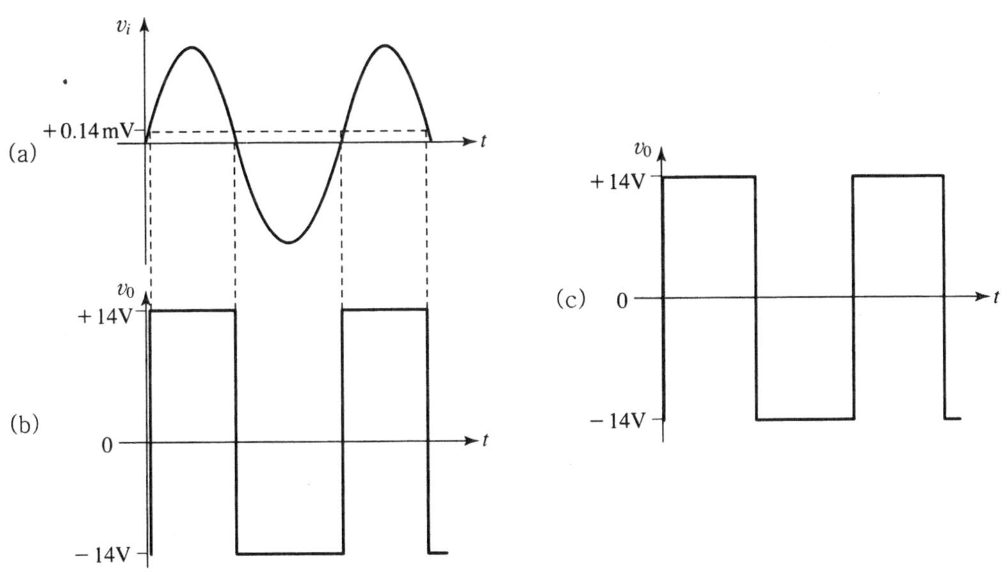

그림 4.3 정현파 입력 비교기의 v_i, v_o 파형

에서는 전압 증폭도(=100,000)에 비례하여 출력전압이 증가하므로 기울기 100,000의 직선이 되지만 ±0.14 [mV] 이상이 되면 ±14 [V]로 포화에 도달한다.

그림 4.2(a)의 비교입력 단자에 정현파 교류가 들어갈 때의 입력전압과 출력전압의 파형은 그림 4.3(a), (b)와 같다. 출력전압을 포화시키는 임계 입력전압 0.14 [mV]는 매우 작은 값이므로 0 [V]로 간주해도 무방하므로 그림 4.3(b) 대신 그림 4.3(c)로 나타낼 수 있다. 즉, 출력전압은 입력전압이 0 [V]보다 크면 +14 [V], 0 [V]보다 작으면 −14 [V]로 나타나므로 **0전위 비교기**라 한다.

4.3 기준전위 비교기

그림 4.4(a)는 반전 입력단자에 V_r의 기준전압이 가해지고, 비 반전 입력단자에 비교입력이 들어가는 **기준전위 비교기**이다. 실제회로에서는 그림 4.4(b), (c)와 같이 저항 R_1, R_2에 의한 전압 분할기를 사용하여 기준전압을 만든다. 기준전압은 아래의 식에 의해 정해진다.

$$V_r = \frac{R_1}{R_1 + R_2} \cdot (+V)\ [\mathrm{V}] \tag{4.1}$$

그림 4.4(c)와 같이 연결된 전압 분할기인 경우에 기준전압이 $R_2 > R_1$이면 +값, $R_2 < R_1$이면 −값이며, 그 값은 아래의 식에 의해 정해진다.

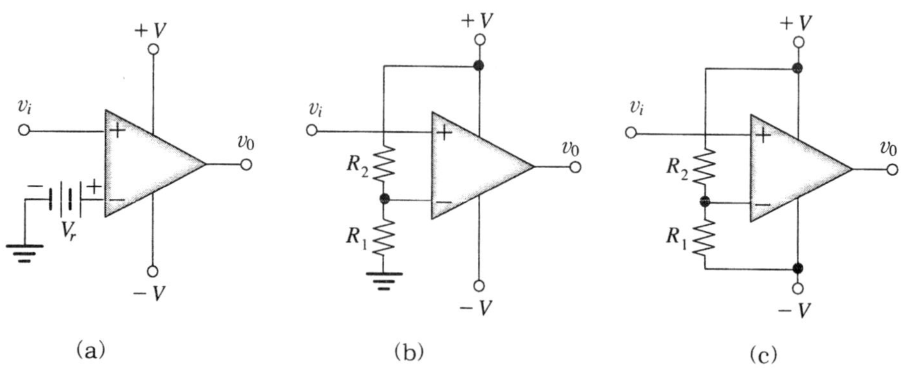

그림 4.4 기준전위 비교기

$$V_r = \frac{1}{R_1 + R_2}(R_2 - R_1) \cdot V \ [\mathrm{V}] \tag{4.2}$$

참고로 0전위 비교기의 입력전압에 대한 출력전압의 특성 곡선이 그림 4.5(a)라면 그림 4.5(b)는 기준전압 비교기의 특성 곡선을 나타낸다.

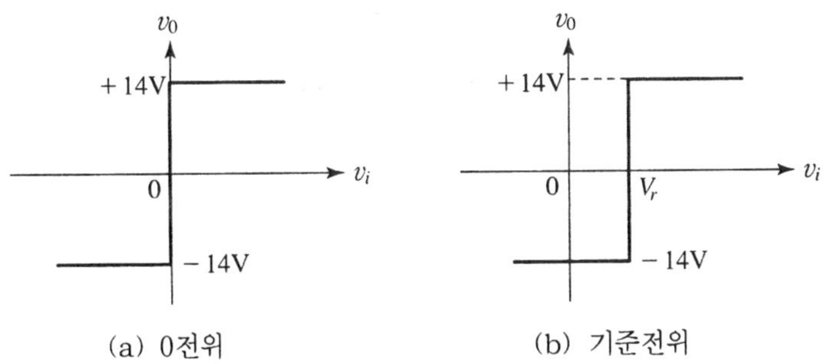

그림 4.5 0전위 비교기와 기준전위 비교기의 $v_i - v_o$ 특성

만일 그림 4.4(b)회로의 비교입력에 정현파가 들어갈 때의 입력전압 파형과 출력전압 파형은 그림 4.6(a), (b)와 같다.

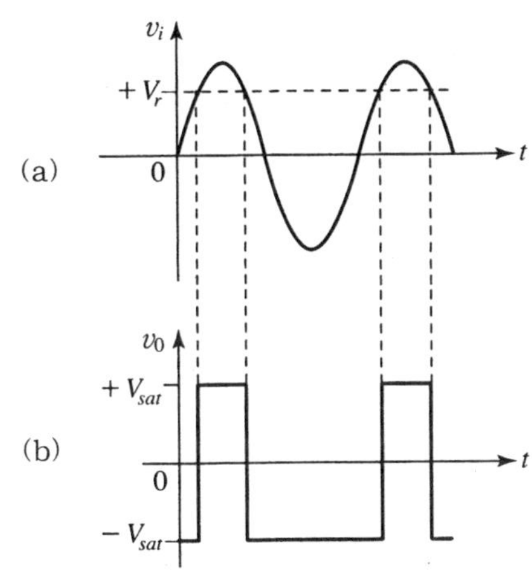

그림 4.6 정현파 입력 비교기의 v_i, v_o 파형

예제 4.1

그림 4.7의 비교기 회로에서 입력전압 파형에 대한 출력 파형을 그려라.

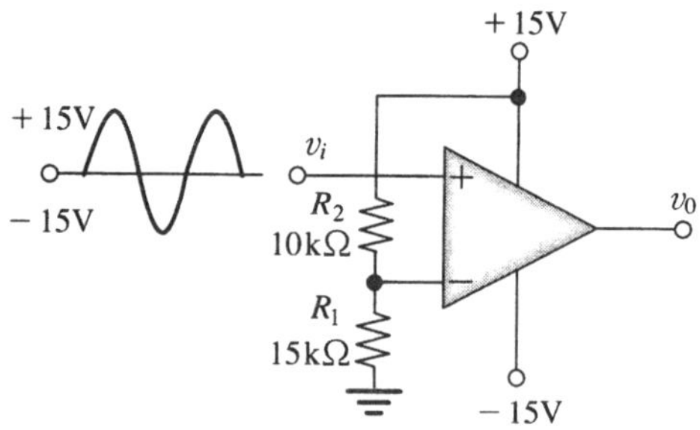

그림 4.7 비교기 회로

풀이

식 (4.1)에 의해

$$V_r = \frac{R_1}{R_1 + R_2} \cdot V = \frac{15}{10+15} \times 15$$
$$= 9\ [\mathrm{V}]$$

따라서 출력전압 파형은 그림 4.8과 같다.

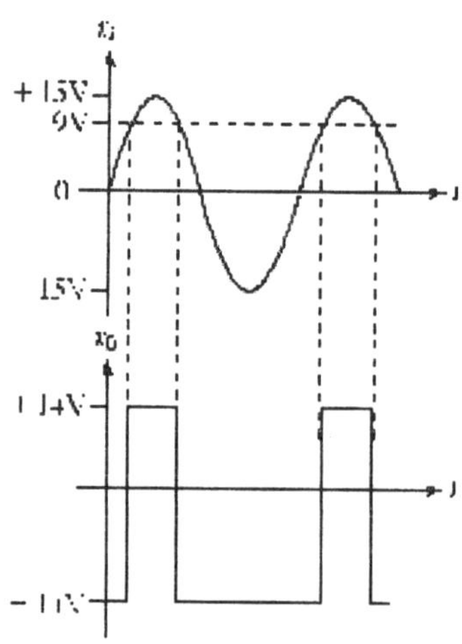

그림 4.8 입력 · 출력전압 파형

만일 그림 4.9(a)와 같이 단일전원일 때 입력단자에 정현파 교류전압이 가해지면 부(−)의 출력전압은 나타나지 않으므로 입력전압 대 출력전압의 파형은 그림 4.9(b)와 같이 나타난다.

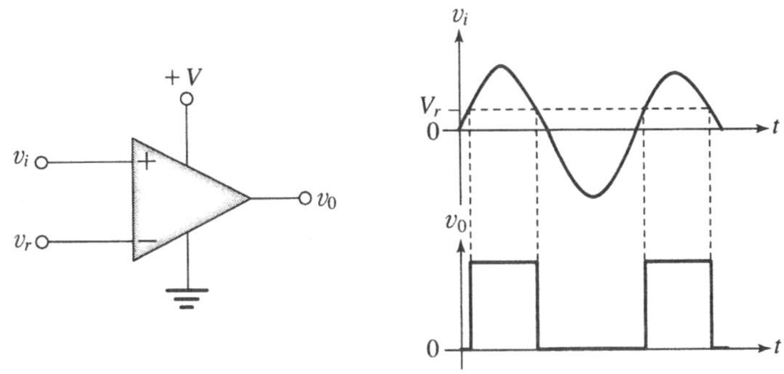

(a) 회로　　　(b) 입력·출력전압 파형

그림 4.9 단일전원 비교기

4.4 정귀환 비교기

4.4.1 반전 정귀환 비교기

비교기에서 그림 4.10(a)처럼 입력전압에 잡음 파형이 신호에 올라탔을 때 *a*, *b*, *c*, *d* 점에서 출력 파형에 오동작 펄스 파형이 발생할 수 있다. 그림 4.10(b)는 a점을 확대한 것이며, 잡음 펄스는 그림 4.10(c)와 같이 기준전압을 경계로 해서 발생한다.

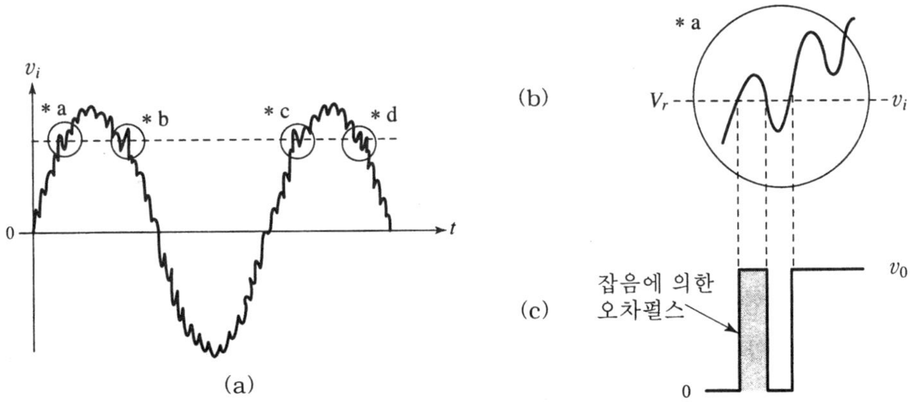

(a)

그림 4.10 잡음전압의 영향

그림 4.10(c)를 자세히 살펴보면 잡음의 영향은 입력신호가 기준전압의 +전환점 또는 −전환점에서 일어난다. 이러한 문제를 제거하기 위해서는 그림 4.11과 같이 출력측의 전압을 비반전 입력단자측으로 정귀환함으로써 히스테리스 현상에 의해 개선할 수 있다. 그림 4.11의 **정귀환 비교기**는 언뜻 보기에는 비반전 증폭기 같이 보이지만 다른 점은 반전 입력단자가 아닌 비반전 입력단자에 정귀환 저항 R_2가 연결되어 있는 점이다.

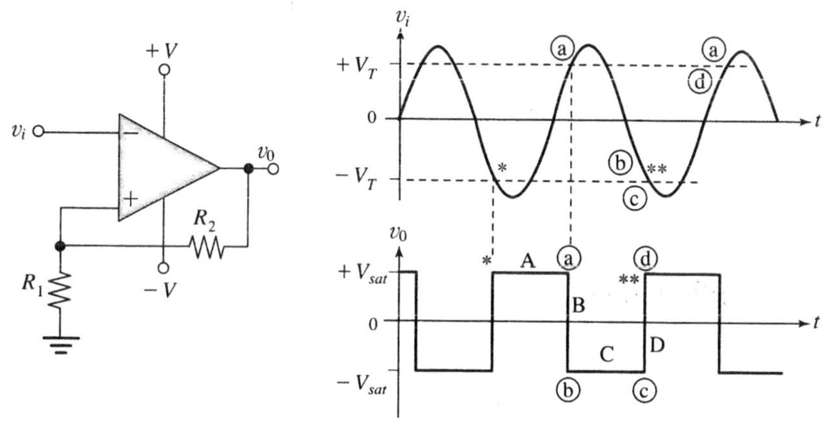

(a) 회로 (b) 입력 · 출력전압 파형

그림 4.11 반전 정귀환 비교기

그림 4.11(a)에서 출력전압의 일부는 비반전 입력단자에 정귀환되며, 그 귀환 전압은 아래와 같고, 이 전압을 **문턱전압(Threshold Volage)** V_T라 하며, 그 크기는 아래와 같다.

$$V_T = \frac{R_1}{R_1 + R_2} \cdot V_{sat} \text{ [V]} \tag{4.3}$$

만일 그림 4.11(b)와 같이 정현파 교류가 입력전압이라면 정(+)의 반주기 및 부(−)의 반주기 동안 문턱전압 V_T 및 $-V_T$에서 출력전압은 $-V_{sat}$, $+V_{sat}$로 전환된다. 그림 4.12는 그림 4.11(a)에 대한 입력전압에 대한 출력전압의 특성 곡선을 나타낸다.

설명의 편의상 그림 4.11(b)에서 *점이 그림 4.12의 선 A의 시작점, **점이 선 D의 시작점이라고 가정한다. 그림 4.11(a)는 반전 증폭기임을 염두에 두자. *점에서 입력전압 v_i가 부(−)의 전압이고, 문턱전압 $-V_T$이므로 출력전압은 반전되어 부의 포화전압인 $+V_{sat}$상태가 된다. v_i가 증가되어 문턱전압 $+V_T$(ⓐ점)에 도달하면 출력전압은 $-V_{sat}$로 반전되고 이 상태를 유지하다가 $-V$(ⓑ점)에 도달하면 출력전압은 다시 반전

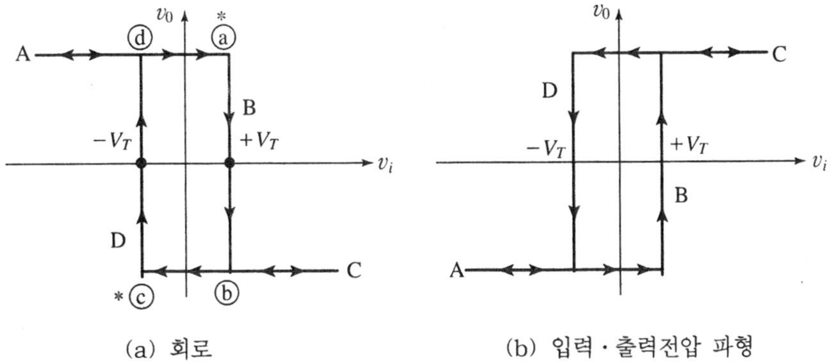

그림 4.12 정귀환 비교기의 히스테리시스 곡선

되어 $+V_{sat}$가 된다. 이때가 선 D의 끝점이면서 선 A의 시작점이 된다. 그림 4.12(a)가 이 과정을 나타내는 히스테리시스 곡선이다. **히스테리시스(hysteresis) 현상**이란 출력전압의 변환상태가 저레벨(Low level) 상태에서 고레벨(High level) 상태로 절환할 때와 고(H)레벨 상태에서 저(L)레벨 상태로 절환할 때의 입력전압 전환점이 다른 현상을 말한다. 그림 4.11(b)에서 ⓐ점과 ⓑ점이 바로 이러한 현상이다. 따라서 그림 4.10(a)에서와 같이 기준전압 부근에서 나타나는 잡음전압에 의한 오차 펄스의 발생을 방지할 수 있다. 정귀환 비교기를 **히스테리시스 비교기**라고도 한다. 정귀환 비교기에서 문턱전압 V_T를 너무 크게 하면 크로스 오버점을 떨어트릴 수 있으므로 이를 고려하여 적절하게 선정해야 한다.

4.4.2 비반전 정귀환 비교기

그림 4.13은 비반전 정귀환 증폭기를 나타낸다. 반전 입력단자를 접지시키고, 비반전 입력단자에 비교 입력전압이 가해진다. 정귀환 통로는 역시 저항 R_2이다. 그림 4.13(a)에서 출력을 반전시키는 입력전압의 전환점을 **트리거점(Trigger Point)**이라 한다. 문턱전압 $+V_T$와 만나는 전환점을 UTP(Upper Trigger Point), $-V_T$와 만나는 전환점을 LTP(Lower Trigger Point)라 한다. 그림 4.12(b)는 비반전 정귀환 비교기의 히스테리시스 곡선이다. 비반전 입력단자 전압을 v_+라 하면 $v_+ > 0$일 때 출력전압은 $+V_{sat} < 0$일 때 출력전압은 $-V_{sat}$가 된다.

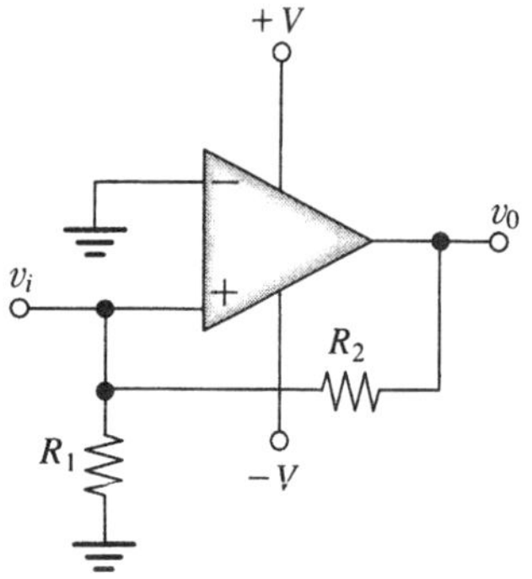

(a) 회로

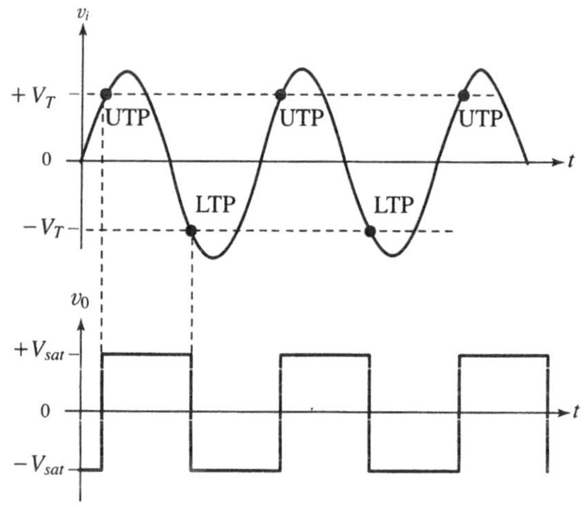

(b) 입력·출력전압 파형

그림 4.13 비반전 정귀환 비교기

예제 4.2

그림 4.14의 정귀환 비교기의 $+V_T$, $-V_T$를 구하라. 단, $V_{sat} = \pm 14$ [V]

풀이

$$V_T = \frac{R_1}{R_1 + R_2} \cdot V_{sat} = \frac{18}{18+15} \times 14$$

$$= \frac{18}{33} \times 14 \fallingdotseq 7.64 \text{ [V]}$$

$$-V_T = -7.64 \text{ [V]}$$

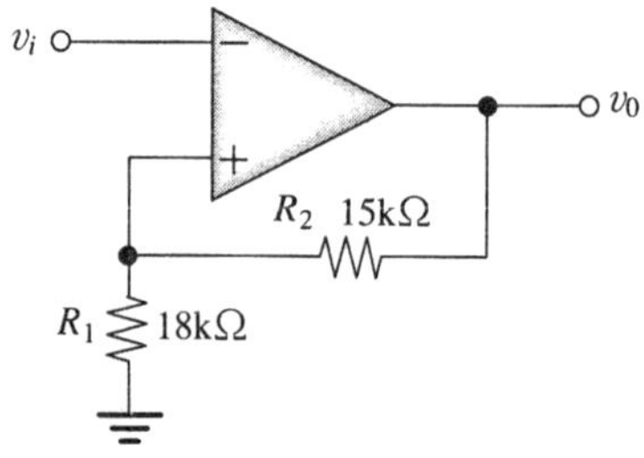

그림 4.14 정귀환 비교기 회로

4.5 출력전압 제한 비교기

비교기의 출력전압을 OP 앰프의 V_{sat} 이하로 제한하고자 할 때 그림 4.15(a), (b)와 같이 제너 다이오드 또는 정류 다이오드를 연결한다. 그림 4.15(a) 회로에서는 출력전압 $+V_{sat}$를 제너 전압 V_z로 제한하고, $-V_{sat}$를 다이오드의 순방향 전압 $-V_F(=0.7\text{V})$로 제한한다. 그림 4.15 (b)에서는 단지 부(−)의 출력전압 $-V_{sat}$만 다이오드의 순방향 전압 $-V_F$로 제한한다.

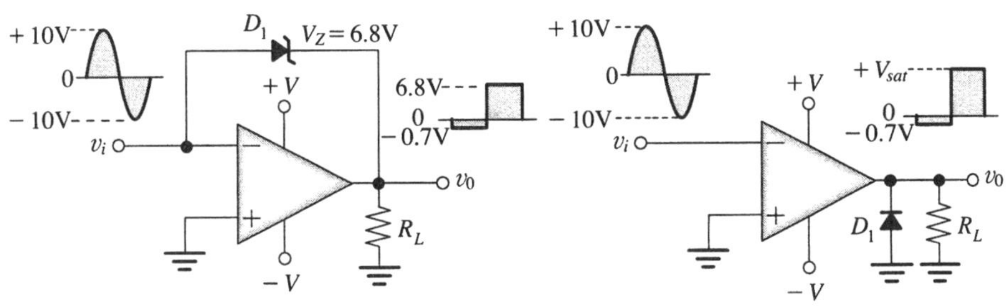

(a) 제너 다이오드 제한 (b) 정류 다이오드 제한

그림 4.15 출력전압 제한 비교기

정(+), 부(−)출력전압을 모두 V_z로 제한하고자 할 때는 그림 4.16과 같이 서로 역방향으로 제너 다이오드를 직렬연결한다. D_2가 역방향 바이어스일 때 D_1은 순방향 바이어스, D_1이 역방향 바이어스일 때 D_2가 순방향 바이어스가 되므로 제한전압은 $\pm(V_z+0.7)$ [V]가 된다.

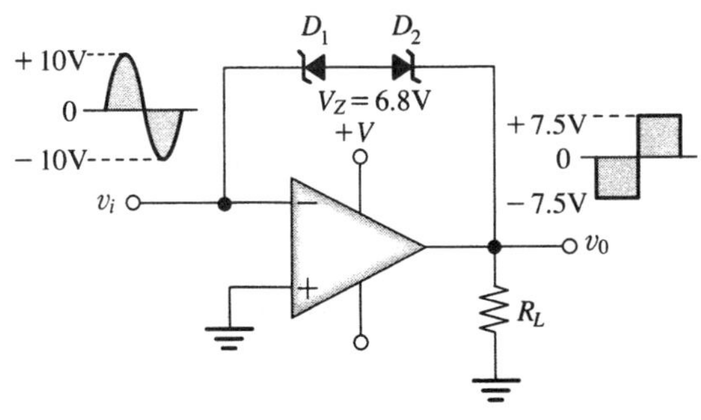

그림 4.16 정·부출력전압 제한 비교기

예제 4.3

그림 4.16에서 최대치 ±12 [V]의 정현파 입력전압이 가해질 때의 출력전압의 파형을 그려라. 단, $V_z = 5.3$ [V].

풀이

출력 제한전압은 $\pm(V_z + 0.7)$ [V]이므로
$V_z = 5.3$ [V]를 대입하면

- ▶ 정제한전압 $5.3 + 0.7 = 6$ [V]
- ▶ 부제한전압 $-(5.3 + 0.7) = -6$ [V]

따라서 출력전압의 파형은 그림 4.17과 같다.

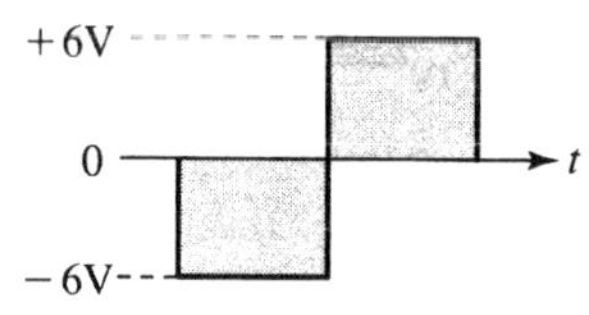

그림 4.17 출력전압 파형

그림 4.18과 같은 출력전압 제한 정귀환 비교기에서 문턱전압 V_T, $-V_T$를 구해보기로 한다. 반전 입력단자의 전압은 아래와 같다.

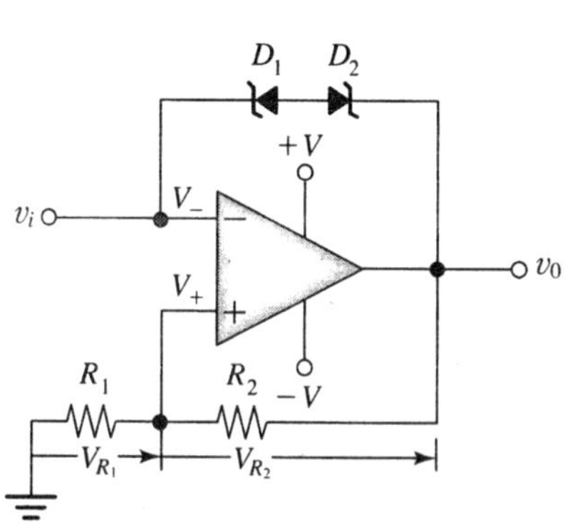

그림 4.18 출력전압 제한 정귀환 비교기

$$V_- = V_o \pm (V_z + 0.7) \text{ [V]} \tag{4.4}$$

반전 입력단자와 비반전 입력단자가 등전위이면 아래의 관계식이 성립한다.

$$V_{-} = V_{+} = V_{R1}$$

R_1, R_2에 흐르는 전류를 I_{R1}, I_{R2}라 하면 비반전 입력단자로 흐르는 무시할 수 있으므로 $I_{R1} = I_{R2}$라고 볼 수 있다. 따라서 V_{R1}은

$$V_{R1} = I_{R1} \cdot R_1 = V_o \pm (V_z + 0.7)\ [\mathrm{V}]$$

이고, V_{R2}는 V_o에서 V_{R1}을 뺀 값이므로

$$V_{R2} = I_{R2} \cdot R_2 = I_{R1} \cdot R_2 = V_o - V_{R1} = V_o - \{V_0 \pm (V_z + 0.7)\} = \pm (V_z + 0.7)\ [\mathrm{V}]$$

$$\therefore\ I_{R1} = \frac{\pm (V_z + 0.7)}{R_2}\ [\mathrm{A}]$$

따라서 출력전압 V_o는 아래와 같다.

$$V_o = V_{R1} + V_{R2} = I_{R1} \cdot R_1 \pm (V_z + 0.7) = \frac{\pm (V_z + 0.7)}{R_2} \cdot R_1 \pm (V_z + 0.7)$$

$$= \pm \frac{R_1 + R_2}{R_2}(V_z + 0.7)$$

문턱전압 V_T는 식 (4.3)에 의해 아래와 같은 관계식이 얻어진다.

$$V_T = \frac{R_1}{R_1 + R_2} \cdot V_o = \frac{R_1}{R_1 + R_2} \cdot \frac{R_1 + R_2}{R_1}(V_z + 0.7) = \frac{R_1}{R_2}(V_z + 0.7)$$

$$V_T = \frac{R_1}{R_2}(V_z + 0.7)\ [\mathrm{V}] \tag{4.5}$$

따라서 $-V_T$는 아래와 같다.

$$-V_T = -\frac{R_1}{R_2} \cdot (V_z + 0.7)\ [\mathrm{V}] \tag{4.6}$$

예제 4.4

그림 4.18의 출력전압 제한 정귀환 비교기에서 $R_1 = 10\ [\mathrm{k\Omega}]$, $R_2 = 12\ [\mathrm{k\Omega}]$일 때 $+V_T$, $-V_T$를 구하라. 단, $V_z = 5.3\ [\mathrm{V}]$

풀이

식 (4.5), 식 (4.6)에 의해

$$V_T = \frac{R_1}{R_2} \cdot (V_z + 0.7) = \frac{10}{12} \times (5.3 + 0.7) = \frac{10}{12} \times 6 = 5\ [\mathrm{V}]$$

$$-V_T = -\frac{R_1}{R_2} \cdot (V_z + 0.7) = \frac{10}{12} \times (5.3 + 0.7) = -\frac{10}{12} \times 6 = -5\ [\mathrm{V}]$$

4.6 윈도우 비교기

그림 4.19는 **윈도우 비교기**의 입력전압-출력전압을 나타내는 특성곡선이다. 입력전압이 **저제한전압**(V_L : Lower limit Voltage)과 **고제한전압**(V_U : Upper limit Voltage) 사이일 때 출력전압이 고(H)전압 레벨로 나타난다. 윈도우 비교기는 감지회로 또는 검사회로에서 전압이 일정범위 안에 들어있는지를 검사하는 용도로 자주 사용하는 회로이다.

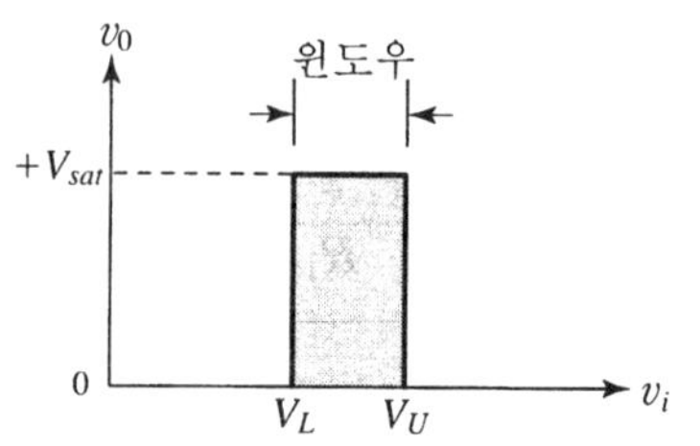

그림 4.19 윈도우 비교기의 입력전압-출력전압 특성

먼저 이해를 돕기 위해 그림 4.20(a), (b)의 반전 및 비반전 비교기에서 두 입력 상태에 따른 출력전압의 상태를 나타내면 표 4.3, 표 4.4와 같다. 반전 입력단자(−), 비반전 입력단자(+) 가운데 (+)단자쪽이 크면 H(High) 레벨, (−)단자쪽이 크면 L(Low) 레벨이 된다는 점을 염두에 두면 이해하기가 쉬울 것이다.

그림 4.21은 일반 OP 앰프로 구성한 **윈도우 비교기**(window comparator)회로이다. 입력전압이 V_U보다 낮거나 V_L보다 높을 때 출력전압은 H 레벨로 나타난다. $v_i < V_L$일 때 비교기 A_1의 출력전압은 H 레벨, A_2의 출력전압은 L 레벨이므로 다이오드 D_1은 ON,

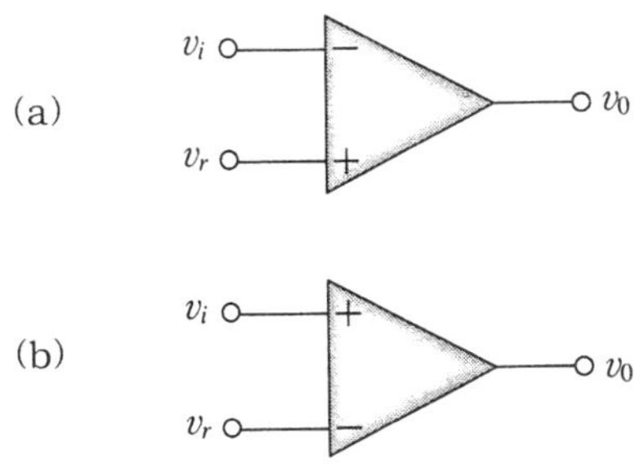

그림 4.20 비교기의 입 · 출력

표 4.3 : 그림 4.20(a)

v_i	$v_i < v_r$	$v_i > v_r$
v_o	H	L

표 4.4 그림 4.20(b)

v_i	$v_i < v_r$	$v_i > v_r$
v_o	L	H

다이오드 D_2는 OFF이다. 따라서 v_o는 H 레벨이 된다. $v_i > V_U$일 때 A_1은 L 레벨, A_2는 H 레벨이므로 D_1은 OFF, D_2는 ON이다. 따라서 v_o는 L 레벨이 된다. 다음에 $V_L < v_i < V_U$일 때 A_1은 H 레벨, A_2는 H 레벨이므로 D_1은 ON, D_2는 ON이다. 따라서 v_o는 L 레벨이다. 표 4.5에서 알수 있듯이 출력전압의 상태는 $V_U < v_i < V_L$일 때 H 레벨, $V_L < v_i < V_U$일 때 L 레벨이 된다.

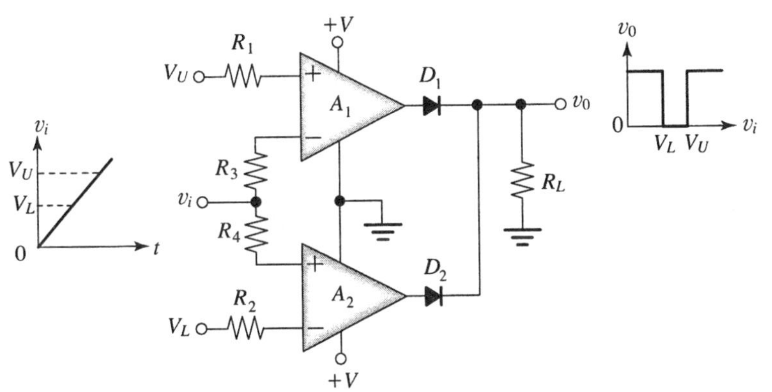

그림 4.21 윈도우 비교기 회로(A)

표 4.5 그림 4.21의 동작표

v_i	$v_i < V_L$	$v_i > V_U$	$V_L < v_i < V_L$
A_1/D_1	L/OFF	H/ON	L/OFF
A_1/D_2	H/ON	L/OFF	L/OFF
v_o	H	H	L

그림 4.22는 그림 4.21의 뒷단에 인버터 기능의 트랜지스터 스위칭회로가 추가되어 입력전압이 $V_L < v_i < V_U$일 때 출력전압이 H 레벨이 되는 회로이다.

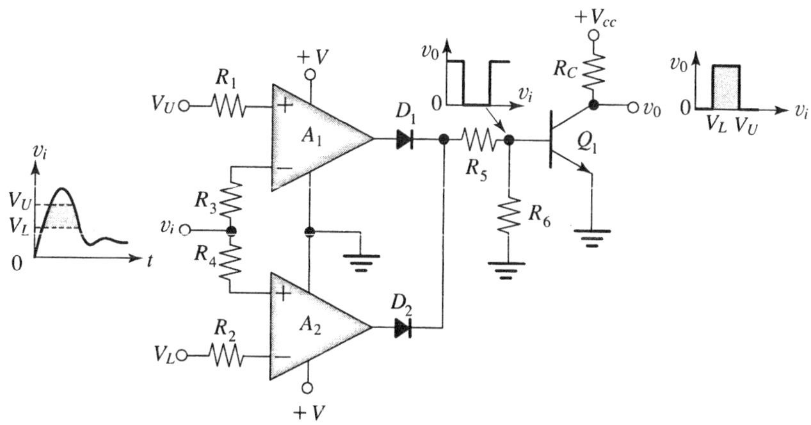

그림 4.22 윈도우 비교기 회로(B)

저항 R_5와 R_6은 전압 분할기로서 약 1 [V]정도로 전압을 떨어트려 트랜지스터를 스위칭하기 위하여 삽입한 것이다.

예제 4.5

그림 4.22의 윈도우 비교기 회로에서 $V_U = 8$ [V], $V_L = 4$ [V] 일 때 비교기의 동작표를 H 및 L 레벨로 작성하고, 출력 출력전압 v_o의 파형을 그려라.

풀이

표 4.6 예제 4.5의 동작표

v_i	$v_i < 4$ [V]	$v_i > 8$ [V]	4 [V] $< v_i <$ 8 [V]
A_1	H	H	L
A_2	L	H	H
v_o	L	H	L

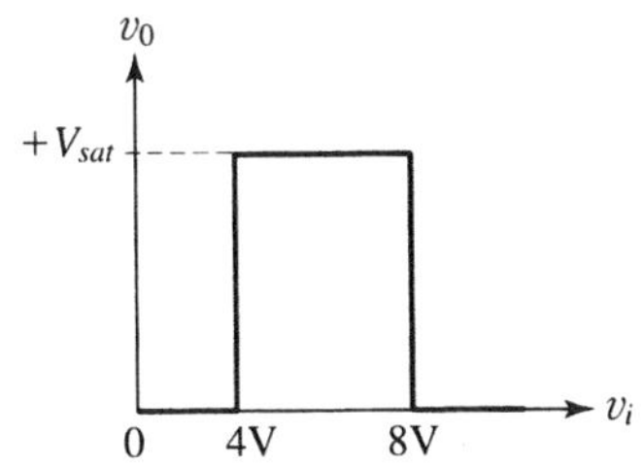

그림 4.23 예제 4.5의 출력전압 파형

4.7 IC 비교기

일반 OP 앰프를 사용한 비교기 회로의 단점은 슬루율이 낮기 때문에 응답시간이 길다는 점이다. 예컨대 741의 슬루율은 0.5V/μs이므로 ±15V의 공급전압으로 출력전압 상태를 전환하는 데 소요되는 시간은 50 [μs]이상이 걸린다. 또한 비교기를 TTL에 연결해서 사용할 때 전압 레벨을 낮추기 위한 부품이 더 소요되는 등 다소 비경제적이다. 이러한 문제를 해결하기 위한 비교기 전용 OP 앰프가 나와 있다. 그 대표적인 것이 LM311이 있다. 슬루율도 일반 OP 앰프보다 10배 이상이 높고, 공급전압의 범위가 ±(5~18) [V]로 비교적 넓게 설계되어 있기 때문에 TTL 구동도 용이할 뿐만 아니라 외부 부품수도 줄일 수 있는 이점이 있다. 그림 4.24는 전용 비교기 IC 311의 핀 접속도를 나타낸다.

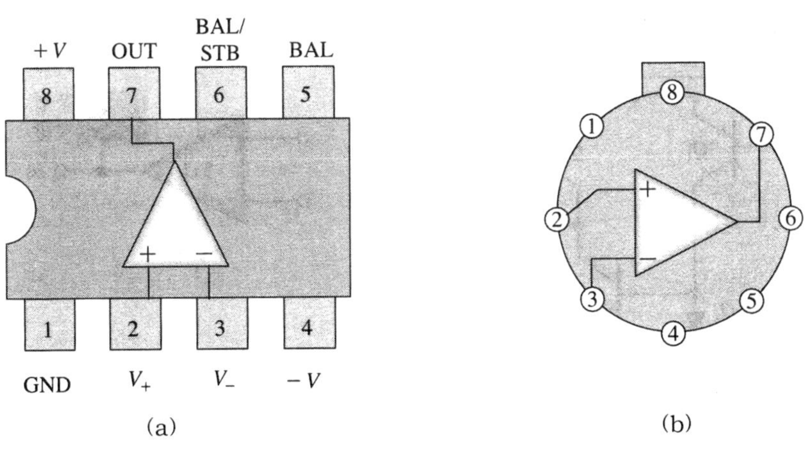

그림 4.24 IC 311의 핀 접속도

입력전압과 출력전압은 시스템 접지(1번)로부터 격리시킬 수 있다. 또한 그림 4.25와 같이 외부 연결 트랜지스터의 베이스에 TTL 스트로브 신호를 가하여 릴레이를 동작시킬 수 있는 스트로브(strobe) 핀(6번)이 붙어 있다. 대부분의 비교기 IC는 그림 4.26(a)와 같이 차동증폭기로 된 입력단(Q_1, Q_2)과 정전류원(Q_5), 능동부하(Q_4) 및 출력단(Q_6)으로 구성되어 있으며, 출력단은 개방 콜렉터(Open Collector)형태로 되어 있다. 따라서 외부에 그림 4.26(b)와 같이 콜렉터에 풀업 저항 R_p 또는 부하를 연결해야만 한다.

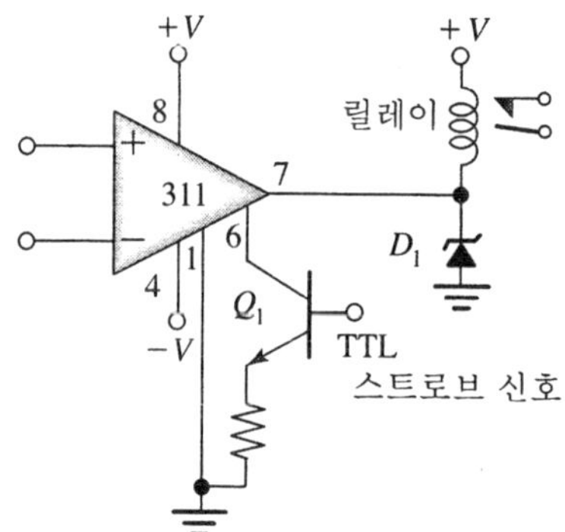

그림 4.25 IC 311의 스트로브 회로

이때 연결하는 저항은 뒤단의 구동회로에 의해 정해지지만 이 저항을 너무 작게 하면

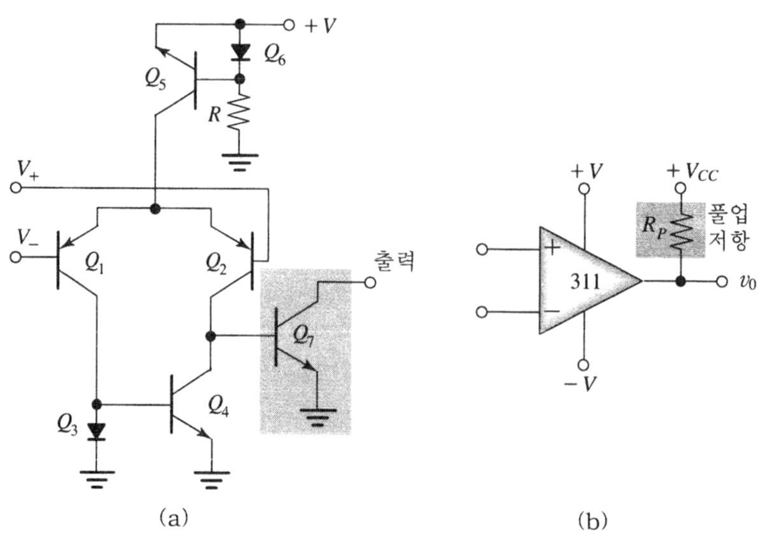

그림 4.26 311 IC의 등가회로와 풀업 저항

311의 출력 콘덴서 용량 C_o와 R_p의 곱인 시정수가 줄어들어 슬루율을 떨어트리게 된다는 점을 염두에 둘 필요가 있다. 일반적으로 R_p는 수백[Ω]에서 수[kΩ] 사이의 값이 많이 사용된다. 그림 4.27은 비교기 IC 311을 사용한 윈도우 비교기 회로이다. 두 IC 311의 출력단은 함께 연결되어 있으므로 풀업 저항 1개를 공통으로 사용한다. 여기서 염두에 두어야 할 사항은 공통 출력단이 각 비교기 출력의 AND 형태로 나타난다는 점이다. 즉 IC1, IC2 모두가 H 레벨일 때만 공통 출력전압이 H 레벨이 되고, 어느 하나라도 L 레벨이면 공통 출력전압은 L 레벨이 된다. 그림 4.27(a)회로에서 저항분압기에 의해 $V_U = 10$ [V], $V_L = 5$ [V]로 설정되어 있다. 그림 4.27(b)는 입력전압 파형에 대한 출력전압의 파형을 나타낸다. 표 4.7은 그림 4.27(a) 회로에 대한 동작표이다.

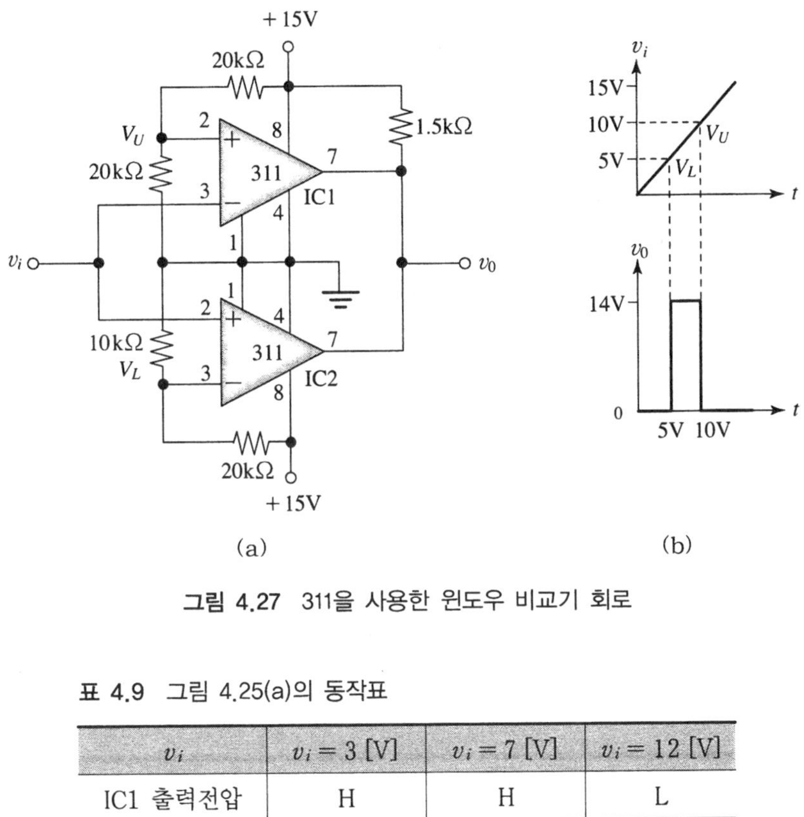

그림 4.27 311을 사용한 윈도우 비교기 회로

표 4.9 그림 4.25(a)의 동작표

v_i	$v_i = 3$ [V]	$v_i = 7$ [V]	$v_i = 12$ [V]
IC1 출력전압	H	H	L
IC2 출력전압	L	H	H
v_o	L	H	L

예제 4.6

그림 4.28의 윈도우 비교기 회로에서 $V_U = +9$ [V], $V_L = -6$ [V]로 하기 위한 R_1, R_2의 값을 구하라.

풀이

$$V_U = \frac{18}{R_1 + 18} \times (+15\text{V}) = 9\text{V},$$

$$\frac{30}{R_1 + 18} = 1,\ R_1 + 18 = 30$$

$$\therefore\ R_1 = 30 - 18 = 12\ [\text{k}\Omega]$$

$$V_L = \frac{12}{12 + R_2} \times (-15\text{V}) = -6\text{V},$$

$$\frac{30}{12 + R_2} = 1,\ 12 + R_2 = 30$$

$$\therefore\ R_2 = 30 - 12 = 18\ [\text{k}\Omega]$$

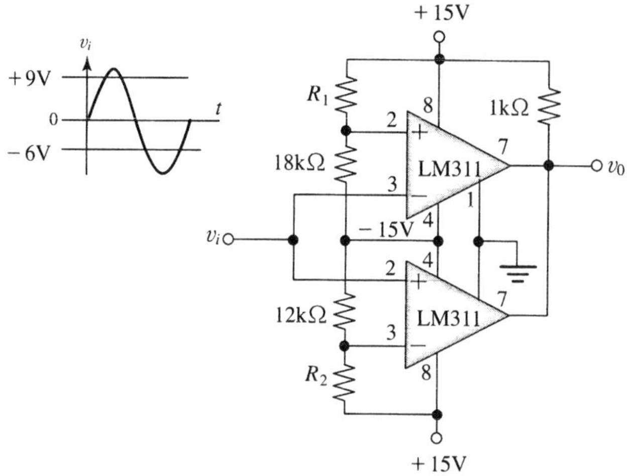

그림 4.28 윈도우 비교기 회로

4.8 비교기 응용회로

비교기의 응용 분야는 수없이 많다. 응답속도가 크게 문제되지 않는 경우에는 일반 OP 앰프로 비교기를 구성해도 괜찮지만 용도에 따라 다양한 종류의 전용 비교기 IC가 나와 있으므로 적절한 선정이 필요하다. 만일 2개이상의 비교기를 사용할 경우에는 듀얼(dual) 또는 쿼드(quad) IC를 사용하는 것이 경제적이고, 공간 점유율도 작아지는 이점이 있다. 쿼드 비교기 IC로 LM339가 비교적 많이 사용되고 있다.

4.8.1 저전압 감지기

그림 4.29는 직류전압이 일정한 값 이하로 떨어질 때 이를 LED 램프의 점등으로 알려주는 전 전압 감지기 회로이다. 비교기 IC의 비반전 입력단자에 설정된 감지전압을 연결하고, 반전 입력단자에 피측정 직류 전압을 가한다. 회로에서는 기준전압으로 제너 다이오드 (D_1) 5.6 [V]로 선정하였지만 제너 다이오드를 바꾸면 기준전압도 달라진다. 2개의 저항을 이용한 전압 분할기로 기준전압을 설정하여 비반전단자에 연결해도 무방하다. 비교기의 출력은 저전압이 감지되면 H 레벨 상태이므로 이를 스위칭 트랜지스터휠에 연결하면 LED 램프가 점등된다.

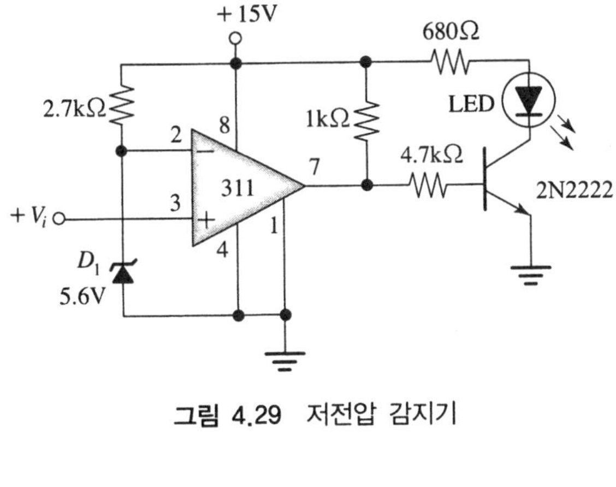

그림 4.29 저전압 감지기

4.8.2 과전압 감지기

일정 전압 이상이 되면 이를 LED의 점등으로 알리는 과전압 감지기는 그림 4.30과 같이 저전압 감지기회로에서 기준전압단자와 피측정 전압단자를 서로 바꾸면 구성할 수 있다.

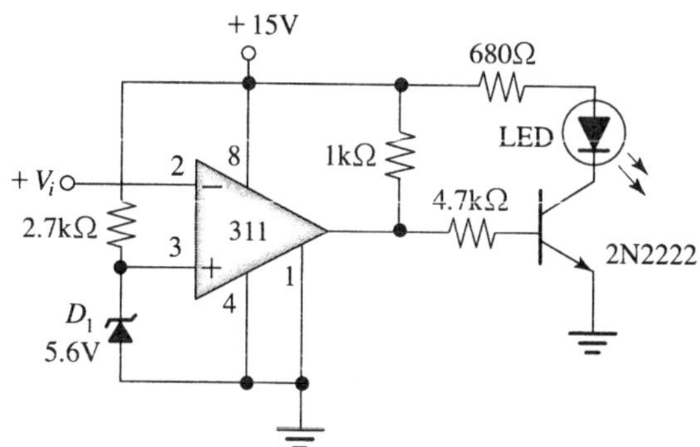

그림 4.30 과전압 감지기

4.8.3 과온 검출기

일정 온도 이하로 내려가거나 일정온도 이상으로 올라갈 때 이를 감지하는 회로는 비교기의 기준전압을 공급해주는 전압분할기에 서미스터(themistor)를 사용하면 가능하다. 그림 4.31회로는 온도가 증가하면 저항이 떨어지는 NTC 서미스터를 전압 분할기의 한쪽 저항 대신에 삽입하였다. $R_1 = R_2 = 10$ [kΩ]이므로 반전단자에 연결되는 기준전압은 공급전압의 1/2인 6 [V]이다. 설정온도에서 서미스터의 저항이 회로에 표시한 바와 같이 $R_4 = 4.7$

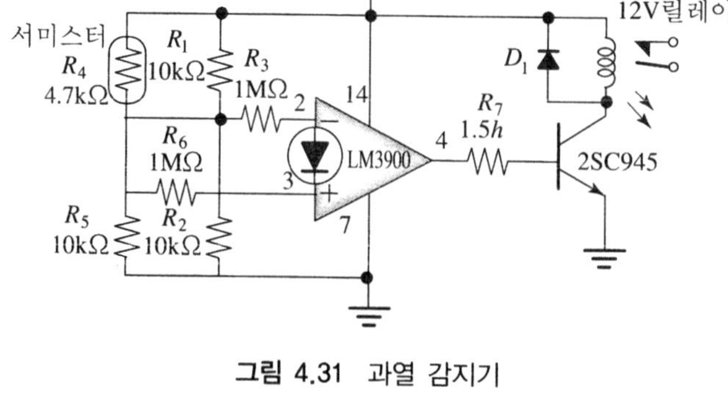

그림 4.31 과열 감지기

[kΩ]이라면 저항 R_5를 4.7[kΩ]으로 조정해 놓으면 비반전 입력단자에 연결되는 입력 전압 역시 6[V]가 된다. 만일 온도가 올라가면 서미스터의 저항값이 감소하므로 비반전 입력단자의 전압이 증가한다. 따라서 비교기의 출력전압은 H 레벨이 되면서 트랜지스터는 도통이 되고, 릴레이는 열린 상태에서 닫힌 상태로 반전된다. 만일 입력단자를 서로 바꾸어 놓으면 일정 온도 이하로 떨어짐을 감지하는 저온 검출기 회로가 된다. D_1은 릴레이 코일의 역기전력 보호용이다.

4.8.4 펄스폭 변조기

그림 4.32(a)는 비교기의 기준입력으로 삼각파를 사용한 펄스폭 변조회로이다. 직류입력전압이 V_1, V_2, V_3인 경우의 출력전압 파형을 그림 4.32(b)에 나타내었다. $V_1 > V_2 > V_3$이다. 입력전압의 크기에 따라 펄스폭이 변한다. L 레벨 주기 또한 $T_1 > T_2 > T_3$임을 알 수 있다.

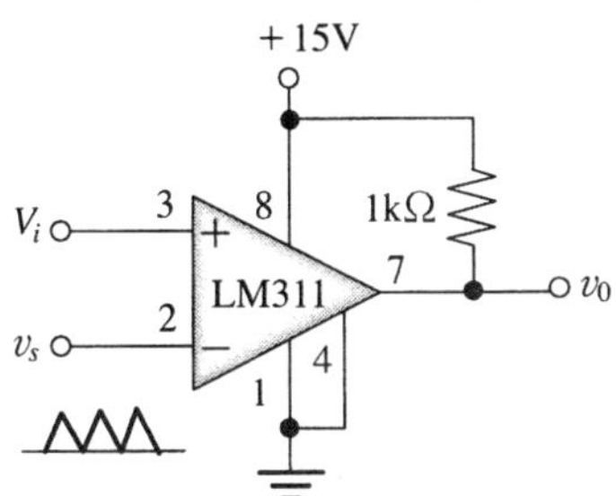

(a)

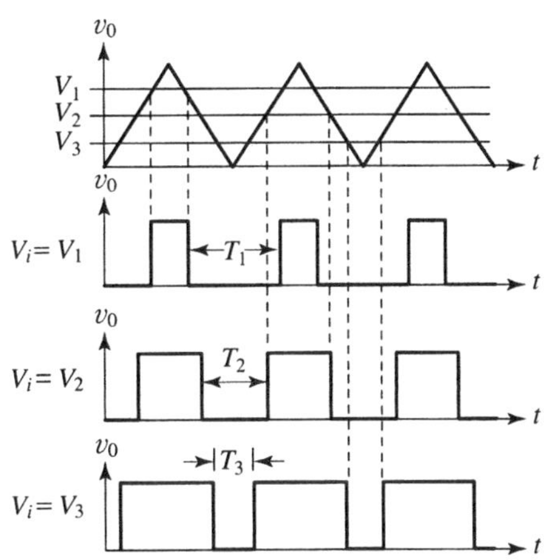

(b)

그림 4.32 펄스폭 변조기

간추림

4.1 비교기

■ 그림 4.33과 같이 2개의 입력전압을 비교하여 출력전압을 H 또는 L 레벨로 나타내는 회로를 비교기라 한다.

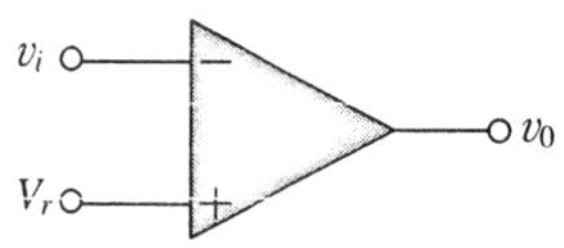

$v_i < V_r \rightarrow v_o = L$

$v_i > V_r \rightarrow v_o = H$

그림 4.33 비교기

4.2 0 전위 비교기

■ 그림 4.33에서 $V_r = 0$[V]인 비교기를 말한다. $v_i < 0$이면 v_o=L이고, $v_i < 0$ v_o=H이다.

4.3 기준전위 비교기

■ 기준전압이 일정한 값으로 주어진 비교기를 기준전위 비교기라고 한다. 일반적으로 비교기란 0전위 및 기준전위 비교기를 함께 포함한 명칭이라고 말할 수 있다. 그림 4.34와 같은 경우에 기준전압은 아래와 같다.

$$V_r = \frac{R_1}{R_1 + R_2} \text{ [V]}$$

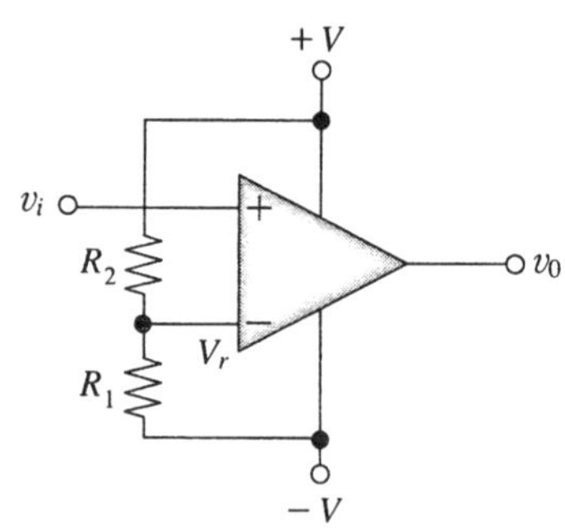

그림 4.34 기준전위 비교기

4.4 정귀환 비교기

■ 그림 4.5와 같이 출력전압의 일부가 저항 R_2를 통하여 비반전 입력단자에 정귀환되는 비교기이다.

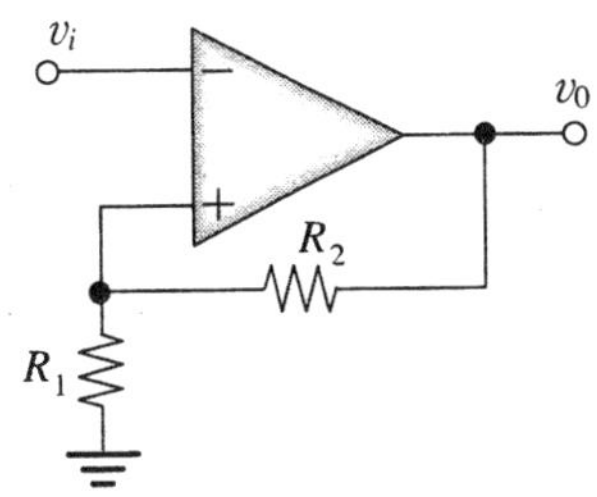

그림 4.35 정귀환 비교기

■ 잡음전압의 영향을 배제할 수 있는 이점이 있다. 기준전압을 문턱전압 V_T하며, 출력의 포화전압을 V_{sat}라 하면

$$V_T = \frac{R_1}{R_1 + R_2} \cdot V_{sat}\,[\mathrm{V}]$$

4.5 출력전압 제한 비교기

■ 출력전압을 $\pm V_{sat}$ 이하로 제한하는 비교기를 말하며, 반전 비교기에서 제너 다이오드와 정류 다이오드를 사용한 출력전압 제한 비교기 회로는 그림 4.36과 같다.

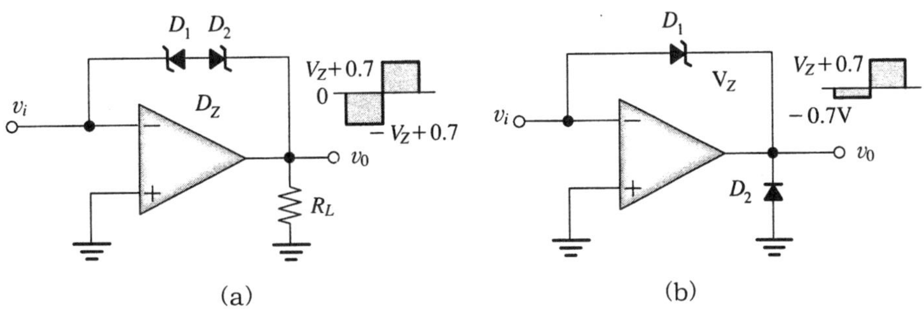

그림 4.36 출력전압 제한 비교기

4.6 윈도우 비교기

■ 2개의 비교기를 사용하여 상한 기준전압 V_U와 하한 기준전압 V_L 사이의 입력전압일 때만 출력전압이 L 또는 H 레벨로 나타나는 비교기이다. 그림 4.37과 같이 $V_U - V_L$이 윈도우가 된다.

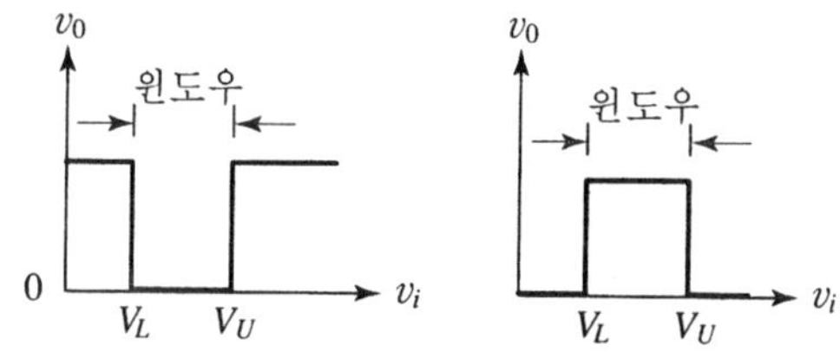

그림 4.37 비교기의 윈도우

4.7 IC 비교기

- 비교적 많이 이용되는 IC 비교기 LM311의 핀 접속도는 그림 4.38과 같다.

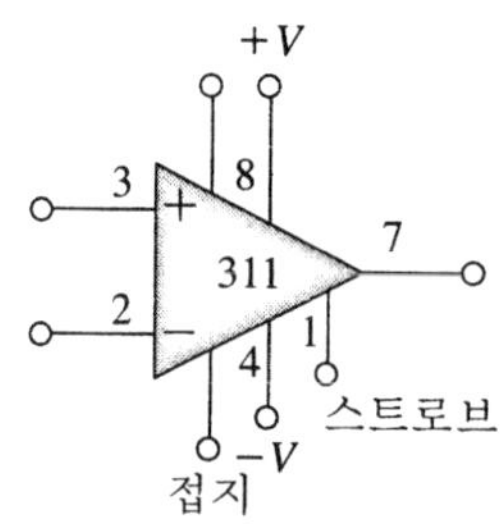

그림 4.38 LM311의 핀 접속도

연습문제 Chapter 4

1. 비교기의 기능은?

(가) 두 입력의 감산　　(나) 두 입력의 가산

(다) 기준입력과의 비교　　(라) 기준입력의 증폭

2. 일정전압보다 클 때를 검출하는 회로는?

(가) 리미터　　(나) 컴퍼레이터

(다) 클램퍼　　(라) 적분기

3. 0 전위 비교기란?

(가) 출력전압이 0　　(나) 기준 입력전압이 0

(다) 비교입력이 0　　(라) 비교입력-기준입력=0

4. 잡음의 영향을 줄일 수 있는 비교기는?

(가) 0전위 비교기　　(나) 정귀환 비교기

(다) 윈도우 비교기　　(라) 기준전위 비교기

5. 그림 4.39의 회로는?

(가) 히스테리시스 비교기　　(나) 반전 증폭기

(다) 비반전 증폭기　　(라) 전압 분할기

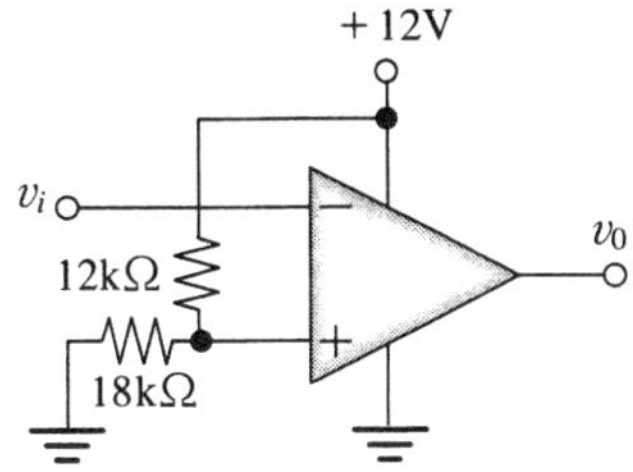

그림 4.39

6. 그림 4.39에서 기준 전압은 몇 [V]인가?

(가) 4.8　　(나) 6　　(다) 7.2　　(라) 8

7. 그림 4.40회로에서 부(−)의 출력전압은 몇 [V]인가? 단, $V_Z = 5.6$ [V].

(가) −0.7　　　(나) 5.6

(다) 6.3　　　(라) 7

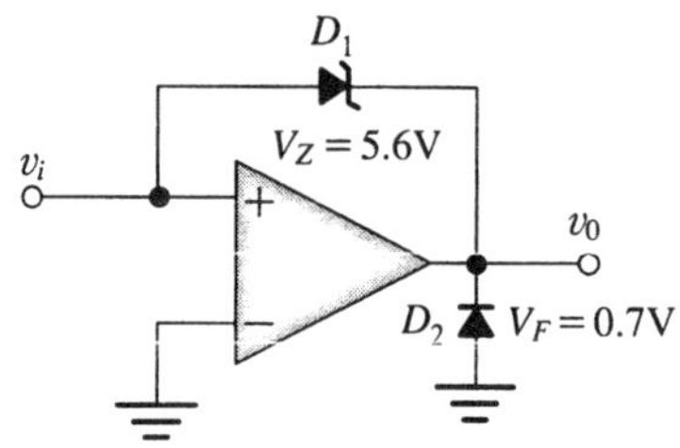

그림 4.40

8. 그림 4.41의 출력전압이 L 레벨인 입력전압은?

(가) 1 [V]　　　(나) 3 [V]

(다) 6 [V]　　　(라) 7 [V]

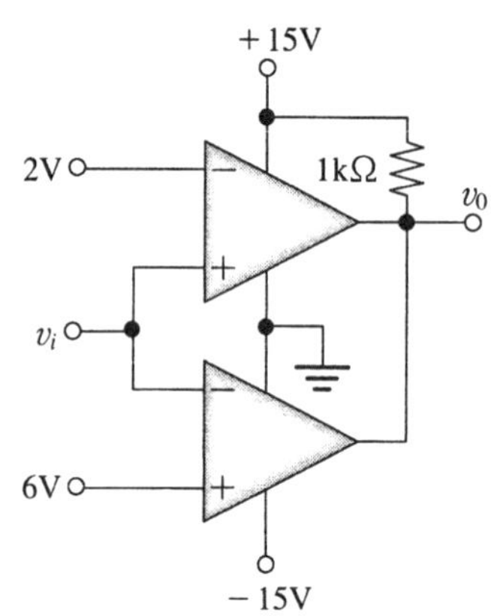

그림 4.41

9. LM311에 맞지 않는 것은?

(가) 풀업 저항을 필요로 한다.　　　(나) 스트로브 핀이 있다.

(다) TTL 구동이 가능하다.　　　(라) 슬루율이 작다.

10. 윈도우 비교기의 응용회로에 해당하는 것은?

(가) 부호 반전기　　　(나) 과전압 검출기

(다) 잡음 제거기　　　(라) 부호 검출기

11. 그림 4.42의 비교기에서 출력전압 파형을 그려라. 단, $V_{sat} = 12$ [V]

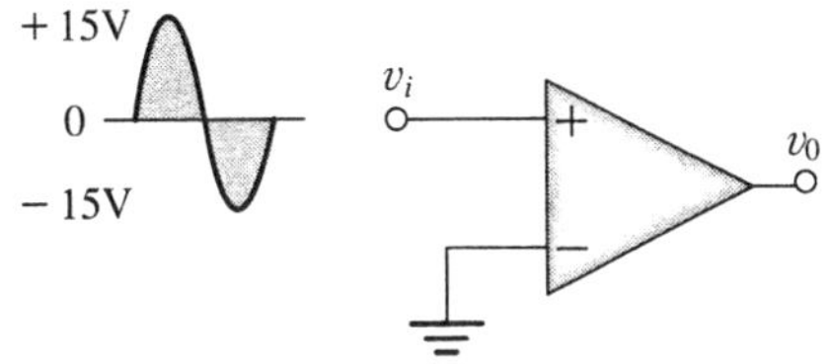

그림 4.42

12. 그림 4.43의 입력전압 대 출력전압의 파형을 그려라. 단, $V_{sat} = 12$ [V]

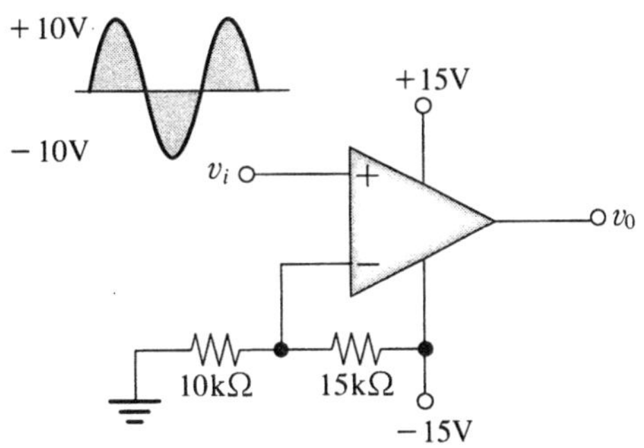

그림 4.43

13. 그림 4.44에서 입력전압 대 출력전압의 파형을 그려라. 단, $V_{sat} = 12$ [V]

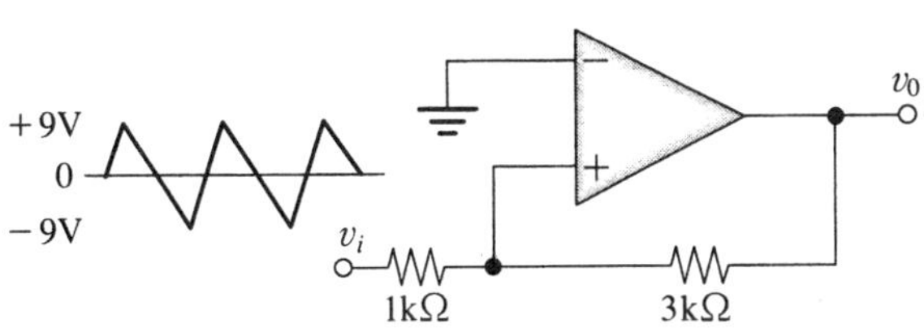

그림 4.44

14. 그림 4.45의 윈도우 비교기에서 고 제한전압 V_U는 몇 [V]인가?

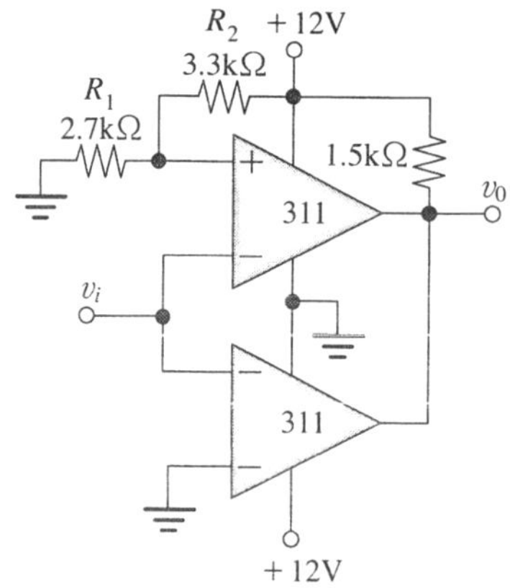

그림 4.45

15. 그림 4.45에서 V_U를 2.4[V]로 하기 위한 R_2의 값은 얼마인가?

16. 그림 4.46의 윈도우 비교기에 대한 $v_i - v_o$ 특성 곡선을 그려라.

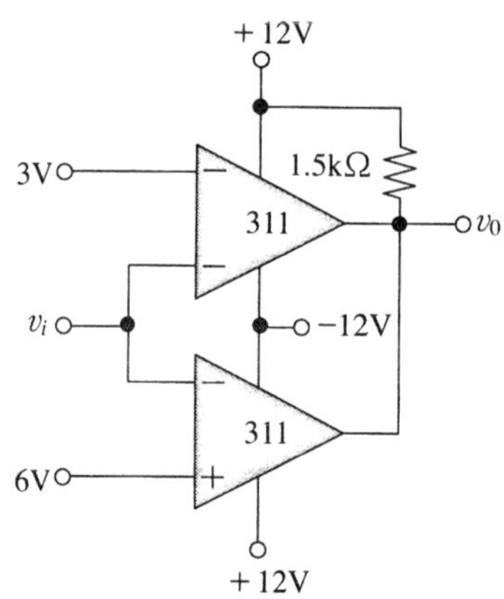

그림 4.46

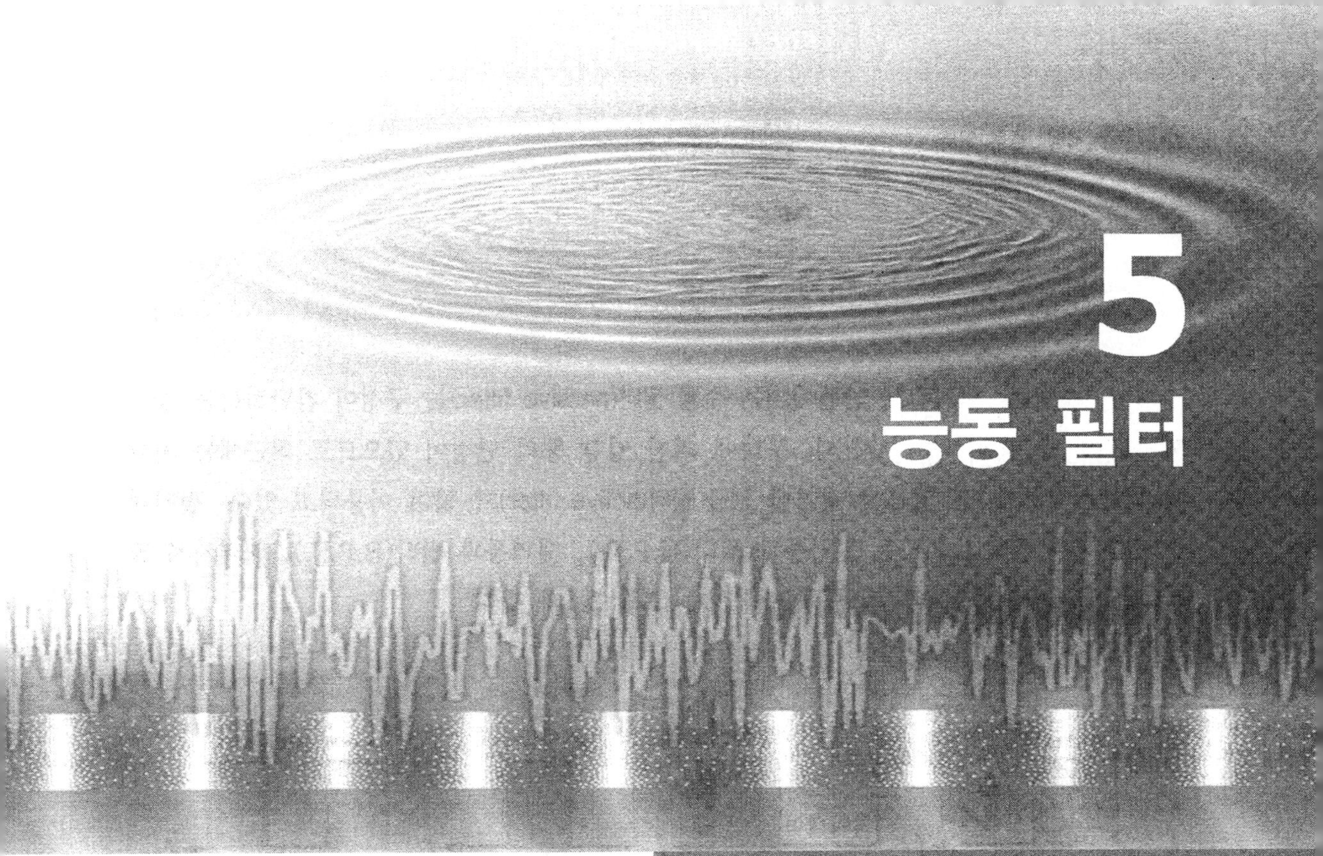

5 능동 필터

내 용

학습목표

- 각종 능동 필터의 주파수 특성을 이해한다
- VCVS 필터의 회로구성을 익힌다
- 버터워즈, 체비세프, 베셀필터의 특성을 이해한다.
- 고차 필터의 구성원리와 특성을 이해한다
- 필터의 응용회로를 익힌다

5.1 능동 필터의 개요

저항, 콘덴서, 인덕터로 만들어지는 **수동 필터(passive filter)**는 구성이 간단하다는 장점이 있지만 소자에서의 전압감쇠, 부하에 의한 영향 등의 단점이 있으므로 최근에는 저항과 콘덴서회로에 OP 앰프를 결합한 **능동 필터(active filter)**가 많이 이용되고 있다. 필터에는 저역통과 필터(L.P.F.), 고역통과 필터(H.P.F.), 대역통과 필터(B.P.F.), 대역저지 필터(B.S.F.) 등이 있으며 그 주파수 특성은 그림 5.1과 같다.

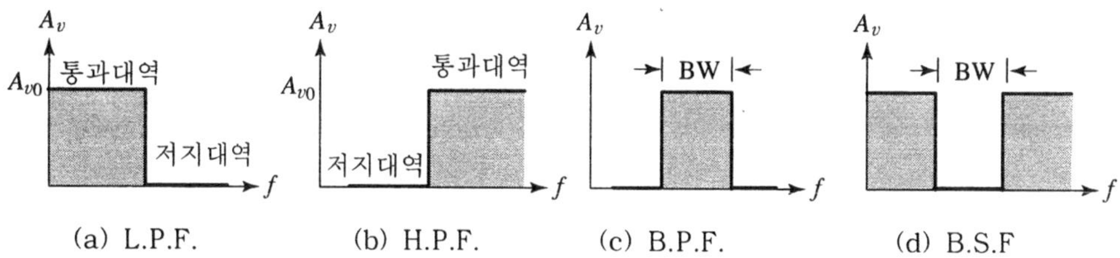

그림 5.1 각종 필터의 주파수 특성

필터의 각종 용어를 설명하면 아래와 같다.

■ **통과대역, 저지대역**

그림 5.1(a), (b)와 같은 저역통과 필터 및 고역통과 필터 특성에서 전압이득이 $A_v = A_{v0}$인 주파수대역을 **통과대역(pass band)**, $A_v = 0$인 대역을 **저지대역(stop band)**이라 한다. 통과대역에서는 입력전압이 감쇠가 없이 그대로 출력전압으로 나타나는 주파수대역이고, 저지대역은 필터회로에서 입력전압이 떨어져 출력전압이 거의 나타나지 않는 주파수 대역을 말한다.

■ **저역 차단주파수, 고역 차단주파수**

그림 5.1(a), (b)의 주파수특성곡선에서 통과대역에서 저지대역으로 떨어지는 경계주파수를 **저역 차단주파수(low cut-off frequency)** f_{cl}, 저지대역에서 통과대역으로 올라가는 경계주파수를 **고역 차단주파수(cut-off frequency)** f_{ch}라 한다.

■ **대역폭**

앞서 1장에서 언급한 바와 같이 그림 5.1(c), (d)의 대역통과 필터, 대역저지 필터의 주파수 특성곡선에서 저역 차단주파수를 f_{c1}, 고역 차단주파수를 f_{c2}라 할 때 **대역폭**(Band Width)은 아래와 같다.

$$BW = f_{c2} - f_{c1} \ [\text{Hz}] \tag{5.1}$$

■ 전이영역

이상적인 필터의 주파수 특성 곡선과는 달리 실제에서는 그림 5.2(a), (b)와 같이 전압 감쇠가 0인 통과대역에서 전압 감쇠가 ∞인 저지대역의 전환이 급격하게 이루어지지 않고, 주파수의 증가에 따라 전압 감쇠가 점진적으로 증가하여 f_s 이상부터는 완만하게 전압 증폭도가 0에 접근한다. 따라서 저역 및 고역 차단주파수 f_{c1}, f_{ch}도 전압 증폭도가 3 [dB] 떨어지는 주파수로 정의하고, f_{cl}, f_{ch}와 f_s 사이의 주파수 영역을 **전이영역**(transition region)이라 한다.

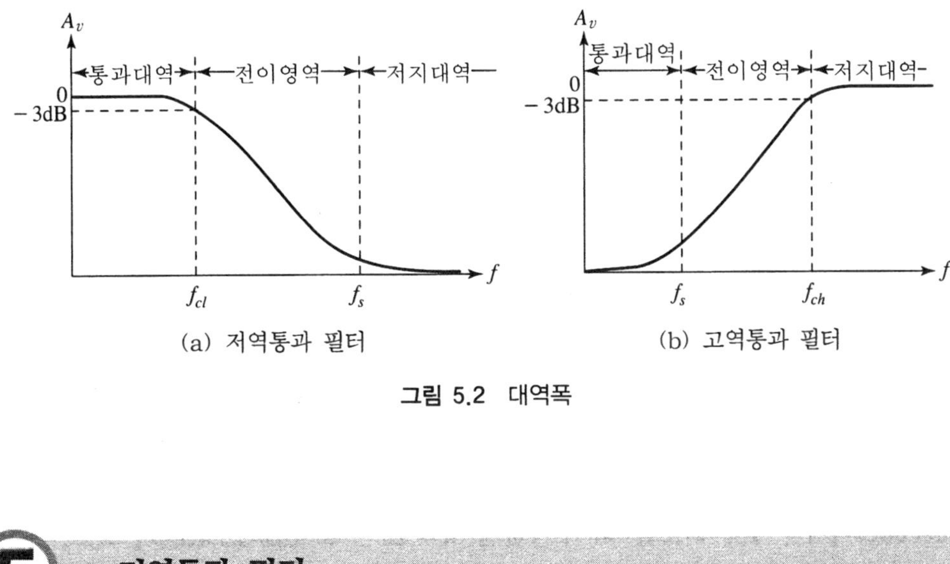

그림 5.2 대역폭

5.2 저역통과 필터

그림 5.3(a)는 가장 간단한 **저역 주파수 통과 필터**(L.P.F. : Low frequency Pass Filter) 회로이다. 입력 측에 RC 회로가 연결되어 있다. 앞으로 간단히 L.P.F.라 한다. 그 주파수 특성은 그림 5.3(b)와 같다. 저역 차단주파수를 기점으로 주파수 특성곡선의 기울기는 −20dB/decade이다. 즉, 주파수가 10배 증가할 때($f = 10f_c$) 전압 증폭도가 1/10(=

−20dB)로 떨어진다. 떨어지기 전의 저역 주파수에서의 전압 증폭도 A_v는 비반전 증폭기이므로

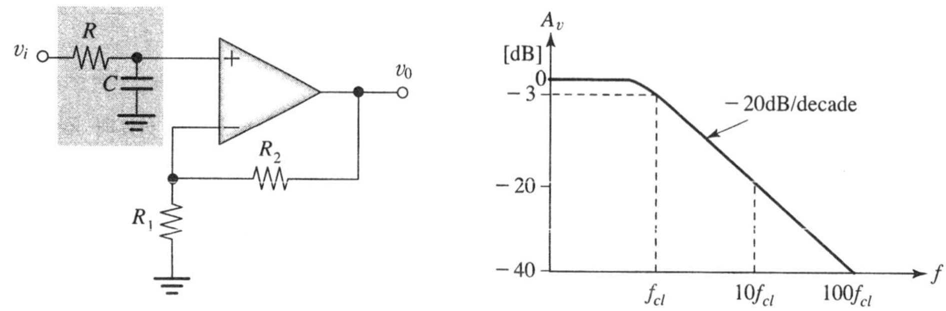

(a) 회로 (b) 주파수 특성

그림 5.3 저역 주파수 통과 필터 회로

$$A_v = 1 + \frac{R_2}{R_1} \tag{5.2}$$

이고, 저역 차단 주파수 f_c는 아래와 같다.

$$f_c = f_{cl} = \frac{1}{2\pi RC} \text{ [Hz]} \tag{5.3}$$

수동 필터에서의 차수(次數) n은 필터의 필터의 인덕터 L, 콘덴서 C의 수의 2배를 말한다. L, C의 수가 2개이면 $n = 4$, L, C의 수가 5개이면 $n = 10$이다. 그러나 능동 필터에서의 차수 n은 저항 R 및 콘덴서 C의 수와 같다. 즉, RC 회로의 수가 2이면 $n = 2$, RC 회로의 수가 6이면 $n = 6$이다. 따라서 RC의 수가 많아질수록, 다시 말해서 n이 커질수록 주파수 특성곡선의 기울기는 커진다. 그림 5.3(a)와 같이 $n = 1$일 때 −20 [dB/decade]이지만 RC 회로를 더 추가하면($n = 2$) −40 [dB/decade]가 되고, $n = 3$일 때 −60 [dB/decade]가 된다. RC 회로가 하나씩 증가될 때마다 기울기는 −20 [dB/ decade]가 추가된다. 그림 5.4는 저역통과 필터에서 $n = 1$, $n = 2$, $n = 3$일 때의 주파수 특성을 나타내는 곡선이다.

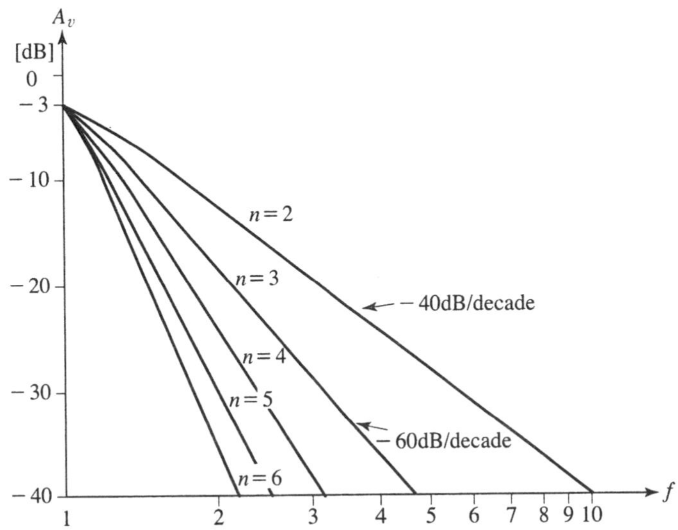

그림 5.4 고차 필터의 주파수 특성

예제 5.1

그림 5.3(a)의 저역통과 필터에서 $R = 33\ [\text{k}\Omega]$, $C = 4.7\ [\mu\text{F}]$일 때 f_{cl}을 구하라.

풀이

식 (5.3)에 의해

$$f_c = \frac{1}{2\pi RC} = \frac{1}{2\times3.14\times33\times10^3\times4.7\times10^{-6}} \fallingdotseq 1.03\ [\text{Hz}]$$

그림 5.5는 전압 증폭이 필요 없는 가장 간단한 **단위이득**($A_v = 1$) **저역통과 필터**이고, 이때의 저역 차단 주파수는 아래와 같다.

$$f_{cl} = \frac{1}{2\pi R_1 C_1}\ [\text{Hz}] \tag{5.4}$$

그림 5.6은 반전 증폭기로 구성한 L.P.F.회로이다. 콘덴서가 입력단과 출력단 사이에 연결되어 있는 점이 비반전 증폭기와 다른 점이다. 이때의 전압이득과 저역 차단 주파수 f_{cl}은 아래와 같다.

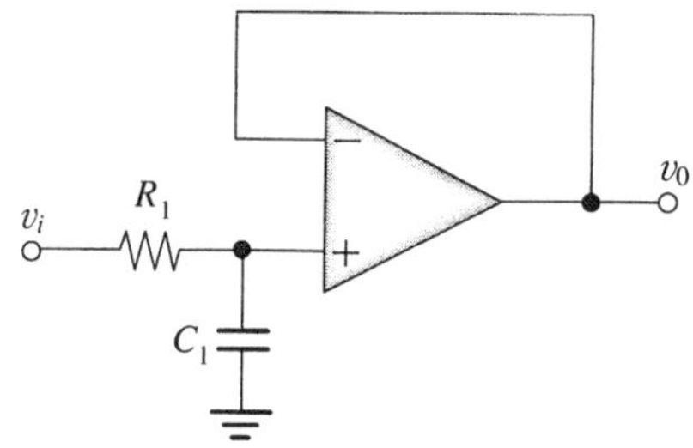

그림 5.5 단위이득 L.P.F. 회로

$$A_v = -\frac{R_2}{R_1} \tag{5.5}$$

$$f_{cl} = \frac{1}{2\pi R_2 C_1} \text{ [Hz]} \tag{5.6}$$

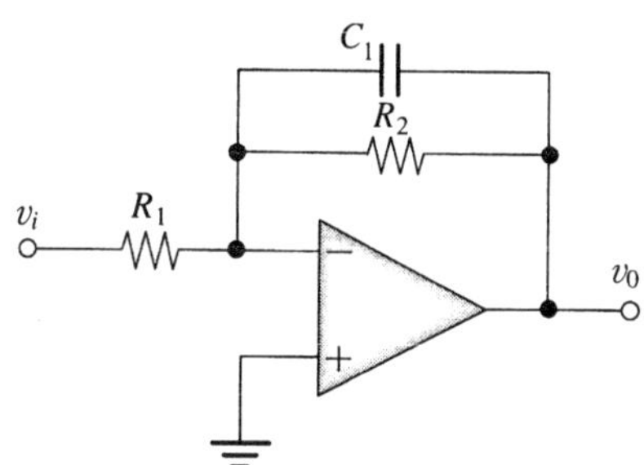

그림 5.6 반전 증폭기 L.P.F. 필터 회로

예제 5.2

그림 5.6의 반전 증폭기 L.P.F.회로에서 $R_1 = 180\ [\Omega]$, $R_2 = 43[\text{k}\Omega]$, $C_1 = 100\ [\text{pF}]$일 때 A_v와 f_{cl}을 구하라.

풀이

식 (5.5), 식 (5.6)에 의해

$$A_v = -\frac{R_2}{R_1} = -\frac{43000}{180} \fallingdotseq 238.9$$

$$f_c = \frac{1}{2\pi R_1 C_2} = \frac{1}{2 \times 3.14 \times 43 \times 10^3 \times 100 \times 10^{-12}} \fallingdotseq 37\ [\text{kHz}]$$

필터 회로의 정수 값을 어떻게 선정하느냐에 따라 필터는 **버터워즈(Butterworth)**, **체비세프(Chebyshev)**, **베셀(Bessel) 응답특성**으로 구분된다. 버터워스 응답특성은 통과대역에서 전압 증폭도가 가장 평탄하고, 체비세프 응답특성은 차단주파수 이후에 기울기(roll-off)가 다른 방식보다 이점이 크지만 통과대역에서 전압 증폭도가 리플(불균일 파형)이 있다는 단점이 있다. 한편 베셀 응답 특성은 통과대역에서 전압 증폭도에 리플이 없으나 차단주파수에 가까울수록 전압 증폭도가 약간 감소해 가고, 기울기가 가장 완만하다는 단점이 있다. 표 5.1은 차단 주파수의 2배인 주파수에서 각 응답방식의 전압이득 감쇠 특성을 나타낸다.

표 5.1 세 가지 응답방식의 전압 이득 감쇠 특성

방 식	f_c(dB)	$2f_c$(dB)
버터워스	−3	−36
체비세프	−3	−63
베셀	−3	−14

그림 5.7은 $n=6$인 경우의 세 가지 응답 특성을 나타낸다.

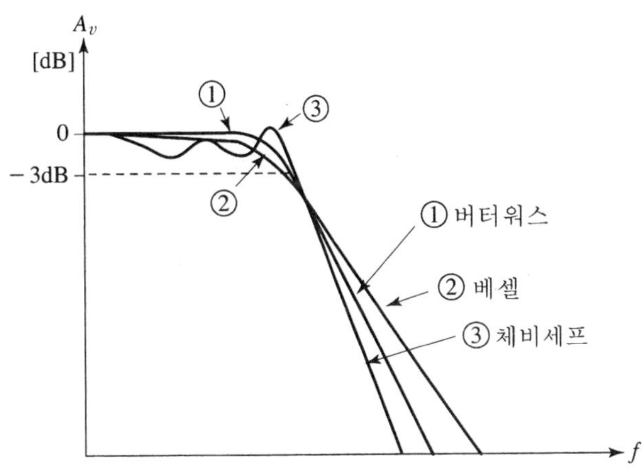

그림 5.7 버터워스, 베셀, 체베세프 응답 곡선

그림 5.8(a)는 2차 저역 주파수 통과 필터로서 **저역 VCVS 필터(Voltage Controlled Voltage Source Filter)**라고 부른다. C_A가 출력단자의 귀환소자로 연결되어 있고, R_B, C_B 회로가 추가로 연결된 $n=2$인 2차 필터 회로이다.

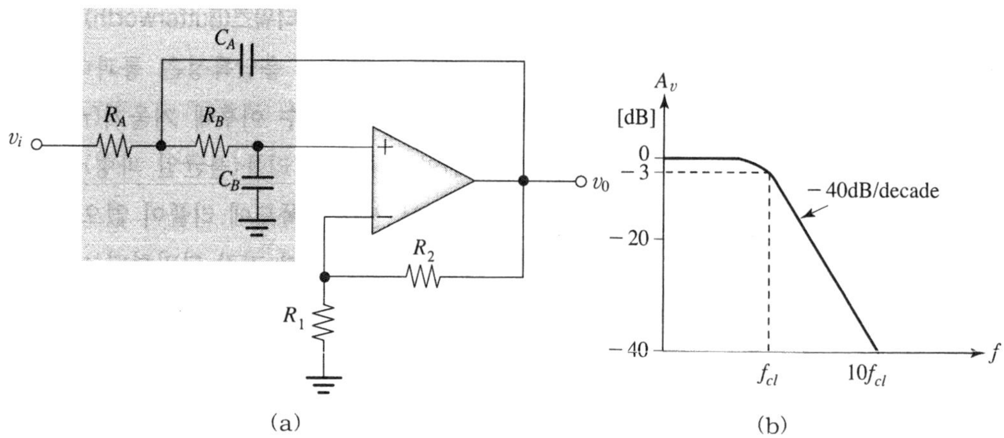

그림 5.8 VCVS 저역 주파수 통과 필터 회로

그림 5.8(a)에서 댐핑 계수 α는 아래와 같이 정의된다.

$$\alpha = 2 - \frac{R_2}{R_1} \tag{5.7}$$

표 5.2는 비반전 2차 필터에서 세 가지 응답 특성에 대한 α, R_2/R_1, 전압 증폭도의 값이다.

표 5.2 VCVS 2차 필터의 α, R_2/R_1, A_v

구 분	버터워즈	체비쉐프	베셀
α	1.414	0.766	1.732
R_2/R_1	0.586	1.234	0.268
$A_v(=1+R_2/R_1)$	1.586	2.234	1.268

일반적으로 최대 전압이득 평탄 특성을 갖는 버터워스 방식이 많이 사용되므로 이에 대한 VCVS 2차 필터의 주파수 응답 특성을 나타내면 그림 5.8(b)와 같다. 2차 필터의 주파수 특성이 1차 필터보다 2배 더 나은 −40dB/decade의 기울기를 갖는다. 표 5.2에서 버터워스인 경우에 $R_2/R_1=0.586$이므로 전압 증폭도는 아래와 같다.

$$A_v = 1 + \frac{R_2}{R_1} = 1 + 0.586 = 1.586 \tag{5.8}$$

이고, 저역 차단주파수는 아래와 같다.

$$f_{cl} = \frac{1}{2\pi\sqrt{R_A R_B C_A C_B}} \text{ [Hz]} \tag{5.9}$$

그림 5.8(a)의 VCVS 필터 회로는 전압 증폭도가 1.586(4dB) 이하이어야 하므로 R_1과 R_2 간에는 $R_2 \leq 0.586R_1$의 관계를 유지해야 한다. $R_A = R_B = R$, $C_A = C_B = C$인 경우의 저역 차단 주파수 f_{cl}은 아래와 같다.

$$f_{cl} = \frac{1}{2\pi RC} \text{ [Hz]} \tag{5.10}$$

예제 5.3

그림 5.8(a)의 VCVS 2차 L.P.F. 회로에서 $R_A = R_B = 1$ [kΩ], $R_2 = 6.8$ [kΩ], $C_1 = C_2 = 0.1$ [μF]일 때 R_1과 f_{cl}을 구하라.

풀이

$\frac{R_2}{R_1} = 0.586$의 관계가 성립해야 하므로 $R_1 = \frac{6.8}{0.586} \times 10^3 \fallingdotseq 11.6$ [kΩ]

식 (5.10)에 의해

$$f_{cl} = \frac{1}{2\pi RC} = \frac{1}{2 \times 3.14 \times 1 \times 10^3 \times 0.1 \times 10^{-6}} = \frac{10{,}000}{6.28} \fallingdotseq 1.59 \text{ [kHz]}$$

5.3 고역통과 필터

그림 5.9(a), (b)는 **고역 주파수 통과 필터(H.P.F. : High Pass Filter)** 회로와 그 주파수 특성을 나타내는 곡선이다.

고역 주파수에서의 전압 증폭도는

$$A_v = 1 + \frac{R_2}{R_1} \tag{5.11}$$

이고, 고역 차단 주파수 f_{ch}는 아래와 같다.

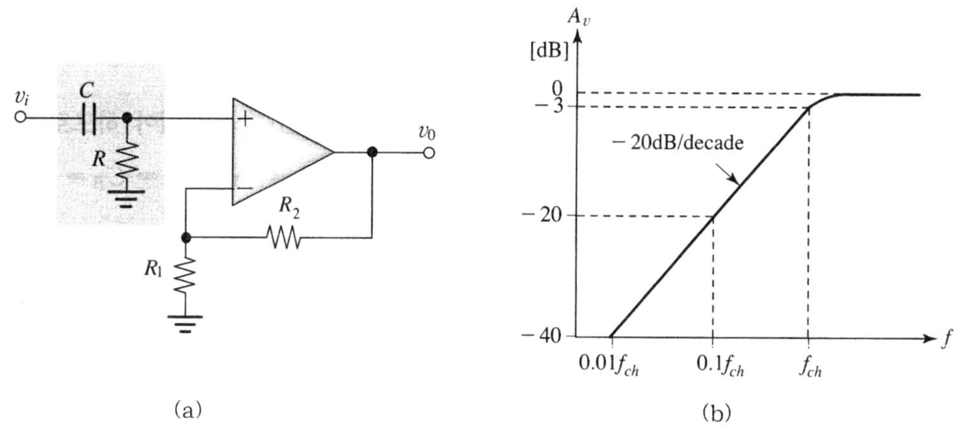

그림 5.9 고역 주파수 통과회로

$$f_{ch} = \frac{1}{2\pi RC}\ [\text{Hz}] \tag{5.12}$$

그림 5.10(a)는 **VCVS 2차 고역 필터 회로**이다.

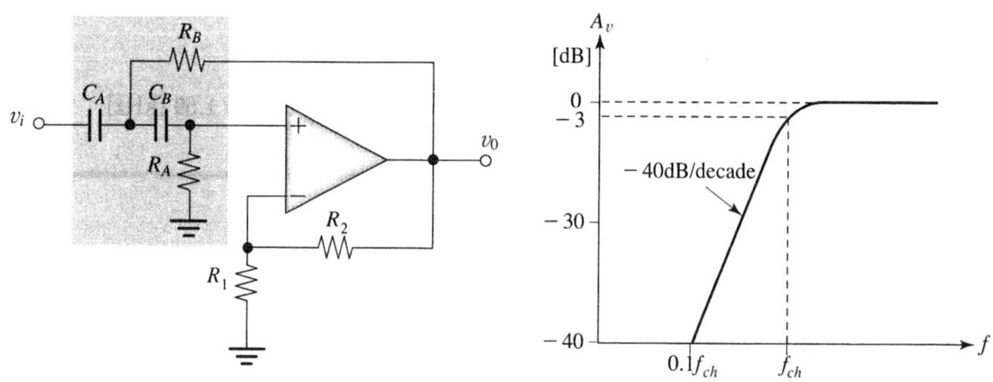

그림 5.10 VCVS 2차 고역 주파수 통과 필터 회로

그림 5.10(b)는 버터워스 주파수 응답 특성을 나타낸다. 2차 필터이므로 −40dB/decade의 기울기를 갖는다. 전압 증폭도와 저역 차단 주파수는 아래와 같다.

$$A_v = 1 + \frac{R_2}{R_1} \tag{5.13}$$

그림 5.10(a)에서 댐핑 계수(damping factor)를 1.414로 하기 위해 $R_2 = 0.586R_1$,

$C_A = C_B = C$, $R_A = R_B = R$로 해야 하며, 이때의 f_{ch}는 아래와 같다.

$$f_{ch} = \frac{1}{2\pi RC} \text{ [Hz]} \tag{5.14}$$

예제 5.4

그림 5.10(a)의 VCVS 2차 H.P.F. 회로에서 $C_A = B_2 = 0.0022$ [μF], $R_A = R_B = 15$ [kΩ], $R_1 = 12$ [kΩ], 일 때 R_2와 f_{cl}을 구하라.

풀이

$R_2 = 0.586R_1 = 0.586 \times 12 \times 10^3 \fallingdotseq 7$ [kΩ]

$$f_{cl} = \frac{1}{2\pi RC} = \frac{1}{2 \times 3.14 \times 15 \times 10^3 \times 0.0022 \times 10^{-6}} \fallingdotseq 4.8 \text{ [kHz]}$$

5.4 고차 저역통과 및 고역통과 필터

1차 필터 회로 및 2차 필터 회로를 종속접속해 가면 **고차 필터 회로**를 구성할 수 있다. 홀수 차수의 필터 회로를 구성할 때는 필히 1차 필터 회로가 1개 이상이 들어가야 한다. 일반적으로 이때의 1차 필터 회로는 앞뒤의 필터 회로간의 격리용으로 단위이득 필터 회로를 채택한다.

5.4.1 고차 저역통과 필터

그림 5.11(a)는 비반전 단위이득 저역통과 필터 회로이고($A_v = +1$), 그림 5.11(b)는 반전 단위이득 저역통과 필터 회로($A_v = -1$)이다. 반전 단위이득 필터 회로는 비반전 단위이득 필터 회로보다 입력 임피던스가 작지만 일정한 저항성 임피던스를 갖는 특징 때문에 용도에 따라서는 이 회로가 유리한 경우도 있다.

그림 5.12는 종속접속 시 사용하는 2차 저역통과 필터 회로이다. R_f를 제외하고 모든 저항 값이 같고, 콘덴서의 용량 값도 서로 같다.

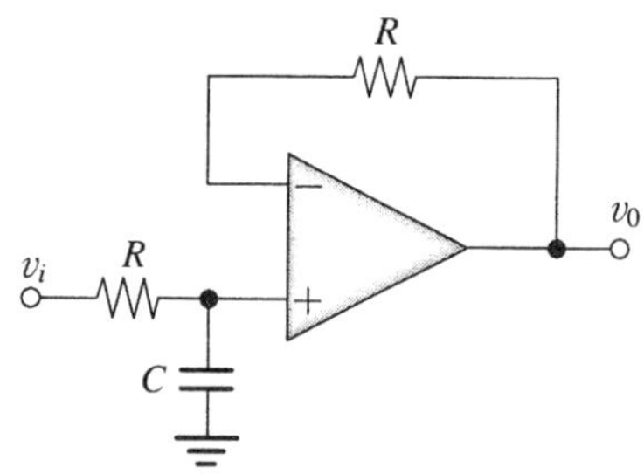

(a) 비반전 L.P.F.

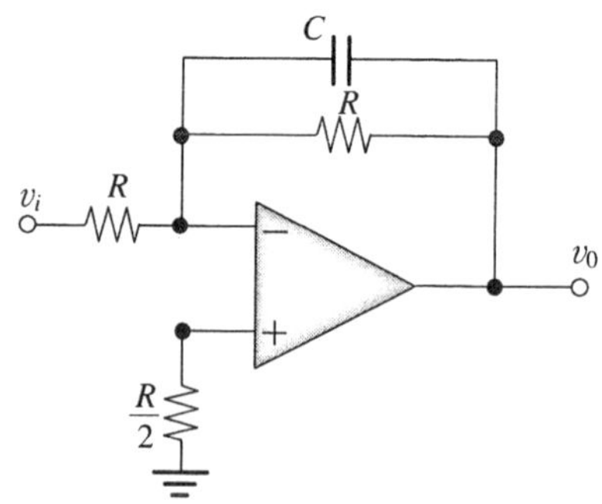

(b) 반전 L.P.F.

그림 5.11 단위이득 1차 L.P.F. 회로

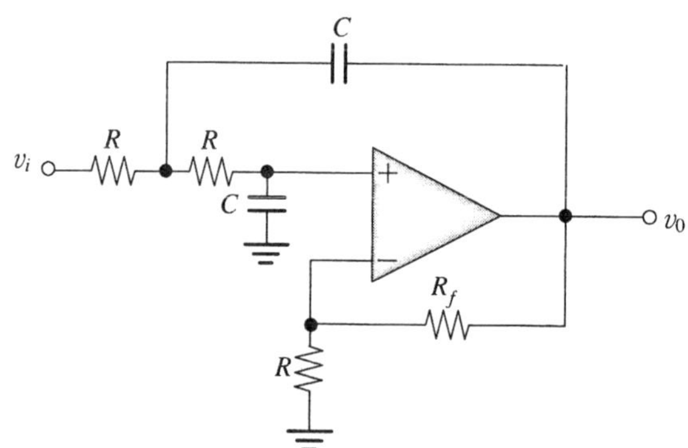

그림 5.12 고차필터에 사용하는 2차 저역통과 필터 회로

만일 3차 필터 회로를 구성하고자 할 때는 1차 필터가 1개, 2차 필터가 1개 필요하지만 5차 필터를 구성할 때는 1차 필터 1개, 2차 필터 2개가 필요하다. 표 5.3은 종속접속 고차 필터 회로의 설계 시 각단에 들어가는 1차 또는 2차 버터워스 필터에 대한 R_f 값과 전체 전압 증폭도(A_v)를 나타낸다.

표 5.3 종속접속 고차 필터의 R_f, A_v

차수	1차 필터	첫째 단의 R_f	둘째 단의 R_f	셋째 단의 R_f	전체 전압이득(A_V)
2	–	0.5858R	–	–	1.5858(4.0dB)
3	필요	1R	–	–	2(6.02dB)
4	–	0.1523R	1.2346R	–	2.5749(8.22dB)
5	필요	0.3819R	1.3820R	–	3.2917(10.35dB)
6	–	0.06838R	0.5858R	1.4824R	4.2058(12.48dB)

그림 5.13(a)는 저역 차단 주파수가 1 [kHz]인 1차 L.P.F.의 주파수 특성이다. 4차 L.P.F.의 전압이득은 8.22 [dB], 6차 L.P.F.의 전압이득은 12.48 [dB]로 증가하지만 전압이득 곡선은 −3 [dB]점을 같이 통과한다. 곡선의 경사(기울기)가 급격하다는 것은 필터의 특성이 이상적인 곡선에 가까워지므로 성능이 아주 좋은 필터를 구현하기 위해서는 차수를 높혀가야 함을 쉽게 이해할 수 있다. 그림 5.14는 1차 1개, 2차 2개로 구성한 5차 L.P.F. 회로이다.

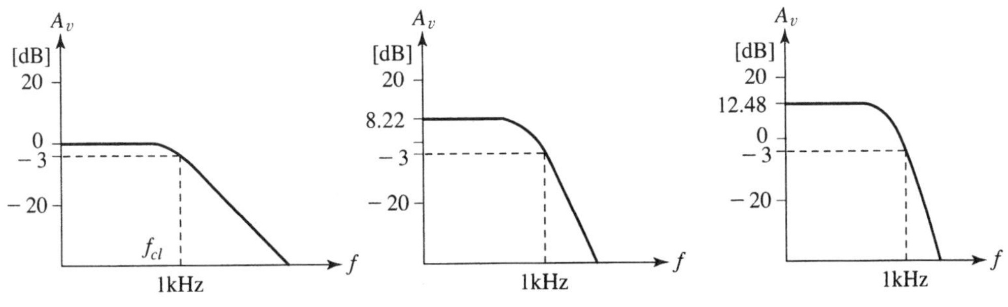

그림 5.13 1차, 4차, 6차 저역통과 필터의 주파수 특성

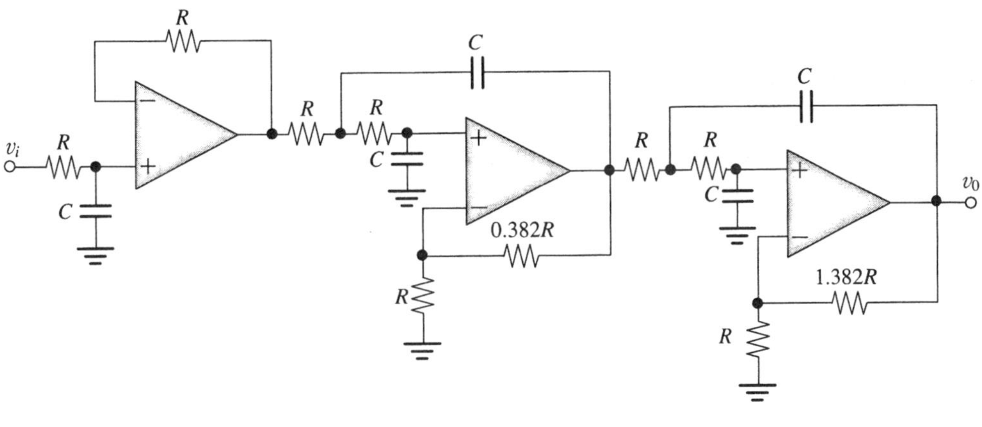

그림 5.14 5차 L.P.F. 필터 회로 예

예제 5.5

그림 5.15의 3차 L.P.F. 회로에서 $f_{cl} = 1.2$ [kHz]로 하자면 R 및 R_f 값은 얼마인가?

풀이

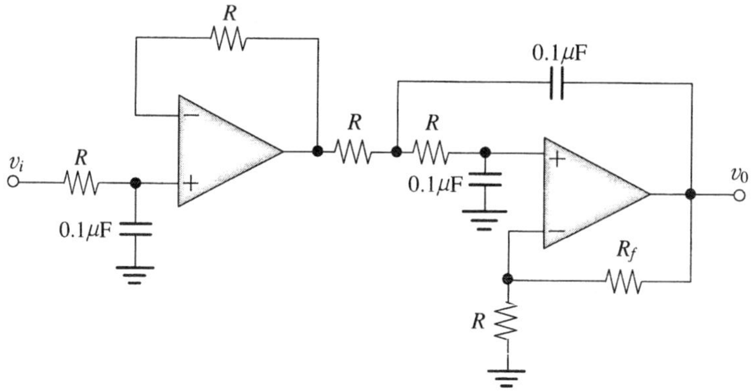

그림 5.15 3차 L.P.F.

$$R = \frac{1}{2\pi f_{cl} C}$$
$$= \frac{1}{6.28 \times 1.2 \times 10^3 \times 0.1 \times 10^{-6}}$$
$$= \frac{10}{7.56} \times 10^3 \fallingdotseq 1.323\ [\text{k}\Omega]$$
$$R_f = R = 1.323\ [\text{k}\Omega]$$

5.4.2 고차 고역통과 필터

짝수 차수의 필터를 구성할 때는 2차 필터만 사용하지만 3차, 5차, 7차 H.P.F. 회로를 구성할 때 고차 L.P.F. 회로 때와 마찬가지로 단위이득 H.P.F.를 삽입한다. 그림 5.16(a), (b)는 단위이득 비반전 및 반전 H.P.F. 회로이다.

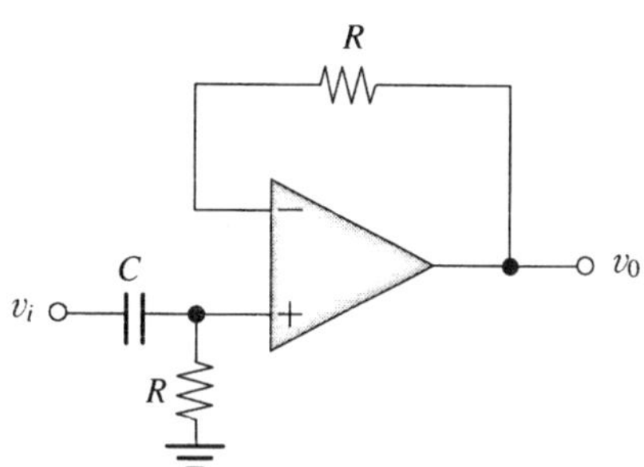

(a) 비반전 H.P.F.

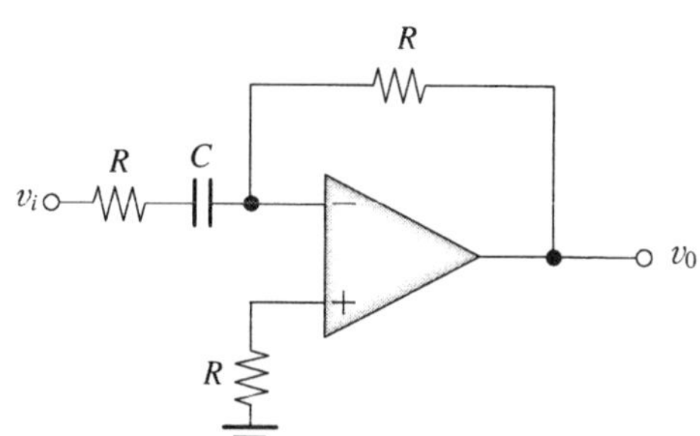

(b) 반전 H.P.F.

그림 5.16 단위이득 1차 H.P.F. 회로

고차 H.P.F.를 구성할 때도 2차 필터의 귀환저항 R_f의 값은 L.P.F.때와 마찬가지로 표 5.3을 적용한다. 그림 5.17은 **3차 버터워스** H.P.F. 회로를 나타낸다.

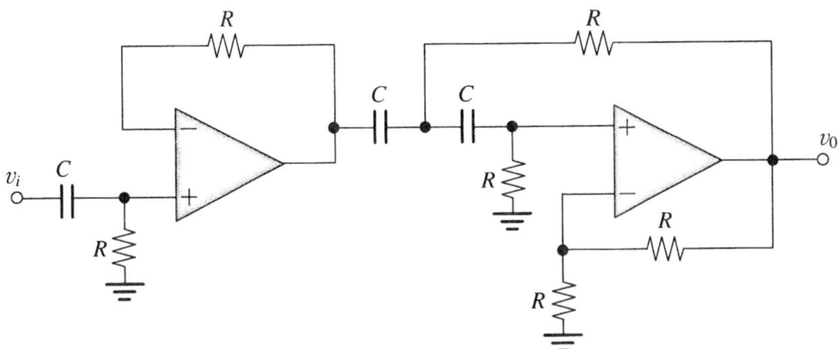

그림 5.17 3차 버터워스 H.P.F. 회로

예제 5.6

그림 5.17의 3차 H.P.F. 회로에서 f_{ch}를 4.5 [kHz]로 하자면 C값을 얼마로 정해야 하는가? 단, $R = 10$ [kΩ]

풀이

$$C = \frac{1}{2\pi fR} = \frac{1}{6.28\times4.5\times10^3\times10\times10^3} = \frac{10}{28.26}\times10^{-6} \fallingdotseq 0.00354\ [\mu\text{F}]$$

5.5 대역통과 필터

그림 5.18과 같이 고역통과 필터와 저역통과 필터를 종속접속하면 **대역통과 필터**(B.P.F. : Band Pass Filter)를 만들 수 있다.

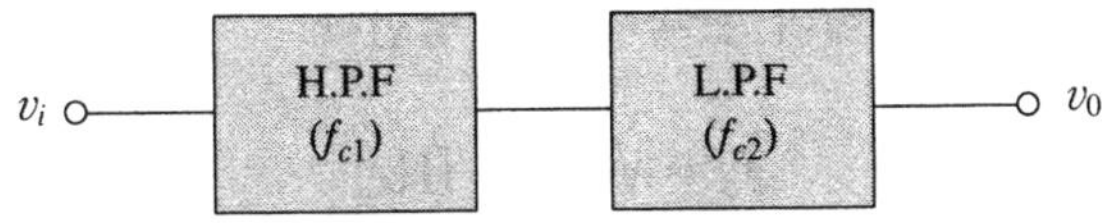

그림 5.18 B.P.F의 구성도

그림 5.19에서와 같이 H.P.F.의 차단 주파수를 f_{c1}, L.P.F.의 차단 주파수를 f_{c2}라 하면 B.P.F.의 대역폭(BW)은 아래와 같다.

$$BW = f_{c2} - f_{c1} \text{ [Hz]} \tag{5.15}$$

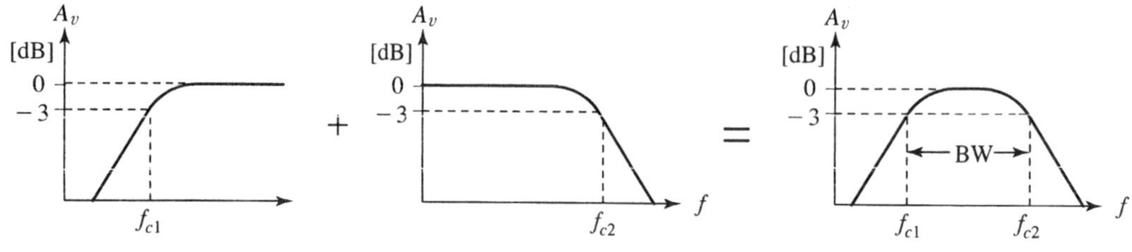

그림 5.19 B.P.F.의 구성 원리

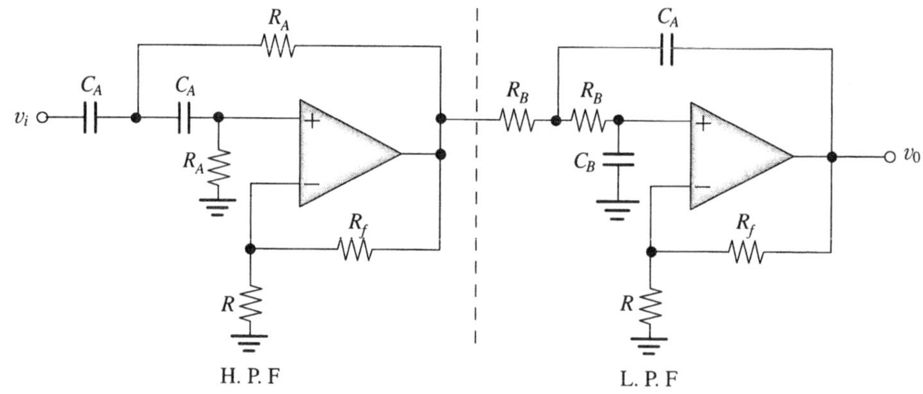

그림 5.20 B.P.F. 회로

차단 주파수 f_{c1}, f_{c2}는 아래와 같다.

$$f_{c1} = \frac{1}{2\pi R_A C_A} \tag{5.16}$$

$$f_{c2} = \frac{1}{2\pi R_B C_B} \tag{5.17}$$

중심 주파수를 f_o라 하면 아래의 관계식이 성립한다.

$$f_o = \sqrt{f_{c1} f_{c2}} \text{ [Hz]} \tag{5.18}$$

또한 선택도를 가름할 수 있는 **양호계수**(Q : Qulity factor)는 아래와 같이 나타낼 수 있다. Q가 클수록 선택도가 높다.

$$Q = \frac{f_o}{BW} \tag{5.19}$$

그림 5.21(a)는 R_3과 C를 통한 **다중귀환** B.P.F. 회로이다. 점선으로 나타낸 바와 같이 R_1과 C에 의해 저역 주파수가 통과되고, C와 R_3에 의해 고역 주파수가 통과된다. 그림 5.22(b)의 주파수 특성에서 알수 있듯이 최대 전압이득은 중심 주파수 f_o에서 얻어진다. 다중귀환 B.P.F.의 중심 주파수는 아래와 같다.

$$f_o = \frac{1}{2\pi C}\sqrt{\frac{R_1 + R_3}{R_1 R_2 R_3}} \text{ [Hz]} \tag{5.20}$$

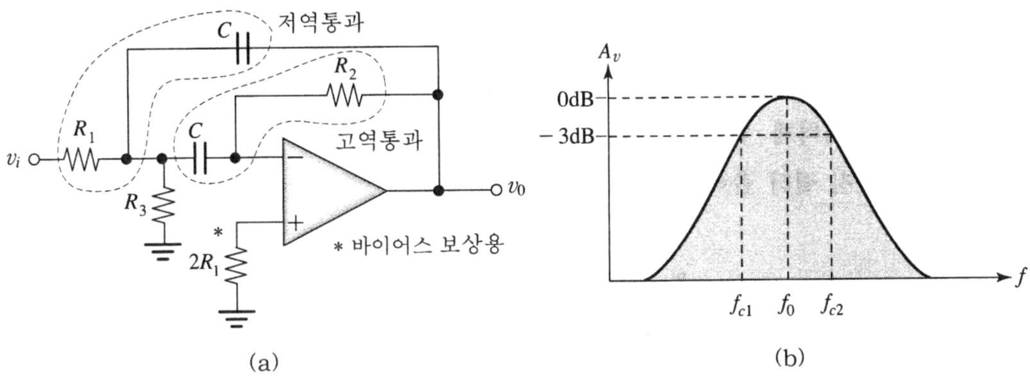

그림 5.21 다중귀환 B.P.F. 회로

양호계수 Q 및 전압 증폭도 A_v는 아래와 같다.

$$Q = \pi f_o R_2 C \tag{5.21}$$

$$A_v = -\frac{R_3}{2R_1} \tag{5.22}$$

예제 5.7

그림 5.21(a)에서 $R_1 = R_3 = 15$ [kΩ], $R_2 = 1$ [kΩ], $C = 10$ [μF]일 때 f_o와 Q를 구하라.

풀이

식 (5.20), 식 (5.21)에 의해

$$f_o = \frac{1}{2\times3.14\times10\times10^{-6}}\sqrt{\frac{15+1}{15\times1\times15}} = \frac{10^5}{6.28}\times\frac{4}{15} = \frac{400}{94.2}\times10^3 \fallingdotseq 4.25\ [\text{kHz}]$$

$$Q = 3.14\times4.25\times10^3\times1\times10^3\times10\times10^{-6} \fallingdotseq 133.45$$

5.6 상태변수 필터

그림 5.22의 둘째 단과 셋째 단은 L.P.F.의 종속접속회로이므로 2차 L.P.F.로 동작한다. 첫째 단 회로는 가산기이다. 따라서 가산기의 출력단에는 부귀환 저역 주파수와 고역 입력주파수가 가산되면서 저역 주파수가 상쇄 되므로 H.P.(High Pass) 출력이 나타나게 된다. 중간단에서는 마치 그림 5.19와 같이 H.P.F와 L.P.F의 결합에 의해 B.P.(Band Pass)출력이 나타나게 된다. 결국 그림 5.22의 **상태변수 필터 회로**는 H.P.F., B.P.F., L.P.F.의 세 가지 필터 출력을 함께 얻을 수 있다.

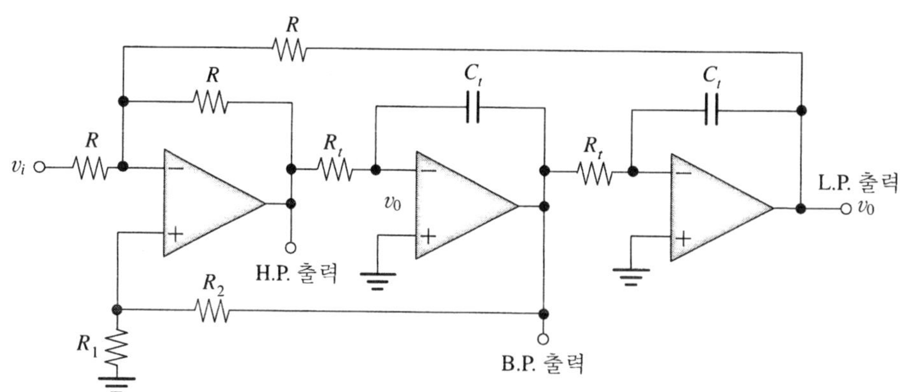

그림 5.22 상태변수 필터(S.V.F) 회로

공진 주파수는 R_t, C_t에 의해 정해지며 아래와 같다.

$$f_o = \frac{1}{2\pi R_t C_t}\ [\text{Hz}] \tag{5.23}$$

양호계수 Q는 R_1, R_2에 의해 정해지며 아래와 같다.

$$Q = \frac{1}{3}\left(\frac{R_2}{R_1} - 1\right) \tag{5.24}$$

예제 5.8

그림 5.23의 상태변수 필터를 이용한 B.R.F. 회로에서 f_o를 530 [Hz], Q를 27로 하기 위해서 C 값과 R_2 값을 얼마로 정해야 되는가?

풀이

식 (5.23), 식 (5.24)에 의해

$$C = \frac{1}{2\times3.14\times530\times15\times10^3} = \frac{0.1}{4.9926}\times10^{-6} \fallingdotseq 0.02\ [\mu F]$$

$$27 = \frac{1}{3}\left(\frac{R_2}{15} - 1\right) = \frac{R_2 - 15}{45},\ 1,215 = R_2 - 15,$$

$$\therefore\ R_2 = 1,215 + 15 = 1,300\ [k\Omega] = 1.3\ [M\Omega]$$

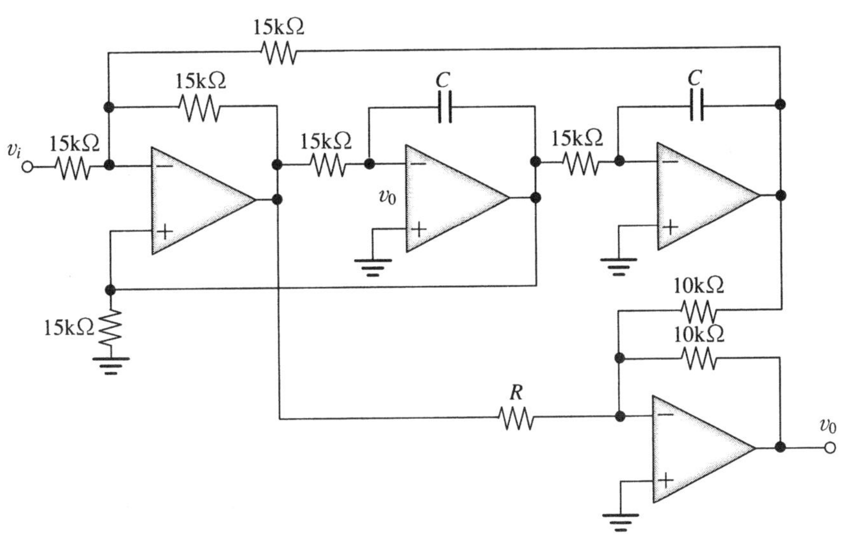

그림 5.23 B.R.F. 회로

5.7 대역저지 필터

상태변수 필터를 이용한 **대역저지 필터(B.R.F : Band Rejection Filter)**는 그림 5.24와 같다. 상태변수 필터의 H.P.출력과 L.P. 출력을 가산기에 넣으면 그 출력이 B.R.F. 동작이 된다.

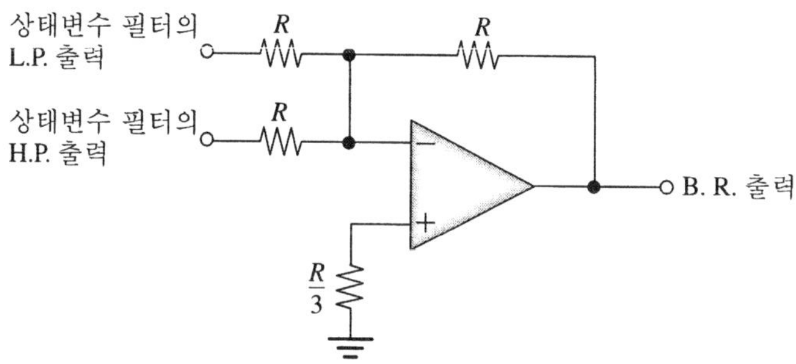

그림 5.24 S.V.F.를 이용한 B.R.F. 회로

그림 5.25는 B.R.F.의 주파수 특성을 나타낸다. f_o에서 전압이득은 최소가 된다. f_o는 상태변수 필터의 공진주파수이다. B.R.F.를 **노치필터(Notch Filter)**라 부르기도 한다. 노치필터는 60 [Hz] '험(hum) 잡음'을 제거할 때 자주 사용한다.

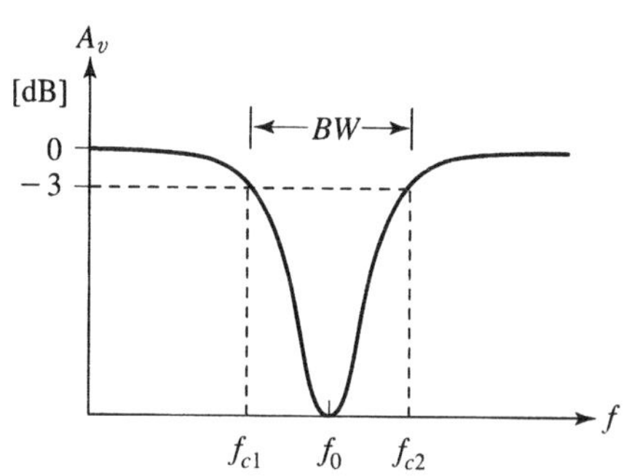

그림 5.25 B.R.F의 주파수 특성

그림 5.26은 **VCVS 2차 단위이득 B.R.F. 회로**이다. 회로가 간단한 특징이 있고, 10 이상까지의 Q 값을 얻을 수 있다. f_o와 Q, C가 정해졌을 때 아래의 식에 의해 R_1, R_2, R_3의

저항값을 구할 수 있다.

$$R_1 = \frac{1}{4\pi f_o QC} \ [\Omega] \tag{5.25}$$

$$R_2 = \frac{Q}{\pi f_o C} \ [\Omega] \tag{5.26}$$

$$R_3 = \frac{R_1 R_2}{R_1 + R_2} \ [\Omega] \tag{5.27}$$

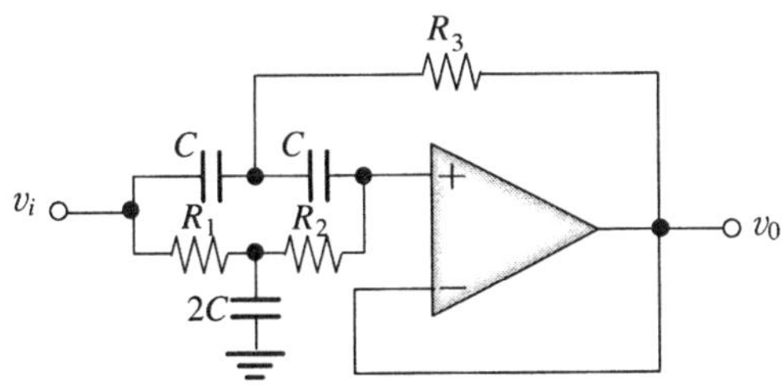

그림 5.26 VCVS 2차 B.R.F. 회로

예제 5.9

그림 5.26의 B.R.F.에서 $R_2 = 150$ [kΩ], $C = 0.01$ [μF]일 때 f_o를 1 [kHz]로 하고자 한다. Q 값과 R_1, R_3를 구하라.

풀이

식 (5.26)으로부터

$$Q = \pi f_o R_2 C = 3.14 \times 1 \times 10^3 \times 150 \times 10^3 \times 0.01 \times 10^{-6} \fallingdotseq 4.7$$

식 (5.25),식(5.27)에 의해

$$R_1 = \frac{1}{4 \times 3.14 \times 1 \times 10^3 \times 4.7 \times 0.01 \times 10^{-6}} = \frac{100}{59.032} \times 10^3 \fallingdotseq 1.7 \ [\text{k}\Omega]$$

$$R_3 = \frac{1.7 \times 150}{1.7 + 150} \times 10^3 \fallingdotseq 1.7 \ [\text{k}\Omega]$$

5.8 필터의 응용회로

5.8.1 가변 고역/저역 필터 회로

그림 5.27은 고역 및 저역 차단 주파수를 가변할 수 있는 VCVS 2차 고역 및 저역 필터 회로이다. H.P.F.의 차단 주파수 조정 범위는 44 [Hz]~482 [Hz]이고, L.P.F.의 차단 주파수 조정 범위는 2.9 [kHz]~32 [kHz]이다. 모두 단위이득 필터를 사용하고 있다. 만일 VR_1, VR_2를 최소 및 최대 위치로 놓으면 최소 482 [Hz]~2.9 [kHz], 최대 44 [Hz]~32 [kHz]의 대역통과 필터가 될 수 있다.

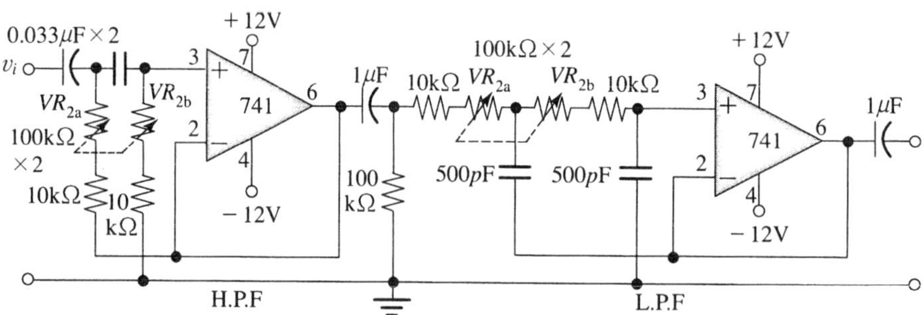

그림 5.27 가변 고역/저역 필터

5.8.2 오디오 톤 콘트럴 회로

그림 5.28은 저역 및 고역 주파수에서의 전압이득을 가변할 수 있는 **오디오 톤 콘트럴 (tone control) 회로**이다. 저역(Bass) 콘트럴은 VR_1의 위치가 좌측으로 갈수록 전압이득이 커지고(boost), 우측으로 갈수록 작아진다(cut). 저역에서 최대 및 최소 전압이득은 아래의 식과 같다.

$$A_{L(\max)} \fallingdotseq \frac{VR_1 + R_1'}{R_1} \tag{5.28}$$

$$A_{L(\min)} \fallingdotseq \frac{R_1'}{R_1} \tag{5.29}$$

또한 저역 차단 주파수는 아래의 식과 같다.

$$f_L = \frac{1}{2\pi R_1 C_1}\ [\text{Hz}] \tag{5.30}$$

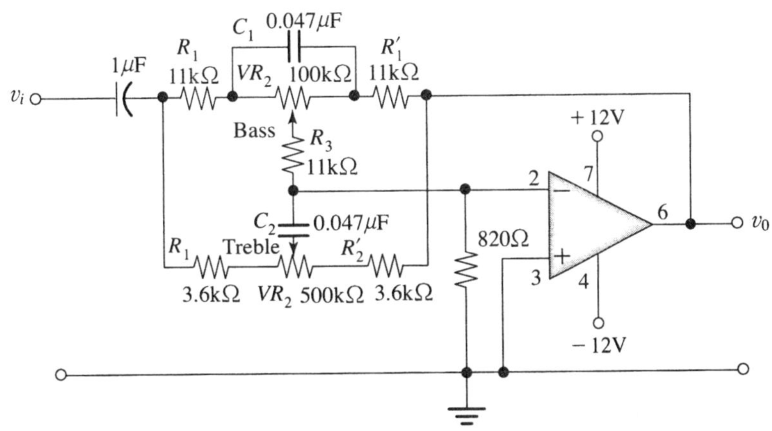

그림 5.28 오디오 톤 콘트럴 회로

고역(Treble) 콘트럴 역시 VR_2의 위치가 좌측으로 갈수록 전압이득이 커지고(boost), 우측으로 갈수록 작아진다(cut). 고역에서 최대, 최소 전압이득 및 고역 차단 주파수는 아래의 식과 같다.

$$A_{H(\max)} = \frac{(VR_2 + R_2') \parallel R_1}{R_1 \parallel R_2} \tag{5.31}$$

$$A_{H(\min)} \fallingdotseq \frac{R_1' \parallel R_2'}{R_1 \parallel R_2} \tag{5.32}$$

$$f_H = \frac{1}{2\pi R_2 C_2}\ [\text{Hz}] \tag{5.30}$$

그림 5.28의 톤 콘트럴 회로에서 전압이득은 저역 및 고역 모두 20 [dB]씩 증감된다.

5.8.3 그래픽 이퀄라이저

그림 5.29는 오디오(20Hz~20kHz)의 중심 주파수를 10 옥타브(octave)로 나눈 톤 콘트럴회로이며 **옥타브 이퀄라이저(octave equalizer)** 또는 **그래픽 이퀄라이저(graphic equalizer)** 라 한다. 그림 5.28의 톤 콘트럴회로에서 C_2, R_2'를 고정해 놓은 점이 다르다. 두 옥타브 간의 브레이크(break) 주파수가 밀접해 있기 때문에 주파수가 상호 중첩될 수 있다. 가변

저항(VR)에 의해 전압이득을 ±12 [dB] 증감시킬 수 있다. 〈주〉 Octave는 주파수가 2배 변함을 뜻함.

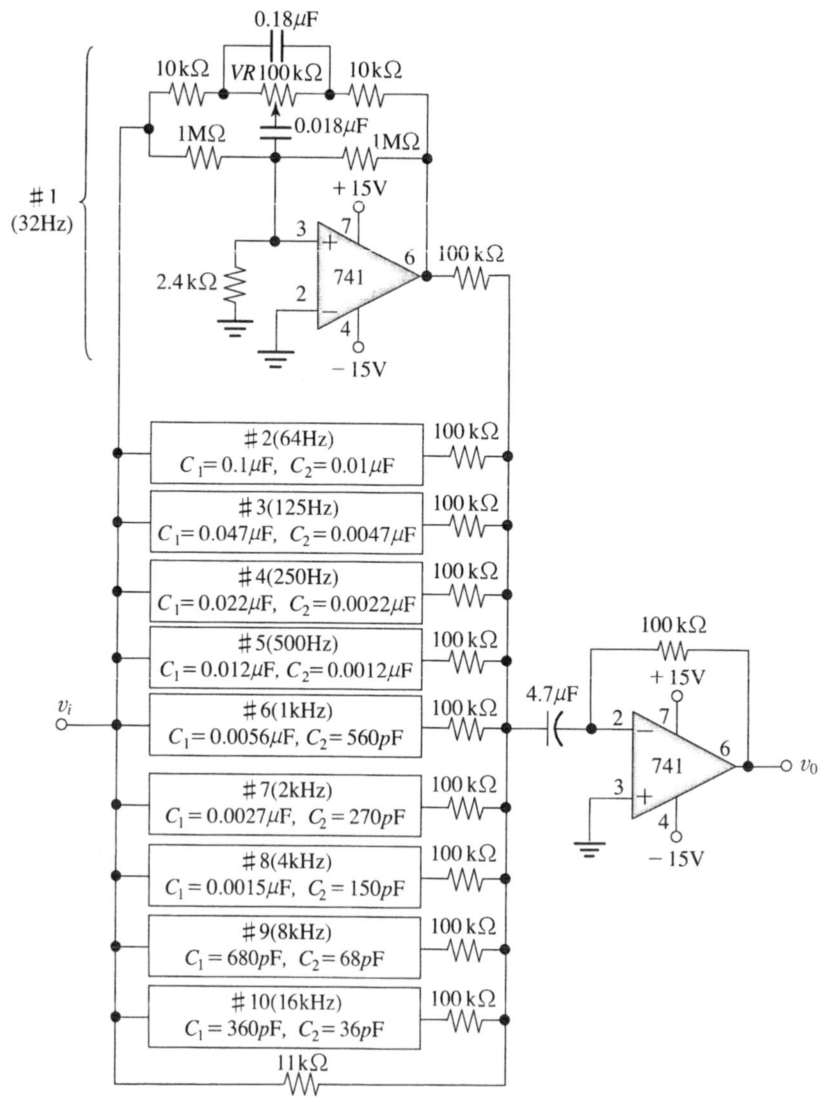

그림 5.29 10옥타브 그래픽 이퀄라이저

간추림

5.1 능동 필터

- 능동 필터는 R, C회로에 OP 앰프를 연결하여 만든다.
- 능동 필터에는 그림 5.30과 같은 주파수 특성의 저역통과 필터(L.P.F.), 고역통과 필터(H.P.F.), 대역통과(B.P.F.), 대역저지 필터(B.R.F.) 등이 있다.

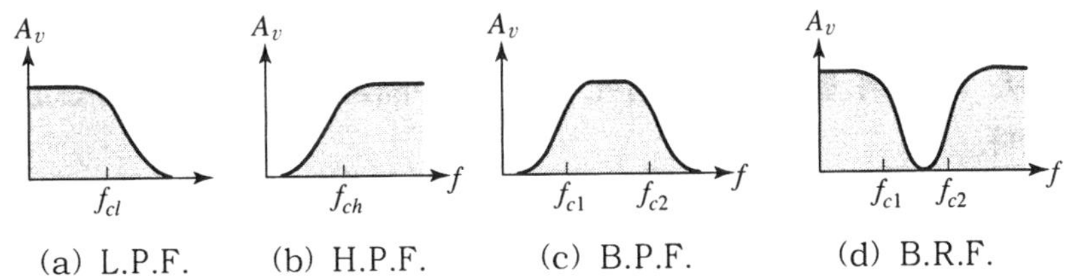

그림 5.30 능동 필터의 주파수 특성

- 필터에서 신호가 통과되는 주파수 대역을 통과대역, 통과되지 않는 영역을 저지대역이라 한다.
- 통과대역에서 저지대역으로 떨어지는 경계 주파수를 차단 주파수라 하며, 차단 주파수는 최대 전압이득보다 3 [dB] 떨어지는 주파수를 말한다.
- B.P.F. 및 B.R.F.에서 상,하 차단 주파수의 차이를 대역폭(BW)이라 한다.

5.2 저역통과 필터

- 1차 비반전 저역통과 필터 회로는 그림 5.31과 같으며, 최대 전압이득 A_v 및 저역 차단 주파수 f_{cl}은 아래의 식과 같다.

$$A_v = 1 + \frac{R_2}{R_1}, \quad f_{cl} = \frac{1}{2\pi RC}$$

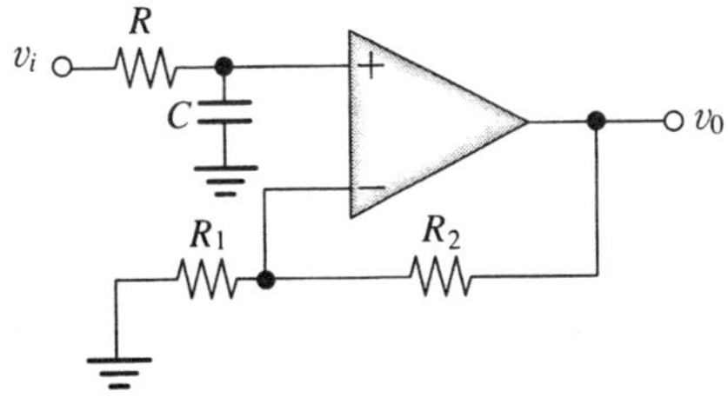

그림 5.31 저역통과 필터 회로

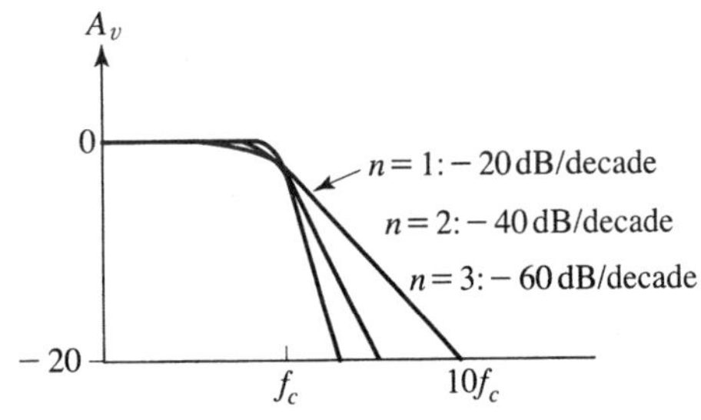

그림 5.32 차수와 전압이득 감쇠 특성

- R, C의 수에 따라 1차, 2차, 3차 필터라 하며, 그림 5.32와 같이 1차 L.P.F.의 전압이 득 감쇠 기울기는 -20 [dB]이지만 차수가 하나씩 올라갈 때마다 기울기는 -20 [dB]가 추가된다.
- 필터는 필터 회로정수의 값에 따라 버터워스, 체비세프, 베셀 응답특성을 갖는다. 통과대역에서 전압이득의 평탄 특성은 버터워스가 가장 좋고, 전압이득의 감쇠가 가장 급격한 것은 체비세프 응답 특성이다.
- 그림 5.31의 비반전 L.P.F.에서 버터워스 특성을 얻자면 $R_2/R_1 = 0.5858$이어야 한다.

5.3 고역 통과 필터

- 그림 5.33은 고역통과 필터(H.P.F.)이며, 최대 전압이득과 고역 차단 주파수는 L.P.F.의 관계식과 같다.

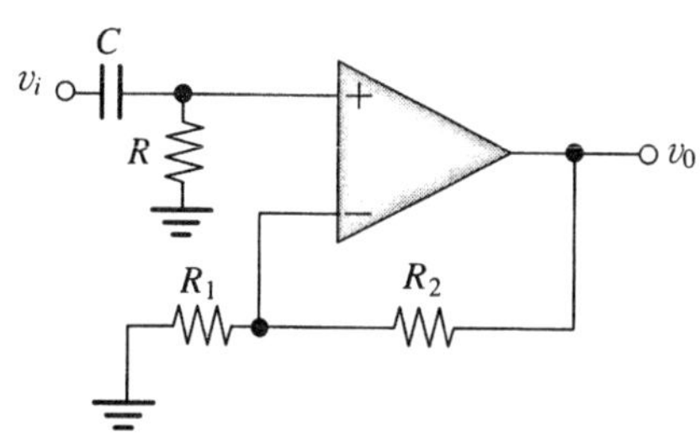

그림 5.33 고역통과 필터 회로

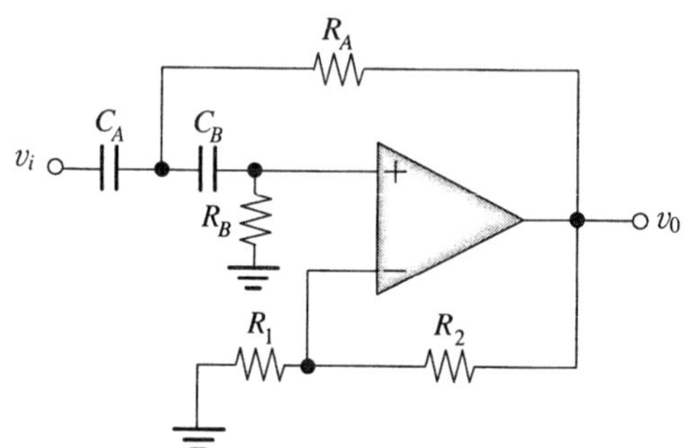

그림 5.34 VCVS 2차 고역통과 필터 회로

- 그림 5.34는 VCVS 2차 H.P.F. 회로이며, 전압이득 감쇠 특성은 -40 [dB/decade]이다.

5.4 고차 저역통과 및 고역통과 필터

- 그림 5.35와 같은 단위이득 H.P.F.와 그림 5.34의 VCVS 2차 H.P.F.를 종속접속하면 고차 H.P.F.를 구성할 수 있다.

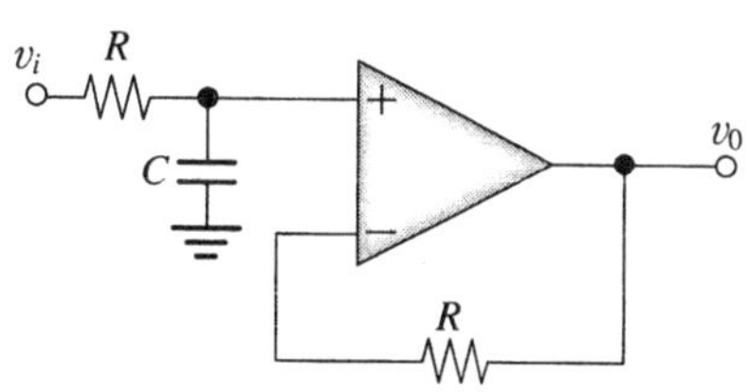

그림 5.35 단위이득 1차 L.P.F.

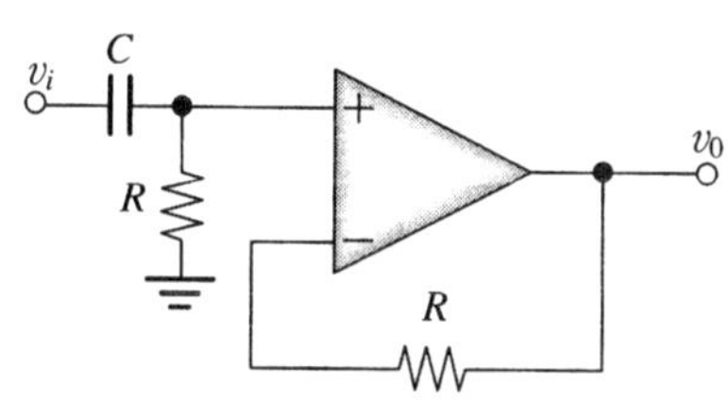

그림 5.36 단위이득 1차 H.P.F.

홀수 차수의 고차 필터는 반드시 앞단이나 맨 뒤단에 단위이득 필터를 놓아야하며, 단위이득 1차 필터를 앞단에 놓는다고 할 때 차수에 필요한 비반전 VCVS 2차 필터의 R_2/R_1비는 표 5.4와 같다.

표 5.4 차수에 따른 R_2/R_1의 값

차 수	1차 필터	R_2/R_1 값		
		제1 VCVS 2차 필터	제2 VCVS 2차 필터	제3 VCVS 2차 필터
2	x	0.5858	x	x
3	o	1	x	x
4	x	0.1523	1.2346	x
5	o	0.3819	1.3820	x
6	x	0.0684	0.5858	1.4824

5.5 대역통과 필터

- 대역통과 필터는 H.P.F.와 L.P.F.를 결합하여 구성할 수 있으며, 그 중심 주파수 f_o H.P.F.의 차단 주파수를 f_{c1}, L.P.F.의 차단 주파수를 f_{c2}라 하면 대역폭 BW와 f_o는 아래의 식과 같다.

$$BW = f_{c2} - f_{c1}, \qquad f_o = \sqrt{f_{c1} f_{c2}}$$

- 그림 5.37과 같이 R_1, C과 R_2, C_2를 사용한 B.P.F.의 중심 주파수 및 최대 전압이득은 아래의 식과 같다.

$$f_o = \frac{1}{2\pi C}\sqrt{\frac{R_1 + R_2}{R_1 R_2 R_3}}, \qquad A_v = -\frac{R_3}{2R_1}$$

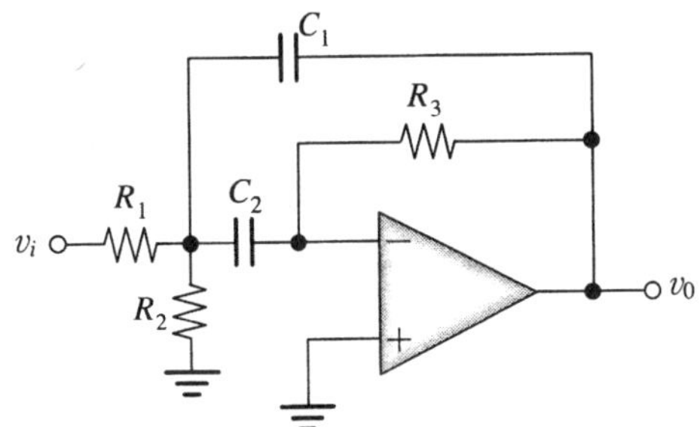

그림 5.37 대역통과 필터 회로

5.6 상태변수 필터

- 그림 5.38과 가산기 뒤에 2개의 1차 R, C 필터(적분기)를 연결하고 가산기의 한쪽 입력에

출력귀환전압을 넣어주고, 다른 한 쪽에 입력전압을 넣어주면 상태변수 필터가 된다. 중심주파수 f_o와 양호계수 Q는 아래의 식과 같다.

$$f_o = \frac{1}{2\pi R_t C_t}, \quad Q = \frac{1}{3}\left(\frac{R_2}{R_1} - 1\right)$$

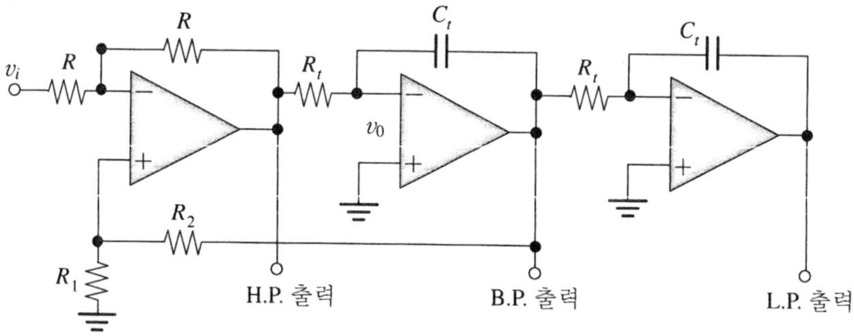

그림 5.38 상태변수 필터 회로

5.7 대역저지 필터

■ 상태변수 필터의 H.P. 출력과 L.P. 출력을 그림 5.39와 같이 가산기에 연결하면 대역통과 필터(B.R.F.) 회로가 된다.

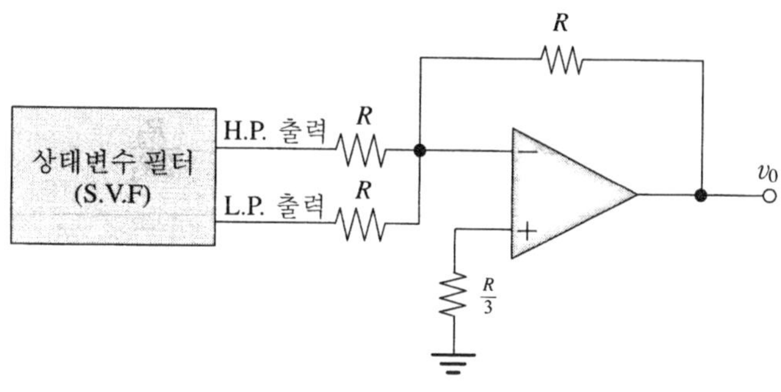

그림 5.39 대역저지 필터 회로

연습문제 Chapter 6

1. 필터의 구성소자가 아닌 것은?

(가) 저항 (나) 다이오드

(다) 콘덴서 (라) 인덕터

2. 능동 필터에 반드시 필요한 것은?

(가) OP 앰프 (나) 정류 다이오드

(다) 인덕터 (라) 변압기

3. 일정 주파수 범위의 주파수만 통과시키는 필터는?

(가) L.P.F. (나) H.P.F.

(다) B.P.F. (라) B.R.F.

4. n차 능동 필터에서 n을 결정하는 것은?

(가) R, C의 수 (나) R의 수

(다) 증폭기의 수 (라) OP 앰프의 수

5. 2개의 RC 회로가 들어간 능동 필터의 감쇠 기울기는?

(가) −20 [dB/decade] (나) −30 [dB/decade]

(다) −40 [dB/decade] (라) −50 [dB/decade]

6. L.P.F.의 차단 주파수가 f_1, H.P.F.의 차단 주파수가 f_2일 때 B.P.F.의 BW는?

(가) $f_1 + f_2$ (나) $f_2 - f_1$

(다) $f_1 - f_2$ (라) $2f_2$

7. 능동 필터의 차단 주파수에서 전압 증폭도는 최대 전압 증폭도의 얼마인가?

(가) 1/2 (나) $1/\sqrt{2}$

(다) $\sqrt{2}$ (라) 2

8. 대역통과 필터에서 $f_{c1} = 500$ [Hz], $f_{c2} = 2$ [kHz]일 때 중심 주파수는?

(가) 1 [kHz] (나) 1.25 [kHz]

(다) 2 [kHz] (라) 2.5 [kHz]

9. 능동 필터에서 주파수특성을 결정하는 것은?
(가) 전압이득　　(나) OP 앰프의 수
(다) 저항의 수　　(라) 댐핑계수

10. 대역통과 필터에서 Q를 결정하는 요소에 해당하는 것은?
(가) f_{c1}　　(나) f_{c2}　　(다) $f_{c1}+f_{c2}$　　(라) BW

11. 버터워스의 특징에 해당되는 것은?
(가) 리플이 작다.　　(나) 감쇠도가 급격하다.
(다) 회로가 간단하다.　　(라) 통과대역의 전압이득이 평탄하다.

12. VCVS 필터에 해당하는 것은?
(가) 1차 필터　　(나) 2차 필터
(다) 대역통과 필터　　(라) 대역저지 필터

13. 1차 필터 1개와 VCVS 2개를 종속접속하면 몇차의 필터가 되는가?
(가) 2차　　(나) 3차　　(다) 4차　　(라) 5차

14. 대역저지 필터에서 Q가 증가하면?
(가) f_o 감소　　(나) BW가 감소
(다) 전압이득이 감소　　(라) 전압이득이 증가

15. 상태변수 필터에 포함되지 않는 것은?
(가) 저역통과 필터　　(나) 고역통과 필터
(다) 대역통과 필터　　(라) 대역저지 필터

16. 그림 5.40에서 저역 차단 주파수 f_{cl}과 댐핑 계수 α를 구하라.

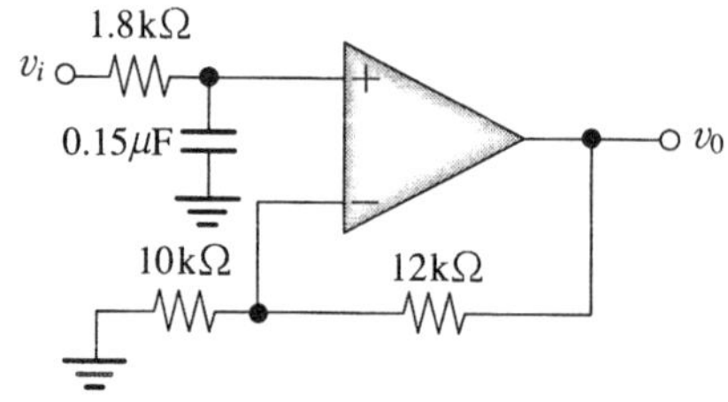

그림 5.40

17. 그림 5.41의 고역통과 필터에서 고역 차단 주파수 f_{ch}를 5 [kHz]로 하기 위한 C 값은 얼마인가?

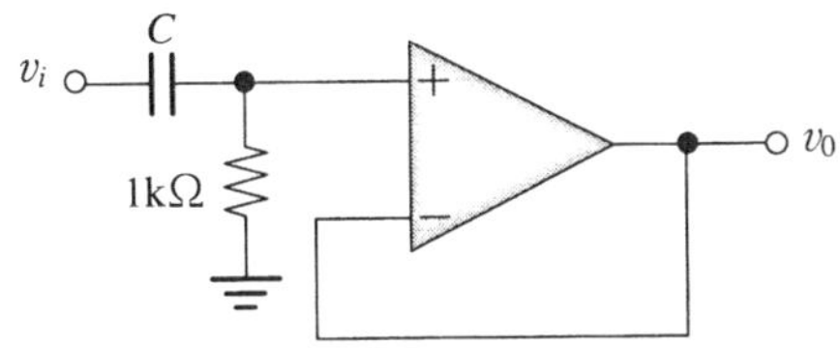

그림 5.41

18. 그림 5.40과 그림 5.41을 종속접속하여 만든 대역통과 필터의 BW와 f_o를 구하라. 단, 문제 16에서 구한 차단 주파수를 활용.

19. 그림 5.42의 VCVS 저역 필터에서 버터워스 응답 특성을 얻고자 할 때 R_2의 값과 차단주파수를 구하라.

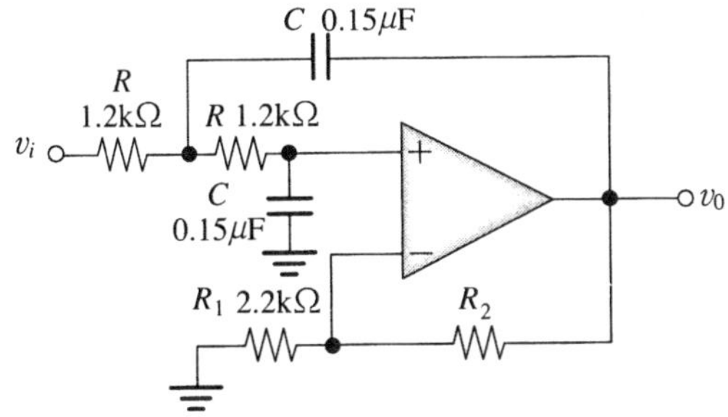

그림 5.42

20. $f_{ch} = 2.4$ [kHz]인 버터워스 응답 특성의 3차 고역 필터를 설계하라. 단, 비반전 VCVS 필터를 사용하고, 귀환저항 R_f를 제외한 모든 R 및 C의 값은 각각 같고, $R = 1.2$ [kΩ]이다.

21. 2개의 VCVS 저역통과 필터를 사용하여 버터워스 응답 특성의 4차 저역통과 필터를 설계하라. 단, 귀환저항 R_f를 제외한 저항의 값은 같고, $C = 0.1$ [μF], $f_{cl} = 620$ [Hz]이다.

22. 그림 5.43의 4차 고역통과 필터의 차단 주파수를 구하라.

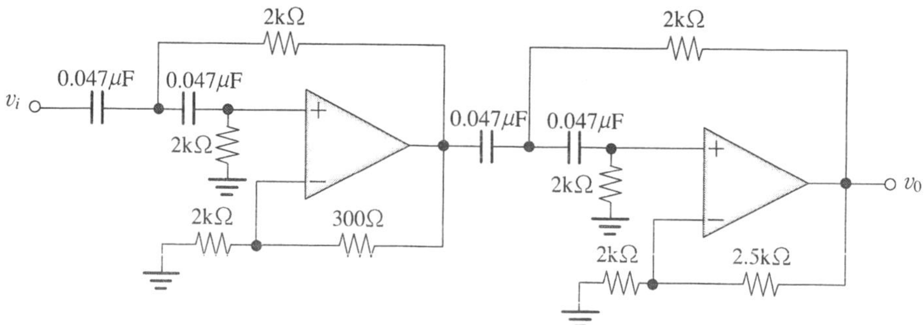

그림 5.43

23. 문제 21과 문제 22의 회로를 조합하여 대역통과 필터를 만들었을 때 중심 주파수(f_o) 및 전압이득의 감쇠 기울기는 얼마인가?

24. 그림 5.44의 대역통과 필터의 중심 주파수(f_o), Q 및 전압 증폭도(A_v)를 구하라.

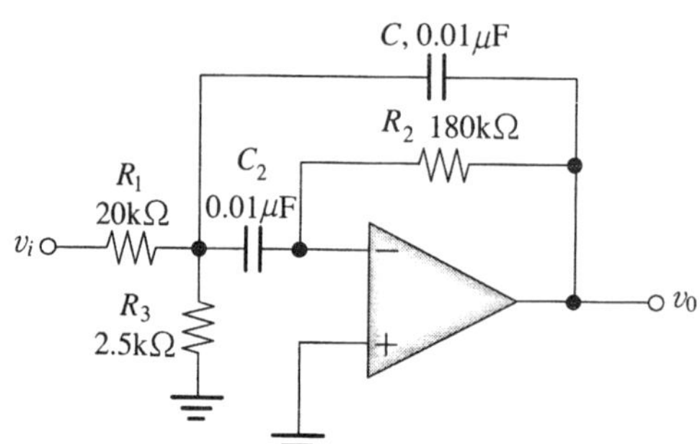

그림 5.44

25. 그림 5.22의 상태변수 필터(S.V.F.)를 이용한 대역저지 필터의 연결회로를 그리고, $R_t = 10$ [kΩ], $C_t = 0.022$ [μF]일 때의 중심 주파수를 구하라.

6 적분기와 미분기

내 용

학습목표

- OP 앰프 적분기와 미분기의 동작원리를 이해한다
- OP 앰프 적분기와 미분기에서 RC 회로 구성의 차이를 이해한다
- OP 앰프 적분기의 응용회로를 익힌다

6.1 적분기

적분기(integrator)는 입력전압의 면적에 비례해서 출력전압이 나타나는 회로이다. 그림 6.1(a)는 진폭이 V, 폭이 T인 구형파 전압이다. 그 면적은 $S = VT$가 된다. 그림 6.1(b)에서 V가 1일 때 시간 1초 후의 면적이 1이라면 면적은 1×1은 1이다. 그러나 2초 후에는 1×2=2, 3초 후에는 1×3=3, 4초 후에는 1×4=4가 되므로 전압 파형의 면적에 비례해 간다.

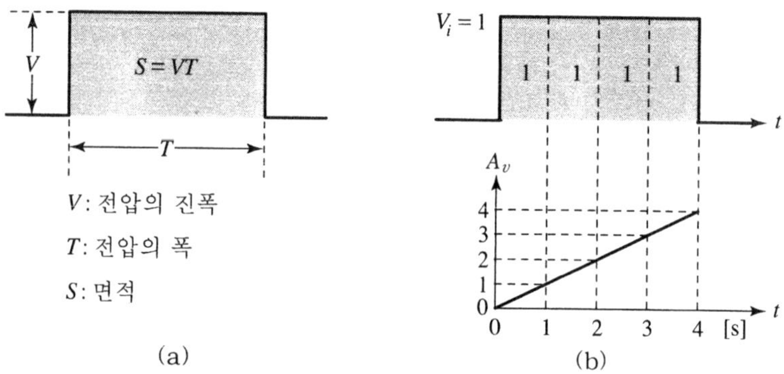

그림 6.1 적분회로의 입력전압과 출력전압 파형

그림 6.2(a)는 RC 적분회로이다. 그림 6.2(b)와 같이 콘덴서에 충전되는 전압은 입력전압이 $+V$일 때 +의 기울기로, $-V$일 때 −의 기울기로 증가해가는 직선으로 나타난다.

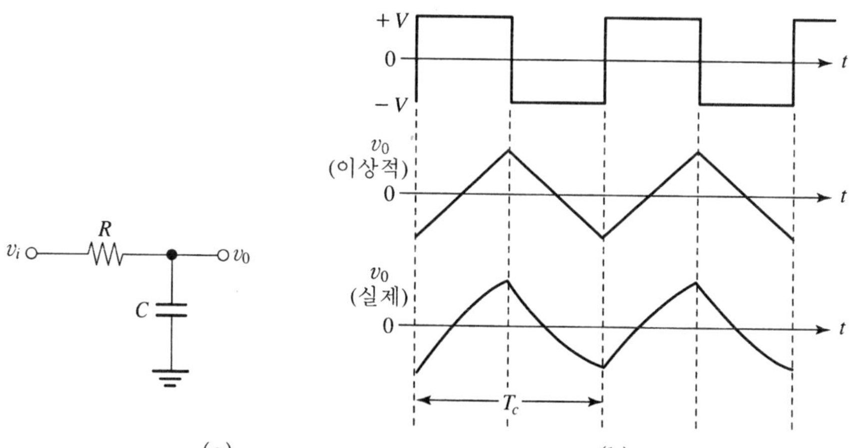

그림 6.2 RC 적분회로의 입력전압과 출력전압 파형

그림 6.3(a)는 OP 앰프의 반전 입력 단자와 출력단자 사이에 콘덴서 C가 연결된 적분회로이다. 반전 증폭기로 사용하면 입력 임피던스가 크기 때문에 일정 입력전류를 흘리는 이점이 있다. 반전단자와 비반전단자는 가상단락이므로 그 등가회로는 그림 6.3(b)와 같다. 따라서 i_i와 i_o는 같다.그림 6.3(b)에서 $i_i = v_i/R$, $i_o = -C(dv_o/dt)$이므로 아래와 같다.

$$\frac{v_i}{R} = -C\frac{dv_o}{dt} \tag{6.1}$$

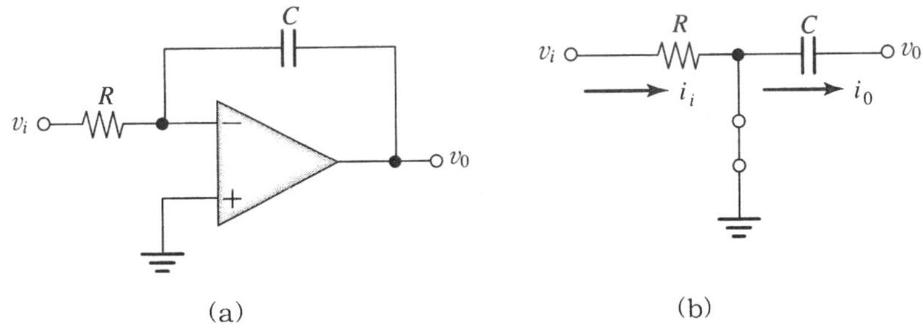

그림 6.3 적분회로

식 (6.1)을 dv_o에 관해서 풀면

$$dv_o = -\frac{1}{RC}v_i\,dt \tag{6.2}$$

식 (6.3)을 적분하면 아래와 같다.

$$v_o = -\frac{1}{RC}\int v_i\,dt \tag{6.3}$$

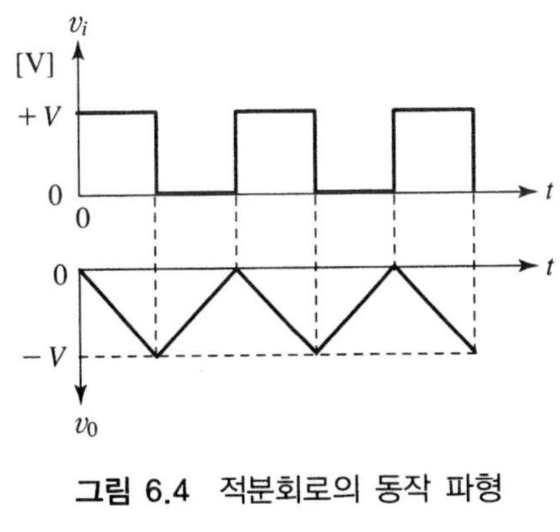

그림 6.4 적분회로의 동작 파형

그림 6.4는 그림 6.3(a의 적분기에 구형파(pulse) 입력전압이 들어갔을 때의 출력 파형을 나타낸다. 반전 증폭기이므로 기울기 또한 반전 된다. 그림 6.2(b)에서 출력전압 파형은 0 [V] 기준으로 되어 있지만 실제에 있어서는 출력 옵셋 전압 때문에 0 [V]가 되지 않는다. 그러나 그림 6.5와 같이 귀환저항 R_f를 삽입하면 중앙선에 0 [V]가 위치하게 된다. 이때 동작상 제한받는 점이 있다. 그림 6.5에서 저역 차단 주파수는 아래와 같다.

$$f_{c1} = \frac{1}{2\pi R_f C} \text{ [Hz]} \tag{6.4}$$

주파수가 감소하면 콘덴서의 리액턴스 X_C가 커지고, 차단 주파수 이하로 떨어지면 R_f의 값보다 커지게 된다. 이렇게 되면 적분기의 직선성을 상실하게 된다. 따라서 동작 주파수는 차단 주파수의 10배 이상이 될 때 직선성을 보장받을 수 있으므로 이때의 주파수를 최소 동작 주파수 f_{min}으로 정한다.

$$f_{min} = 10 f_{c1} = \frac{10}{2\pi R_f C} \text{ [Hz]} \tag{6.5}$$

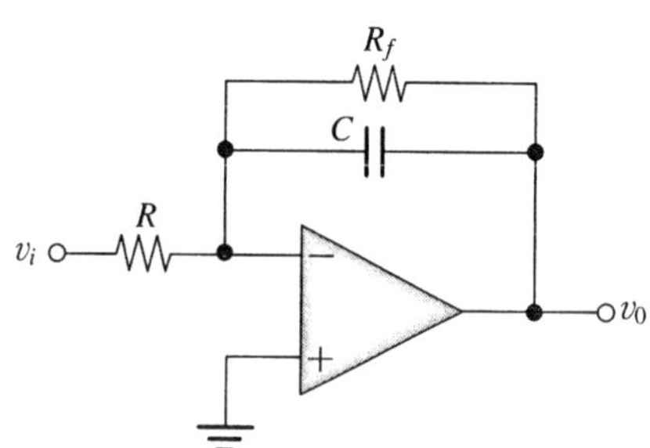

그림 6.5 적분회로의 동작 파형

예제 6.1

그림 6.5에서 $R_1 = 1$ [kΩ], $C = 0.15$ [μF] 일때 사용 주파수가 1.2 [kHz]라면 직선성을 보장할 수 있는 R_f의 값은 얼마인가?

풀이

식 (6.5)로부터

$$R_f = \frac{10}{2\pi f_{c1} C} = \frac{10}{2\times3.14\times1.2\times10^3\times0.15\times10^{-6}} \frac{10}{1.13} \times 10^3 \fallingdotseq 8.85 \text{ [k}\Omega\text{]}$$

6.2 미분기

그림 6.6은 **미분기(differentiator)**의 기본회로이다. 반전 입력단자에 콘덴서 C가 직렬로 연결되어 있고, 귀환소자로 저항 R이 연결되어 있다.

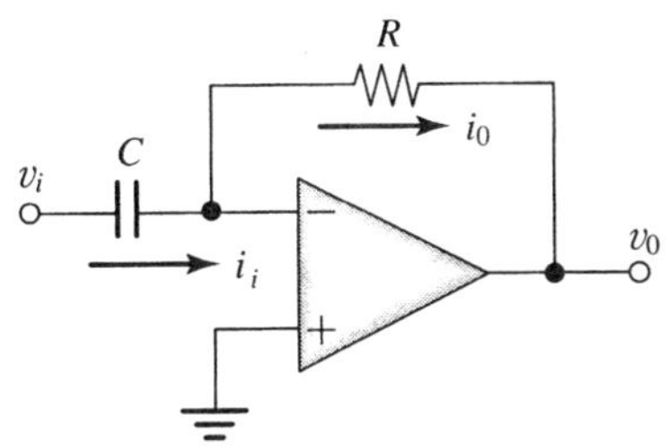

그림 6.6 미분기의 기본회로

전류의 정의는 시간당 전하량의 변화이므로

$$i = \frac{dQ}{dt}$$

이고, $Q = CV$이므로 이를 위의 식에 대입하면

$$i = C\frac{dV}{dt}$$

가 된다. 따라서 입력전류를 i_i, 입력전압을 v_i라 하면

$$i_i = C\frac{dv_i}{dt} \tag{6.6}$$

이고, 반전 입력단자와 비반전 입력단자가 가상단락이므로

$$i_i = i_o$$

이다. 따라서 출력전압 $v_o = -i_o R = -i_i R$의 관계식에 식 (6.6)을 대입하면 아래와 같은 관계식이 얻어진다.

$$v_o = -RC\frac{dv_i}{dt} \tag{6.7}$$

식 (6.7)에서 $RC=1\,[\mathrm{s}]$라면 출력전압은 $v_o = -dv_i/dt$이므로 입력전압의 미분 형태로 나타난다. 예컨대 그림 6.2와 같이 삼각파형이 입력단에 가해진다면 시간 0에서 t_1까지는 기울기가 1이므로 출력전압은 1 [V]의 직류전압으로 나타나고, 시간 t_1에서 t_2까지는 기울기가 -1이므로 -1 [V]의 직류전압으로 나타난 뒤 이와 같은 주기를 반복하게 된다.

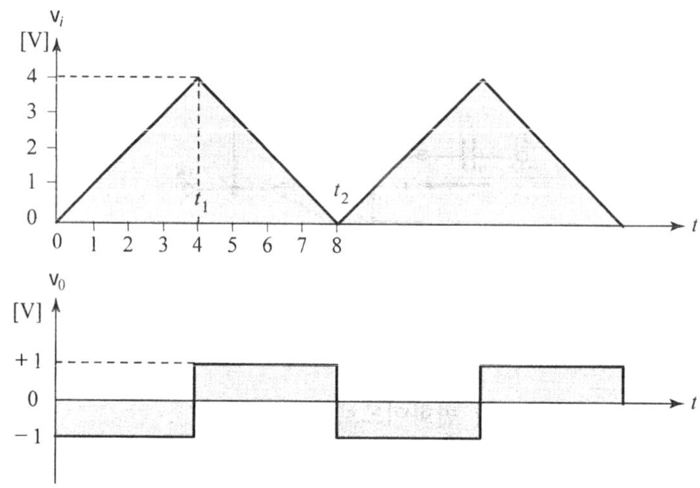

그림 6.7 미분회로의 입력 및 출력 파형

참고

$v_o = -1\dfrac{dv_i}{dt}$에서, $v_i = at$ $dv_i/dt = a$이므로 $0 < t < t_1$: $a=1$, $t_1 < t < t_2$: -1,
따라서 $0 < t < t_1$: $v_o = -1$, $t_1 < t < t_2$: $=1$

예제 6.2

그림 6.8과 같은 삼각파 입력전압이 미분기에 가해졌을 때 출력전압의 파형을 그려라.

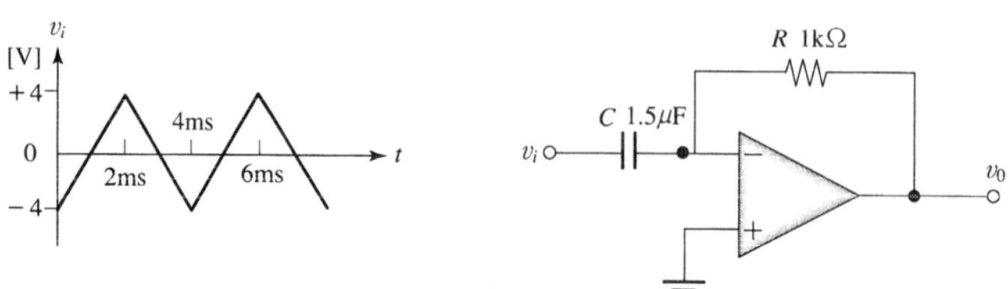

그림 6.8

풀이

$RC = 1\times10^3\times1.5\times10^{-6} = 1.5\times10^{-3} = 1.5[\text{ms}]$

(a) + 기울기 : $dV_i/dt = 8\,[\text{V}]/2\,[\text{ms}] = 4\,[\text{V}]/\text{ms}$

(b) − 기울기 : $dV_i/dt = -8\,[\text{V}]/2\,[\text{ms}] = -4\,[\text{V}]/\text{ms}$

$$V_o = -RC\frac{dV_i}{dt}$$ 이므로

(a) $V_o = 1.5\times4 = 6\,[\text{V}]$

(b) $V_o = 1.5\times(-4) = -6\,[\text{V}]$

따라서 출력전압 파형은 그림 6.9와 같다.

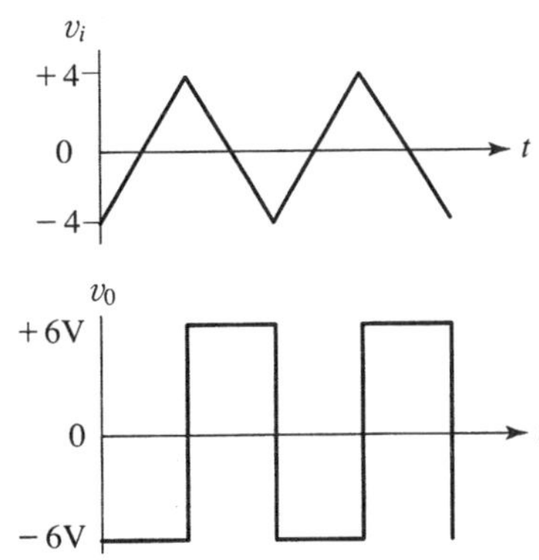

그림 6.9

미분기에서도 동작 주파수의 제한이 있다. 그림 6.6의 미분기에 대한 차단 주파수는 아래와 같다.

$$f_{c2} = \frac{1}{2\pi RC}\ [\text{Hz}] \tag{6.8}$$

그림 6.7이나 그림 6.8의 삼각파 입력전압에 대한 미분기의 출력전압 파형이 제대로 된 구형파로 나타나자면 동작 주파수를 차단 주파수 f_{c2}까지 증가시켜서는 안되고, 아래의 식과 같이 최대 동작 주파수를 차단 주파수의 1/10로 제한해야 한다.

$$f_{\max} = \frac{1}{20\pi RC}\ [\text{Hz}] \tag{6.9}$$

그림 6.6의 미분기는 불안정해서 발진할 염려가 있고, 주파수가 높아지면 전압이득이 증가하여 고주파 잡음 영향을 크게 받게 되는 문제점이 있으므로 실제회로에서는 그림 6.10과 같이 입력단에 직렬로 저항 R_i를 삽입한다. 이때 R_i의 값은 아래의 범위 내에서 잡는다.

$$R_i = (0.01 \sim 0.1)R \tag{6.10}$$

또한 고주파에서 안정도를 높이기 위해서 귀환저항 R과 병렬로 보상용 콘덴서 C_f를 연결하는 경우도 있다. 이때 C_f의 값은 아래의 식으로 구한다. f_h는 미분신호의 최대 주파수이다.

$$C_f = \frac{R_i}{R} \cdot C = \frac{1}{2\pi f_h R} \text{ [F]} \tag{6.11}$$

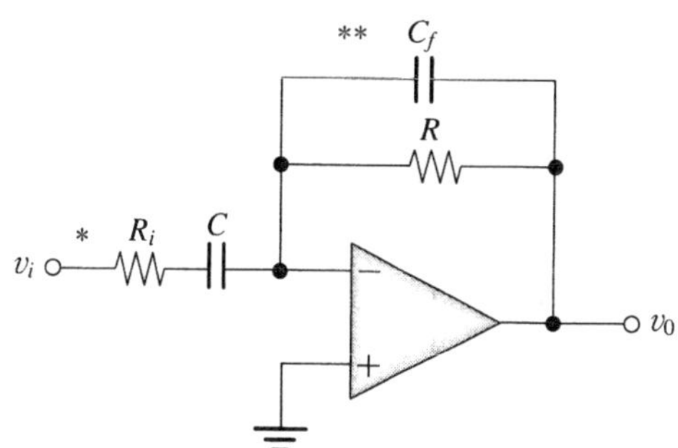

그림 6.10 실제의 미분기 회로

예제 6.3

그림 6.11과 같은 미분기의 입력신호 주파수가 1 [kHz]라면 R_i와 C_f 값은 얼마가 적합한가?

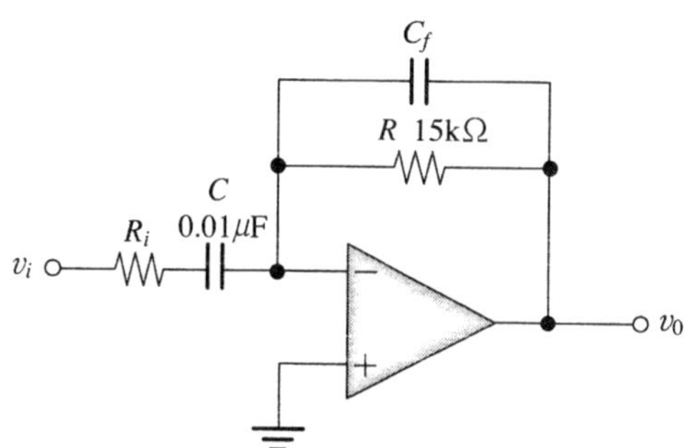

그림 6.11

풀이

식 (6.10)에서 $R_i = 0.05R$로 잡으면 $R_i = 0.05 \times 15 \times 10^3 = 750\ [\Omega]$

식 (6.11)로부터 $C_f = \frac{750}{1,5000} \times 0.01 \times 10^{-6} = \frac{750}{15} \times 10^{-12} = 500\ [\text{pF}]$

6.3 적분기의 응용회로

6.3.1 램프 파형 발생기

그림 6.12는 적분기를 이용한 톱니파(ramp) 발생회로이다. VR_1에 의해 기준 전압 축이 정해지고, VR_2에 의해 주기가 결정된다. 제너 다이오드(D1)의 $V_Z + 0.7$ [V]가 톱니파의 진폭이 되므로 출력전압의 최대 진폭은 6.8+0.7=7.5 [V]가 된다. OP 앰프의 출력전압이 7.5 [V]에 도달하면 트랜지스터 Q_1은 도통(ON)이 되면서 릴레이의 접점이 단락상태가 된다. 따라서 콘덴서 C_1이 단락이 되면서 출력전압은 0 [V]가 되고 다시 직선적으로 증가하다가 7.5 [V]에서 리셋이 된다. 이러한 동작이 반복되면서 지속적인 톱니파를 발생한다.

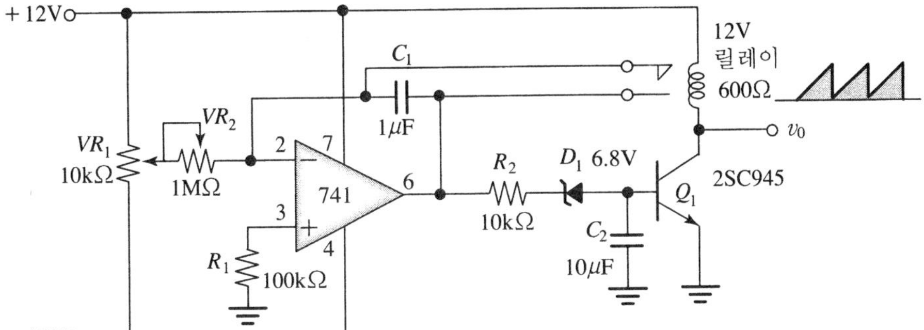

그림 6.12 램프 신호 발생기

6.3.2 적분기를 이용한 100분 타이머

그림 6.13은 밀러(miller) 적분기를 이용한 100분 타이머 회로이다. R_1, R_2는 전압 분할기이다. 최초에 리셋 스위치가 닫혀있으면 콘덴서 C 양단간의 전압은 0 [V]이고, OP 앰프의 출력전압은 −13.5 [V]이므로 D_3을 거친 최종 출력전압은 0 [V]이다(D_3이 역 방향 바이어스). 이때 D_2는 역방향 바이어스 상태이다. 리셋 스위치를 열면 그 순간부터 OP 앰프의 출력전압은 밀러효과에 의한 출력 콘덴서(그림 3.14 참조)의 충전에 의해 −13.5 [V]에서 +13.5 [V]쪽으로 충전하게 되고, D_2가 순방향 바이어스에 도달하면 OP 앰프의 출력전압은 급격히 상승하여 $+V_{sat}$인 +13.5 [V]에 도달하면서 D_3은 순방향 바이어스가 되므로 도통이 되어 최종 출력전압은 0 [V]에서 +13.5 [V]로 스위칭한다. 동작기간은 RC의 4배 정도가 된다.

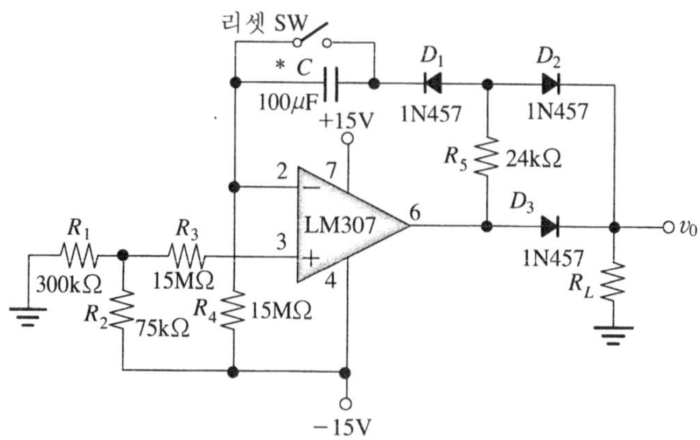

그림 6.13 100분 타이머

간추림

6.1 적분기

- 적분기는 그림 6.14와 같이 RC와 OP 앰프로 구성된 회로이며, 그 출력은 입력전압의 면적(진폭×시간)에 비례해서 출력전압이 나타난다.

$$v_o = \frac{1}{RC}\int v_i\,dt \text{ [V]}$$

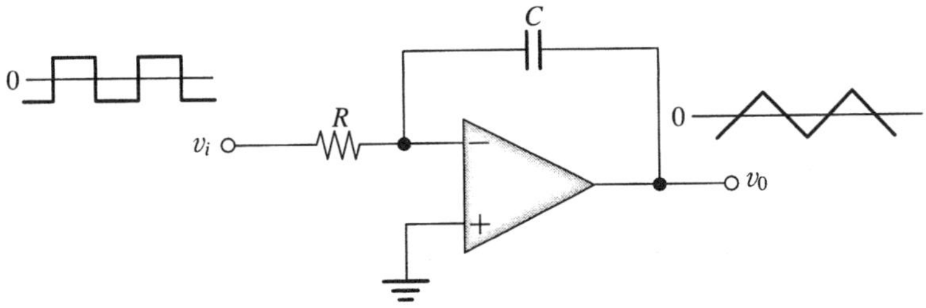

그림 6.14 RC 적분기

- RC 적분기의 최소 동작 주파수는 아래와 같다.

$$f_{\min} = 10 f_{c1} \text{ [Hz]}, \text{ 단, } f_{c1} = \frac{1}{2\pi RC} \text{ [Hz]}$$

6.2 미분기

- 미분기는 그림 6.15와 같고, 출력전압은 입력전압의 미분 값으로 나타난다.

$$v_o = -RC\frac{dv_i}{dt} \text{ [V]}$$

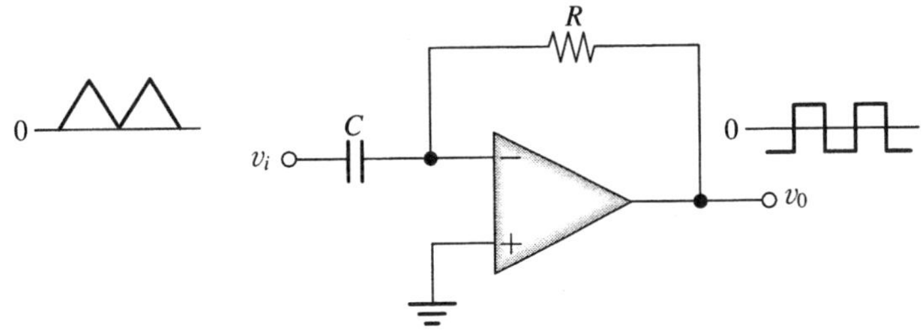

그림 6.15 CR 미분기

- CR 미분기에서 동작 최대 주파수는 아래와 같다.

$$f_{\max} = \frac{1}{10} f_{c2} \text{ [Hz]}, \text{ 단, } f_{c2} = \frac{1}{2\pi RC} \text{ [Hz]}$$

연습문제 Chapter 6

1. 구형파를 삼각파로 만드는 회로는?

(가) 미분기　　(나) 적분기

(다) 가산기　　(라) 전류-전압 변환기

2. 미분기와 관계가 적은 것은?

(가) OP 앰프　　(나) 저항

(다) 인덕터　　(라) 콘덴서

3. 적분회로와 관계가 있는 필터 회로는?

(가) L.P.F.　　(나) H.P.F.

(다) B.P.F.　　(라) B.R.F.

4. 미분회로와 관계가 있는 필터는?

(가) L.P.F.　　(나) H.P.F.

(다) B.P.F.　　(라) B.R.F.

5. 적분기와 미분기를 종속접속하고 적분기의 입력단자에 구형파를 가했을 때 출력단자에 나타는 파형은?

(가) 구형파　　(나) 정현파

(다) 삼각파　　(라) 여현파

6. RC 미분기 회로의 가장 적합한 동작 주파수는?

(가) $\frac{1}{20\pi RC}$　　(나) $\frac{1}{2\pi RC}$

(다) $\frac{1}{\pi RC}$　　(라) $\frac{10}{\pi RC}$

7. RC 적분기 회로의 가장 적합한 동작 주파수는?

(가) $\frac{1}{20\pi RC}$　　(나) $\frac{1}{2\pi RC}$

(다) $\frac{1}{\pi RC}$　　(라) $\frac{5}{\pi RC}$

8. OP 앰프 적분기에서 입력저항을 거쳐서 흐르는 전류의 방향은?

(가) 반전 입력단자 쪽으로 (나) 귀환 콘덴서 쪽으로

(다) 비반전 단자 쪽으로 (라) 입력단자 쪽으로

9. 그림 6.3의 적분기에서 $R = 20$ [kΩ], $C = 10$ [μF]이다. 그림 6.16과 같은 구형파 입력이 들어갔을 때 0.1 [s] 후의 출력전압은 얼마인가?

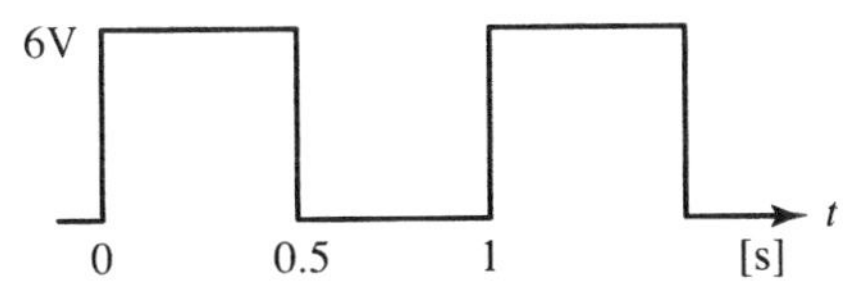

그림 6.16

10. 그림 6.5의 적분기에서 $R_f = 1.5$ [kΩ], $C = 1$ [μF]일 때 동작상 최소 주파수는 얼마인가?

11. 그림 6.17과 같은 삼각파형이 그림 6.6의 RC 미분기에 들어갈 때 출력전압의 파형을 그려라. 단, $R = 1$ [kΩ], $C = 1$ [μF].

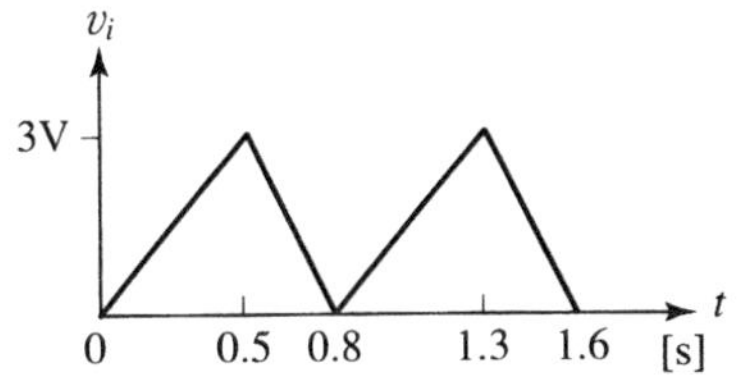

그림 6.17

12. 그림 6.18과 같이 정현파 입력전압이 가해질 때 나타나는 출력전압의 파형을 그려라.

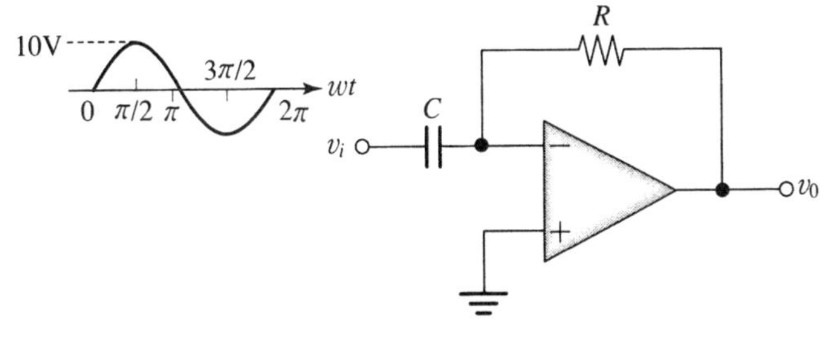

그림 6.18

7 파형 발생회로

내 용

학습목표

- 각종 파형 발생회로의 동작원리를 이해한다
- IC 555의 사용법을 익힌다
- 파형 발생 IC 566, 8038, XR-2206의 사용법을 익힌다
- 파형 발생기의 응용회로를 익힌다

7.1 펄스 발생기

7.1.1 멀티바이브레이터

그림 7.1은 구형파(矩形波)를 발생하는 **멀티바이브레이터(mulitivibrator)** 회로이다. 저항 R_1과 R_2에 의해 출력전압이 (−)입력단자로 귀환되는 비율이 결정된다. 그림 7.1(a)와 같이 V_o가 포화전압 $+V_{sat}$에 도달할 때의 귀환전압 V_{UT}는 아래와 같다.

$$V_{UT} = \frac{R_1}{R_1 + R_2} \cdot (+V_{sat}) \text{ [V]} \tag{7.1}$$

출력전류는 귀환저항 R을 통해 (−)입력단자로 흐르게 되므로 콘덴서 C는 충전된다. C에 충전되는 전압과 R_1에 걸리는 전압이 같으므로(−, + 입력단자는 가상단락), 콘덴서에 충전되는 전압 V_C가 V_{UT} 보다 작은 동안에는 V_o가 $+V_{sat}$를 유지하지만 V_C가 V_{UT} 보다 커지게 되는 순간 (−)입력단자가 (+)입력단자보다 전압이 커지면서 출력전압은 반전되어 $-V_{sat}$가 된다.

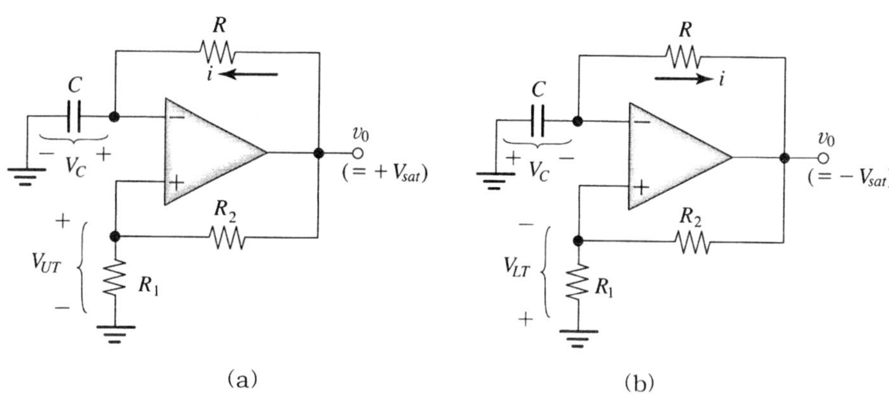

그림 7.1 멀티바이브레이터 회로

따라서 그림 7.1(b)와 같이 전류는 출력단자쪽으로 흐르게 되고, 콘덴서 C는 방전하기 시작하여 아래와 같은 전압 V_{LT}가 될 때까지 감소한다.

$$V_{LT} = \frac{R_1}{R_1 + R_2} \cdot (-V_{sat}) \tag{7.2}$$

V_C가 V_{LT}보다 커지는 순간 V_o는 다시 $+V_{sat}$로 반전되어 콘덴서 C는 다시 충전이 되고 V_{UT} 에 도달할 때까지 $+V_{sat}$를 유지한다. 결국 출력전압 V_o와 V_C의 파형은 그림 7.2와 같다. 이와 같이 그림 7.1은 콘덴서의 주기적인 충·방전에 의해 구형파(펄스) 발진회로가 된다.

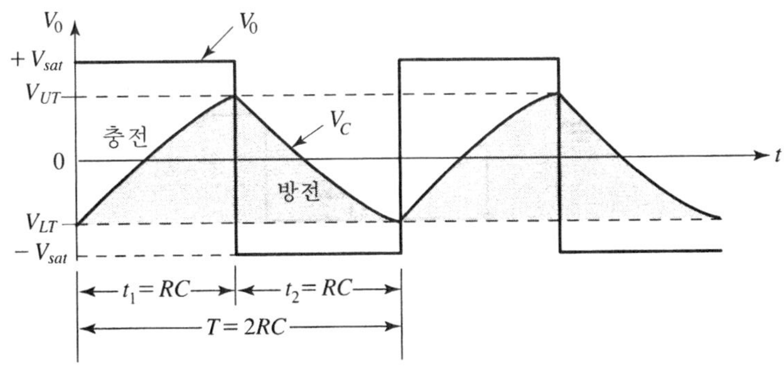

그림 7.2 멀티바이브레이터의 V_o, V_C 파형

그림 7.2에서 주기 T에 관한 식은 아래와 같다.

$$T = t = 2RC \cdot \ln\left(1 + \frac{2R_1}{R_2}\right) \text{ [s]} \tag{7.3}$$

식 (7.3)의 우측 지수항을 e(≒2.718)로 놓으면, 즉 $R_2 = 1.16R_1$으로 놓으면 주기 T는

$$T = 2RC \text{ [s]} \tag{7.4}$$

가 된다. 따라서 $T = t_1 + t_2 = 2RC$이므로 그 주파수 f는 아래와 같다.

$$f = \frac{1}{2RC} \text{ [Hz]} \tag{7.5}$$

예제 7.1

그림 7.3에서 V_{UT}, V_{LT}, T를 구하라. 단, $V_{sat} = 13.5$ [V]

풀이

식 (7.1), 식 (7.2), 식 (7.3)으로부터

$$V_{UT} = \frac{R_1}{R_1 + R_2} \cdot (+V_{sat}) = \frac{1.5}{1.5+3} \times 13.5 = 4.5 \text{ [V]},$$

$$V_{LT} = \frac{R_1}{R_1 + R_2} \cdot (-V_{sat}) \frac{1.5}{1.5+3} \times (-13.5) = -4.5 \text{ [V]}$$

$$T = RC \times \ln\left(1 + \frac{2R_2}{R_1}\right) = 12\times 10^3 \times 0.15\times 10^{-6} \times \ln\left(1 + 2\times \frac{3}{1.5}\right) = 1.8\times 10^{-3} \times \ln 5$$

$$\fallingdotseq 1.8\times 10^{-3} \times 1.61 = 2.9\times 10^3 \text{ [s]}$$

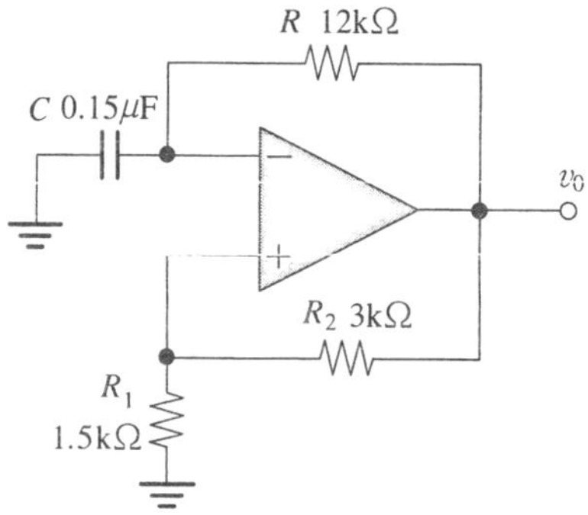

그림 7.3 멀티바이브레이터의 V_{UT}, V_{LT}, T

7.1.2 타이머 IC 555

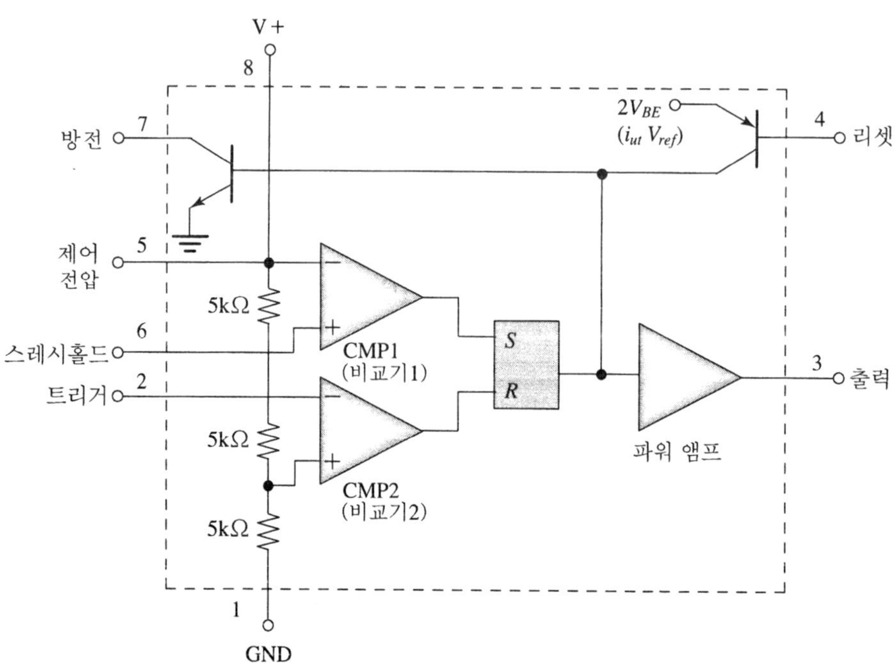

그림 7.4 555의 내부 구성도

그림 7.4는 타이머 IC 555의 내부 구성도이다. 이 IC는 타이머 및 펄스 발생기로 자주 사용된다. 555의 동작의 핵심부는 그림 7.5와 같이 2개의 비교기와 RS F/F 및 트랜지스터이다. 외부에 연결되어 있는 2개의 저항과 콘덴서는 트랜지스터 Q_1의 ON, OFF에 따른 충전 및 방전회로를 구성하기 위한 소자들이다.

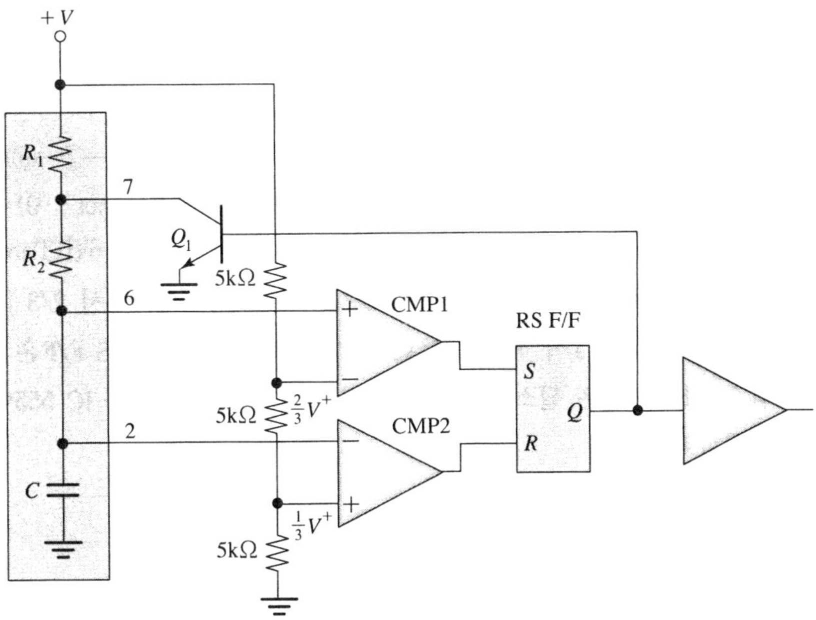

그림 7.5 555의 비교기와 RS F/F 회로

비교기 1(CMP 1)과 비교기 2(CMP 2)의 기준전압은 각각(2/3) V^+, (1/3) V^+이다. CMP 1의 문턱(Threshold) 전압과 CMP 2의 트리거(Trigger) 단자가 같이 연결되어 있다. 문턱 전압이 (2/3) V^+를 초과하면 CMP 1의 출력은 1이 되므로 RS F/F은 셋

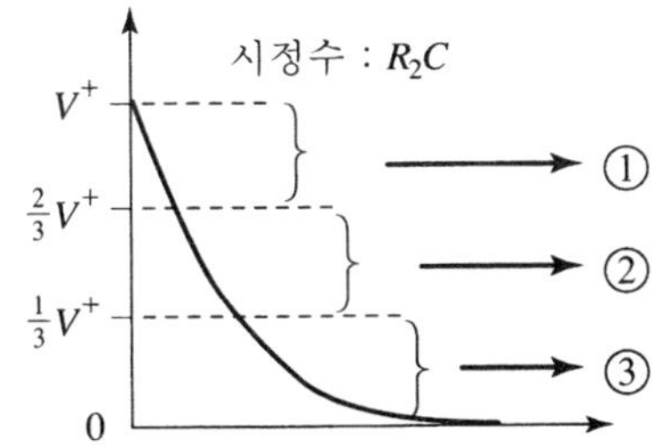

그림 7.6 방전 곡선과 RS F/F 출력 상태의 변화

표 7.1 RS F/F 출력(A)

6, 2번 단자전압	CMP출력(RS F/F출력)		RS F/F 출력(Q_1)	Q_1상태	충·방전 통로
	CMP1(S)	CMP2(R)			
$2/3V^+$이상	1	0	셋(=1)	ON	R_2-C: 방전
$1/3V^+\sim2/3V^+$	0	0	불변(=1)	ON	R_2-C:방전
$1/3V^+$이하	0	1	리셋(=0)	OFF	R_1-R_2-C: 충전

(set=1)이 되고, 트랜지스터 Q_1은 ON이 된다. 이때 Q_1의 콜렉터는 어스가 되므로 평소 V^+로 충전되어 있던 콘덴서 C는 그림 7.6과 같이 방전을 시작하여(①→②→③) 표 7.1과 같이 RS F/F은 CMP 2의 트리거 전압이 1/3 V^+ 이하가 되면 리셋(reset : 0)이 되어 트랜지스터 Q_1은 OFF가 되므로 R_1, R_2, C 통로를 통해서 콘덴서 전압, 즉 6번(Threshold), 2번(Trigger)전압은 그림 7.7과 표 7.2와 같이 1/3 V^+에서 증가해가면서 2/3 V^+ 전압에 이르면 RS F/F 출력은 다시 1이 되므로 트랜지스터는 ON이 된다. RS F/F은 전류 증폭기를 거쳐 그림 7.8(b)와 같은 펄스 출력으로 나타난다. 그림 7.8(a)는 IC 555에 의한 펄스 발생기의 구성회로이다.

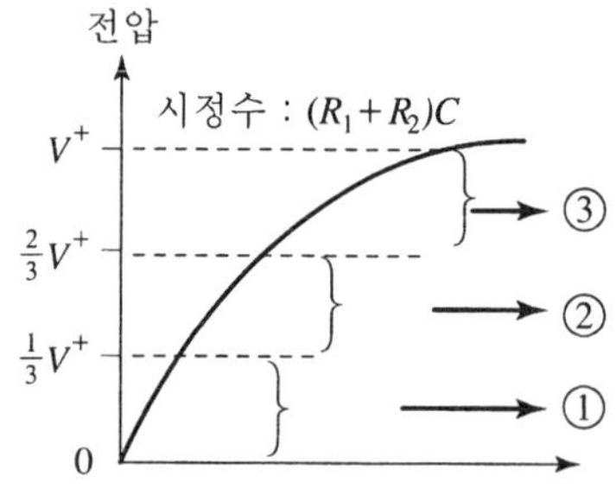

그림 7.7 방전 곡선과 RS F/F 출력 상태의 변화

표 7.2 RS F/F 출력(B)

6, 2번 단자전압	CMP출력(RS F/F출력)		RS F/F 출력(Q_1)	Q_1상태	충·방전 통로
	CMP1(S)	CMP2(R)			
$2/3V^+$이상	1	0	셋(=1)	ON	R_2-C:방전
$1/3V^+\sim2/3V^+$	0	1	불변(=0)	OFF	R_1-R_2-C:방전
$1/3V^+$이하	0	1	리셋(=0)	OFF	R_1-R_2-C:충전

펄스의 H 레벨 및 L 레벨 기간 T_H, T_L의 관계식은 아래와 같으므로

$$T_H = 0.695(R_1 + R_2)C\,[\text{s}], \quad T_L = 0.695\,R_2 C\,[\text{s}]$$

그 주기 T 및 주파수 f는 아래와 같다

$$T = T_H + T_L = 0.695(R_1 + 2R_2)C\ [\text{s}] \tag{7.6}$$

$$f = \frac{1}{T} = \frac{1}{0.695(R_1 + 2R_2)C} \fallingdotseq \frac{1.44}{(R_1 + 2R_2)C}\ [\text{Hz}] \tag{7.7}$$

또한 그림 7.8(b)에서 듀티비는 주기 T에 대한 T_H의 비에 대한 %이므로 아래와 같다.

$$\text{듀티비} = \frac{T_H}{T} \times 100 = \frac{R_1 + R_2}{R_1 + 2R_2} \times 100 \tag{7.8}$$

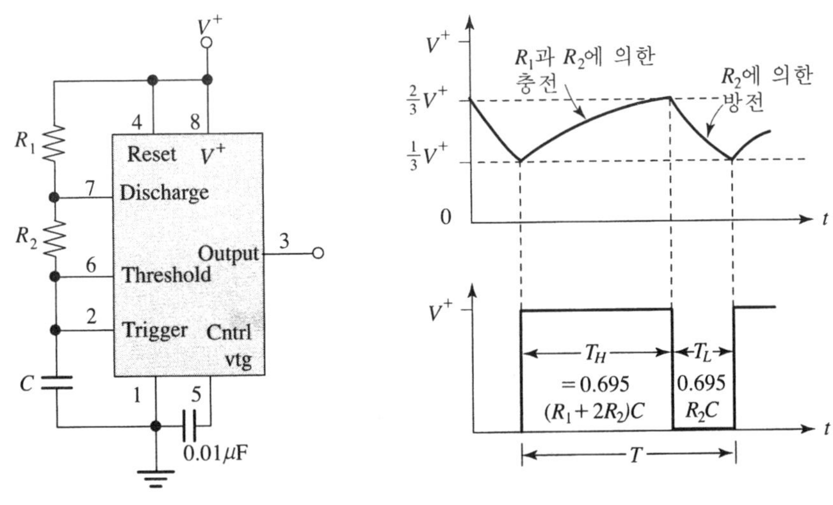

(a) (b)

그림 7.8 555에 의한 펄스 발생회로와 파형

그림 7.9는 C와 $(R_1 + 2R_2)$에 따른 주파수 곡선을 나타낸다. 예컨대 C가 0.1 [μF], $(R_1 + 2R_2)$가 100 [kΩ]인 경우에 그림 7.9의 점선과 같이 주파수는 대략 150 [Hz]이다.

그림 7.10과 같이 R_2와 병렬로 다이오드를 연결하면 충전 시 다이오드는 순방향이 되고, R_2가 단락 상태가 되므로 $T_H = 0.659\,R_1 C$가 된다. 따라서 주파수 및 듀티비는 아래와 같게 된다.

$$f = \frac{1.44}{(R_1 + R_2)C}\ [\text{Hz}] \tag{7.9}$$

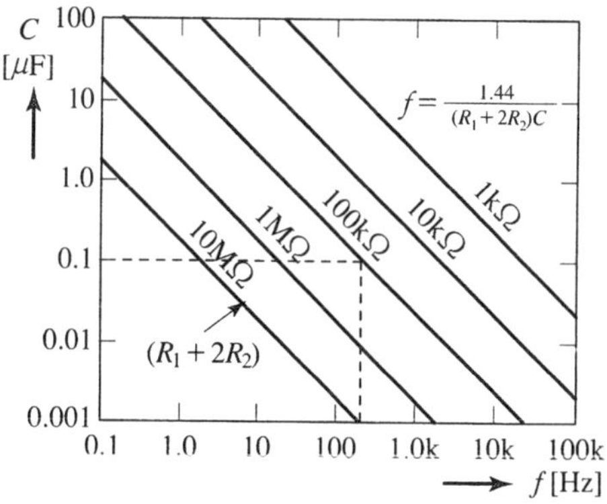

그림 7.9 C와 $(R_1 + 2R_2)$에 의한 주파수 곡선

$$\text{듀티비}(\%) = \frac{R_1}{R_1 + R_2} \times 100\ [\%] \qquad (7.10)$$

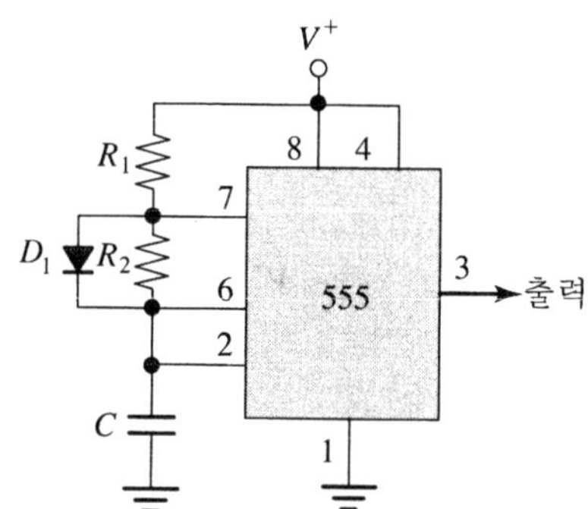

그림 7.10 다이오드 병렬 펄스 발생회로

예제 7.2

그림 7.11에서 $R_1 = 10$ [kΩ], $R_2 = 15$ [kΩ], $C = 0.1$ [μF]일 때 출력전압의 발진 주파수와 듀티비(%)를 구하라.

풀이

식 (7.7), 식 (7.8)로부터

$$f = \frac{1.44}{(R_1 + 2R_2)C}$$

$$= \frac{1.44}{(10+2\times15)\times10^3\times0.1\times10^{-6}}$$

$$= \frac{1,440}{4} = 360\ [\text{Hz}]$$

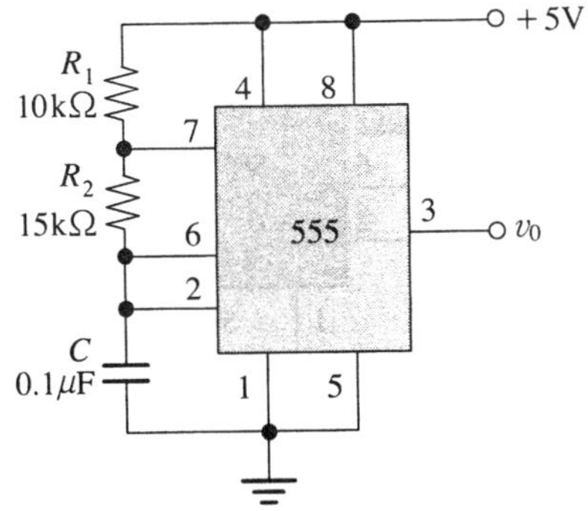

그림 7.11 멀티바이브레이터의 f 및 듀티비

$$\text{듀티비}(\%) = \frac{R_1 + R_2}{R_1 + 2R_2} \times 100$$

$$= \frac{10+15}{10+2\times15} \times 100 = \frac{25}{40} \times 100$$

$$= 62.5[\%]$$

예제 7.3

그림 7.12에서 발진 주파수를 500 [Hz]로 하기 위한 R_1값과 이때의 듀티비(%)를 구하라.

풀이

식 (7.9), 식 (7.10)으로부터

$$R_1 = \frac{1.44}{fC} - R_2 = \frac{1.44}{500\times0.1\times10^{-6}} - 10\times10^3$$

$$= (28.8-10)\times10^3 = 18.8\ [\text{k}\Omega]$$

$$\text{듀티비}(\%) = \frac{R_1}{R_1 + R_2} \times 100$$

$$= \frac{18.8+10}{18.8+10} \times 100 = \frac{18.8}{28.8} \times 100$$

$$\fallingdotseq 65.3[\%]$$

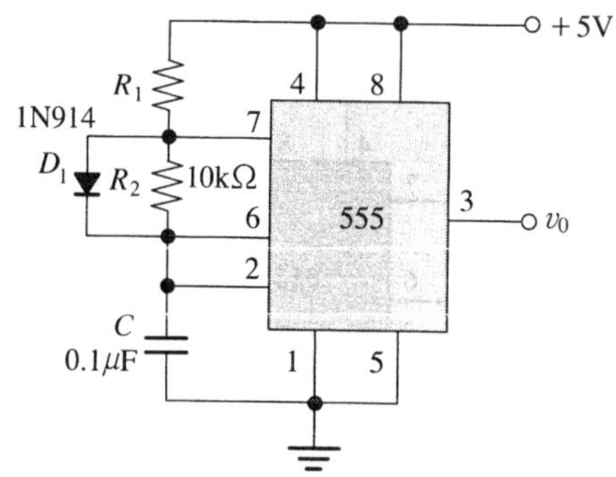

그림 7.12 멀티바이브레이터의 R_1, 듀티비

7.2 단일 펄스 발생기

그림 7.13은 단일 펄스 발생회로이다. 이미 4.4에서 다룬 반전 정귀환 비교기에 RC 회로가 추가된 회로이다.

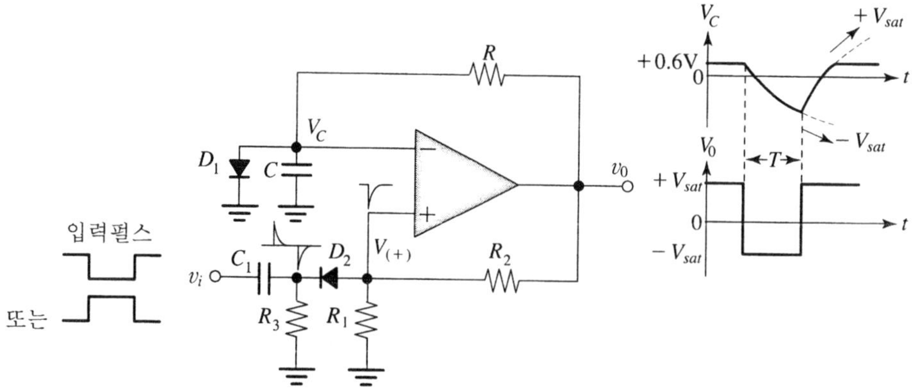

그림 17.13 OP 앰프에 의한 단일 펄스 발생회로

C와 병렬로 연결된 다이오드 D_1은 안정된 상태에서 출력전압이 H 레벨$(+V_{sat})$일 때 V_C의 전압을 +0.6 [V]로 클램핑시킨다. 평소의 안정된 상태에서 출력전압은 H 레벨이 되고, 귀환저항 R을 통해서 다이오드는 순방향 바이어스가 되므로 입력전압은 순방향 전압 +0.6 [V]를 유지하고 있다. 출력측으로부터 정귀환되는 비반전 입력단자(+)의 전압 $V_{(+)H}$는

$$V_{(+)H} = \frac{R_1}{R_1 + R_2} \cdot V_{sat} \text{ [V]} \tag{7.11}$$

가 된다. 그러나 입력단자에 한발(one-shot)의 펄스가 가해지면 C_1, R_3 미분회로에 의해 정(+) 및 부(−)의 트리거 펄스가 만들어지고, 다이오드 D_2를 통과한 부(−)의 트리거 펄스가 비교기(OP 앰프)의 (+)입력단자에 들어가게 된다.이때 $R_3 > R_1$이 되도록 한다. +0.6 [V]를 유지하고 있던 반전 입력단자의 전압 VC가 비반전 입력단자의 전압 $V(+)$보다 상대적으로 커지므로 비교기의 출력전압은 L 레벨$(-V_{sat})$로 전환되고, $V(+)$는 아래와 같이 바뀐다.

$$V_{(+)L} = \frac{R_1}{R_1 + R_2} \cdot (-V_{sat}) \text{ [V]} \tag{7.12}$$

출력전압이 L 레벨이므로 D_2는 역방향 바이어스가 되고, 입력단의 미분회로와 격리된다. 또한 D_1 역시 출력전압이 L 레벨이므로 역방향 바이어스가 되므로 V_C는 시정수 RC로 방전이 되기 시작하여 식 (7.12)의 전압을 초과하는 시점에서 비교기의 출력은 (+) 입력단자의 전압이 (−) 입력단자의 전압보다 크므로 출력전압은 $+V_{sat}$의 H 레벨로 반전된다. 이렇게 되면 V_C는 충전이 되면서 D_1이 순방향 바이어스 전압 +0.6 [V]로 클램프되는 순간부터 초기의 안정된 상태 H레벨을 유지하게 된다. 출력전압은 다시 입력 펄스가 가해지지 않는한 이 상태를 유지한다. 정귀환율 β를

$$\beta = \frac{R_1}{R_1 + R_2} \tag{7.13}$$

이라고 할 때 단일 펄스의 주기 T는 아래와 같다.

$$T \fallingdotseq RC \cdot \ln\left(\frac{1}{1-\beta}\right) = RC \cdot \ln\left(\frac{R_1 + R_2}{R_2}\right) \text{ [s]} \tag{7.14}$$

만일 $\beta=0.632$, 즉 $R_2=0.582R_1$로 놓는다면 아래와 같이 간단한 관계식이 된다.

$$T \fallingdotseq RC \text{ [s]} \tag{7.15}$$

예제 7.4

그림 7.14에서 단일 출력 펄스의 폭이 1.1 [ms]가 되기 위해서는 R 값을 얼마로 정해야 되는가?

풀이

식 (7.14)로부터

$$1.1\times10^{-3}=R\times0.01\times10^{-6}\times\ln\left(\frac{10+15}{15}\right)=R\times10^{-8}\times\ln\frac{5}{3}\fallingdotseq R\times10^{-8}\times0.51$$

$$\therefore\ \ R=\frac{1.1\times10^{-3}}{0.51\times10^{-8}}\fallingdotseq2.16\times10^{5}=216\times10^{3}=216\ [\text{k}\Omega]$$

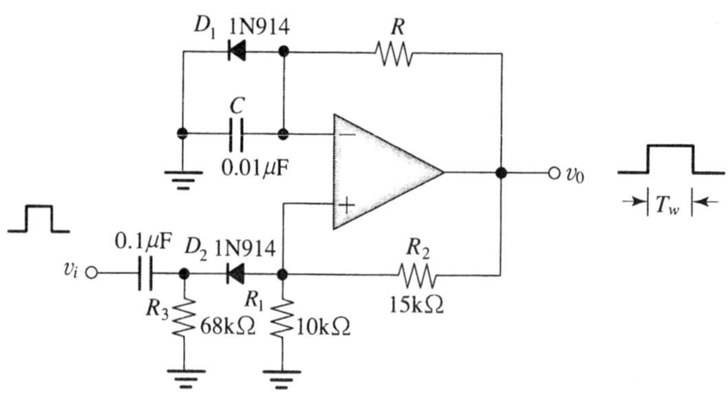

그림 7.14 단일 펄스 발생회로

그림 7.15는 IC 555를 사용한 단일 펄스 발생회로이다. 6번 단자와 7번 단자를 묶고, 2번 단자에 트리거 펄스를 입력한다. 단일 출력 펄스의 폭 T_W는 아래와 같다.

$$T_W=1.1RC \text{ [s]} \tag{7.16}$$

입력 펄스의 초기 H 레벨에서 내부의 비교기2의 출력은 0이 된다. 따라서 내부의 RS F/F 출력이 1이되면서 555 출력전압은 L 레벨이 되고, 내부 트랜지스터는 ON이 되므로 7

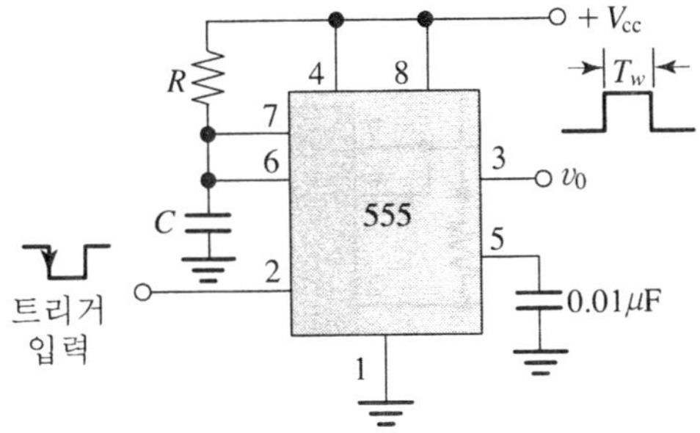

그림 7.15 555 IC에 의한 단일 펄스 발생회로

번 단자가 0이 되면서 콘덴서는 단락상태가 된다. 부(−)트리거 펄스가 들어가면 내부 비교기 2의 (−)입력단자가 0이므로 출력은 1이 된다. 따라서 RS F/F의 출력이 리셋이 되므로 출력전압은 H 레벨로 변하고, 트랜지스터는 OFF가 되면서 콘덴서 C는 충전을 시작한다. 충전전압이 공급전압(+ V_{CC})의 2/3가 되기전까지는 555의 출력전압이 H 레벨을 유지하지만 2/3를 초과하는 순간 비교기1의 출력전압은 1이 되므로 RS F/F이 셋(set : 1 1)이 되어 출력은 반전되어 L 레벨이 되고, 트랜지스터는 다시 초기상태와 마찬가지로 ON이 된다. 입력단자에 다시 부(−)의 트리거 펄스가 가해지지 않는한 이 상태를 유지하므로 그림 7.15 회로는 단일 펄스 발생회로가 된다. 출력펄스의 H 레벨 기간 T_H는 R, C 값에 의해 정해지며 아래와 같다.

$$T_H \fallingdotseq 1.1RC\,[\mathrm{s}] \tag{7.17}$$

그림 7.16은 R과 C 값에 따른 T_H를 구하는 곡선이다.

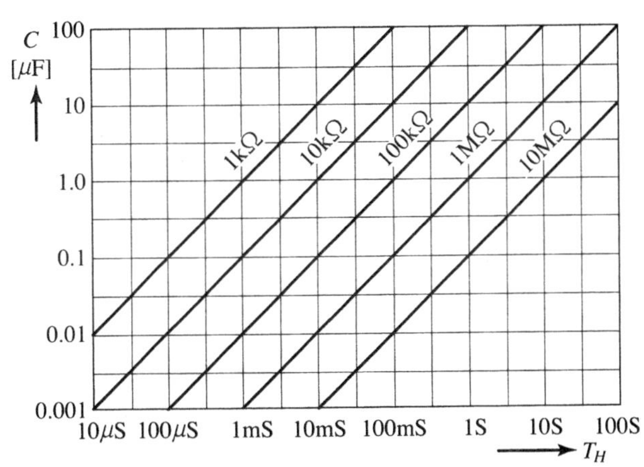

그림 7.16 R, C에 따른 T_H 곡선

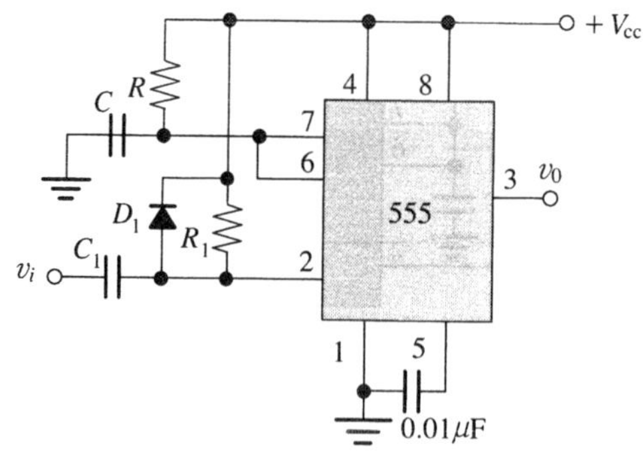

그림 7.17 안정된 트리거 단일 펄스 발생회로

그림 7.17은 R_1C_1 미분회로를 추가하여 트리거 펄스를 좁게 만들어 안정된 트리거를 하는 회로이다. 시정수 R_1C_1은 R, C에 의해 결정되는 출력 펄스의 폭보다 작게 취해야 한다. 디이오드 D_1은 트리거 펄스의 +최대 레벨을 제한하기 위한 용도이다.

예제 7.5

그림 7.18에서 단일 출력 펄스의 폭은 얼마인가?

풀이

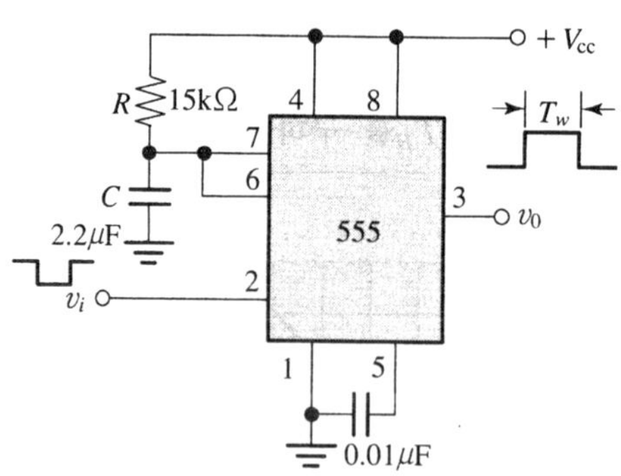

그림 7.18

식 (7.16)에 의해

$$T_W \fallingdotseq 1.1RC = 1.1 \times 15 \times 10^3 \times 2.2 \times 10^{-6}$$

$$= 36.3 \times 10^{-3} = 36.3 \text{ [ms]}$$

7.3 정현파 발생기

7.3.1 RC 이상 발진기

그림 7.19는 RC 이상(移相 : phase shift) **정현파 발진회로**이다. 3개의 RC회로에 의한 정귀환 증폭기로 구성된다. (−)입력단에 존재하는 작은 전압이 반전 증폭기를 통해 위상이 180° 변한 뒤 3개의 RC회로에 의해 다시 위상이 180°로 변하여 전체적으로 360°(0°)의 위상이 변하므로 정귀환 발진기로 동작한다. 귀환전압은 정현파 교류 전압이 되고 발진 주파수는 아래와 같다.

$$f = \frac{1}{2\pi RC\sqrt{6}} \text{ [Hz]} \tag{7.18}$$

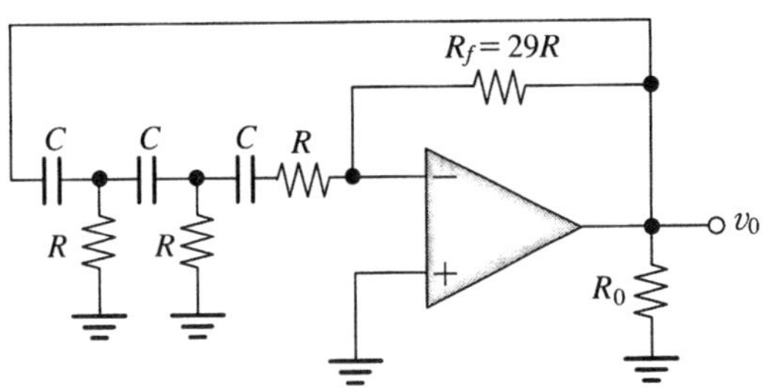

그림 7.19 RC 이상 정현파 발생회로(A)

귀환저항 R_f는 $29R$ 이상으로 취한다. 그림 7.19에서는 $R_f = 29R$로 취한 경우이므로 전압 증폭도는 $R_f = -29$이다. 그림 7.20과 같이 귀환저항을 취하지 않는 경우도 있다. 발진 주파수는 마찬가지로 식 (7.18)과 같다. 출력단의 저항 R_o와 병렬로 연결한 2개의 제너 다이오드는 출력전압이 포화전압($\pm V_{sat}$)을 초과하지 않도록 하여 출력 파형의 찌그러짐을 방지하기 위한 용도이다. 다이오드의 제너전압 V_Z는 공급전압보다 2~3 [V] 낮게 정한다. 출력전압이 V_Z 이상으로 올라가면 R_o가 단락되어 증폭기의 이득을 떨어트려 회로를 보호하게 된다.

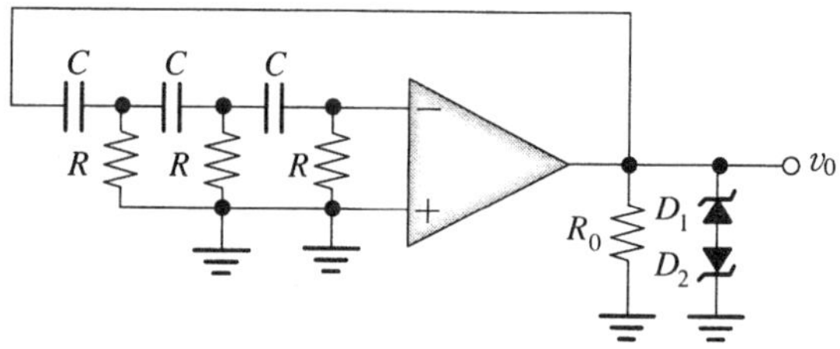

그림 7.20 RC 이상 정현파 발생회로(B)

예제 7.6

그림 7.19에서 $C = 0.01\,[\mu F]$이다. 발진 주파수를 $1\,[kHz]$로 하기 위한 R과 R_f 값은 얼마이어야 되는가?

풀이

풀이 식 (7.17)로부터

$$R = \frac{1}{2\pi fC\sqrt{6}} = \frac{1}{2\times3.14\times1\times10^3\times0.01\times10^{-6}\times\sqrt{6}} \fallingdotseq \frac{10^5}{6.28\times2.45}$$

$$= \frac{100}{15.386}\times10^3 \fallingdotseq 6.5\times10^3 = 6.5\,[k\Omega]$$

$$R_f = 29R = 29\times6.5 = 188.5\,[k\Omega]$$

7.3.2 윈 브리지 정현파 발진기

그림 7.21은 **진상(進相 : lead), 지상(遲相 : lag) 회로**를 이용한 **윈 브리지(Wien bridge) 정현파 발진기**이다. 그림 7.22와 같이 진상－지상 회로를 별도로 나타내어서 설명하기로 한다. R_3, C_1이 지상(lag)회로이고, R_4, C_2가 진상(lead)회로이다. R_3, C_1 진상회로는 그림 7.23(a)와 같이 낮은 주파수에서 C_1의 리액턴스 X_{C1}이 높으므로 전압이득이 떨어지고, 높은 주파수에서 X_{C1}이 낮으므로 전압이득이 올라간다. 한편 R_4, C_2 지상회로는 그림 7.23(b)와 같이 높은 주파수에서 C_2의 리액턴스 X_{C2}가 낮으므로 전압이득이 떨어지고, 낮은 주파수에서 X_{C2}가 증가하므로 전압이득이 올라간다. 그림 7.23(c)는 진상회로와 지상회로를 합성해서 나타낸 주파수 특성이다. 출력 전압이득이 최대가 되는 주파수가 공진주파수 f_r이 되고, 그 값은 아래와 같다.

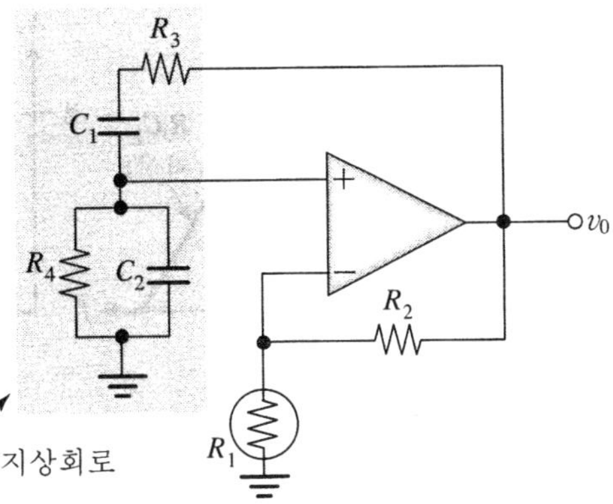

그림 7.21 윈 브리지 정현파 발생회로

$$f_r = \frac{1}{2\pi\sqrt{R_3 R_4 C_1 C_2}} \text{ [Hz]} \tag{7.19}$$

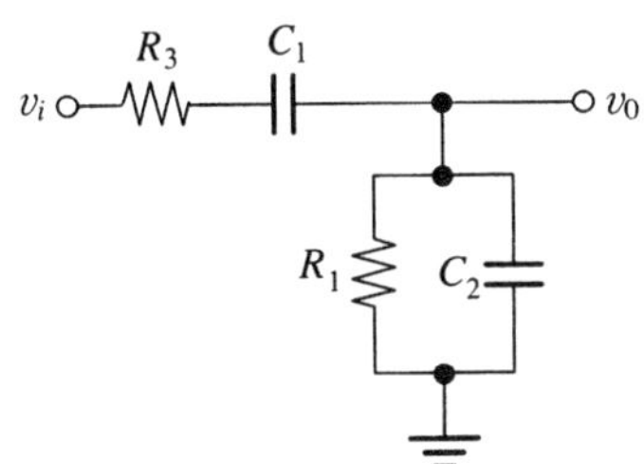

그림 7.22 진상-지상회로

만일 $R_3 = R_4 = R$, $C_1 = C_2 = C$라면 f_r은 아래와 같다.

$$f_r = \frac{1}{2\pi RC} \text{ [Hz]} \tag{7.20}$$

그림 7.21에서 R_2를 통해서 반전 입력단자로 부귀환이 이루어지고, 귀환율 β는

$$\beta = \frac{R_1}{R_1 + R_2} \tag{7.21}$$

이 된다. 한편 지상-진상회로를 통해서 비반전 입력단자로 정귀환이 이루어지고 있다. 그림 7.24는 윈 브리지 정현파 발진기의 주파수에 따른 위상 시프트(shift) Φ, 귀환율, 부귀환 증폭도 $A_v(=1 + R_2/R_1)$를 나타낸다. 그림 7.21 회로가 발진이 되기 위해서는 정귀환 루프의 위상 시프트가 0°이고, 회로 전체의 전압이득($= A_v\beta$)이 최소한 1이 되어

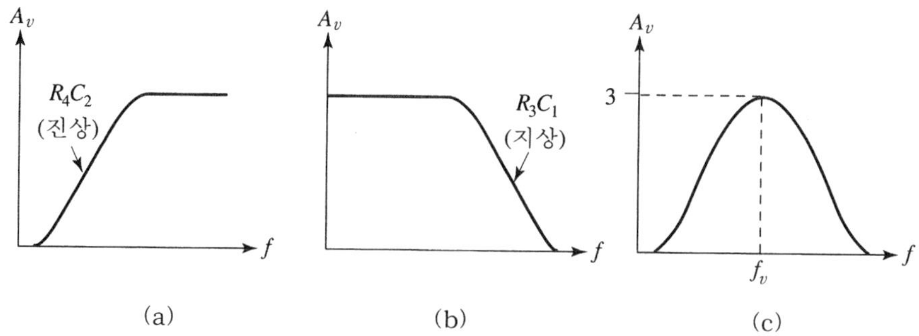

그림 7.23 윈 브리지 정현파 발생회로의 주파수 특성 곡선

야 한다. 이 조건은 주파수가 공진 주파수 f_r이 되는 때이고, $\beta=1/3$, $A_v=1/\beta=3$인 경우이다. 따라서 아래의 관계식에 의하여

$$A_v = 1 + \frac{R_2}{R_1} = 3, \quad \frac{R_2}{R_1} = 2,$$
$$R_2 = 2R_1 \tag{7.22}$$

이 성립할 때 발진이 된다.

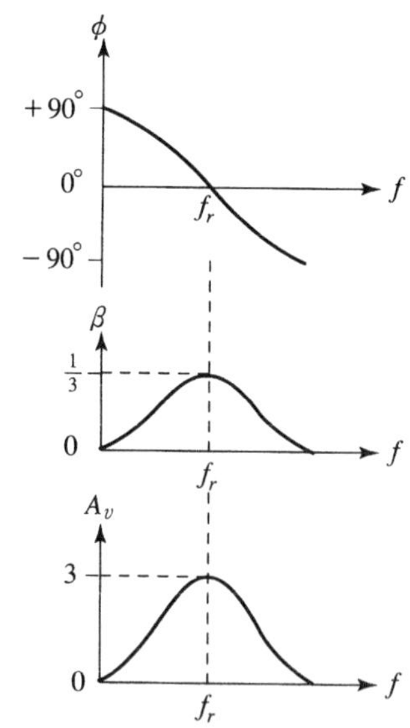

그림 7.24 진상-지상회로의 주파수 특성

윈 브리지 회로의 안정된 발진을 위해 그림 7.21의 R_1에 텅스텐 램프를 사용한다. 설명

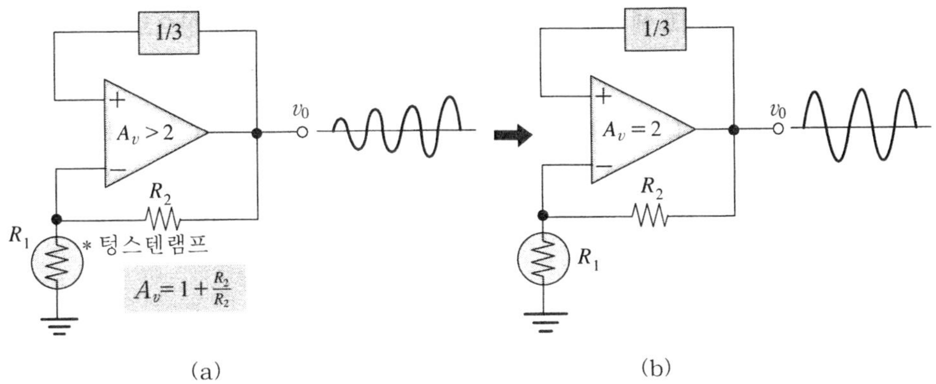

그림 7.25 윈 브리지 발진회로의 안정화

의 이해를 돕기 위해 그림 7.21을 전압이득의 관점에서 그린 것이 그림 7.25(a), (b)이다. 텅스텐 램프는 점등 초기에 저항이 작다가 점점 커지는 특징이 있음을 염두에 두자.

윈브리지 발진회로에 전원이 켜지면 초기에 텅스텐 램프의 저항 R_1은 작다. 따라서 그림 7.25(a)와 같이 부귀환 증폭기의 전압이득 $A_v(= 1 + R_2/R_1)$가 3보다 크므로 발진상태로 진입한다. 그러나 시간이 경과하면서 텅스텐 램프의 저항이 커지면서 A_v가 줄어들기 시작한다. 결국 A_v가 3으로 줄어들면서 전체 전압이득($= A_v\beta$)이 1이 되고 발진회로는 안정화 상태가 된다. 그림 7.26은 N채널 JFET를 사용한 윈 브리지 발진기의 안정화회로이다. 다이오드 D_1에 의해 출력전압의 −피크값이 검출된다. 따라서 발진전압의 진폭

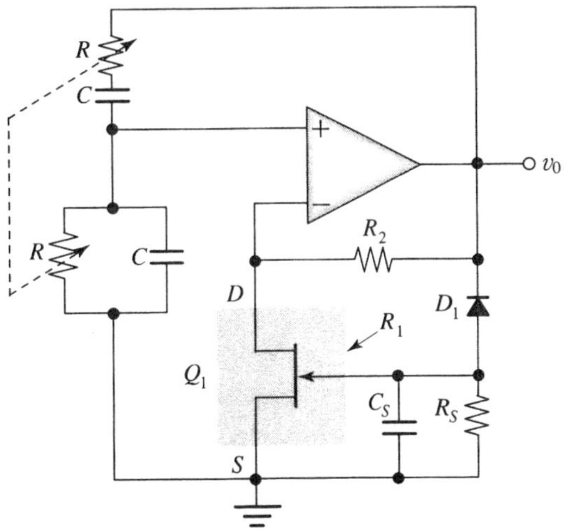

그림 7.26 JFET 안정화 윈 브리지 발진회로

이 커갈수록 JFET의 게이트에 걸리는 직류전압은 더욱 부(−) 방향으로 바이어스된다. 그 결과로 JFET의 드레인(D)에서 소스(S) 사이의 실효저항(R_1)이 커지므로 부귀환 회로의 전압 이득이 떨어지고, 출력의 피크값이 감소하면 반대 현상이 일어나게 되므로 회로는 안정화가 이루어진다. R_sC_s 값은 발진 주기의 가장 긴 경우보다 훨씬 크게 잡아야 된다.

예제 7.7

그림 7.27에서 발진되기 위한 R_2 값과 그 주파수를 구하라.

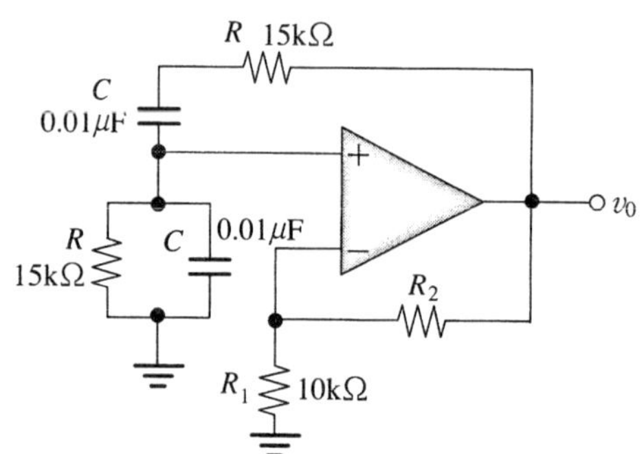

그림 7.27

풀이

식 (7.22)로부터

$$R_2 = 2R_1 = 2\times 10 = 20\ [\mathrm{k\Omega}]$$

$$f = \frac{1}{2\pi RC} = \frac{1}{2\times 3.14\times 15\times 10^3\times 0.01\times 10^{-6}} = \frac{100}{94.2}\times 10^3 \fallingdotseq 1.06\ [\mathrm{k\Omega}]$$

7.4 삼각파 발생기

이미 5장의 적분기에서 설명한 바와 같이 그림 7.28과 같은 적분기에 펄스를 가해주면 펄스의 H 레벨 기간에서는 C의 방전 특성에 의한 하강 램프(ramp) 전압이, L 레벨 기간에서는 C의 충전 특성에 의한 상승 램프전압이 출력단자에 나타나므로 **삼각파 발생기**가 된다. 하강 및 상승전압의 직선성을 좋게 하자면 펄스의 주기에 비해 RC 시정수 값을 다소 크게 해야 한다.

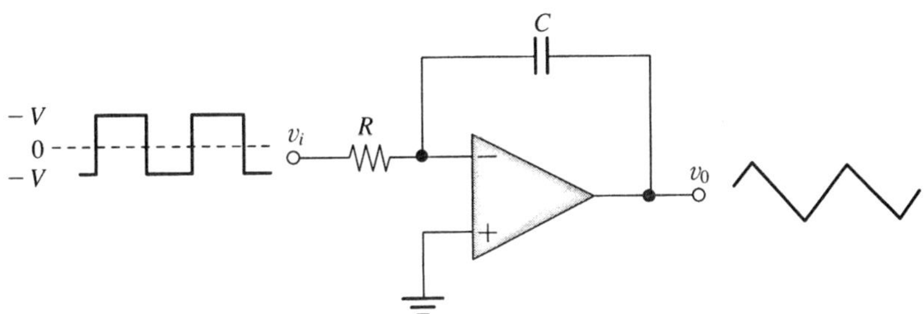

그림 7.28 적분기의 동작

그림 7.29와 같이 적분기 앞단에 비교기를 연결하면 비교기의 단자전압이 +인 경우에는 비교기의 출력전압이 $+V_{sat}$가 되고, −인 경우에는 $-V_{sat}$가 되므로 구형파 발생기로 동작한다.

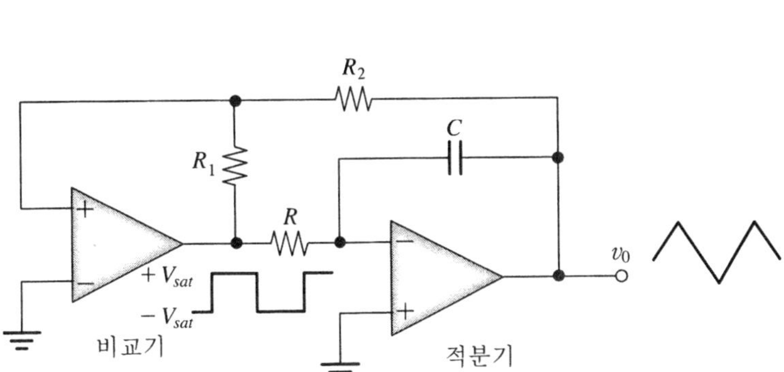

그림 7.29 삼각파 발생회로

V_{sat}는 공급전압보다 다소 작고 전환전압 $+V_T$와 $-V_T$는 R_1, R_2에 의해 결정되며

아래와 같다.

$$+V_T = +\frac{R_2}{R_1} \cdot V_{sat}\ [\mathrm{V}] \tag{7.23}$$

$$-V_T = -\frac{R_2}{R_1} \cdot V_{sat}\ [\mathrm{V}] \tag{7.24}$$

입력과 출력전압의 동작 파형을 나타내면 그림 7.30과 같고, 그 주파수는 아래와 같다.

$$f = \frac{1}{4RC} \cdot \frac{R_1}{R_2}\ [\mathrm{Hz}] \tag{7.25}$$

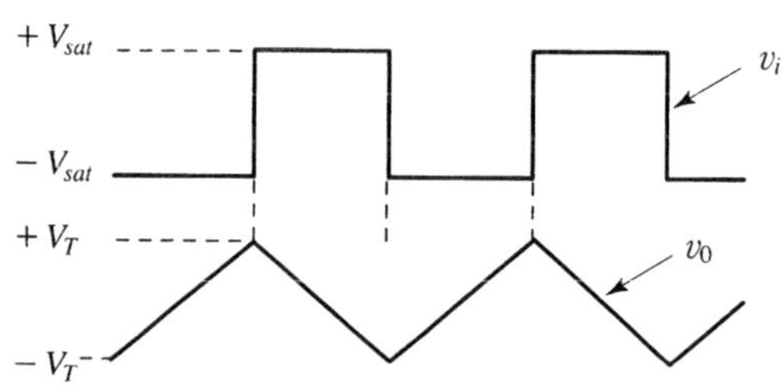

그림 7.30 삼각파 발생회로의 입력과 출력전압 파형

그림 7.31 회로는 양극성이 아닌 단 극성 삼각파 발생회로이다. R_1과 직렬로 다이오드 D_1이 삽입되어 있다.

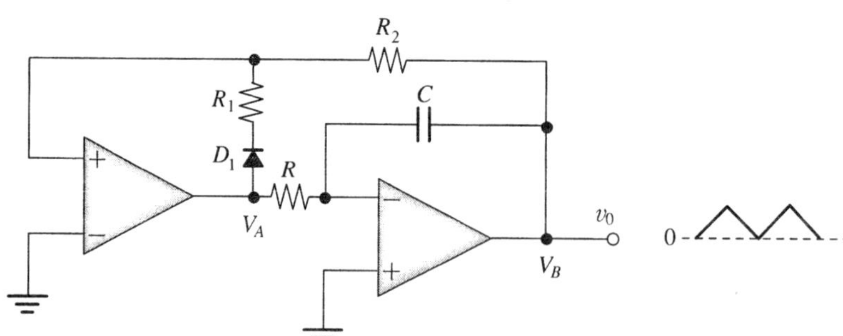

그림 7.31 단 극성 삼각파 발생회로

V_A가 $+V_{sat}$인 때 다이오드가 역방향 바이어스이므로 R_2를 통해서 전류가 흐르지 못하고, $-V_T$는 0 [V]가 된다. 그러나 V_A가 $-V_{sat}$인 때는 다이오드가 순방향이므로 R_2를 통해서 전류가 흐르고, $+V_T$는 아래의 값이 된다.

$$+V_T = \frac{-V_{sat}+0.6}{R_2/R_1} = (-V_{sat}+0.6)\cdot\left(\frac{R_1}{R_2}\right)\text{[V]} \quad (7.26)$$

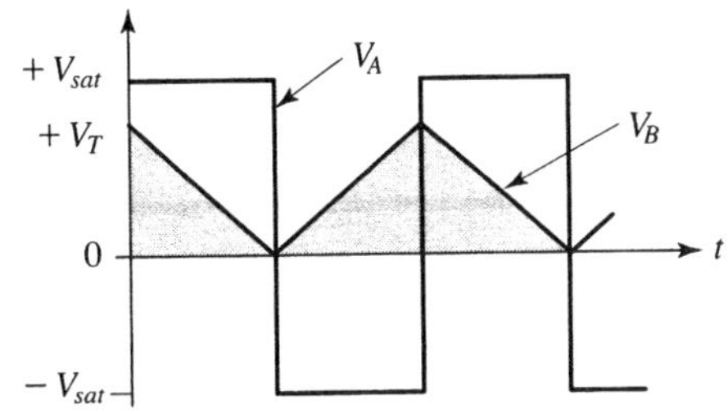

그림 7.32 단 극성 삼각파 발생회로의 입력과 출력전압 파형

이때의 주파수는 아래와 같다.

$$f \fallingdotseq \frac{1}{2RC}\cdot\frac{R_1}{R_2}\text{ [Hz]} \quad (7.27)$$

그림 7.32는 그림 7.31회로의 입력 및 출력전압의 파형을 나타낸다.

예제 7.8

그림 7.33에서 발진 주파수가 1 [kHz], 피크-피크 값이 12 [V]인 삼각파를 얻기 위한 R_1, R의 값을 구하라. 단, $V_{sat} = 15$ [V]

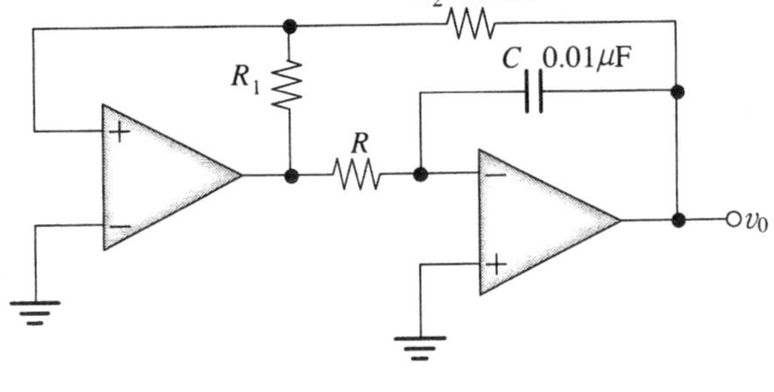

그림 7.33

풀이

$$+V_T - (-V_T) = 2V_T = V_P \text{ 이므로 } V_T = V_P/2 = 12/2 = 6\text{ [V]}$$

식 (7.23)으로부터

$$R_1 = \frac{R_2}{V_T} \cdot V_{sat} = \frac{18 \times 10^3}{6} \times 15 = 45\ [\mathrm{k}\Omega]$$

식 (7.25)로부터 $R = \dfrac{1}{4fC} \cdot \dfrac{R_1}{R_2} = \dfrac{1}{4 \times 1 \times 10^3 \times 0.01 \times 10^{-3}} \times \dfrac{45}{18} = 62.5\ [\mathrm{k}\Omega]$

7.5 톱니파 발생기

톱니파 발생기는 소인(sweep) 발진회로, A/D 변환 등에 많이 사용되는 아주 유용한 회로이다. 그림 7.34는 톱니파 발생회로이다. 앞단의 OP 앰프 IC 1은 적분기, IC 2는 비교기로서 동작한다. 삼각파 발생회로에서와 비슷한 동작이지만 2개의 트랜지스터가 추가된 점이 다르다. 앞단의 램프(ramp)전압은 V_i/RC의 비율로 증가하고, 그 출력단이 비교기의 (+)입력단에 연결되어 있다. 비교기의 출력전압이 −이면 트랜지스터 Q_1, Q_2는 다이오드 D_1, D_2가 모두 역방향 바이어스이므로 차단 상태이다. 그러나 램프전압이 기준전압

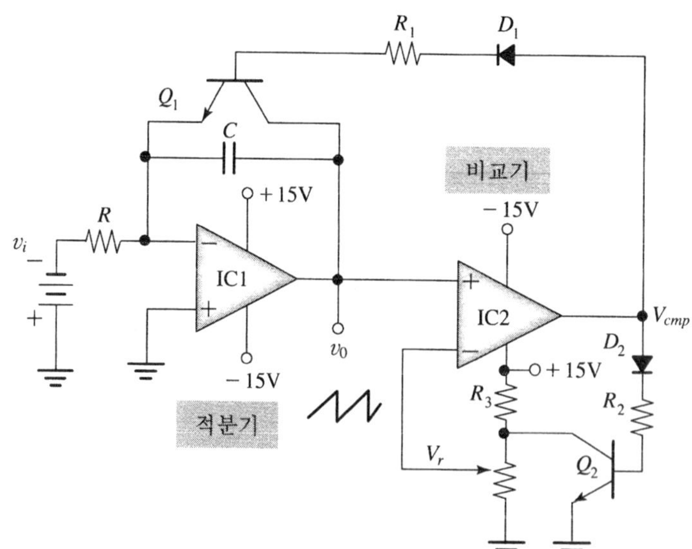

그림 7.34 톱니파 발생회로

V_r보다 커지는 순간 비교기의 출력전압은 +가 되고 다이오드 D_1과 D_2가 순방향 바이어스가 되므로 Q_1이 순간적으로 도통이 되면서 콘덴서에 충전되던 램프 전압은 0 [V](정확히는 Q_1의 포화전압 0.2~0.3V)로 떨어지면서 동시에 Q_2 또한 도통이 되므로 V_{ref}가 단락이 되고, 비교기의 (−)입력단의 전압이 0 [V]가 된다. 따라서 비교기의 출력전압은 −로 반전되고, Q_1, Q_2가 모두 차단 상태이므로 적분기(IC 1)는 다시 충전을 시작하여 램프전압이 증가하게 되고, 이러한 현상은 반복이 되면서 출력단자에서는 톱니파가 얻어진다. 톱니파 출력 파형은 그림 7.35와 같이 최대 진폭이 V_r에 의해 정해지고, 주기 T와 주파수는 아래와 같다.

$$T = \frac{V_r}{V_i/RC} \ [\mathrm{s}] \tag{7.28}$$

$$f = \frac{1}{RC} \cdot \frac{V_i}{V_r} \ [\mathrm{Hz}] \tag{7.29}$$

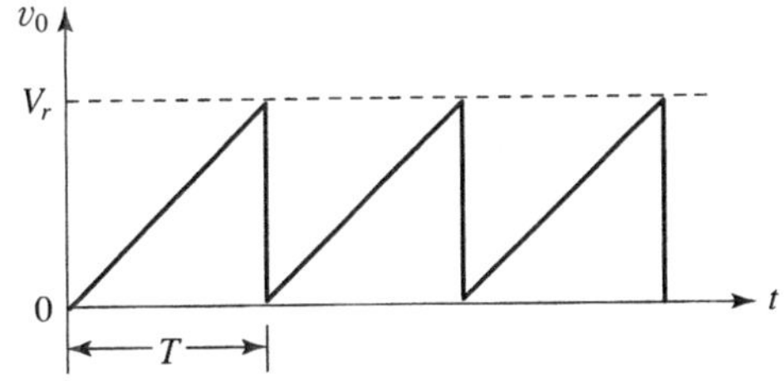

그림 7.35 톱니파 발생회로의 출력 파형

예제 7.9

그림 7.34에서 $R = 10$ [kΩ], $C = 0.15$ [μF], $V_i = 7.5$ [V]일 때 발진 주파수를 1 [kHz]로 하기 위한 V_r의 값은 얼마인가? 또 $V_r = 2.5$ [V]인 경우에 주파수는 얼마인가?

풀이

풀이 식 (7.29)로부터

$$V_r = \frac{1}{RC} \cdot \frac{V_i}{f} = \frac{1}{10\times10^3\times0.15\times10^{-6}} \cdot \frac{7.5}{1\times10^3} = 5 \ [\mathrm{V}]$$

$$f = \frac{1}{RC} \cdot \frac{V_i}{V_r} = \frac{1}{10\times10^3\times0.15\times10^{-6}} \cdot \frac{7.5}{5} = \frac{10^3}{1.5} \times \frac{3}{2} = 1 \ [\mathrm{kHz}]$$

그림 7.36은 프로그램 가능 UJT(PUT)를 사용한 톱니파 발생회로이다. PUT는 평소 애노드(A)와 캐소드(K) 사이에 전류가 흐르지 않지만 애노드 전압이 +전압의 게이트(G)전압보다 0.7V(충분하게 1V) 이상이 높으면 애노드와 캐소드는 도통이 되어 전류가 흐르게 된다.

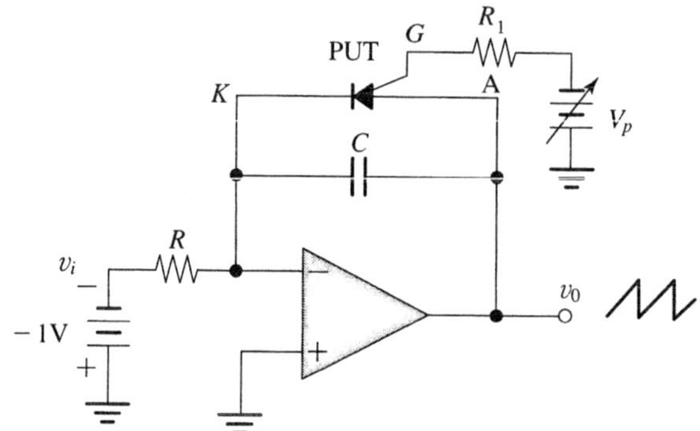

그림 7.36 PUT를 사용한 톱니파 발생회로

그림 7.36에서 출력단의 증가하던 램프 전압이 $V+1$ [V]에 도달하면 PUT가 도통이 되어 충전용 콘덴서 C가 단락이 되면서 전압이 0 [V]로 떨어지게 된다. 이때 PUT는 유지전류(I_H)이하로 떨어지는 순간 전류가 차단이 되고, 콘덴서 C는 다시 충전을 시작하면서 램프전압은 증가를 시작하게 된다. 이러한 동작은 반복적으로 일어나므로 출력단에서는 그림 7.37과 같은 톱니파 전압이 나타난다. 톱니파의 최대 진폭은 V_P로 조정할 수 있다.

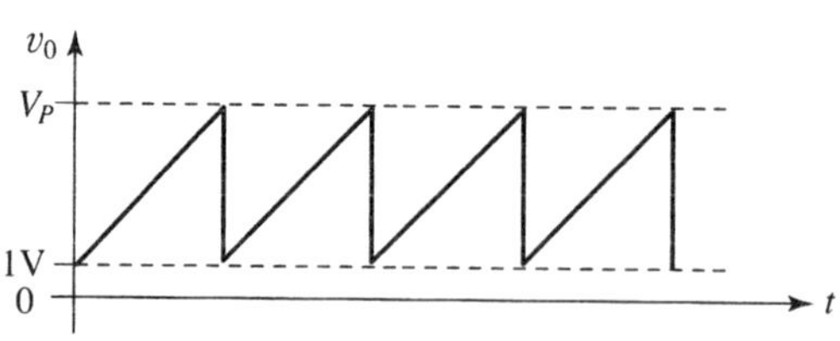

그림 7.37 PUT 톱니파 발생회로의 출력전압 파형

그림 7.36회로의 톱니파 발생회로의 주파수는 아래와 같다.

$$f = \frac{|V_i|}{RC} \cdot \frac{1}{V_P - 1} \text{ [Hz]} \tag{7.30}$$

7.6 펑션 제너레이터

7.6.1 펑션 제너레이터의 개요

펑션 제너레이터(function generator)란 정현파, 구형파, 삼각파를 동시에 발생하는 파형 발진기를 말하며, 절환 스위치에 의해 해당 파형을 출력시킬 수 있다. 앞에서 다룬 윈 브리지 회로에 의해 정현파를 발생시키고, 이를 비교기의 입력단에 연결하면 구형파를 얻을 수 있고, 이 파형이 다시 적분기를 거치면 삼각파가 얻어진다. 그림 7.38은 이와 같은 원리를 적용한 펑션 제너레이터의 구성도이다.

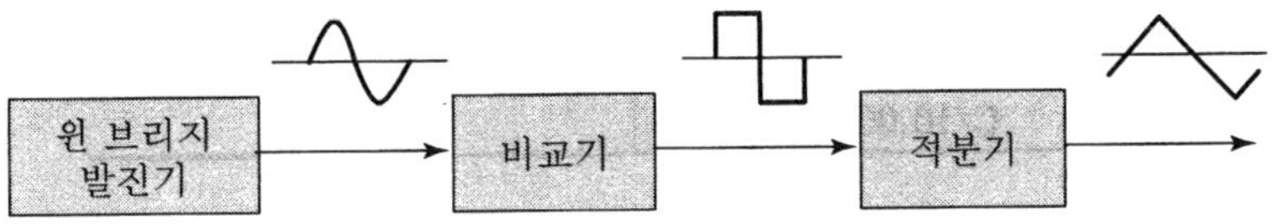

그림 7.38 펑션 제너레이터의 구성도

그림 7.39는 펑션 제너레이터 회로를 나타낸다. 주파수는 윈 브리지의 주파수를 나타내는 아래의 식에 의해 결정된다.

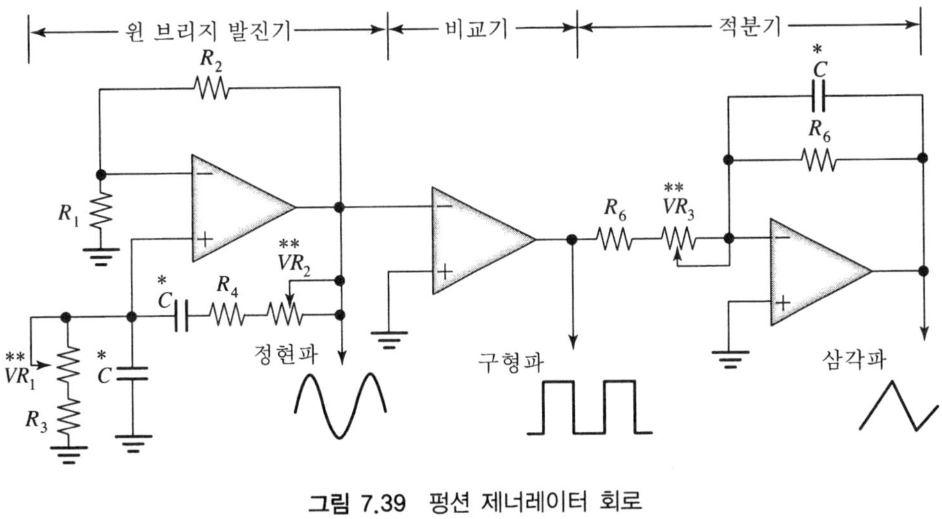

그림 7.39 펑션 제너레이터 회로

$$f = \frac{1}{2\pi RC} \text{ [Hz]} \tag{7.31}$$

그림 7.39에서 ** 표의 VR_1, VR_2, VR_3은 연동으로 동작한다. 회로에서 *표의 C 값은 모두 같은 값이다. 이 C 값을 표 7.3과 같이 바꿔서 연결하면 주파수 레인지를 넓게 할 수 있다. 또한 출력전압을 조정하고자 할 경우에는 절환 스위치의 공통 단자에 가변저항을 연결한다.

표 7.3 주파수 가변 시의 C 값

C 값(= C)	주파수 레인지
C	×1
C/10	×10
C/100	×100
C/1,000	×1,000
C/10,000	×10,000

7.6.2 IC8038

비교적 많이 사용되고 있는 8038은 파형발생 및 FM변조가 가능한 집적회로(IC)이다. 한 개의 IC로 구형파, 삼각파, 정현파 출력전압이 동시에 얻어지므로 이를 사용하면 간단히 펑션 제너레이터를 만들 수 있다. 그림 7.40은 찌그러짐이 적은 파형파를 얻을 수 있는 펑션 제너레이터 회로이다. 구형파의 H 레벨 및 L 레벨 주기 T_H, T_L은 아래의 식과 같다.

$$T_H = \frac{5}{3} \cdot R_A C \text{ [s]} \tag{7.32}$$

$$T_L = \frac{5}{3} \cdot \frac{R_A R_B C}{2R_A - R_B} \text{ [s]} \tag{7.33}$$

$f = \dfrac{1}{T_H + T_L}$ 이므로 아래와 같다.

$$f = \frac{1}{\frac{5}{3} \cdot R_A C\left(1 + \frac{R_B}{2R_A - R_B}\right)} \text{ [Hz]} \tag{7.34}$$

듀티비를 50%로 하면 찌그러짐이 적은 정현파를 얻을 수 있다. 이러한 조건을 만족시키자면 $R_A = R_B = R$로 놓으면 식 (7.34)는 아래와 같이 고쳐 쓸 수 있다.

$$f = \frac{0.3}{RC} \text{ [Hz]} \tag{7.35}$$

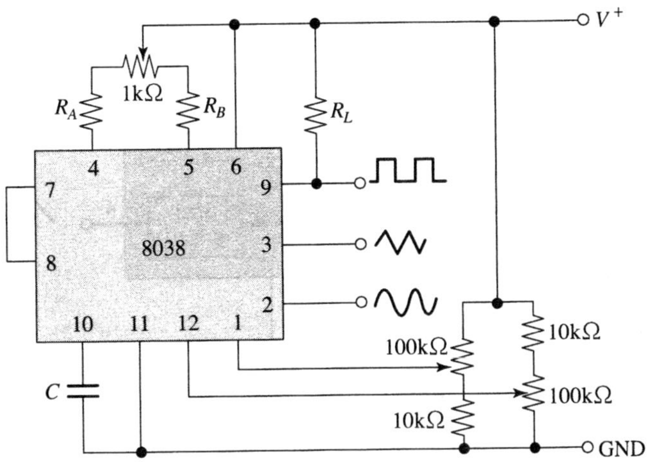

그림 7.40 IC 펑션 제너레이터 회로

예제 7.10

그림 7.40에서 $R_A = R_B = R = 10$ [kΩ], $C = 0.01$ [μF]일 때 발진 주파수는 얼마인가?

풀이

식 (7.35)로부터

$$f = \frac{0.3}{RC} = \frac{0.3}{10 \times 10^3 \times 0.01 \times 10^{-6}} = 3 \text{ [kHz]}$$

7.6.3 IC566

NE566은 주파수 변조(FM) 및 FSK 변조 등에 활용할 수 있는 범용 구형파 및 삼각파 발생 IC이다. 그 구성도는 그림 7.41과 같다. 본질적으로 NE566은 VCO(Voltage Controlled Oscillator)이다. VCO 회로는 외부 타이밍 콘덴서를 선형적으로 충전 및 방전할 수 있는 한 쌍의 전류원과 콘덴서 전압이 프리셋 레벨에 도달했을 때 전류원을 플립플롭

하는 슈미트 트리거 회로로 구성되어 있다. 콘덴서 양단에 선형 삼각파가 발생되고, 슈미트 트리거 출력단에 구형파가 발생된다. 이들 파형은 버퍼를 거쳐 구형파/삼각파 출력단자에 나타난다.

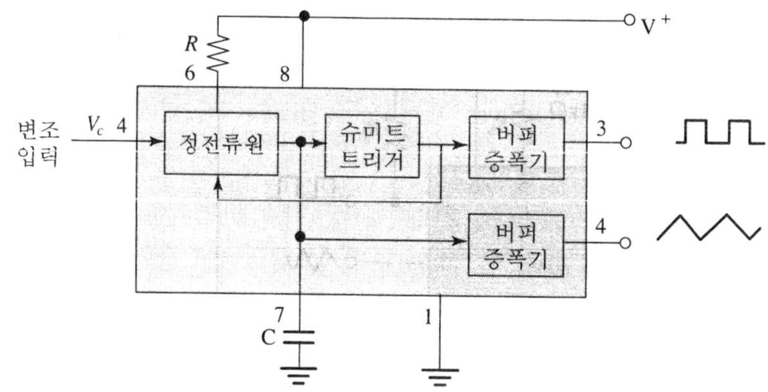

그림 7.41 IC566의 구성도

NE566의 주파수는 외부 저항 R, 콘덴서 C 및 제어단자의 전압 V_C에 의해 정해진다. 그 주파수는 대략 아래와 같다. R 값은 2~20 [kΩ]이고, V_C는 공급전압(V)의 0.75~1 배이다. R 값의 조정으로 소인 주파수를 10 : 1까지 가변할 수 있다.

$$f = \frac{2(V^+ - V_C)}{RCV^+} \text{ [Hz]} \tag{7.36}$$

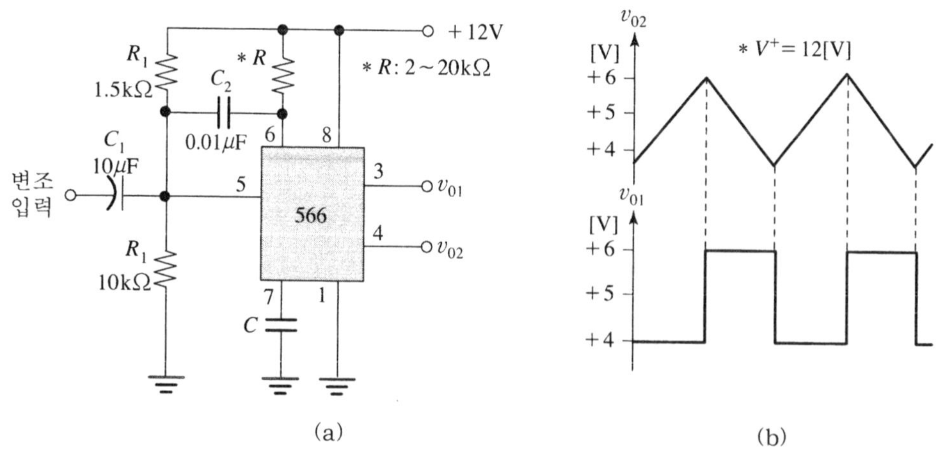

그림 7.42 NE566을 사용한 FM 발생회로

그림 7.42(a)는 단일 전원 FM 발생회로를 나타낸다. R, C 값을 4 [kΩ], 0.01 [μF]로 했을 때의 주파수는 5 [kHz]이다. 5번과 6번 핀 사이에 삽입한 0.001 [μF]의 콘덴서는 안정용이고, 그림 7.42(b)는 $V^+ = 12$ [V]일 때의 출력 파형을 나타낸다.

7.6.4 XR-2206

XR-2206은 1 [MHz]의 주파수까지 정현파, 구형파, 삼각파를 발생하는 사용하기가 편리한 펑션 제너레이터 IC이다. 주파수의 소인 레인지는 2000 : 1이다. AM, FM, 위상 시프트, FSK 변조 등을 출력단에서 얻어낼 수 있다. 공급전압은 단일 전원인 경우에 10~26 [V], 양 전원인 경우에 ±5~±13 [V]이다. 출력 임피던스 600 [Ω]에서 최대진폭 rms 2 [V], THD 0.5%까지의 정현파를 얻을 수 있다. 그림 7.43은 XR-2206의 핀 접속도 및 내부 구성도를 나타낸다. VCO는 전류 조절 발진기(current control oscillator)이다. 핀 5번과 핀 6번 사이에 연결되는 콘덴서 C(0.001 [nF]~100 [μF])와 핀 7번과 핀 8번 사이에 연결되는 저항 R(1 [kΩ]~2 [MΩ])에 의해 정전류(constant current)가 설정되고, 정전류를 설정하는 저항이 얼마가 적합하느냐는 FSK 입력(9번)에 가해지는 논리 레벨에 따라 정해진다. 이 정전류로 콘덴서 C를 충방전시켜 램프(ramp) 전압이 만들어지며, 이 램프 전압은 두 레벨과 비교된다. FSK 입력이 상위 레벨을 초과하면 전류 스위치에 의해 핀

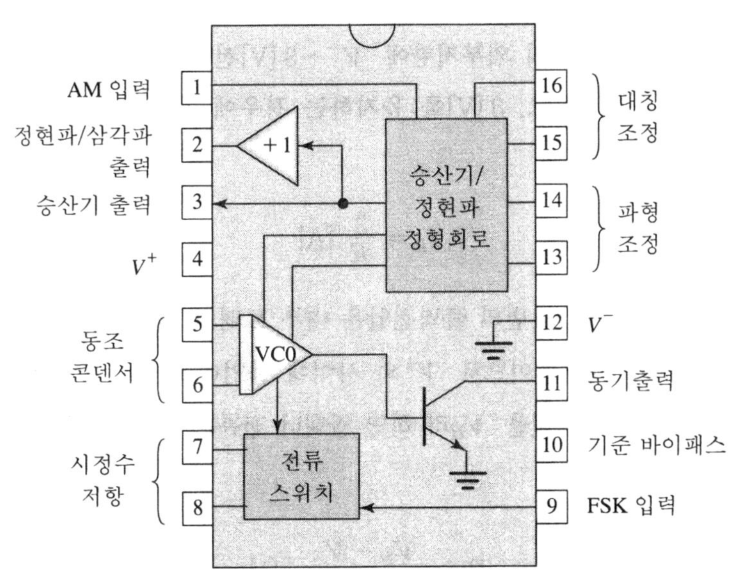

그림 7.43 XR2206의 핀 접속도와 구성도

7번이 선택되고, 하위 레벨이면 핀 8번이 선택된다. 그림 7.44에서 핀 7번에 연결된 저항이 R_1, 핀 8번에 연결된 저항이 R_2이라 한다. 만일 핀 12번이 접지된 단일전원이라면 FSK 입력이 2 [V]보다 크면 전류 스위치는 R_1에, 1 [V]보다 작으면 R_2에 연결되고, 이때의 주파수는 각각 아래와 같다.

$$f_{R1} = \frac{1}{R_1 C} \tag{7.37}$$

$$f_{R2} = \frac{1}{R_2 C} \text{ [Hz]} \tag{7.38}$$

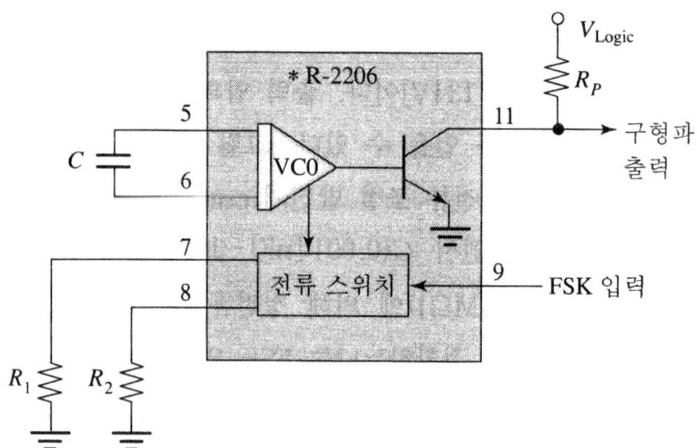

그림 7.44 전류 스위치 동작과 풀-업 저항

XR-2206은 7번 및 8번 핀의 외부저항에 $V^- \sim 3$ [V]전압을 전압을 일정하게 유지해야 한다. 만일 V^-를 접지시키고, 3 [V]를 유지하는 경우에 저항에 흐르는 전류는 아래와 같다.

$$I_R = \frac{3}{R} \text{ [A]} \tag{7.39}$$

VCO에 의해 구동되는 핀 11번의 출력전압은 내부 트랜지스터의 ON, OFF에 의한 구형파로 나타난다. 콜렉터 개방형이므로 V^+와 사이에 풀업(pull-up) 저항 R_P를 연결해야 한다. 만일 FSK 입력의 H 레벨을 V_H라 하면 콜렉터 전류를 2 [mA] 이하로 제한하기 위한 R_P 값은 아래와 같다.

$$R_P > \frac{V_H - V_-}{2\text{mA}} \text{ [Ω]} \tag{7.40}$$

그림 7.45와 같이 FSK 입력단자(9번)를 구형파 출력단자(11번)로 연결하면 간단한 XR-2206 구형파 발생회로이다. 듀티비는 50%이다.

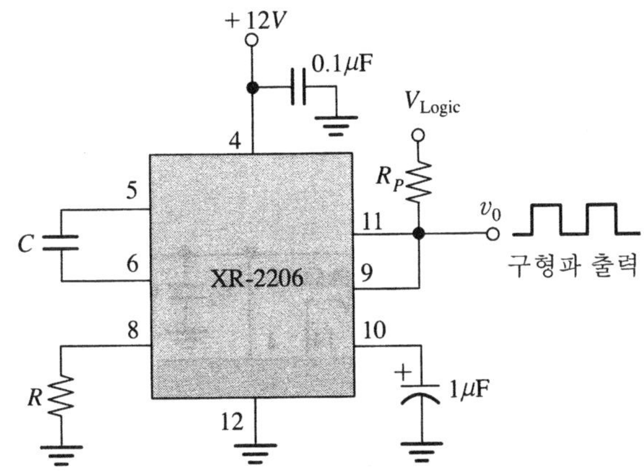

그림 7.45 XR-2206 구형파 발생회로

듀티비를 가변하기 위해서는 그림 7.46과 같이 외부저항 2개를 사용하여 그 값을 달리하면 된다. H 레벨, L 레벨 주기는 아래와 같다.

$$T_H = \frac{C}{0.64 I_{R1}} \text{ [s]} \tag{7.41}$$

$$T_L = \frac{C}{0.64 I_{R2}} \text{ [s]} \tag{7.42}$$

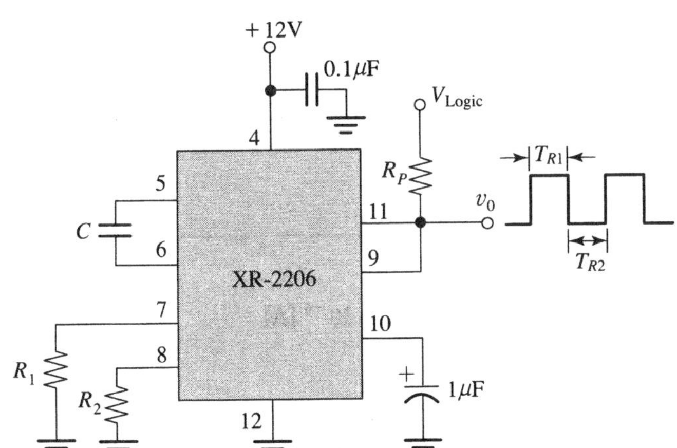

그림 7.46 듀티비 가변 XR-2206 구형파 발생회로

단, 위의 식에서 $I_{R1} = 3/R_1$ [A], $I_{R2} = 3/R_2$ [A]이다. 저항 R_1, R_2의 값은 1 [kΩ] 이상이어야 하고, I_{R1}, I_{R2}는 3 [mA]를 초과해서는 안 된다.

그림 7.47과 같이 FSK 입력(9번) 및 AM 입력(1번)을 V^- 또는 어스에 연결하고, 핀 13번과 핀 14번 사이에 저항 180 [Ω]을 연결하고, 외부저항 1개를 연결하면 핀 2번에서 정현파 출력전압을 얻을 수 있다. 승산 출력단자(3번)에 가해지는 직류전압에 의해 정현파의 직류전압 레벨이 결정된다. 그림 7.47에서는 6 [V]가 직류전압 레벨이 된다.

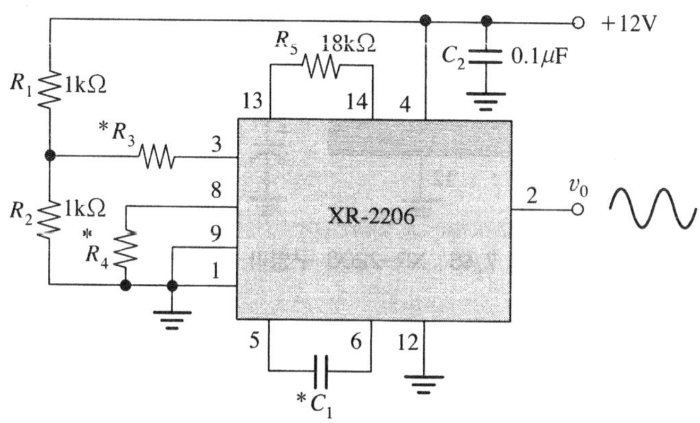

그림 7.47 XR-2206 정현파 발생회로

만일 외부 저항단자(13번, 14번)를 개방(open)시키면 정현파 대신 삼각파를 얻을 수 있다.

예제 7.11

그림 7.46에서 $R_1 = 10$ [kΩ], $R_2 = 5.6$ [kΩ], $C = 0.1$ [μF] 일 때 구형파의 T_H, T_L은 얼마인가?

풀이

$$I_{R1} = \frac{3}{10 \times 10^3} = 3 \times 10^{-4} \text{ [A]}$$

식 (7.41)로부터

$$T_H = \frac{0.1 \times 10^{-6}}{0.64 \times 3 \times 10^{-4}} = \frac{1}{1.92} \times 10^{-3} \fallingdotseq 0.52 \text{ [ms]}$$

$$I_{R2} = \frac{3}{5.6 \times 10^3} \fallingdotseq 0.54 \times 10^{-3} \text{ [A]}$$

식 (7.42)로부터

$$T_L = \frac{0.1 \times 10^{-6}}{0.64 \times 0.54 \times 10^{-3}} = \frac{0.1}{0.3456} \times 10^{-3} \fallingdotseq 0.29 \text{ [ms]}$$

7.7 파형 발생기의 응용회로

7.7.1 제너 다이오드로 진폭을 안정화한 *RC* 정현파 발진기

그림 7.48은 C_2, R_2, R_1, C_1에 의한 진상-지상 회로에 제너 다이오드를 삽입하여 진폭 제한을 행한 정현파 발진회로이다. $R_1 = R_2$, $C_1 = C_2$로 놓으면 감쇠량은 1/3, OP 앰프의 폐회로 전압이득이 3이 되어 회로 루프의 전압이득은 1이 되므로 발진이 이루어진다. 주파수는 $f = 1/2\pi RC \fallingdotseq 5$ [kHz]가 된다. 제너 다이오드에 의해 진폭제한이 되지 않는 소 진폭영역에서는 R_3의 값을 조정하여 루프 이득을 가변시켜 1에 접근시키면 파형의 찌그러짐이 적어지지만 안정도가 나빠지고, 반대로 1보다 크게 하면 안정도가 좋아지지만 찌그러짐이 커진다. 따라서 구하는 안정도와 찌그러짐에 맞는 점에 조정한다. 회로에서와

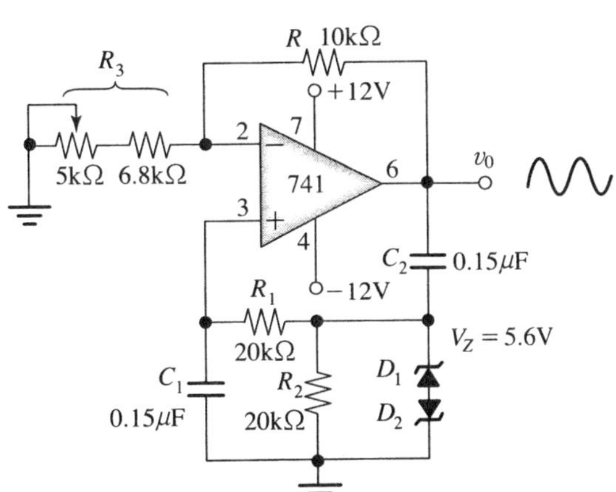

그림 7.48 제너다이오드를 사용한 안정화 윈 브리지 정현파 발생회로

같이 진상-지상회로의 R, C 값을 같게 하는 경우에는 OP 앰프의 폐회로 이득이 2이므로 $R_3 \fallingdotseq R_4$이다. R_4/R_3에 의해 제너전압 V_Z에 대한 출력전압 Vo의 비(V_Z/V_o)가 결정된다. R, C 값이 같은 경우에는 $V_o/V_Z = 2.1$로 잡는다. 회로에서 제너다이오드 D_1, D_2는 전기적 특성이 같은 쌍을 택한다.

7.7.2 찌그러짐이 작은 정현파 발진기

그림 7.49에서 뒤단은 OP 앰프에 의한 공진회로이다. 이 회로의 출력전압의 파형은 R_4에 흐르는 전류와 역상이 되기 때문에 앞단의 반전 증폭기에 반전시키면 정귀환이 된다. 제너 다이오드 D_1, D_2는 출력전압을 안정화시키기 위한 용도이다. 가변저항 R_4는 귀환량을 조정하기 위한 것이다. 이 값이 너무 작으면 찌그러짐이 커지고, 너무 커지면 안정도가 나빠지므로 D_1, D_2 양단의 클립(clip) 전압 상태를 보면서 알맞은 점(약 20% 클립)으로 조정한다. $R_7 + VR_1 = R_t$라 할 때 발진 주파수는 아래와 같다.

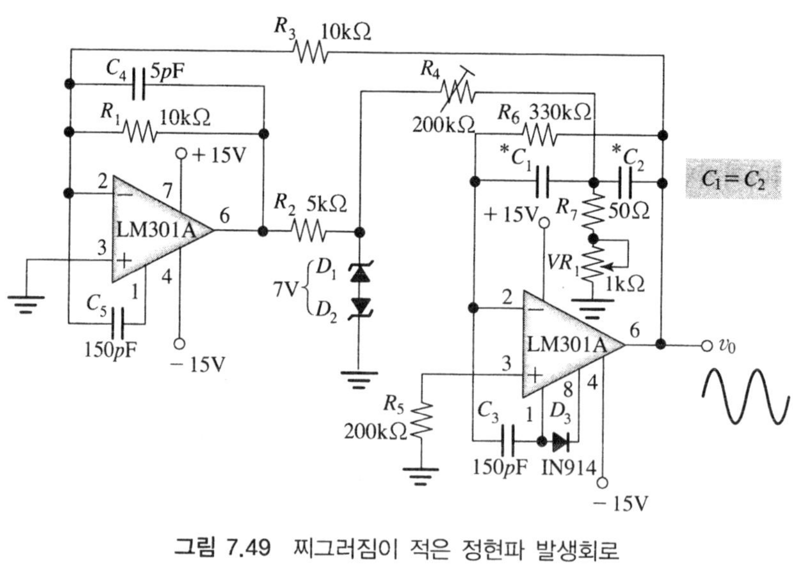

그림 7.49 찌그러짐이 적은 정현파 발생회로

$$f = \frac{1}{2\pi\sqrt{R_5 R_t C_1 C_2}} \text{ [Hz]} \tag{7.43}$$

$C_1 = C_2$인 경우의 발진 주파수는 아래와 같다.

$$f = \frac{1}{2\pi C\sqrt{R_5 R_t}} \text{ [Hz]} \tag{7.44}$$

C 값에 따른 발진 주파수 범위는 표 7.4와 같다.

표 7.4 C 값에 따른 주파수 범위

C	f	C	f
0.47 [μF]	18~80 [Hz]	0.0047 [μF]	1.7~8 [kHz]
0.1 [μF]	80~380 [Hz]	0.002 [μF]	4.4~20 [kHz]
0.022 [μF]	380~1.7 [kHz]	–	–

VR_1은 주파수 조정용이고, 최적 조정 상태에서 이 회로의 찌그러짐율은 0.2~0.4%이고, 최대 발진 주파수는 20 [kHz]이다. C_3, C_4, C_5는 주파수 보상용 콘덴서이다.

7.7.3 3레인지 윈 브리지 정현파 발진기

그림 7.50은 안정화 제너 다이오드를 사용한 3 레인지 윈 브리지 정현파 발진회로이다. 이 회로에서 레이지 별 주파수 범위는 표 7.5와 같다. 최대 발진 주파수는 OP 앰프의 슬

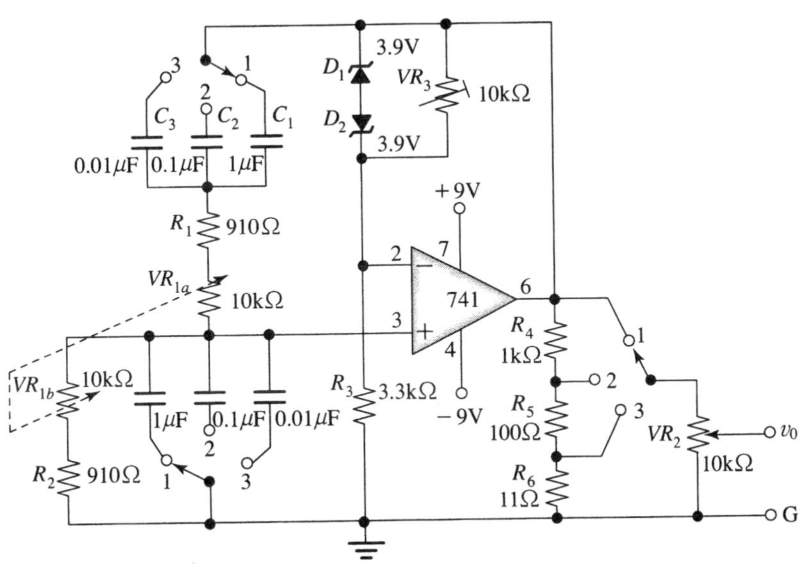

그림 7.50 3 레인지 윈 브리지 발진기

표 7.5 3 레인지 발진 주파수 범위

레인지	발진 주파수
1	15~150 [Hz]
2	150~1.5 [kHz]
3	1.5~15 [kHz]

루율에 의해 결정되며, 741인 경우에 25 [kHz], CA3140인 경우에 70 [kHz]까지이다.

7.7.4 4 레인지 구형파 발진기

그림 7.51은 2 [Hz]~20 [kHz]의 4 레인지 구형파 발진회로이다. VR_1~ VR_4는 각 레인지 별 최대 주파수의 프리셋용 반고정 저항이다. 레인지 별 발진 주파수 범위는 표 7.6과 같다.

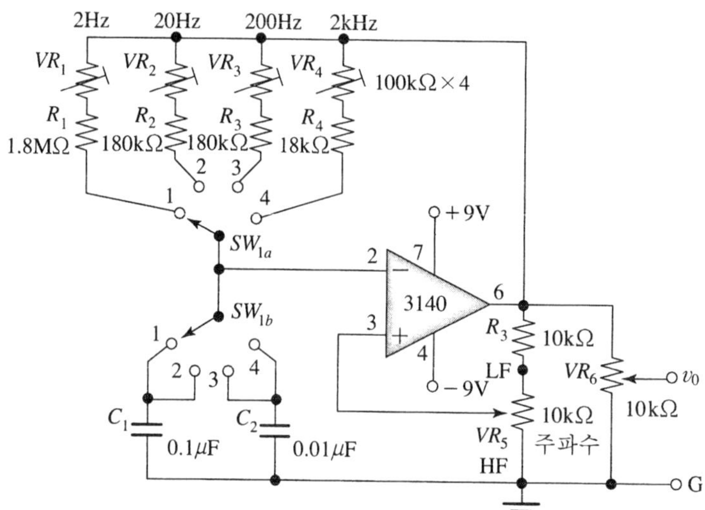

그림 7.51 4 레인지 구형파 발진기

표 7.6 4 레인지 발진 주파수 범위

레인지	발진 주파수
1	2~20 [Hz]
2	20~200 [Hz]
3	200 [Hz]~2 [kHz]
4	2~20 [kHz]

7.7.5 100 [Hz]~1 [kHz] 삼각파/구형파 발진기

그림 7.52는 주파수 가변 범위가 10 : 1인 삼각파 및 구형파를 함께 얻을 수 있는 발진회로이다. VR_1은 주파수 가변용이고, VR_2는 풀 스케일이 1 [kHz]가 되도록 하는 정밀조정용 저항이다. VR_3은 삼각파 출력전압 조정용, VR_4는 구형파 출력전압 조정용 가변저항이다.

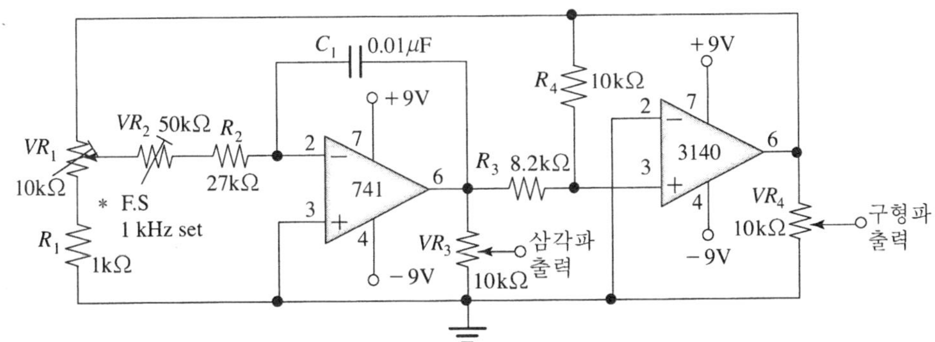

그림 7.52 100Hz~1kHz 삼각파/구형파 발생회로

7.7.6 간단한 펑션 제너레이터

그림 7.53은 LM301A와 LM307A로 구성한 구형파 및 삼각파 발생회로이다. LM301A회로는 슈미트 트리거이고, LM307A는 적분회로이다. 공급전압을 V라 하면 삼각파의 출력 전압 첨두 값(p−p) V_{OT}는 아래와 같고,

$$V_{OT} = \frac{R_2}{R_1 + VR_1}(V-1)\ [\mathrm{V}] \tag{7.45}$$

구형파의 첨두 값 V_{OS}는 아래와 같다.

$$V_{OS} = 2(V-1)\ [\mathrm{V}] \tag{7.46}$$

발진 주파수는 아래의 식에 의해 정해진다.

$$f = \frac{R_2}{R_1 + VR_1}(V-1)\ [\mathrm{V}] \tag{7.47}$$

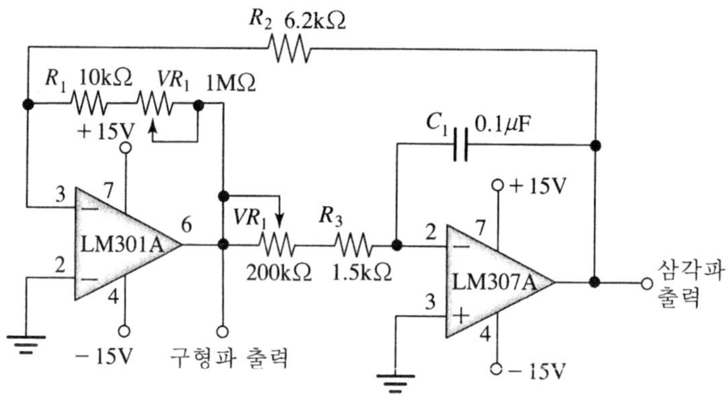

그림 7.53 XR-2206 정현파 발생회로

7.7.7 XR-2206 펑션 제너레이터

그림 7.54는 양전원으로 정현파, 삼각파, 구형파를 얻을 수 있는 펑션 제너레이터이다. 핀 11번에서 고정된 진폭의 구형파를 얻을 수 있고, SW_1을 정현파 위치에, 즉 핀 13번과 14번 사이에 저항을 연결하면 핀 13번에서 정현파 출력전압이 얻어지고, SW_1을 삼각파 위치에 즉, 핀 14와 연결을 끊으면 핀 11번에서 삼각파 출력전압을 얻을 수 있다.

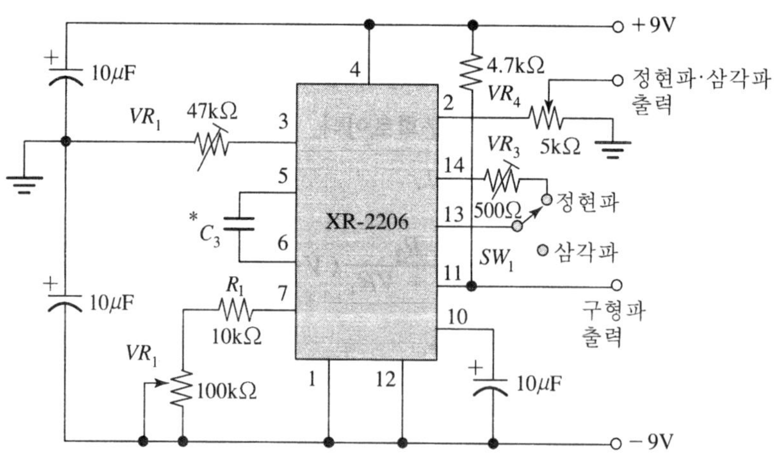

그림 7.54 XR-2206 정현파/삼각파 발생회로

VR_1은 레벨 프리셋용 가변저항이고, VR_2는 주파수 조정용, VR_3은 출력전압 레벨 조정용 가변저항이다. C_3값에 따른 주파수 범위는 표 7.7과 같다.

표 7.7 C_3 값에 따른 주파수 범위

C	f
1 [μF]	10~100 [Hz]
0.1 [μF]	100 [Hz]~1 [kHz]
0.01 [μF]	1~10 [kHz]
0.001 [μF]	10~100 [kHz]

7.7.8 XR-2206 FSK 변조회로

그림 7.55는 XR-2206을 사용한 FSK(Frequency Shift Keyed) **변조회로**이다. 그림 7.55에서와 같이 V^-가 접지된 경우에 FSK 입력단자(9번)에 2 [V] 이상의 전압이 들어가면 핀 2번의 출력단자에서는 핀 7번에 연결된 R에 의해서 정해지는 주파수 f_1의 정현파가 나타나고, 1 [V] 이하의 전압이 가해지면 R_2에 의해서 정해지는 주파수 f_2의 정현파가 나타난다. 따라서 FSK 입력의 레벨에 따라 출력전압은 서로 다른 2개의 톤(tone)이 된다.

$$f_1 = \frac{1}{R_1 C_3} \text{ [Hz]} \tag{7.48}$$

$$f_2 = \frac{1}{R_2 C_3} \text{ [Hz]} \tag{7.49}$$

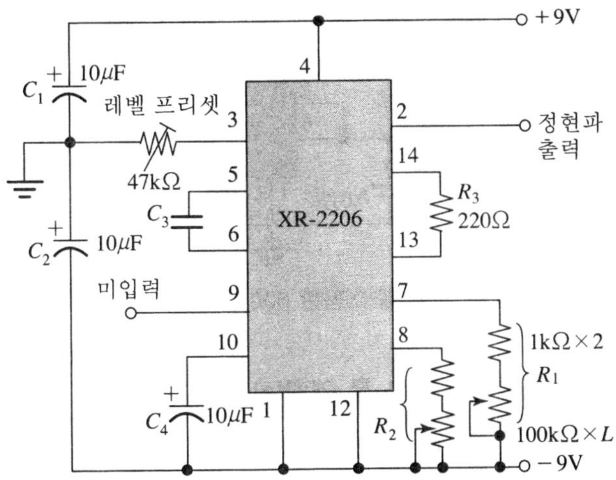

그림 7.55 XR-2206 FSK 변조회로

7.7.9 555를 이용한 도어 부저회로

그림 7.56에서 벨 스위치가 닫혔을 때 일정 톤에 의해 부저가 동작하는 회로이다. 출입문 등에 스위치를 달아놓으면 내방객 입문확인 또는 불침객 열람용으로 이용할 수 있다. VR_1에 의해 톤 주파수를 바꿀 수 있다. 톤 주파수 범위는 325 [Hz]~43.6 [kHz]이다.

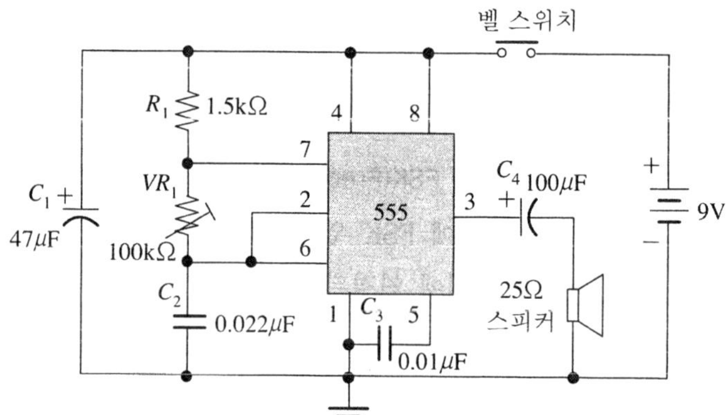

그림 7.56 555를 사용한 도어 부저회로

7.7.10 555를 이용한 톤 얼람 회로

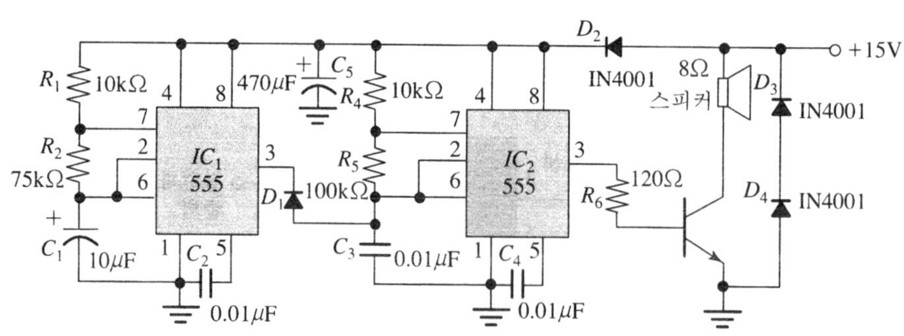

그림 7.57 555를 이용한 800 [Hz] 톤 얼람 회로

그림 7.57은 555를 이용한 800 [Hz] **톤 얼람(alarm) 회로**이다. IC_2가 800 [Hz]의 펄스 톤을 발생하며, 앞단의 IC_1은 1 [Hz]로 단속(ON-OFF) 게이트로 동작한다. 따라서 1 [초] 간격으로 800 [Hz]의 톤이 스피커를 통해서 나온다. 다이오드 D_1, D_2, D_3, D_4는 역방향 차단용이다.

7.7.11 555를 이용한 암(暗) 감응 자동 LED 점등기

그림 7.58에서 Q_1은 광 감응 검출기로 동작한다. R_1, R_2, LDR, VR_1은 휘스턴 브리지를 형성한다. 빛이 있으면 LDR의 저항은 작아진다. 따라서 Q_1의 B-E가 역방향 바이어스가 되고, Q의 콜렉터에 연결된 555의 리셋단자(4번) 전압이 0.7 [V]이하가 되므로 555의 펄스 발진회로는 멎고, LED 램프는 꺼진다. 빛이 없으면, 즉 어두워지면 LDR의 저항은 커진다. 따라서 Q_1의 B-E가 순방향 바이어스가 되고, 555의 리셋단자 전압이 0.7 [V]보다 커지므로 555가 펄스 발진을 하게 되면서 LED 램프가 켜진다. LDR의 저항은 어두울 때 470 [Ω]~10 [kΩ]이어야 한다. VR_1은 이 조건에서 555가 펄스 발진이 되도록 조정하기 위한 가변저항이다.

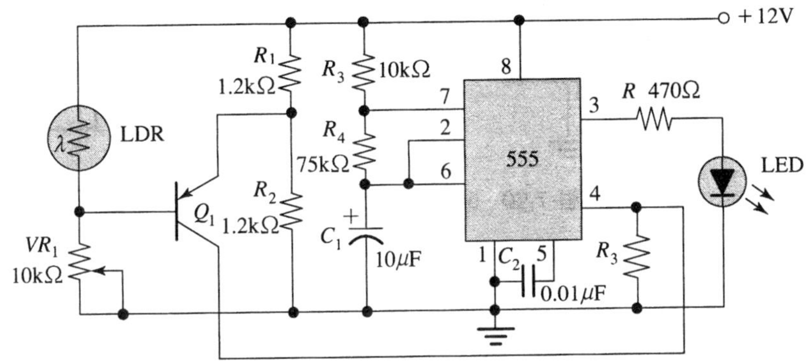

그림 7.58 555를 이용한 암 감응 LED 램프 점등기

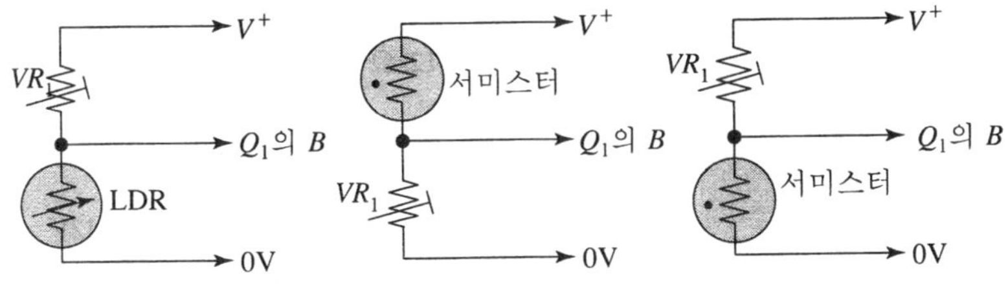

그림 7.59 센서 회로

LED 대신 톤 얼람 회로나 릴레이 회로를 사용할 수도 있다. 또한 그림 7.58에서 LDR 위치를 그림 7.59(a)와 같이 놓으면 광 감응 LED 점등기가 될 수 있고, 그림 7.59(b), (c)와 같이 LDR을 온도 센서인 서미스터로 대치하면 열 감응 회로를 만들 수 있다.

7.7.12 555를 이용한 50초 타이머

그림 7.60은 555를 이용한 50 [초] 타이머 회로이다. 555의 단일 펄스회로 동작이다. 50 [초]가 지나면 LED 램프가 켜진다. 트리거 입력단자(2번)에 수동 스위치(SW_1)를 연결하여 시작 버턴으로 사용한다. 오른쪽에 나타낸 파형은 트리거 전압, 출력전압, 콘덴서 충전 전압을 나타낸다.

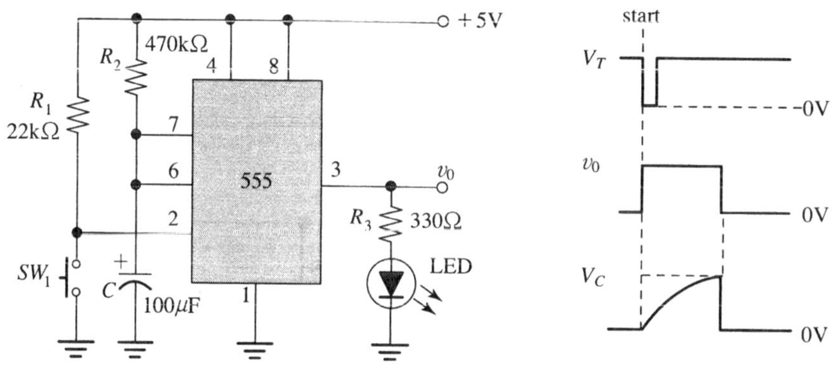

그림 7.60 555를 이용한 50초 타이머

7.7.13 555를 이용한 10초/10분 타이머

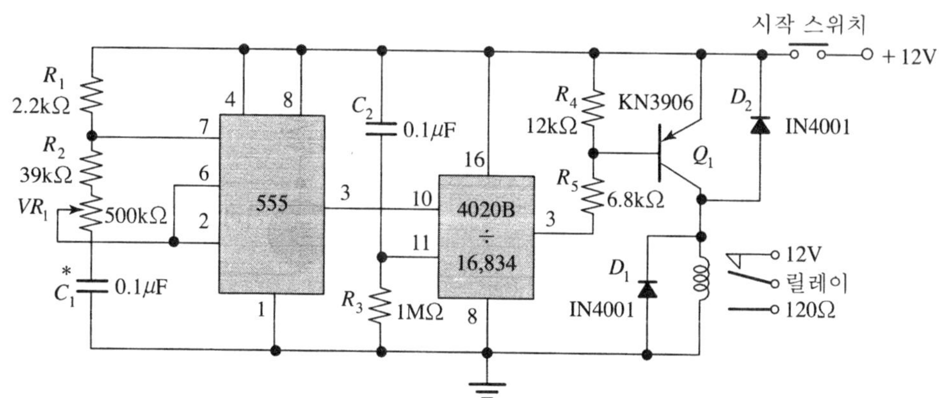

그림 7.61 555를 이용한 10분 타이머

시작 스위치를 누르면 555에서 발생한 펄스는 카운터 IC 4020B로 넘어간 뒤 65,536분주가 된 펄스가 되고, 이 펄스에 의해 스위칭 트랜지스터가 도통이 되면 릴레이가 동작한다. 가변저항 VR_1이 최소 위치일 때 약 10 [초], 최대 위치일 때 10 [분]이 경과해서 트랜지스터가 도통이 되므로 이 회로는 10 [초]~10 [분] 타이머로 동작한다.

간추림

7.1 펄스 발생기

- 구형파를 발생하는 기본회로는 그림 7.62와 같은 **멀티바이브레이터**이다. 부귀환 RC 충방전 회로와 정귀환 R_1과 R_2의 비교기 회로로 구성된다. 콘덴서 C의 충방전전압이 문턱전압에 $\pm V_T = \pm R_1/(R_1 + R_2) \cdot V_{sat}$ 도달하면 출력전압은 반전되어 구형파를 발생하며, $R_2 = 1.16R_1$로 잡는다면 그 주파수는 아래와 같다.

$$f = \frac{1}{2RC} \text{ [Hz]}$$

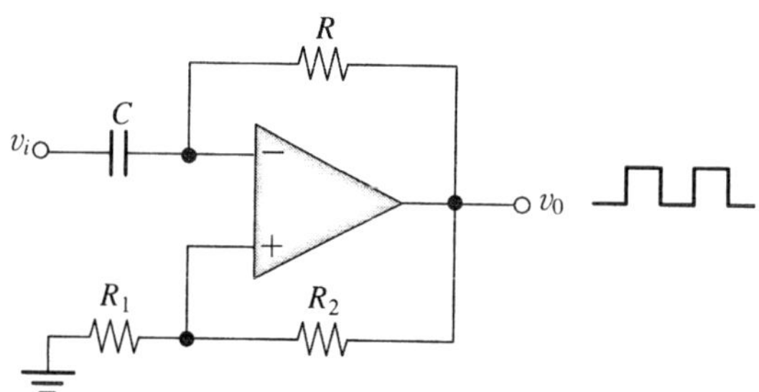

그림 7.62

- 타이머 IC 555를 사용한 구형파 발생회로는 그림 7.63과 같고, 그 주파수는 외부저항 R_1, R_2와 C에 의해 정해지며 아래와 같다.

$$f = \frac{1.44}{(R_1 + 2R_2)C} \text{ [Hz]}$$

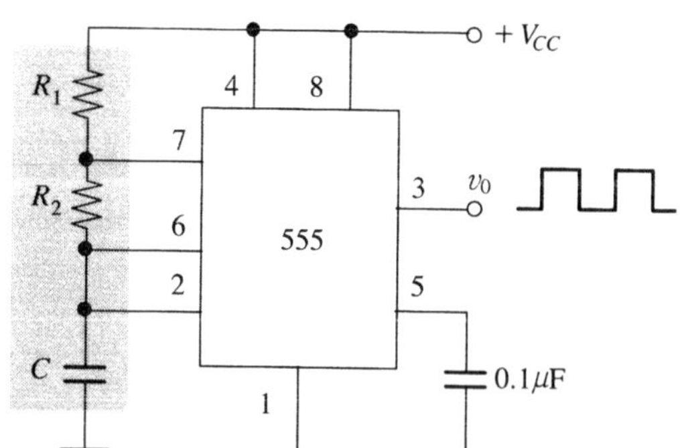

그림 7.63

7.2 단일 펄스 발생기

- 그림 7.64는 OP 앰프를 사용한 **단일 펄스 발생회로**이다.

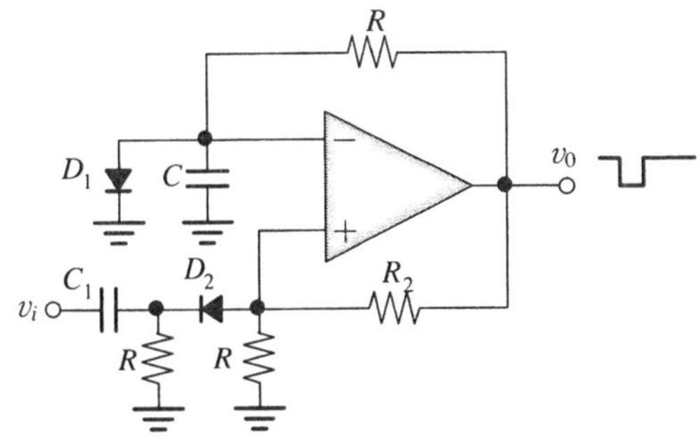

그림 7.64

C_1, R_3, D_1, R_1은 입력 트리거 전압을 폭이 좁은 부(−)펄스로 만들어주는 회로이다. 이 입력전압이 OP 앰프의 비반전단자에 들어가면 OP 비교기에 의해 반전단자의 전압과 비교되어 출력전압이 L 레벨로 반전되면서 콘덴서 C는 방전을 시작하고, 반전단자의 전압이 $-V_T(=R_1/(R_1+R_2)\cdot V_{sat})$)보다 작아지면 출력은 H 레벨로 반전하여 안정 상태를 유지한다. 출력전압은 다시 트리거 입력전압이 가해지지 않는 한 H 레벨 상태를 유지하므로 단발펄스로 동작한다. 단일 펄스의 폭은 아래와 같다.

$$T = RC\cdot \ln\left(\frac{R_1+R_2}{R_1}\right)\text{ [s]}$$

$R_2 = 0.582\ R_1$로 놓는다면 주기는 아래와 같이 간단하게 된다.

$$T \fallingdotseq RC\text{ [s]}$$

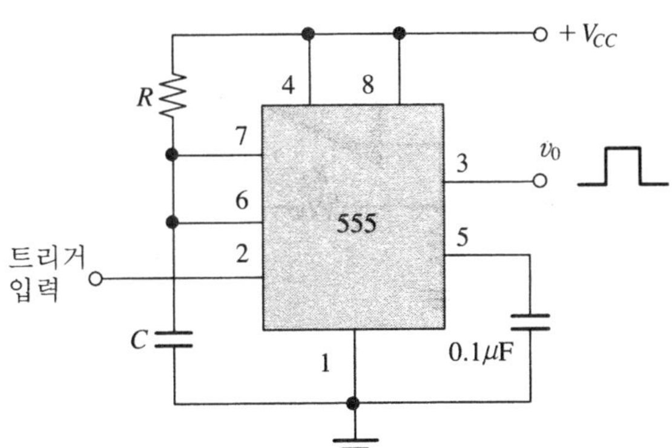

그림 7.65

■ 그림 7.65는 555 IC를 사용한 단일 펄스 발생회로이며, 그 펄스폭은 아래와 같다.

$$T_H \fallingdotseq 1.1RC\,[\mathrm{s}]$$

7.3 정현파 발생기

■ 그림 7.66은 RC **이상 발진기**로서 3개의 RC 위상 시프트 회로에 의해 정귀환 발진에 의해 정현파가 얻어지며, 그 주파수는 저항과 콘덴서가 각각 같다면 아래와 같다.

$$f = \frac{1}{2\pi RC\sqrt{6}}\ [\mathrm{Hz}]$$

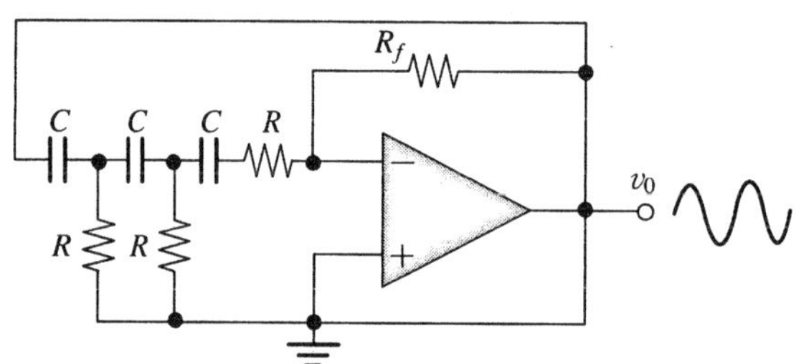

그림 7.66

■ 그림 7.67은 **윈 브리지 정현파 발진기**이며, 발진 주파수는 아래와 같다.

$$f = \frac{1}{2\pi\sqrt{R_3R_4C_1C_2}}\ [\mathrm{Hz}]$$

■ 그림 7.67에서 R_1 대신 텅스텐 램프 또는 FET 등을 사용하여 진폭 안정화를 취한다.

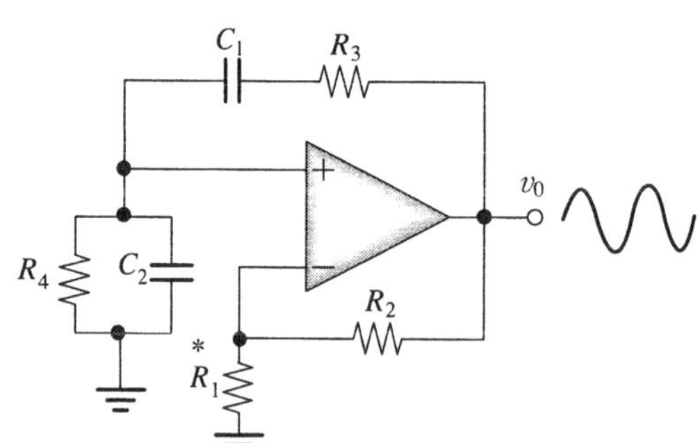

그림 7.67

7.4 삼각파 발생기

- 그림 7.68과 같이 비교기와 적분기를 결합하면 삼각파를 얻을 수 있으며 그 주파수는 아래와 같다.

$$f = \frac{1}{RC} \cdot \frac{R_1}{R_2}\ \mathrm{[Hz]}$$

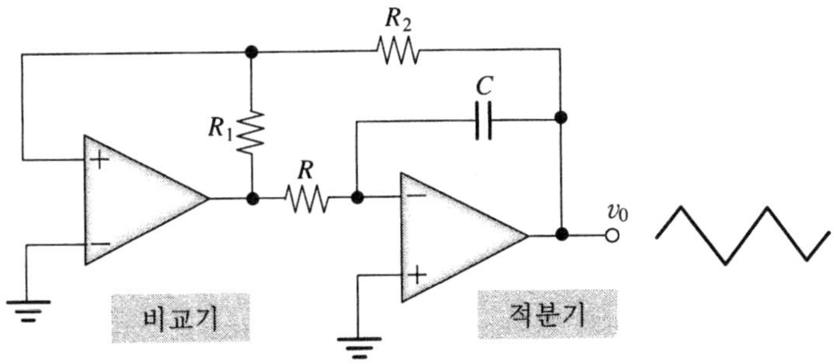

그림 7.68

7.5 톱니파 발생기

- 그림 7.69는 적분기와 비교기를 사용한 **톱니파 발생회로**이다. 최대진폭은 가변저항으로 조절되는 V에 의해서 결정되며 그 주파수는 아래와 같이 V_r과 V_i에 의해 정해진다.

$$f = \frac{V_i}{RCV_r}\ \mathrm{[Hz]}$$

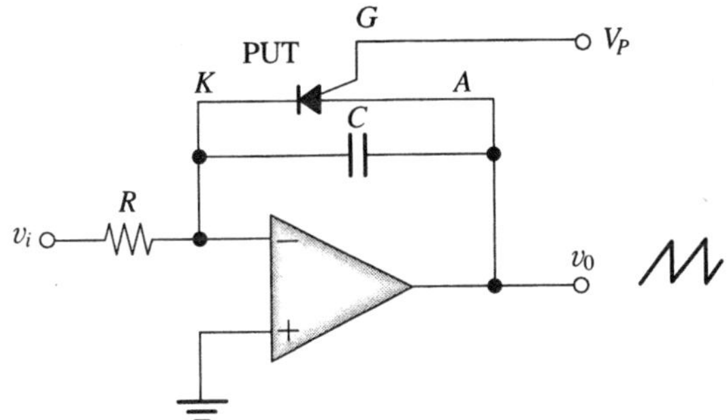

그림 7.69

7.6 펑션 제너레이터

- **펑션 제너레이터**는 정현파, 삼각파, 구형파를 모두 발생할 수 있는 회로를 말한다.

■ 펑션 제너레이터는 그림 7.70과 같이 윈 브리지 정현파 발진기를 앞단에 놓고 비교기와 적분기를 종속접속하여 구형파 삼각파를 얻는다.

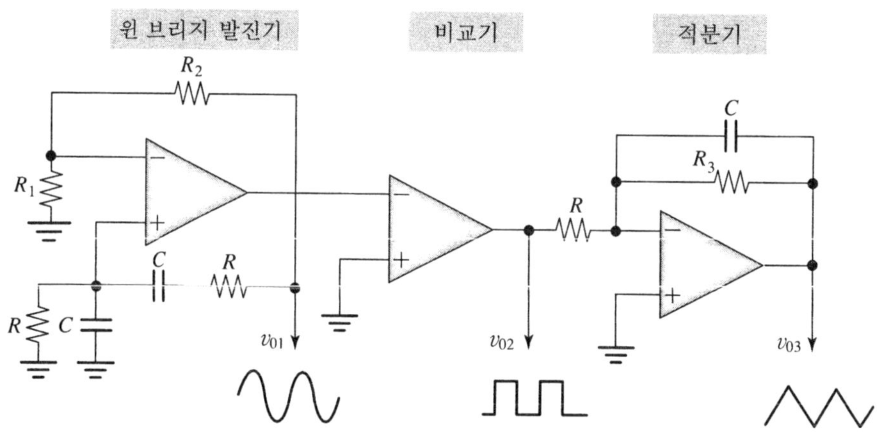

그림 7.70

■ 위의 펑션 제너레이터의 발진 주파수는 아래와 같이 윈 브리지 발진 주파수와 같다.

$$f = \frac{1}{2\pi RC} \text{ [Hz]}$$

■ 펑션 제너레이터 전용 IC로 8038을 사용한 펑션 제너레이터 회로는 그림 7.71과 같고, 발진 주파수는 아래와 같다.

$$f = \frac{0.3}{RC} \text{ [Hz]}$$

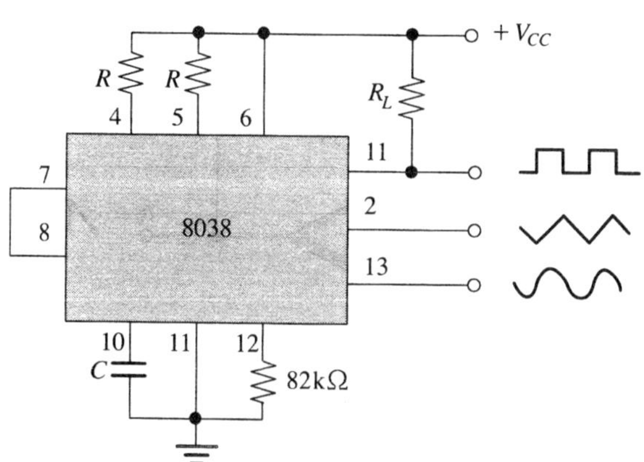

그림 7.71

■ 566은 파형발생 및 FM 변조용 IC이다. 그림 7.72는 566을 사용한 펑션 제너레이터 회로를 나타내며, 그 발진 주파수는 아래와 같다.

$$f = \frac{2(V^+ - V_c)}{RCV^+} \text{ [Hz]}$$

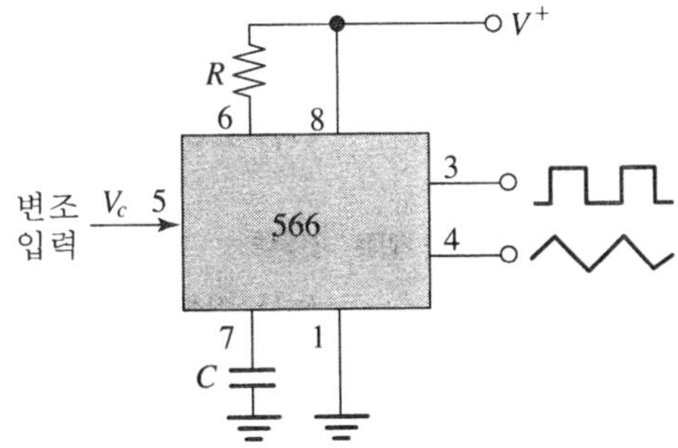

그림 7.72

■ XR-2206은 **펑션 제너레이터** IC이다. 그림 7.73과 같이 11번에서 구형파, 2번에서 정현파 및 삼각파를 얻을 수 있다. 정현파인 경우에는 13번과 14번에 저항을 연결하지만 삼각파인 경우에는 연결하지 않는다. 발진 주파수는 아래와 같다.

$$f = \frac{1}{RC} \text{ [Hz]}$$

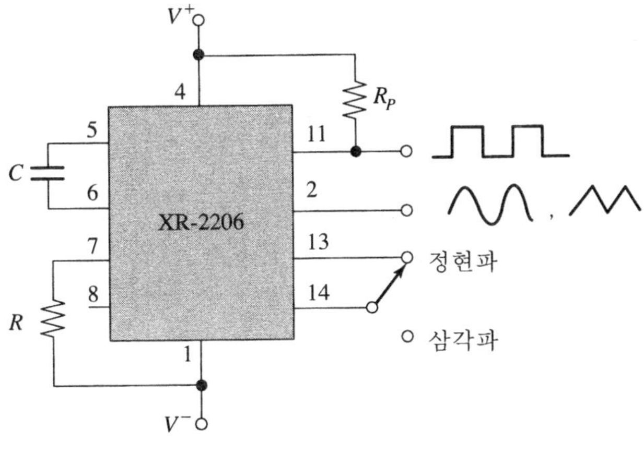

그림 7.73

연습문제 Chapter 7

1. 구형파 발생과 관계가 없는 것은?

(가) 가산기　　(나) 멀티바이브레이터

(다) 555　　(라) *RC* 충방전

2. 단일 펄스 발생기의 트리거 입력과 관계가 있는 것은?

(가) 미분기　　(나) 적분기

(다) 가산기　　(라) L.P.F.

3. 정현파 발생기에 해당하는 것은?

(가) 멀티바이브레이터　　(나) 멀티플라이어

(다) 윈 브리지 발진기　　(라) 555

4. 윈 브리지의 구성회로는?

(가) 다이오드 브리지　　(나) 정류회로

(다) 승산회로　　(라) lead-lag 회로

5. 회로가 발진하기 위한 루프 이득의 조건은?

(가) 1보다 작아야 한다

(나) 1보다 같거나 커야 한다.

(다) 3 이상이어야 한다.

(라) 10 이상이어야 한다.

6. 단일 펄스 발생기에서 펄스폭이 커지기 위해서는?

(가) 공급전압이 커야 한다.

(나) 콘덴서의 정전용량이 작아야 한다.

(다) 증폭도가 커야 한다.

(라) *RC* 시정수가 커야 한다.

7. 타이머 IC 555가 낼 수 있는 파형은?

(가) 정현파　　(나) 구형파

(다) 삼각파　　(라) 톱니파

8. 직류전압에 의해서 주파수가 변하는 것은?

(가) 멀티바이브레이터 (나) 단일 펄스 발생기

(다) VCO (라) 윈 브리지 발진기

9. 555 펄스 발생기의 발진 주파수가 증가하기 위해서는?

(가) 외부 C가 커져야 한다.

(나) 외부 R이 커져야 한다.

(다) 외부 R, C가 모두 커져야 한다.

(라) 외부 R, C가 모두 작아져야 한다.

10. 삼각파 발생기에 필요한 것은?

(가) 비교기 (나) 가산기

(다) 미분기 (라) 브리지 정류기

11. 그림 7.74 회로에서 펄스의 주기와 발진 주파수를 구하라.

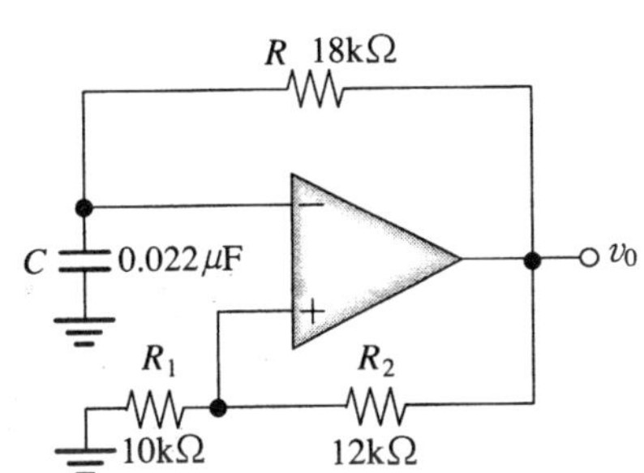

그림 7.74

12. 그림 7.75에서 T_H, T_L, 듀티비(%)를 구하라.

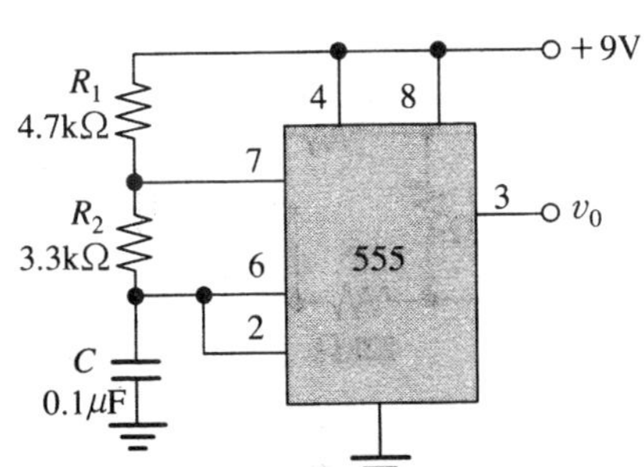

그림 7.75

13. 위의 그림 7.75에서 발진 주파수를 1.5 [kHz]로 하기 위해서는 C 값을 얼마로 바꾸어야 되는가?

14. 그림 7.76에서 주기 $T = RC$라면 R_2 값을 얼마로 정해야 되는가?

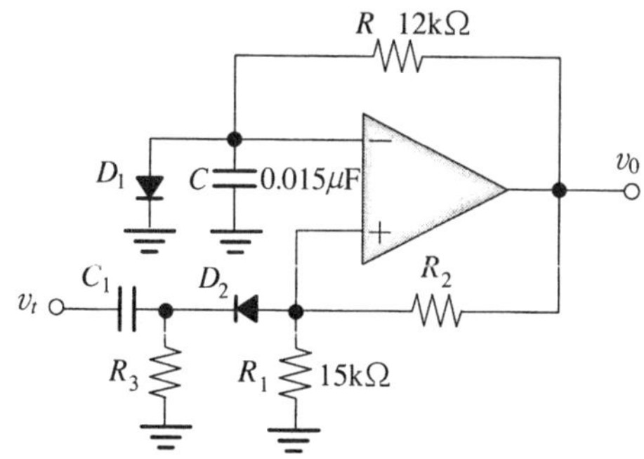

그림 7.76

15. 그림 7.77의 RC 이상 발진기에서 발진 주파수와 R_f를 구하라.

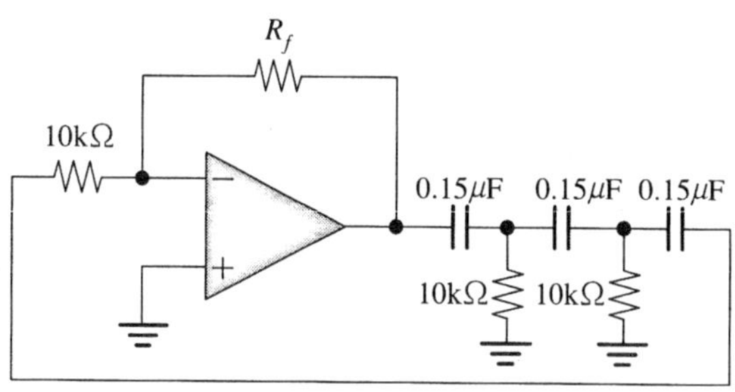

그림 7.77

16. 그림 7.78의 삼각파 발생회로에서 전환전압 V_T와 발진 주파수 f를 구하라.
단, $V_{sat} = 13.6$ [V]

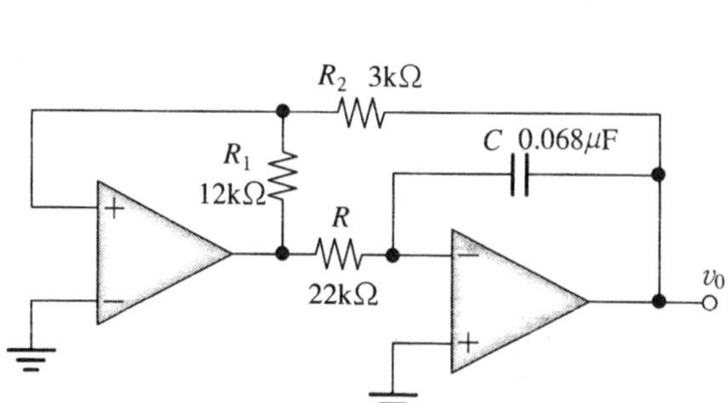

그림 7.78

17. 그림 7.79에서 발진 주파수를 2 [kHz]로 하기 위한 V_P 값은 얼마인가? 단, $V_i = 2$ [V]

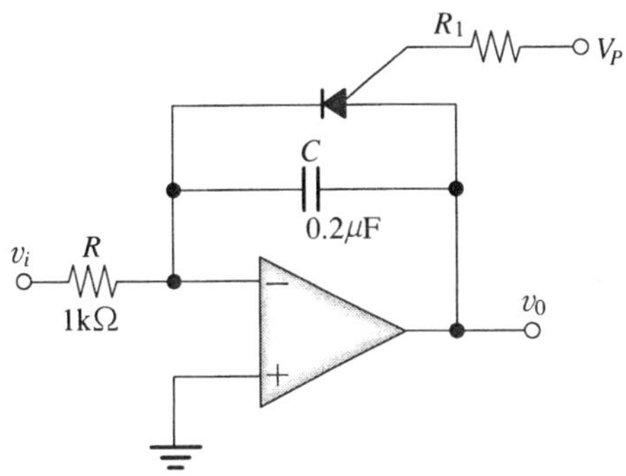

그림 7.79

18. 그림 7.80의 구형파 발진기에서 듀티비를 0.6으로 하기 위한 R_B의 값은 얼마인가?

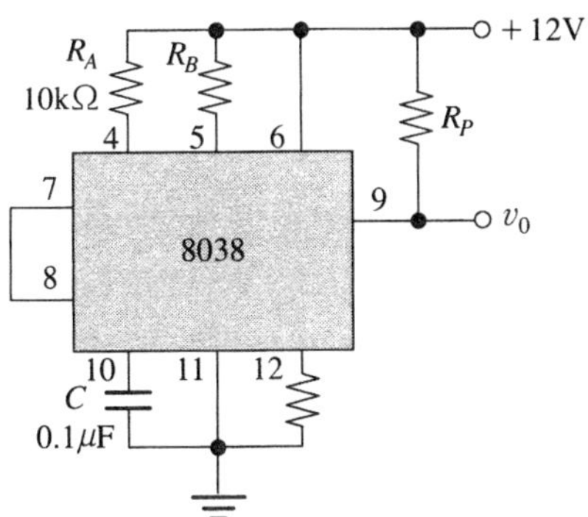

그림 7.80

19. 그림 7.81에서 발진 주파수를 100 [Hz]로 하기 위한 V_C의 값은 얼마인가?

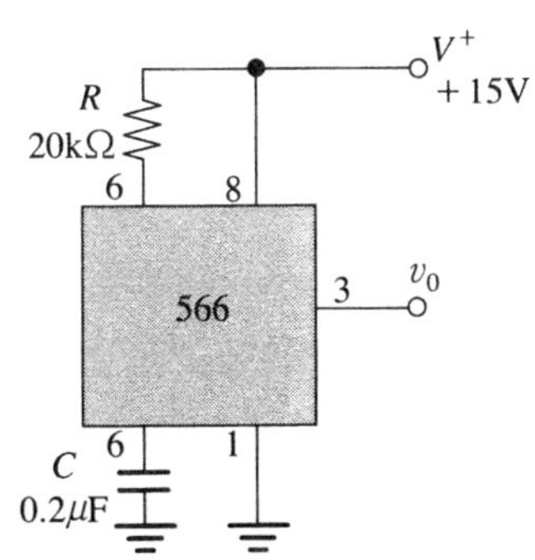

그림 7.81

20. 그림 7.82에서 출력전압 단자에 나타나는 구형파의 주파수는 얼마인가?

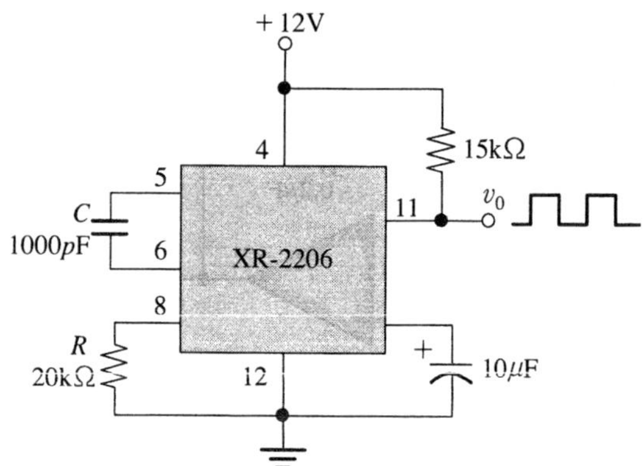

그림 7.82

8 변환기

내 용

학습목표

- 전류-전압, 전압-전류 변환기의 동작원리를 이해한다
- 대수 및 역 대수 변환기의 동작원리를 이해한다
- 주파수-전압, 전압-주파수 변환기의 동작원리를 이해한다
- AC-DC, DC-DC 변환기의 동작원리를 이해한다
- 각종 변환기의 응용회로를 익힌다

8.1 전류-전압 변환기

전류-전압 변환기는 가변 입력전류에 비례해서 출력전압이 나타나는 회로이다. 일반적으로 포토 셀이나 포토 트랜지스터 등으로 감지한 빛의 세기를 전압으로 변환할 때 많이 사용하는 회로이다. 그림 8.1은 그 동작원리를 나타내는 기본회로이다.

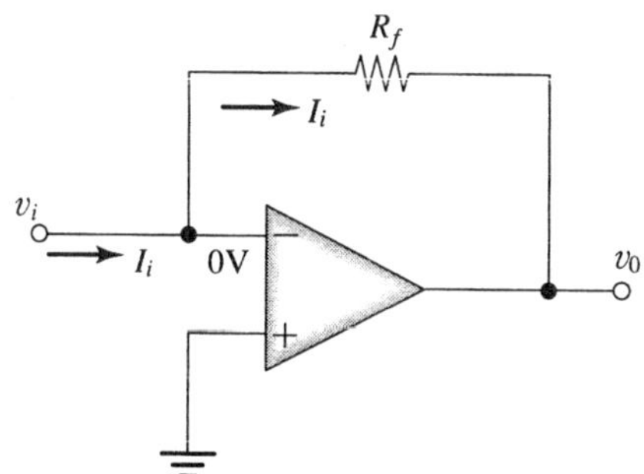

그림 8.1 전류-전압 변환 기본회로

반전 입력단자와 비반전 입력단자는 가상단락이므로 반전 입력단자의 전압은 0 [V]이고, 입력전류 I_i는 그대로 귀환저항 R_f로 흐르게 된다. 따라서 출력전압 V_o는 아래와 같이 입력전류에 비례한 값으로 나타나게 된다.

$$V_o = -I_i R_f \ \text{[V]} \tag{8.1}$$

그림 8.2는 빛의 세기에 따라 저항이 변하는 CdS 셀을 입력단에 연결한 전류-전압 변환회로이다. CdS의 저항을 R_{CS}라하면 입력전류 I_i는 아래와 같다.

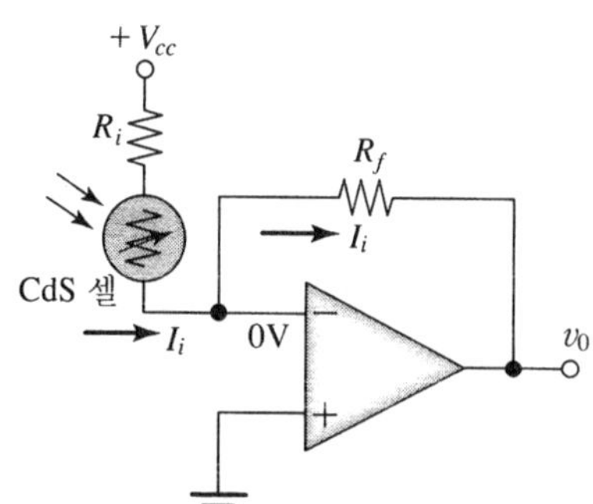

그림 8.2 CdS 전류-전압 변환회로

$$I_i = \frac{V_{cc}}{R_{CS} + R_i} \text{ [A]} \tag{8.2}$$

이와 같은 회로는 자동 가로등 점멸회로 등에 이용된다.

그림 8.3은 CdS 셀 대신에 포토 트랜지스터를 사용하는 경우의 회로를 나타낸다.

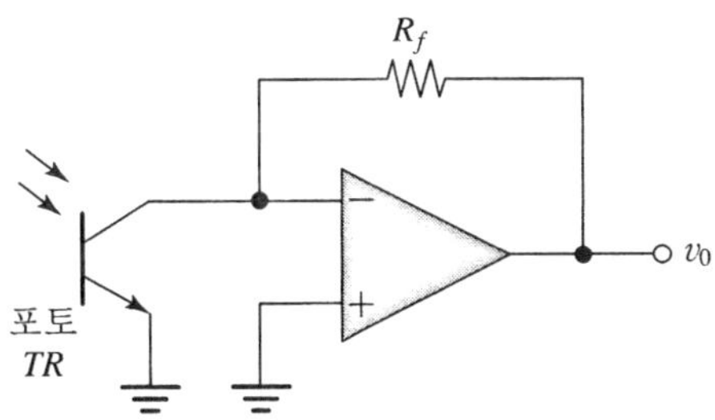

그림 8.3 포토 TR 전류-전압 변환회로

예제 8.1

그림 8.2에서 CdS 셀의 저항은 어두울 때 500 [kΩ], 밝을 때 50 [kΩ]이라면, $R_i = 10$ [kΩ], $R_f = 50$ [kΩ]에서 어두울 때와 밝을 때의 출력전압은 몇 [V]로 나타나는가? 단, $V_{CC} = 12$ [V]

풀이

식 (8.2)에 의해

어두울 때 $I_{id} = \dfrac{12}{(500+10)\times 10^3} \fallingdotseq 0.02353 \times 10^{-3}$ [A]

$V_{od} = -0.02353 \times 10^{-3} \times 50 \times 10^3 \fallingdotseq -1.18$ [V]

밝을 때 $I_{il} = \dfrac{12}{(50+10)\times 10^3} = 0.2 \times 10^{-3}$ [A]

$V_{ol} = -0.2 \times 10^{-3} \times 50 \times 10^3 = -10$ [V]

8.2 전압-전류 변환기

8.2.1 전압-전류 변환회로

그림 8.5는 가장 간단한 **전압-전류 변환기**이다. 가상접지이므로 $V_I = 0$, $i_1 = i_2$가 성립하고, 출력전류 i_2는 아래와 같다.

$$i_1 = i_2 - \frac{v_i}{R_1} \text{ [A]} \tag{8.3}$$

출력전류는 입력전압의 $1/R_1$배로 나타난다.

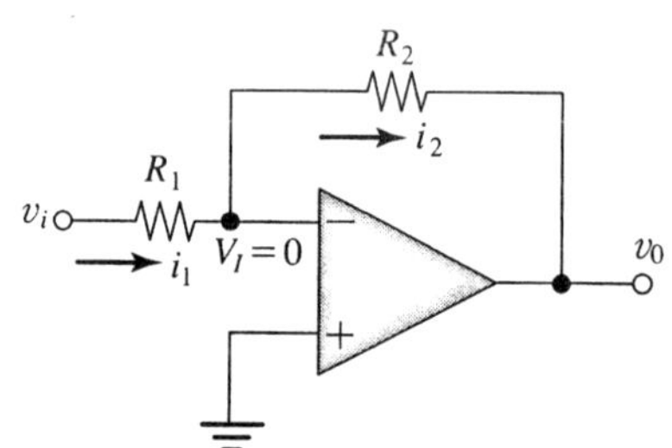

그림 8.4 간단한 전압-전류 변환기

그러나 부하저항의 한쪽이 접지되어야 하므로 그림 8.4는 적합하지 않다. 따라서 실제에는 그림 8.5의 전압-전류 변환회로를 사용한다.

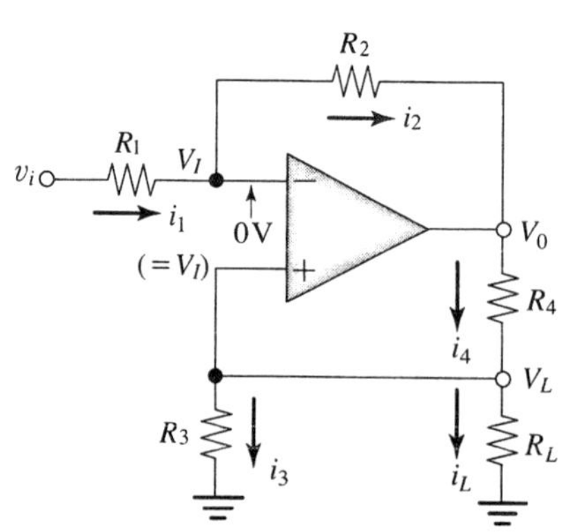

그림 8.5 실제의 전압-전류 변환기

가상접지이므로 $i_1 = i_2$에서 아래의 관계식이 얻어진다.

$$\frac{v_i - V_I}{R_1} = \frac{V_I - V_o}{R_2}$$

V_o에 관해서 풀면

$$V_o = V_I - \frac{R_2}{R_1}(v_i - V_I)\ [\mathrm{V}] \tag{8.4}$$

$i_4 = i_3 + i_L$이므로

$$\frac{V_o - V_L}{R_4} = \frac{V_L}{R_3} + \frac{V_L}{R_L} \tag{8.5}$$

식 (8.5)를 V_o에 관해서 풀면

$$V_o = V_L + \left(\frac{R_4}{R_3} + \frac{R_4}{R_L}\right) \cdot V_L \tag{8.6}$$

식 (8.4), 식 (8.5)로부터

$$V_L + \left(\frac{R_4}{R_3} + \frac{R_4}{R_L}\right) \cdot V_L = V_I - \frac{R_2}{R_1}(v_i - V_I) \tag{8.7}$$

$V_I = V_L$이므로 식 (8.7)의 우변에 대입하여 정리하면 아래와 같다.

$$\frac{V_L}{R_L} \cdot R_4 + \left(\frac{R_4}{R_3} - \frac{R_2}{R_1}\right) \cdot V_L = -\frac{R_2}{R_1} \cdot v_i \tag{8.8}$$

식 (8.8)의 좌변에서

$$\frac{R_4}{R_3} = \frac{R_2}{R_1} \tag{8.9}$$

로 놓으면 식 (8.8)은 아래와 같이 된다.

$$\frac{V_L}{R_L} \cdot R_4 = i_L \cdot R_4 = -\frac{R_2}{R_1} \cdot v_i \tag{8.10}$$

식 (8.9)를 식 (8.10)에 대입하여 i_L에 관해서 풀면 아래의 결과를 얻는다.

$$i_L = -\frac{v_i}{R_3}\ [\mathrm{A}] \tag{8.11}$$

결과적으로 그림 8 5의 회로에서 부하전류 i_L은 입력전압의 $-1/R_3$배이므로 전압-전류 변환기로 동작한다. 또 한가지 중요한 것은 식 (8.9) 조건이 성립하는 경우에는 식 (8.11)은 부하저항 R_L에 영향을 받지 않는다는 점이다.

예제 8.2

그림 8.5에서 $R_1 = 10$ [kΩ], $R_2 = 20$ [kΩ], $R_3 = 1$ [kΩ], $R_4 = 2$ [kΩ], $R_L = 500$ [Ω], $v_i = -2$ [V]일 때 i_L, V_L, V_o를 구하라.

풀이

$$i_L = -\frac{v_i}{R_3} = -\frac{-2}{1\times10^{-3}} = 2\ [\text{mA}]$$

$$V_L = i_L R_L = 2\times10^{-3}\times500 = 1\ [\text{V}]$$

$$i_3 = \frac{V_L}{R_3} = \frac{1}{1\times10^{-3}} = 1\ [\text{mA}],\quad i_4 = i_3 + i_L = 1 + 2 = 3\ [\text{mA}]$$

$$V_o = V_L + i_4 R_4 = 1 + (3\times10^{-3}\times2\times10^3) = 1 + 6 = 7\ [\text{V}]$$

8.2.2 정 전류원

부하저항이 변화하여도 부하전류를 일정하게 유지하는 회로가 **정 전류원 회로**이다. 그림 8.6(a) 회로는 안정된 전압원(V_i)이 입력저항(R_i)을 통해서 일정한 전류(I_i)를 흘려주는 정 전류원의 기본회로이다. 그림 8.6(b)는 V_i가 비반전 입력단자에 연결된 점이 다르다.

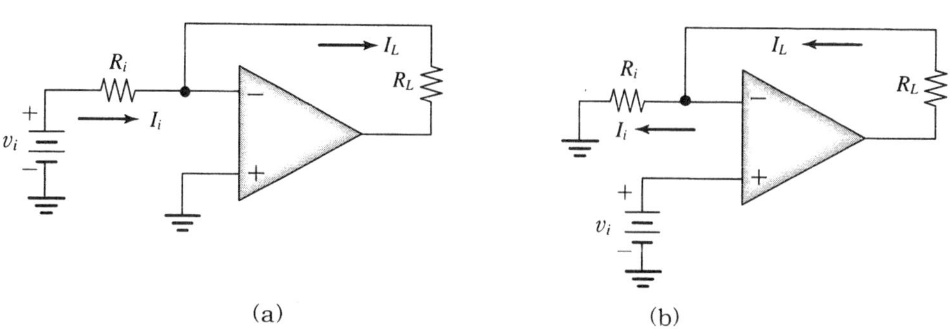

그림 8.6 기본 정 전류원 회로

그림 8.6(a)에서 OP 앰프의 반전입력이 가상단락이고, 어스에 연결된 비반전입력이 0 [V]이므로 I_i의 값은 아래와 같이 V_i와 R_i에 의해 결정된다.

$$I_i = \frac{V_i}{R_i} \tag{8.12}$$

OP 앰프의 내부 입력 임피던스가 아주 높으므로(이상적인 경우 ∞) I_i는 귀환저항 R_L에 흐르는 전류 I_L과 같게 되므로 아래와 같이 나타낼 수 있다.

$$I_L = \frac{V_I}{R_i} \tag{8.13}$$

따라서 R_L이 변해도 부하전류 I_L은 V_i가 정 전압원이고, R_i가 변하지 않는다면 일정전류를 유지하므로 그림 8.6(a) 회로는 **정전류원 회로**가 된다. 출력전류가 입력전압의 관계식으로 나타나므로 바로 이 회로가 전압-전류 변환회로라고 볼 수 있다. 그림 8.6(b)는 비반전입력단자에 정 전압원이 연결된 경우이고, 전류의 방향만 반대일 뿐 그 동작원리는 같다. 그림 8.7은 이러한 기본회로를 만족시키는 실제의 정전류원 회로이다.

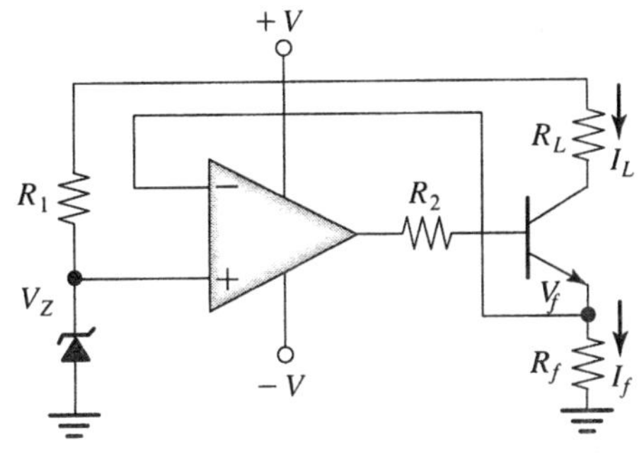

그림 8.7 OP 앰프를 사용한 정전류원 회로

OP 앰프의 반전입력과 비반전입력이 가상단락이므로 두 점의 전위는 같고, 반전입력단자는 트랜지스터의 이미터와 연결되어 있으므로 R_f에서의 전압강하 V_f와 비반전입력단자의 전압 V_Z는 같다. 또한 부하전류 I_L과 이미터 전류 I_f는 거의 같으므로 부하전류 I_L은 아래와 같다고 볼 수 있다.

$$I_L = \frac{V_Z}{R_f} \tag{8.14}$$

따라서 V_Z, R_f가 일정하므로 I_L은 부하저항의 변화에 영향을 받지 않고 일정하다.

예제 8.3

그림 8.7에서 I_L을 10 [mA]로 하기 위한 R_f의 값은 얼마인가? 단, $V_Z = 6.8$ [V]

풀이

풀이 식 (8.14)로부터

$$R_f = \frac{V_Z}{I_L} = \frac{6.8}{10 \times 10^{-3}} = 680\ [\Omega]$$

그림 8.6은 대 전류인 경우에 사용하면 유리한 정전류원 회로이다. 공급전압 $\pm V = \pm 15$ [V]이고, $R_f = 100$ [Ω]이면 300 [mA]까지 정전류원으로 동작한다.

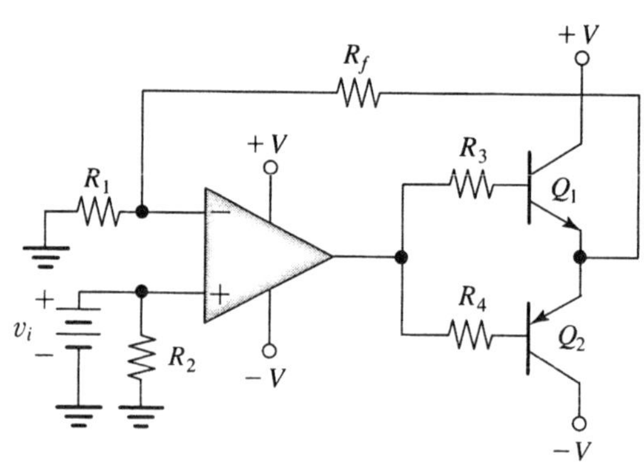

그림 8.8 OP 앰프를 사용한 대 전류 정전류원 회로

8.3 대수 변환기

대수 변환기는 입력전압의 대수(對數)에 비례해서 출력전압이 증폭되는 회로로서 스펙트럼 어널라이저 등 계측기에서의 dB표시에 주로 사용된다. 그림 8.9와 같이 비반전 증폭기에서 R_f 대신에 실리콘 다이오드를 삽입하면 가장 간단하게 대수 변환기를 구성할 수 있다.

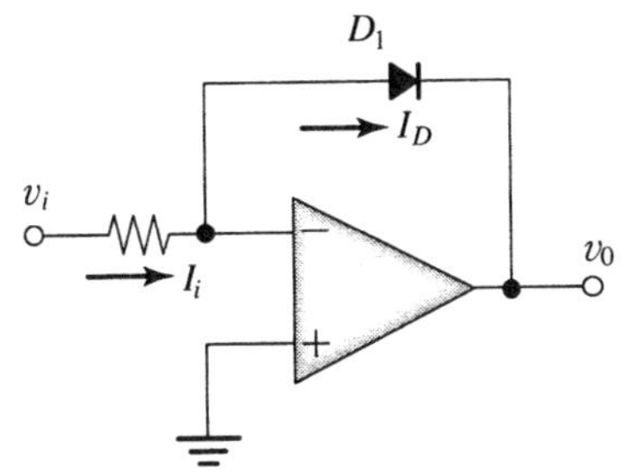

그림 8.9 다이오드 대수 변환회로

실리콘 pn다이오드의 전압-전류 특성은 선형눈금을 사용하는 경우에는 그림 8.10(a)와 같지만 이를 대수눈금으로 바꾸면 그림 8.10(b)와 같이 전류 I_D를 10배씩 증가하는 눈금으로 매겨진다.

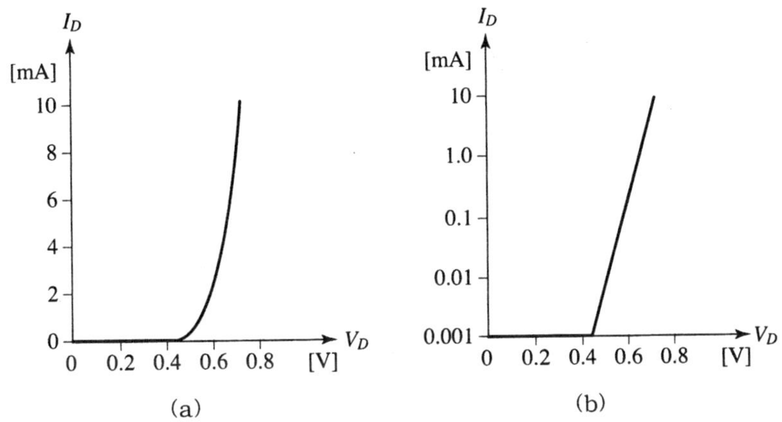

그림 8.10 다이오드의 전압-전류 특성 곡선

이렇게 하면 V_D와 I_D의 변화관계가 직선으로 나타난다. 따라서 비례정수를 K라 하면 아래의 관계식이 된다. I_D가 10배 증가할 때마다 V_D는 비례정수 K만큼씩 변한다.

$$V_D = K \cdot \log_{10} I_D \text{ [V]} \tag{8.15}$$

그렇다면 어떻게 해서 다이오드의 전압-전류특성이 이런 형태로 나타날 수 있는지를 유도해보기로 한다. 다이오드의 애노드 캐소드 양단 간에 걸리는 순방향 바이어스 전압이 V_D일 때 다이오드에 흐르는 전류를 I_D라 하면 아래의 식과 같다.

$$I_D = I_0 e^{qV_D/kT} \text{ [A]} \tag{8.16}$$

단, I_o : 다이오드의 누설전류, q : 전자의 전하량($=1.6\times10^{-19}C$), k : 볼츠만 상수 ($=1.38\times10$ J/°K), T : 절대온도(°K)

식 (8.16)의 양변을 I_o로 나누면

$$\frac{I_D}{I_0}=e^{qV_D/kT} \tag{8.17}$$

이 되고, 식 (8.17)의 양변에 자연대수를 취하면

$$\ln\left(\frac{I_D}{I_0}\right)=\frac{qV_D}{kT} \tag{8.18}$$

식 (8.18)을 V_D에 관해서 풀면

$$V_D=\frac{kT}{q}\ln\left(\frac{I_D}{I_0}\right)\text{ [V]} \tag{8.19}$$

상온(T=300°K)에서의 $kT/q \fallingdotseq 26$ [mV]=0.026 [V]이므로 이를 식 (8.19)에 대입하면

$$V_D=0.026\ln\left(\frac{I_D}{I_0}\right)\text{ [V]} \tag{8.20}$$

가 되고, 상용대수로 바꾸자면 $\ln X \fallingdotseq 2.3\log_{10}X$이므로 아래의 관계식을 얻을 수 있다.

$$V_D \fallingdotseq 0.06\log_{10}\left(\frac{I_D}{I_0}\right)\text{ [V]} \tag{8.21}$$

위의 식을 고쳐 쓰면

$$V_D \fallingdotseq 0.06(\log_{10}I_D-\log_{10}I_0)=0.06\log_{10}I_D-0.06\log_{10}I_0\ \text{ [V]} \tag{8.22}$$

가 된다. I_o는 상수($=10^{-(10\sim13)}$)로 볼 때 식 (8.22)의 맨 우측항은 +0.06×(10~13)이므로 이를 V_0으로 놓으면 식 (8.22)는 아래와 같은 형태가 된다.

$$V_D \fallingdotseq 0.06\log_{10}I_D+V_0\ \text{ [V]} \tag{8.23}$$

식 (8.23)에서 V_0은 그림 8.10(b)에서 V_D축과 교차하는 전압이라고 보면 V_0 이후에서는 V_D가 I_D의 대수 값에 비례한다. 그림 6.12에서 $I_i=I_D$이고, 반전 입력단자와 비반전 입력단자는 가상접지이므로 아래와 같이 출력전압 $V_o=-V_D$이고 아래와 같이 반전된 값으로 나타난다.

$$V_o \fallingdotseq -0.06 \log_{10}\left(\frac{I_D}{I_0}\right) \text{ [V]} \tag{8.24}$$

결국 그림 8.9 회로는 대수 변환기로 동작한다. 그림 8.11과 같이 실리콘 다이오드 대신 바이폴라 트랜지스터를 넣으면 더 나은 특성을 얻을 수 있다.

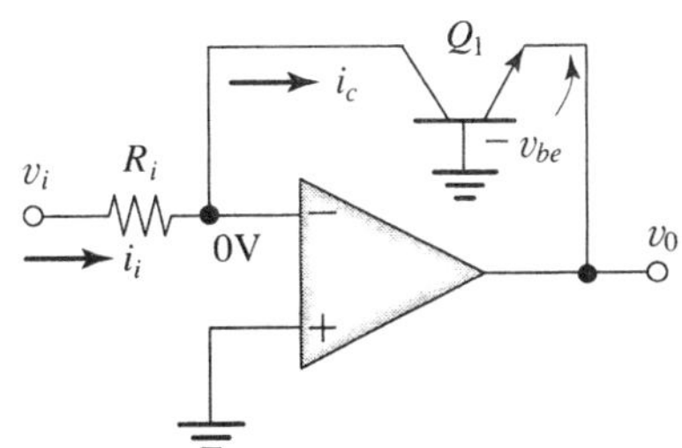

그림 8.11 트랜지스터 대수 변환회로

트랜지스터의 전류 관계식은 아래와 같다.

$$i_c = I_{EO}(e^{qv_{be}/kT} - 1) \text{ [A]} \tag{8.25}$$

위의 식에서 I_{EO}는 베이스-이미터간의 역포화전류이다. 상온 T=25℃(=298°K)에서 상수 q, k 값을 대입하면 아래와 같다.

$$i_c = I_{EO}e^{38.9v_{be}} \text{ [A]} \tag{8.26}$$

식 (8.26)을 v_{be}에 관해서 풀면

$$v_{be} = \frac{1}{38.9} \ln\frac{i_c}{I_{EO}} \fallingdotseq 0.026 \ln\frac{i_c}{I_{EO}} \text{ [V]} \tag{8.27}$$

그림 8.11에서 $i_c = i_i = v_i/R_i$이고, $v_o = -v_{be}$이므로 $-v_{be}$가 출력전압 v_o이므로 식 (8.27)에 대입하면

$$v_o \fallingdotseq 0.026 \ln\frac{v_i}{R_i I_{EO}} \text{ [V]} \tag{8.28}$$

가 된다. 자연대수를 상용대수로 고치면 아래의 식을 얻을 수 있다.

$$v_o \fallingdotseq -0.06 \log_{10}\frac{v_i}{R_i I_{EO}} \text{ [V]} \tag{8.29}$$

예제 8.4

그림 8.11의 대수 변환기에서 $v_i = 5$ [V] 일 때 출력전압은 얼마인가?, 단, $R_i = 100$ [kΩ] $I_{EO} = 50$ [nA].

풀이

식 (8.29)로부터

$$v_o = -0.06 \log \frac{5}{100 \times 10^3 \times 50 \times 10^{-9}} = -0.06 \log 1000$$
$$= -0.06 \times 3 = -0.18 \text{ [V]}$$

실리콘 다이오드나 트랜지스터는 온도가 변하면 kT/q에 의해 1℃ 변할 때 순방향 전압이 2 [mV]씩 변한다. 또한 식 (8.28)에서 알 수 있듯이 입력전압 v_i가 10배 변해도 출력전압 v_o는 0.06 [V]밖에 변하지 않으므로 대수변환 전압의 범위(다이나믹 레인지)가 좁다. 이러한 문제를 해결하기 위해 그림 8.12와 같이 NTC(부 온도계수) 서미스터를 트랜지스터에 병렬로 연결하고, R_1을 거쳐서 출력단자에 연결해주면 온도보상 및 전압 범위를 넓힐 수 있다. R_2의 값을 서미스터 저항 값 R_3의 약 16.7배 정도로 하는 경우에 콜렉터 전류 10배 증가에 대한 출력전압의 변화 범위를 0.06 [V]의 16.7배에 해당하는 1.0 [V]로 확장시킬 수 있다.

$$R_2 = 16.7 R_3 \text{ [Ω]} \tag{8.30}$$

이때 사용하는 서미스터는 부(−)의 온도계수를 갖는 것이어야 하며, 온도계수(TC)는 0.3%/℃ 정도가 좋다. 또한 식 (8.28)에서와 같이 대수 변환기에서의 출력전압은 온도

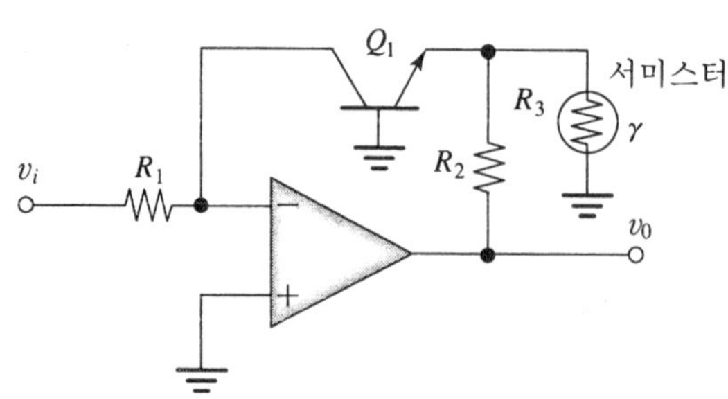

그림 8.12 온도 보상 및 전압확장대수 변환회로

의존성의 I_{EO}가 문제가 되므로 이의 영향을 받지 않도록 만들어진 회로가 그림 8.13이다. 그림 8.13의 좌측에는 그림 8.11과 같은 2개의 대수 변환기가 있고, 사용 트랜지스터 Q_1, Q_2는 전기적 특성이 같은 쌍(pair)이다. 각각의 출력전압은 식 (8.28)에 의해 아래와 같다.

$$v_{o1} = 0.026 \ln \frac{v_1}{R_i I_{EO}} \text{ [V]} \tag{8.31}$$

$$v_{o2} = 0.026 \ln \frac{v_2}{R_i I_{EO}} \text{ [V]} \tag{8.32}$$

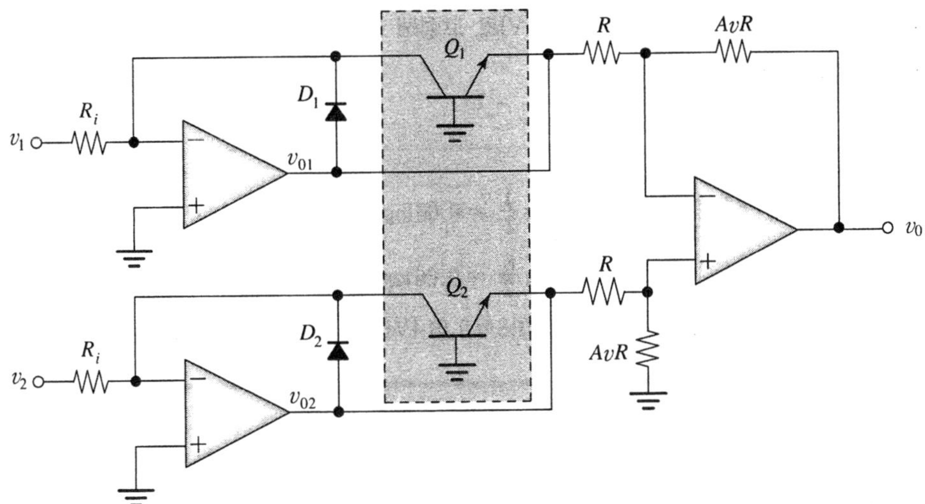

그림 8.13 실제의 대수 변환기 회로

그림 8.13의 오른쪽 앰프는 차동 증폭기이다. 그 증폭도를 A_v라 하면

$$v_o = A_v(v_{o2} - v_{o1}) \text{ [V]} \tag{8.33}$$

위의 식에 식 (8.31), 식 (8.32)를 대입하면

$$v_o = 0.026\, A_v \left(\ln \frac{v_1}{R_i I_{EO}} - \ln \frac{v_2}{R_i I_{EO}} \right)$$

가 되고 이를 정리하면 아래의 결과를 얻는다.

$$v_o = 0.026 \ln \frac{v_1}{v_2} \text{ [V]} \tag{8.34}$$

위의 식을 상용대수로 고치면 아래와 같다.

$$v_o = 0.06\log_{10}\frac{v_1}{v_2}\ [\mathrm{V}] \tag{8.35}$$

결국 식 (8.34), 식 (8.35)는 I_{EO}와 무관한 식이므로 그림 8.13의 회로에서 출력전압은 I_{EO}에 의한 영향을 받지 않는다. 그림 8.13에서 다이오드 D_1, D_2는 역방향 전압에 대한 트랜지스터 보호용이다.

예제 8.5

그림 8.13의 대수 변환기에서 $v_2 = 2$ [V]로 고정해 놓고, v_1을 4 [V]에서 6 [V]로 증가시켰을 때 출력전압의 변화는 몇 [V]인가?

풀이

$$v_1 = 4\ [\mathrm{V}]:\ v_{o1} = 0.06\log\frac{4}{2} = 0.06\log 2 \fallingdotseq 0.06\times 0.3 = 0.018\ [\mathrm{V}]$$

$$v_1 = 6\ [\mathrm{V}]:\ v_{o2} = 0.06\log\frac{6}{2} = 0.06\log 3 \fallingdotseq 0.06\times 0.477 \fallingdotseq 0.0286\ [\mathrm{V}]$$

$$\therefore\ v_{o2} - v_{o1} = 0.0286 - 0.018 \fallingdotseq 0.01\ [\mathrm{V}]$$

8.4 역대수 변환기

상용대수 변환기에서 입력전압이 10 [V] 변화할 때 출력전압은 1 [V] 변화한다고 할 때 반대로 입력전압이 1 [V] 변화할 때 출력전압이 10 [V] 변화하는 경우가 **역대수 변환기**이다.

이를 나타낼 때 $\log^{-1} v_i$ 가 된다. 자연대수인 경우의 역대수 증폭기는 $\ln^{-1} v_i$ 또는 e^{v_i}로 나타내므로 **지수 변환기**라고도 한다. 그림 8.14와 같이 트랜지스터를 OP 앰프 앞단에 배치한 것이 역대수 변환기이다. Q_1의 콜렉터전류 i_c는 상온(T=298°K)에서 쇼클리(Shockly)의 관계식에 의해

$$i_c = I_{EO}e^{38.9v_{be}}\ [\mathrm{A}] \tag{8.36}$$

$v_{be} = -v_i$ 이므로 식 (8.36)을 다시 고쳐 쓰면

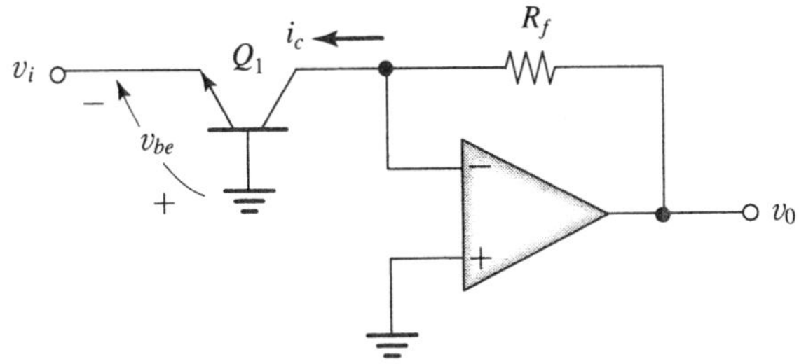

그림 8.14 역대수 변환기 회로

$$i_c = I_{EO} e^{-38.9 v_i} \tag{8.37}$$

이고, $v_o \fallingdotseq i_c R_f$이므로 출력전압은 아래와 같다.

$$v_o = R_f I_{EO} e^{-38.9 v_i} \text{ [V]} \tag{8.38}$$

결국 그림 8.14는 지수 변환기로 동작함을 알 수 있다. 단, 위의 식은 $v_i < 0$인 경우에만 유효하므로 아래의 식과 같이 쓰는 것이 타당하다.

$$v_o = R_f I_{EO} e^{-38.9 |v_i|} \text{ [V]} \tag{8.39}$$

그림 8.14 회로는 역시 I_{EO}가 포함된 식으로 나타나므로 출력전압이 온도의 영향을 받기 쉽다. 따라서 실제로 사용하는 역대수 변환기는 그림 8.15와 같이 이 성분을 상쇄하기 위하여 트랜지스터와 OP 앰프를 1개씩 더 사용한다. 트랜지스터 Q_1과 Q_2는 전기적 특특성이 같은 한 쌍이다. 베이스-이미터 간의 전압을 콜렉터 전류의 함수로 나타내면 아래와 같다.

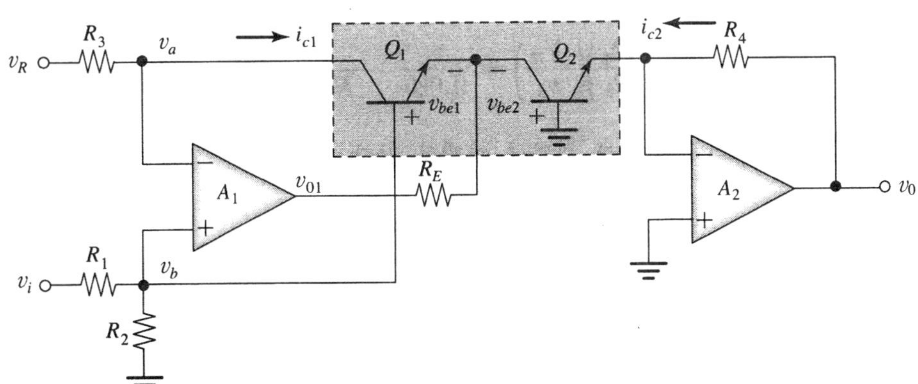

그림 8.15 실제의 역대수(지수) 변환기 회로

$$v_{be1} = 0.026 \ln \frac{i_{c1}}{I_{EO}} \text{ [V]} \tag{8.40}$$

$$v_{be2} = 0.026 \ln \frac{i_{c2}}{I_{EO}} \text{ [V]} \tag{8.41}$$

Q_1의 베이스 전압 v_b는 아래와 같다.

$$v_b = v_{be1} - v_{be2} \text{ [V]} \tag{8.42}$$

식 (8.40)과 식 (8.41)을 식 (8.42)에 대입하여 정리하면 아래와 같다.

$$v_b = 0.026 \ln \frac{i_{c1}}{I_{EO}} - 0.026 \ln \frac{i_{c2}}{I_{EO}} = 0.026 \ln \frac{i_{c1}}{i_{c2}} \text{ [V]} \tag{8.43}$$

한편 $i_{c1} = (V_R - v_a)/R_3 \fallingdotseq V_R/R_3$, $i_{c2} \fallingdotseq v_o/R_4$이므로 이들을 식 (8.43)에 대입하면

$$v_b = 0.026 \ln \frac{V_R/R_3}{v_o/R_4} = 0.026 \ln \left(\frac{R_4}{R_3}\right)\left(\frac{V_R}{v_o}\right) \text{ [V]} \tag{8.44}$$

v_b를 v_i에 관한 식으로 나타내면 아래와 같다.

$$v_b = \frac{R_2}{R_1 + R_2} \cdot v_i \text{ [V]} \tag{8.45}$$

식 (8.44), 식 (8.45)로부터 아래의 관계식을 얻을 수 있다.

$$\frac{R_2}{R_1 + R_2} \cdot v_i = 0.026 \ln \left(\frac{R_4}{R_3}\right)\left(\frac{V_R}{v_o}\right) \tag{8.46}$$

식 (8.46)을 고쳐 쓰면

$$\ln \left(\frac{R_4}{R_3}\right)\left(\frac{V_R}{v_o}\right) = \frac{v_i}{0.026} \cdot \frac{R_2}{R_1 + R_2} \tag{8.47}$$

이고, 식 (8.47)의 양변에 지수를 취하면 아래와 같다.

$$\frac{V_R}{R_3} \cdot \frac{R_4}{v_o} = e^{\left(\frac{v_i}{0.026} \cdot \frac{R_2}{R_1 + R_2}\right)} \tag{8.48}$$

식 (8.48)을 v_o에 관해서 풀면 출력전압이 I_{EO}에 무관한 v_i의 지수함수로 나타남을 알 수 있다.

$$v_o = V_R \cdot \frac{R_4}{R_3} \cdot e^{\left[-\left(\frac{R_2}{R_1+R_2}\right)\cdot\left(\frac{v_i}{0.026}\right)\right]}\ [\mathrm{V}] \tag{8.49}$$

예제 8.6

그림 8.15의 대수 변환기에서 $R_1 = 150$ [kΩ], $R_2 = 10$ [kΩ], $R_3 = 100$ [kΩ], $R_4 = 10$ [kΩ], $V_R = +15$ [V]일 때 $v_i = 0.1086$ [V]이면 출력전압은 몇 [V]인가?

풀이

풀이 식 (8.49)로부터

$$v_o = 15\times\frac{10}{100}\times e^{\left(-\frac{10}{150+10}\cdot\frac{0.1086}{0.026}\right)} \fallingdotseq 1.5\times e^{-0.261} \fallingdotseq 1.5\times 0.77 \fallingdotseq 1.16\ [\mathrm{V}]$$

8.5 주파수-전압 변환기

주파수-전압 변환기는 주파수에 비례해서 그 직류전압이 나타나는 회로이다. 그 구성도는 아래의 그림 8.16과 같다.

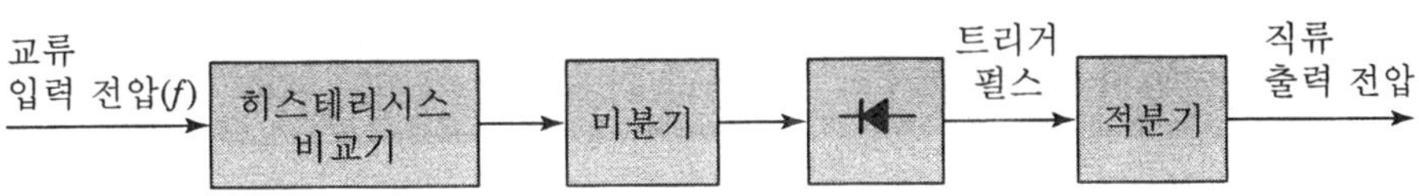

그림 8.16 주파수-전압 변환기의 구성도

교류 입력전압이 들어오면 히스테리시스 비교기에 의해 구형파 펄스가 만들어지고, 이 구형파 펄스가 미분회로를 거치면 정(+) 및 부(−)의 트리거 펄스가 된다. 다시 다이오드 검파에 의해 한쪽 방향만의 트리거 펄스를 적분기에 입력하면 램프 파형이 만들어진다. 주파수가 느리면 램프의 기울기가 낮게, 주파수가 빠르면 기울기가 높게 나타나는 것을 이용하면 출력단자에 나타나는 직류전압이 입력주파수에 따라 증감된다. 그림 8.17은 **주파수-전압 변환회로**이다. 주파수 f의 교류 입력전압이 들어가면 IC_1의 히스테리시스 비교

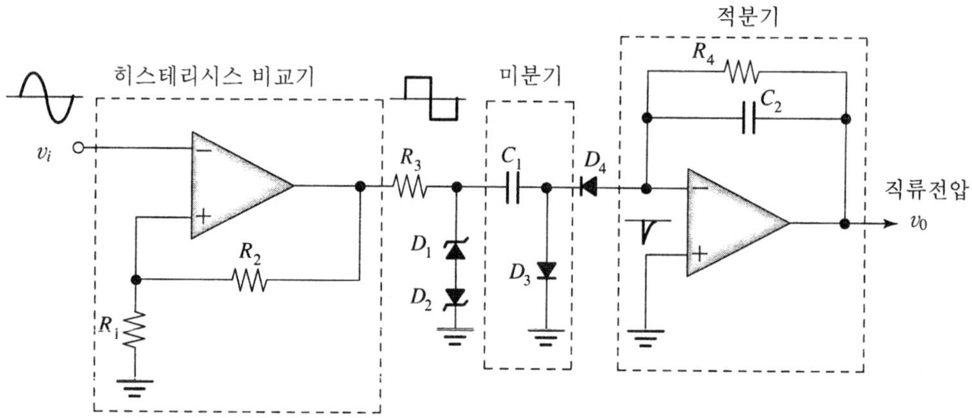

그림 8.17 주파수-전압 변환회로

기에 의해 구형파 출력이 만들어지고, 2개의 역방향 제너 다이오드 D_1, D_2에 의해 그 진폭이 5 [V]로 제한된 뒤 C_1, D_3의 미분기에 의해 만들어진 + 및 − 트리거 펄스 가운데 D_4에 의해−트리거 펄스만 IC_2의 적분기에 들어가면 펄스의 시간에 따른 직류 평균치가 출력단자에 나타나게 된다. D_1, D_2는 진폭 제한뿐만 아니라 과도한 전압에 대한 보호기능도 겸하고 있으며, D_3의 순방향 저항 R_F는 작은 값이므로 미분 펄스의 주기는 짧다. 따라서 적분기에서는 그 평균치로 충전전압이 출력단의 C_2에 나타난다는 것을 염두에 둘 필요가 있다.

8.6 전압-주파수 변환기

전압 조절 발진기(VCO : Voltage Controlled Oscillator)가 바로 **전압-주파수 변환기**라고 볼 수 있다. 그림 8.18은 입력전압의 크기에 따라 그 주파수가 변하는 톱니파 및 구형파 발생회로이다. A_1은 v_i, R_1, C_1에 의해 그 기울기가 결정되는 톱니파 발진기이고, A_2는 비교기이다. Q_1은 부(−) 톱니파의 끝에서 리셋하는 스위칭 트랜지스터이고, R_6은 0점 전압 조정용이다. A_2가 부(−) 톱니파의 L 레벨상태에서 시작한다고 가정하자. 이때 Q_1이 차단 상태이므로 이미터 전압은 R_5, R_6의 전압 분할기에 의해 정해지는(회로에서는 10V) 부(−)의 전압에서 리셋된다. 이 전압이 비교기(A_2)의 전환전압 $-V_T$가 된다. 부(−) 톱니파의 주기는 아래와 같다.

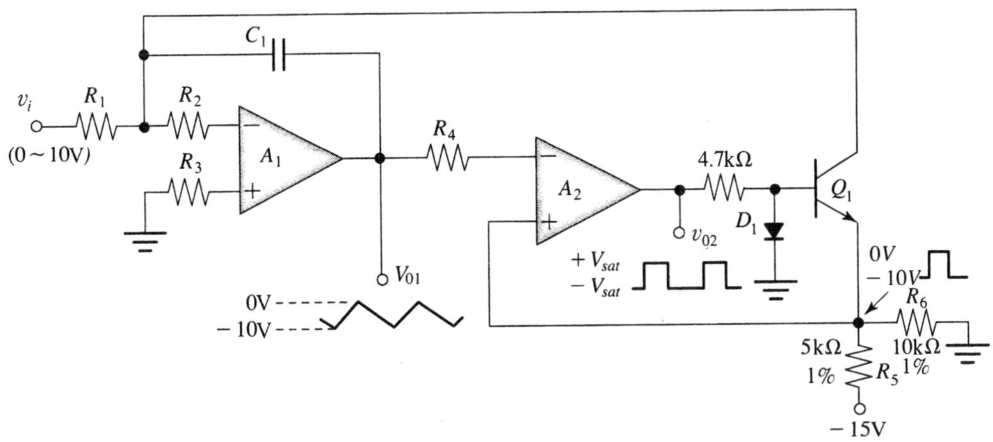

그림 8.18 전압-주파수 변환회로

$$t_- = \frac{V_{ol} R_1 C_1}{V_i} \text{ [s]} \tag{8.50}$$

위의 식에서 V_{ol}은 톱니파의 첨두값(p-p : 10V)이다. A_1의 출력전압이 10 [V]를 초과하면서 A_2는 H 레벨 상태가 되고, Q_1을 도통시킨다. Q_1이 도통되는 초기에 D_1에 클램프되고, 이미터 전압은 0 [V]에서 다시 리셋된다. Q_1의 최대 콜렉터 전류는 공급전압과 R_5에 의해서 결정되고, 이 전류는 C_1을 방전시키는 데 사용된다. 이때의 리셋 기간(주기 t_+)은 아래와 같다.

$$t_+ = \frac{V_{ol} R_5 C_1}{|V^+|} \text{ [s]} \tag{8.51}$$

C_1이 0 [V]로 방전되었을 때 리셋 주기는 끝나고, A_2는 다시 L 레벨 상태로 돌아간다. 전체 주기 $T = t_- + t_+$이고, 주파수 $f = 1/T$이다. 식 (8.50)에서 t_-이 입력전압 V_i에 역 비례하므로 전압에 의해 주파수가 변하게 됨을 알 수 있다. 그림 8.19에 나타낸 바와 같이 입력전압이 낮을 때보다 높을 때가 부(−)톱니파의 높이 및 주기가 작아지므로 톱니파와 구형파의 주파수가 높아짐을 알 수 있다.

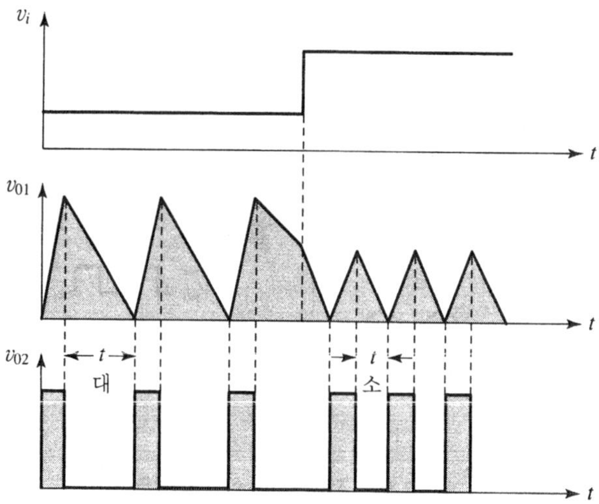

그림 8.19 전압-주파수 변환회로의 파형

예제 8.7

그림 8.18에서 $R_1 = 150$ [kΩ], $C_1 = 0.1$ [μF]일 때 전체 주기 T는 얼마인가?
단, $V_i = 5$ [V], $V^+ = 15$ [V]

풀이

$R_5 = 5$ [kΩ], $V_{o1} = 10$ [V], $V = -15$ [V]이므로 식 (8.50), 식 (8.51)로부터

$$t_- = \frac{10 \times 150 \times 10^3 \times 0.1 \times 10^{-6}}{5} = 30 \text{ [ms]}$$

$$t_+ = \frac{10 \times 5 \times 10^3 \times 0.1 \times 10^{-6}}{15} = \frac{5}{15} \times 10^{-3} \fallingdotseq 0.33 \text{ [ms]}$$

$$T = t_- + t_+ = 30 + 0.33 = 30.33 \text{ [ms]}$$

8.7 AC-DC 변환기

그림 8.20은 **AC-DC 변환기**이다. 그림 8.20에서 반전 증폭기 A_1과 D_1, D_2는 그림 8.21(b)와 같이 반파 정류기로 작용하고, R_3, R_4, 반전 증폭기 A_2는 가산기로 동작한다. 정현파 입력전압이 들어가는 경우에 부(−)의 반주기에서는 입력전압이 그대로 A_2에 들어가서 반전되어 그림 8.21(c)의 빗금 그은 부분과와 같이 출력전압으로 나타난다. 정(+)의 반 주기에서는 R_3을 통한 입력전압과 A_1, D_1, R_4를 거친 반전된 반파정류 전압이 가산되어 그림 8.21(c)의 연청색부와 같이 나타나므로 전체적으로는 전파정류 파형의 출력전압으로 나타난다.

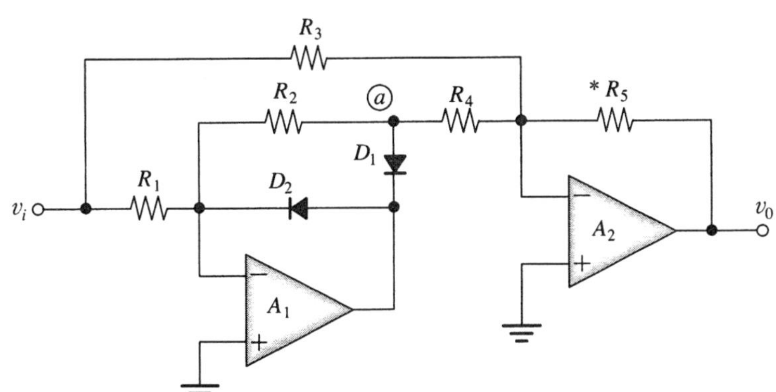

그림 8.20 AC전압의 정류회로

A_1의 전압이득을 −1로 하기 위해 $R_1 = R_2$로 놓고, 부(−)의 반주기 전압이득과 정(+)의 전압이득이 같게 나타나도록 하기 위해 $R_3 = R_1$, $R_4 = R_3/2$로 놓는다.

그림 8.21(c)의 출력전압은 완전한 직류가 아니므로 그림 8.22와 같이 A_2의 입력단자와 출력단자 사이에 필터용 콘덴서 C를 삽입하면 직류전압을 얻을 수 있다. 회로의 전압이득은 R_A/R이므로 R_A를 조정하여 평균 값(v_{im}/π) 또는 실효 값($v_{im}/\sqrt{2}$)으로 조정할 수 있다.

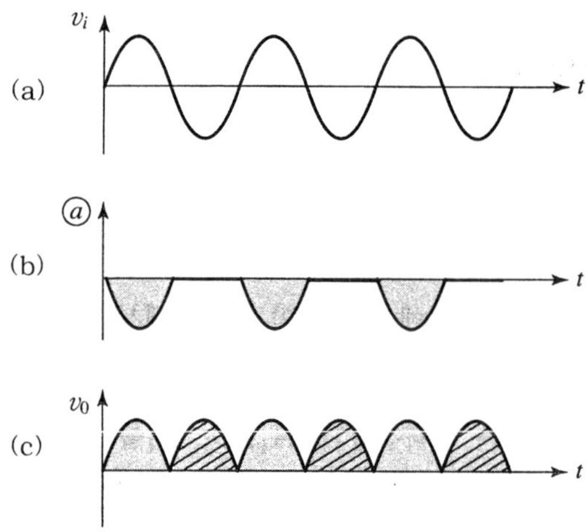

그림 8.21 OP 앰프에 의한 정류회로의 파형

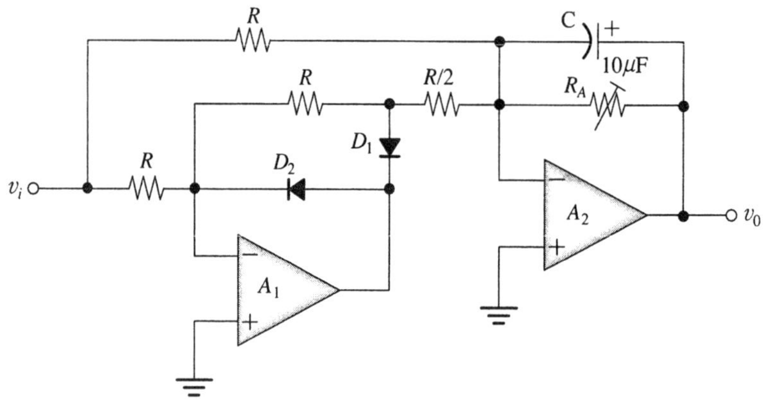

그림 8.22 AC－DC 변환회로

예제 8.8

그림 8.22에서 $R = 20$ [kΩ]일 때 출력전압이 파형률(실효치/평균치)과 같게 하기 위한 R_A의 값은 얼마인가?

풀이

파형률$= \dfrac{1/\sqrt{2}}{2/\pi} = \dfrac{\pi}{2 \cdot \sqrt{2}} = \dfrac{3.14}{2 \times 1.414} \fallingdotseq 1.1$이므로

$$\frac{R_A}{R} = 1.11,\ \ R_A = 1.11R = 1.11 \times 20 \times 10^3 = 22.2\,[\text{k}\Omega]$$

8.8 DC-DC 변환기

그림 8.23은 간단한 DC-DC **변환기** 회로를 나타낸다. A_1 회로는 멀티바이브레이터이고, Q_1은 스위칭 트랜지스터이다. A_1에서 발생한 펄스는 Q_1을 스위칭하고, Q_1, Q_2에 의해 전력 증폭된 뒤 펄스 변압기를 통해 승압 또는 강압된 펄스는 브리지 정류기와 필터 콘덴서 C에 의해 직류전압으로 변환된다. 예컨대 승압의 경우에는 $V_i = +5$ [V]를 ± 12 [V]로, 강압의 경우에는 $V = +12$ [V]를 ± 5 [V]로 변환한다. 이 회로는 간단하고 경제적이기는 하지만 레귤레이션이 좋은 편이 아니다.

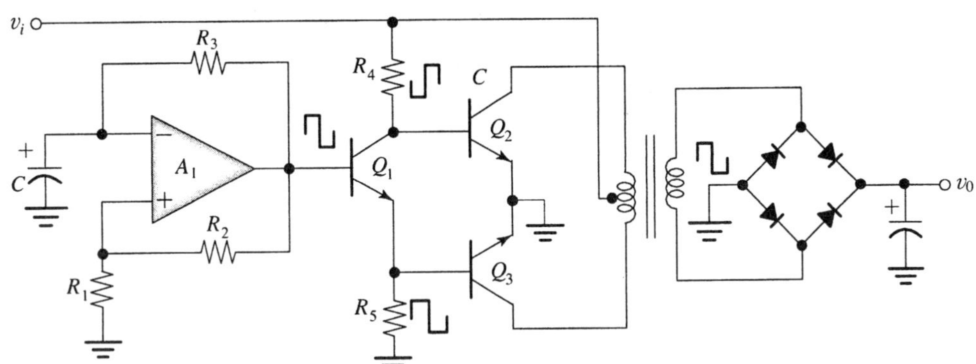

그림 8.23 DC-DC 변환회로

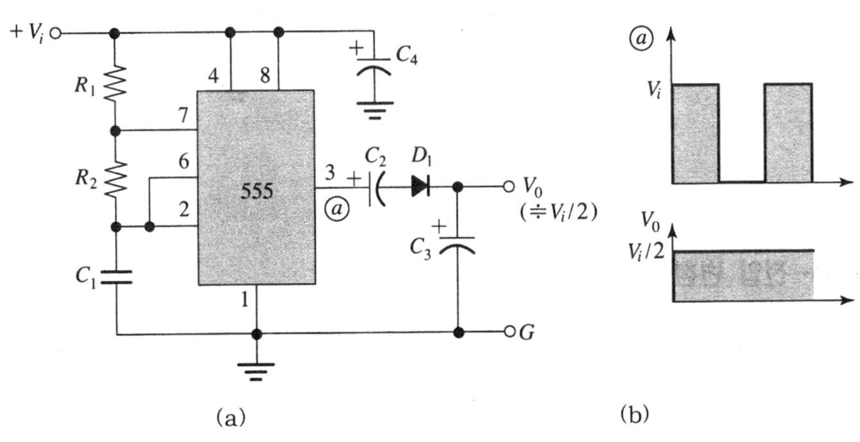

(a) (b)

그림 8.24 555를 사용한 DC-DC 변환회로

그림 8.24(a)는 555를 사용한 DC-DC 변환회로이다. 출력단의 ⓐ점에서는 그림 8.24(b)와 같이 진폭이 V_i인 펄스로 나타나지만 다이오드 D_1과 필터 콘덴서 C_3을 거친 뒤의 출력전압은 $V_i/2$보다 약간 작은 직류전압으로 나타난다.

8.9 변환기의 응용회로

8.9.1 간이 광도계

그림 8.25는 실리콘 솔라 셀과 OP 앰프를 사용한 간이 **광도계(光度計)** 회로이다. 실리콘 솔라 셀에 들어 온 빛(光)의 세기에 비례하는 입력전류가 OP 앰프에서 출력전압으로 변환된다. 이 출력전압을 R_2의 조정에 의한 풀 스케일 10 [μA] 전류계로 빛의 세기를 측정하는 원리이다.

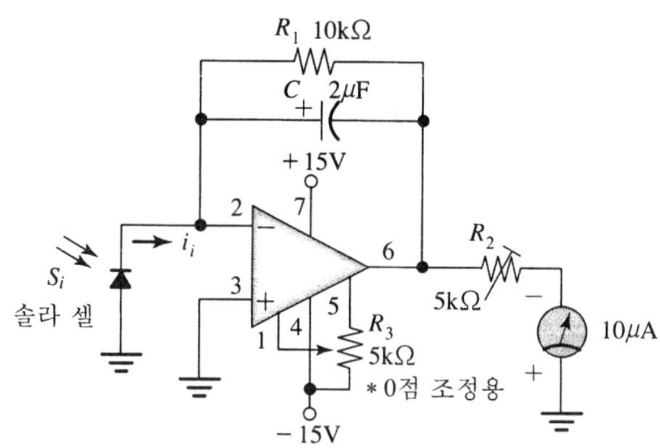

그림 8.25 광도계 회로

8.9.2 전류-전압 변환에 의한 전류 모니터

그림 8.26은 접합형 FET를 사용하여 플로팅(floating)되어 있는 저항 R_1의 전압강하를 어스에 연결된 R_3로 시프트시켜 그 전압강하로 전류를 모니터링하는 회로이다.

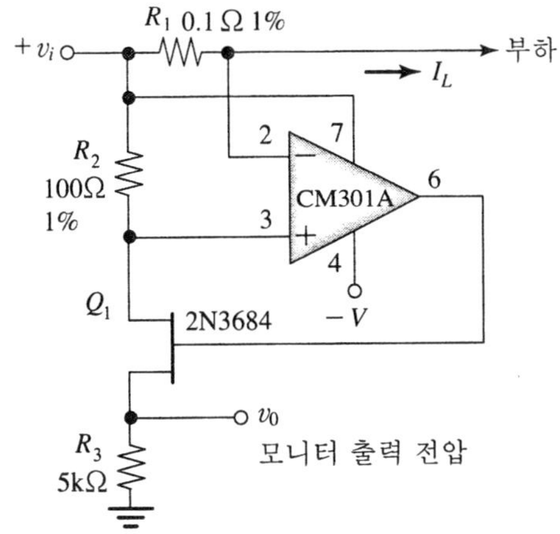

그림 8.26 전류-전압 변환 전류 모니터 회로

OP 앰프의 반전 입력단자로 흐르는 전류는 0이므로 R_1의 전압강하는 아래와 같다.

$$V_{R1} = I_L \cdot R_1 \ \ [\text{V}] \tag{8.52}$$

또한 OP 앰프의 반전 입력단자와 비반전 입력단자의 전압이 등전위이므로 R_1과 R_2의 전압강하는 같다.

$$V_{R1} = V_{R2} = I_L \cdot R_1 \ \ [\text{V}] \tag{8.53}$$

FET의 드레인 전류와 소스 전류가 같으므로($I_D = I_S$), 즉, R_2의 전류와 R_3의 전류는 같으므로 R_2와 R_3의 전압강하 V_{R2}, V_{R3} 사이에는 아래의 관계식이 성립한다.

$$V_{R3} = \frac{R_3}{R_2} \cdot V_{R2} \ [\text{V}] \tag{8.54}$$

식 (8.53)을 식 (8.54)에 대입하면 아래와 같은 결과를 얻는다.

$$V_{R3} = V_o = \frac{R_1 R_3}{R_2} \cdot I_L \ [\text{V}] \tag{8.55}$$

식 (8.55)로부터 그림 8.26은 부하전류를 출력전압으로 모니터링하는 회로임을 알 수 있다.

8.9.3 다이나믹 레인지 100 [dB]의 대수 변환기

그림 8.27은 다이나믹 레인지가 100 [dB]인 대수 변환기 회로이다. A_1, Q_1으로 구성되는 루프($R_4 \rightarrow A_1 \rightarrow R_5 \rightarrow Q_2$의 이미터→ Q_1의 콜렉터)가 대수 변환회로이다. V_R, R_8, A_2로 구성되는 회로는 Q_2에게 일정한 전류를 공급하는 정전류원 회로이다. IC_2는기준전류($= V_R/R_8$)로 고정되고, $I_{C1} = I_{C2}$일 때 $\log(I_{C1}/I_{C2}) = 0$이므로 출력전압 $v_o = 0$이 된다. 이 회로의 입력전류 범위는 10 [nA]~1 [mA]이다. 따라서 R_4와 곱한 1 [mV]~100 [V]가 입력전압 범위이므로 다이나믹 레인지는 100 [dB]가 된다. R_5와 R_6은 v_i의 10배 변화에 v_o가 1 [V] 변하도록 하는 스케일(scale) 계수를 조정하는 전압 분할기이다. 온도 보상용으로 R_6을 1%이하 오차의 서미스터를 사용한다. C_1은 A_1의 보상용이고, C_2와 C_4는 전압이득 안정용이다. Q_1, Q_2는 가능하면 특성이 같은 쌍을 취한다.

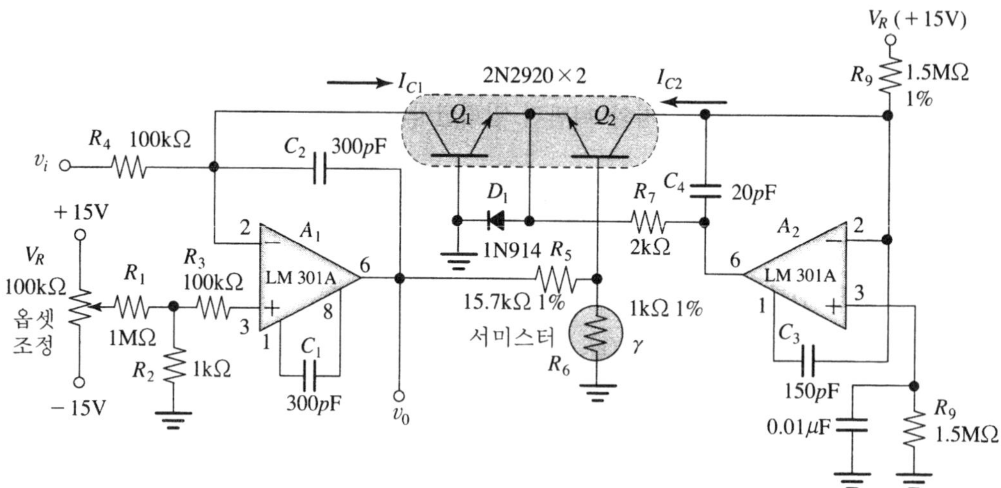

그림 8.27 다이나믹 레인지 100 [dB] 대수 변환기 회로

8.9.4 대수회로를 사용한 승산 및 제산기

그림 8.28은 대수 변환기와 역 대수 변환기를 결합한 곱하기(乘算)와 나누기(除算) 회로이다. 출력전압은 아래와 같이 나타난다.

$$v_o = \frac{v_1 v_3}{10 v_2} \text{ [V]} \tag{8.56}$$

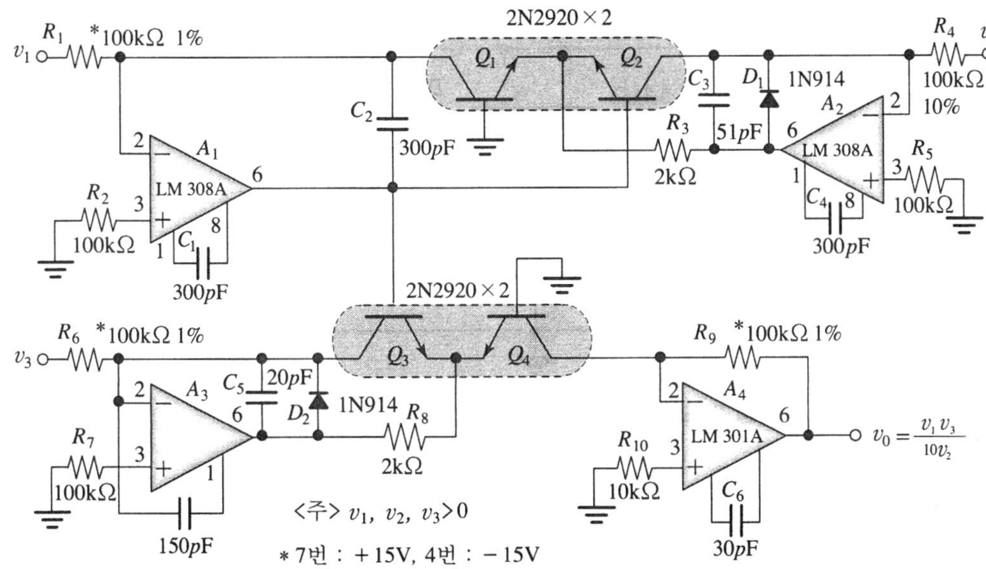

그림 8.28 대수 변환기를 이용한 승산 및 제산기

출력전압의 제산비(除算比)는 R_1/R_4로 정해진다. 그림 8.28에서는 1/(100kΩ/10kΩ)=1/10이다. 만일 $v_1 = 0.1$ [V]로 정한다면 식 (8.56)은

$$v_o = \frac{v_1 v_3}{10 \times 0.1} = v_1 \times v_3 \text{ [V]} \tag{8.57}$$

가 되므로 곱셈기로 동작하고, $v_3 = 10$ [V]로 놓으면

$$v_o = \frac{v_1 \times 10}{10 v_2} = \frac{v_1}{v_2} \text{ [V]} \tag{8.58}$$

가 되므로 나눗셈기로 동작한다.

8.9.5 2배 및 3배 전압기

그림 8.29는 그림 8.24와 비슷한 DC-DC 변환회로의 응용회로이다. C_1과 D_1, D_2에 의해 그림 8.24보다 4배가 되는, 즉 입력 직류전압의 2배가 되는 전압을 얻을 수 있다.

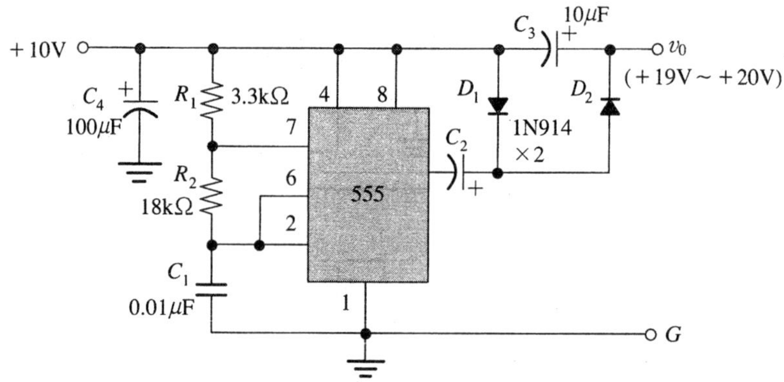

그림 8.29 DC-DC 변환기를 사용한 2배 전압기 회로

그림 8.30은 C_5, C_6, D_3, D_4를 추가한 3배 전압기 회로를 나타낸다.

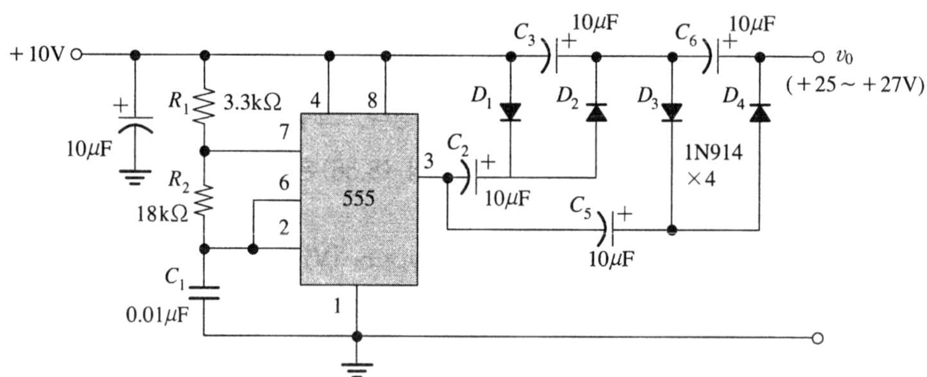

그림 8.30 DC-DC 변환기를 사용한 3배 전압기 회로

간추림

8.1 전류-전압 변환기

■ 전류-전압 변환기의 기본회로는 그림 8.31과 같다. 아래와 같이 출력전압이 입력전류에 비례해서 나타난다.

$$V_o = -R_f \cdot I_i \,[\mathrm{V}]$$

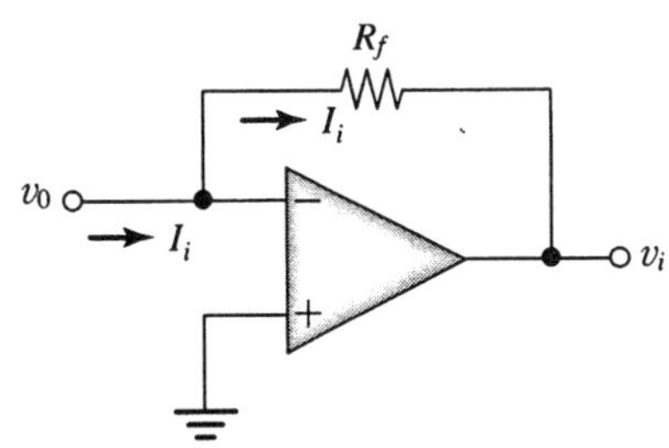

그림 8.31

8.2 전압-전류 변환기

■ 그림 8.32는 $R_2/R_1 = R_4/R_3$의 조건이 성립하면 부하의 크기에 관계없이 입력전압에 비례해서 나타나는 회로이다. 부하전류와 입력전압의 관계식은 아래와 같다.

$$i_L = -\frac{v_i}{R_3} \,[\mathrm{A}]$$

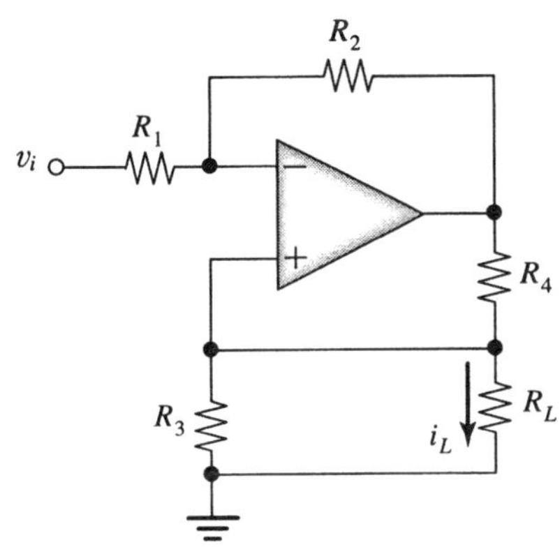

그림 8.32

■ 부하에 관계없이 일정한 전류를 흘리는 정전류원은 입력전압을 일정한 값으로 고정한 전압

−전류 변환기이다. 그림 8.33은 OP 앰프, 제너 다이오드, 트랜지스터를 사용한 정전류원 회로이다. 부하전류(정전류)는 아래와 같이 제너 전압을 부하저항으로 나눈 값이다.

$$I_L = \frac{V_Z}{R_f} \text{ [A]}$$

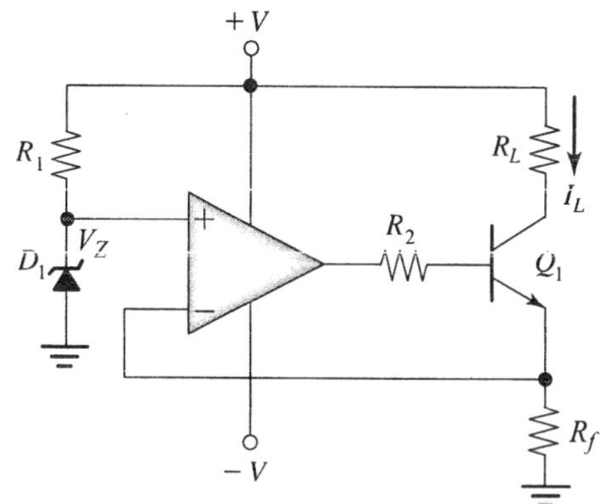

그림 8.33

8.3 대수 변환기

■ 대수 변환기는 입력전압의 대수(log)에 비례해서 출력전압이 나타나는 회로이다. 그림 8-34는 트랜지스터를 사용한 대수 변환기로서 아래와 같이 입력전압이 10배 변할 때 출력전압은 0.06 [V]씩 변한다

$$v_o = -0.06 \log \frac{v_i}{R_i I_{EO}} \text{ [V]}$$

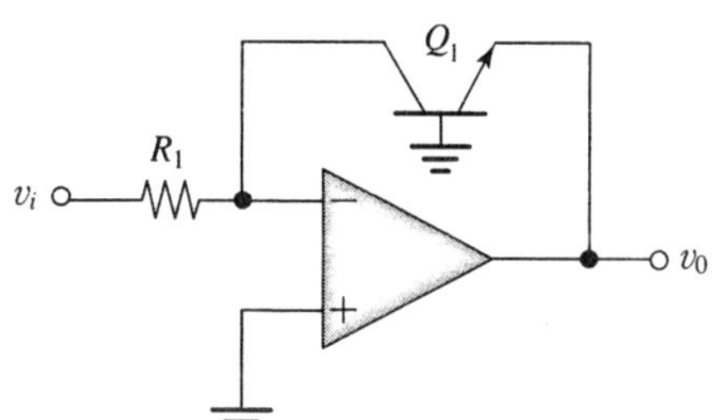

그림 8.34

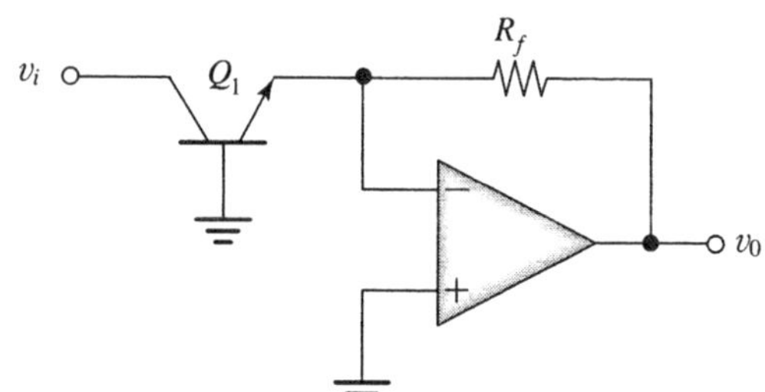

그림 8.35

8.4 역대수 변환기

■ 역대수 변환기는 지수 변환기를 말한다. 입력전압의 지수에 비례해서 출력이 나타나는 회로이다. 그림 8.35는 트랜지스터와 OP 앰프를 사용한 지수 변환기 회로이다. 입력전압과 출력

전압 관계식은 아래와 같다.

$$v_o = R_f I_{EO} e^{-38.9|v_i|} \text{ [V]}$$

8.5 주파수-전압 변환기

- 그림 8.36은 주파수-전압 변환기의 구성도이다. 주파수-전압 변환기는 비교기에 의해 펄스가 만들어지고 이를 미분해서 트리거 펄스로 만들어 적분기에서 톱니파의 기울기를 펄스의 주파수가 느리면 기울기가 낮게, 빠르면 기울기가 높게 하여 출력전압이 크거나 작게 나타나도록 한다.

그림 8.36

8.6 전압-주파수 변환기

- 그림 8.37은 전압-주파수 변환기의 구성도이다. 적분기, 비교기, 스위칭회로로 구성된다. 입력전압이 작으면 적분기 출력의 부(−)톱니파의 기울기가 커지므로 주기가 커지고, 입력전압이 커지면 부(−)톱니파의 주기가 작아지므로 주파수가 가변된다. 부(−)톱니파의 끝에서 비교기 출력이 H 레벨이 되면서 스위칭회로는 리셋펄스를 적분기에 보낸다.

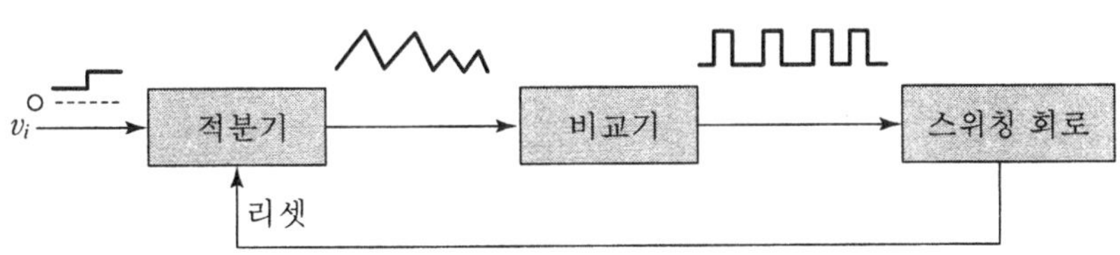

그림 8.37

8.7 AC-DC 변환기

- 그림 8.38은 반파 정류기와 가산 증폭기를 이용한 AC-DC 변환기이다.
  반파 정류기로 동작하는 A_1회로에 정(+)의 반주기 동안 교류가 들어가면 A_2의 출력단자에는 정(+)의 반파 파형이 나타난다. 부(−)의 반주기 동안에는 입력전압이 바로 A_2의 가산기 입력으로 들어가서 반전되어 정(+)의 파형이 나타나므로 한 주기의 파형이 전파 정류와 같은 파형으로 나타난다. 필터 콘덴서 C는 이 파형을 직류 파형으로 만든다.

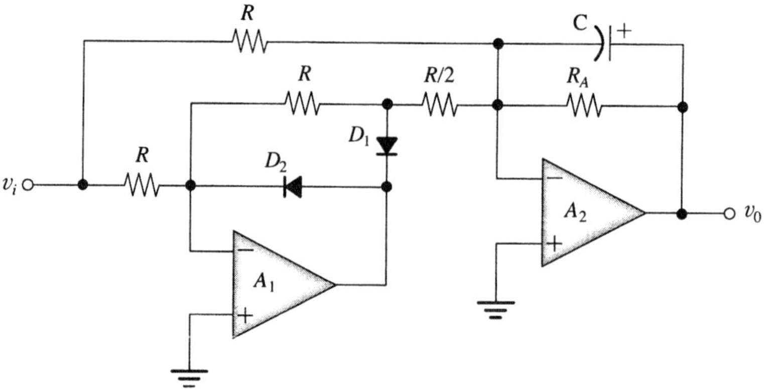

그림 8.38

8.8 DC-DC 변환기

■ 그림 8.39는 DC-DC 변환기의 구성도이다. 공급된 DC 전압에 의해 펄스를 발생시키고, 이를 스위칭 증폭기와 변압기를 통해 강압 또는 승압한 뒤 정류회로와 필터 콘덴서에 의해 DC 전압을 만든다.

그림 8.39

연습문제 *Chapter 1*

1. 입력전류에 비례해서 출력전압이 나타나는 회로는?

(가) 전압 폴로워 (나) 전류 증폭기
(다) 전류-전압 변환기 (라) 전압-전류 변환기

2. 전류-전압 변환기의 입력 센서로 사용하는 것은?

(가) 서미스터 (나) 포토 트랜지스터
(다) LED (라) 제너 다이오드

3. 전압-전류 변환기의 설명을 가장 옳게 설명한 것은?

(가) 전압 증폭기와 전류 증폭기의 연결이다.
(나) 일반 전압 증폭기가 이에 해당한다.
(다) 부하에 관계없이 일정한 전류가 흐른다.
(라) 입력전압과 출력전압 사이에 반비례 관계가 있다.

4. 정전류원 회로에 사용되는 소자는?

(가) 정류 다이오드 (나) 제너 다이오드
(다) RC 회로 (라) 적분기

5. 대수 변환기 소자로 사용되지 않는 소자는?

(가) 다이오드 (나) OP 앰프
(다) 트랜지스터 (라) SCR

6. 대수 변환기의 용도에 해당하는 것은?

(가) 오실로스코프 (나) 디지털 전압계
(다) 스펙트럼 어널라이저 (라) 신호 발생기

7. 입력전압의 지수에 비례해서 출력전압이 변하는 회로는?

(가) 역대수 변환기 (나) 대수 변환기
(다) 전류-전압 변환기 (라) DC-DC 변환기

8. 주파수-전압 변환기의 구성요소가 아닌 것은?

(가) 비교기 (나) 미분기

(다) 적분기 (라) 가산기

9. 전압-주파수 변환기에 해당하는 것은?

(가) 오실로스코프 (나) VCO

(다) S.G (라) DMM

10. 전압-주파수 변환기에 꼭 필요한 것은?

(가) 정류기 (나) 가산기

(다) 미분기 (라) 톱니파 발생기

11. AC-DC 변환기의 구성요소가 아닌 것은?

(가) OP 앰프

(나) 가산기

(다) 비교기

(라) 반파 정류기

12. DC-DC 변환기에 해당하는 것은?

(가) 스위칭 레귤레이터

(나) 정류기

(다) 검파기

(라) 정현파 발생기

13. 그림 8.40에서 CdS의 저항이 어두울 때 220 [kΩ]이라면 R_i을 얼마로 했을 때 어두울 때의 출력전압이 6 [V]가 되는가?

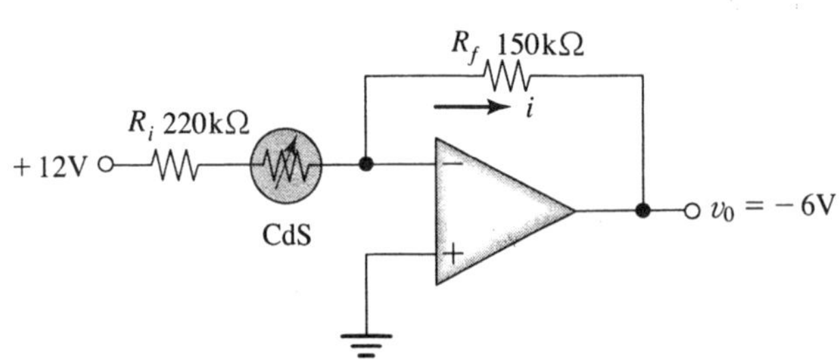

그림 8.40

14. 그림 8.41의 전압-전류 변환기에서 $V_i = -5$ [V]일 때 i_L이 2.5 [mA]가 되기 위해서는 R_3와 R_4를 얼마로 정해야 되는가?

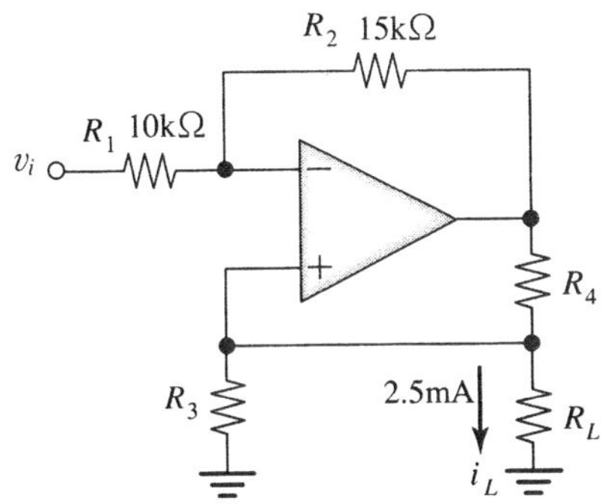

그림 8.41

15. 그림 8.42의 대수 변환기에서 $v_i = 3$ [V]일 때 출력전압은 얼마인가? 단, $I_{EO} = 100$ [nA].

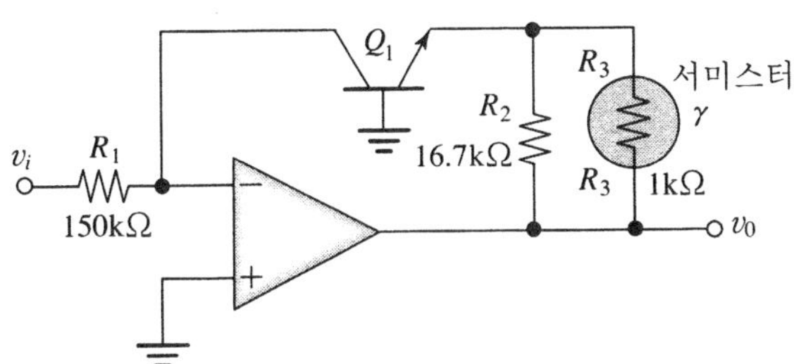

그림 8.42

16. 그림 8.13에서 $v_2/v_1 = 5$일 때 출력전압은 얼마인가?

17. 그림 8.18에서 $R_1 = 20$ [kΩ], $R_5 = 10$ [kΩ], $C_1 = 0.2$ [μF], $V_i = 15$ [V], $V^+ = 15$ [V]일 때 출력전압의 주파수는 얼마인가? 단, 출력전압의 피크-피크 값은 12 [V].

18. 그림 8.22에서 정현파 교류 입력전압일 때 출력전압이 평균치로 나타내기 위해서는 R_A 값을 얼마로 정해야 하는가? 단, $R = 18$ [kΩ]

9
특수 증폭기

내 용

학습목표

- CDA의 동작원리를 이해하고 활용법을 익힌다
- OTA의 동작원리를 이해하고 활용법을 익힌다
- 계측기 증폭기의 특징과 동작원리를 이해한다
- 고 입력 임피던스 증폭기의 회로 구성원리와 특징을 이해한다
- CDA, OTA의 응용회로를 익힌다

9.1 전류 차동형 증폭기

일반 OP 앰프의 출력전압이 입력전압 간의 전압 차에 비례해서 나타나는 데 비해, 입력전류의 전류 차에 비례해서 출력전압이 나타나는 증폭기가 **전류 차동형 증폭기(CDA : Current Differencing Amplifier)**이다. 일명 **노튼(Norton) 앰프**라 한다. CDA IC에는 MC3301, MC3401 및 LM3900 등이 있다. LM3900은 하나의 패키지에 전류이득이 아주 높은 4개의 CDA가 들어있다. 가격도 싸고, 단일 전원으로 동작하기 때문에 자동차 전장용을 비롯해 널리 사용되고 있다. CDA는 그림 9.1(a)의 기본회로와 같이 여러 개의 트랜지스터가 베이스-이미터 접합 사이에 연결되어 있다. Q_3과 Q_4는 이득을 올리거나 출력전압의 특성을 좋게 하기 위한 일종의 버퍼로서 동작하므로 그 등가회로는 그림 9.1(b)와 같다.

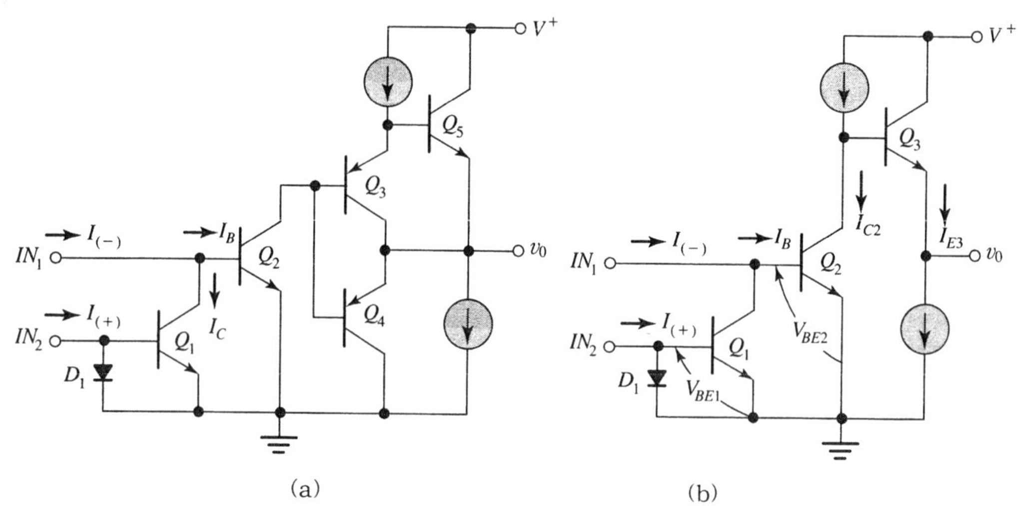

그림 9.1 CDA 회로

D_1, Q_1의 조합회로는 $h_{FE}=1$인 하나의 트랜지스터로 동작하여 IN_2단자로 들어오는 전류 $I_{(+)}$와 I_c가 같도록 만들어져 있다. $I_{(-)}$는 I_B와 I_C의 합이므로 I_C 대신 $I_{(+)}$를 대입하면 $I_{(-)}=I_B+I_C=I_B+I_{(+)}$에서 아래의 관계식을 얻을 수 있다.

$$I_B = I_{(-)} - I_{(+)} \tag{9.1}$$

그림 9.1(b)에서 I_B의 증감에 따라 I_{C2}, I_{E3}가 증감하므로 $I_{(+)}$가 증가하면 출력전압 V_o가 +방향으로, $I_{(-)}$가 증가하면 출력전압은 −방향으로 증가하므로 전류 변화의 증폭

분이 출력전압으로 나타난다. 그림 9.2는 노튼 앰프의 표시기호이다.

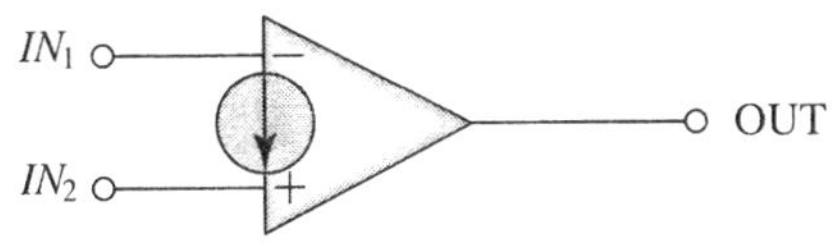

그림 9.2 CDA의 표시기호

표 9.1은 CDA IC의 전기적 특성을 나타낸다.

표 9.1 CDA IC의 전기적 특성

항 목	품 종 명			
	MC3301	MC3401	LM2900	LM3900
동작 온도범위	−40℃∼+75℃	0℃∼+75℃	−40℃∼+85℃	0℃∼+70℃
공급전압	+4V∼+28V	+5V∼+18V	+4V∼+36V	+4V∼+36V
개 회로 이득	2,000	2,000	2,800	2,800
Mirror이득(@200 μA)	0.98	−	1.0	1.0
f_t(MHz)	4.0	5.0	2.5	2.5
I_{ib}(nA)	50	50	30	30
r_i(MΩ)	1.0	1.0	1.0	1.0
r_o(kΩ)	8.0	8.0	8.0	8.0
SR(V/μs)	0.6	0.6	0.5	0.5
PSRR(dB)	55	55	70	70

그림 9.3은 CDA IC LM3900의 핀 접속도이다.

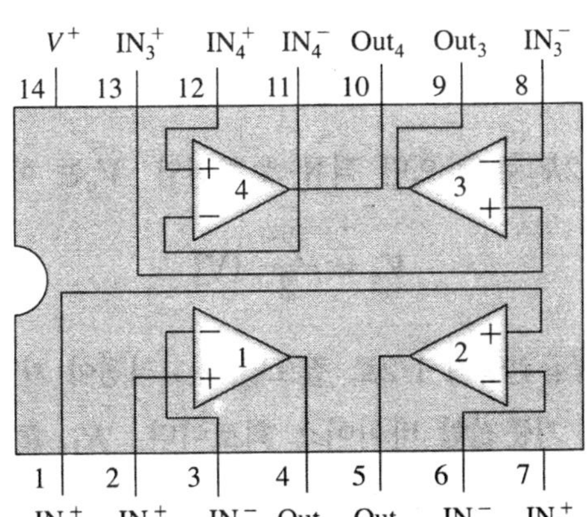

그림 9.3 LM3900의 핀 접속도

9.1.1 CDA 바이어스

그림 9.4(a)는 내부 등가회로와 연결된 공급전원 바이어스 회로이고, 그림 9.4(b)는 표시기호로 간략화한 회로이다. 비반전 입력단자가 R_1을 통해 공급전압 V^+로부터 바이어스된다.

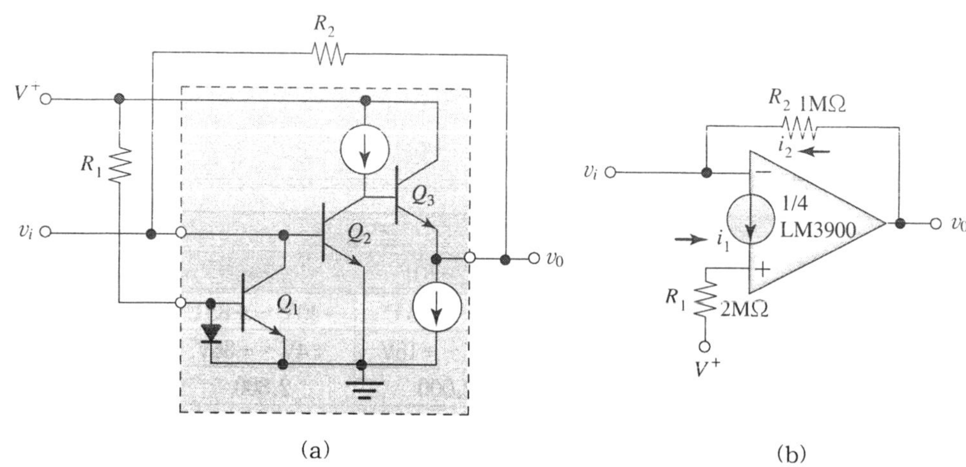

그림 9.4 CDA의 공급전압 바이어스 회로

그림 9.4(b)에서 I_1은 아래와 같다.

$$I_1 = \frac{V^+ - 0.7}{R_1} \text{ [A]} \tag{9.2}$$

위의 식에서 0.7[V]는 V_f는 다이오드의 순방향 전압이고, $I_1 = I_2$이다. 출력전압은

$$V_o = \frac{R_2}{R_1} \cdot V^+ \text{ [V]} \tag{9.3}$$

이고, 위의 식에서 $R_1 = 2R_2$로 잡으면 직류 출력전압 V_o는 아래와 같다.

$$V_o = \frac{V^+}{2} \text{ [V]} \tag{9.4}$$

출력 바이어스 전압을 공급전압의 1/2로 잡으면 찌그러짐이 가장 작은 최대 스윙 전압을 얻을 수 있다. 그림 9.5는 기준전압 바이어스 회로이다. R_1, R_2는 전압 분할기이고, C_2는 디커플링 콘덴서이다. $R_3 = R_4$로 잡으면 $V_o = V_{ref}$가 된다. 따라서 $R_1 = R_2$일 때 V_{ref}가 $V^+/2$이므로 이 전압이 직류 출력전압 V_o가 된다. 기준전압 V_{ref}는 다른 앰프의

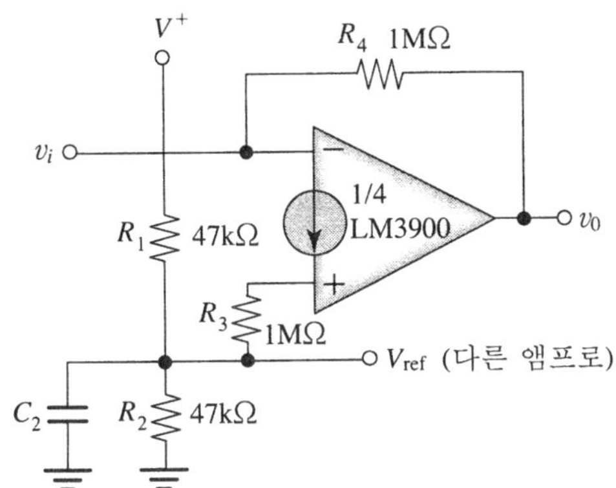

그림 9.5 CDA의 기준전압 바이어스 회로

바이어스 전압으로 사용될 수 있다.

그림 9.6은 $N \times V_{BE}$ 바이어스라 한다. 비반전 입력단자가 접지되고, 출력전압의 일부가 R_2를 통해 반전 입력단자로 부귀환되고 있다. 이 회로의 직류 출력전압은 아래와 같다.

$$V_o = \left(1 + \frac{R_2}{R_1}\right) \cdot V_{BE} \text{ [V]} \tag{9.5}$$

트랜지스터의 베이스-이미터 전압은 10 [μA] 바이어스에서 0.55 [V] 정도이므로 아래와 같이 고쳐 쓸 수 있다.

$$V_o = \left(1 + \frac{R_2}{R_1}\right) \times 0.55 \text{ [V]} \tag{9.6}$$

그림 9.5에서와 같이 $R_2 = 10R_1$으로 잡으면 $V_o = 6$ [V]가 된다.

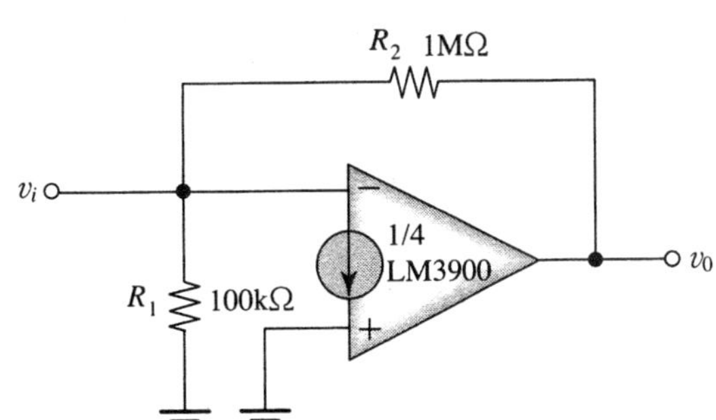

그림 9.6 $N \times V_{BE}$ 바이어스 회로

9.1.2 CDA의 기본 증폭기

(1) 직류 전압 폴로워

그림 9.7은 버퍼 기능의 단위이득($A_v = 1$)의 CDA 전압 폴로워 회로이다.

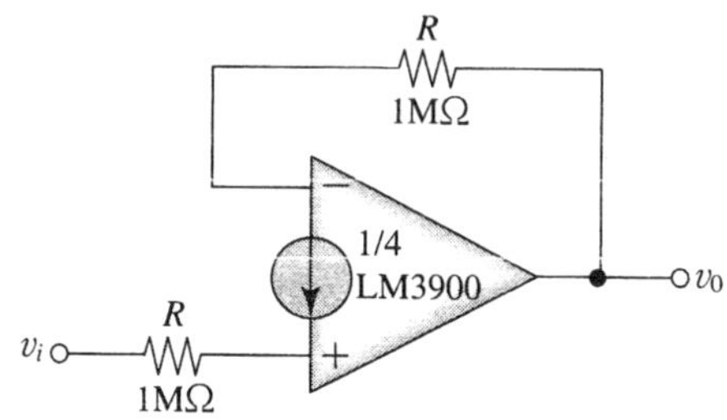

그림 9.7 CDA 전압 폴로워

(2) 반전 교류 증폭기

그림 9.8은 공급전원 바이어스 CDA 반전 교류 증폭기이다. 직류 출력전압은 아래와 같다.

$$V_o = \frac{R_2}{R_3} \cdot V^+ \text{ [V]} \tag{9.7}$$

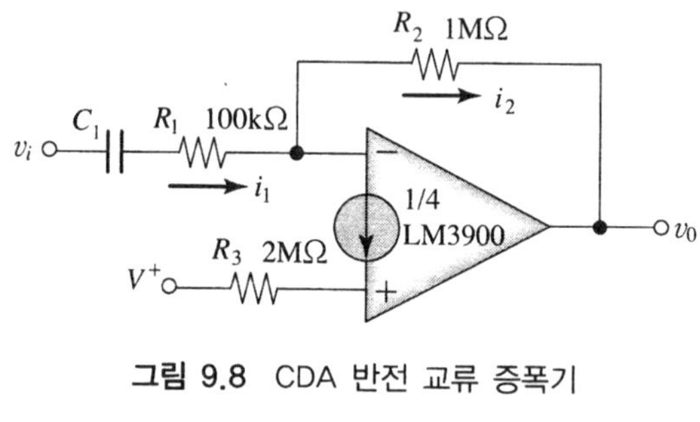

그림 9.8 CDA 반전 교류 증폭기

입력전압은 $v_i = i_1 R_1$이고, 출력전압은 $v_o = -i_2 R_2$이므로, 전압 증폭도는

$$A_v = \frac{v_o}{v_i} = \frac{-i_2 R_2}{i_1 R_1}$$

에서 $i_1 = i_2$이므로 전압 증폭도는 아래와 같다.

$$A_v = -\frac{R_2}{R_1} \tag{9.8}$$

입력저항은 아래와 같고,

$$R_i = R_1 \tag{9.9}$$

저역 차단 주파수는 아래와 같다.

$$f_c = \frac{1}{2\pi R_1 C_1} \text{ [Hz]} \tag{9.10}$$

(3) 비반전 교류 증폭기

그림 9.9는 공급전원 바이어스 CDA 비반전 교류 증폭기이다.

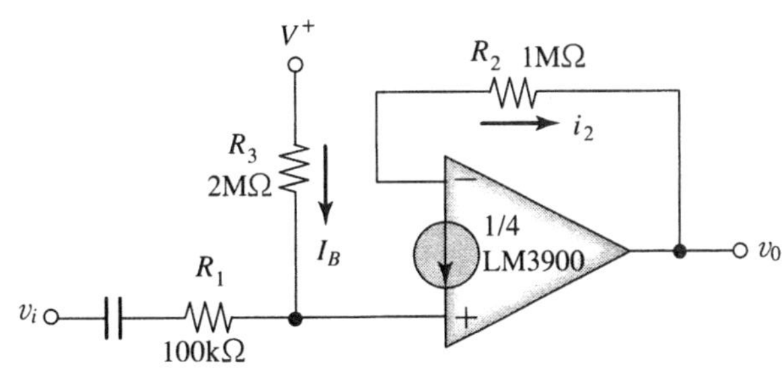

그림 9.9 CDA 비반전 교류 증폭기

직류 출력전압은 반전 교류 증폭기와 같이 $V_o = (R_2/R_3) \cdot V^+$이고, 전압 증폭도는 아래와 같다.

$$A_v = \frac{R_2}{R_1 + r_d} \tag{9.11}$$

위의 식에서 r_d는 교류 동적(dynamic) 저항으로 $0.026/I_B$ [Ω]이다. 만일 $R_1 \gg r_d$라면

$$A_v \fallingdotseq \frac{R_2}{R_1} \tag{9.12}$$

가 된다. 또한 입력저항은 아래와 같고, 저역 차단 주파수는 반전 증폭기와 같다.

$$R_i = R_1 + r_d \text{ [Ω]} \tag{9.13}$$

(4) 차동 교류 증폭기

그림 9.10은 공급전원 CDA 차동 교류 증폭기 회로이다.

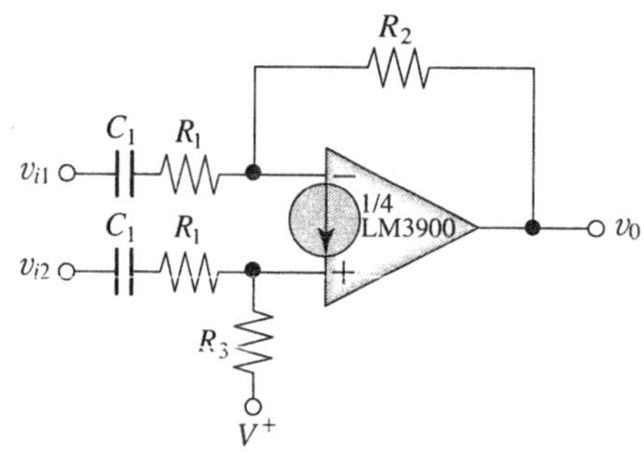

그림 9.10 CDA 차동 교류 증폭기

직류 출력전압은 역시 $V_o = (R_2/R_3) \cdot V^+$이다. 출력전압은 아래와 같다.

$$v_o = \frac{R_2}{R_1}(v_{i2} - v_{i1})\ [\mathrm{V}] \tag{9.14}$$

따라서 전압 증폭도는 아래와 같다.

$$A_v = \frac{v_o}{(v_{i2} - v_{i1})} = \frac{R_2}{R_1} \tag{9.15}$$

차동 입력저항은 아래와 같고, 저역 차단 주파수는 반전 증폭기와 같다.

$$R_i = 2R_1 \tag{9.16}$$

예제 9.1

그림 9.10에서 $R_1 = 50\ [\mathrm{k\Omega}]$, $R_2 = 1\ [\mathrm{M\Omega}]$일 때 A_v와 R_i는 얼마인가?

풀이

식 (9.15)와 식 (9.16)에 의해

$$A_v = \frac{R_2}{R_1} = \frac{1\times 10^6}{50\times 10^3} = 20$$

$$R_i = 2R_1 = 2\times 50\times 10^3 = 100\ [\mathrm{k\Omega}]$$

9.2 연산 전달 컨덕턴스 증폭기

연산 전달 컨덕턴스 증폭기(OTA : Operational Transconductance Amplifier)는 출력전류가 입력전압에 비례하는 증폭기이다. OTA는 입력저항과 CMRR이 아주 높다. 그림 9.11은 OTA의 표시기호이고, 2개의 작은 원은 바이어스 전류에 의해 결정되는 전류원을 나타낸다.

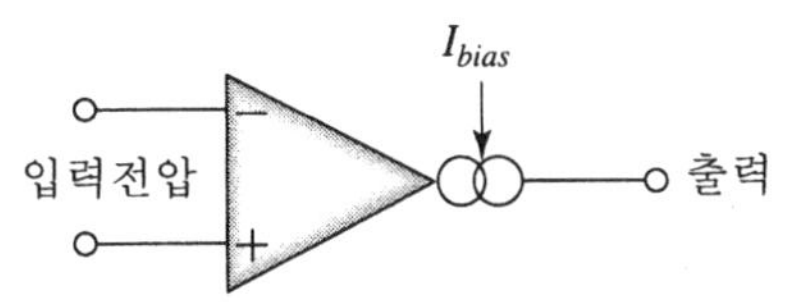

그림 9.11 OTA의 표시기호

그림 9.12는 OTA의 등가회로이다. 입력부는 일반 OP 앰프와 같지만 출력은 전혀 다르다. 일반 OP 앰프는 출력저항과 직렬로 전압원이 연결되어 있지만 OTA에서는 출력저항과 병렬로 전류원 $g_m v_i$가 연결되어 있고, 2개의 $2\,r_o$가 $+V$와 $-V$에 연결되어 있으므로 출력전류는 어스(GND)와 격리된 상태에서 $V+$에서 $V-$로 흐른다. 귀환이 없다면 출력전류 I_o는 출력단자에 나타나는 전압과는 무관하게 0이 된다. 이것은 OTA의 출력임피던스가 아주 높다(이상적인 경우 ∞)는 의미이다. 개 회로 전압이득은 g_m과 전류원과 병렬로 연결된 r_o의 곱이다. 여기서 g_m은 전달 컨덕턴스로서 i_o/v_i [S]이다.

$$A_{vo} = g_m \cdot r_o \tag{9.17}$$

r_o는 이상적인 경우에 ∞이므로 전압이득 또한 ∞가 된다는 점은 일반 OP 앰프의 경우와 같지만 출력단자에 부하저항 R_L이 연결되면 개 루프 전압이득은 아래와 같이 줄어든다.

$$A_{vo} = g_m \cdot R_L \tag{9.18}$$

그렇다고해서 실제의 경우에 개 회로 전압이득이 부하저항에 의해 정해지는 것은 아니라는 점이 OTA의 특징이다. 추가된 단자 I_{bias}에 의해서 전달 컨덕턴스 g_m이 조절되고, 개 루프 전압이득이 조절되는 점이 일반 OP 앰프와 다른 점이다. 그림 9.12에서 I_{bias}가 프로그래밍 입력이라면 OTA 또한 프로그래밍 소자라고 볼 수 있다. I_{bias}단자는 신호입력으로도 사용된다.

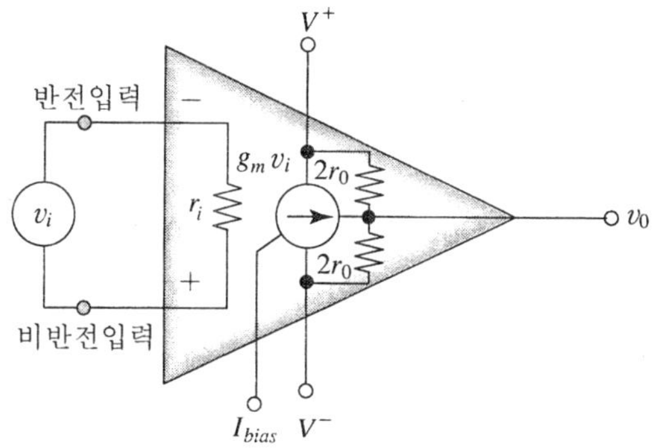

그림 9.12 OTA의 등가회로

9.2.1 CA3080/LM13600

그림 9.12의 OTA 등가회로와 똑같은 동작의 IC가 CA3080, LM13600/LM13700이다. 최대 공급전압은 ±15 [V]이다. 전달 컨덕턴스 g_m은 I_{bias}에 비례하며 비례정수를 K라 하면

$$g_m = KI_{bias} \tag{9.19}$$

가 된다. 그림 9.13, 그림 9.14는 CA3080과 LM13600/13700의 핀 접속도이다. CA3080가 1세대 OTA IC라면 LM13600/LM13700은 2세대 OTA라고 할 수 있다. LM13600/LM13700은 OTA가 한 패키지에 2개 들어가있는 듀얼 IC이다. LM13600/LM13700은 고정이득 교류 증폭기에서는 쓰기에 매우 편리한 IC이다.

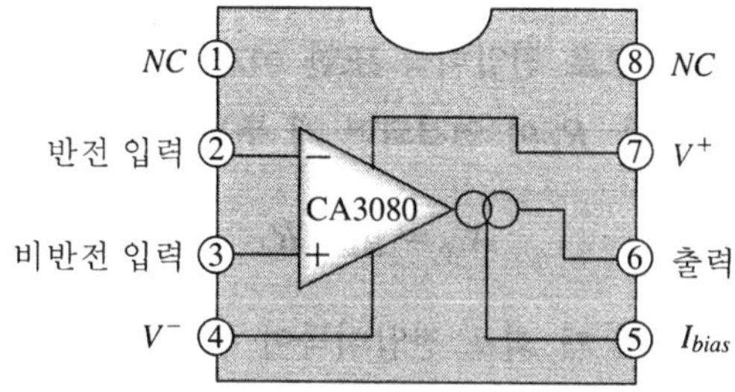

그림 9.13 CA3080의 핀 접속도

그림 9.15는 가변 전압이득 반전 증폭기이다. I_{bias}에 의해서 전압이득이 가변된다. 그림 9.15에서 I_{bias}는 아래와 같다. 0.7 [V]는 내부 트랜지스터의 B-E 순방향 전압이다.

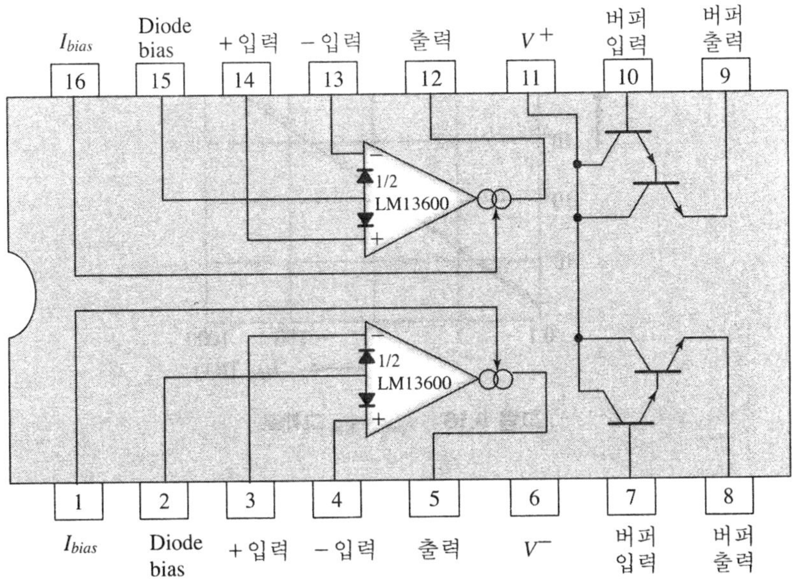

그림 9.14 LM13600/13700의 핀 접속도

$$I_{bias} = \frac{+V_{bias} - (-V^{-}) - 0.7}{R_{bias}} \text{ [A]} \tag{9.20}$$

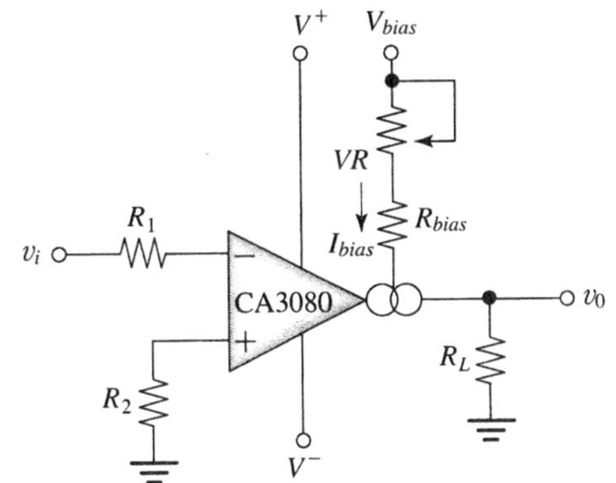

그림 9.15 전압이득 가변 CA3080 반전 증폭기

식 (9.18)에서 g_m은 I_{bias}에 비례하고, 그 비례정수를 K라고 하였다. g_m은 온도에 따라 변한다. 그림 9.16은 상온에서 LM13600/LM13700의 $I_{bias}-g_m$곡선이다. 이 곡선을 이용하면 K값을 구할 수 있다.

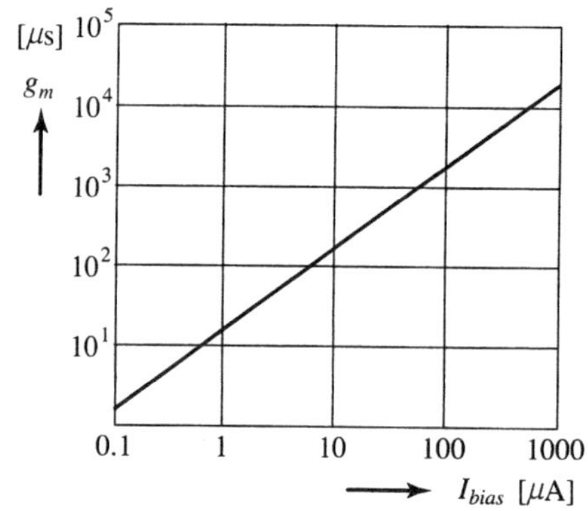

그림 9.16 $I_{bias} - g_m$ 그래프

예제 9.2

그림 9.17과 같은 OTA 반전 증폭기에서 전압 증폭도를 구하라.
단, $K = 20$ [μS/μA]

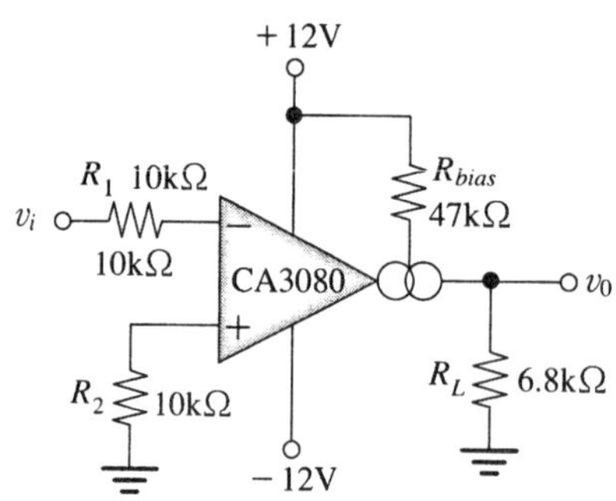

그림 9.17

풀이

식 (9.20)에 의해

$$I_{bias} = \frac{12-(-12)-0.7}{47 \times 10^3} \fallingdotseq 496\ [\mu A]$$

식 (9.19)에 의해

$$g_m = K \cdot I_{bias} = 20\ [\mu S/\mu A] \times 496\ [\mu A] \fallingdotseq 9.9 \times 10^{-3}\ [S]$$

식 (9.18)에 의해

$$A_v = g_m \cdot R_L = 9.9 \times 10^{-3} \times 6.8 \times 10^3 \fallingdotseq 67.3$$

9.2.2 OTA 교류 증폭기

(1) 반전 교류 증폭기

그림 9.18은 CA3080을 사용한 교류 반전 증폭기 회로이다. 핀 5의 I_{bias} 단자는 내부의 베이스-이미터 접합에 연결되어 있고, 그 전압은 핀 4보다 약 0.7 [V] 높게 바이어스되어 있다. 따라서 $(9\times2)-0.7=17.3$ [V]의 전압이 R_3의 양단간에 걸리므로 R_3에 흐르는 전류는 0.5 [mA] 정도가 된다. CA3080은 0.5 [mA]의 I_{bias}에서 g_m이 10 [mS]이므로 전압 증폭도는 부하저항 10 [kΩ]과 10 [mS]를 곱하면 100(=40dB)가 된다. 부하와 병렬로 연결된 콘덴서 C_2(=180pF)는 출력 슬루율을 2.8V/μs]로 제한하기 위한 용도이다.

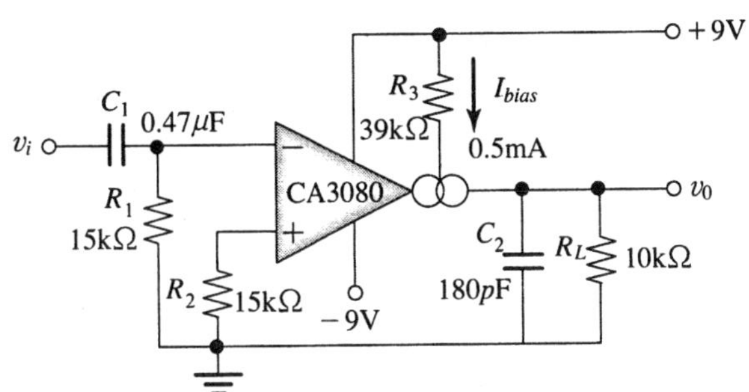

그림 9.18 CA3080 교류 반전 교류 증폭기

2개의 OTA가 들어있는 LM13600(LM13700) 교류 반전 증폭기도 CA3080 회로와 같은 형태로 구성할 수 있다. 그러나 한 가지 차이점은 찌그러짐 특성을 좋게 하기 위해 내부 입력단에 다이오드가 그림 9.19처럼 들어있으므로 이 다이오드의 바이어스 전류 I_D를 흘

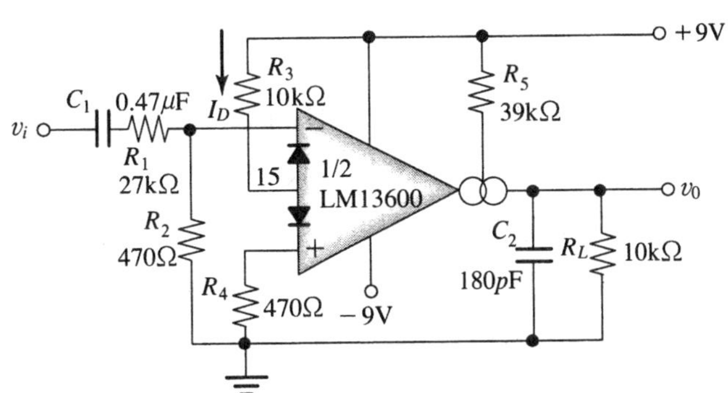

그림 9.19 LM13600 반전 교류 증폭기

리기 위해 R_3가 연결되어 있다. 이 전류는 R_2, R_4를 거쳐 어스쪽으로 흐른다. 또한 입력단의 R_1, R_2의 전압 분할기에 의해 입력전압이 감쇠되고 있다. 따라서 회로 전체의 전압이득은 1 정도이다. 전압이득은 I_{bias}/I_D에 비례하므로 I_{bias} 또는 I_D를 변화시켜 전압이득을 조정할 수 있다. 그림 9.19에서 입력회로를 (−)입력단자에서 (+)입력단자로 그림 9.20과 같이 바꾸면 비반전 교류 증폭기가 된다. 뒤단에 연결된 다링톤 이미터 폴로워는 출력 임피던스를 낮게 하기 위한 용도이다.

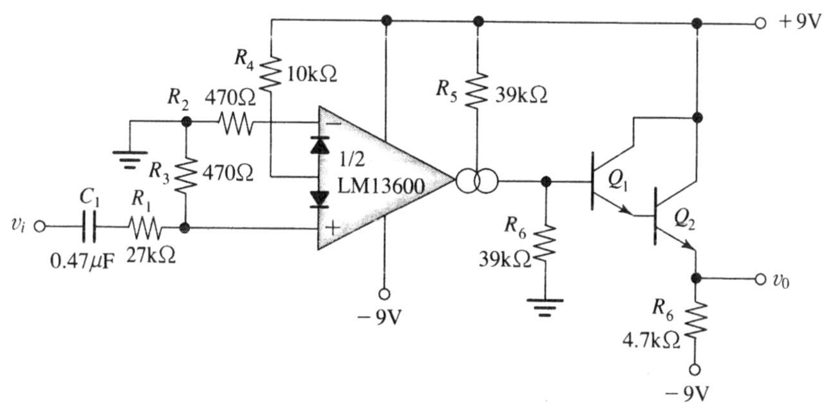

그림 9.20 LM13600 비반전 교류 증폭기

9.3 LM3900과 LM13600의 응용회로

9.3.1 과온 검출기

그림 9.21은 온도가 올라갔을 때 출력전압이 H 레벨로 올라가는 **과온 검출기** 회로이다. 서미스터는 온도가 올라가면 저항이 줄어드는 NTC 서미스터를 사용한다. $R_1 = R_2$이므로 공급전압의 1/2에서 R를 통해서 반전 입력단자로 전류를 공급한다. 사전 설정 온도를 V_R으로 조정해 놓는다. 설정 초기의 CTA 출력전압은 L 레벨이다. 여기서 LM3900은 비교기로 동작한다. 온도가 올라가면 서미스터의 저항이 감소하므로 비반전 입력단자의 전압이 올라가고 설정된 값에 도달하면 반전 입력단자의 전압보다 커지는 순간 CTA의 출력전압이 H 레벨로 스위칭된다.

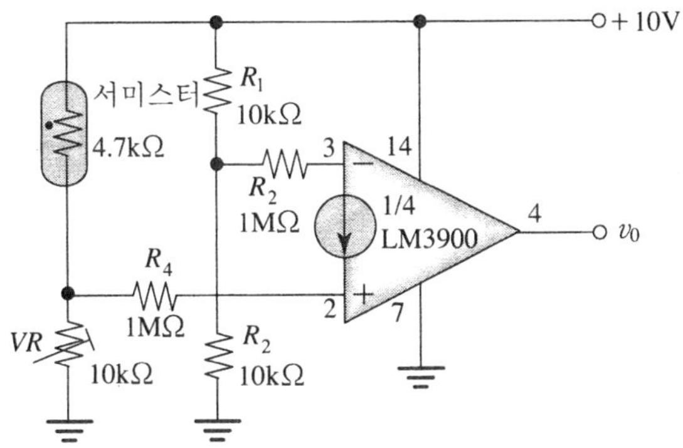

그림 9.21 과온 검출기

9.3.2 가변 정전압기

그림 9.22는 전압을 가변할 수 있는 **가변 정전압기** 회로이다. CTA 회로는 전압 증폭도가 2($= R_3/R_2$)인 직류 비반전 증폭기이다. V_R로 입력전압을 0 [V]에서 15 [V]까지 조정하여 출력전압을 그 2배인 0.5 [V]에서 30 [V]까지 조정할 수 있다.

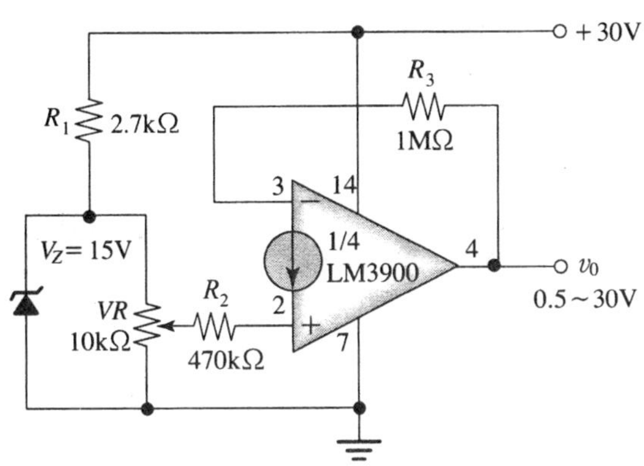

그림 9.22 가변 정전압 회로

9.3.3 가변 전압이득 증폭기

그림 9.23은 선형화 다이오드를 사용한 **전압이득 조절 증폭기**이다. 이득조절 입력전압이 +9([V]일 때 전압 증폭도를 1.5배까지, 이득조절 입력전압이 −9 [V]일 때 전압이득을 −80 [dB]로 떨어트릴 수 있다.

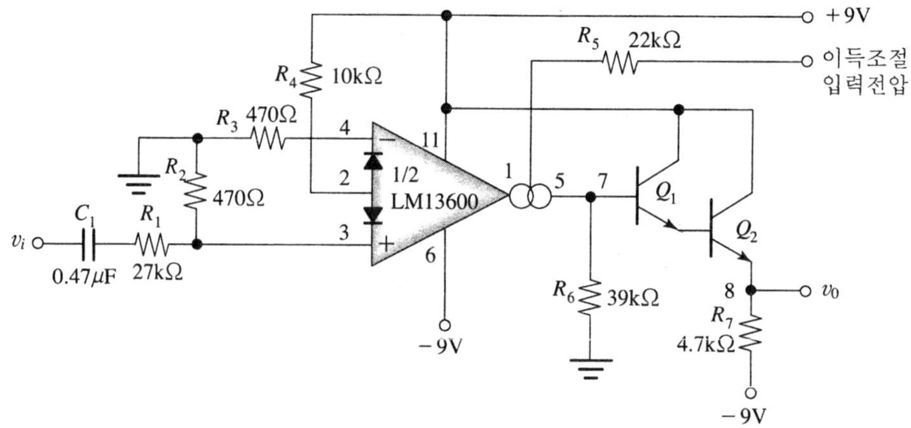

그림 9.23 전압이득 가변 증폭기 회로

9.3.4 진폭 변조기

그림 9.24는 R_5와 R_6으로 직류 전압이득이 정해지는 반전 증폭기이다.

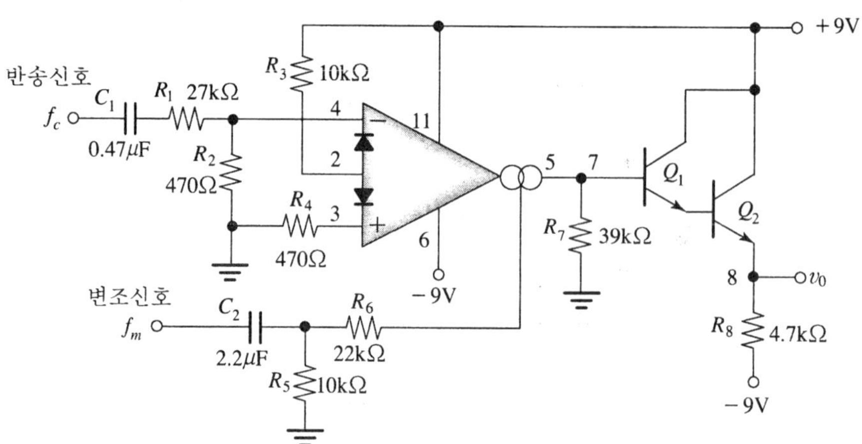

그림 9.24 진폭변조(AM) 회로

교류 전압 증폭도는 C_2에 가해지는 신호에 의해서 가변된다. 반송신호는 R_1, R_2의 감쇠기를 거쳐서 (−)입력단자로 들어간다. 따라서 변조 입력전압이 0 [V]일 때 회로 전체의 전압 증폭도는 1에 가깝다. 변조 입력전압이 최고 +9 [V]일 때 전압 증폭도는 2까지 올라가고, −9 [V]일 때 −80dB(=0)로 떨어지므로 진폭변조가 이루어진다.

9.3.5 전압조절 발진기(VCO)

그림 9.25는 바이어스 전류 I_{bias}를 변화시켜 그 진폭의 주파수가 변하는 삼각파와 구형파를 동시에 발생하는 **전압 조절 발진기** 회로이다. I_{bias}가 1 [mA]에서 1 [nA]까지 변함에 따라 발진 주파수는 200 [kHz]에서 2 [Hz]까지 변한다. 출력전압의 진폭은 $I_A \cdot R_A$에 의해 정해진다. 입력전압이 제너링(zenering)하는 것을 방지하기 위해 최대 차동 입력전압은 5 [V]로 제한된다.

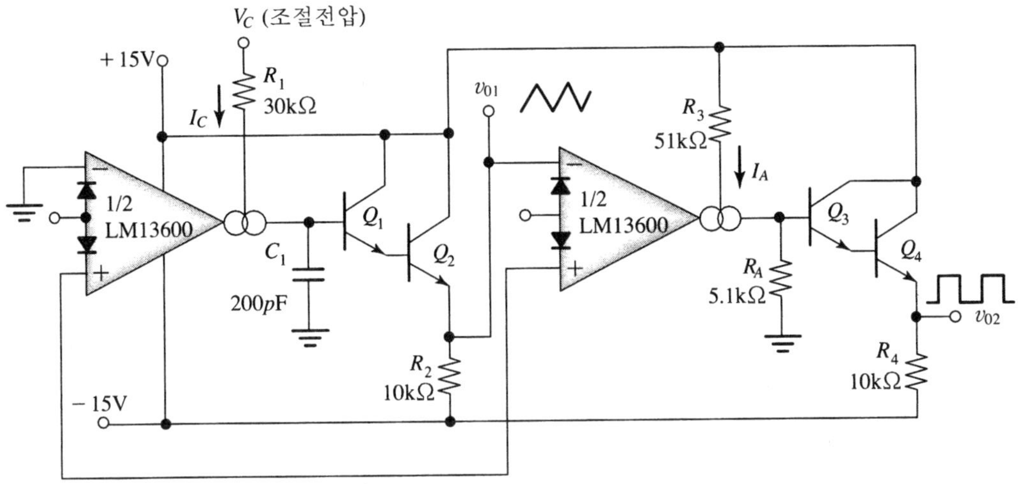

그림 9.25 VCO 회로

9.4 계측용 증폭기

계측용 증폭기는 입력 임피던스가 매우 높아야 하고, 아주 작은 신호를 잡음의 영향을 받지 않고 증폭할 수 있어야 한다. 잡음의 영향을 해결하기 위해서는 OP 앰프를 차동 입력 모드로 동작시키면 동상 모드의 잡음신호를 제거할 수 있다. 그러나 문제는 증폭기의 입력 임피던스를 크게 높이는 일이다. 그림 9.26은 이러한 목적으로 차동 증폭기의 전단에 전압 폴로워를 연결한 계측용 증폭기의 기본 형태이다. OP 앰프 A_1과 A_2는 일종의 전압 폴로워로서 버퍼 역할을 하면서 아주 높은 입력 임피던스를 제공한다. 두 증폭기의 비반전입력 양 단자에 들어가는 계측용 입력신호를 증폭하여 두 출력의 차($V_{o2} - V_{o2}$)가 다음 단의 차동 증폭기 입력이 된다. 차동 증폭기에서 높은 동상 제거비(CMRR)를 갖기 위해서는 R_2 및 R_3끼리 정확한 정합(matching)이 이루어져야 한다. 이미 2장의 차동 증폭기에서 다룬 바와 같이 차동 증폭기의 증폭도는 R_3/R_2이므로 이 두 저항이 온도에 따라 차이가 나면 $v_{i(-)}$쪽 증폭도와 $v_{i(+)}$쪽 증폭도가 차이가 나게 되므로 CMRR이 저하된다는 것을 염두에 두면 이해가 될 것이다.

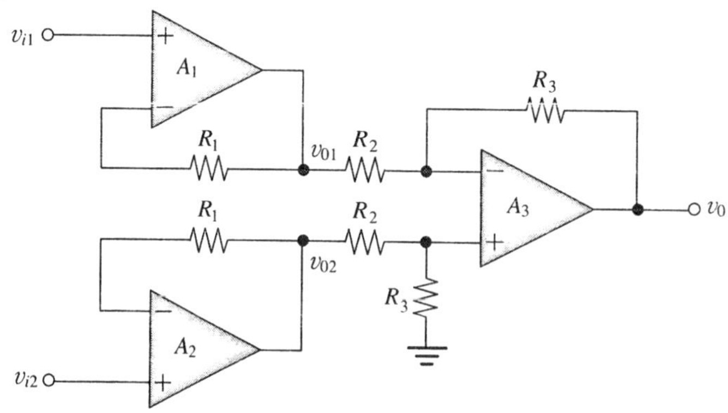

그림 9.26 계측용 증폭기의 기본회로

만일 그림 9.26 회로에서 A_1 및 A_2의 반전 입력단자 사이에 저항을 삽입하면 단위 이득이 아닌 더 큰 증폭도를 얻을 수 있다. 이것이 그림 9.27 회로이고, * 표시를 한 R_1이 바로 이득 증가를 위해 삽입한 저항이다.

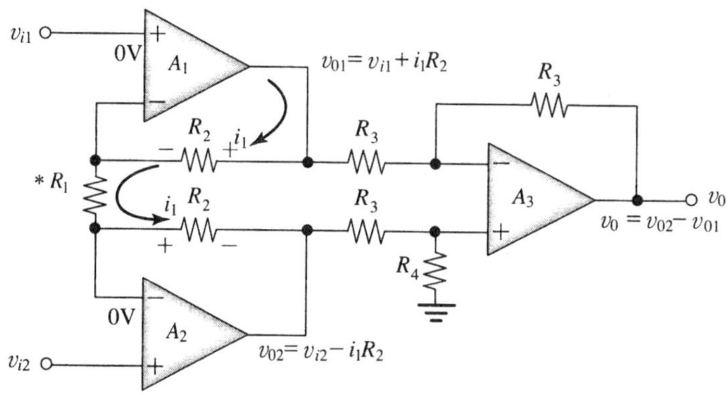

그림 9.27 계측용 증폭기 회로

A_1 및 A_2의 두 입력단자는 가상단락이므로 R_1 양단간의 전압은 $v_{i1} - v_{i2}$이므로 흐르

는 전류는 아래와 같다.

$$i_1 = \frac{v_{i1} - v_{i2}}{R_1} \text{ [A]} \tag{9.21}$$

또한 v_{o1}은 아래와 같으므로

$$v_{o1} = v_{i1} + i_1 R_2$$

식 (9.21)을 이 식에 대입하여 정리하면

$$v_{o1} = \left(1 + \frac{R_2}{R_1}\right) v_{i1} - \frac{R_2}{R_1} v_{i2} \text{ [V]} \tag{9.22}$$

한편 $v_{o2} = v_{i2} - i_1 R_2$이므로 아래의 관계식을 얻는다.

$$v_{o2} = \left(1 + \frac{R_2}{R_1}\right) v_{i2} - \frac{R_2}{R_1} v_{i1} \text{ [V]} \tag{9.23}$$

따라서 차동 증폭기의 출력 v_o는

$$v_o = \frac{R_4}{R_3}(v_{o2} - v_{o1})$$

이므로 위의 식을 식 (9.22), 식 (9.23)에 대입하면 증폭기의 전압 증폭도 A_v는 아래와 같다.

$$A_v = \frac{R_4}{R_3}\left(1 + \frac{2R_2}{R_1}\right) \tag{9.24}$$

위의 식에서 특성상 서로 정합을 시켜야 하는 R_2, R_3, R_4는 변경할 수 없으므로 전압 증폭도의 조정은 R_1로 할 수 있다. 예컨대 $R_2 = R_3 = R_4 = 22$ [kΩ]으로 정한다면 A_v는

$$A_v = 1 + \frac{44}{R_1} [k\Omega] \tag{9.25}$$

이 되므로 R_1의 값을 1 [kΩ]으로 한다면 증폭도는 45이다.

예제 9.3

그림 9.27에서 $R_1 = 1$ [kΩ], $R_2 = 2$ [kΩ], $R_3 = 10$ [kΩ], $R_4 = 100$ [kΩ]일 때 전압 증폭도는 얼마인가?

풀이

식 (9.24)로부터

$$A_v = \frac{R_4}{R_3}\left(1+\frac{2R_2}{R_1}\right) = \frac{100}{10} \times \left(1+\frac{2\times 2}{1}\right) = \frac{500}{10} = 50$$

간추림

9.1 전류 차동형 증폭기(CDA)

- 전류 차동형 증폭기는 출력전압이 입력전압의 차이에 비례하는 증폭기로서 CDA 또는 노튼(Norton) 앰프라고도 한다. 그 표시기호는 그림 9.28과 같다.

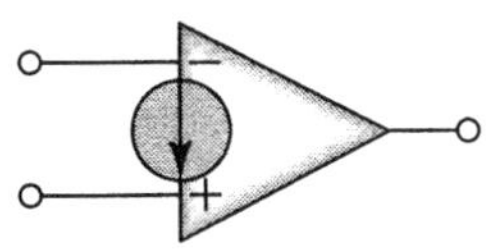

그림 9.28

- 그림 9.29(a)와 CDA의 공급전원 바이어스 회로이다. 비반전 입력단자에 연결된 저항을 통해 V^+로부터 바이어스되며 직류 출력전압은 아래와 같다.

$$V_o = \frac{R_2}{R_1} \cdot V^+$$

위의 식에서 $R_1 = 2R_2$이면 $V_o = V^+/2$이다.

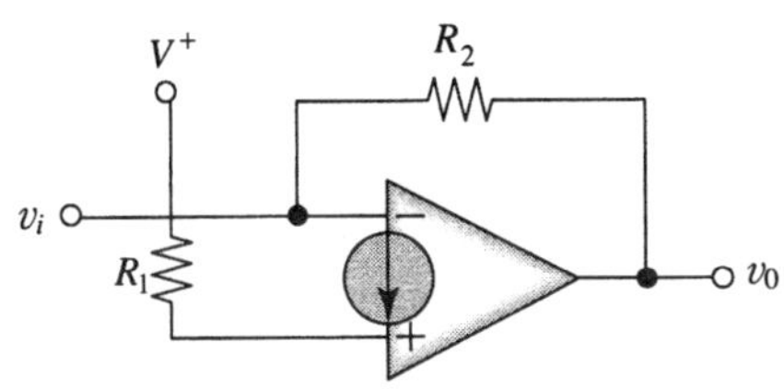

그림 9.29

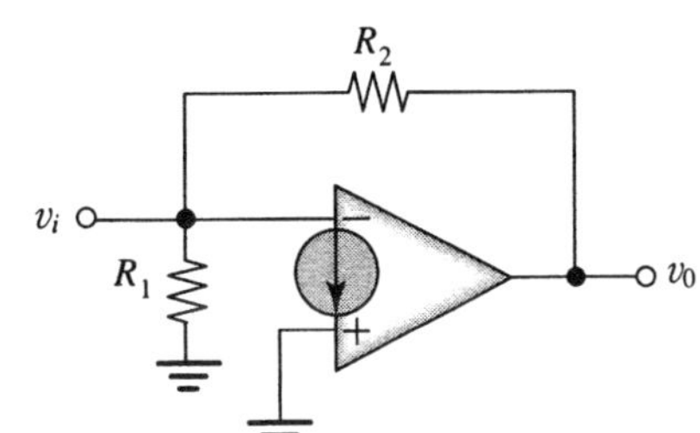

그림 9.30

- 그림 9.29(b)는 CDA의 기준전압 바이어스 회로이다. $R_1 = R_2$이면 기준전압 V_{ref}는 $V^+/2$이고, $R_3 = R_4$이면 $V_o = V_{\text{ref}}$이다.
- 그림 9.31은 CDA의 $N \times V_{\text{BE}}$ 바이어스 회로이며 그 직류 출력전압은 아래와 같다.

$$V_o = 0.55 \times \left(1 + \frac{R_2}{R_1}\right) \text{[V]}$$

- CDA IC에는 MC3301/MC3401, LM2900/LM3900 등이 있다.

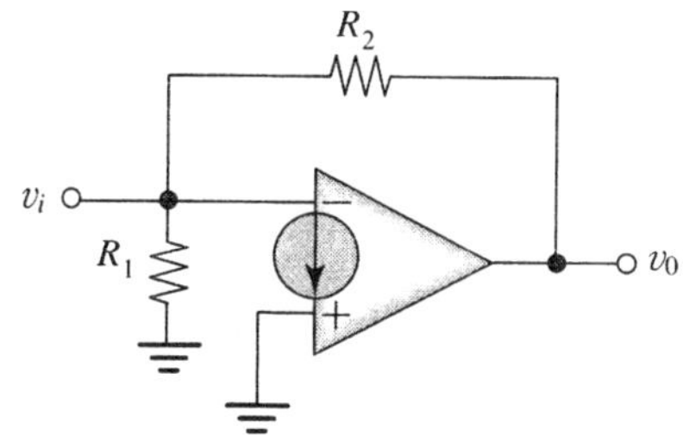

그림 9.31

9.2 연산 전달 컨덕턴스 증폭기(OTA)

■ OTA는 출력전류가 입력전압에 비례하는 증폭기이며, 그 표시기호는 그림 9.32와 같다.

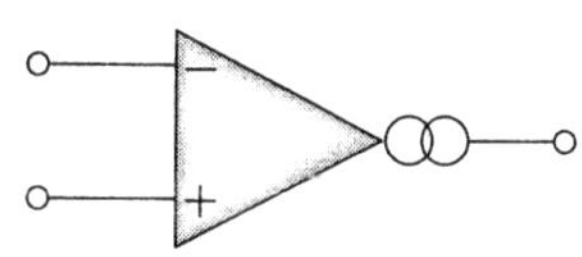

그림 9.32

■ 그림 9.33에서 CDA 회로의 전압이득은 I_{bias}에 의해 가변되며 I_{bias}는 아래와 같다.

$$I_{bias} = \frac{V^{+} - (-V^{-}) - 0.7}{R_{bias}} \text{ [A]}$$

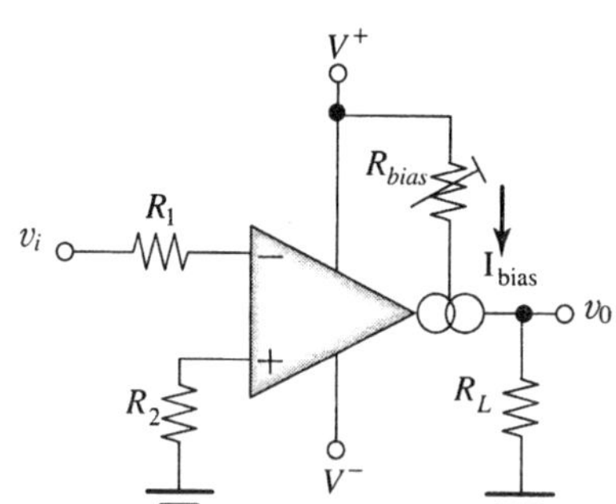

그림 9.33

■ 전달 컨덕턴스 $g_m (= i_o / v_i)$은 아래와 같다. $K \cdot I_{bias}$

$$g_m = K \cdot I_{bias} \text{ [S]}$$

단, 위의 식에서 K는 $I_{bias} - g_m$곡선에서 구한다.

■ 그림 9.33의 OTA 반전 증폭기에서 전압이득은 아래와 같다.

$$A_v = g_m \cdot R_L = K I_{bias} R_L$$

■ OTA IC에는 CA3080, LM13600/LM13700이 있으며, 후자는 한 패키지에 2회로가 들어있는 IC이다.

9.3 계측용 증폭기

■ 계측용 증폭기의 조건은 입력 임피던스가 아주 높고, 미소 잡음의 영향을 받지 않아야 한다.

■ 계측용 증폭기는 그림 9.34와 같이 차동 증폭기의 앞단에 전압 폴로워를 배치하면 고 임피던스를 얻을 수 있고, 잡음을 줄이기 위해 증폭기를 차동모드로 동작시킨다.

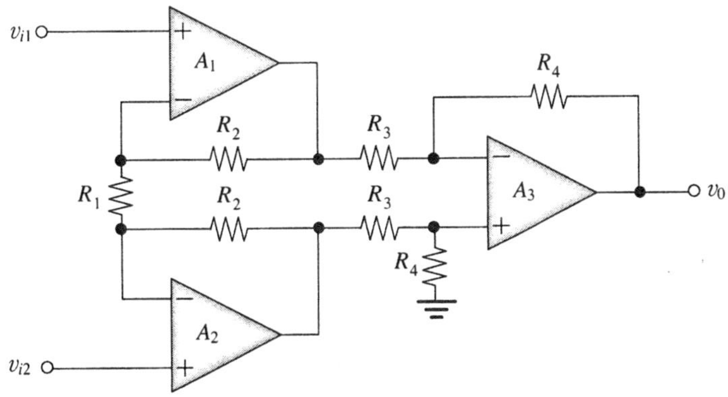

그림 9.34

■ 그림 9.34에서 계측용 증폭기의 증폭도는 아래와 같다.

$$A_v = \frac{R_4}{R_3}\left(1 + \frac{2R_2}{R_1}\right)$$

연습문제 Chapter 9

1. 출력전압이 입력 간의 차이전압에 비례하는 증폭기는?
   (가) 전압 폴로워 (나) 전류 증폭기
   (다) 노튼 앰프 (라) 차동 증폭기

2. CDA에 알맞은 표현은?
   (가) 동상모드 증폭기 (나) 계측용 증폭기
   (다) 차동모드 증폭기 (라) 전류 차동형 증폭기

3. CDA의 바이어스에 해당하는 것은?
   (가) $N \times V_{BE}$ (나) 전류 귀환
   (다) 고정 바이어스 (라) 전압분할

4. OTA의 설명으로 맞는 것은?
   (가) 전압 증폭도를 귀환저항에 의해 조절할 수 있다.
   (나) 전압 증폭도를 바이어스 전류에 의해 조절할 수 있다.
   (다) 입력 임피던스가 아주 작은 증폭기이다.
   (라) 입력 임피던스를 조절할 수 있는 증폭기이다.

5. 그림 9.35의 표시기호에 해당하는 것은?
   (가) 차동 증폭기 (나) 전류 증폭기
   (다) OTA (라) CTA

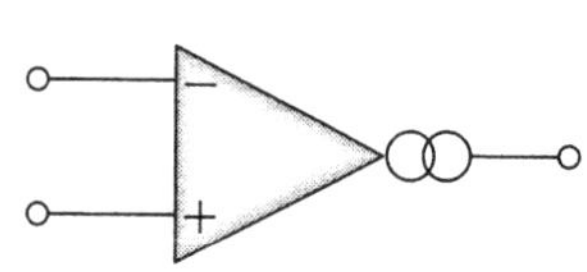

그림 9.35

6. OTA에서 전압이득에 영향을 주는 것은?
   (가) 입력저항 (나) 전류 증폭률
   (다) 출력저항 (라) 전달 컨덕턴스

7. OTA에서 바이어스 전류에 비례하는 것은?

(가) α (나) β

(다) g_m (라) μ

8. 입력 임피던스가 아주 높고, 잡음의 영향을 대폭 줄인 증폭기는?

(가) 계측용 증폭기 (나) CTA

(다) 전압 폴로워 (라) OTA

9. 그림 9.36에서 직류 출력전압은 몇 [V]인가?

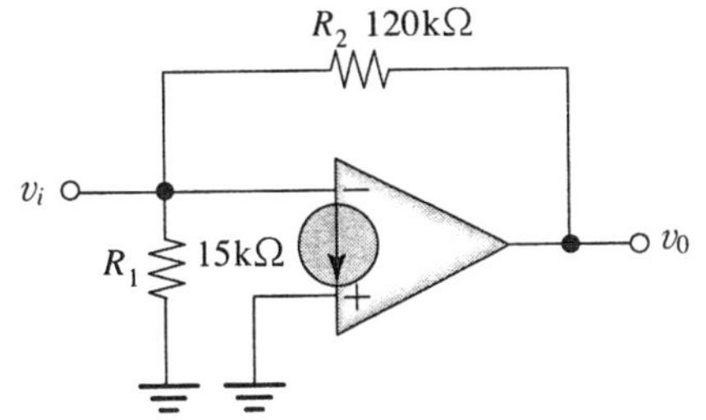

그림 9.36

10. 그림 9.37에서 $A_v = 12$로 하기 위한 R_2의 값은 얼마인가? 단, $R_1 \gg r_D$

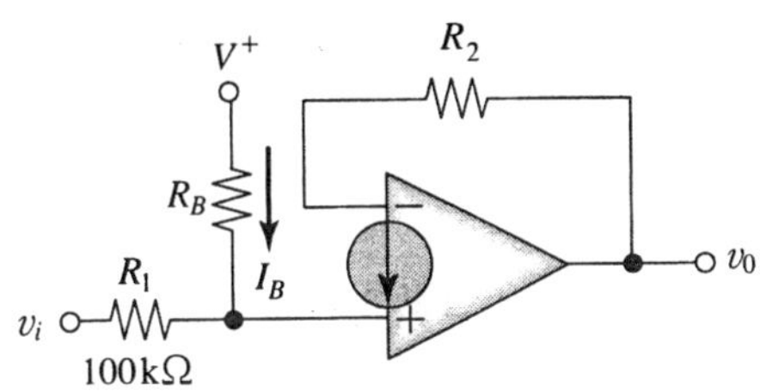

그림 9.37

11. 그림 9.38에서 A_v를 구하라. 단, $K = 22\,[\mu S/\mu A]$.

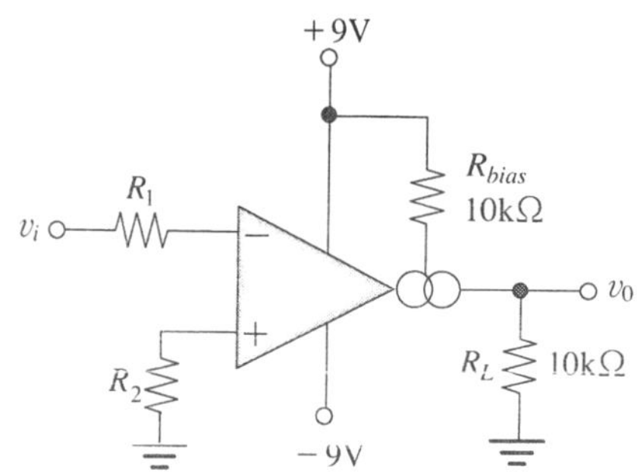

그림 9.38

12. 그림 9.39에서 전압 증폭도를 6으로 하기 위한 R_1값을 구하라.

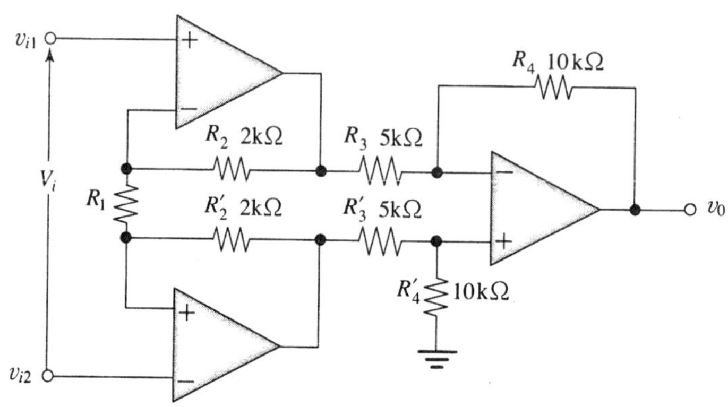

그림 9.39

10 정류 및 안정화 정전압 회로

내 용

학습목표

- OP 앰프 반파 정류기의 동작원리를 이해한다
- OP 앰프 전파 정류기의 동작원리를 이해한다
- 기준 전압회로의 특성과 구비조건을 배운다
- 직류 안정화 전원회로의 구성회로를 익힌다
- 직류 안정화 전원회로의 과전류 보호회로의 동작원리를 배운다
- 가변 정정전압 IC LM317의 사용법을 익힌다

10.1 OP 앰프 정류기

10.1.1 반파 정류기

그림 10.1은 OP 앰프로 구성한 **반파 정류기** 회로이다. 회로가 반전 증폭기임을 염두에 두자. 입력신호의 정(+) 주기에서 OP 앰프의 출력전압은 부(−)이므로 다이오드 D_1이 차단되고, D_2는 도통이 되면서 출력전압 v_o은 0.7 [V]에 클램프된다. 그러나 그림의 파형에서는 0 [V]로 나타내었다. 입력신호의 부(−) 주기에서 OP 앰프의 출력전압은 정(+)이므로 D_1이 도통, D_2가 차단이 되면서 정(+) 전압이 그대로 출력전압이 된다. 따라서 출력전압은 반파 정류 파형으로 나타난다. D_1, D_2의 방향을 반대로 하면 부(−)의 정류 전압을 얻을 수 있다.

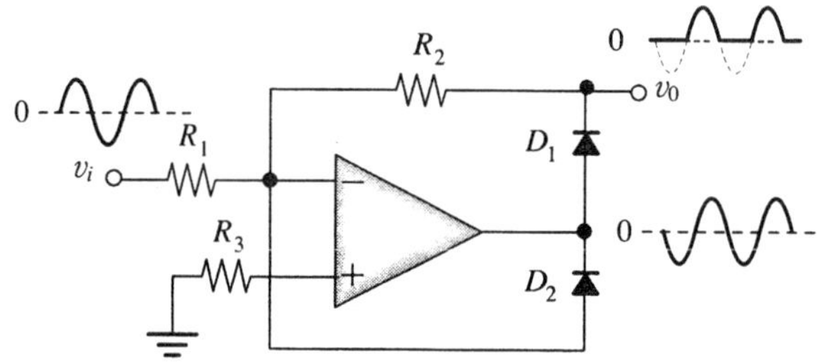

그림 10.1 OP 앰프 반파 정류회로

전압 증폭도가 $-R_2/R_1$이므로 출력전압은 아래와 같다.

$$v_i > 0 \ : \ v_o = 0.7 \text{ [V]} \tag{10.1}$$

$$v_i < 0 \ : \ v_o = -\frac{R_2}{R_1} \text{ [V]} \tag{10.2}$$

예제 10.1

그림 10.1에서 $R_1 = 10$ [kΩ], $R_2 = 20$ [kΩ]일 때 정현파 교류 입력전압의 최대치가 3 [V]라면 출력전압의 최대치는 어떻게 나타나는가?

풀이

식 (10.1)로부터

$$v_i > 0 \ : \ v_o = 0.7 \ [\mathrm{V}]$$

식 (10.2)로부터

$$v_i < 0 \ : \ v_o = -\frac{20}{10} \times (-3) = 6 \ [\mathrm{V}]$$

10.1.2 전파 정류기

그림 10.2(a)는 OP 앰프 전파 정류기 회로이다. A_1회로는 그림 10.1에서의 반전 반파 정류기로 동작하고, A_2회로는 가산기로 동작한다. 그림 10.2(b)와 같이 ⓐ점의 입력전압과 ⓑ점의 반파 정류전압이 A_2에서 가산·반전되어 출력전압 v_o가 전파 정류 파형으로 나타난다.

v_i의 부(−) 주기 파형은 정류되어 출력단에 나타나지 않는다.

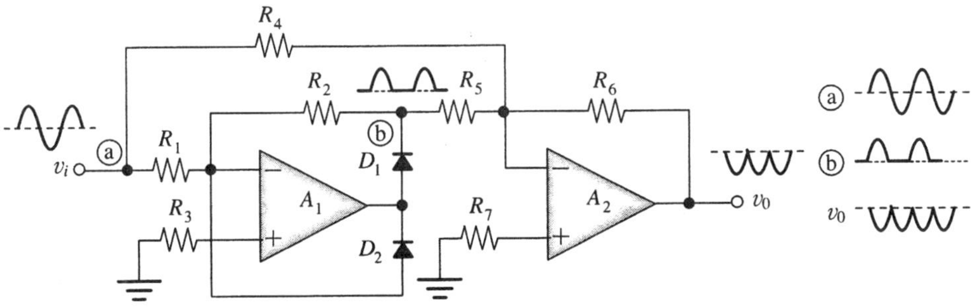

그림 10.2 OP 앰프 전파 정류회로

저항 값을 $R_1 = R_2 = R_4 = R_6 = 2R_5$로 취하면 아래와 같이 v_o는 v_i 그 크기가 같게 된다.

$$v_i > 0 \ : v_o = -v_i \tag{10.3}$$

$$v_i < 0 \ : v_o = v_i \tag{10.4}$$

10.2 기준전압 회로

보통 기준 전압으로 제너 다이오드를 많이 사용한다. 그러나 제너 다이오드를 사용한 기준 전압은 잡음에 영향을 받고, 온도에 민감하다는 다소의 약점이 있다. 그래도 낮은 전압에서는 제너 다이오드가 기준 전압원으로 유용하다. 그림 10.3과 그림 10.4는 제너 다이오드와 OP 앰프를 사용한 + 및 −가변 기준전압 회로이다. 가변 전압 범위는 각각 +0.2∼+12 [V], −0.5∼−12 [V]이다.

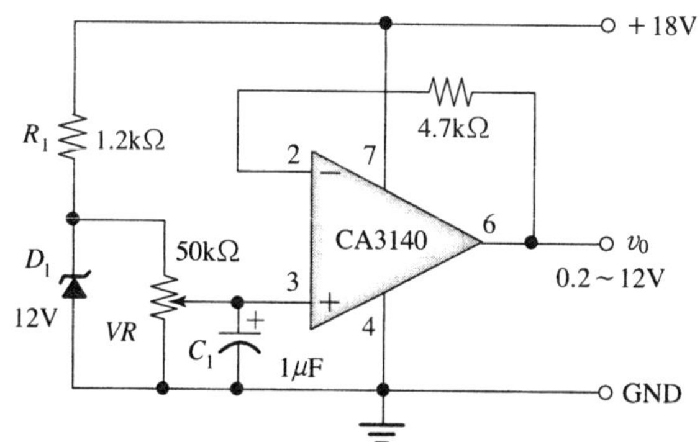

그림 10.3 + 가변 기준전압 회로

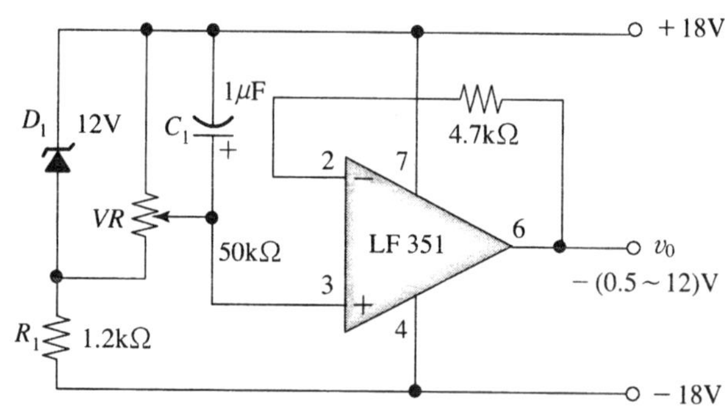

그림 10.4 − 가변 기준전압 회로

제너 다이오드의 단점을 보완한 IC 기준전압 소자들(LM329, LM399, LM369)이 있다. 이들을 **밴드 갭 기준(band gap reference) IC**라고도 부르며, 사용전압은 8∼12 [V]이고, 잡음 및 온도 특성이 매우 좋다. 그림 10.5는 등가회로를 나타내며 기준전압은 아래와 같다.

$$V_{ref} = V_{BE3} + \frac{R_2}{R_3} \cdot \Delta V_{BE} \text{ [V]} \tag{10.5}$$

Q_1, Q_2의 전기적 특성이 같고, 둘의 콜렉터 전압이 같다면 V_{ref}는 아래와 같다.

$$V_{ref} = V_{BE3} + 0.026 \frac{R_2}{R_3} \ln \frac{R_2}{R_1} \text{ [V]} \tag{10.6}$$

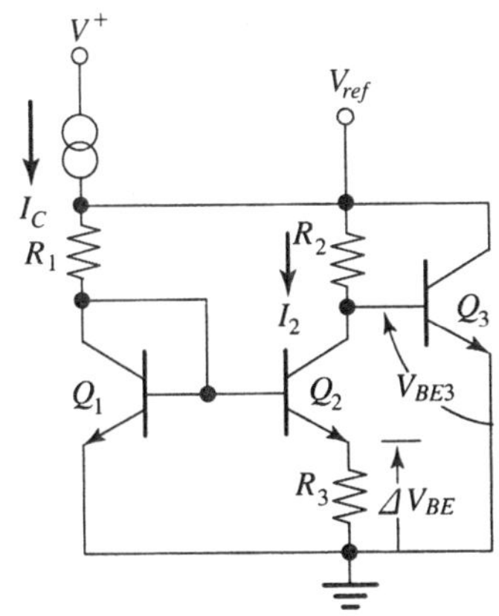

그림 10.5 기준전압 IC의 등가회로

10.3 직류 안정화 전원회로

부하전류에 영향을 받지 않고, 일정한 직류전압을 공급하는 장치가 직류 안정화 전원회로이다. 그림 10.6은 직렬 직류 안정화 전원장치의 구성도이다.

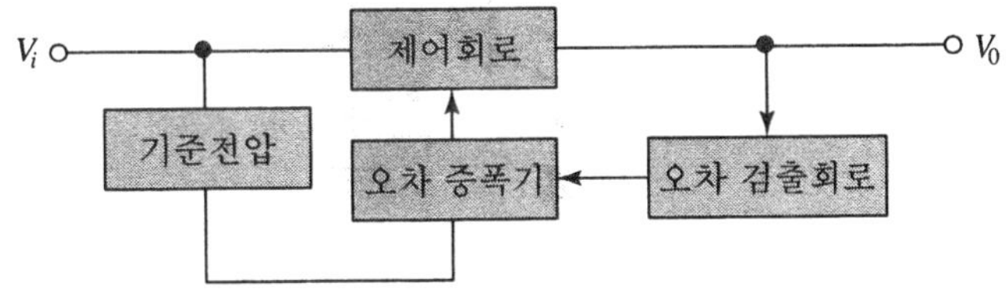

그림 10.6 직류 안정화 전원의 구성도

V_i는 전파 또는 브리지 정류회로의 직류 출력전압으로 부하에 따라 변하는 비안정화된 전압이므로 직류 안정화 전원회로가 필요하다. 그림 10.7은 아주 간단한 직류 정전압회로이다. 제어 트랜지스터 Q_1이 부하저항과 직렬로 연결되어 있으므로 직렬 정전압회로라 한다. Q_1의 B-E 전압 V_{BE}가 커지면, 즉 부하전류가 많이 흐르면 E-C간의 전압 V_{CE}는 작아지고, Q_1의 B-E 전압 V_{BE}가 작아지면, 즉 부하전류가 적게 흐르면 E-C간의 전압 V_{CE}는 커진다. 직류 출력전압 V_o는 아래와 같다.

$$V_o = V_Z - V_{BE} \tag{10.7}$$

V_Z가 일정하므로 V_{BE}가 커진 만큼 출력전압 V_o는 작아지므로 출력전압의 상승 분을 상쇄시키는 효과에 의해 출력전압은 안정화가 이루어진다.

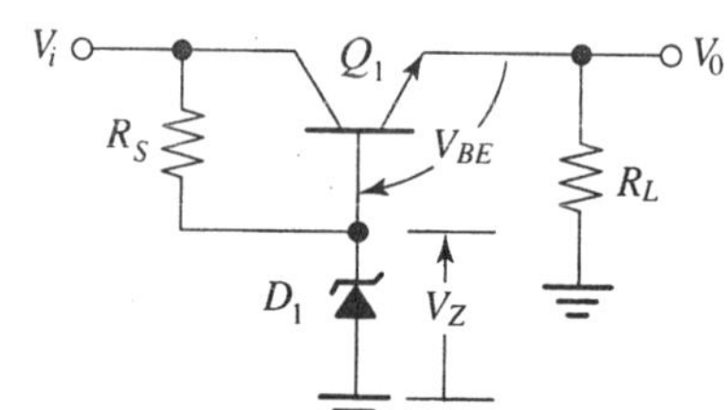

그림 10.7 제너 다이오드 직류 안정화 전원회로

그림 10.8은 샘플링 회로(저항 분할회로)와 트랜지스터 오차 증폭기를 추가한 직렬 정전압 회로이다. 제너 다이오드 D_Z 대신 밴드 갭 기준전압 IC로 대체할 수 있다.

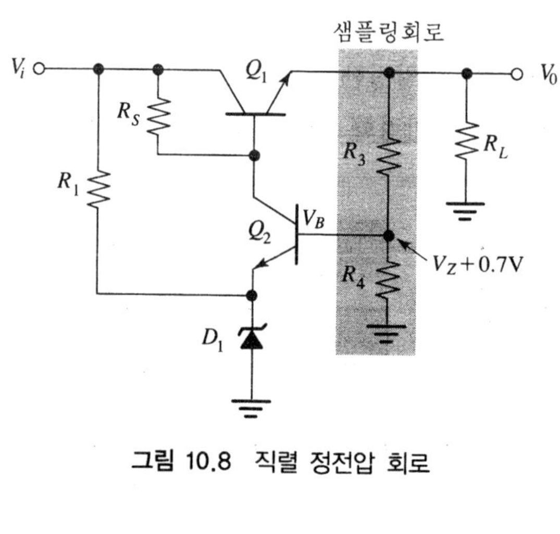

그림 10.8 직렬 정전압 회로

오차 증폭기의 베이스 전압 V_B는 기준전압 V_Z와 V_{BE}(0.7V)의 합이므로 아래와 같다.

$$V_B = V_z + 0.7\ [\text{V}] \tag{10.8}$$

따라서 R_3와 R_4에 의한 분할전압(V_B)은 아래와 같다.

$$V_B = \frac{R_4}{R_3 + R_4} V_o\ [\text{V}] \tag{10.9}$$

또한 분할저항의 조정에 의해 출력전압을 정하는 관계식은 아래와 같다.

$$V_o = \frac{R_3 + R_4}{R_4} V_B = \frac{R_3 + R_4}{R_4}(V_Z + 0.7)\ [\text{V}] \tag{10.10}$$

그림 10.9는 트랜지스터 대신 OP앰프를 오차 증폭기로 사용한 직렬 직류 안정화 전원회로이며, 그 기본동작은 트랜지스터의 경우와 같고, 출력전압은 아래와 같다.

$$V_o = \frac{R_2 + R_3}{R_3}(V_Z + 0.7)\ [\text{V}] \tag{10.11}$$

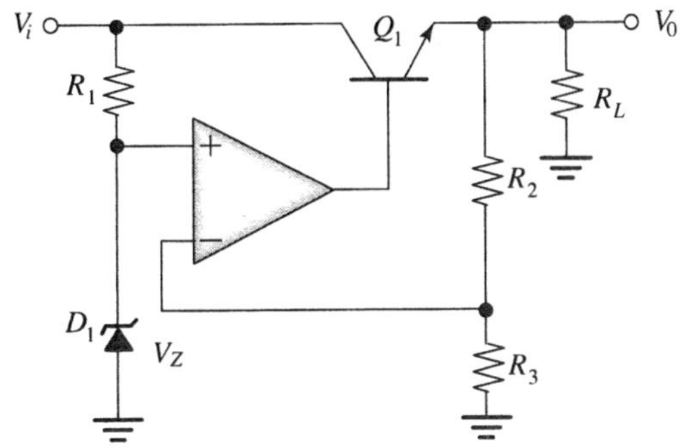

그림 10.9 직렬 직류 안정화 전원회로

부하전류 I_L과 제어 트랜지스터 Q_1의 소비전력 P_D는 아래와 같다.

$$I_L = \frac{V_o}{R_L} \tag{10.12}$$

$$P_D = (V_i - V_o) \tag{10.13}$$

또한 그림 10.10과 같이 다아링톤 접속으로 하면 큰 전류를 흘릴 수 있다. 이때 Q_1은 대 전류용, Q_2는 소전류용 트랜지스터를 사용한다.

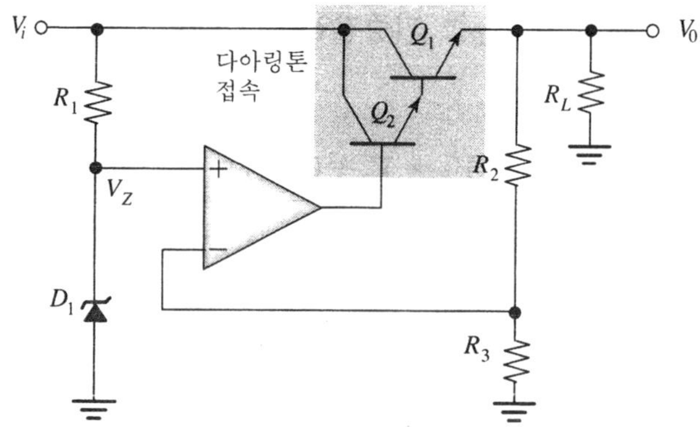

그림 10.10 다아링톤 접속 직렬 직류 안정화 전압회로

예제 10.2

그림 10.9에서 $V_i = 15$ [V], $V_Z = 5.6$ [V], $R_2 = 10$ [kΩ] 일 때 직류 출력전압을 10 [V]로 하기 위한 R_3의 값은 얼마인가?

풀이

식 (10.11)로부터

$$10 = \frac{10 + R_3}{R_3} \times (5.6 + 0.7), \quad 10R_3 = 6.3R_3 + 63, \quad 3.7R_3 = 63$$

$$\therefore \ R_3 = \frac{63}{3.7} \fallingdotseq 17 \ [\mathrm{k\Omega}]$$

그림 10.11의 Q_2와 저항 R_4는 출력단자의 부하가 단락되거나 정격 이상의 전류가 흐르면 제어소자 Q_1에 무리한 전류가 흘러 파괴될 수 있으므로 이를 방지하기 위한 **과전류 보호회로**이다. R_4의 전압강하는 Q_2의 이미터-베이스 바이어스 전압이 되므로 R_4에서의 전압강하가 전압 0.6 [V] 이하이면 트랜지스터 Q_2가 차단되어 전류가 흐르지 않지만 0.7 [V]이상이 되면 Q_2에 전류가 흘러서 포화 상태가 되므로 Q_2의 V_{CE}는 거의 0V에 가깝게 된다. 따라서 순간적으로 제어 트랜지스터 Q_1의 $V_{BE} = 0$이 되므로 Q_1은 차단이 되어 보호된다. 이때 R_4 값과 최대 허용전류 $I_{\max}$ 사이의 관계식은 아래와 같다.

$$R_4 = \frac{0.7V}{I_{\max}} \ [\Omega] \tag{10.14}$$

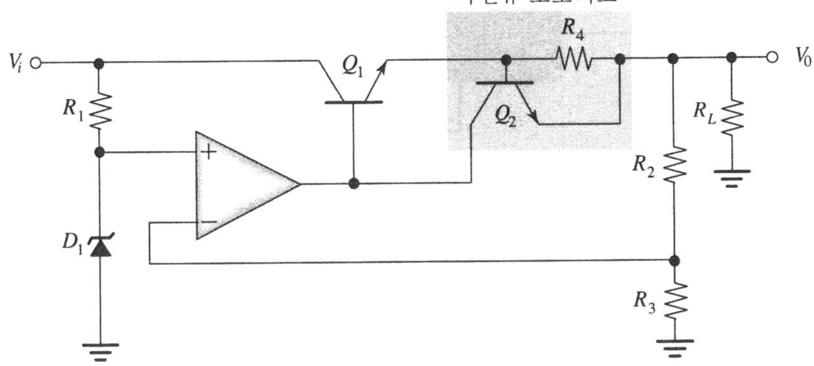

그림 10.11 직렬 안정화 전원회로의 과전류 보호회로

$$I_{max} = \frac{0.7}{R_4} \ [A] \tag{10.15}$$

예제 10.3

그림 10.11에서 최대 부하전류 0.2 [A], $V = 12$ [V]일 때 과 전류 보호저항 R_4의 값을 얼마로 정해야 되며, 저항의 와테이지(전력)는 어느 규격이 적합한가?

풀이

식 (10.15)로부터

$$R_4 = \frac{0.7}{0.5} = 1.2 \ [\Omega]$$

$$P = I_{max} \cdot R_4 = 0.2^2 \times 1.2 = 0.048 \ [W]$$

가변형 정전압 IC로 LM317이 있다. LM317을 사용하면 +1.2~37 [V], 1.5 [A]까지의 정전압 출력을 얻을 수 있다. 그림 10.12는 LM317을 사용한 가변 정전압회로이다. 이 회로의 출력전압 V_o은 R_1에서의 전압강하와 R_2에서의 전압강하의 합이므로

$$V_o = V_{REF} + \left(\frac{V_{REF}}{R_1} + I_{ADJ}\right)R_2 = \left(1 + \frac{R_2}{R_1}\right)V_{REF} + I_{ADJ}R_2$$

내부 기준전압 $V_{REF} = 1.25$ [V]이고, $I_{ADJ} = 50 \sim 100$ [μA]이다. 따라서 아래와 같이 고쳐 쓸 수 있다.

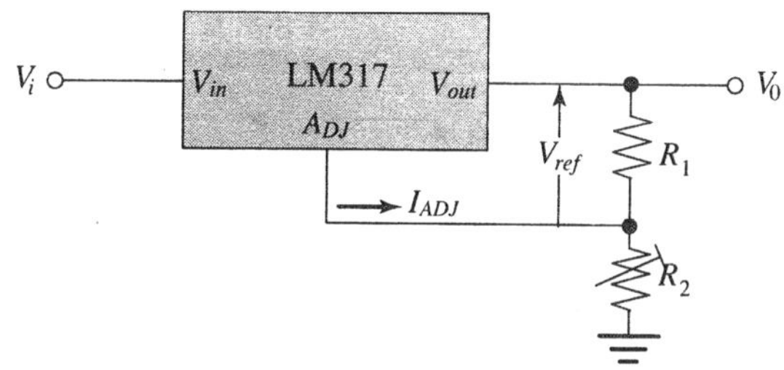

그림 10.12 LM317을 사용한 가변 정전압회로

$$V_o = \left(1 + \frac{R_2}{R_1}\right) \times 1.25 + I_{ADJ} R_2 \ [\text{V}] \qquad (10.16)$$

LM317의 출력전류는 1.5 [mA] 이상이 되어야 정상적으로 동작한다. LM317에 대응하는 부(−) 전압 가변 IC로는 LM337이 있다.

예제 10.4

그림 10.12에서 $R_1 = 1$ [kΩ],이고, R_2를 25 [kΩ]의 가변저항을 사용한다면 출력 전압의 가변전압 범위는 얼마인가? 단, $I_{ADJ} = 100$ [μA]이다.

풀이

식 (10.16)으로부터

V_o는 $R_1 = 1$ [kΩ], $R_2 = 0$ [kΩ]일 때 최소이고, $R_1 = 1$ [kΩ], $R_2 = 25$ [kΩ]일 때 최대이므로

$$V_{\min} = (1+0) \times 1.25 + 100 \times 10^{-6} \times 25 \times 10^{3} = 1.25 + 2.5 = 3.75 \ [\text{V}]$$

$$V_{\max} = \left(1 + \frac{25}{1}\right) \times 1.25 + 100 \times 10^{-6} \times 25 \times 10^{3} = 32.5 + 2.5 = 35 \ [\text{V}]$$

따라서 출력전압의 가변 범위는 3.75~35 [V]이다.

간추림

10.1 OP 앰프 정류기

- 그림 10.13은 OP 앰프 반파 정류기 회로이다. 반전 OP 앰프는 D_1, D_2의 ON, OFF에 의해서 정(+) 주기의 파형만 출력전압으로 나타난다.

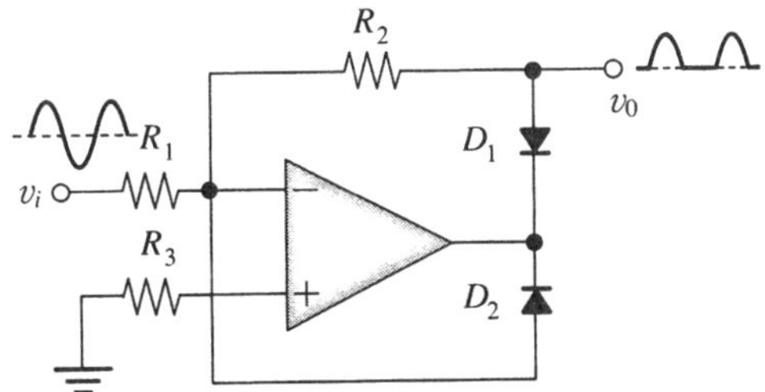

그림 10.13

- 그림 10.14는 OP 앰프 전파 정류기 회로이다. OP 앰프 반파 정류기의 출력과 입력 전압이 OP 앰프 반전 가산기에 합해져 들어가면 출력단자에는 전파 정류 전압이 나타난다.

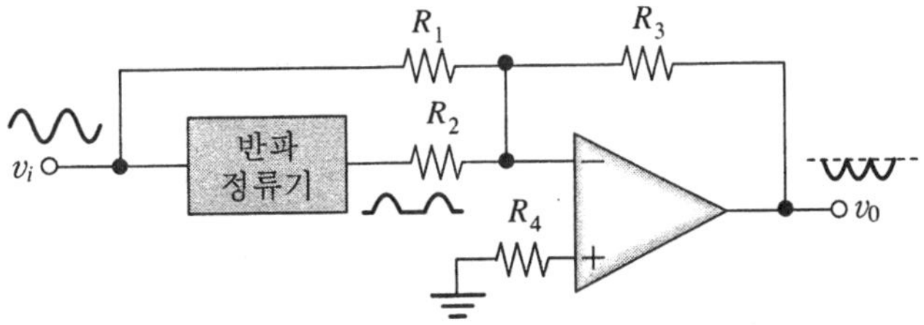

그림 10.14

10.2 기준전압 회로

- 기준전압 소자에는 제너 다이오드와 잡음의 영향을 덜 받고 온도특성이 좋은 밴드 갭 기준 IC가 있다.
- 저 전압 기준회로에는 주로 제너 다이오드가 사용되고, 8~12 [V]의 밴드 갭 기준 IC가 사용된다.

10.3 직류 안정화 전원회로

- 직류 안정화 전원회로의 구성도는 그림 10.15와 같다. 기준전압에는 제너 다이오드 또는 밴드 갭 기준 IC, 제어소자에는 트랜지스터, 오차 증폭기에는 OP 앰프, 오차 검출기에는 저항 분할기가 사용된다.

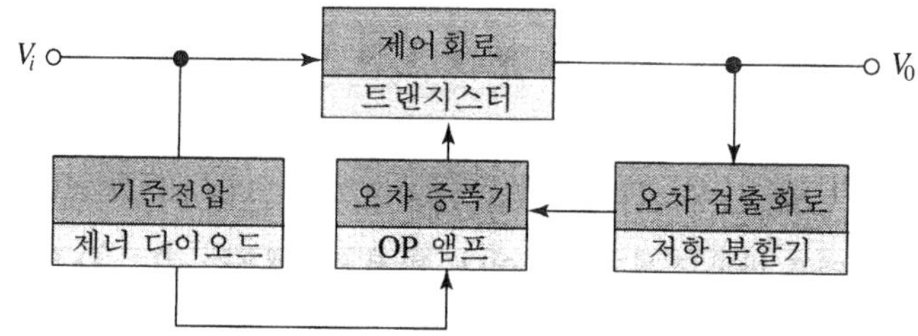

그림 10.15

■ 직렬 직류 안정화 전원회로의 직류 출력전압은 그림 10.16과 같이 출력단과 오차 증폭기에 연결된 저항 분할기에 의해서 설정되며, 그 값은 아래와 같다.

$$V_o = \frac{R_1 + R_2}{R_1}(V_Z + 0.7)\ [\mathrm{V}]$$

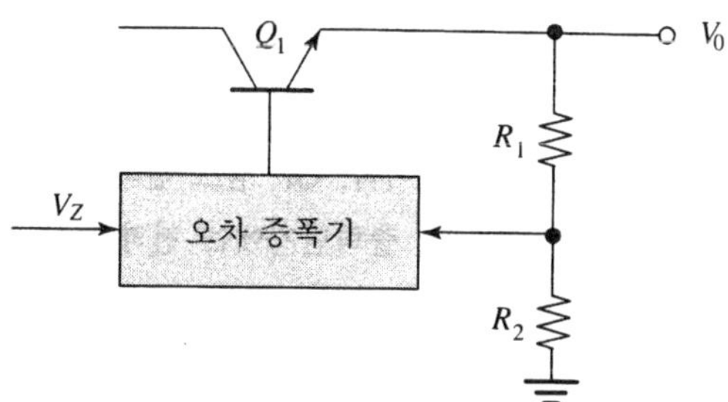

그림 10.16

■ 직렬 직류 안정화 전원회로의 과전류 보호회로는 그림 10.17와 같이 제어소자 Q_1 뒤에 트랜지스터 Q_2와 저항 R을 연결하여 과전류 시 Q_1을 차단시키다. 저항 R의 크기는 최대 출력전류를 I_{max}라 할 때 아래와 같다.

$$R = \frac{0.7}{I_{max}}\ [\Omega]$$

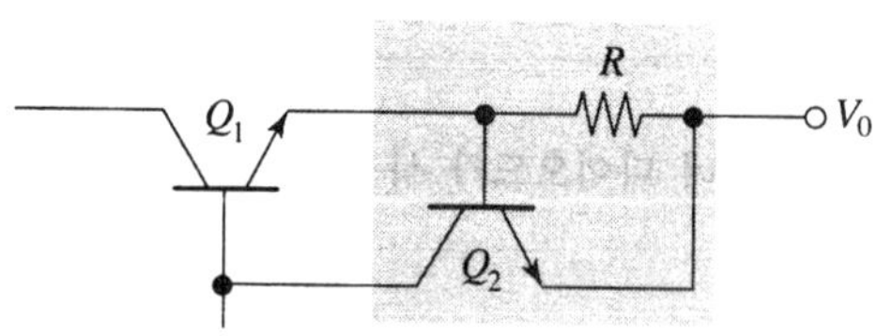

그림 10.17

■ LM317 및 LM337은 ±(1.2~370 [V]의 가변 전전압 IC이다. 최소전압 시 1.5 [mA] 이상의 전류를 흘려야 동작한다.

연습문제 Chapter 10

1. OP 앰프 반파 정류기에 사용되는 소자는?

(가) 다이오드　　(나) 제너 다이오드
(다) 트랜지스터　　(라) R, C

2. OP 앰프 전파 정류기와 관계가 있는 것은

(가) 적분기　　(나) 미분기
(다) 전압 폴로워　　(라) 가산기

3. OP 앰프 반전 전파 정류기에 60 [Hz]의 정현파가 들어갈 때 출력전압은?

(가) +60 [Hz] 리플전압　　(나) +120 [Hz] 리플전압
(다) −60 [Hz] 리플전압　　(라) −120 [Hz] 리플전압

4. 잡음 및 온도 특성이 좋은 기준전압 소자는?

(가) 제너 다이오드　　(나) 밴드 갭 기준 IC
(다) 전압 분할기　　(라) 정류 다이오드

5. 직류 안정화 전원회로의 구성요소에 해당하지 않는 것은?

(가) 제너 다이오드　　(나) OP 앰프
(다) 트랜지스터　　(라) SCR

6. 직렬 직류 안정화전원 회로에서 기준전압 소자는?

(가) OP 앰프　　(나) 제너 다이오드
(다) 트랜지스터　　(라) 전압 분할기

7. 직렬 직류 안정화전원 회로에서 전압조절 소자는?

(가) 트랜지스터　　(나) OP 앰프
(다) 전압 분할기　　(라) 정류 다이오드

8. 직렬 직류 안정화전원 회로에서 출력전압 12 [V], 최대 부하전류 0.4 [A]라면 과 전류 센스 저항의 크기는 몇 [Ω]인가?

(가) 1.75　　(나) 3.5　　(다) 4.8　　(라) 30

9. 그림 10.18에서 출력전압의 최대치는 얼마이고, 그 파형을 그려라.

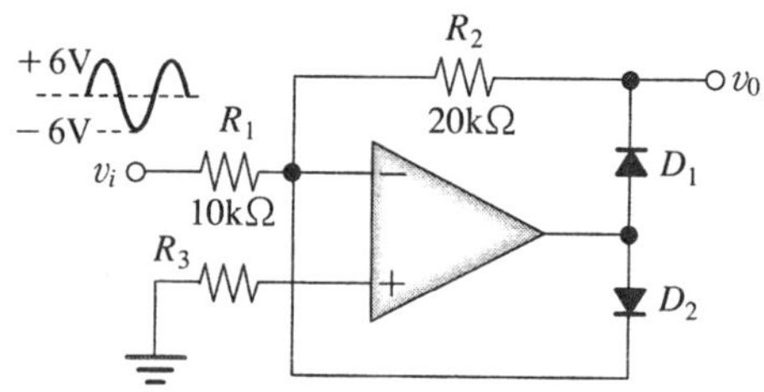

그림 10.18

10. 그림 10.19에서 직류 출력전압은 몇 [V]인가? 단, $V_Z = 6.8$ [V]

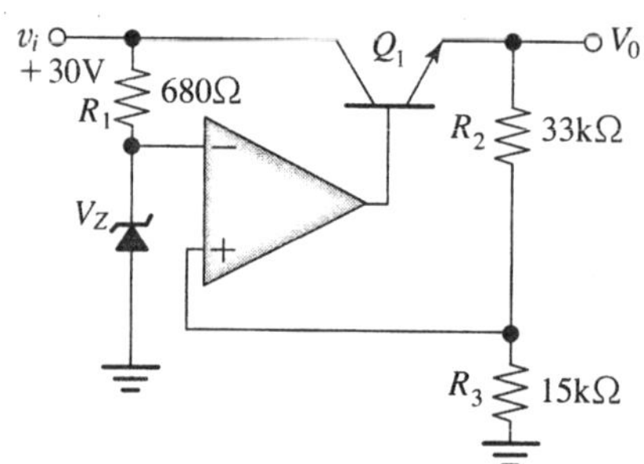

그림 10.19

11. 그림 10.19에서 출력전압을 18 [V]로 하기 위해서는 R_3을 얼마로 바꾸어야 하는가?

12. 그림 10.19에서 제너 다이오드의 전압을 5.6 [V]로 바꾸면 출력전압은 얼마로 바뀌는가?

13. 그림 10.20에서 최소부하저항이 40 [Ω]일 때 과전류 방지저항 R_4 값을 구하라. 단, $V_o = 14$ [V]

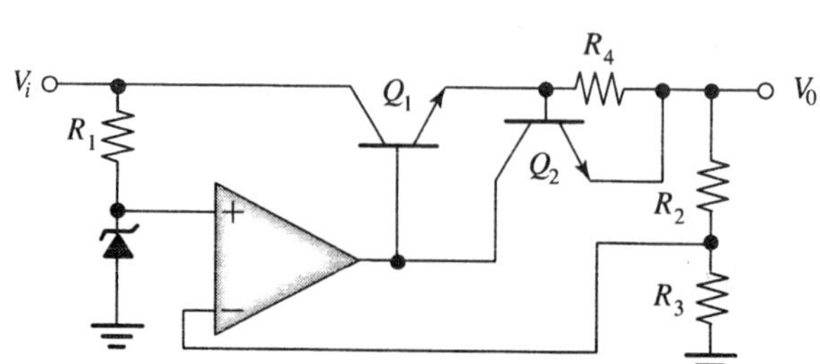

그림 10.20

14. 그림 10.21에서 $V_o = 6.5$ [V]로 하기 위한 R_2 값을 구하라. 단, $I_{ADJ} = 100$ [μA].

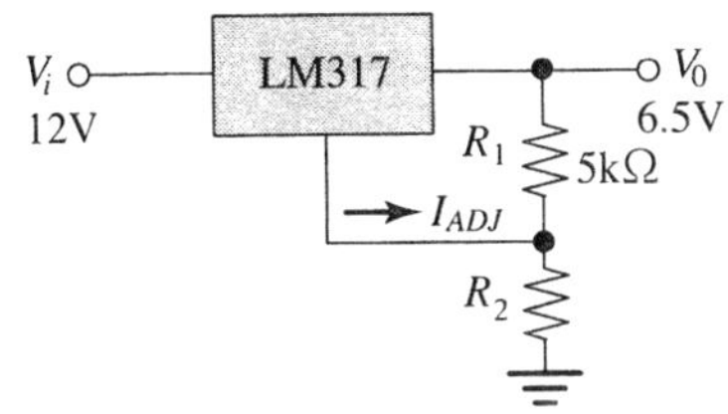

그림 10.21

11
기타 회로

내 용

11.1 샘플 홀드 회로
11.2 피크치 검출기
11.3 직류 전압계
11.4 바 그래프 볼트미터

학습목표

- 샘플 홀드 회로의 동작원리를 이해한다
- 피크치 검출기의 동작원리를 이해하고 구성회로를 익힌다
- 직류 전압계의 설계원리를 배운다
- 바 그래프의 볼트미터의 동작원리와 활용법을 배운다

11.1 샘플 홀드 회로

샘플 홀드 증폭기(sample hold amplifier)란 임의의 시간에서의 아날로그 입력전압을 일정 시간 동안 보존하는 증폭기를 말한다. 일정시간 동안 샘플링된 아날로그 전압은 아날로그-디지털(A/D) 변환기에 의해 디지털 전압으로 변환된다. 그림 11.1은 샘플 홀드 증폭기의 입력전압과 출력 파형을 함께 나타낸 것이다.

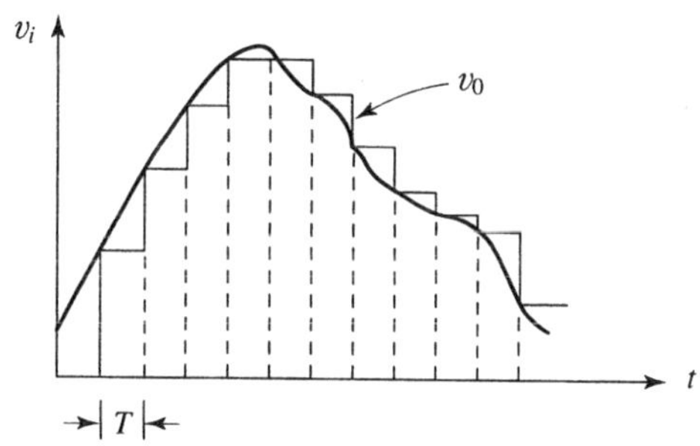

그림 11.1 샘플링 입력전압과 출력전압

샘플 홀드 증폭기는 그림 11.2와 같이 아날로그 스위치, 콘덴서, 입력 및 출력 버퍼로 구성된다. 아날로그 스위치가 닫히면 버퍼 A_1에 나타나있던 입력신호 v_i가 콘덴서에 연결되고 버퍼 A_2를 거쳐 출력단자에 나타난다. 그러나 스위치가 열리면 입력전압의 가장 마지막 값이 콘덴서에 충전되면서 다음 샘플기간(그림 11.1의 T) 동안 출력버퍼 A_2가 이 때의 직류전압을 보존한다. 그림 11.1은 스위치가 닫힌 기간이 열린 기간보다 훨씬 짧다

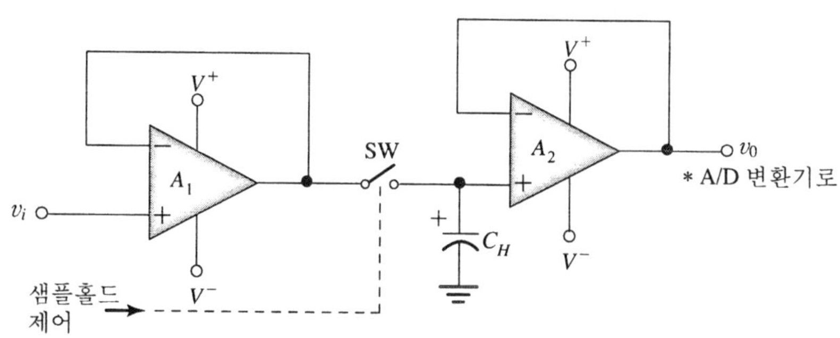

그림 11.2 샘플 홀드 증폭기의 기본회로

고 가정한 출력전압 파형이다. 콘덴서가 빨리 방전하지 못하도록 버퍼 A_2의 입력 임피던스가 매우 커야 한다.

좀 더 이해를 돕기 위해 스위치의 열림과 닫힘에 따른 출력전압 파형을 자세히 설명한 것이 그림 11.3이다. t_0에서 스위치가 닫히는 순간 샘플링(sampling)이 시작되고, t_1서 스위치가 열리면서 샘플링이 끝남과 거의 동시에 홀딩(holding)이 시작된다. 샘플링 기간 동안은 그림 11.3의 원형부분과 같이 입력전압의 파형이 그대로 출력전압으로 나타나고, 홀딩기간 동안에는 홀딩 콘덴서(C_H)의 충전으로 t_1에서의 입력전압이 직류전압으로 출력단자에 나타나게 된다. 실제에 있어서는 직류전압이 약간 감쇠한 기울기의 직선이지만 근사적으로 평탄한 직류전압으로 나타낸 것이다. 또한 홀드 제어신호가 들어간 시점과 실제 스위치가 열리는 시점 사이에 시간 간격이 있으며 이를 틈새(aperture)시간이라 한다. 이 시간은 A/D 변환기의 변환시간보다 훨씬 작아야 한다.

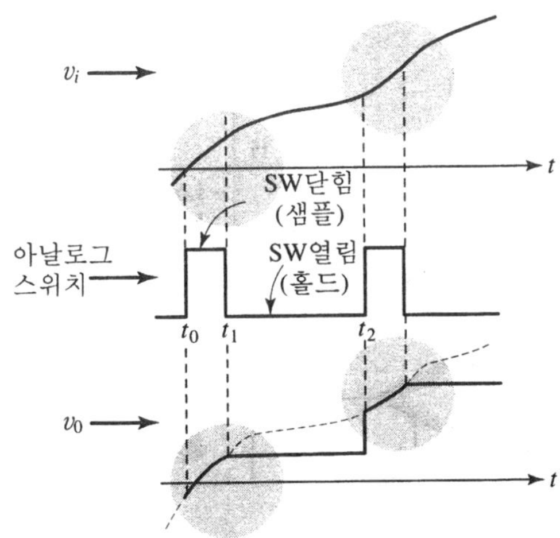

그림 11.3 샘플 기간 및 홀드 기간의 입력 및 출력 파형

샘플 홀드 증폭기로 나온 IC 가운데 AD582가 있다. 그림 11.4는 이 IC의 내부 등가회로와 핀 접속도를 나타낸다. 2개의 버퍼가 있고, 논리 게이트로 동작하는 스위치가 있으며 홀드 콘덴서는 용도에 맞게 그 값을 선정하도록 외부에서 연결되도록 되어 있다.

그림 11.5는 증폭도가 1인 샘플 홀드 증폭기 회로이다. 1 이상의 증폭도를 만들자면 $-I_N$과 출력(Out) 단자 사이에 저항 R_2, $-I_N$과 어스 사이에 R_1을 연결하면 $1+R_2/R_1$의 증폭도를 얻을 수 있다. AD582의 샘플/홀드(S/H) 제어신호는 0 [V]일 때 샘플링이고, 5 [V]일 때 홀딩이다. 가변저항 10 [kΩ]은 옵셋 전압 조정용이다.

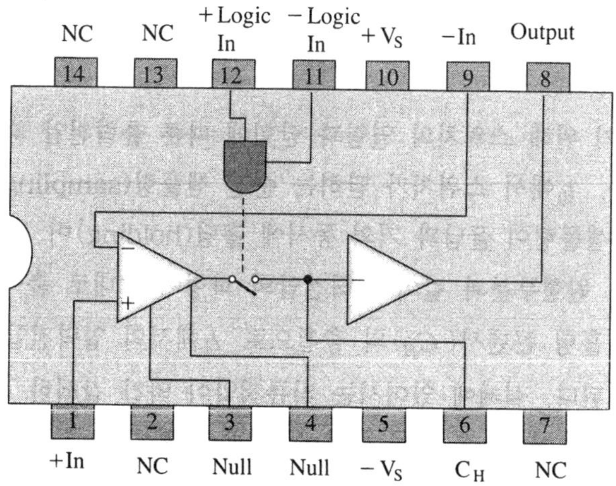

그림 11.4 AD582의 내부회로와 핀 접속도

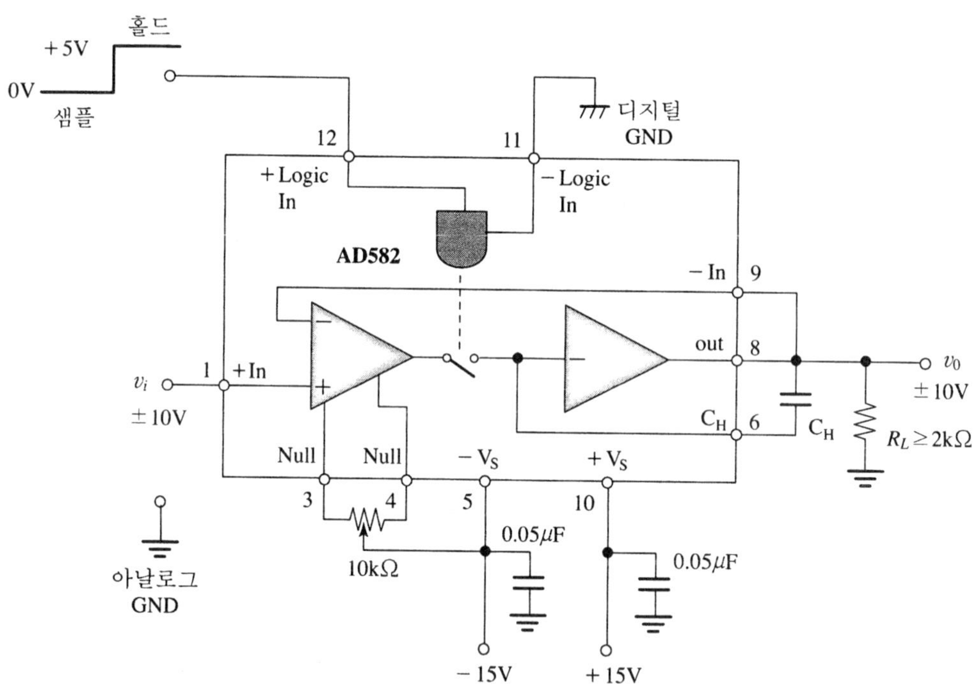

그림 11.5 AD582 샘플 홀드 회로

11.2 피크치 검출기

OP 앰프를 사용한 **피크치 검출기(peak detector)**의 기본회로는 그림 11.6과 같다. 비반전 입력단자에 +로 증가하는 신호가 들어오면 다이오드 D_1은 순방향 바이어스가 되고, 통과된 전압은 콘덴서를 충전하기 시작한다. 피크치까지 충전한 뒤 전압이 하강하기 시작할 때 콘덴서는 방전통로가 없이 입력전압이 떨어져 R_2를 통한 반전 입력단자(−)의 전압이 비반전 입력단자(+)의 전압보다 높아지는 순간 OP 앰프는 비교기로 동작하여 출력전압은 −전압으로 반전된다. 다이오드 D_1은 역방향 바이어스가 되면서 콘덴서 C는 OP 앰프로부터 격리되므로 방전통로가 없기 때문에 콘덴서는 충전상태의 피크치를 유지한다. 따라서 출력단자의 전압을 측정하면 입력전압의 피크치를 읽을 수 있다.

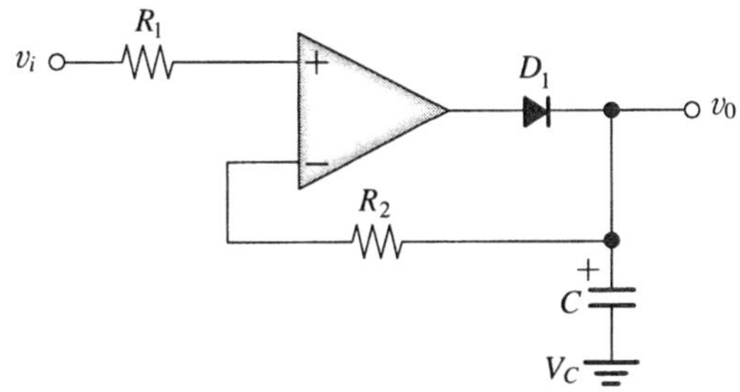

그림 11.6 피크치 검출기의 기본회로

그림 11.7은 뒤단에 저입력 전류(고 입력 임피던스)의 OP 앰프를 사용한 전압 폴로워를 추가하여 방전저항을 훨씬 높게함으로써 방전통로를 완전히 막는 회로이다.

예컨대 OP 앰프 IC 110을 사용하고, C의 정전용량이 1 [μF]라면 IC 110의 입력전류가

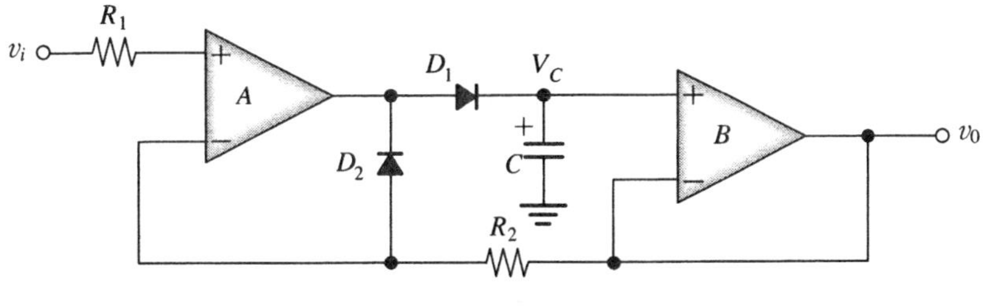

그림 11.7 전압 폴로워를 사용한 피크치 검출회로

1 [nA]이므로 초(s)당 변화하는 전압은 $\frac{\Delta V}{\Delta t} = \frac{I}{C} = \frac{10^{-9}}{10^{-6}} = 1$ [mV/s] 가 되므로 출력 측정기간을 30 [초]로 잡는다면 30 [mV]=0.03 [V]의 방전전압 때문에 측정치는 그만큼 떨어지지만 미미한 값이다. IC 110 대신 FET OP 앰프 IC 082를 사용한다면 훨씬 오차를 낮게 할 수 있다. D_2는 입력전압이 최고치에서 떨어질 때 도통(ON)이 되어 D_1을 차단(OFF)시키는 역할을 한다. R_2는 기본회로에서의 R_2 기능과 같다.

11.3 직류 전압계

그림 11.8은 비반전 증폭기를 이용한 직류 전압계의 동작원리를 나타낸다. 비반전 증폭기를 사용하는 이유는 입력 임피던스가 매우 높다는 점이다.

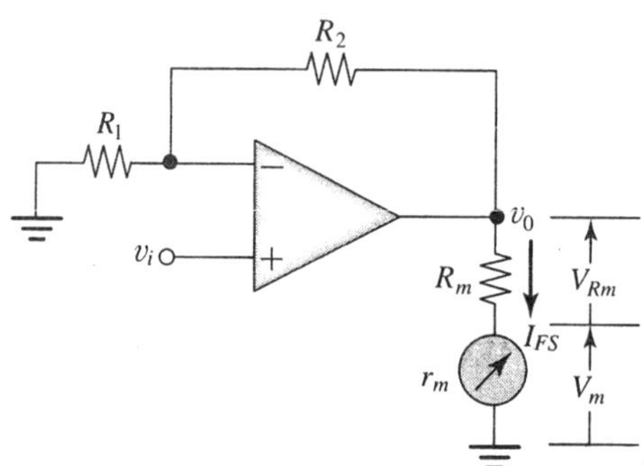

그림 11.8 직류 전압계의 기본회로(A)

만일 사용하는 미터기의 전류 풀 스케일(Full Scale)이 I_{FS}이고, 무브먼트의 내부저항이 R_m이라고 할 때 출력전압을 V_o로 일정하게 유지한다면 아래의 관계식이 성립한다.

$$V_i\left(1+\frac{R_2}{R_1}\right) = V_o \qquad (11.1)$$

$$V_o = I_{FS}(R_m + r_m) \qquad (11.2)$$

일반적으로 미터기의 I_{FS}와 내부저항 r_m은 알 수 있으므로 V_o만 정해지면 R_m을 정할 수 있다. 그림 11.9와 같이 미터회로를 귀환회로에 넣으면 회로가 더욱 간단해지고, 직

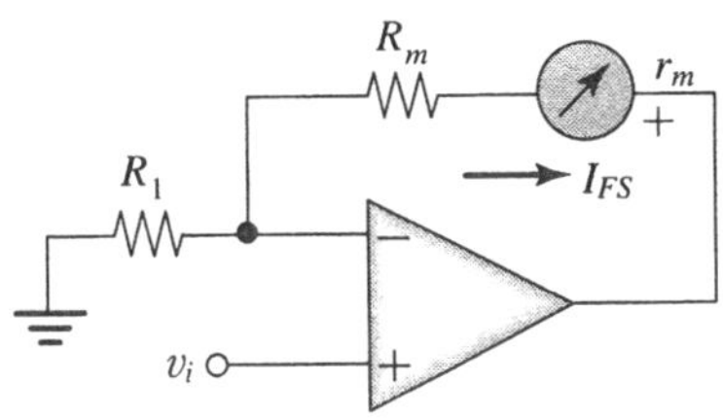

그림 11.9 직류 전압계의 기본회로(B)

류 전류 및 전압계회로로 사용할 수 있다. 이 회로는 출력저항에 의한 영향을 받지 않는 이점이 있다. 만일 그림 11.8에서 $V_o = 12$ [V]로 취하고, 미터 무브먼트의 $I_{FS} = 1$ [mA], $r_m = 50$ [Ω]인 경우에 $V_m = 10$ [V]로 하기 위한 R_m의 값은 식 (11.2)에 의해 $R_m = \frac{V_o}{I_{FS}} - r_m = \frac{12}{1 \times 10^{-3}} - 50 = 11.950$ [Ω]이 된다.

만일 입력 레인지를 10 [V], 1 [V], 0.1 [V]로 하기 위한 각각의 저항 R_1 값은 식 (11.1)에 의해

$$R_1 = \frac{R_2}{V_o / V_i - 1} = \frac{10}{12 / V_i - 1} \ [\text{k}\Omega] \tag{11.3}$$

이 되고 아래와 같이 구해진다.

(1) 10 [V] 레인지 : $R_{1a} = 50$ [kΩ]

(2) 1 [V] 레인지 : $R_{1b} \fallingdotseq 910$ [Ω]

(3) 100 [mV] 레인지 : $R_{1c} \fallingdotseq 84$ [Ω]

그림 11.10은 3개의 레인지를 갖는 직류 전압계의 회로를 나타낸다.

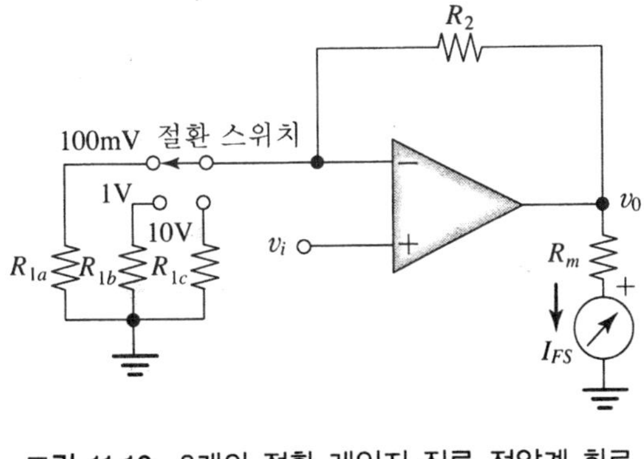

그림 11.10 3개의 절환 레인지 직류 전압계 회로

11.4 바 그래프 볼트미터

그림 11.11은 입력전압의 증가에 따라 바(bar) 형태로 배열된 LED 램프를 순차적으로 점등시키는 **바 그래프(bar graph) 볼트미터** 회로이다. 거리가 다소 떨어진 곳에서도 시각적으로 전압의 크기를 가늠할 수 있는 이점을 갖는 회로이다.

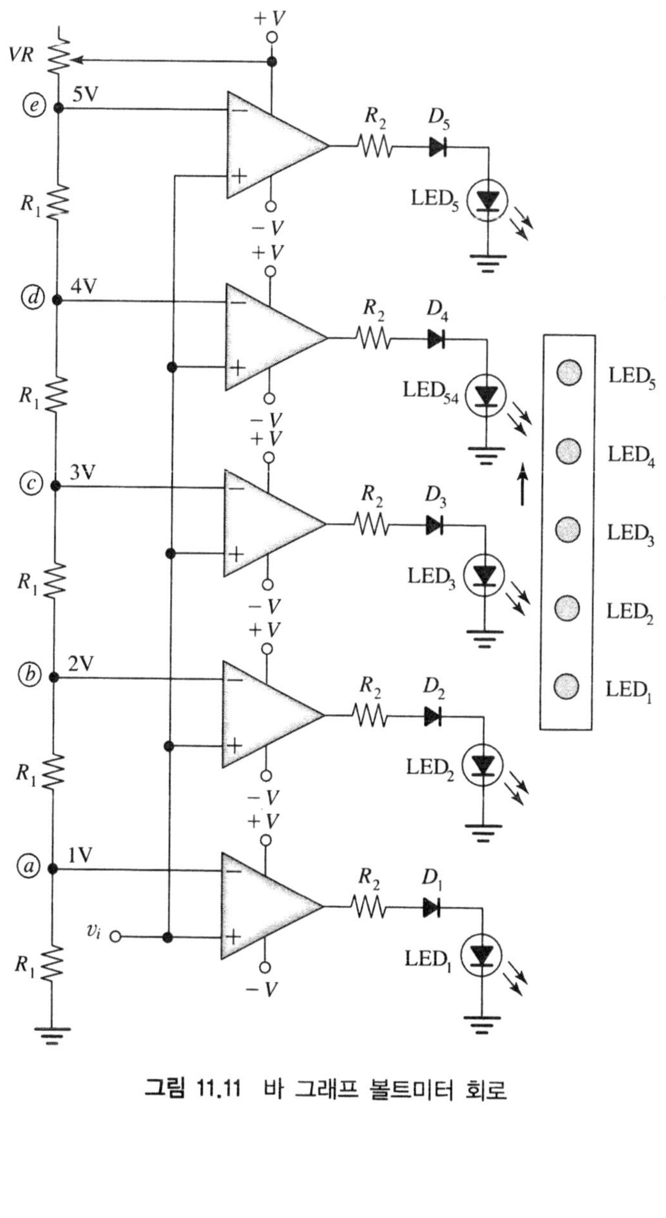

그림 11.11 바 그래프 볼트미터 회로

입력단자에 소리(sound) 또는 빛(light)의 증폭신호가 들어온다면 그 크기가 작으면 LED의 수가 적게, 크면 LED의 수가 많게 점등이 된다. VR_1을 조정하여 ⓐ점의 직류전압이 1 [V]가 되도록 조정하고, R_1의 값을 같게 잡으면 ⓑ, ⓒ, ⓓ, ⓔ점에서의 직류전압은 각각 2 [V], 3 [V], 4 [V], 5 [V]가 된다. 5개의 OP 앰프는 비교기로 동작한다. A_1의 비반전 입력단자에 들어오는 전압(직류 또는 교류 최대 값)이 1 [V]미만이면 모든 OP 앰프의 출력은 $-V_{sat}$가 되므로 LED가 모두 소등된 상태이다. 따라서 OP 앰프 각단의 출력전압이 $-V_{sat}$에서 $+V_{sat}$로 반전되기 위해서는 비반전 입력단자의 전압이 A_1은 1 [V], A_2는 2 [V], A_3는 3 [V], A_4는 4 [V], A_5는 5 [V]이상이 되어야 한다. A_1의 비반전 입력단자에 들어오는 전압이 1 [V]~2 [V]이면 비교기 A_1의 출력은 $+V_{sat}$가 되어 A_1만 점등이 된다. 2 [V]가 들어오면 A_1, A_2의 출력단자에 연결된 LED가 점등되고, 5 [V]가 들어온다면 A_1, A_2, A_3, A_4, A_5의 모든 LED가 점등이 된다. 우측에 나타낸 바와 같이 LED 5개를 수직으로 배치하면 입력전압에 비례해서 LED의 점등 수가 증감하므로 마치 바 그래프처럼 LED의 점등 표시가 위아래로 증감된다. 출력단자에 연결된 실리콘 다이오드 D_1~D_5는 역방향 바이어스 전압에서 LED를 보호하기 위한 용도이고, 직렬저항 R_2는 LED의 전류제한용이다. 만일 비반전 입력단자에 그림 11.12와 같이 광전소자 CdS 셀을 연결하면 입사하는 빛의 강약에 따라 동작하는 바그래프 볼트미터가 될 수 있다. CdS 셀은 빛의 세기가 강하면 저항이 작아지고, 약하면 저항이 커지는 특성을 갖고 있다.

또한 출력전압이 5 [V] 이상이 나오는 앰프의 출력단을 버퍼(전압 폴로워)를 통해 A_1의 비반전 입력단자에 연결하면 소리(또는 음악)의 크기에 따라 동작하는 바 그래프 볼트미터가 될 수 있다.

회로를 간단히 하기 위해 IC로 만든 대표적인 도트 모드 볼트미터가 LM3914이다. 그

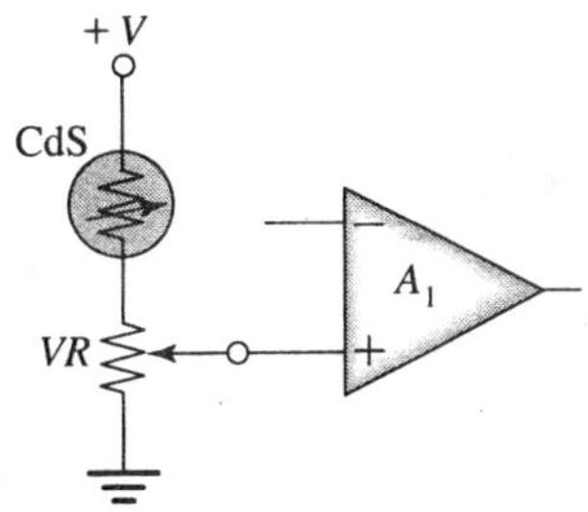

그림 11.12 CdS 셀 입력 회로

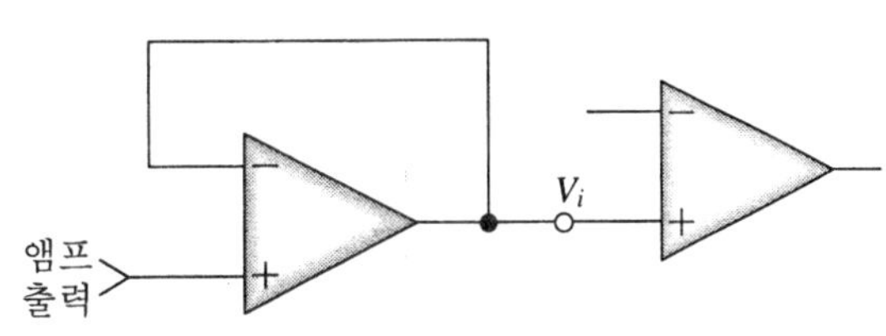

그림 11.13 소리 입력 회로

내부 등가회로는 그림 11.14와 같다. 내부 기준전원은 1.25 [V]이지만 외부저항을 조정하면 기준전압을 변경시킬 수 있다. LED 전류는 R_1에 의해 결정되며 I_D는 아래와 같다.

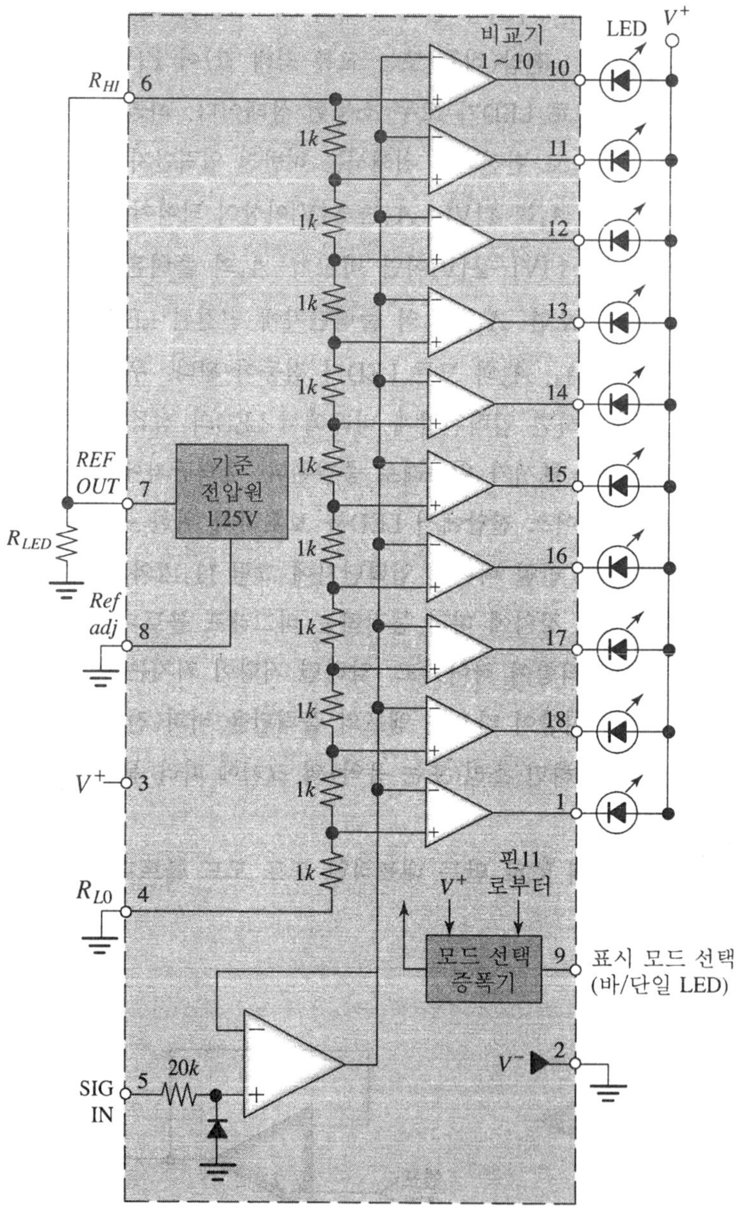

그림 11.14 LM3914의 내부 등가회로와 핀 번호

$$I_D = \frac{12.5}{R_1} \text{ [A]} \tag{11.4}$$

핀 9번을 개방해 놓으면 바(bar), 핀 9를 핀3(V^+)에 연결하면 단일 LED(도트) 표시가 된다. 그림 11.15는 응용 예의 하나이다. LED 공급전압 VLED를 직접 정류해서 연결한 경우이다. 직류전압을 공급할 때는 +(5~18) [V]를 연결한다. 그림 11.15에서 기준전압은 아래와 같다.

$$V_{ref} = 1.25\left(1 + \frac{R_2}{R_1}\right) \text{ [V]} \tag{11.5}$$

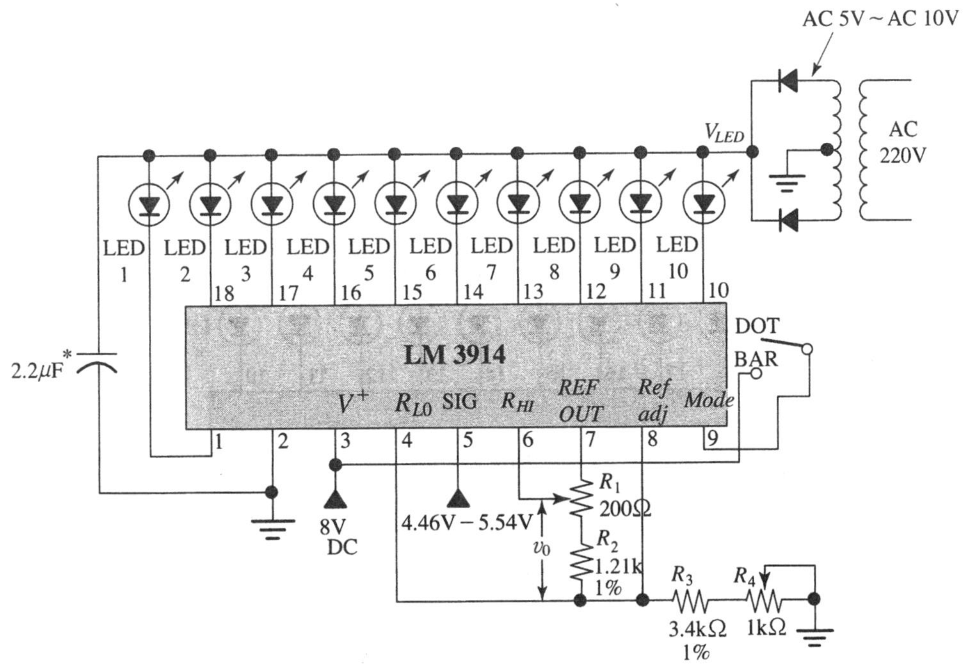

그림 11.15 4.46~5.54V LED 볼트미터

R_1을 조정하여 기준전압을 1.2 [V]로 맞춘다. 핀 5에 4.94 [V]를 공급하고, R_4를 조정하여 LED 5가 켜지도록 한다. LED 별 전압은 표 11.1과 같다.

그림 11.16은 큰 전압 범위까지 사용할 수 있는 도트 모드 볼트미터 회로이다. 기준전압은 1.2 [V]이고, 입력전압의 범위는 1.2 [V]~1,000 [V]이다. R_1이 10 [kΩ]으로 고정되어 있고, R에 의해 최대 표시 전압 값(F.S.D)이 정해지며 그 관계식은 아래와 같다.

$$V_{FSD} = 1.2\left(1 + \frac{R_3}{R_2}\right) \text{ [V]} \tag{11.6}$$

표 11.1 LED 번호별 전압

LED 번호	색	V_{out}[V]
10	적	5.54
9	적	5.42
8	황	5.30
7	녹	5.18
6	녹	5.06
	5V	
5	녹	4.94
4	녹	4.82
3	황	4.70
2	적	4.58
1	적	4.46

LED 전류는 식 (11.4)에 의해 약 10 [mA]가 흐르고, 식 (11.6)에 의해서 $R_3 = 83.3$ [kΩ]으로 놓으면 최대 표시 1,000 [V]의 LED 볼트미터로 사용할 수 있다.

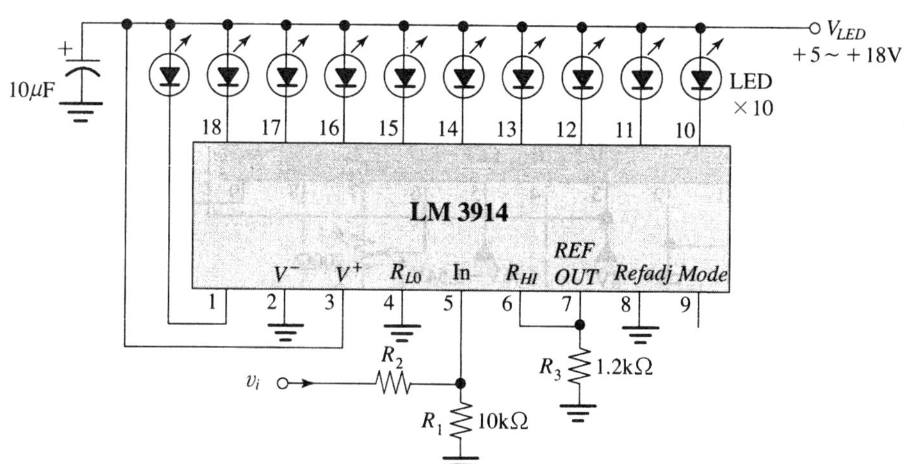

그림 11.16 1.2～1,000V LED 볼트미터

간추림

11.1 샘플 홀드 회로

■ 샘플 홀드 증폭기는 교류신호의 일정 시점에서 샘플링하여 일정 시간 동안 그 값을 보존하는 증폭기를 말한다. 샘플 홀드 증폭기의 출력전압은 직류전압이며 이를 A/D 변환기에 넘겨서 디지털 값으로 변환한다. 그림 11.17은 샘플 홀드 증폭기의 기본회로이다.

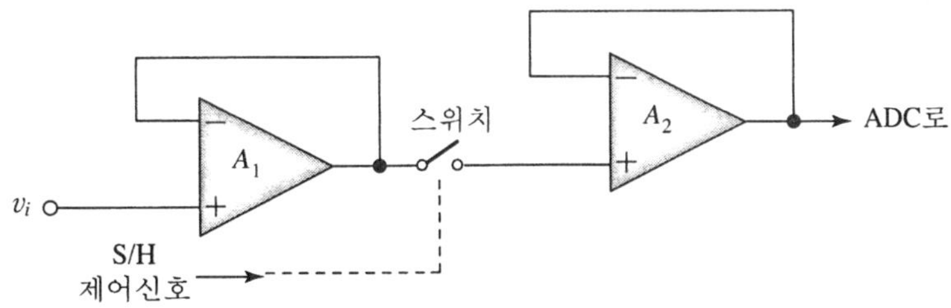

그림 11.17

11.2 피크치 검출기

■ 그림 11.18과 같이 OP 앰프, 다이오드, 콘덴서로 입력 교류전압의 최대치를 추출하여 R_2에 의한 부귀환 통로에 의해 OP 앰프가 비교기로 동작하여 출력전압 상태를 반전시키는 회로가 피크치 검출기이다.

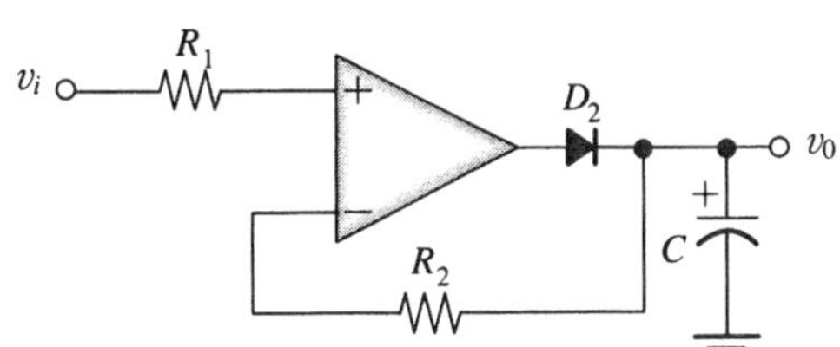

그림 11.18

11.3 직류 전압계

■ 직류 전압계는 그림 11.19와 같이 입력 임피던스가 매우 높은 비반전 OP 앰프를 사용한다. 측정용 미터기를 부귀환 통로에 삽입하여 전압계 및 전류계를 만들 수 있다.

■ 미터기의 풀 스케일(F.S.) 전류가 I_{FS}라면 풀 스케일(F.S.) 전압 값은 아래와 같다.

$$V_o = (R_m + r_m)I_{FS}$$

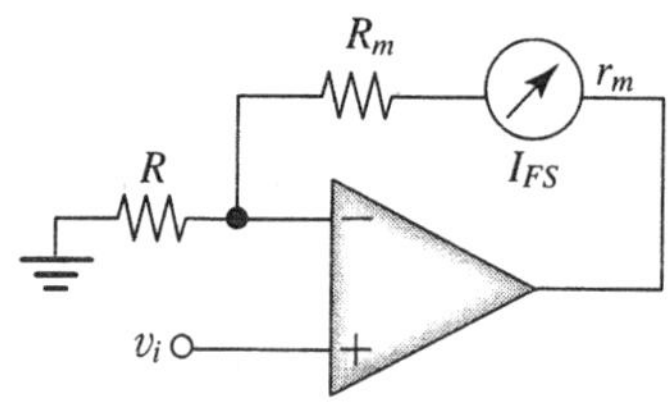

그림 11.19

11.4 바 그래프 볼트미터

- 바 그래프 볼트미터는 여러 개의 비교기의 기준 전압을 순차적으로 증가시켜 비교기의 출력 단자에 연결된 LED가 순차적으로 전압의 크기에 따라 누가 점등되는 회로이다.
- 도트 모드 볼트미터 IC3924를 사용하면 간단히 바 그래프 볼트미터를 구성할 수 있다.

연습문제 Chapter 11

1. 샘플 홀드 증폭기와 연결되는 것은?
(가) FET (나) A/D 변환기 (다) OP 앰프 (라) 전압 폴로워

2. 샘플 홀드 증폭기의 구성요소에 해당하는 것은?
(가) 가산기 (나) 다이오드 (다) 클리퍼 (라) 버퍼

3. 샘플 홀드 증폭기에서 출력전압이 직류전압으로 나타나는 기간은 ?
(가) 샘플 기간 (나) 지연 시간 (다) 홀드 기간 (라) 상승 시간

4. 피크치 검출기의 구성요소가 아닌 것은?
(가) 제너 다이오드 (나) 다이오드 (다) OP 앰프 (라) 콘덴서

5. 직류 전압계에서 미터기의 $I_{FS}=100\,[\mu\text{A}]$, $r_m=1\,[\text{k}\Omega]$, 미터기에 연결되는 직렬저항 $R_m=9\,[\text{k}\Omega]$ 이라면 측정 전압의 최대 지시치는?
(가) 1 [V] (나) 10 [V] (다) 90 [V] (라) 100 [V]

6. 바 그래프에 사용되는 것은?
(가) 적분기 (나) 비교기 (다) 미분기 (라) 피크치 검출기

7. 그림 11.20에서 미터기의 지시치를 최대로 하는 입력전압은 몇 [V]인가?

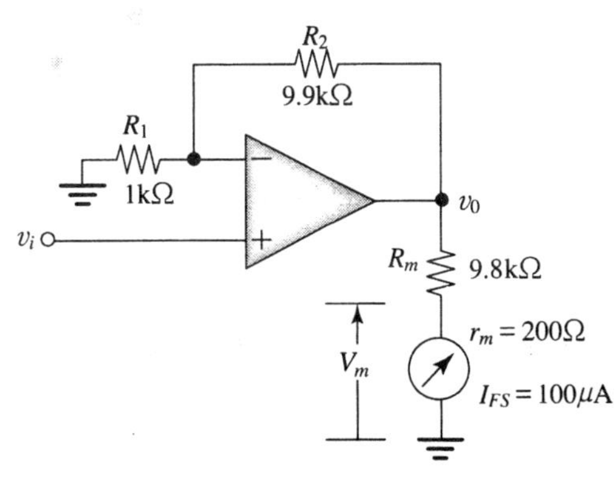

그림 11.20

8. 그림 11.21에서 미터기가 $V_i = 1$ [V]에서 최대치를 지시하기 위해서는 R을 얼마로 정해야 되는가? 단, $I_{FS} = 1$ [mA], $r_m = 100$ [Ω]

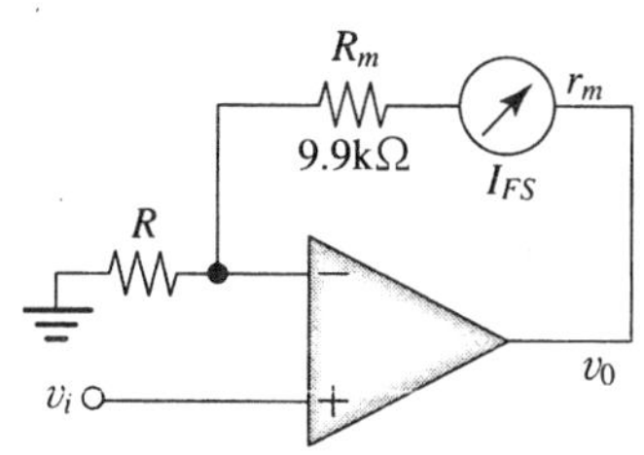

그림 11.21

9. 그림 11.22에서 2 [V]가 증가할 때마다 LED가 누가되면서 켜지기 위한 R의 값은 얼마인가?

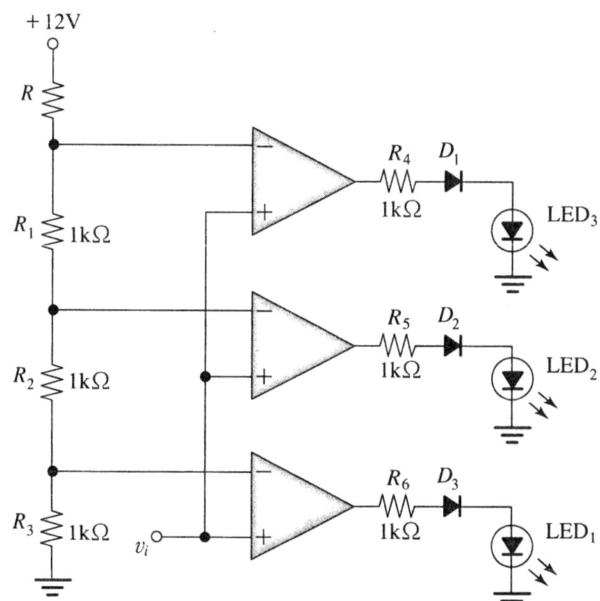

그림 11.22

10. 그림 11.16에서 LED의 최대 표시가 50 [V]가 되기 위한 R_2를 계산하라.

참고 문헌

1. IC OP-amp cookbook, WALTER G. JUNG, HOWARD W. SAMS & Co., INC.
2. IC TIMER cookbook, WALTER G. JUNG, HOWARD W. SAMS & Co., INC.
3. Linear IC, R.M. Marston, Newnes
4. OPERATIONAL AMPLIFIER CRCUITS Design And Application, David E. Johnson, Prentice-Hall, INC.
5. Operational Amplifiers and Linear Integrated Cicuits, Robert F. Coughlin, Prentice-Hall, INC.
6. Laboratory Manual to accompany Operational Amplifiers and Linear Integrated Cicuits, Robert F. Coughlin, Prentice-Hall, INC.
7. Basic Operational Amplifiers and Linear Integrated Circuits, Floyd, Prentice-Hall, INC.
8. OPERATIONAL AMPLIFIERS with LINEAR INTEGRATED CIRCUITS, WILLIAM D. STANLEY, Prentice-Hall, INC.
9. Analog Integrated Circuit Applications, J. Michael Jacob, Prentice-Hall, INC.
10. Electronic PRINCIPLES, MALVINO, Glencoe/McGraw-Hill, INC.
11. ELECTRONIC CIRCUIT ANALYSIS AND DESIGN, DONALD A. NEAMEN, McGraw-Hill.
12. Introductory Electronic Devices and Circuits, Robert T. Paynter, Prentice-Hall, INC.
13. Electronic Devices, Floyd. Prentice-Hall, INC.

부 록

내 용

부록 1

1. 전류거울

집적회로에서는 트랜지스터의 베이스(B)와 콜렉터(C)를 묶어서 다이오드로 사용하는 경우가 많다. 그림 1.1A(a)는 트랜지스터 Q_2를 활성영역(순방향 바이어스)에서 동작시키기 위하여 Q_2와 병렬로 Q_1 다이오드를 연결한 회로이다. 그 등가회로가 그림 1.2A이다.

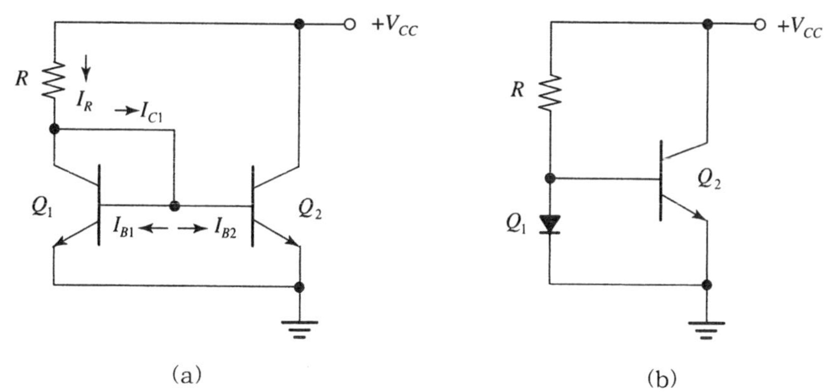

그림 1.1A 전류거울 회로(npn)

Q_1과 Q_2의 전기적 특성이 같다면 $h_{FE1}=h_{FE2}=h_{FE}$, $I_{C1}=I_{C2}=I_C$, $I_{B1}=I_{B2}=I_B$이므로 그림 1.1A에서 아래의 관계식이 성립한다.

$$I_R = I_{C1} + I_{B1} + I_{B2} = I_C + 2I_B = I_C\left(1+\frac{2}{h_{FE}}\right)$$

$$\therefore\ I_C = \frac{I_R}{1+\frac{2}{h_{FE}}} \qquad \text{(A.1)}$$

$h_{FE} \gg 1$이므로 $I_C \fallingdotseq I_R$가 된다. Q_1, Q_2의 베이스-이미터 간 전압 $V_{BE}=0.7$ [V]라면 저항 R을 통하여 흐르는 Q_1의 순방향 바이어스 전류는 아래와 같다.

$$I_R = \frac{V_{CC} - V_{BE}}{R} = \frac{V_{CC}-0.7}{R} \qquad \text{(A.3)}$$

결국 이 전류가 Q_2의 활성영역 동작을 위한 구동전류가 되고, Q_2의 콜렉터 전류 I_C는 마치 거울속의 I_R전류와 같이 크기가 같게 되므로 이를 **전류거울(current mirror)**이라 한다.

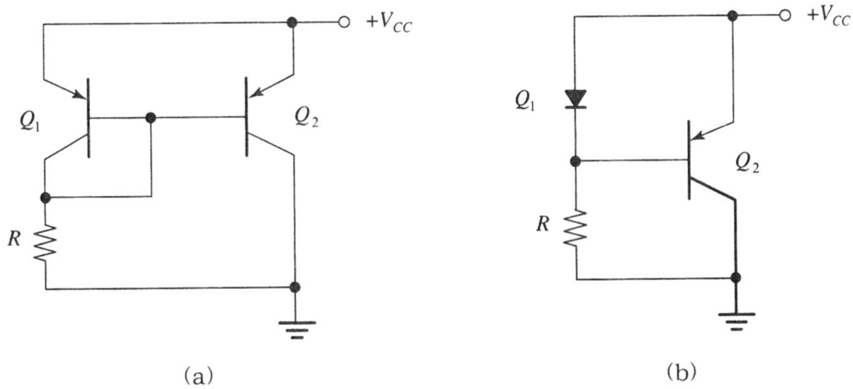

그림 1.2A 전류거울 회로(pnp)

그림 1.2A는 pnp 트랜지스터로 구성된 전류거울 회로이다. 그림 1.3A와 같이 전류거울회로를 차동 증폭기와 연결하여 사용할 때 정전류원의 높은 임피던스로 동작하여 CMRR을 크게 증가시킬 수 있다. Q_1과 Q_2의 전류거울 회로를 Q_1, Q_2의 이미터 저항 R_E와 대체하여 사용하면 수백 $M\Omega$의 높은 등가저항으로 작용하여 CMRR을 크게 개선시킬 수 있다.

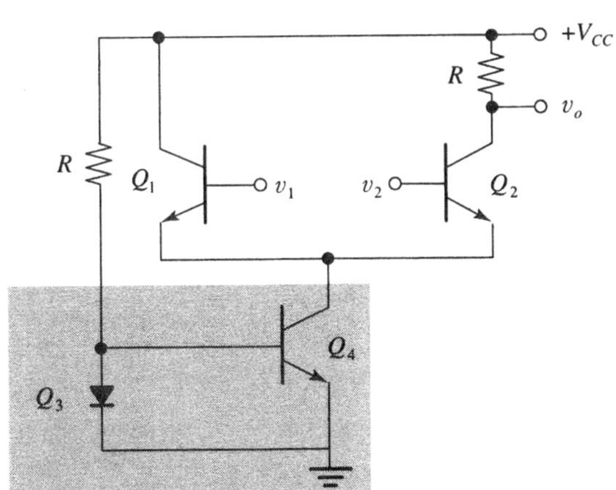

그림 1.3A 전류거울을 사용한 차동 증폭기 회로

2. 능동부하

그림 2.1A는 pnp 전류거울 회로를 차동 증폭기의 부하저항 대신에 사용한 회로이다. 그림 2.1A에서 Q_5와 Q_6으로 구성된 전류거울 회로를 **능동부하**(active load)라 한다. 그림 2.1A의 단일 출력 차동 증폭기에서 부하저항을 R_C로 사용한 경우의 전압 증폭도는 $R_C/2r_e'$이다. R_C 대신에 아주 큰 등가저항의 전류거울 회로를 사용하면 대단히 큰 전압 증폭도를 얻을 수 있는 이점이 있다.

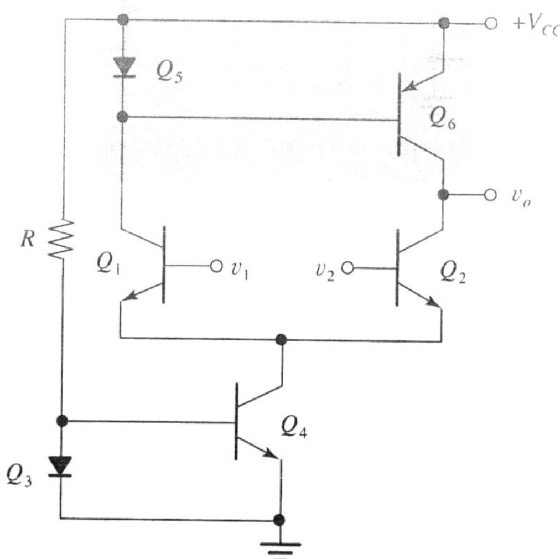

그림 2.1A 능동부하를 사용한 차동 증폭기 회로

부록 2

1. uA741, uA741Y

μA741, μA741Y
GENERAL-PURPOSE OPERATIONAL AMPLIFIERS

SLOS094B – NOVEMBER 1970 – REVISED SEPTEMBER 2000

- Short-Circuit Protection
- Offset-Voltage Null Capability
- Large Common-Mode and Differential Voltage Ranges
- No Frequency Compensation Required
- Low Power Consumption
- No Latch-Up
- Designed to Be Interchangeable With Fairchild μA741

μA741M . . . J PACKAGE
(TOP VIEW)

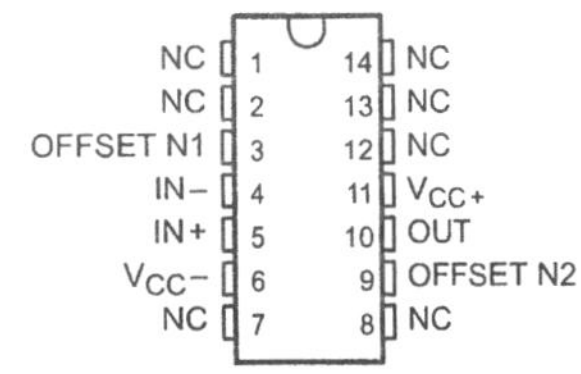

description

The μA741 is a general-purpose operational amplifier featuring offset-voltage null capability.

The high common-mode input voltage range and the absence of latch-up make the amplifier ideal for voltage-follower applications. The device is short-circuit protected and the internal frequency compensation ensures stability without external components. A low value potentiometer may be connected between the offset null inputs to null out the offset voltage as shown in Figure 2.

The μA741C is characterized for operation from 0°C to 70°C. The μA741I is characterized for operation from −40°C to 85°C.The μA741M is characterized for operation over the full military temperature range of −55°C to 125°C.

μA741M . . . JG PACKAGE
μA741C, μA741I . . . D, P, OR PW PACKAGE
(TOP VIEW)

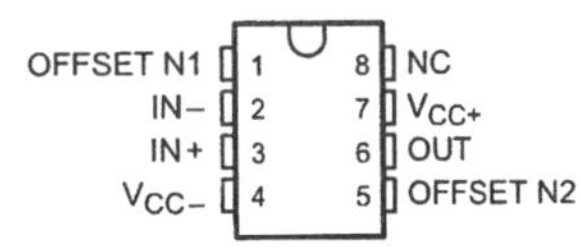

μA741M . . . U PACKAGE
(TOP VIEW)

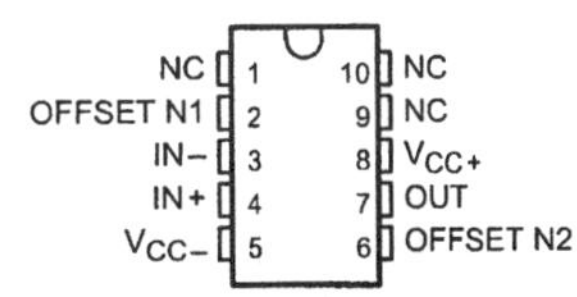

symbol

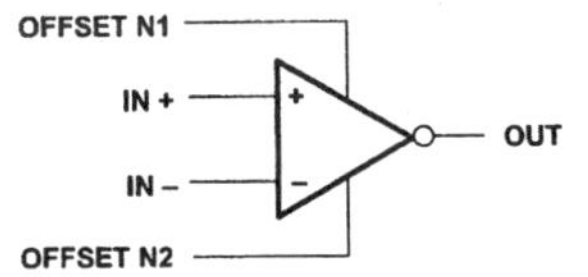

μA741M . . . FK PACKAGE
(TOP VIEW)

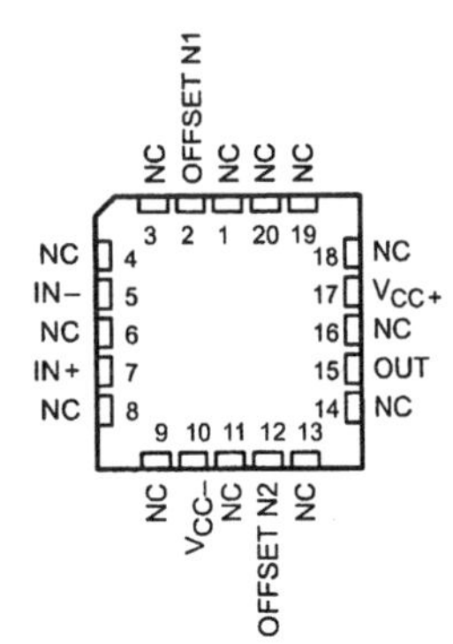

NC – No internal connection

μA741, μA741Y
GENERAL-PURPOSE OPERATIONAL AMPLIFIERS

SLOS094B – NOVEMBER 1970 – REVISED SEPTEMBER 2000

AVAILABLE OPTIONS

T_A	PACKAGED DEVICES							CHIP FORM (Y)
	SMALL OUTLINE (D)	CHIP CARRIER (FK)	CERAMIC DIP (J)	CERAMIC DIP (JG)	PLASTIC DIP (P)	TSSOP (PW)	FLAT PACK (U)	
0°C to 70°C	μA741CD				μA741CP	μA741CPW		μA741Y
−40°C to 85°C	μA741ID				μA741IP			
−55°C to 125°C		μA741MFK	μA741MJ	μA741MJG			μA741MU	

The D package is available taped and reeled. Add the suffix R (e.g., μA741CDR).

schematic

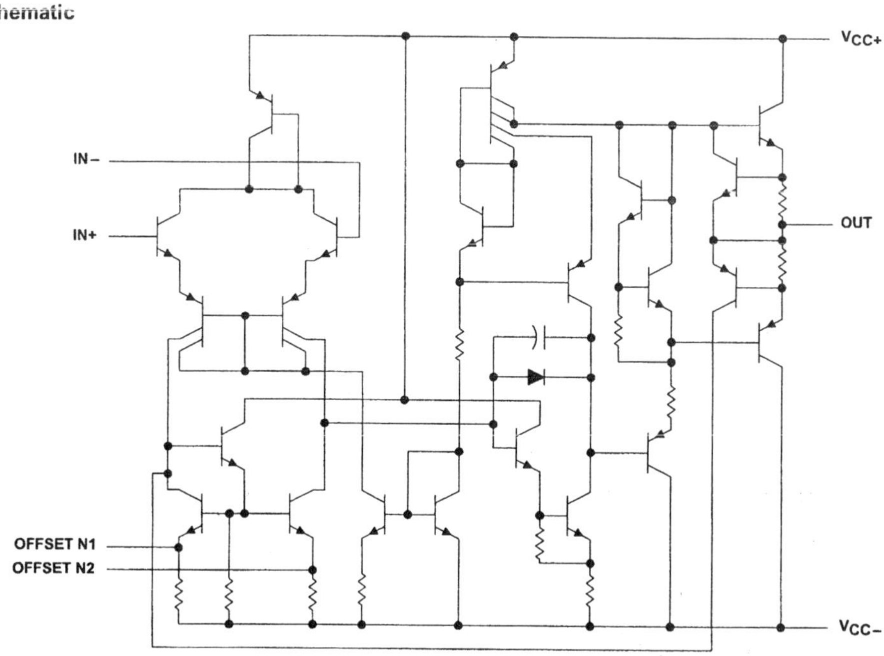

Component Count	
Transistors	22
Resistors	11
Diode	1
Capacitor	1

μA741Y chip information

This chip, when properly assembled, displays characteristics similar to the μA741C. Thermal compression or ultrasonic bonding may be used on the doped-aluminum bonding pads. Chips may be mounted with conductive epoxy or a gold-silicon preform.

BONDING PAD ASSIGNMENTS

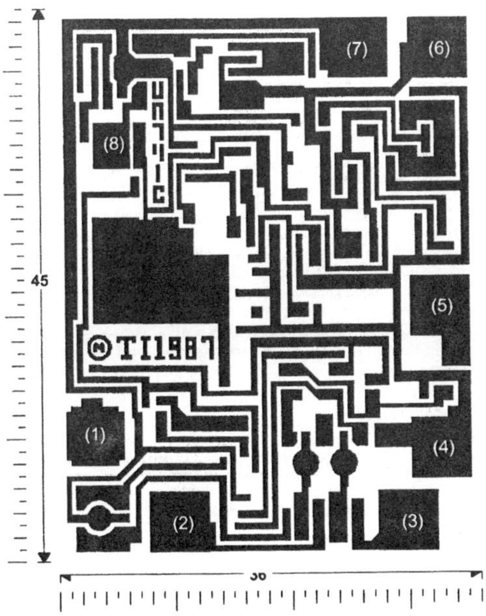

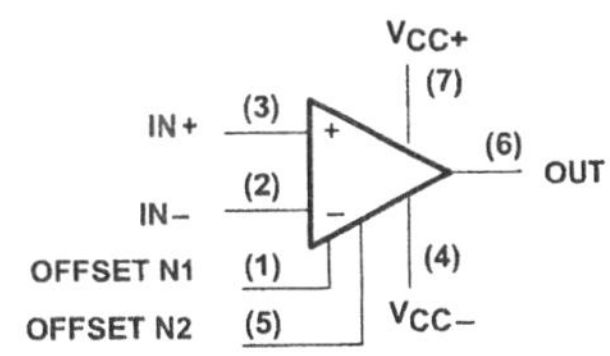

CHIP THICKNESS: 15 TYPICAL

BONDING PADS: 4 × 4 MINIMUM

$T_J$max = 150°C.

TOLERANCES ARE ±10%.

ALL DIMENSIONS ARE IN MILS.

μA741, μA741Y
GENERAL-PURPOSE OPERATIONAL AMPLIFIERS

SLOS094B – NOVEMBER 1970 – REVISED SEPTEMBER 2000

absolute maximum ratings over operating free-air temperature range (unless otherwise noted)†

		μA741C	μA741I	μA741M	UNIT
Supply voltage, V_{CC+} (see Note 1)		18	22	22	V
Supply voltage, V_{CC-} (see Note 1)		−18	−22	−22	V
Differential input voltage, V_{ID} (see Note 2)		±15	±30	±30	V
Input voltage, V_I any input (see Notes 1 and 3)		±15	±15	±15	V
Voltage between offset null (either OFFSET N1 or OFFSET N2) and V_{CC-}		±15	±0.5	±0.5	V
Duration of output short circuit (see Note 4)		unlimited	unlimited	unlimited	
Continuous total power dissipation		See Dissipation Rating Table			
Operating free-air temperature range, T_A		0 to 70	−40 to 85	−55 to 125	°C
Storage temperature range		−65 to 150	−65 to 150	−65 to 150	°C
Case temperature for 60 seconds	FK package			260	°C
Lead temperature 1,6 mm (1/16 inch) from case for 60 seconds	J, JG, or U package			300	°C
Lead temperature 1,6 mm (1/16 inch) from case for 10 seconds	D, P, or PW package	260	260		°C

† Stresses beyond those listed under "absolute maximum ratings" may cause permanent damage to the device. These are stress ratings only, and functional operation of the device at these or any other conditions beyond those indicated under "recommended operating conditions" is not implied. Exposure to absolute-maximum-rated conditions for extended periods may affect device reliability.

NOTES:
1. All voltage values, unless otherwise noted, are with respect to the midpoint between V_{CC+} and V_{CC-}.
2. Differential voltages are at IN+ with respect to IN−.
3. The magnitude of the input voltage must never exceed the magnitude of the supply voltage or 15 V, whichever is less.
4. The output may be shorted to ground or either power supply. For the μA741M only, the unlimited duration of the short circuit applies at (or below) 125°C case temperature or 75°C free-air temperature.

DISSIPATION RATING TABLE

PACKAGE	$T_A \le 25°C$ POWER RATING	DERATING FACTOR	DERATE ABOVE T_A	T_A = 70°C POWER RATING	T_A = 85°C POWER RATING	T_A = 125°C POWER RATING
D	500 mW	5.8 mW/°C	64°C	464 mW	377 mW	N/A
FK	500 mW	11.0 mW/°C	105°C	500 mW	500 mW	275 mW
J	500 mW	11.0 mW/°C	105°C	500 mW	500 mW	275 mW
JG	500 mW	8.4 mW/°C	90°C	500 mW	500 mW	210 mW
P	500 mW	N/A	N/A	500 mW	500 mW	N/A
PW	525 mW	4.2 mW/°C	25°C	336 mW	N/A	N/A
U	500 mW	5.4 mW/°C	57°C	432 mW	351 mW	135 mW

electrical characteristics at specified free-air temperature, $V_{CC\pm}$ = ±15 V (unless otherwise noted)

PARAMETER		TEST CONDITIONS	T_A†	µA741C			µA741I, µA741M			UNIT
				MIN	TYP	MAX	MIN	TYP	MAX	
V_{IO}	Input offset voltage	$V_O = 0$	25°C		1	6		1	5	mV
			Full range			7.5			6	
$\Delta V_{IO(adj)}$	Offset voltage adjust range	$V_O = 0$	25°C		±15			±15		mV
I_{IO}	Input offset current	$V_O = 0$	25°C		20	200		20	200	nA
			Full range			300			500	
I_{IB}	Input bias current	$V_O = 0$	25°C		80	500		80	500	nA
			Full range			800			1500	
V_{ICR}	Common-mode input voltage range		25°C	±12	±13		±12	±13		V
			Full range	±12			±12			
V_{OM}	Maximum peak output voltage swing	R_L = 10 kΩ	25°C	±12	±14		±12	±14		V
		$R_L \geq$ 10 kΩ	Full range	±12			±12			
		R_L = 2 kΩ	25°C	±10	±13		±10	±13		
		$R_L \geq$ 2 kΩ	Full range	±10			±10			
A_{VD}	Large-signal differential voltage amplification	$R_L \geq$ 2 kΩ	25°C	20	200		50	200		V/mV
		V_O = ±10 V	Full range	15			25			
r_i	Input resistance		25°C	0.3	2		0.3	2		MΩ
r_o	Output resistance	V_O = 0, See Note 5	25°C		75			75		Ω
C_i	Input capacitance		25°C		1.4			1.4		pF
CMRR	Common-mode rejection ratio	$V_{IC} = V_{ICR}$min	25°C	70	90		70	90		dB
			Full range	70			70			
k_{SVS}	Supply voltage sensitivity ($\Delta V_{IO}/\Delta V_{CC}$)	V_{CC} = ±9 V to ±15 V	25°C		30	150		30	150	µV/V
			Full range			150			150	
I_{OS}	Short-circuit output current		25°C		±25	±40		±25	±40	mA
I_{CC}	Supply current	V_O = 0, No load	25°C		1.7	2.8		1.7	2.8	mA
			Full range			3.3			3.3	
P_D	Total power dissipation	V_O = 0, No load	25°C		50	85		50	85	mW
			Full range			100			100	

† All characteristics are measured under open-loop conditions with zero common-mode input voltage unless otherwise specified. Full range for the µA741C is 0°C to 70°C, the µA741I is –40°C to 85°C, and the µA741M is –55°C to 125°C.

NOTE 5: This typical value applies only at frequencies above a few hundred hertz because of the effects of drift and thermal feedback.

operating characteristics, $V_{CC\pm}$ = ±15 V, T_A = 25°C

PARAMETER		TEST CONDITIONS		µA741C			µA741I, µA741M			UNIT
				MIN	TYP	MAX	MIN	TYP	MAX	
t_r	Rise time	V_I = 20 mV,	R_L = 2 kΩ,		0.3			0.3		µs
	Overshoot factor	C_L = 100 pF,	See Figure 1		5%			5%		
SR	Slew rate at unity gain	V_I = 10 V, C_L = 100 pF,	R_L = 2 kΩ, See Figure 1		0.5			0.5		V/µs

μA741, μA741Y
GENERAL-PURPOSE OPERATIONAL AMPLIFIERS

SLOS094B – NOVEMBER 1970 – REVISED SEPTEMBER 2000

electrical characteristics at specified free-air temperature, $V_{CC\pm} = \pm 15$ V, T_A = 25°C (unless otherwise noted)

PARAMETER		TEST CONDITIONS	μA741Y			UNIT
			MIN	TYP	MAX	
V_{IO}	Input offset voltage	$V_O = 0$		1	6	mV
$\Delta V_{IO(adj)}$	Offset voltage adjust range	$V_O = 0$		±15		mV
I_{IO}	Input offset current	$V_O = 0$		20	200	nA
I_{IB}	Input bias current	$V_O = 0$		80	500	nA
V_{ICR}	Common-mode input voltage range		±12	±13		V
V_{OM}	Maximum peak output voltage swing	R_L = 10 kΩ	±12	±14		V
		R_L = 2 kΩ	±10	±13		
A_{VD}	Large-signal differential voltage amplification	$R_L \geq 2$ kΩ	20	200		V/mV
r_i	Input resistance		0.3	2		MΩ
r_o	Output resistance	$V_O = 0$, See Note 5		75		Ω
C_i	Input capacitance			1.4		pF
CMRR	Common-mode rejection ratio	$V_{IC} = V_{ICR}$min	70	90		dB
k_{SVS}	Supply voltage sensitivity ($\Delta V_{IO}/\Delta V_{CC}$)	$V_{CC} = \pm 9$ V to ±15 V		30	150	μV/V
I_{OS}	Short-circuit output current			±25	±40	mA
I_{CC}	Supply current	$V_O = 0$, No load		1.7	2.8	mA
P_D	Total power dissipation	$V_O = 0$, No load		50	85	mW

† All characteristics are measured under open-loop conditions with zero common-mode voltage unless otherwise specified.
NOTE 5: This typical value applies only at frequencies above a few hundred hertz because of the effects of drift and thermal feedback.

operating characteristics, $V_{CC\pm} = \pm 15$ V, T_A = 25°C

PARAMETER		TEST CONDITIONS	μA741Y			UNIT
			MIN	TYP	MAX	
t_r	Rise time	V_I = 20 mV, R_L = 2 kΩ, C_L = 100 pF, See Figure 1		0.3		μs
	Overshoot factor			5%		
SR	Slew rate at unity gain	V_I = 10 V, R_L = 2 kΩ, C_L = 100 pF, See Figure 1		0.5		V/μs

PARAMETER MEASUREMENT INFORMATION

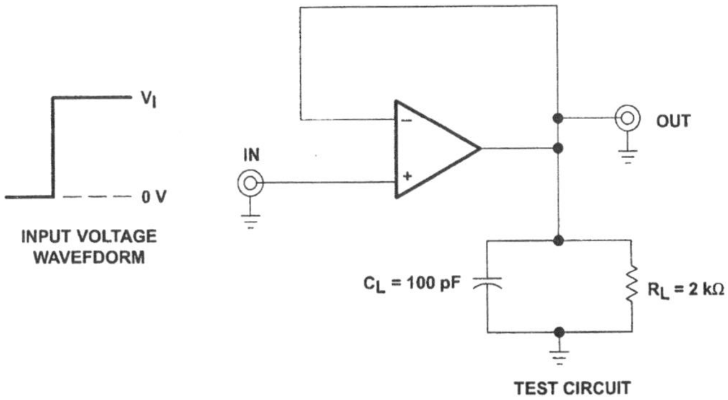

Figure 1. Rise Time, Overshoot, and Slew Rate

APPLICATION INFORMATION

Figure 2 shows a diagram for an input offset voltage null circuit.

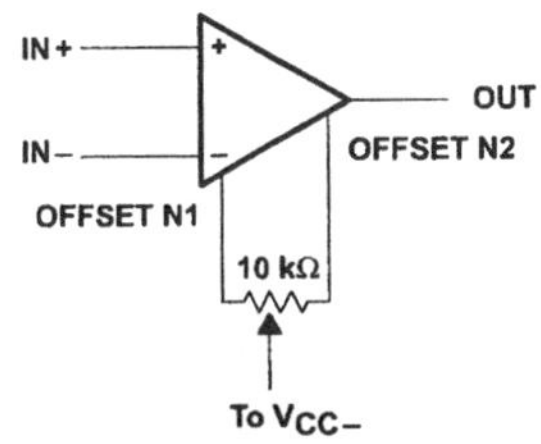

Figure 2. Input Offset Voltage Null Circuit

μA741, μA741Y
GENERAL-PURPOSE OPERATIONAL AMPLIFIERS

SLOS094B – NOVEMBER 1970 – REVISED SEPTEMBER 2000

TYPICAL CHARACTERISTICS†

INPUT OFFSET CURRENT
vs
FREE-AIR TEMPERATURE

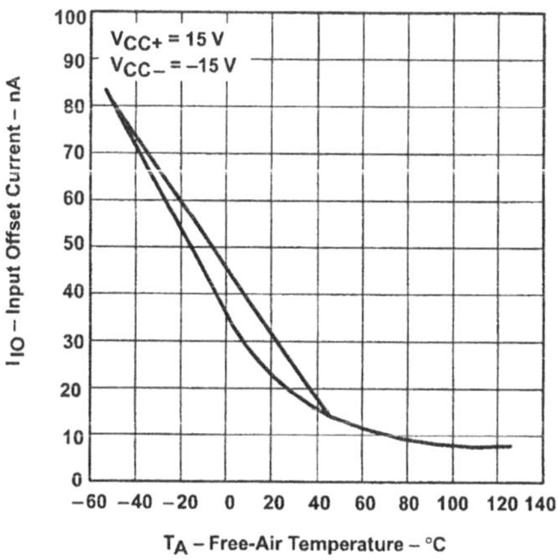

Figure 3

INPUT BIAS CURRENT
vs
FREE-AIR TEMPERATURE

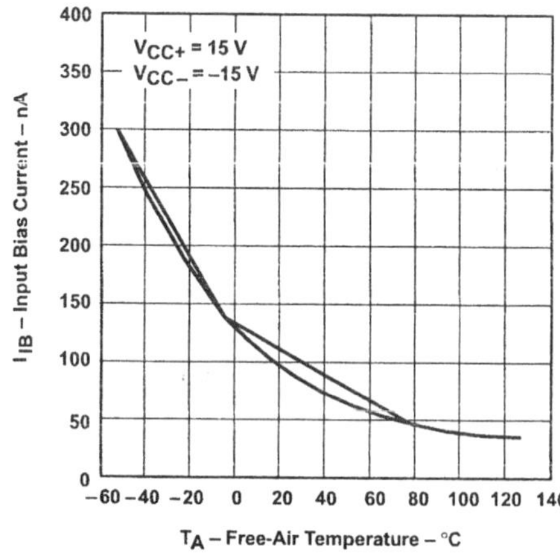

Figure 4

MAXIMUM PEAK OUTPUT VOLTAGE
vs
LOAD RESISTANCE

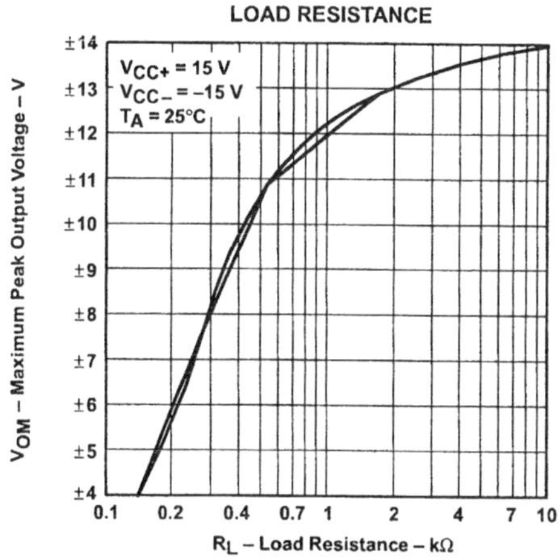

Figure 5

† Data at high and low temperatures are applicable only within the rated operating free-air temperature ranges of the various devices.

TYPICAL CHARACTERISTICS

MAXIMUM PEAK OUTPUT VOLTAGE vs FREQUENCY

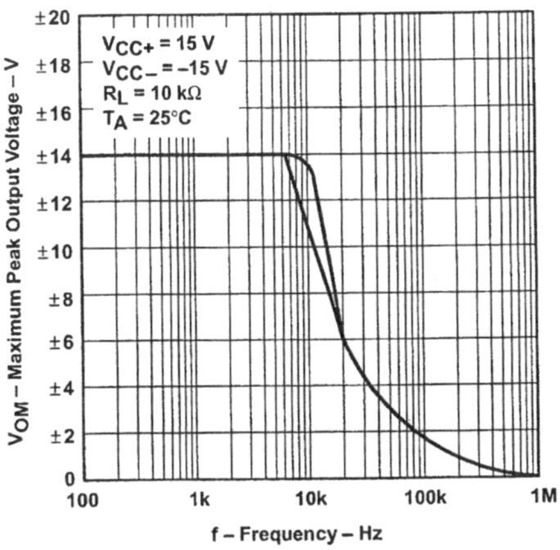

Figure 6

OPEN-LOOP SIGNAL DIFFERENTIAL VOLTAGE AMPLIFICATION vs SUPPLY VOLTAGE

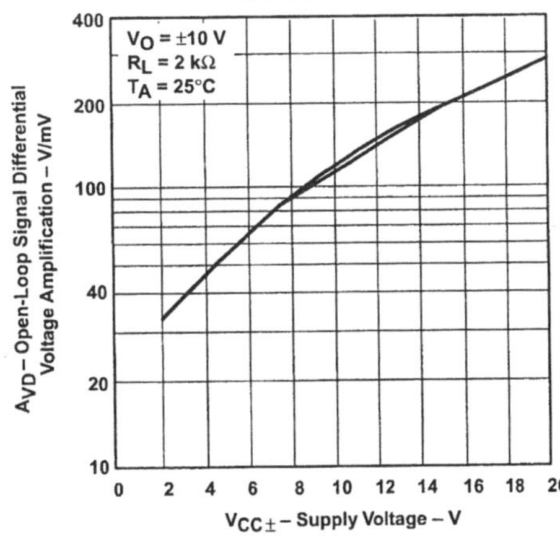

Figure 7

OPEN-LOOP LARGE-SIGNAL DIFFERENTIAL VOLTAGE AMPLIFICATION vs FREQUENCY

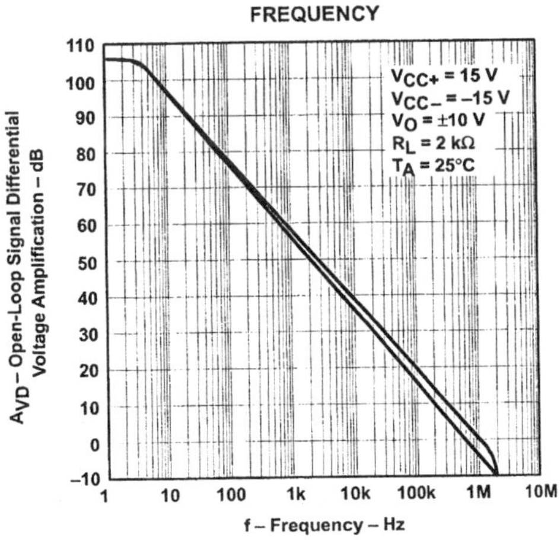

μA741, μA741Y
GENERAL-PURPOSE OPERATIONAL AMPLIFIERS

SLOS094B – NOVEMBER 1970 – REVISED SEPTEMBER 2000

TYPICAL CHARACTERISTICS

COMMON-MODE REJECTION RATIO
vs
FREQUENCY

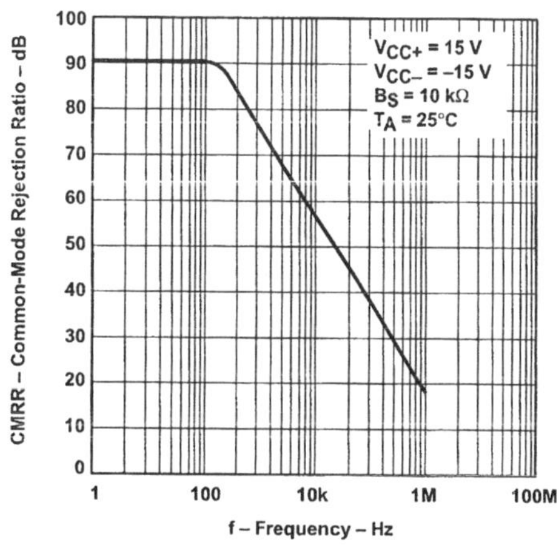

Figure 8

OUTPUT VOLTAGE
vs
ELAPSED TIME

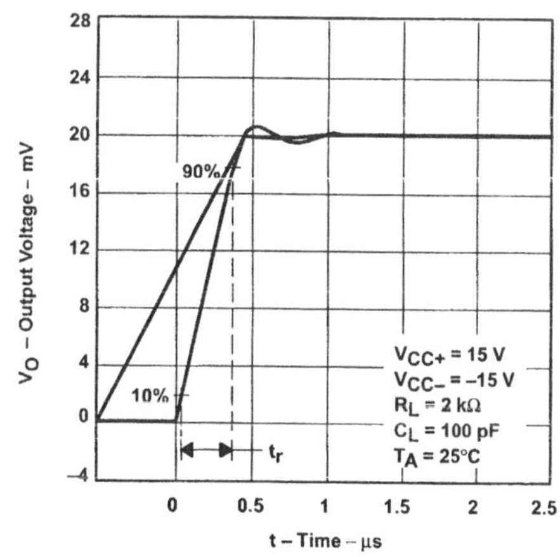

Figure 9

VOLTAGE-FOLLOWER
LARGE-SIGNAL PULSE RESPONSE

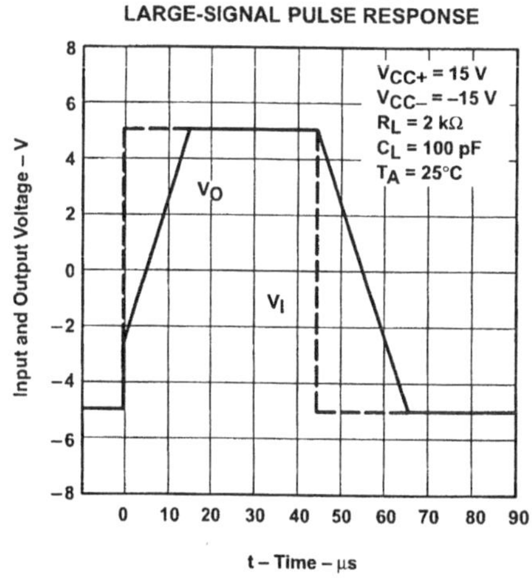

Figure 10

PACKAGE OPTION ADDENDUM

5-Jul-2005

PACKAGING INFORMATION

Orderable Device	Status [1]	Package Type	Package Drawing	Pins	Package Qty	Eco Plan [2]	Lead/Ball Finish	MSL Peak Temp [3]
UA741CD	ACTIVE	SOIC	D	8	75	Green (RoHS & no Sb/Br)	CU NIPDAU	Level-1-260C-UNLIM
UA741CDR	ACTIVE	SOIC	D	8	2500	Green (RoHS & no Sb/Br)	CU NIPDAU	Level-1-260C-UNLIM
UA741CJG	OBSOLETE	CDIP	JG	8		TBD	Call TI	Call TI
UA741CJG4	OBSOLETE	CDIP	JG	8		TBD	Call TI	Call TI
UA741CP	ACTIVE	PDIP	P	8	50	Pb-Free (RoHS)	CU NIPDAU	Level-NC-NC-NC
UA741CPSR	ACTIVE	SO	PS	8	2000	Green (RoHS & no Sb/Br)	CU NIPDAU	Level-1-260C-UNLIM
UA741CPSRE4	ACTIVE	SO	PS	8	2000	Green (RoHS & no Sb/Br)	CU NIPDAU	Level-1-260C-UNLIM
UA741MFKB	OBSOLETE	LCCC	FK	20		TBD	Call TI	Call TI
UA741MJ	OBSOLETE	CDIP	J	14		TBD	Call TI	Call TI
UA741MJB	OBSOLETE	CDIP	J	14		TBD	Call TI	Call TI
UA741MJG	OBSOLETE	CDIP	JG	8		TBD	Call TI	Call TI
UA741MJGB	OBSOLETE	CDIP	JG	8		TBD	Call TI	Call TI

(1) The marketing status values are defined as follows:
ACTIVE: Product device recommended for new designs.
LIFEBUY: TI has announced that the device will be discontinued, and a lifetime-buy period is in effect.
NRND: Not recommended for new designs. Device is in production to support existing customers, but TI does not recommend using this part in a new design.
PREVIEW: Device has been announced but is not in production. Samples may or may not be available.
OBSOLETE: TI has discontinued the production of the device.

(2) Eco Plan - The planned eco-friendly classification: Pb-Free (RoHS) or Green (RoHS & no Sb/Br) - please check http://www.ti.com/productcontent for the latest availability information and additional product content details.
TBD: The Pb-Free/Green conversion plan has not been defined.
Pb-Free (RoHS): TI's terms "Lead-Free" or "Pb-Free" mean semiconductor products that are compatible with the current RoHS requirements for all 6 substances, including the requirement that lead not exceed 0.1% by weight in homogeneous materials. Where designed to be soldered at high temperatures, TI Pb-Free products are suitable for use in specified lead-free processes.
Green (RoHS & no Sb/Br): TI defines "Green" to mean Pb-Free (RoHS compatible), and free of Bromine (Br) and Antimony (Sb) based flame retardants (Br or Sb do not exceed 0.1% by weight in homogeneous material)

(3) MSL, Peak Temp. -- The Moisture Sensitivity Level rating according to the JEDEC industry standard classifications, and peak solder temperature.

Important Information and Disclaimer: The information provided on this page represents TI's knowledge and belief as of the date that it is provided. TI bases its knowledge and belief on information provided by third parties, and makes no representation or warranty as to the accuracy of such information. Efforts are underway to better integrate information from third parties. TI has taken and continues to take reasonable steps to provide representative and accurate information but may not have conducted destructive testing or chemical analysis on incoming materials and chemicals. TI and TI suppliers consider certain information to be proprietary, and thus CAS numbers and other limited information may not be available for release.

In no event shall TI's liability arising out of such information exceed the total purchase price of the TI part(s) at issue in this document sold by TI to Customer on an annual basis.

MECHANICAL DATA

MCER001A – JANUARY 1995 – REVISED JANUARY 1997

JG (R-GDIP-T8) **CERAMIC DUAL-IN-LINE**

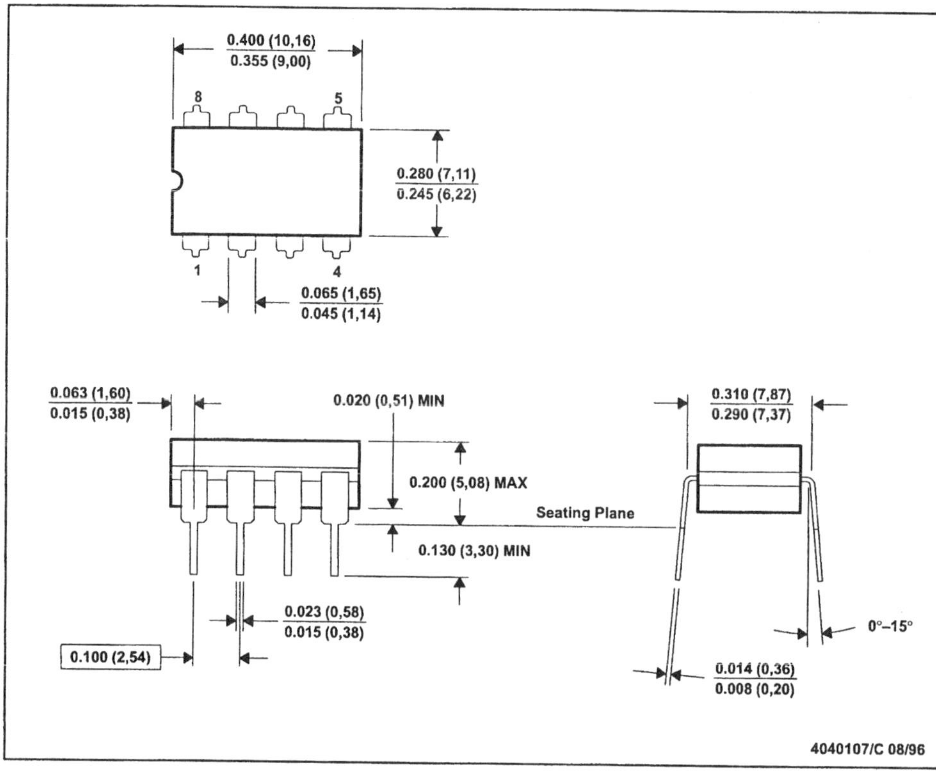

NOTES:
- A. All linear dimensions are in inches (millimeters).
- B. This drawing is subject to change without notice.
- C. This package can be hermetically sealed with a ceramic lid using glass frit.
- D. Index point is provided on cap for terminal identification.
- E. Falls within MIL STD 1835 GDIP1-T8

J (R–GDIP–T**) CERAMIC DUAL IN–LINE PACKAGE

14 LEADS SHOWN

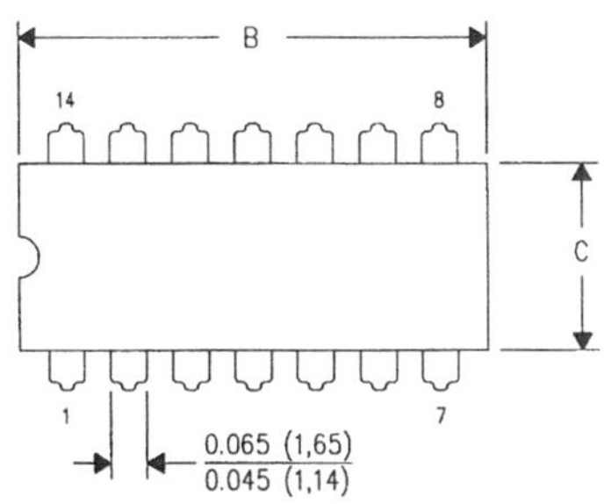

DIM \ PINS **	14	16	18	20
A	0.300 (7,62) BSC	0.300 (7,62) BSC	0.300 (7,62) BSC	0.300 (7,62) BSC
B MAX	0.785 (19,94)	.840 (21,34)	0.960 (24,38)	1.060 (26,92)
B MIN	—	—	—	—
C MAX	0.300 (7,62)	0.300 (7,62)	0.310 (7,87)	0.300 (7,62)
C MIN	0.245 (6,22)	0.245 (6,22)	0.220 (5,59)	0.245 (6,22)

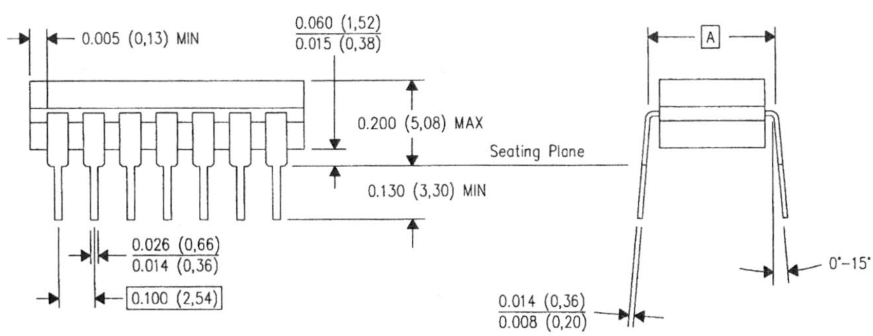

4040083/F 03/03

NOTES:

A. All linear dimensions are in inches (millimeters).
B. This drawing is subject to change without notice.
C. This package is hermetically sealed with a ceramic lid using glass frit.
D. Index point is provided on cap for terminal identification only on press ceramic glass frit seal only.
E. Falls within MIL STD 1835 GDIP1–T14, GDIP1–T16, GDIP1–T18 and GDIP1–T20.

MECHANICAL DATA

MLCC006B – OCTOBER 1996

FK (S-CQCC-N)** **LEADLESS CERAMIC CHIP CARRIER**

28 TERMINAL SHOWN

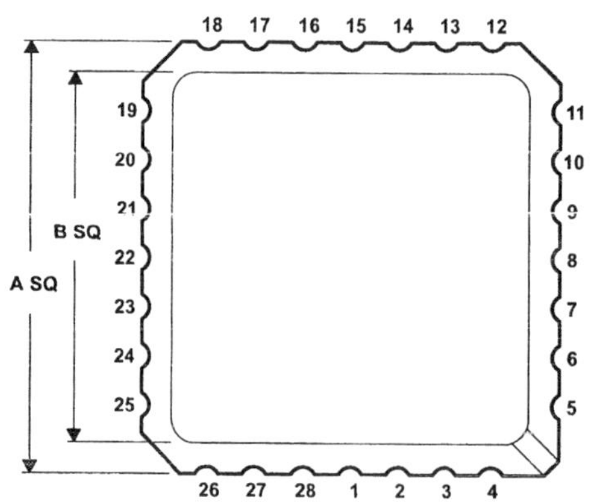

NO. OF TERMINALS **	A		B	
	MIN	MAX	MIN	MAX
20	0.342 (8,69)	0.358 (9,09)	0.307 (7,80)	0.358 (9,09)
28	0.442 (11,23)	0.458 (11,63)	0.406 (10,31)	0.458 (11,63)
44	0.640 (16,26)	0.660 (16,76)	0.495 (12,58)	0.560 (14,22)
52	0.739 (18,78)	0.761 (19,32)	0.495 (12,58)	0.560 (14,22)
68	0.938 (23,83)	0.962 (24,43)	0.850 (21,6)	0.858 (21,8)
84	1.141 (28,99)	1.165 (29,59)	1.047 (26,6)	1.063 (27,0)

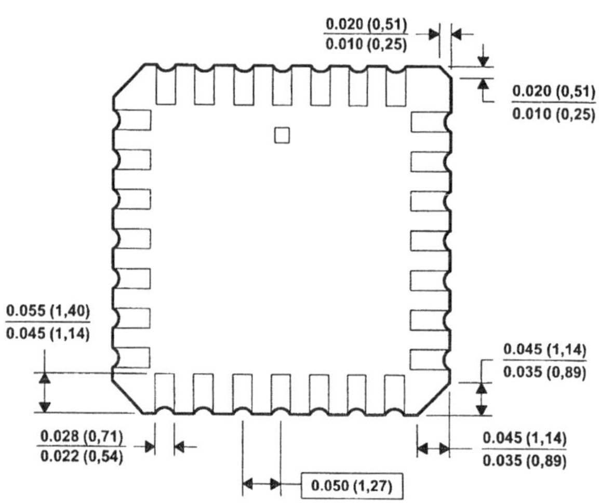

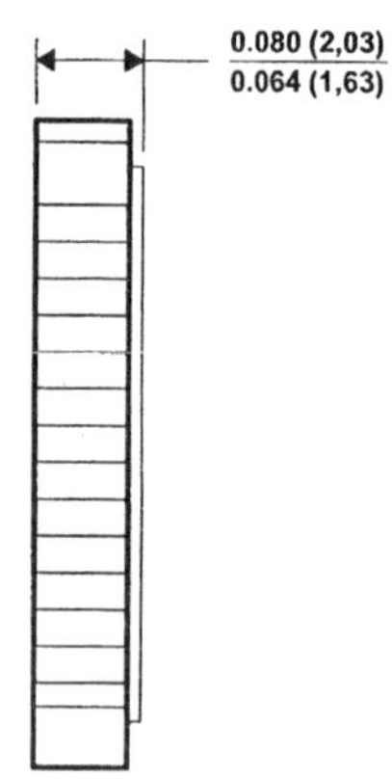

4040140/D 10/96

NOTES: A. All linear dimensions are in inches (millimeters).
B. This drawing is subject to change without notice.
C. This package can be hermetically sealed with a metal lid.
D. The terminals are gold plated.
E. Falls within JEDEC MS-004

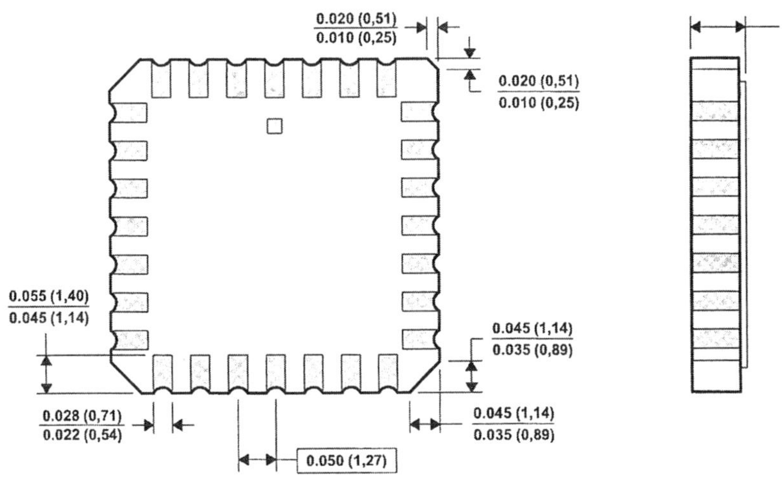
0.020 (0,51)
0.010 (0,25)
0.020 (0,51)
0.010 (0,25)
0.055 (1,40)
0.045 (1,14)
0.045 (1,14)
0.035 (0,89)
0.028 (0,71)
0.022 (0,54)
0.045 (1,14)
0.035 (0,89)
0.050 (1,27)

P (R-PDIP-T8) PLASTIC DUAL-IN-LINE

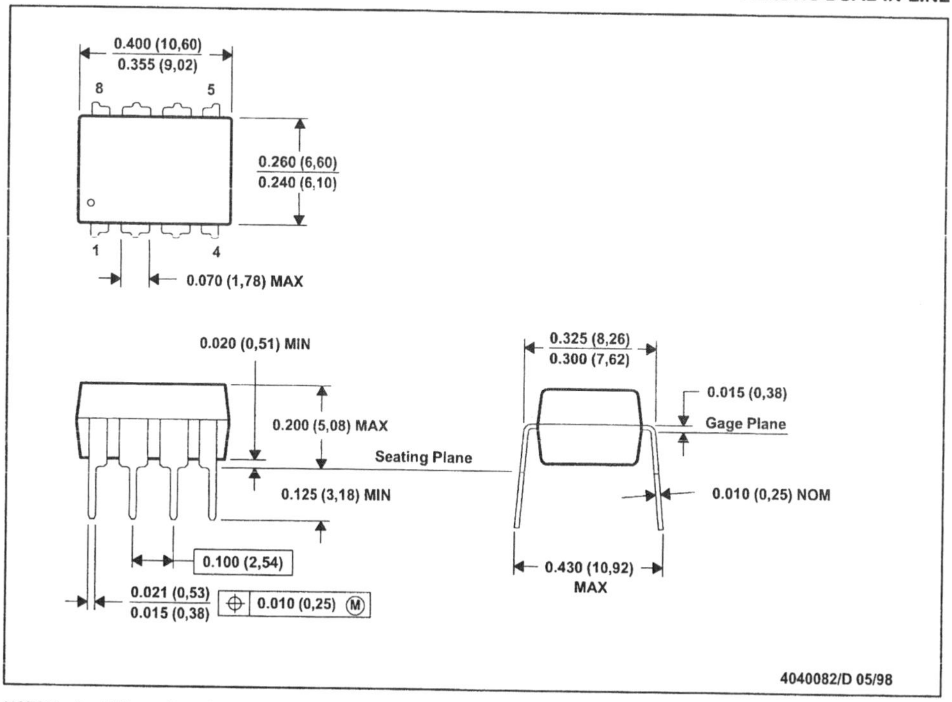

NOTES: A. All linear dimensions are in inches (millimeters).
B. This drawing is subject to change without notice.
C. Falls within JEDEC MS-001

D (R-PDSO-G8) PLASTIC SMALL-OUTLINE PACKAGE

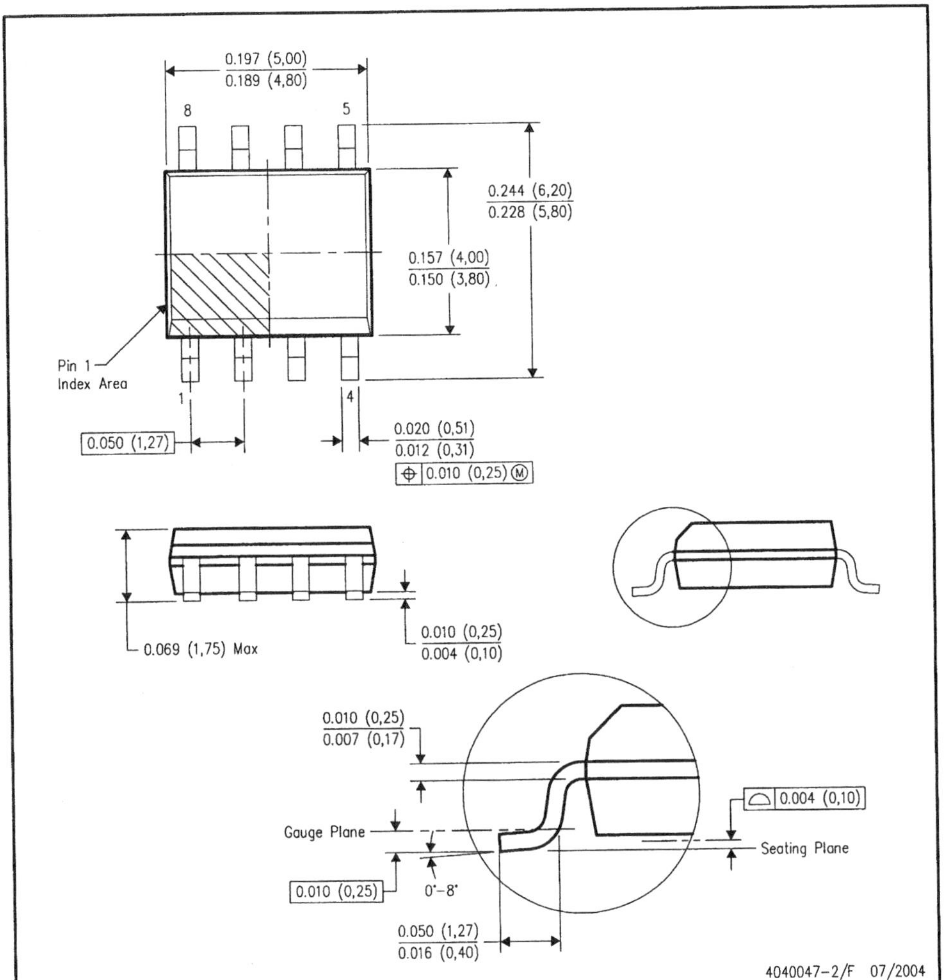

NOTES:
- A. All linear dimensions are in inches (millimeters).
- B. This drawing is subject to change without notice.
- C. Body dimensions do not include mold flash or protrusion not to exceed 0.006 (0,15).
- D. Falls within JEDEC MS-012 variation AA.

MECHANICAL DATA

PS (R-PDSO-G8) **PLASTIC SMALL-OUTLINE PACKAGE**

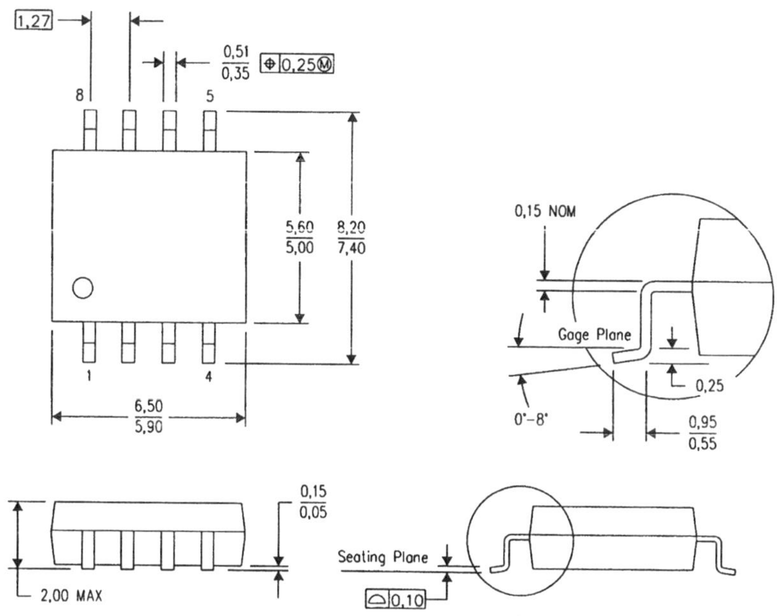

4040063/C 03/03

NOTES:
- A. All linear dimensions are in millimeters.
- B. This drawing is subject to change without notice.
- C. Body dimensions do not include mold flash or protrusion, not to exceed 0,15.

IMPORTANT NOTICE

Texas Instruments Incorporated and its subsidiaries (TI) reserve the right to make corrections, modifications, enhancements, improvements, and other changes to its products and services at any time and to discontinue any product or service without notice. Customers should obtain the latest relevant information before placing orders and should verify that such information is current and complete. All products are sold subject to TI's terms and conditions of sale supplied at the time of order acknowledgment.

TI warrants performance of its hardware products to the specifications applicable at the time of sale in accordance with TI's standard warranty. Testing and other quality control techniques are used to the extent TI deems necessary to support this warranty. Except where mandated by government requirements, testing of all parameters of each product is not necessarily performed.

TI assumes no liability for applications assistance or customer product design. Customers are responsible for their products and applications using TI components. To minimize the risks associated with customer products and applications, customers should provide adequate design and operating safeguards.

TI does not warrant or represent that any license, either express or implied, is granted under any TI patent right, copyright, mask work right, or other TI intellectual property right relating to any combination, machine, or process in which TI products or services are used. Information published by TI regarding third-party products or services does not constitute a license from TI to use such products or services or a warranty or endorsement thereof. Use of such information may require a license from a third party under the patents or other intellectual property of the third party, or a license from TI under the patents or other intellectual property of TI.

Reproduction of information in TI data books or data sheets is permissible only if reproduction is without alteration and is accompanied by all associated warranties, conditions, limitations, and notices. Reproduction of this information with alteration is an unfair and deceptive business practice. TI is not responsible or liable for such altered documentation.

Resale of TI products or services with statements different from or beyond the parameters stated by TI for that product or service voids all express and any implied warranties for the associated TI product or service and is an unfair and deceptive business practice. TI is not responsible or liable for any such statements.

Following are URLs where you can obtain information on other Texas Instruments products and application solutions:

Products		**Applications**	
Amplifiers	amplifier.ti.com	Audio	www.ti.com/audio
Data Converters	dataconverter.ti.com	Automotive	www.ti.com/automotive
DSP	dsp.ti.com	Broadband	www.ti.com/broadband
Interface	interface.ti.com	Digital Control	www.ti.com/digitalcontrol
Logic	logic.ti.com	Military	www.ti.com/military
Power Mgmt	power.ti.com	Optical Networking	www.ti.com/opticalnetwork
Microcontrollers	microcontroller.ti.com	Security	www.ti.com/security
		Telephony	www.ti.com/telephony
		Video & Imaging	www.ti.com/video
		Wireless	www.ti.com/wireless

Mailing Address: Texas Instruments
Post Office Box 655303 Dallas, Texas 75265

2. LM101A/LM201A/LM301A

National Semiconductor

August 2000

LM101A/LM201A/LM301A Operational Amplifiers

General Description

The LM101A series are general purpose operational amplifiers which feature improved performance over industry standards like the LM709. Advanced processing techniques make possible an order of magnitude reduction in input currents, and a redesign of the biasing circuitry reduces the temperature drift of input current. Improved specifications include:

- Offset voltage 3 mV maximum over temperature (LM101A/LM201A)
- Input current 100 nA maximum over temperature (LM101A/LM201A)
- Offset current 20 nA maximum over temperature (LM101A/LM201A)
- Guaranteed drift characteristics
- Offsets guaranteed over entire common mode and supply voltage ranges
- Slew rate of 10V/μs as a summing amplifier

This amplifier offers many features which make its application nearly foolproof: overload protection on the input and output, no latch-up when the common mode range is exceeded, and freedom from oscillations and compensation with a single 30 pF capacitor. It has advantages over internally compensated amplifiers in that the frequency compensation can be tailored to the particular application. For example, in low frequency circuits it can be overcompensated for increased stability margin. Or the compensation can be optimized to give more than a factor of ten improvement in high frequency performance for most applications.

In addition, the device provides better accuracy and lower noise in high impedance circuitry. The low input currents also make it particularly well suited for long interval integrators or timers, sample and hold circuits and low frequency waveform generators. Further, replacing circuits where matched transistor pairs buffer the inputs of conventional IC op amps, it can give lower offset voltage and a drift at a lower cost.

The LM101A is guaranteed over a temperature range of -55°C to +125°C, the LM201A from -25°C to +85°C, and the LM301A from 0°C to +70°C.

Fast AC/DC Converter

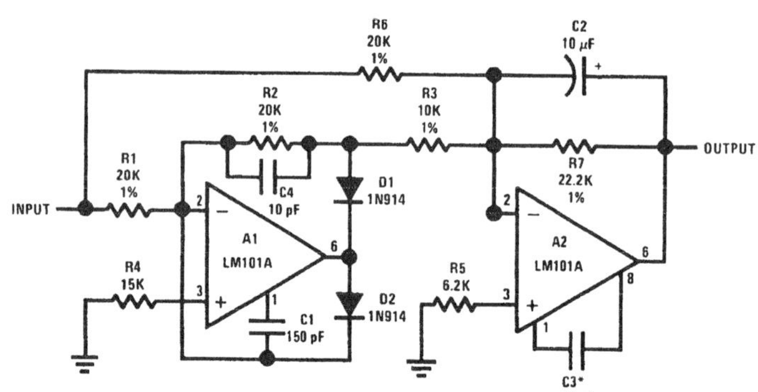

Note 1: Feedforward compensation can be used to make a fast full wave rectifier without a filter.

Absolute Maximum Ratings (Note 2)

If Military/Aerospace specified devices are required, please contact the National Semiconductor Sales Office/ Distributors for availability and specifications.

	LM101A/LM201A	LM301A
Supply Voltage	±22V	±18V
Differential Input Voltage	±30V	±30V
Input Voltage (Note 3)	±15V	±15V
Output Short Circuit Duration (Note 4)	Continuous	Continuous
Operating Ambient Temp. Range	−55°C to +125°C (LM101A) −25°C to +85°C (LM201A)	0°C to +70°C
T_J Max		
H-Package	150°C	100°C
N-Package	150°C	100°C
J-Package	150°C	100°C
Power Dissipation at T_A = 25°C		
H-Package (Still Air)	500 mW	300 mW
(400 LF/Min Air Flow)	1200 mW	700 mW
N-Package	900 mW	500 mW
J-Package	1000 mW	650 mW
Thermal Resistance (Typical) θ_{jA}		
H-Package (Still Air)	165°C/W	165°C/W
(400 LF/Min Air Flow)	67°C/W	67°C/W
N Package	135°C/W	135°C/W
J-Package	110°C/W	110°CmW
(Typical) θ_{jC}		
H-Package	25°C/W	25°C/W
Storage Temperature Range	−65°C to +150°C	−65°C to +150°C
Lead Temperature (Soldering, 10 sec.)		
Metal Can or Ceramic	300°C ˙	300°C
Plastic	260°C	260°C
ESD Tolerance (Note 7)	2000V	2000V

Electrical Characteristics (Note 5)

$T_A = T_J$

Parameter	Conditions		LM101A/LM201A			LM301A			Units
			Min	Typ	Max	Min	Typ	Max	
Input Offset Voltage	T_A = 25°C, $R_S \le 50$ kΩ			0.7	2.0		2.0	7.5	mV
Input Offset Current	T_A = 25°C			1.5	10		3.0	50	nA
Input Bias Current	T_A = 25°C			30	75		70	250	nA
Input Resistance	T_A = 25°C		1.5	4.0		0.5	2.0		MΩ
Supply Current	T_A = 25°C	V_S = ±20V		1.8	3.0				mA
		V_S = ±15V					1.8	3.0	mA
Large Signal Voltage Gain	T_A = 25°C, V_S = ±15V V_{OUT} = ±10V, $R_L \ge 2$ kΩ		50	160		25	160		V/mV
Input Offset Voltage	$R_S \le 50$ kΩ				3.0			10	mV
Average Temperature Coefficient of Input Offset Voltage	$R_S \le 50$ kΩ			3.0	15		6.0	30	μV/°C
Input Offset Current					20			70	nA
Average Temperature Coefficient of Input Offset Current	25°C ≤ T_A ≤ T_{MAX}			0.01	0.1		0.01	0.3	nA/°C
	T_{MIN} ≤ T_A ≤ 25°C			0.02	0.2		0.02	0.6	nA/°C
Input Bias Current					0.1			0.3	μA

Electrical Characteristics (Note 5) (Continued)

$T_A = T_J$

Parameter	Conditions		LM101A/LM201A Min	LM101A/LM201A Typ	LM101A/LM201A Max	LM301A Min	LM301A Typ	LM301A Max	Units
Supply Current	$T_A = T_{MAX}$, $V_S = \pm20V$			1.2	2.5				mA
Large Signal Voltage Gain	$V_S = \pm15V$, $V_{OUT} = \pm10V$ $R_L \geq 2k$		25			15			V/mV
Output Voltage Swing	$V_S = \pm15V$	$R_L = 10\ k\Omega$	±12	±14		±12	±14		V
		$R_L = 2\ k\Omega$	±10	±13		±10	±13		V
Input Voltage Range	$V_S = \pm20V$		±15						V
	$V_S = \pm15V$			+15, −13		±12	+15, −13		V
Common-Mode Rejection Ratio	$R_S \leq 50\ k\Omega$		80	96		70	90		dB
Supply Voltage Rejection Ratio	$R_S \leq 50\ k\Omega$		80	96		70	96		dB

Note 2: Absolute Maximum Ratings indicate limits beyond which damage to the device may occur Operating ratings indicate for which the device is functional, but do no guarantee specific performance limits. Electrical Characteristics state DC and AC electrical specifications under particular test conditions which guarantee specific limits. This assumes that the device is within the Operating Ratings. Specifications are not guaranteed for parameters where no limit is given, however, the typical value is a good indication of device performance.

Note 3: For supply voltages less than ±15V, the absolute maximum input voltage is equal to the supply voltage.

Note 4: Continuous short circuit is allowed for case temperatures to 125°C and ambient temperatures to 75°C for LM101A/LM201A, and 70°C and 55°C respectively for LM301A.

Note 5: Unless otherwise specified, these specifications apply for C1 = 30 pF, $\pm5V \leq V_S \leq \pm20V$ and $-55°C \leq T_A \leq +125°C$ (LM101A), $\pm5V \leq V_S \leq \pm20V$ and $-25°C \leq T_A \leq +85°C$ (LM201A), $\pm5V \leq V_S \leq \pm15V$ and $0°C \leq T_A \leq +70°C$ (LM301A).

Note 6: Refer to RETS101AX for LM101A military specifications and RETS101X for LM101 military specifications.

Note 7: Human body model, 100 pF discharged through 1.5 kΩ.

Typical Performance Characteristics

LM101A/LM201A

Input Voltage Range

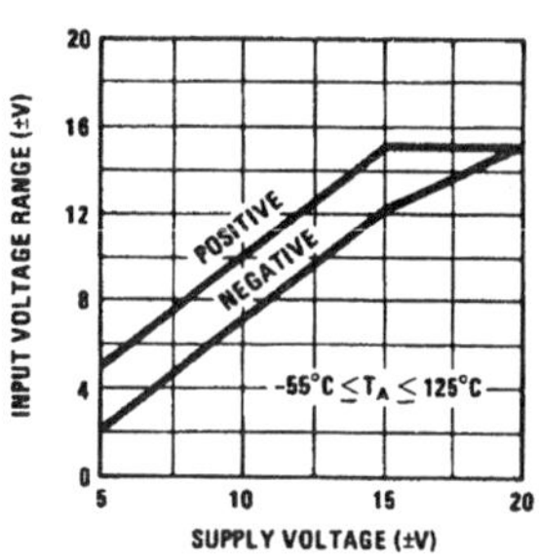

00775241

Output Swing

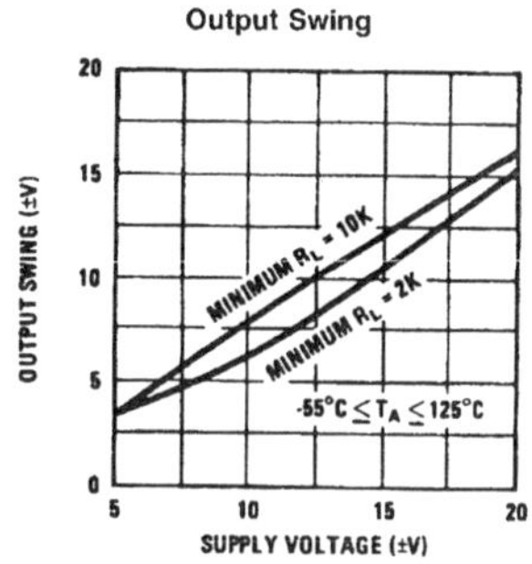

00775242

Typical Performance Characteristics LM101A/LM201A (Continued)

Voltage Gain

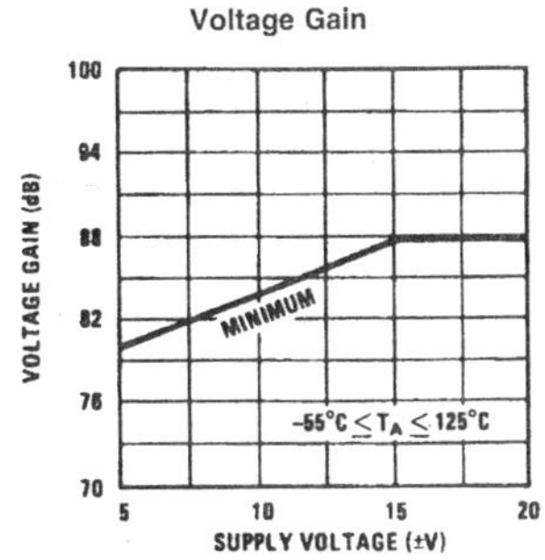

00775243

Guaranteed Performance Characteristics

LM301A

Input Voltage Range

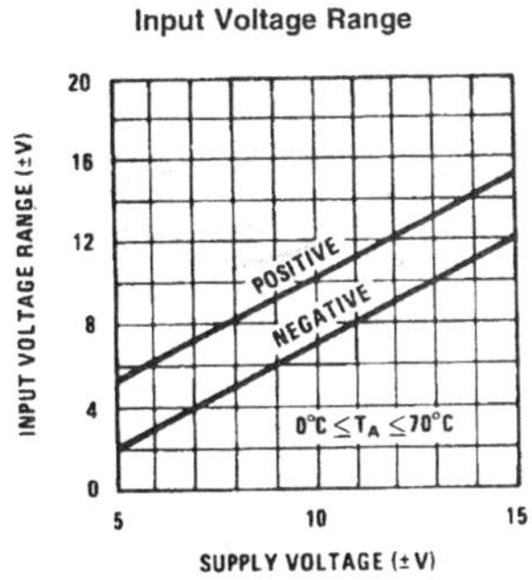

00775244

Output Swing

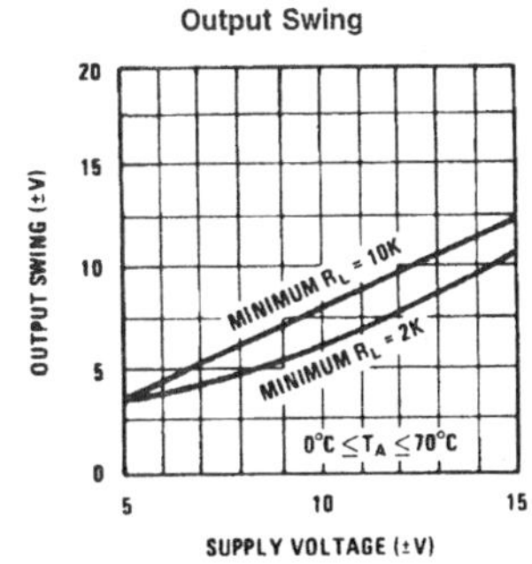

00775245

Voltage Gain

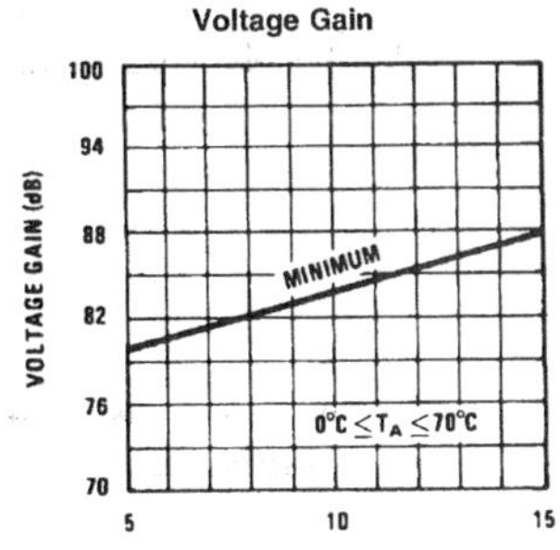

00775246

Typical Performance Characteristics

Supply Current

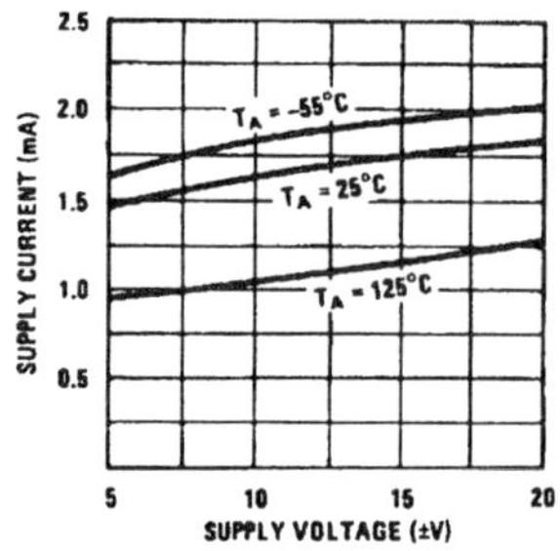

00775247

Voltage Gain

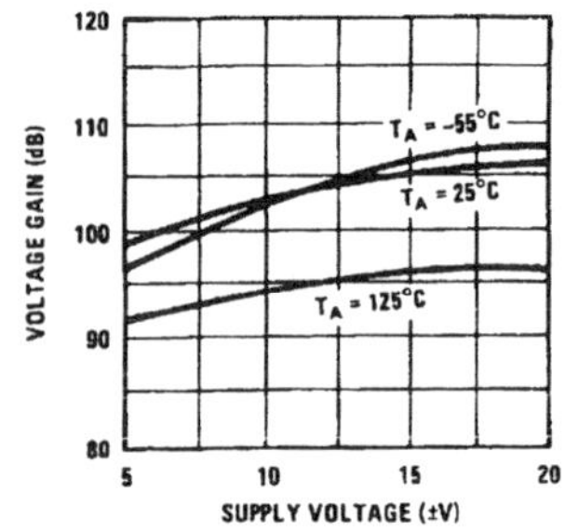

00775248

Maximum Power Dissipation

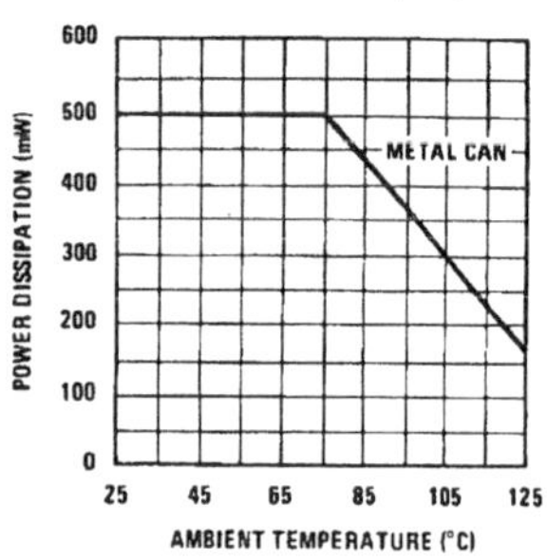

00775249

Input Current, LM101A/LM201A/LM301A

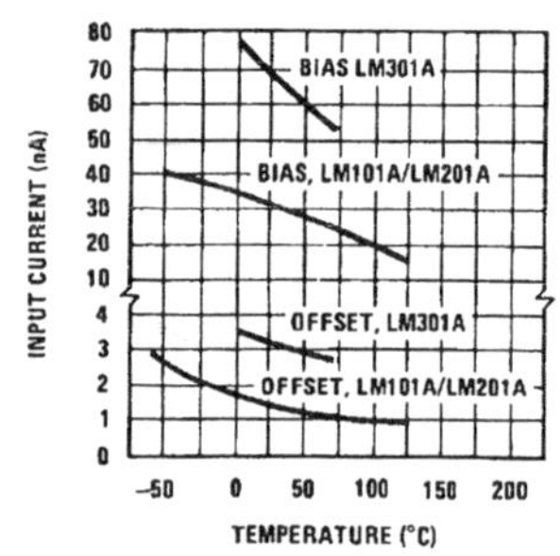

00775250

Current Limiting

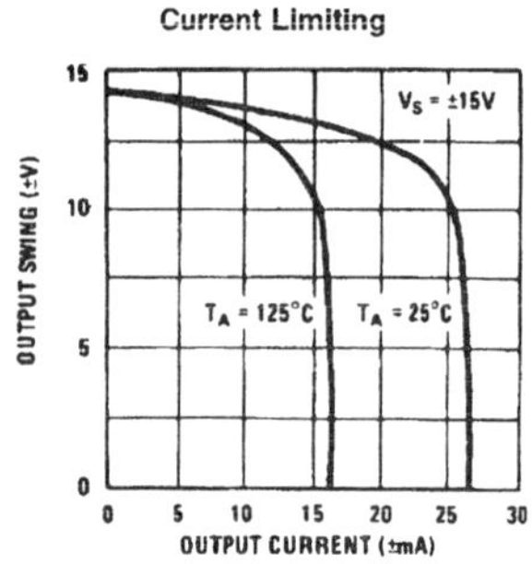

00775251

Input Noise Voltage

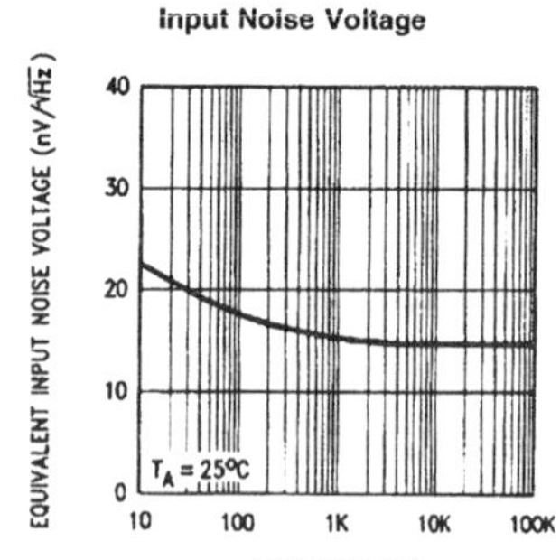

00775252

Typical Performance Characteristics (Continued)

Input Noise Current

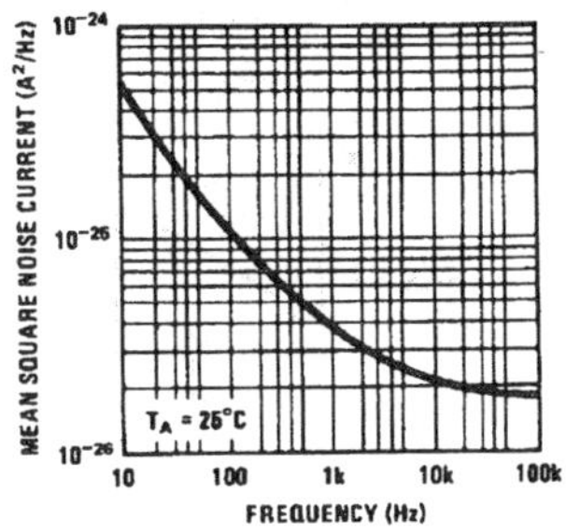

00775253

Common Mode Rejection

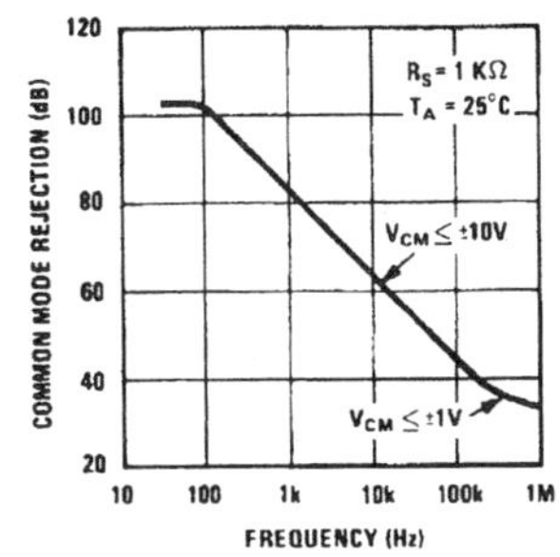

00775254

Power Supply Rejection

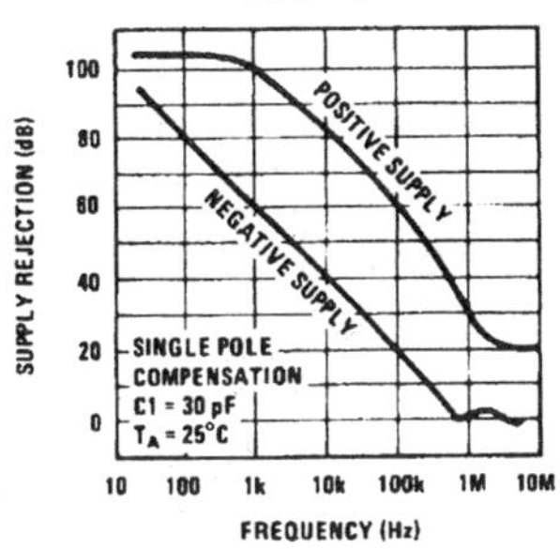

00775255

Closed Loop Output Impedance

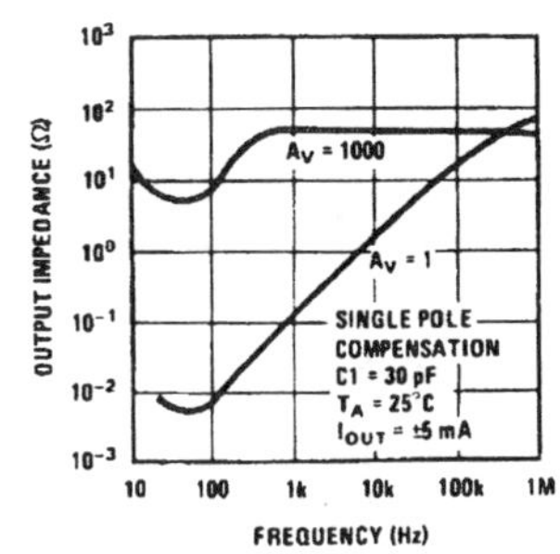

00775256

Typical Performance Characteristics for Various Compensation Circuits

(Note 9)

Single Pole Compensation

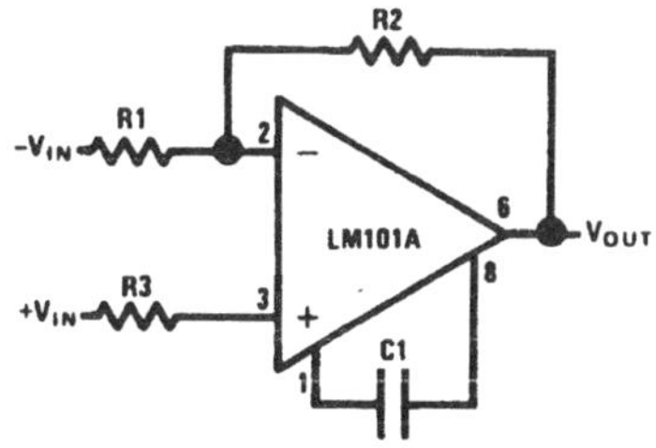

00775208

$$C1 \geq \frac{R1\ C_S}{R1 + R2}$$

C_S= 30 pF

Two Pole Compensation

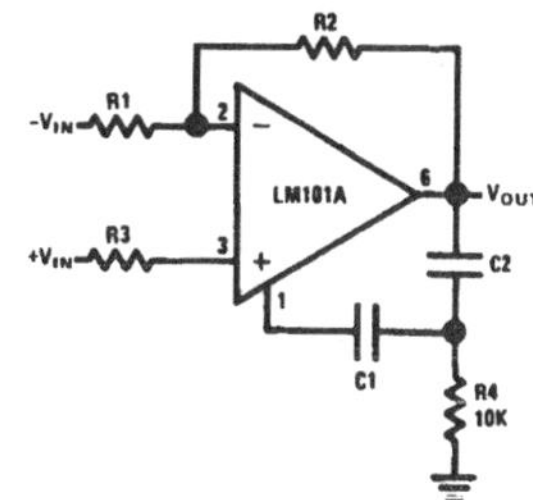

00775212

$$C1 \geq \frac{R1\ C_S}{R1 + R2}$$

C_S= 30 pF
C2 = 10 C1

Feedforward Compensation

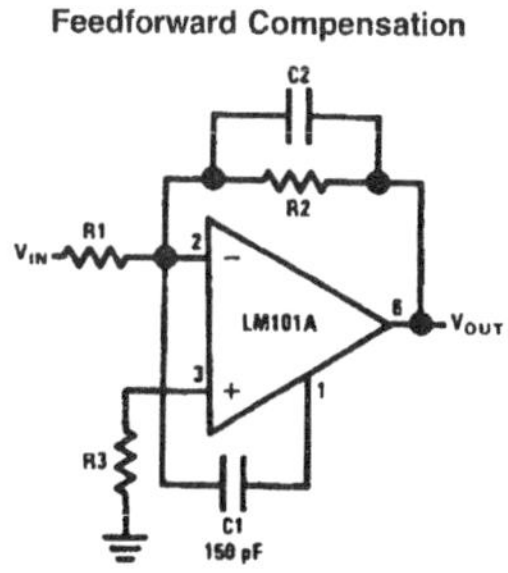

00775216

$$C2 = \frac{1}{2\pi\ f_o\ R2}$$

f_o= 3 MHz

Open Loop Frequency Response

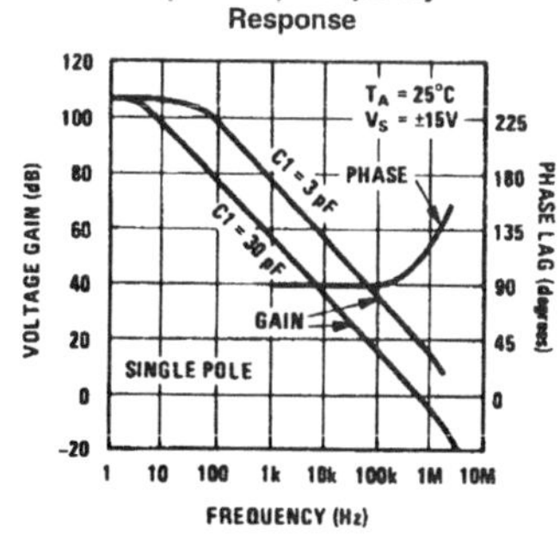

00775209

Open Loop Frequency Response

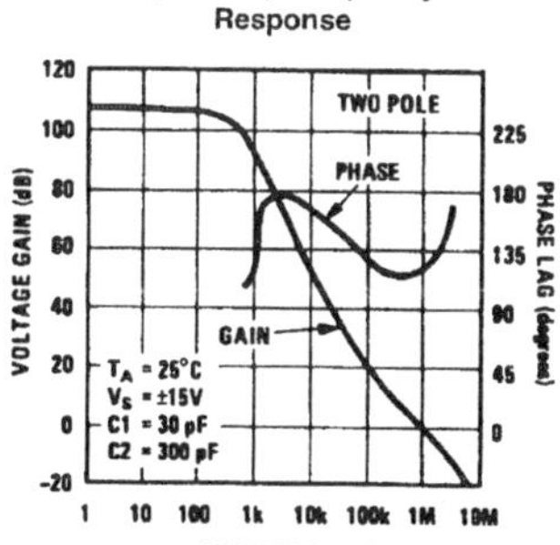

00775213

Open Loop Frequency Response

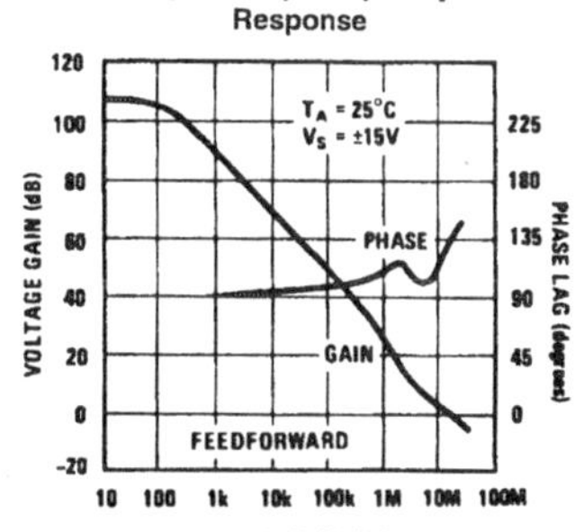

00775217

Typical Performance Characteristics for Various Compensation Circuits

(Note 9) (Continued)

Large Signal Frequency Response

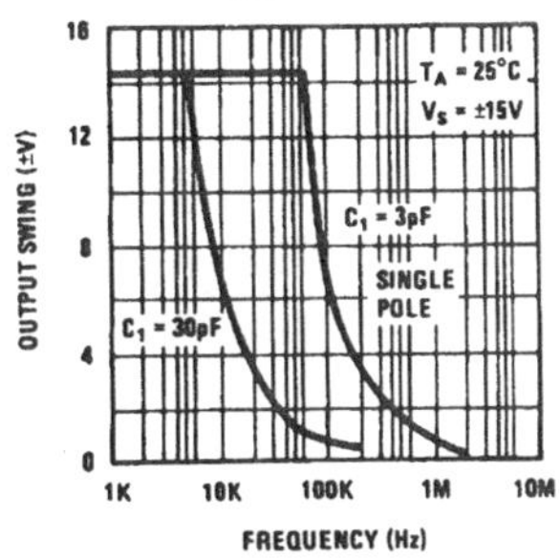

00775210

Large Signal Frequency Response

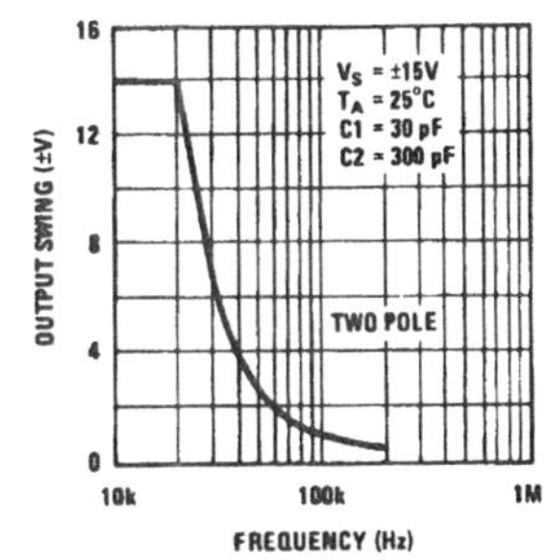

00775214

Large Signal Frequency Response

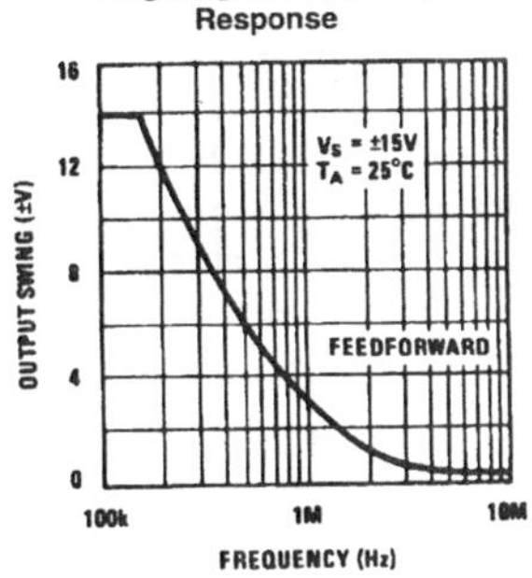

00775218

Voltage Follower Pulse Response

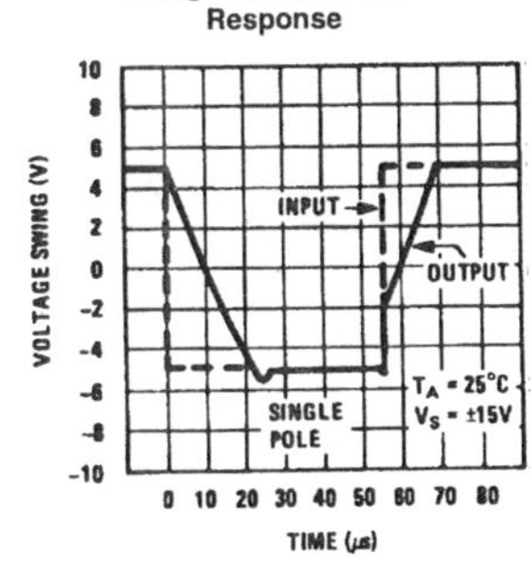

00775211

Voltage Follower Pulse Response

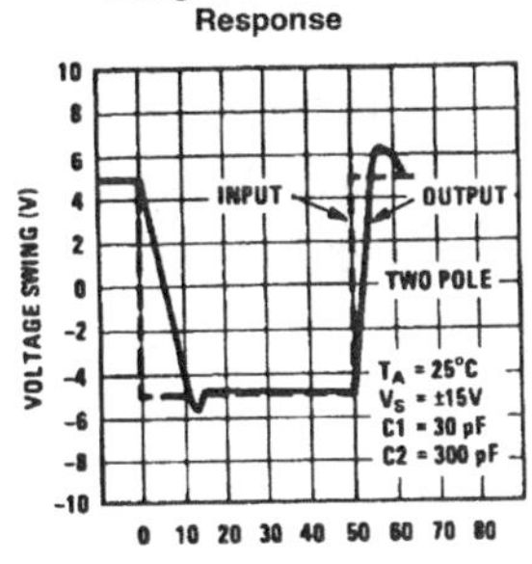

00775215

Inverter Pulse Response

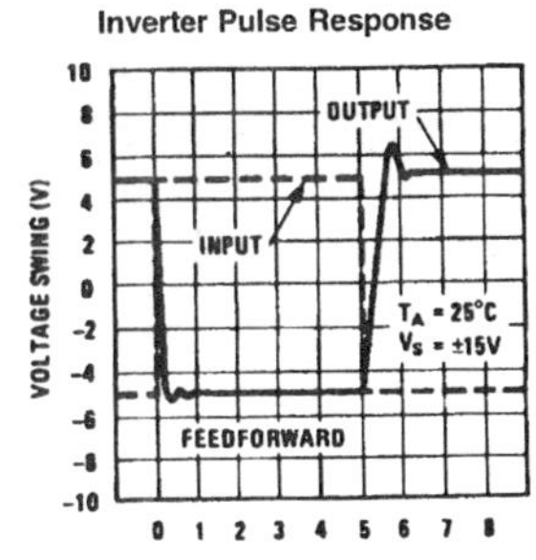

00775219

Typical Applications (Note 9)

Variable Capacitance Multiplier

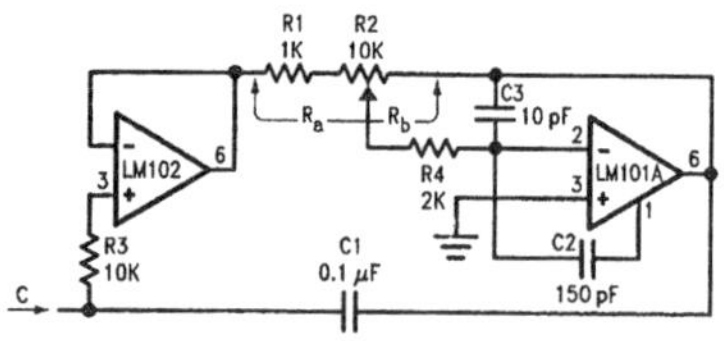

00775220

$$C = 1 + \frac{R_b}{R_a} C1$$

Simulated Inductor

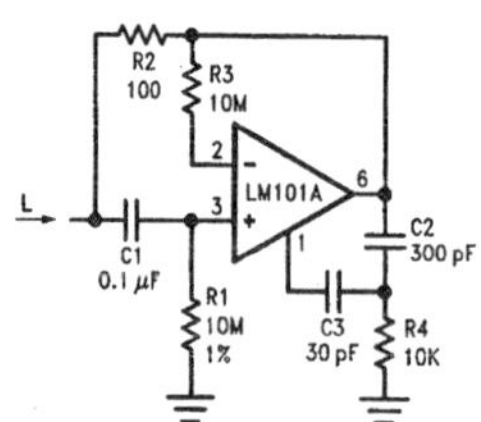

00775221

$L \approx R1\ R2\ C1$

$R_S = R2$

$R_P = R1$

Fast Inverting Amplifier with High Input Impedance

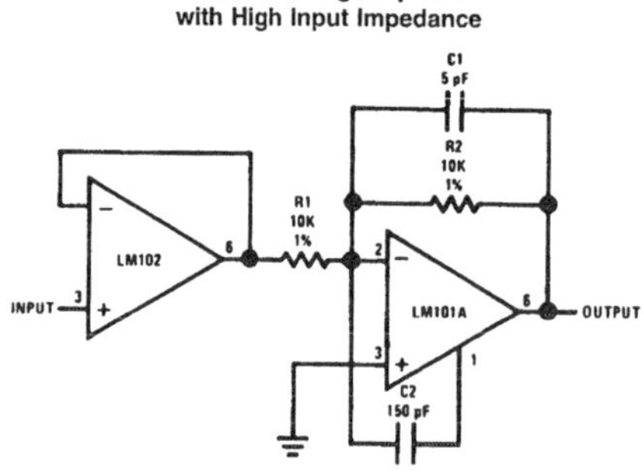

00775222

Inverting Amplifier with Balancing Circuit

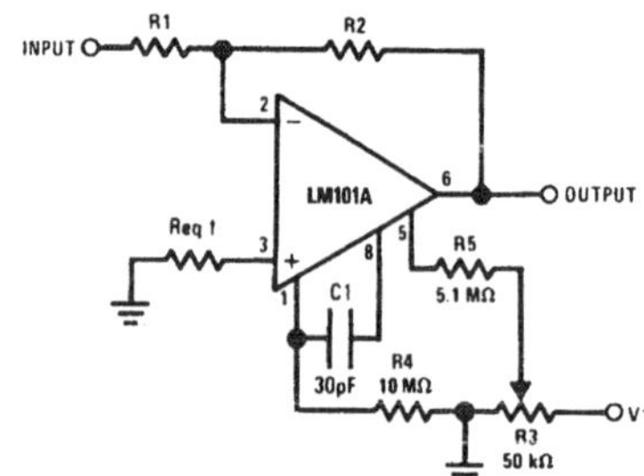

00775223

†May be zero or equal to parallel combination of R1 and R2 for minimum offset.

Sine Wave Oscillator

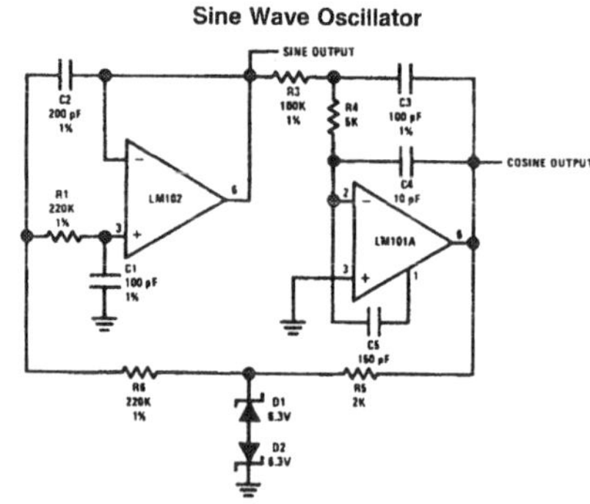

00775224

$f_o = 10$ kHz

Integrator with Bias Current Compensation

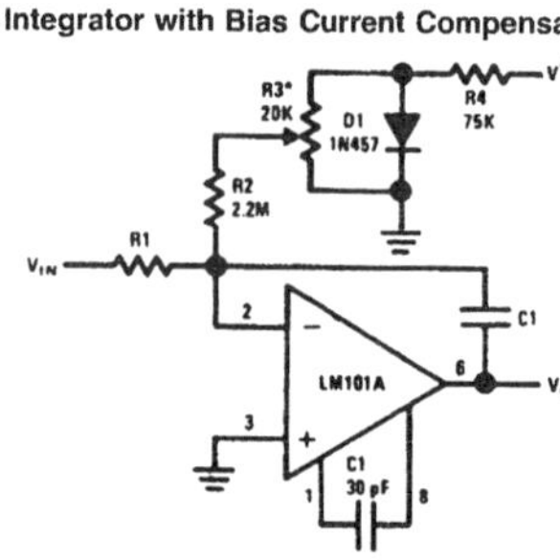

00775225

*Adjust for zero integrator drift. Current drift typically 0.1 nA/°C over −55°C to +125°C temperature range.

Application Hints (Note 9)

Protecting Against Gross Fault Conditions

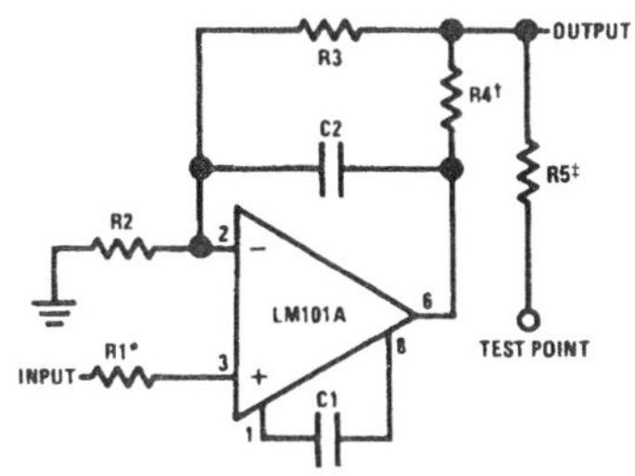

00775226

*Protects input

†Protects output

‡Protects output—not needed when R4 is used.

Compensating for Stray Input Capacitances or Large Feedback Resistor

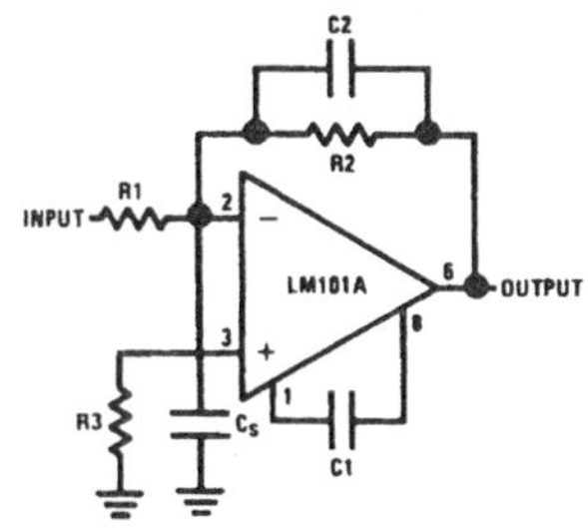

00775227

$$C2 = \frac{R1\ C_S}{R2}$$

Isolating Large Capacitive Loads

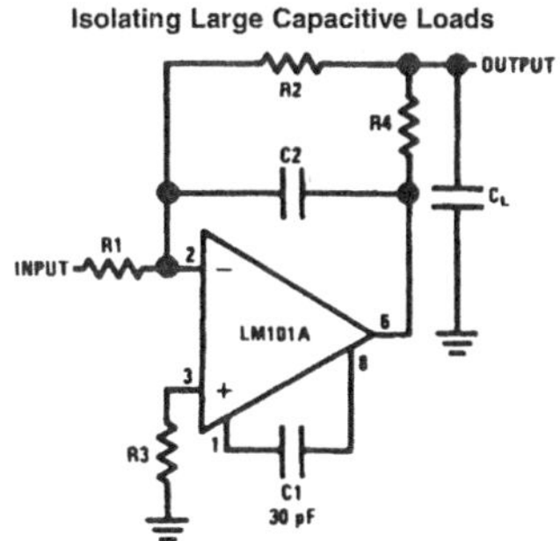

00775228

Although the LM101A is designed for trouble free operation, experience has indicated that it is wise to observe certain precautions given below to protect the devices from abnormal operating conditions. It might be pointed out that the advice given here is applicable to practically any IC op amp, although the exact reason why may differ with different devices.

When driving either input from a low-impedance source, a limiting resistor should be placed in series with the input lead to limit the peak instantaneous output current of the source to something less than 100 mA. This is especially important when the inputs go outside a piece of equipment where they could accidentally be connected to high voltage sources. Large capacitors on the input (greater than 0.1 μF) should be treated as a low source impedance and isolated with a resistor. Low impedance sources do not cause a problem unless their output voltage exceeds the supply voltage. However, the supplies go to zero when they are turned off, so the isolation is usually needed.

The output circuitry is protected against damage from shorts to ground. However, when the amplifier output is connected to a test point, it should be isolated by a limiting resistor, as test points frequently get shorted to bad places. Further, when the amplifer drives a load external to the equipment, it is also advisable to use some sort of limiting resistance to preclude mishaps.

Precautions should be taken to insure that the power supplies for the integrated circuit never become reversed—even under transient conditions. With reverse voltages greater than 1V, the IC will conduct excessive current, fusing internal aluminum interconnects. If there is a possibility of this happening, clamp diodes with a high peak current rating should be installed on the supply lines. Reversal of the voltage between V^+ and V^- will always cause a problem, although reversals with respect to ground may also give difficulties in many circuits.

The minimum values given for the frequency compensation capacitor are stable only for source resistances less than 10 kΩ, stray capacitances on the summing junction less than 5 pF and capacitive loads smaller than 100 pF. If any of these conditions are not met, it becomes necessary to overcompensate the amplifier with a larger compensation capacitor. Alternately, lead capacitors can be used in the feedback network to negate the effect of stray capacitance and large feedback resistors or an RC network can be added to isolate capacitive loads.

Although the LM101A is relatively unaffected by supply bypassing, this cannot be ignored altogether. Generally it is necessary to bypass the supplies to ground at least once on every circuit card, and more bypass points may be required if more than five amplifiers are used. When feed-forward compensation is employed, however, it is advisable to bypass the supply leads of each amplifier with low inductance capacitors because of the higher frequencies involved.

Typical Applications (Note 9)

Standard Compensation and Offset Balancing Circuit

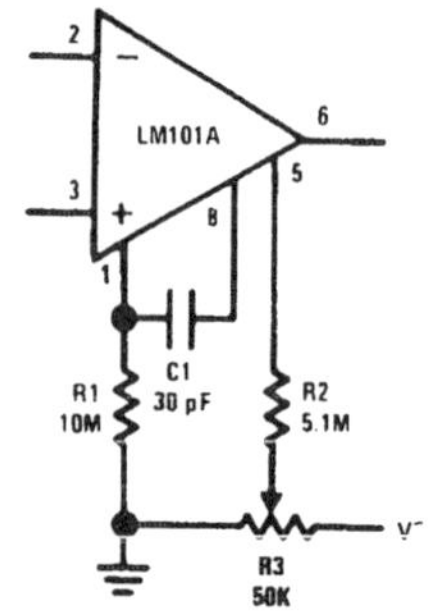

00775229

Fast Voltage Follower

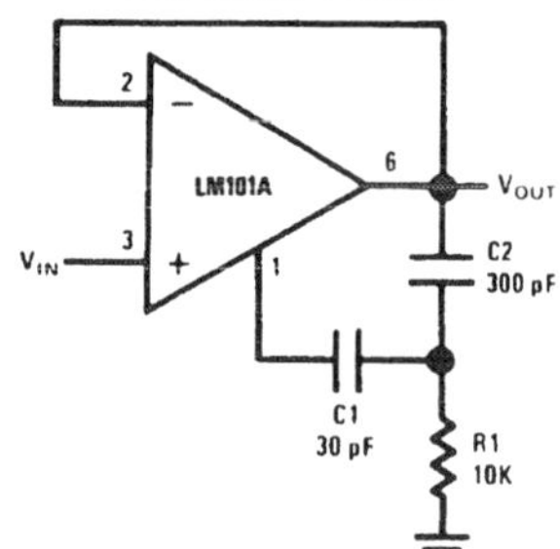

00775231

Power Bandwidth: 15 kHz

Slew Rate: 1V/μs

Fast Summing Amplifier

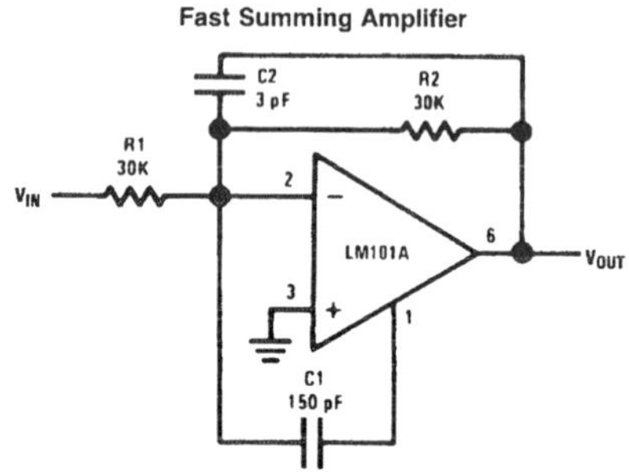

00775230

Power Bandwidth: 250 kHz

Small Signal Bandwiidth: 3.5 MHz

Slew Rate: 10V/μs

Typical Applications (Note 9) (Continued)

Bilateral Current Source

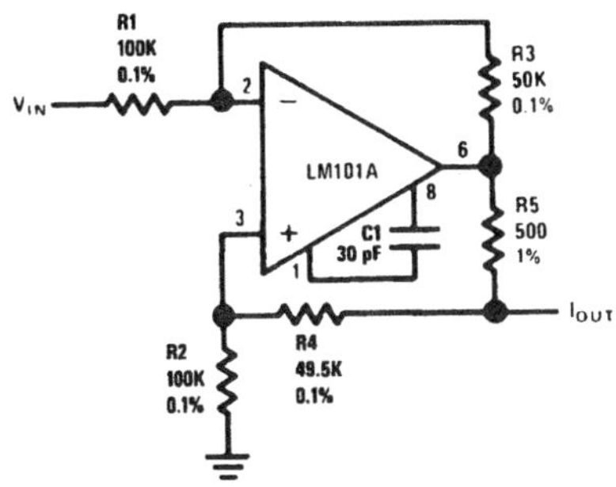

$$I_{OUT} = \frac{R3\ V_{IN}}{R1\ R5}$$

R3 = R4 + R5

R1 = R2

Fast AC/DC Converter (Note 8)

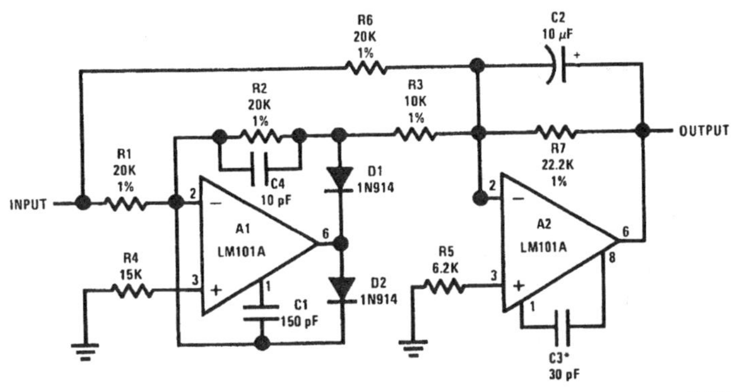

Note 8: Feedforward compensation can be used to make a fast full wave rectifier without a filter.

Typical Applications (Note 9) (Continued)

Instrumentation Amplifier

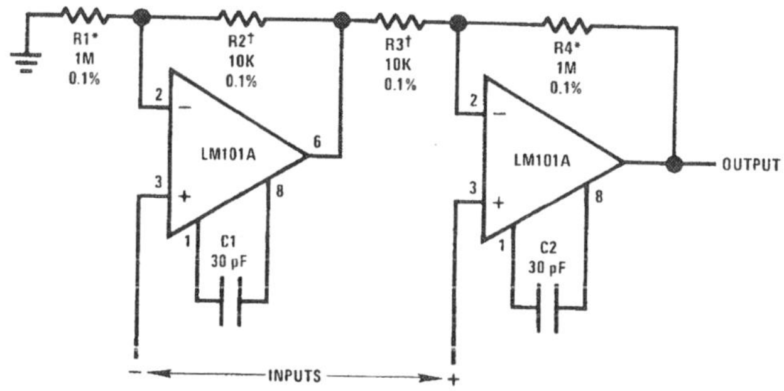

00775234

R1 = R4; R2 = R3

$$A_V = 1 + \frac{R1}{R2}$$

*,† Matching determines CMRR.

Integrator with Bias Current Compensation

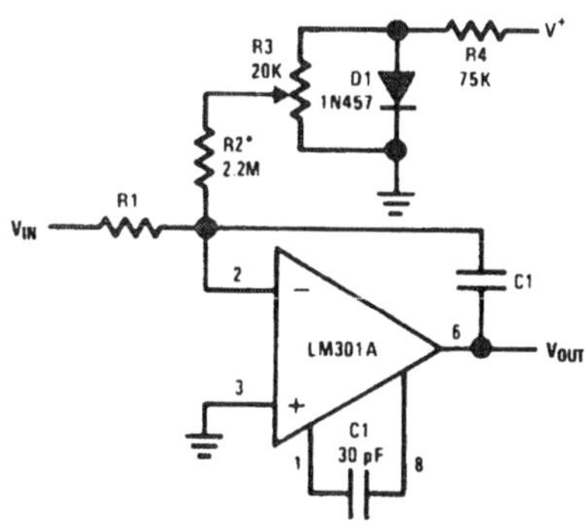

00775235

*Adjust for zero integrator drift. Current drift typically 0.1 nA/°C over 0°C to +70°C temperature range.

Voltage Comparator for Driving RTL Logic or High Current Driver

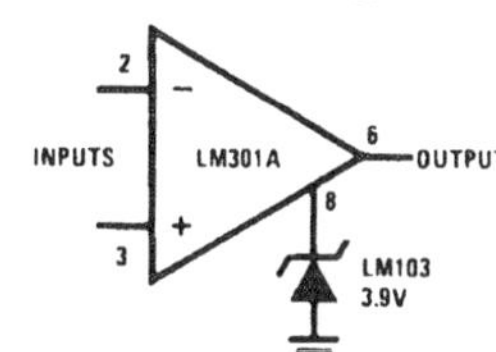

00775237

Typical Applications (Note 9) (Continued)

Low Frequency Square Wave Generator

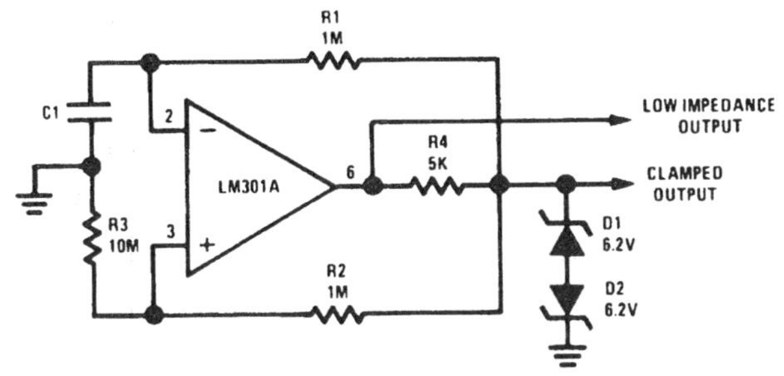

Low Drift Sample and Hold

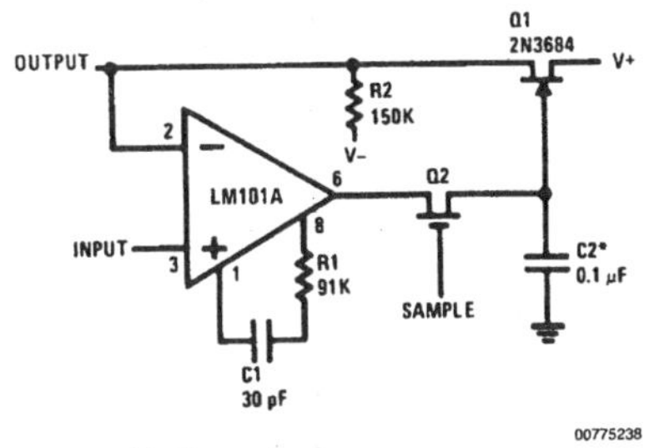

*Polycarbonate-dielectric capacitor

Voltage Comparator for Driving DTL or TTL Integrated Circuits

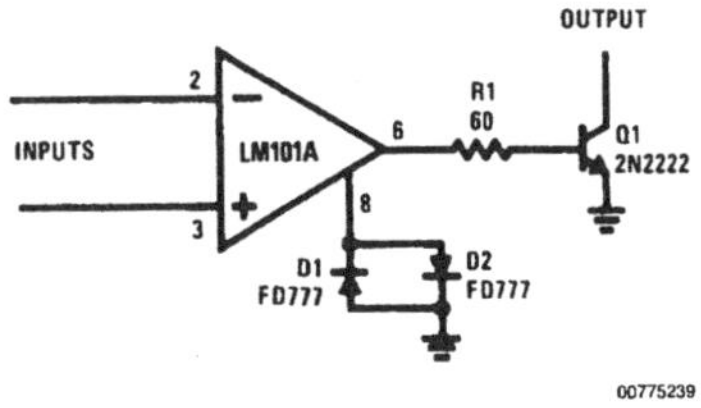

Schematic (Note 9)

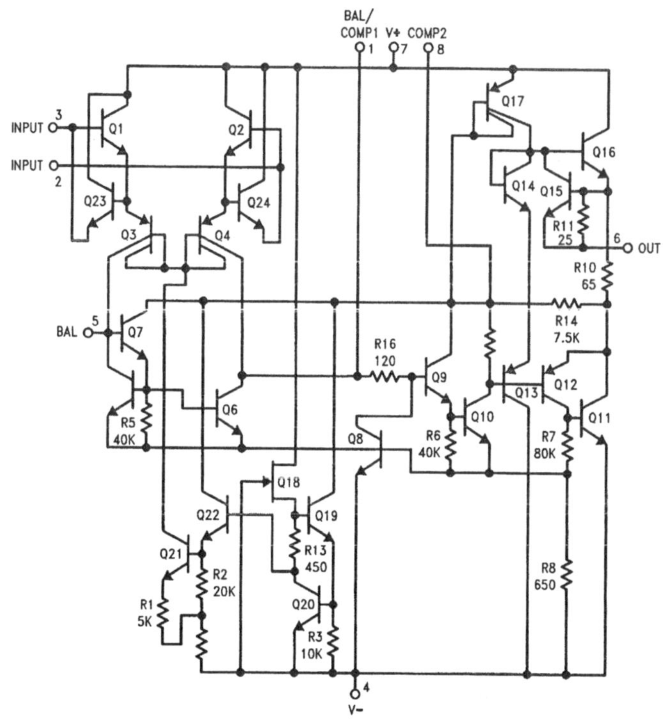

00775201

Note 9: Pin connections shown are for 8-pin packages.

Connection Diagrams

(Top View)

Dual-In-Line Package

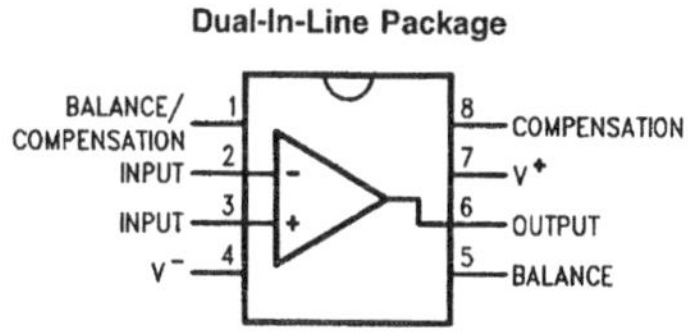

00775204

Order Number LM101AJ, LM101J/883 (Note 10), **LM201AN or LM301AN**
See NS Package Number J08A or N08E

Ceramic Flatpack Package

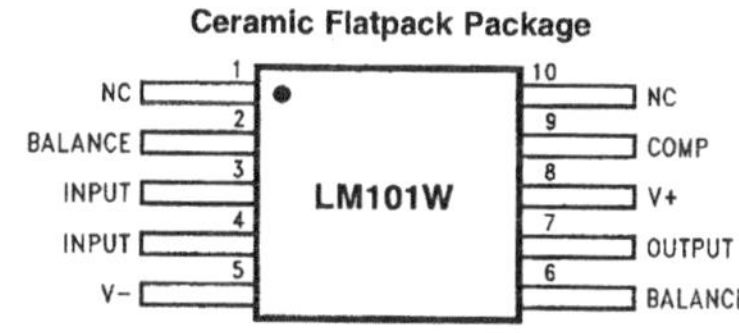

00775240

Order Number LM101AW/883 or LM101W/883
See NS Package Number W10A

Connection Diagrams (Top View) (Continued)

Metal Can Package

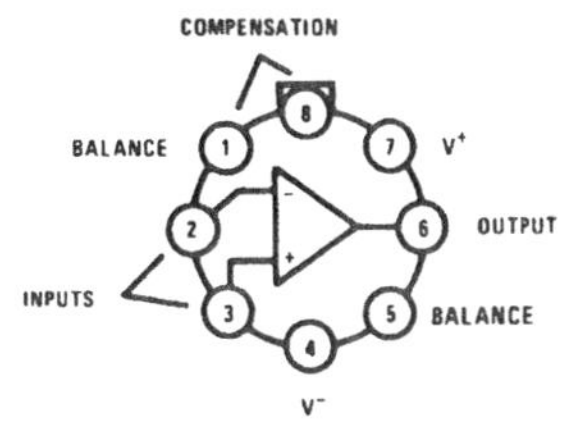

Note: Pin 4 connected to case.

Order Number LM101AH, LM101AH/883 (Note 10), **LM201AH or LM301AH**
See NS Package Number H08C

Dual-In-Line Package

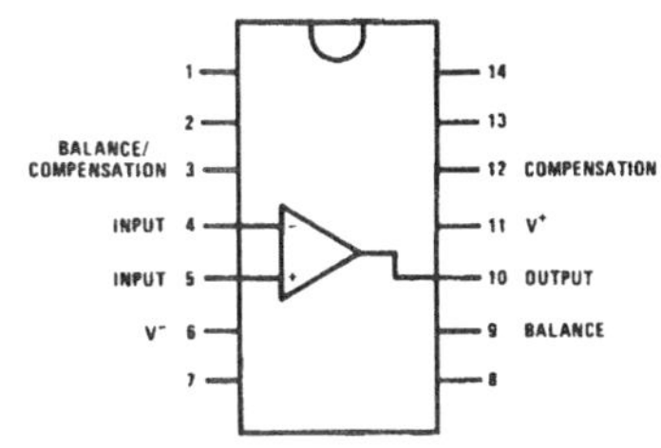

Order Number LM101AJ-14/883 (Note 10)
See NS Package Number J14A

Note 10: Available per JM38510/10103.

Physical Dimensions inches (millimeters)

unless otherwise noted

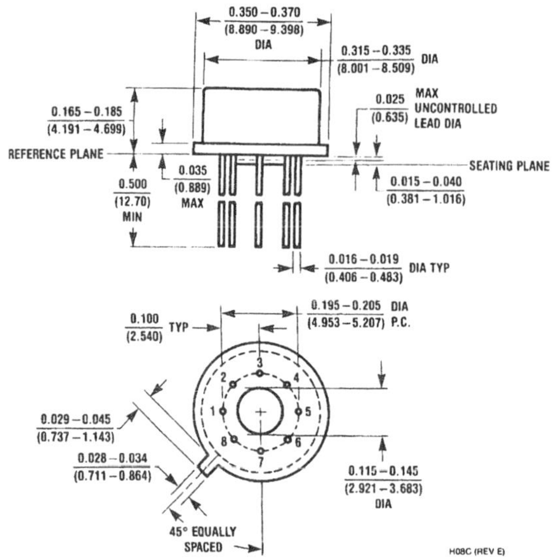

Metal Can Package (H)
Order Number LM101AH, LM101AH/883
LM201AH or LM301AH
NS Package Number H08C

Physical Dimensions inches (millimeters) unless otherwise noted (Continued)

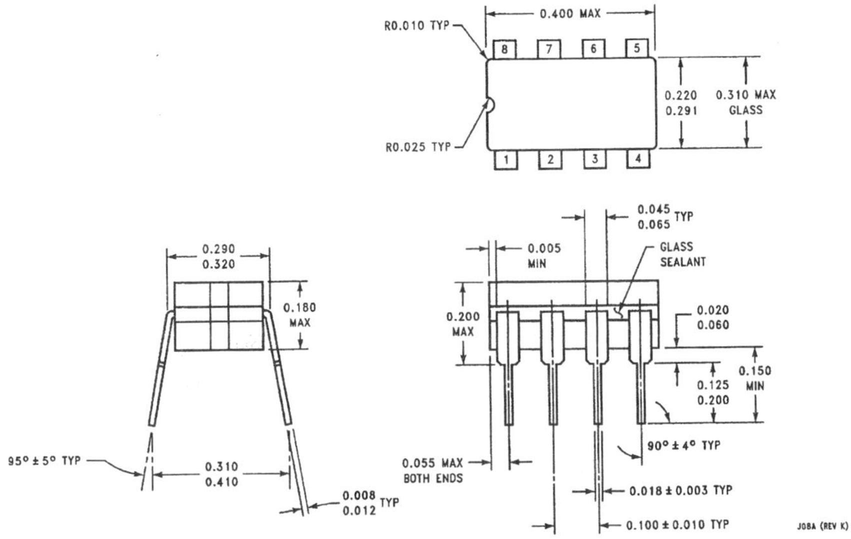

Ceramic Dual-In-Line Package (J)
Order Number LM101J/883 or LM101AJ
NS Package Number J08A

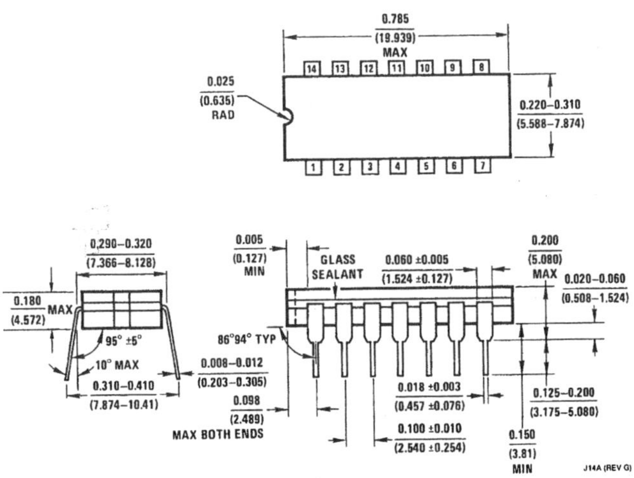

Ceramic Dual-In-Line Package (J)
Order Number LM101AJ-14/883
NS Package Number J14A

Physical Dimensions inches (millimeters) unless otherwise noted (Continued)

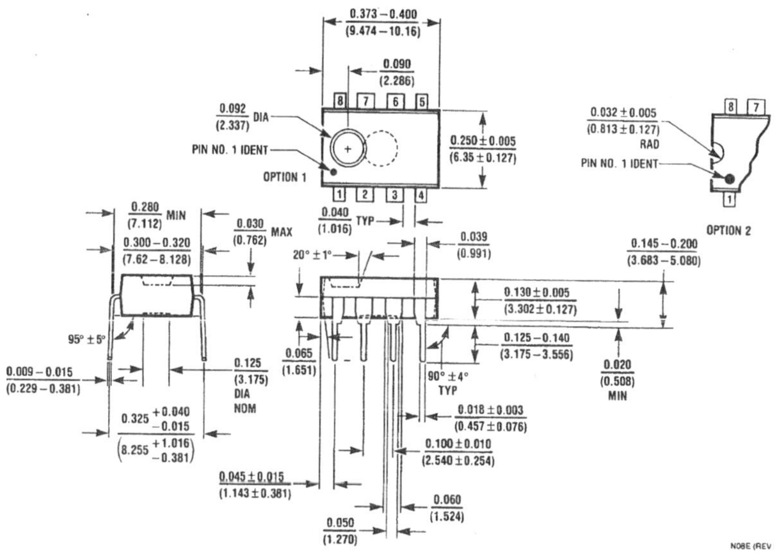

Molded Dual-In-Line Package (N)
Order Number LM201AN or LM301AN
NS Package Number N08E

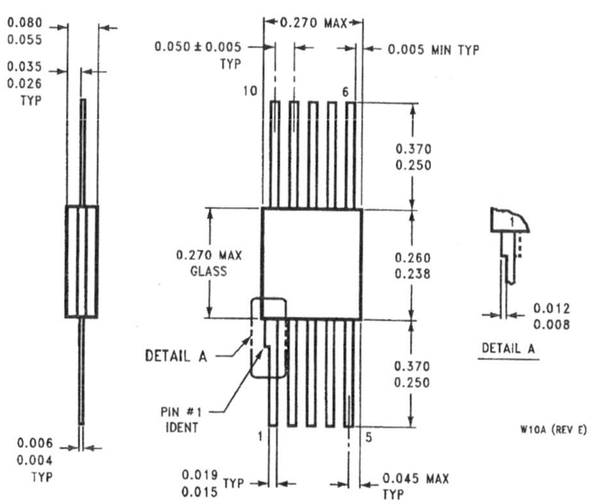

Ceramic Flatpack Package (W)
Order Number LM101AW/883 or LM101W/883
NS Package Number W10A

3. LM111/LM211/LM311

National Semiconductor

January 2001

LM111/LM211/LM311 Voltage Comparator

1.0 General Description

The LM111, LM211 and LM311 are voltage comparators that have input currents nearly a thousand times lower than devices like the LM106 or LM710. They are also designed to operate over a wider range of supply voltages: from standard ±15V op amp supplies down to the single 5V supply used for IC logic. Their output is compatible with RTL, DTL and TTL as well as MOS circuits. Further, they can drive lamps or relays, switching voltages up to 50V at currents as high as 50 mA.

Both the inputs and the outputs of the LM111, LM211 or the LM311 can be isolated from system ground, and the output can drive loads referred to ground, the positive supply or the negative supply. Offset balancing and strobe capability are provided and outputs can be wire OR'ed. Although slower than the LM106 and LM710 (200 ns response time vs 40 ns) the devices are also much less prone to spurious oscillations. The LM111 has the same pin configuration as the LM106 and LM710.

The LM211 is identical to the LM111, except that its performance is specified over a −25˚C to +85˚C temperature range instead of −55˚C to +125˚C. The LM311 has a temperature range of 0˚C to +70˚C.

2.0 Features

- Operates from single 5V supply
- Input current: 150 nA max. over temperature
- Offset current: 20 nA max. over temperature
- Differential input voltage range: ±30V
- Power consumption: 135 mW at ±15V

3.0 Typical Applications (Note 3)

Offset Balancing

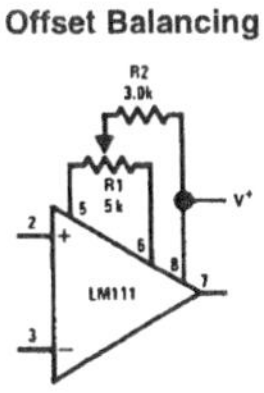

00570436

Strobing

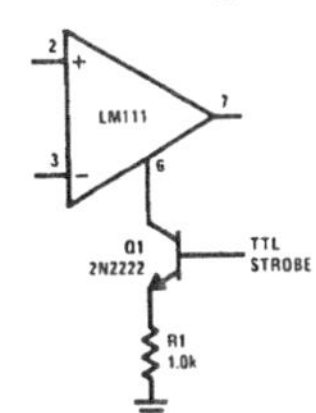

00570437

Note: Do Not Ground Strobe Pin. Output is turned off when current is pulled from Strobe Pin.

Increasing Input Stage Current (Note 1)

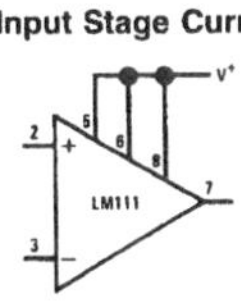

00570438

Note 1: Increases typical common mode slew from 7.0V/µs to 18V/µs.

Detector for Magnetic Transducer

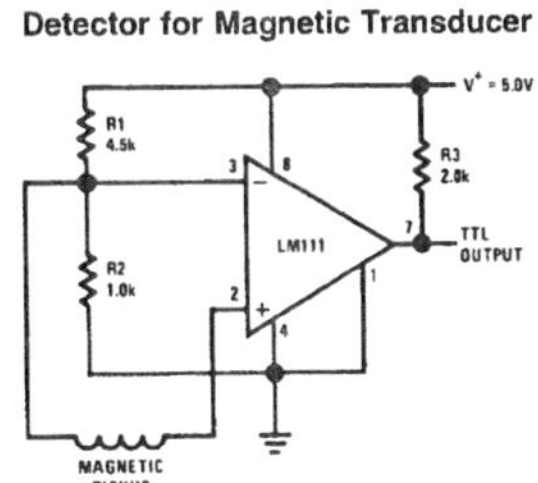

00570439

 DS005704

3.0 Typical Applications (Note 3) (Continued)

Digital Transmission Isolator

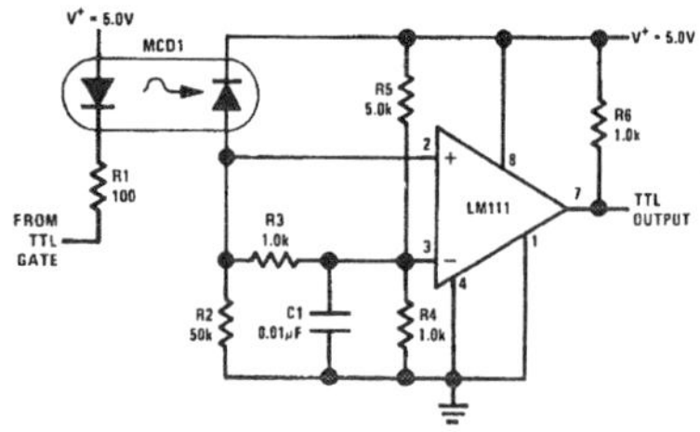

00570440

Relay Driver with Strobe

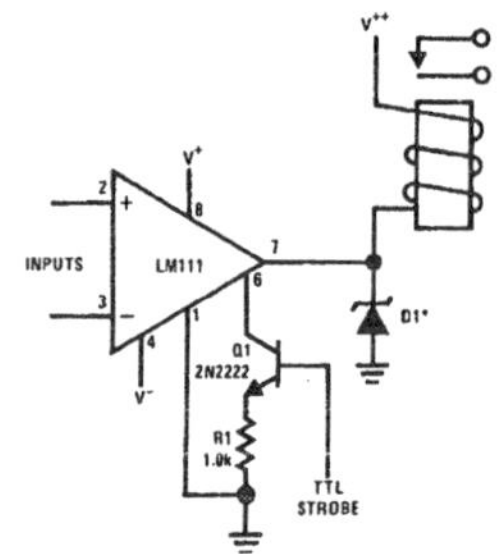

00570441

*Absorbs inductive kickback of relay and protects IC from severe voltage transients on V^{++} line.

Note: Do Not Ground Strobe Pin.

Strobing off Both Input and Output Stages (Note 2)

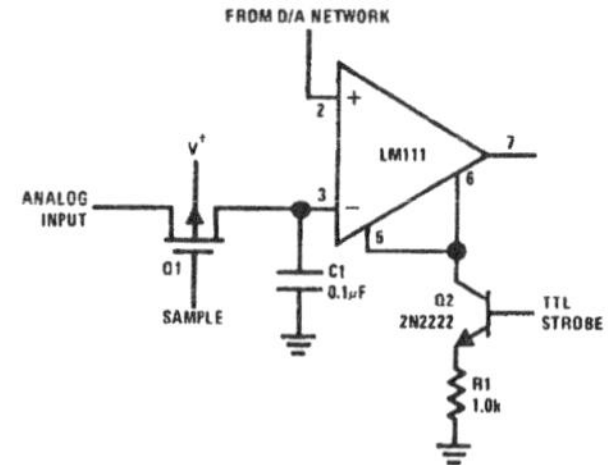

00570442

Note: Do Not Ground Strobe Pin.

Note 2: Typical input current is 50 pA with inputs strobed off.

Note 3: Pin connections shown on schematic diagram and typical applications are for H08 metal can package.

Positive Peak Detector

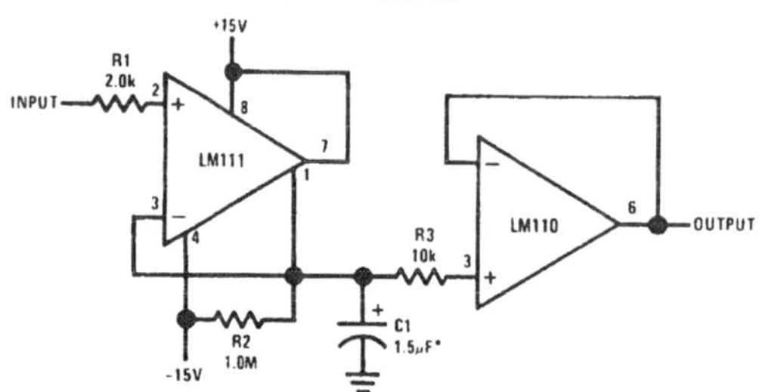

00570423

*Solid tantalum

Zero Crossing Detector Driving MOS Logic

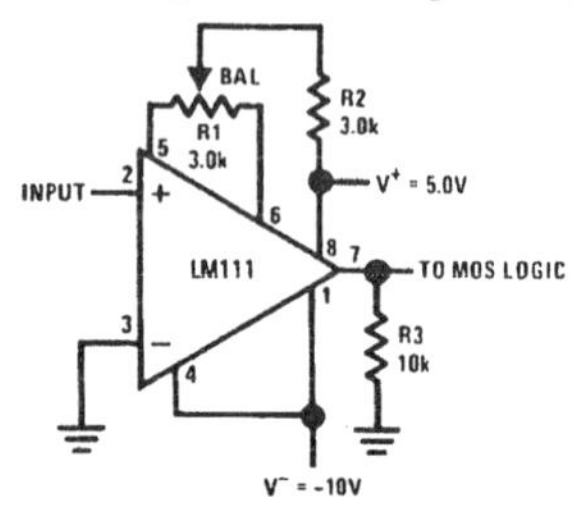

00570424

4.0 Absolute Maximum Ratings for the LM111/LM211 (Note 10)

If Military/Aerospace specified devices are required, please contact the National Semiconductor Sales Office/ Distributors for availability and specifications.

Total Supply Voltage (V_{84})	36V
Output to Negative Supply Voltage (V_{74})	50V
Ground to Negative Supply Voltage (V_{14})	30V
Differential Input Voltage	±30V
Input Voltage (Note 4)	±15V
Output Short Circuit Duration	10 sec
Operating Temperature Range	
LM111	−55°C to 125°C
LM211	−25°C to 85°C
Lead Temperature (Soldering, 10 sec)	260°C
Voltage at Strobe Pin	V^+−5V
Soldering Information	
Dual-In-Line Package	
Soldering (10 seconds)	260°C
Small Outline Package	
Vapor Phase (60 seconds)	215°C
Infrared (15 seconds)	220°C

See AN-450 "Surface Mounting Methods and Their Effect on Product Reliability" for other methods of soldering surface mount devices.

ESD Rating (Note 11)	300V

Electrical Characteristics (Note 6) for the LM111 and LM211

Parameter	Conditions	Min	Typ	Max	Units
Input Offset Voltage (Note 7)	T_A=25°C, R_S≤50k		0.7	3.0	mV
Input Offset Current	T_A=25°C		4.0	10	nA
Input Bias Current	T_A=25°C		60	100	nA
Voltage Gain	T_A=25°C	40	200		V/mV
Response Time (Note 8)	T_A=25°C		200		ns
Saturation Voltage	V_{IN}≤−5 mV, I_{OUT}=50 mA T_A=25°C		0.75	1.5	V
Strobe ON Current (Note 9)	T_A=25°C		2.0	5.0	mA
Output Leakage Current	V_{IN}≥5 mV, V_{OUT}=35V T_A=25°C, I_{STROBE}=3 mA		0.2	10	nA
Input Offset Voltage (Note 7)	R_S≤50 k			4.0	mV
Input Offset Current (Note 7)				20	nA
Input Bias Current				150	nA
Input Voltage Range	V^+=15V, V^-=−15V, Pin 7 Pull-Up May Go To 5V	−14.5	13.8,−14.7	13.0	V
Saturation Voltage	V^+≥4.5V, V^-=0 V_{IN}≤−6 mV, I_{OUT}≤8 mA		0.23	0.4	V
Output Leakage Current	V_{IN}≥5 mV, V_{OUT}=35V		0.1	0.5	μA
Positive Supply Current	T_A=25°C		5.1	6.0	mA
Negative Supply Current	T_A=25°C		4.1	5.0	mA

Note 4: This rating applies for ±15 supplies. The positive input voltage limit is 30V above the negative supply. The negative input voltage limit is equal to the negative supply voltage or 30V below the positive supply, whichever is less.

Note 5: The maximum junction temperature of the LM111 is 150°C, while that of the LM211 is 110°C. For operating at elevated temperatures, devices in the H08 package must be derated based on a thermal resistance of 165°C/W, junction to ambient, or 20°C/W, junction to case. The thermal resistance of the dual-in-line package is 110°C/W, junction to ambient.

Note 6: These specifications apply for V_S=±15V and Ground pin at ground, and −55°C≤T_A≤+125°C, unless otherwise stated. With the LM211, however, all temperature specifications are limited to −25°C≤T_A≤+85°C. The offset voltage, offset current and bias current specifications apply for any supply voltage from a single 5V supply up to ±15V supplies.

Note 7: The offset voltages and offset currents given are the maximum values required to drive the output within a volt of either supply with a 1 mA load. Thus, these parameters define an error band and take into account the worst-case effects of voltage gain and R_S.

Note 8: The response time specified (see definitions) is for a 100 mV input step with 5 mV overdrive.

Note 9: This specification gives the range of current which must be drawn from the strobe pin to ensure the output is properly disabled. Do not short the strobe pin to ground; it should be current driven at 3 to 5 mA.

Note 10: Refer to RETS111X for the LM111H, LM111J and LM111J-8 military specifications.

Note 11: Human body model, 1.5 kΩ in series with 100 pF.

5.0 Absolute Maximum Ratings for the LM311 (Note 12)

If Military/Aerospace specified devices are required, please contact the National Semiconductor Sales Office/ Distributors for availability and specifications.

Total Supply Voltage (V_{84})	36V
Output to Negative Supply Voltage (V_{74})	40V
Ground to Negative Supply Voltage (V_{14})	30V
Differential Input Voltage	±30V
Input Voltage (Note 13)	±15V
Power Dissipation (Note 14)	500 mW
ESD Rating (Note 19)	300V
Output Short Circuit Duration	10 sec
Operating Temperature Range	0°C to 70°C
Storage Temperature Range	−65°C to 150°C
Lead Temperature (soldering, 10 sec)	260°C
Voltage at Strobe Pin	V^+−5V
Soldering Information	
Dual-In-Line Package	
Soldering (10 seconds)	260°C
Small Outline Package	
Vapor Phase (60 seconds)	215°C
Infrared (15 seconds)	220°C

See AN-450 "Surface Mounting Methods and Their Effect on Product Reliability" for other methods of soldering surface mount devices.

Electrical Characteristics (Note 15) for the LM311

Parameter	Conditions	Min	Typ	Max	Units
Input Offset Voltage (Note 16)	T_A=25°C, R_S≤50k		2.0	7.5	mV
Input Offset Current(Note 16)	T_A=25°C		6.0	50	nA
Input Bias Current	T_A=25°C		100	250	nA
Voltage Gain	T_A=25°C	40	200		V/mV
Response Time (Note 17)	T_A=25°C		200		ns
Saturation Voltage	V_{IN}≤−10 mV, I_{OUT}=50 mA T_A=25°C		0.75	1.5	V
Strobe ON Current (Note 18)	T_A=25°C		2.0	5.0	mA
Output Leakage Current	V_{IN}≥10 mV, V_{OUT}=35V T_A=25°C, I_{STROBE}=3 mA V^- = Pin 1 = −5V		0.2	50	nA
Input Offset Voltage (Note 16)	R_S≤50K			10	mV
Input Offset Current (Note 16)				70	nA
Input Bias Current				300	nA
Input Voltage Range		−14.5	13.8,−14.7	13.0	V
Saturation Voltage	V^+≥4.5V, V^-=0 V_{IN}≤−10 mV, I_{OUT}≤8 mA		0.23	0.4	V
Positive Supply Current	T_A=25°C		5.1	7.5	mA
Negative Supply Current	T_A=25°C		4.1	5.0	mA

Note 12: "Absolute Maximum Ratings indicate limits beyond which damage to the device may occur. Operating Ratings indicate conditions for which the device is functional, but do not guarantee specific performance limits."

Note 13: This rating applies for ±15V supplies. The positive input voltage limit is 30V above the negative supply. The negative input voltage limit is equal to the negative supply voltage or 30V below the positive supply, whichever is less.

Note 14: The maximum junction temperature of the LM311 is 110°C. For operating at elevated temperature, devices in the H08 package must be derated based on a thermal resistance of 165°C/W, junction to ambient, or 20°C/W, junction to case. The thermal resistance of the dual-in-line package is 100°C/W, junction to ambient.

Note 15: These specifications apply for V_S=±15V and Pin 1 at ground, and 0°C < T_A < +70°C, unless otherwise specified. The offset voltage, offset current and bias current specifications apply for any supply voltage from a single 5V supply up to ±15V supplies.

Note 16: The offset voltages and offset currents given are the maximum values required to drive the output within a volt of either supply with 1 mA load. Thus, these parameters define an error band and take into account the worst-case effects of voltage gain and R_S.

Note 17: The response time specified (see definitions) is for a 100 mV input step with 5 mV overdrive.

Note 18: This specification gives the range of current which must be drawn from the strobe pin to ensure the output is properly disabled. Do not short the strobe pin to ground; it should be current driven at 3 to 5 mA.

Note 19: Human body model, 1.5 kΩ in series with 100 pF.

6.0 LM111/LM211 Typical Performance Characteristics

Input Bias Current

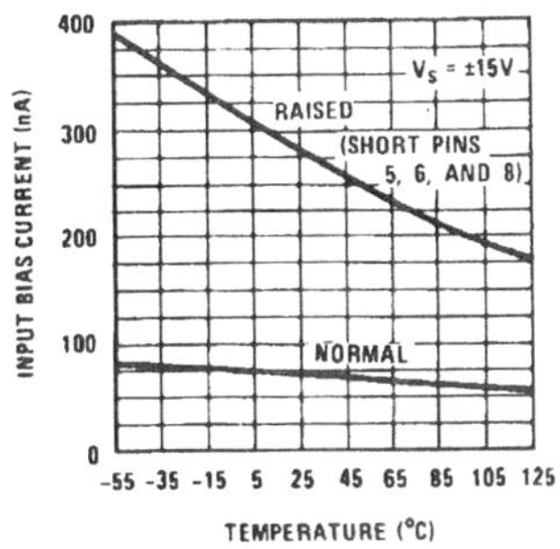

00570443

Input Bias Current

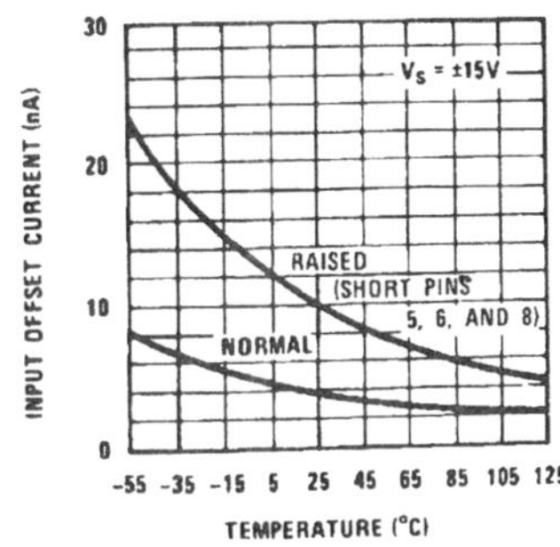

00570444

Input Bias Current

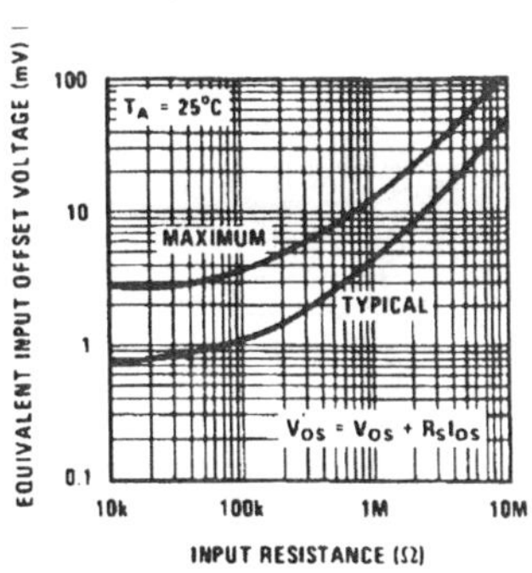

00570445

Input Bias Current

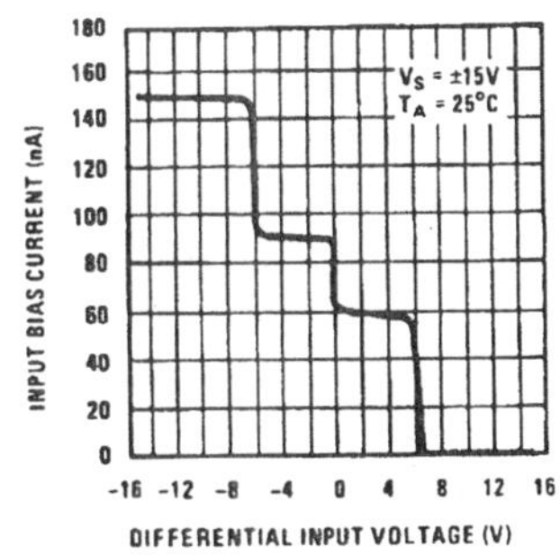

00570446

Input Bias Current

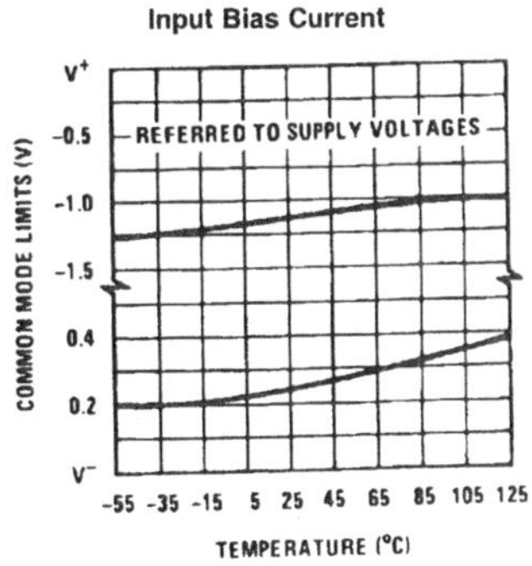

00570447

Input Bias Current

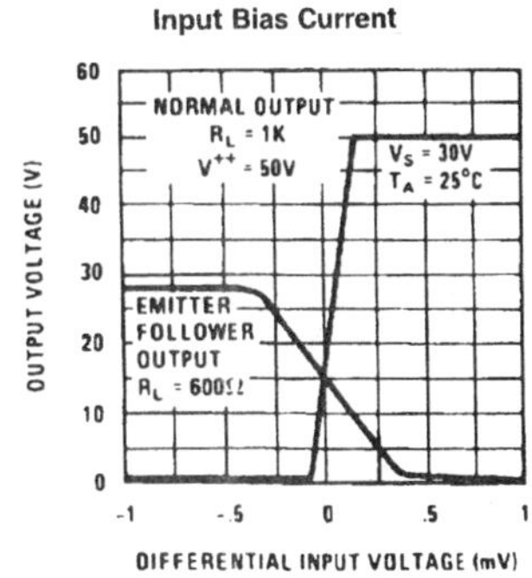

00570448

6.0 LM111/LM211 Typical Performance Characteristics (Continued)

Input Bias Current
Input Overdrives

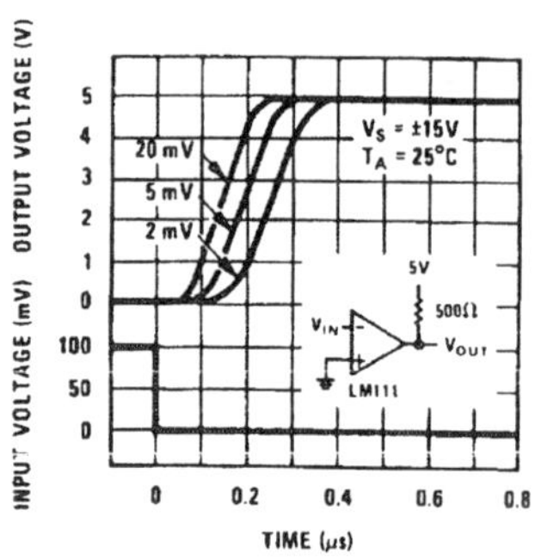

00570449

Input Bias Current
Input Overdrives

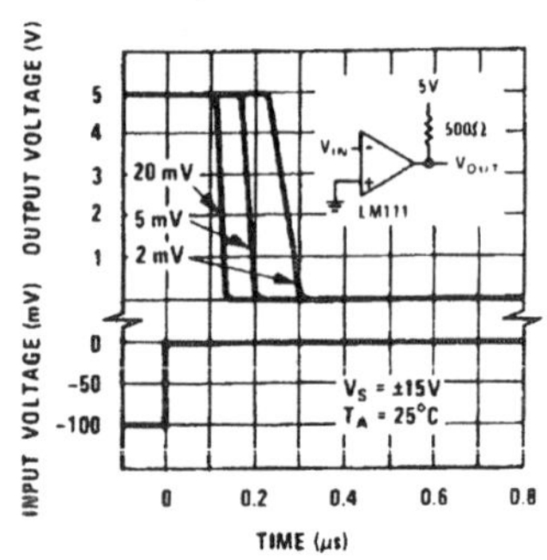

00570450

Input Bias Current

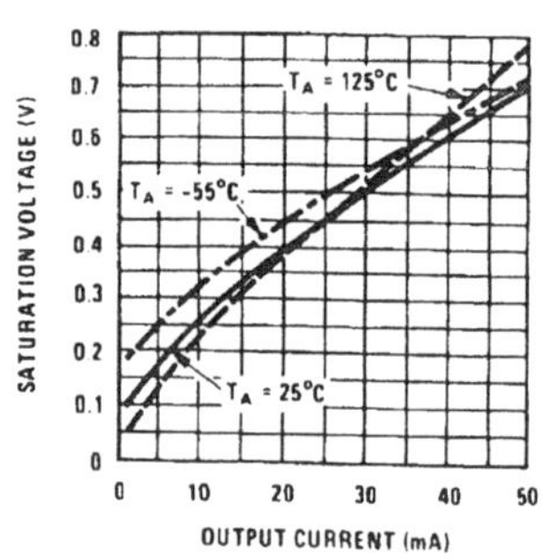

00570451

Response Time for Various
Input Overdrives

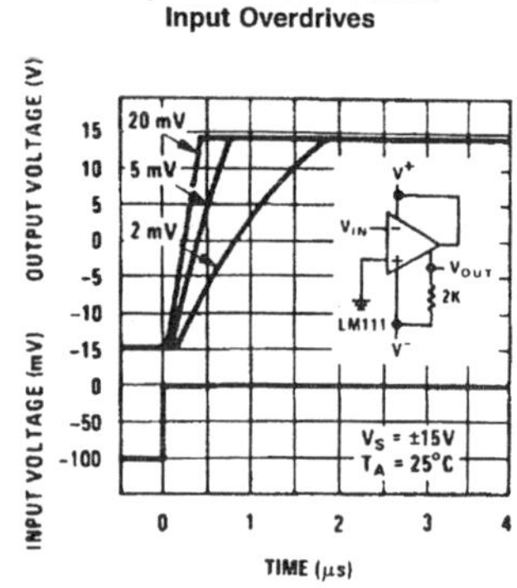

00570452

Response Time for Various
Input Overdrives

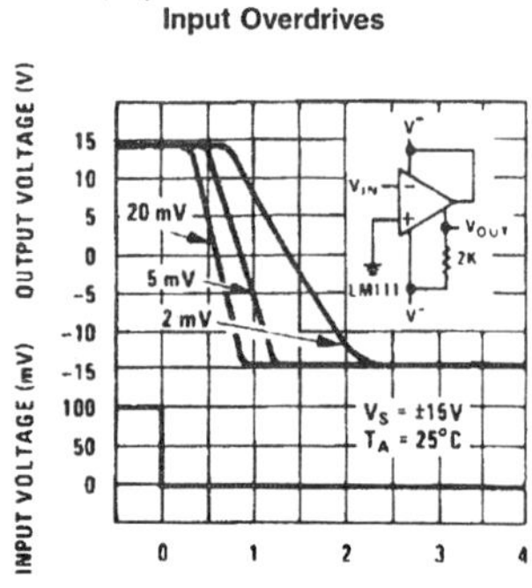

00570453

Output Limiting Characteristics

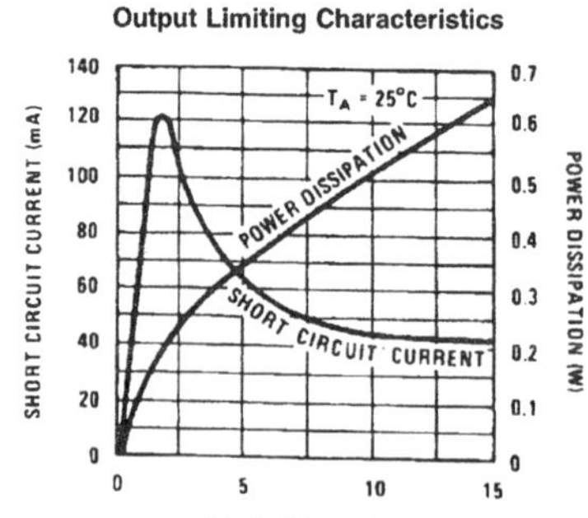

00570454

4. LM117/LM317A/LM317

National Semiconductor

June 2005

LM117/LM317A/LM317
3-Terminal Adjustable Regulator

General Description

The LM117 series of adjustable 3-terminal positive voltage regulators is capable of supplying in excess of 1.5A over a 1.2V to 37V output range. They are exceptionally easy to use and require only two external resistors to set the output voltage. Further, both line and load regulation are better than standard fixed regulators. Also, the LM117 is packaged in standard transistor packages which are easily mounted and handled.

In addition to higher performance than fixed regulators, the LM117 series offers full overload protection available only in IC's. Included on the chip are current limit, thermal overload protection and safe area protection. All overload protection circuitry remains fully functional even if the adjustment terminal is disconnected.

Normally, no capacitors are needed unless the device is situated more than 6 inches from the input filter capacitors in which case an input bypass is needed. An optional output capacitor can be added to improve transient response. The adjustment terminal can be bypassed to achieve very high ripple rejection ratios which are difficult to achieve with standard 3-terminal regulators.

Besides replacing fixed regulators, the LM117 is useful in a wide variety of other applications. Since the regulator is "floating" and sees only the input-to-output differential voltage, supplies of several hundred volts can be regulated as long as the maximum input to output differential is not exceeded, i.e., avoid short-circuiting the output.

Also, it makes an especially simple adjustable switching regulator, a programmable output regulator, or by connecting a fixed resistor between the adjustment pin and output, the LM117 can be used as a precision current regulator. Supplies with electronic shutdown can be achieved by clamping the adjustment terminal to ground which programs the output to 1.2V where most loads draw little current.

For applications requiring greater output current, see LM150 series (3A) and LM138 series (5A) data sheets. For the negative complement, see LM137 series data sheet.

Features

- Guaranteed 1% output voltage tolerance (LM317A)
- Guaranteed max. 0.01%/V line regulation (LM317A)
- Guaranteed max. 0.3% load regulation (LM117)
- Guaranteed 1.5A output current
- Adjustable output down to 1.2V
- Current limit constant with temperature
- P+ Product Enhancement tested
- 80 dB ripple rejection
- Output is short-circuit protected

Typical Applications

1.2V–25V Adjustable Regulator

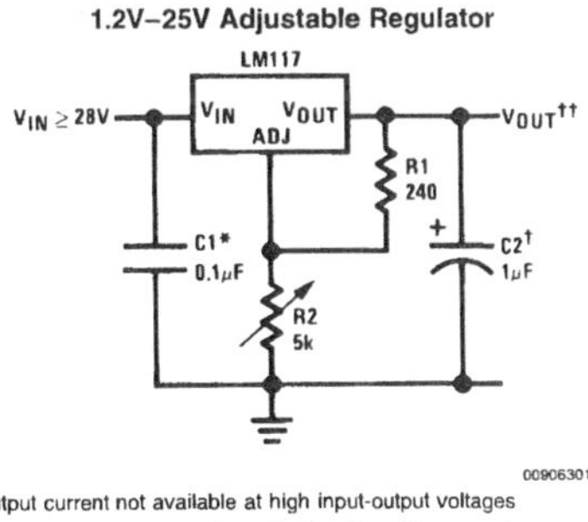

Full output current not available at high input-output voltages

*Needed if device is more than 6 inches from filter capacitors.

†Optional—improves transient response. Output capacitors in the range of 1μF to 1000μF of aluminum or tantalum electrolytic are commonly used to provide improved output impedance and rejection of transients.

$$††V_{OUT} = 1.25V\left(1 + \frac{R2}{R1}\right) + I_{ADJ}(R_2)$$

LM117 Series Packages

Part Number Suffix	Package	Design Load Current
K	TO-3	1.5A
H	**TO-39**	**0.5A**
T	TO-220	1.5A
E	**LCC**	**0.5A**
S	TO-263	1.5A
EMP	SOT-223	1A
MDT	**TO-252**	**0.5A**

SOT-223 vs. D-Pak (TO-252) Packages

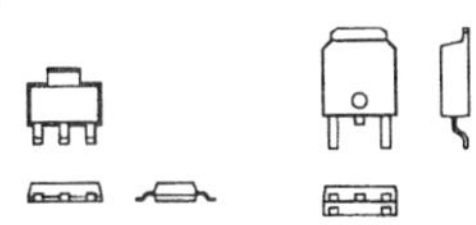

Scale 1:1

Connection Diagrams

(TO-3)
Metal Can Package

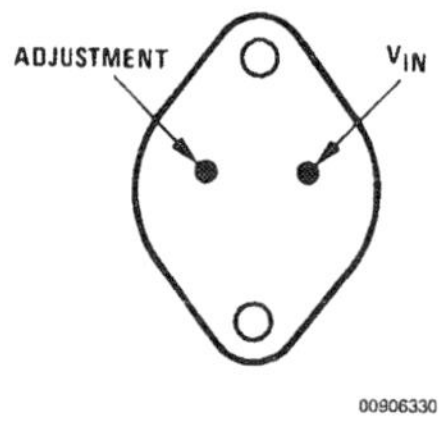

CASE IS OUTPUT

Bottom View
Steel Package
NS Package Number K02A or K02C

(TO-39)
Metal Can Package

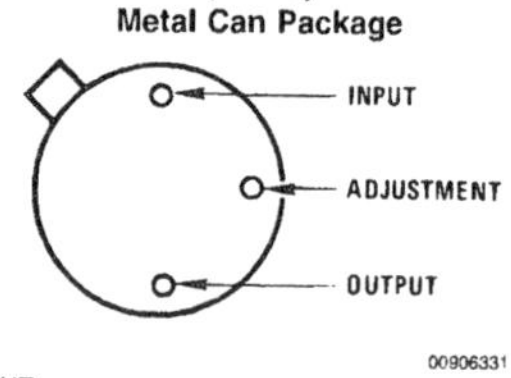

CASE IS OUTPUT

Bottom View
NS Package Number H03A

(TO-263) Surface-Mount Package

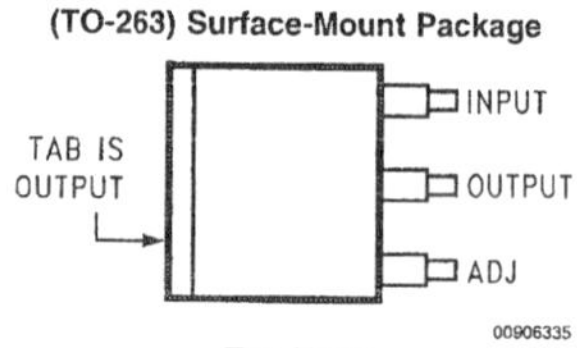

Top View

(TO-220)
Plastic Package

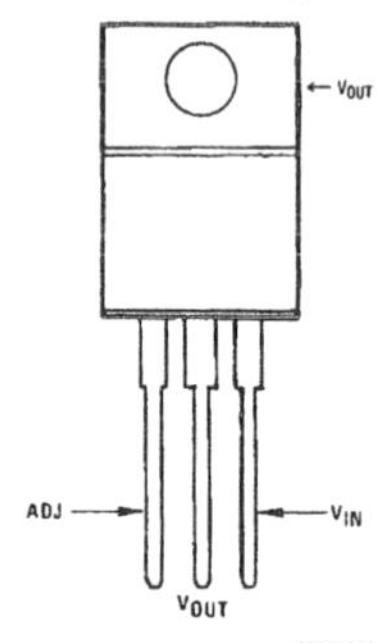

Front View
NS Package Number T03B

Side View
NS Package Number TS3B

Ceramic Leadless
Chip Carrier

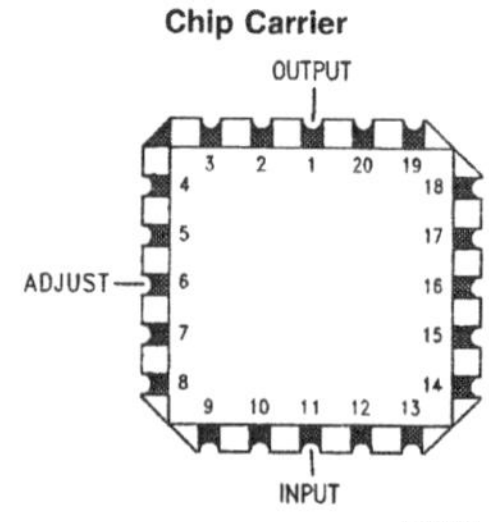

Top View
NS Package Number E20A

Connection Diagrams (Continued)

4-Lead SOT-223

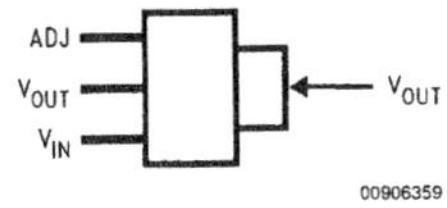

Front View
NS Package Number MP04A

TO-252 (D-Pak)

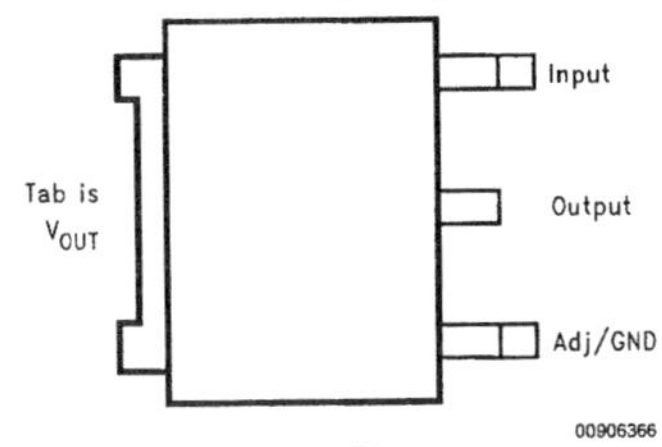

Front View
NS Package Number TD03B

Ordering Information

Package	Temperature Range	Part Number	Package Marking	Transport Media	NSC Drawing
Metal Can (TO-3)	$-55°C \le T_J \le +150°C$	LM117K STEEL	LM117K STEEL P+	50 Per Bag	K02A
	$0°C \le T_J \le +125°C$	LM317K STEEL	LM317K STEEL P+	50 Per Bag	
	$-55°C \le T_J \le +150°C$	LM117K/883	LM117K/883	50 Per Bag	K02C
Metal Can (TO-39)	$-55°C \le T_J \le +150°C$	LM117H	LM117H P+	500 Per Box	H03A
	$-55°C \le T_J \le +150°C$	LM117H/883	LM117H/883	20 Per Tray	
	$-40°C \le T_J \le +125°C$	LM317AH	LM317AH P+	500 Per Box	
	$0°C \le T_J \le +125°C$	LM317H	LM317H P+	500 Per Box	
TO-220 3- Lead	$-40°C \le T_J \le +125°C$	LM317AT	LM317AT P+	45 Units/Rail	T03B
	$0°C \le T_J \le +125°C$	LM317T	LM317T P+	45 Units/Rail	
TO-263 3- Lead	$0°C \le T_J \le +125°C$	LM317S	LM317S P+	45 Units/Rail	TS3B
		LM317SX		500 Units Tape and Reel	
LCC	$-55°C \le T_J \le +150°C$	LM117E/883	LM117E/883	50 Units/Rail	E20A
SOT-223 4- Lead	$0°C \le T_J \le +125°C$	LM317EMP	N01A	1k Units Tape and Reel	MP04A
		LM317EMPX		2k Units Tape and Reel	
	$-40°C \le T_J \le +125°C$	LM317AEMP	N07A	1k Units Tape and Reel	
		LM317AEMPX		2k Units Tape and Reel	
D- Pack 3- Lead	$0°C \le T_J \le +125°C$	LM317MDT	LM317MDT	75 Units/Rail	TD03B
		LM317MDTX		2.5k Units Tape and Reel	
	$-40°C \le T_J \le +125°C$	LM317AMDT	LM317AMDT	75 Units/Rail	
		LM317AMDTX		2.5k Units Tape and Reel	

Absolute Maximum Ratings (Note 1)

If Military/Aerospace specified devices are required, please contact the National Semiconductor Sales Office/ Distributors for availability and specifications.

Power Dissipation	Internally Limited
Input-Output Voltage Differential	+40V, −0.3V
Storage Temperature	−65°C to +150°C
Lead Temperature	
Metal Package (Soldering, 10 seconds)	300°C
Plastic Package (Soldering, 4 seconds)	260°C
ESD Tolerance (Note 5)	3 kV

Operating Temperature Range

LM117	$-55°C \le T_J \le +150°C$
LM317A	$-40°C \le T_J \le +125°C$
LM317	$0°C \le T_J \le +125°C$

Preconditioning

Thermal Limit Burn-In	All Devices 100%

Electrical Characteristics (Note 3)

Specifications with standard type face are for $T_J = 25°C$, and those with **boldface type** apply over **full Operating Temperature Range.** Unless otherwise specified, $V_{IN} - V_{OUT} = 5V$, and $I_{OUT} = 10$ mA.

Parameter	Conditions	LM117 (Note 2)			Units
		Min	Typ	Max	
Reference Voltage					V
	$3V \le (V_{IN} - V_{OUT}) \le 40V$, $10\ mA \le I_{OUT} \le I_{MAX}$, $P \le P_{MAX}$	**1.20**	**1.25**	**1.30**	V
Line Regulation	$3V \le (V_{IN} - V_{OUT}) \le 40V$ (Note 4)		0.01	0.02	%/V
			0.02	**0.05**	%/V
Load Regulation	$10\ mA \le I_{OUT} \le I_{MAX}$ (Note 4)		0.1	0.3	%
			0.3	**1**	%
Thermal Regulation	20 ms Pulse		0.03	0.07	%/W
Adjustment Pin Current			**50**	**100**	μA
Adjustment Pin Current Change	$10\ mA \le I_{OUT} \le I_{MAX}$, $3V \le (V_{IN} - V_{OUT}) \le 40V$		**0.2**	**5**	μA
Temperature Stability	$T_{MIN} \le T_J \le T_{MAX}$		**1**		%
Minimum Load Current	$(V_{IN} - V_{OUT}) = 40V$		**3.5**	**5**	mA
Current Limit	$(V_{IN} - V_{OUT}) \le 15V$				
	K Package	**1.5**	**2.2**	**3.4**	A
	H Package	**0.5**	**0.8**	**1.8**	A
	$(V_{IN} - V_{OUT}) = 40V$				
	K Package	0.3	0.4		A
	H Package	0.15	0.2		A
RMS Output Noise, % of V_{OUT}	$10\ Hz \le f \le 10\ kHz$		0.003		%
Ripple Rejection Ratio	$V_{OUT} = 10V$, f = 120 Hz, $C_{ADJ} = 0\ \mu F$		65		dB
	$V_{OUT} = 10V$, f = 120 Hz, $C_{ADJ} = 10\ \mu F$	**66**	80		dB
Long-Term Stability	$T_J = 125°C$, 1000 hrs		0.3	1	%
Thermal Resistance, Junction-to-Case	K Package		2.3	3	°C/W
	H Package		12	15	°C/W
	E Package				°C/W
Thermal Resistance, Junction-to-Ambient (No Heat Sink)	K Package		35		°C/W
	H Package		140		°C/W
	E Package				°C/W

Electrical Characteristics (Note 3)

Specifications with standard type face are for $T_J = 25°C$, and those with **boldface type** apply over **full Operating Temperature Range**. Unless otherwise specified, $V_{IN} - V_{OUT} = 5V$, and $I_{OUT} = 10$ mA.

Parameter	Conditions	LM317A			LM317			Units
		Min	Typ	Max	Min	Typ	Max	
Reference Voltage		1.238	1.250	1.262				V
	$3V \le (V_{IN} - V_{OUT}) \le 40V$, $10\ mA \le I_{OUT} \le I_{MAX}$, $P \le P_{MAX}$	**1.225**	**1.250**	**1.270**	**1.20**	**1.25**	**1.30**	V
Line Regulation	$3V \le (V_{IN} - V_{OUT}) \le 40V$ (Note 4)		0.005	0.01		0.01	0.04	%/V
			0.01	**0.02**		**0.02**	**0.07**	%/V
Load Regulation	$10\ mA \le I_{OUT} \le I_{MAX}$ (Note 4)		0.1	0.5		0.1	0.5	%
			0.3	**1**		**0.3**	**1.5**	%
Thermal Regulation	20 ms Pulse		0.04	0.07		0.04	0.07	%/W
Adjustment Pin Current			**50**	**100**		**50**	**100**	μA
Adjustment Pin Current Change	$10\ mA \le I_{OUT} \le I_{MAX}$ $3V \le (V_{IN} - V_{OUT}) \le 40V$		**0.2**	**5**		**0.2**	**5**	μA
Temperature Stability	$T_{MIN} \le T_J \le T_{MAX}$		**1**			**1**		%
Minimum Load Current	$(V_{IN} - V_{OUT}) = 40V$		**3.5**	**10**		**3.5**	**10**	mA
Current Limit	$(V_{IN} - V_{OUT}) \le 15V$							
	K, T, S Packages	**1.5**	**2.2**	**3.4**	**1.5**	**2.2**	**3.4**	A
	H Package	**0.5**	**0.8**	**1.8**	**0.5**	**0.8**	**1.8**	A
	MP Package	**1.5**	**2.2**	**3.4**	**1.5**	**2.2**	**3.4**	A
	$(V_{IN} - V_{OUT}) = 40V$							
	K, T, S Packages	0.15	0.4		0.15	0.4		A
	H Package	0.075	0.2		0.075	0.2		A
	MP Package	0.15	0.4		0.15	0.4		A
RMS Output Noise, % of V_{OUT}	$10\ Hz \le f \le 10\ kHz$		0.003			0.003		%
Ripple Rejection Ratio	$V_{OUT} = 10V$, f = 120 Hz, $C_{ADJ} = 0\ \mu F$		**65**			**65**		dB
	$V_{OUT} = 10V$, f = 120 Hz, $C_{ADJ} = 10\ \mu F$	**66**	**80**		**66**	**80**		dB
Long-Term Stability	$T_J = 125°C$, 1000 hrs		0.3	1		0.3	1	%
Thermal Resistance, Junction-to-Case	K Package					2.3	3	°C/W
	MDT Package					5		°C/W
	H Package		12	15		12	15	°C/W
	T Package		4	5		4		°C/W
	MP Package		23.5			23.5		°C/W
Thermal Resistance, Junction-to-Ambient (No Heat Sink)	K Package		35			35		°C/W
	MDT Package(Note 6)					92		°C/W
	H Package		140			140		°C/W
	T Package		50			50		°C/W
	S Package (Note 6)		50			50		°C/W

Note 1: Absolute Maximum Ratings indicate limits beyond which damage to the device may occur. Operating Ratings indicate conditions for which the device is intended to be functional, but do not guarantee specific performance limits. For guaranteed specifications and test conditions, see the Electrical Characteristics. The guaranteed specifications apply only for the test conditions listed.

Note 2: Refer to RETS117H drawing for the LM117H, or the RETS117K for the LM117K military specifications.

Note 3: Although power dissipation is internally limited, these specifications are applicable for maximum power dissipations of 2W for the TO-39 and SOT-223 and 20W for the TO-3, TO-220, and TO-263. I_{MAX} is 1.5A for the TO-3, TO-220, and TO-263 packages, 0.5A for the TO-39 package and 1A for the SOT-223 Package. All limits (i.e., the numbers in the Min. and Max. columns) are guaranteed to National's AOQL (Average Outgoing Quality Level).

Note 4: Regulation is measured at a constant junction temperature, using pulse testing with a low duty cycle. Changes in output voltage due to heating effects are covered under the specifications for thermal regulation.

Note 5: Human body model, 100 pF discharged through a 1.5 kΩ resistor.

Note 6: If the TO-263 or TO-252 packages are used, the thermal resistance can be reduced by increasing the PC board copper area thermally connected to the package. Using 0.5 square inches of copper area, θ_{JA} is 50°C/W; with 1 square inch of copper area, θ_{JA} is 37°C/W; and with 1.6 or more square inches of copper area, θ_{JA} is 32°C/W. If the SOT-223 package is used, the thermal resistance can be reduced by increasing the PC board copper area (see applications hints for heatsinking).

Typical Performance Characteristics
Output Capacitor = 0µF unless otherwise noted

Load Regulation

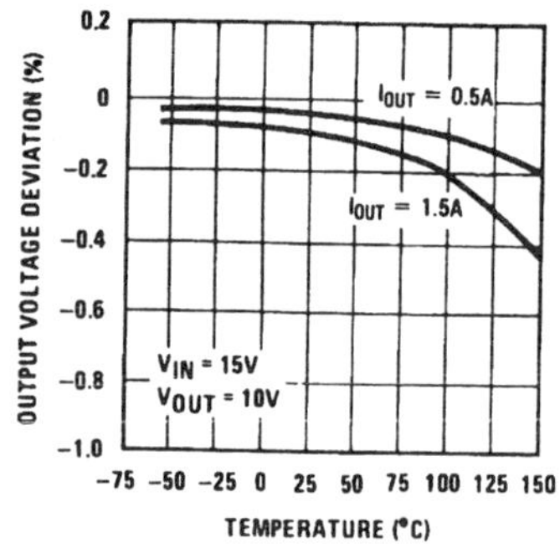

00906337

Current Limit

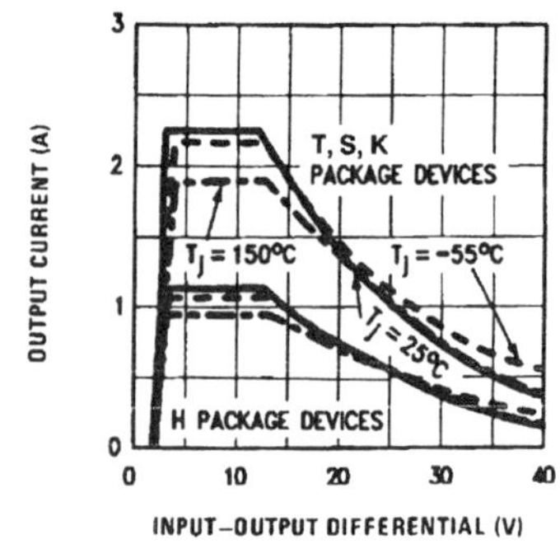

00906338

Adjustment Current

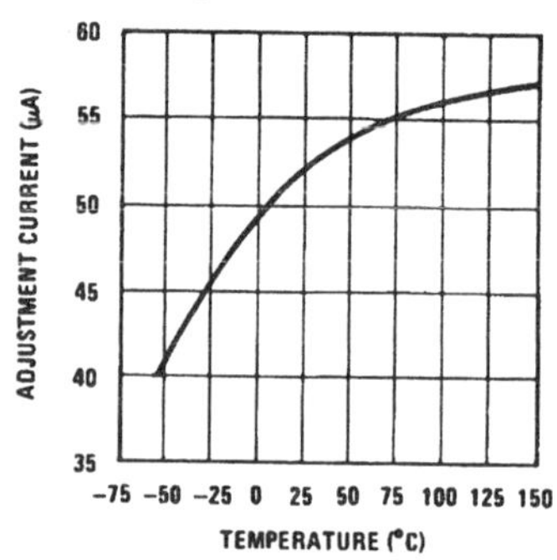

00906339

Dropout Voltage

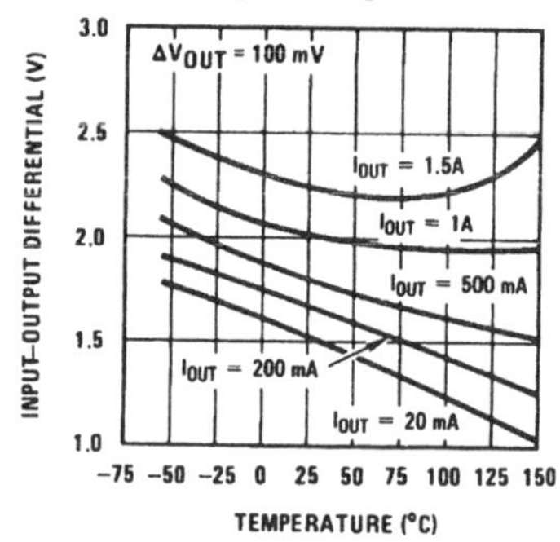

00906340

Temperature Stability

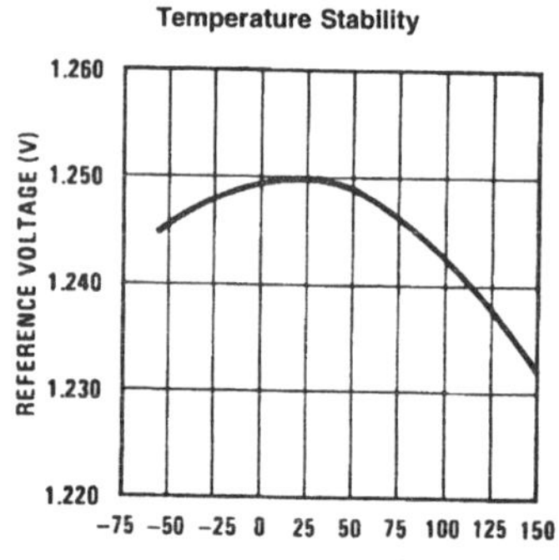

00906341

Minimum Operating Current

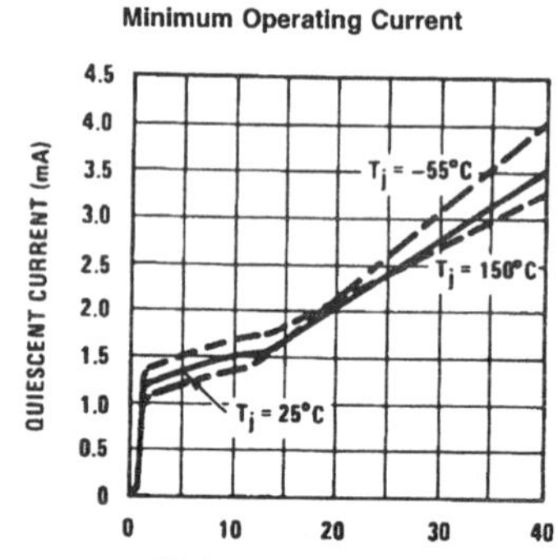

00906342

Typical Performance Characteristics Output Capacitor = 0µF unless otherwise noted (Continued)

Ripple Rejection

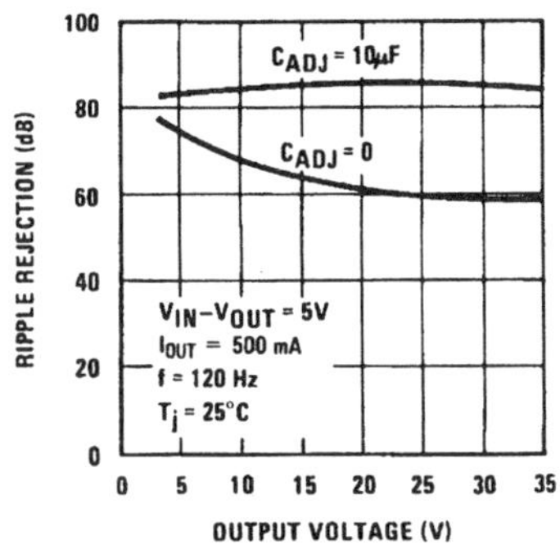

00906343

Ripple Rejection

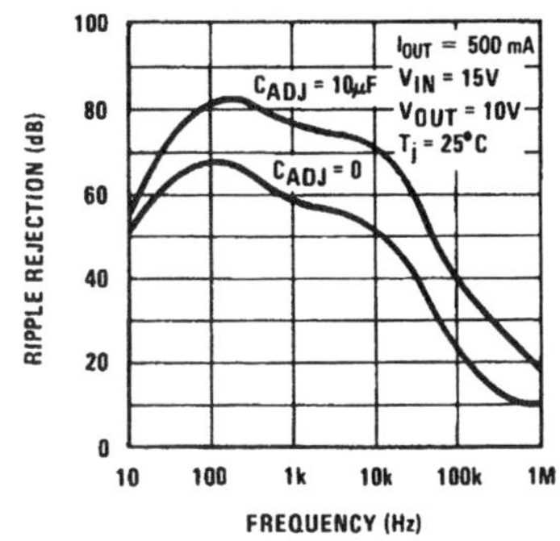

00906344

Ripple Rejection

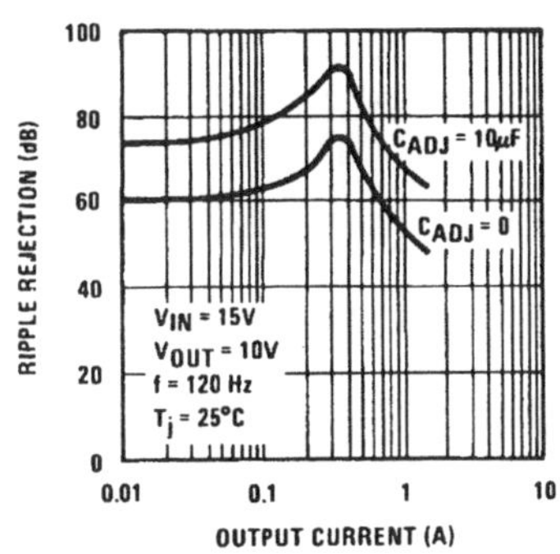

00906345

Output Impedance

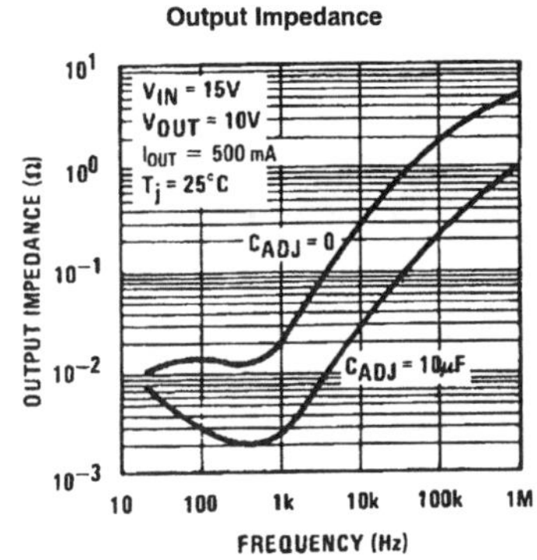

00906346

Line Transient Response

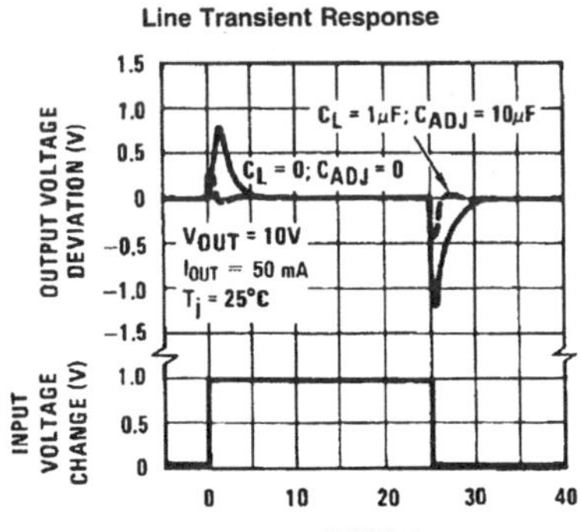

00906347

Load Transient Response

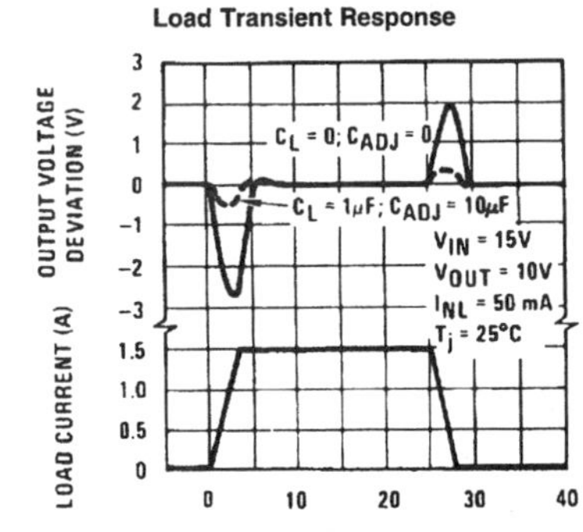

00906348

Application Hints

In operation, the LM117 develops a nominal 1.25V reference voltage, V_{REF}, between the output and adjustment terminal. The reference voltage is impressed across program resistor R1 and, since the voltage is constant, a constant current I_1 then flows through the output set resistor R2, giving an output voltage of

$$V_{OUT} = V_{REF}\left(1 + \frac{R2}{R1}\right) + I_{ADJ}R2$$

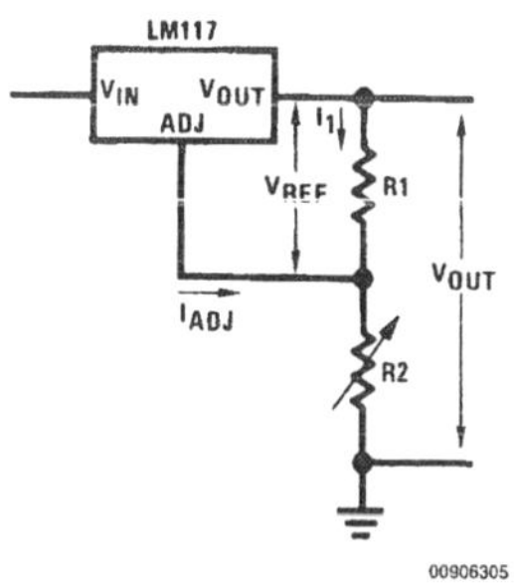

FIGURE 1.

Since the 100μA current from the adjustment terminal represents an error term, the LM117 was designed to minimize I_{ADJ} and make it very constant with line and load changes. To do this, all quiescent operating current is returned to the output establishing a minimum load current requirement. If there is insufficient load on the output, the output will rise.

EXTERNAL CAPACITORS

An input bypass capacitor is recommended. A 0.1μF disc or 1μF solid tantalum on the input is suitable input bypassing for almost all applications. The device is more sensitive to the absence of input bypassing when adjustment or output capacitors are used but the above values will eliminate the possibility of problems.

The adjustment terminal can be bypassed to ground on the LM117 to improve ripple rejection. This bypass capacitor prevents ripple from being amplified as the output voltage is increased. With a 10μF bypass capacitor 80dB ripple rejection is obtainable at any output level. Increases over 10μF do not appreciably improve the ripple rejection at frequencies above 120Hz. If the bypass capacitor is used, it is sometimes necessary to include protection diodes to prevent the capacitor from discharging through internal low current paths and damaging the device.

In general, the best type of capacitors to use is solid tantalum. Solid tantalum capacitors have low impedance even at high frequencies. Depending upon capacitor construction, it takes about 25μF in aluminum electrolytic to equal 1μF solid tantalum at high frequencies. Ceramic capacitors are also good at high frequencies; but some types have a large decrease in capacitance at frequencies around 0.5MHz. For this reason, 0.01μF disc may seem to work better than a 0.1μF disc as a bypass.

Although the LM117 is stable with no output capacitors, like any feedback circuit, certain values of external capacitance can cause excessive ringing. This occurs with values between 500 pF and 5000 pF. A 1μF solid tantalum (or 25μF aluminum electrolytic) on the output swamps this effect and insures stability. Any increase of the load capacitance larger than 10μF will merely improve the loop stability and output impedance.

LOAD REGULATION

The LM117 is capable of providing extremely good load regulation but a few precautions are needed to obtain maximum performance. The current set resistor connected between the adjustment terminal and the output terminal (usually 240Ω) should be tied directly to the output (case) of the regulator rather than near the load. This eliminates line drops from appearing effectively in series with the reference and degrading regulation. For example, a 15V regulator with 0.05Ω resistance between the regulator and load will have a load regulation due to line resistance of 0.05Ω x I_L. If the set resistor is connected near the load the effective line resistance will be 0.05Ω (1 + R2/R1) or in this case, 11.5 times worse.

Figure 2 shows the effect of resistance between the regulator and 240Ω set resistor.

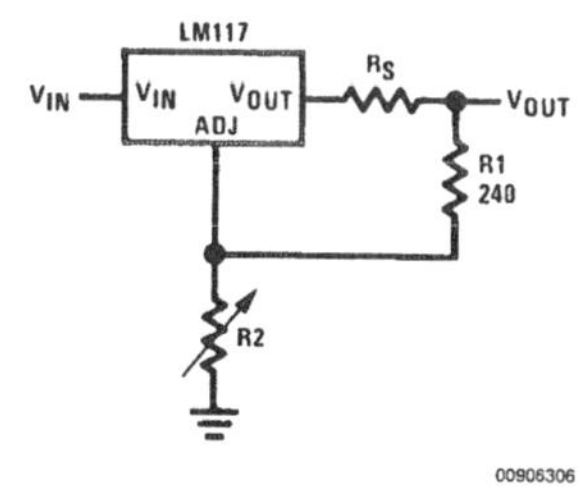

FIGURE 2. Regulator with Line Resistance in Output Lead

With the TO-3 package, it is easy to minimize the resistance from the case to the set resistor, by using two separate leads to the case. However, with the TO-39 package, care should be taken to minimize the wire length of the output lead. The ground of R2 can be returned near the ground of the load to provide remote ground sensing and improve load regulation.

PROTECTION DIODES

When external capacitors are used with *any* IC regulator it is sometimes necessary to add protection diodes to prevent the capacitors from discharging through low current points into the regulator. Most 10μF capacitors have low enough internal series resistance to deliver 20A spikes when shorted. Although the surge is short, there is enough energy to damage parts of the IC.

When an output capacitor is connected to a regulator and the input is shorted, the output capacitor will discharge into the output of the regulator. The discharge current depends on the value of the capacitor, the output voltage of the regulator, and the rate of decrease of V_{IN}. In the LM117, this discharge path is through a large junction that is able to sustain 15A surge with no problem. This is not true of other types of positive regulators. For output capacitors of 25μF or less, there is no need to use diodes.

The bypass capacitor on the adjustment terminal can discharge through a low current junction. Discharge occurs

5. LM555

National Semiconductor

February 2000

LM555
Timer

General Description

The LM555 is a highly stable device for generating accurate time delays or oscillation. Additional terminals are provided for triggering or resetting if desired. In the time delay mode of operation, the time is precisely controlled by one external resistor and capacitor. For astable operation as an oscillator, the free running frequency and duty cycle are accurately controlled with two external resistors and one capacitor. The circuit may be triggered and reset on falling waveforms, and the output circuit can source or sink up to 200mA or drive TTL circuits.

Features

- Direct replacement for SE555/NE555
- Timing from microseconds through hours
- Operates in both astable and monostable modes
- Adjustable duty cycle
- Output can source or sink 200 mA
- Output and supply TTL compatible
- Temperature stability better than 0.005% per °C
- Normally on and normally off output
- Available in 8-pin MSOP package

Applications

- Precision timing
- Pulse generation
- Sequential timing
- Time delay generation
- Pulse width modulation
- Pulse position modulation
- Linear ramp generator

Schematic Diagram

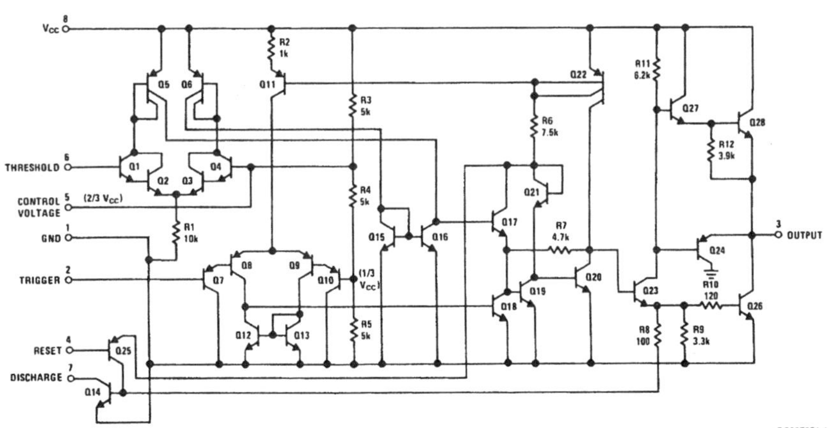

DS007851-1

Connection Diagram

Dual-In-Line, Small Outline and Molded Mini Small Outline Packages

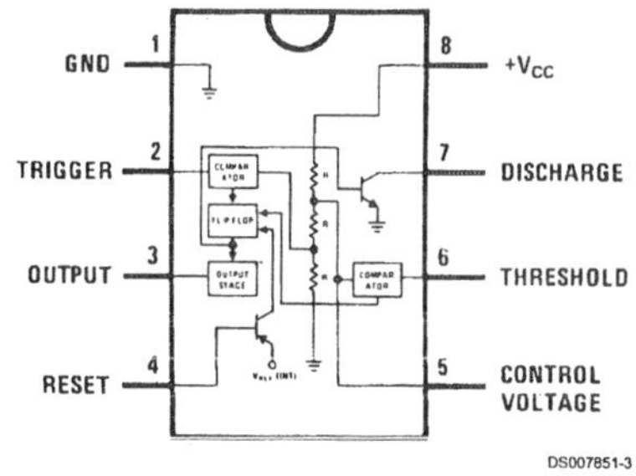

Top View

Ordering Information

Package	Part Number	Package Marking	Media Transport	NSC Drawing
8-Pin SOIC	LM555CM	LM555CM	Rails	M08A
	LM555CMX	LM555CM	2.5k Units Tape and Reel	
8-Pin MSOP	LM555CMM	Z55	1k Units Tape and Reel	MUA08A
	LM555CMMX	Z55	3.5k Units Tape and Reel	
8-Pin MDIP	LM555CN	LM555CN	Rails	N08E

Absolute Maximum Ratings (Note 2)

If Military/Aerospace specified devices are required, please contact the National Semiconductor Sales Office/ Distributors for availability and specifications.

Supply Voltage	+18V
Power Dissipation (Note 3)	
LM555CM, LM555CN	1180 mW
LM555CMM	613 mW
Operating Temperature Ranges	
LM555C	0°C to +70°C
Storage Temperature Range	−65°C to +150°C
Soldering Information	
Dual-In-Line Package	
Soldering (10 Seconds)	260°C
Small Outline Packages (SOIC and MSOP)	
Vapor Phase (60 Seconds)	215°C
Infrared (15 Seconds)	220°C

See AN-450 "Surface Mounting Methods and Their Effect on Product Reliability" for other methods of soldering surface mount devices.

Electrical Characteristics (Notes 1, 2)

(T_A = 25°C, V_{CC} = +5V to +15V, unless othewise specified)

Parameter	Conditions	Limits			Units
		LM555C			
		Min	Typ	Max	
Supply Voltage		4.5		16	V
Supply Current	V_{CC} = 5V, $R_L = \infty$ V_{CC} = 15V, $R_L = \infty$ (Low State) (Note 4)		3 10	6 15	mA
Timing Error, Monostable					
Initial Accuracy			1		%
Drift with Temperature	R_A = 1k to 100kΩ, C = 0.1μF, (Note 5)		50		ppm/°C
Accuracy over Temperature			1.5		%
Drift with Supply			0.1		%/V
Timing Error, Astable					
Initial Accuracy			2.25		%
Drift with Temperature	R_A, R_B = 1k to 100kΩ, C = 0.1μF, (Note 5)		150		ppm/°C
Accuracy over Temperature			3.0		%
Drift with Supply			0.30		%/V
Threshold Voltage			0.667		x V_{CC}
Trigger Voltage	V_{CC} = 15V		5		V
	V_{CC} = 5V		1.67		V
Trigger Current			0.5	0.9	μA
Reset Voltage		0.4	0.5	1	V
Reset Current			0.1	0.4	mA
Threshold Current	(Note 6)		0.1	0.25	μA
Control Voltage Level	V_{CC} = 15V V_{CC} = 5V	9 2.6	10 3.33	11 4	V
Pin 7 Leakage Output High			1	100	nA
Pin 7 Sat (Note 7)					
Output Low	V_{CC} = 15V, I_7 = 15mA		180		mV
Output Low	V_{CC} = 4.5V, I_7 = 4.5mA		80	200	mV

Electrical Characteristics (Notes 1, 2) (Continued)

(T_A = 25°C, V_{CC} = +5V to +15V, unless othewise specified)

Parameter	Conditions	Limits			Units
		LM555C			
		Min	Typ	Max	
Output Voltage Drop (Low)	V_{CC} = 15V				
	I_{SINK} = 10mA		0.1	0.25	V
	I_{SINK} = 50mA		0.4	0.75	V
	I_{SINK} = 100mA		2	2.5	V
	I_{SINK} = 200mA		2.5		V
	V_{CC} = 5V				
	I_{SINK} = 8mA				V
	I_{SINK} = 5mA		0.25	0.35	V
Output Voltage Drop (High)	I_{SOURCE} = 200mA, V_{CC} = 15V		12.5		V
	I_{SOURCE} = 100mA, V_{CC} = 15V	12.75	13.3		V
	V_{CC} = 5V	2.75	3.3		V
Rise Time of Output			100		ns
Fall Time of Output			100		ns

Note 1: All voltages are measured with respect to the ground pin, unless otherwise specified.

Note 2: Absolute Maximum Ratings indicate limits beyond which damage to the device may occur. Operating Ratings indicate conditions for which the device is functional, but do not guarantee specific performance limits. Electrical Characteristics state DC and AC electrical specifications under particular test conditions which guarantee specific performance limits. This assumes that the device is within the Operating Ratings. Specifications are not guaranteed for parameters where no limit is given, however, the typical value is a good indication of device performance.

Note 3: For operating at elevated temperatures the device must be derated above 25°C based on a +150°C maximum junction temperature and a thermal resistance of 106°C/W (DIP), 170°C/W (S0-8), and 204°C/W (MSOP) junction to ambient.

Note 4: Supply current when output high typically 1 mA less at V_{CC} = 5V.

Note 5: Tested at V_{CC} = 5V and V_{CC} = 15V.

Note 6: This will determine the maximum value of $R_A + R_B$ for 15V operation. The maximum total ($R_A + R_B$) is 20MΩ.

Note 7: No protection against excessive pin 7 current is necessary providing the package dissipation rating will not be exceeded.

Note 8: Refer to RETS555X drawing of military LM555H and LM555J versions for specifications.

Typical Performance Characteristics

Minimuim Pulse Width Required for Triggering

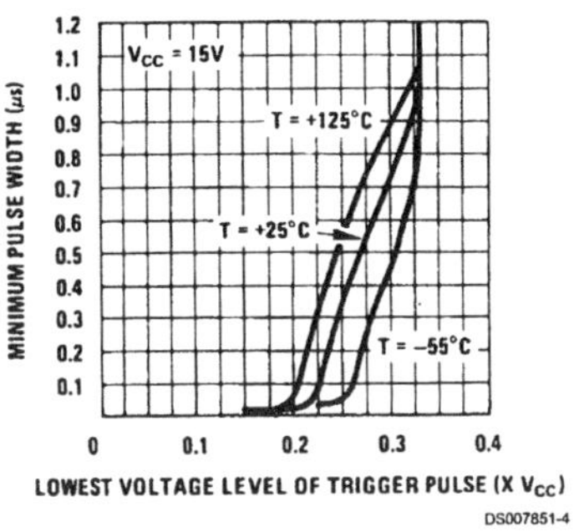

Supply Current vs. Supply Voltage

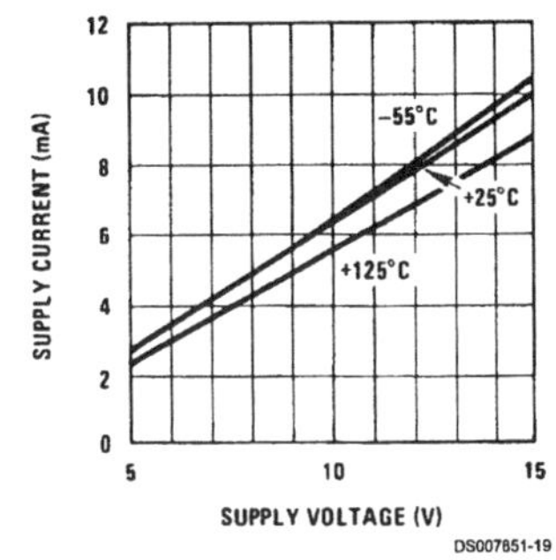

High Output Voltage vs. Output Source Current

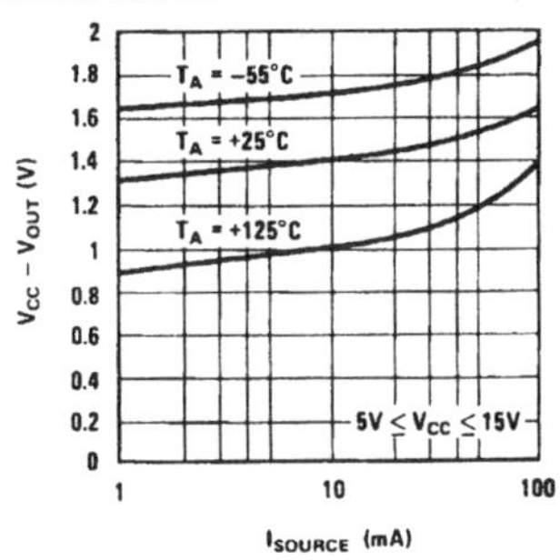

Low Output Voltage vs. Output Sink Current

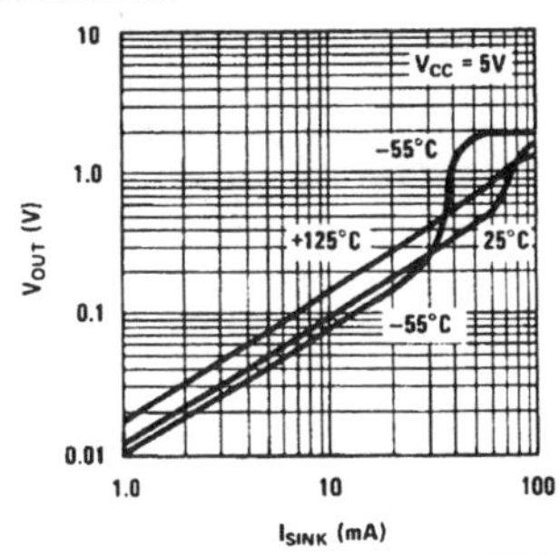

Low Output Voltage vs. Output Sink Current

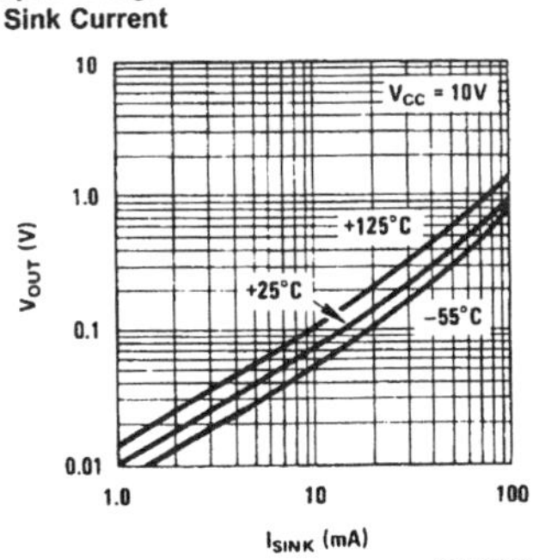

Low Output Voltage vs. Output Sink Current

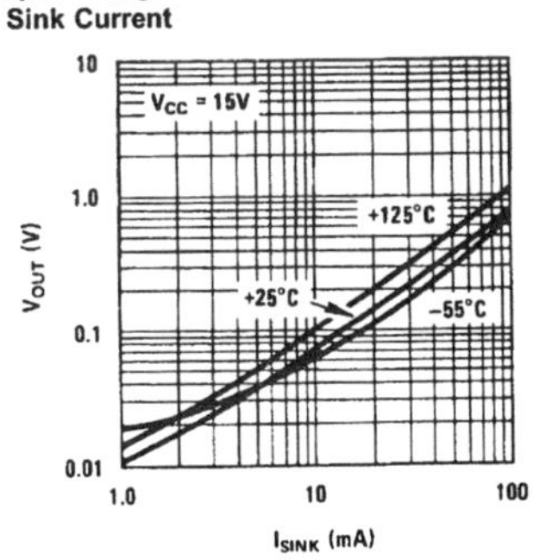

Typical Performance Characteristics (Continued)

Output Propagation Delay vs. Voltage Level of Trigger Pulse

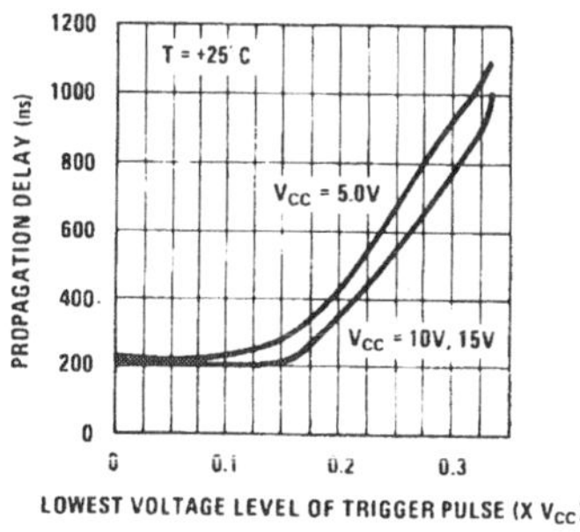

DS007851-24

Output Propagation Delay vs. Voltage Level of Trigger Pulse

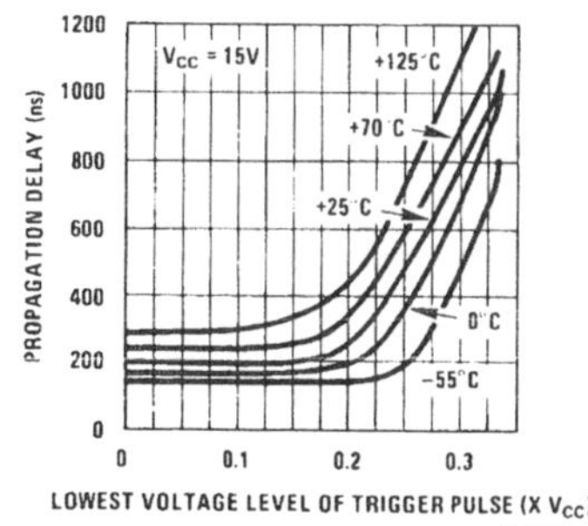

DS007851-25

Discharge Transistor (Pin 7) Voltage vs. Sink Current

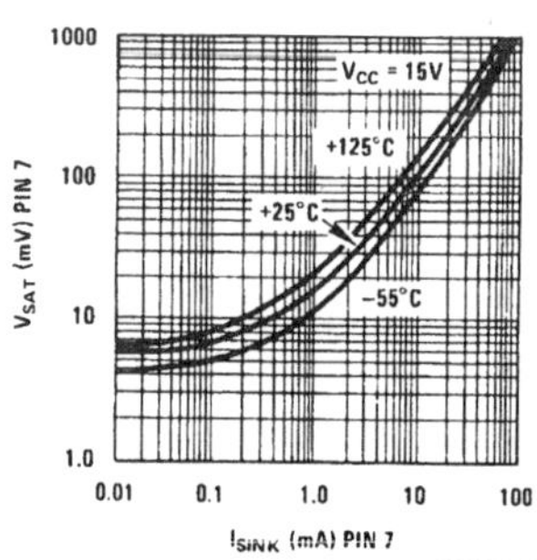

DS007851-26

Discharge Transistor (Pin 7) Voltage vs. Sink Current

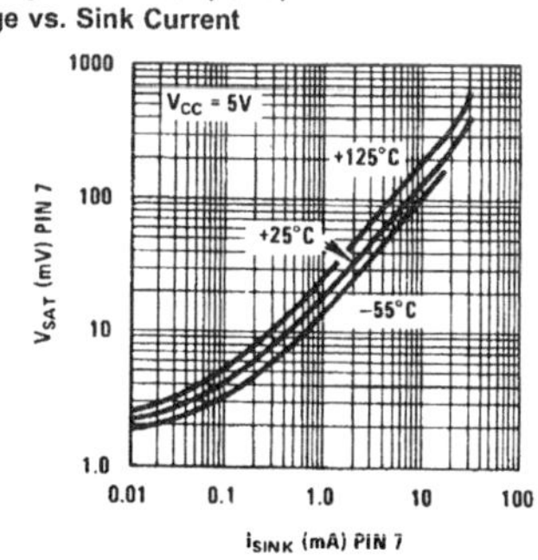

DS007851-27

Applications Information

MONOSTABLE OPERATION

In this mode of operation, the timer functions as a one-shot (*Figure 1*). The external capacitor is initially held discharged by a transistor inside the timer. Upon application of a negative trigger pulse of less than 1/3 V_{CC} to pin 2, the flip-flop is set which both releases the short circuit across the capacitor and drives the output high.

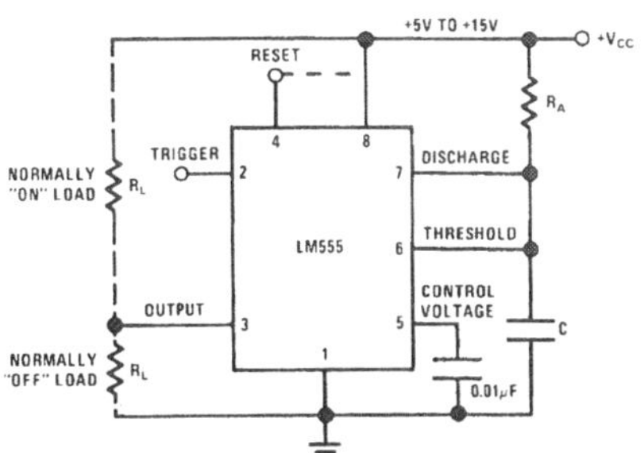

DS007851-5

FIGURE 1. Monostable

The voltage across the capacitor then increases exponentially for a period of $t = 1.1\ R_A\ C$, at the end of which time the voltage equals 2/3 V_{CC}. The comparator then resets the flip-flop which in turn discharges the capacitor and drives the output to its low state. *Figure 2* shows the waveforms generated in this mode of operation. Since the charge and the threshold level of the comparator are both directly proportional to supply voltage, the timing internal is independent of supply.

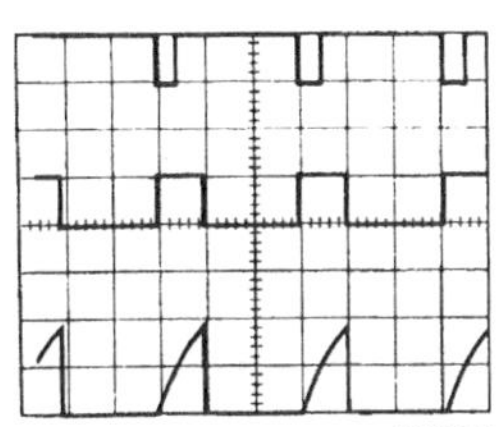

DS007851-6

V_{CC} = 5V
TIME = 0.1 ms/DIV.
R_A = 9.1kΩ
C = 0.01µF

Top Trace: Input 5V/Div.
Middle Trace: Output 5V/Div.
Bottom Trace: Capacitor Voltage 2V/Div.

FIGURE 2. Monostable Waveforms

During the timing cycle when the output is high, the further application of a trigger pulse will not effect the circuit so long as the trigger input is returned high at least 10µs before the end of the timing interval. However the circuit can be reset during this time by the application of a negative pulse to the reset terminal (pin 4). The output will then remain in the low state until a trigger pulse is again applied.

When the reset function is not in use, it is recommended that it be connected to V_{CC} to avoid any possibility of false triggering.

Figure 3 is a nomograph for easy determination of R, C values for various time delays.

NOTE: In monostable operation, the trigger should be driven high before the end of timing cycle.

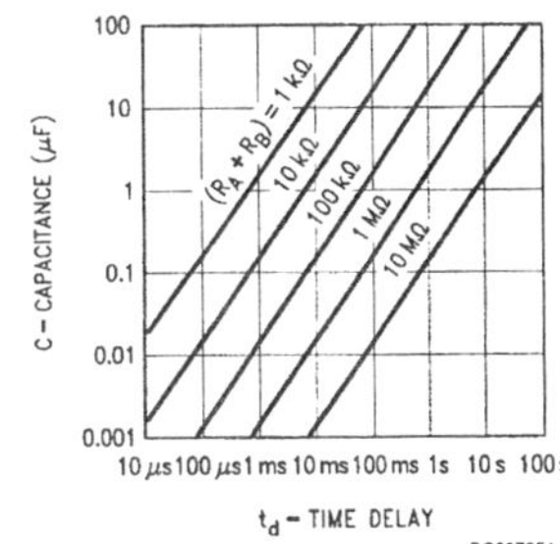

DS007851-7

FIGURE 3. Time Delay

ASTABLE OPERATION

If the circuit is connected as shown in *Figure 4* (pins 2 and 6 connected) it will trigger itself and free run as a multivibrator. The external capacitor charges through $R_A + R_B$ and discharges through R_B. Thus the duty cycle may be precisely set by the ratio of these two resistors.

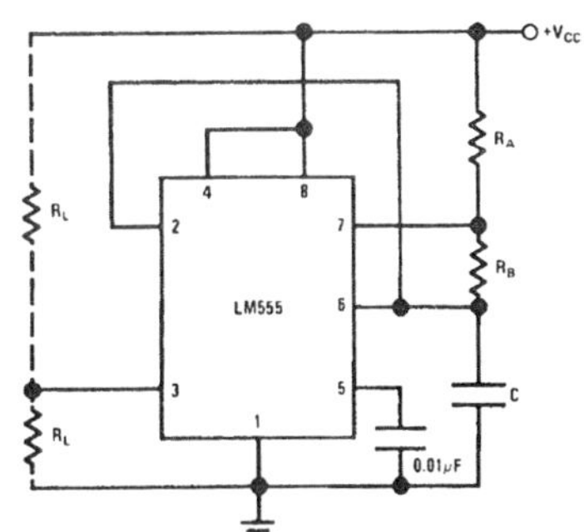

DS007851-8

FIGURE 4. Astable

In this mode of operation, the capacitor charges and discharges between 1/3 V_{CC} and 2/3 V_{CC}. As in the triggered mode, the charge and discharge times, and therefore the frequency are independent of the supply voltage.

Applications Information (Continued)

Figure 5 shows the waveforms generated in this mode of operation.

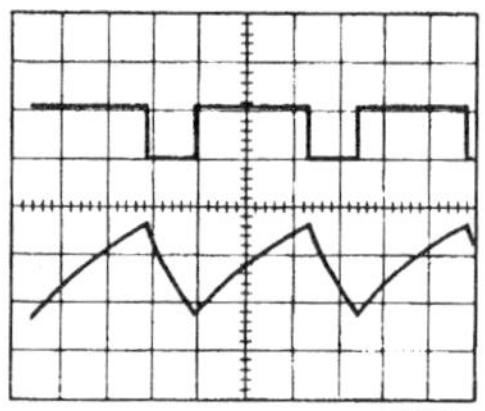

DS007851-9

V_{CC} = 5V
TIME = 20μs/DIV.
R_A = 3.9kΩ
R_B = 3kΩ
C = 0.01μF

Top Trace: Output 5V/Div.
Bottom Trace: Capacitor Voltage 1V/Div.

FIGURE 5. Astable Waveforms

The charge time (output high) is given by:

$$t_1 = 0.693\ (R_A + R_B)\ C$$

And the discharge time (output low) by:

$$t_2 = 0.693\ (R_B)\ C$$

Thus the total period is:

$$T = t_1 + t_2 = 0.693\ (R_A + 2R_B)\ C$$

The frequency of oscillation is:

$$f = \frac{1}{T} = \frac{1.44}{(R_A + 2\,R_B)\,C}$$

Figure 6 may be used for quick determination of these RC values.

The duty cycle is:

$$D = \frac{R_B}{R_A + 2R_B}$$

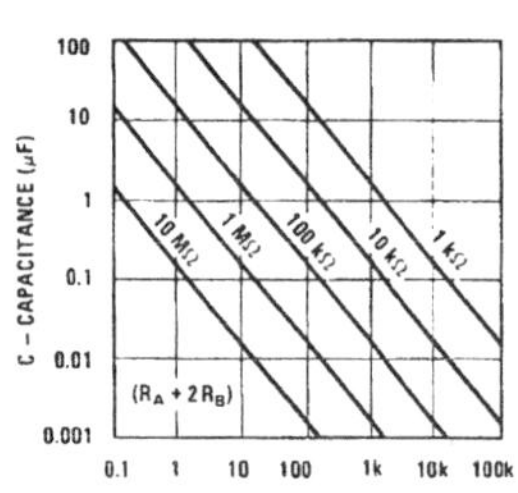

DS007851-10

FIGURE 6. Free Running Frequency

FREQUENCY DIVIDER

The monostable circuit of *Figure 1* can be used as a frequency divider by adjusting the length of the timing cycle. *Figure 7* shows the waveforms generated in a divide by three circuit.

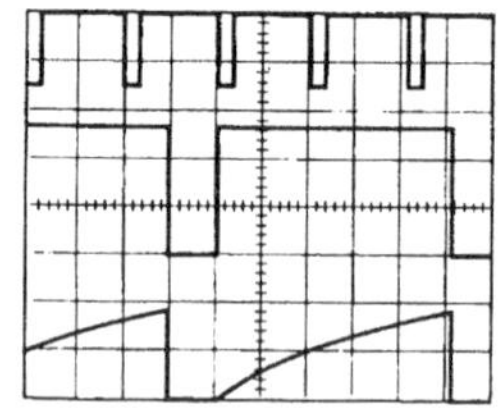

DS007851-11

V_{CC} = 5V
TIME = 20μs/DIV.
R_A = 9.1kΩ
C = 0.01μF

Top Trace: Input 4V/Div.
Middle Trace: Output 2V/Div.
Bottom Trace: Capacitor 2V/Div.

FIGURE 7. Frequency Divider

PULSE WIDTH MODULATOR

When the timer is connected in the monostable mode and triggered with a continuous pulse train, the output pulse width can be modulated by a signal applied to pin 5. *Figure 8* shows the circuit, and in *Figure 9* are some waveform examples.

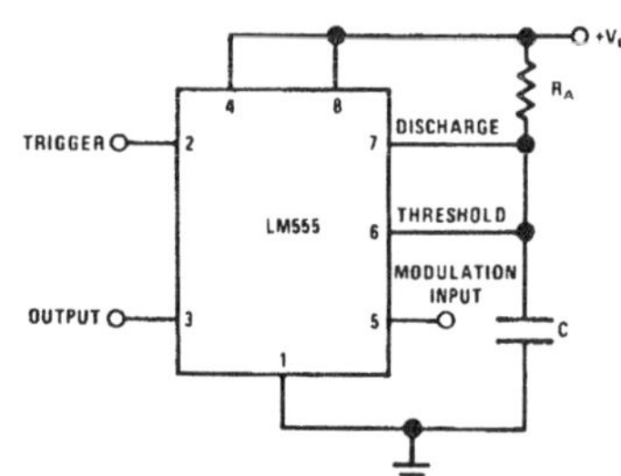

DS007851-12

FIGURE 8. Pulse Width Modulator

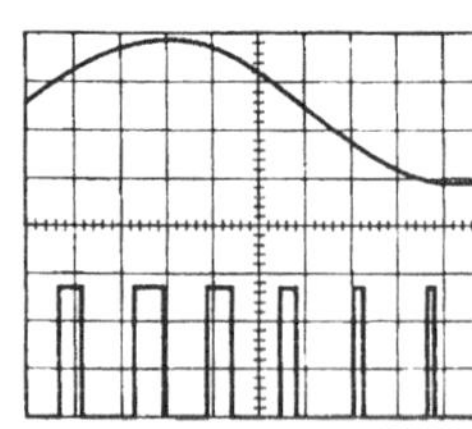

DS007851-13

V_{CC} = 5V
TIME = 0.2 ms/DIV.
R_A = 9.1kΩ
C = 0.01μF

Top Trace: Modulation 1V/Div.
Bottom Trace: Output Voltage 2V/Div.

FIGURE 9. Pulse Width Modulator

Applications Information (Continued)

PULSE POSITION MODULATOR

This application uses the timer connected for astable operation, as in *Figure 10*, with a modulating signal again applied to the control voltage terminal. The pulse position varies with the modulating signal, since the threshold voltage and hence the time delay is varied. *Figure 11* shows the waveforms generated for a triangle wave modulation signal.

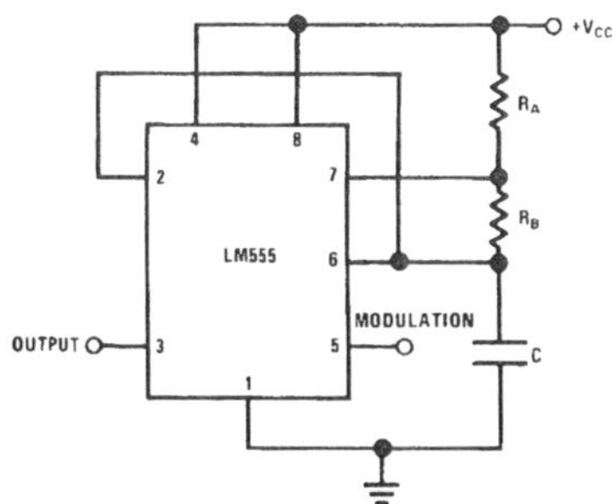

DS007851-14

FIGURE 10. Pulse Position Modulator

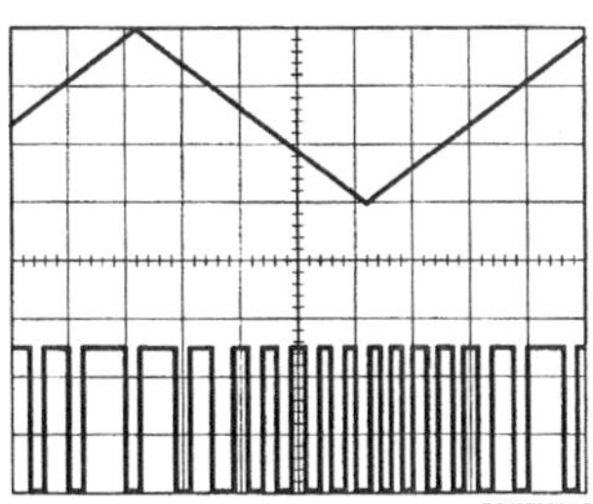

DS007851-15

V_{CC} = 5V
TIME = 0.1 ms/DIV.
R_A = 3.9kΩ
R_B = 3kΩ
C = 0.01μF

Top Trace: Modulation Input 1V/Div.
Bottom Trace: Output 2V/Div.

FIGURE 11. Pulse Position Modulator

LINEAR RAMP

When the pullup resistor, R_A, in the monostable circuit is replaced by a constant current source, a linear ramp is generated. *Figure 12* shows a circuit configuration that will perform this function.

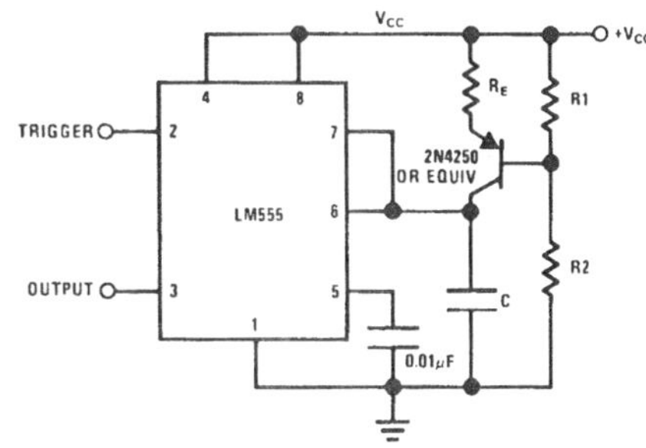

DS007851-16

FIGURE 12.

Figure 13 shows waveforms generated by the linear ramp. The time interval is given by:

$$T = \frac{2/3\ V_{CC}\ R_E\ (R_1 + R_2)\ C}{R_1\ V_{CC} - V_{BE}\ (R_1 + R_2)}$$

$$V_{BE} \cong 0.6V$$

$$V_{BE} \approx 0.6V$$

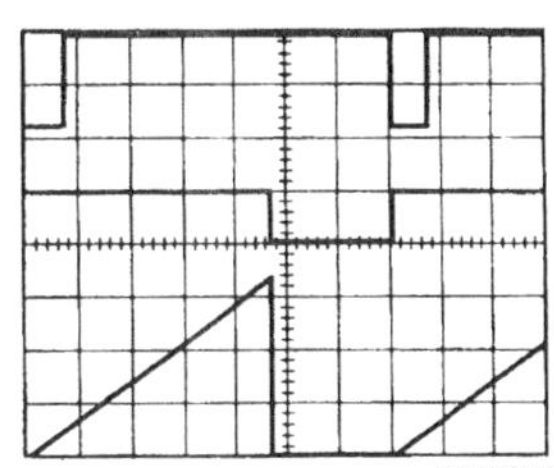

DS007851-17

V_{CC} = 5V
TIME = 20μs/DIV.
R_1 = 47kΩ
R_2 = 100kΩ
R_E = 2.7 kΩ
C = 0.01 μF

Top Trace: Input 3V/Div.
Middle Trace: Output 5V/Div.
Bottom Trace: Capacitor Voltage 1V/Div.

FIGURE 13. Linear Ramp

Applications Information (Continued)

50% DUTY CYCLE OSCILLATOR

For a 50% duty cycle, the resistors R_A and R_B may be connected as in *Figure 14*. The time period for the output high is the same as previous, $t_1 = 0.693\ R_A\ C$. For the output low it is t_2 =

$$\left[(R_A R_B)/(R_A + R_B)\right] C\ \ell n \left[\frac{R_B - 2R_A}{2R_B - R_A}\right]$$

Thus the frequency of oscillation is

$$f = \frac{1}{t_1 + t_2}$$

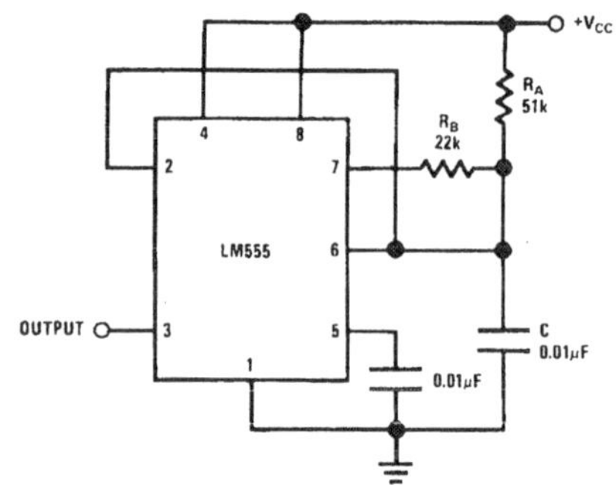

FIGURE 14. 50% Duty Cycle Oscillator

Note that this circuit will not oscillate if R_B is greater than 1/2 R_A because the junction of R_A and R_B cannot bring pin 2 down to 1/3 V_{CC} and trigger the lower comparator.

ADDITIONAL INFORMATION

Adequate power supply bypassing is necessary to protect associated circuitry. Minimum recommended is 0.1μF in parallel with 1μF electrolytic.

Lower comparator storage time can be as long as 10μs when pin 2 is driven fully to ground for triggering. This limits the monostable pulse width to 10μs minimum.

Delay time reset to output is 0.47μs typical. Minimum reset pulse width must be 0.3μs, typical.

Pin 7 current switches within 30ns of the output (pin 3) voltage.

Physical Dimensions inches (millimeters) unless otherwise noted

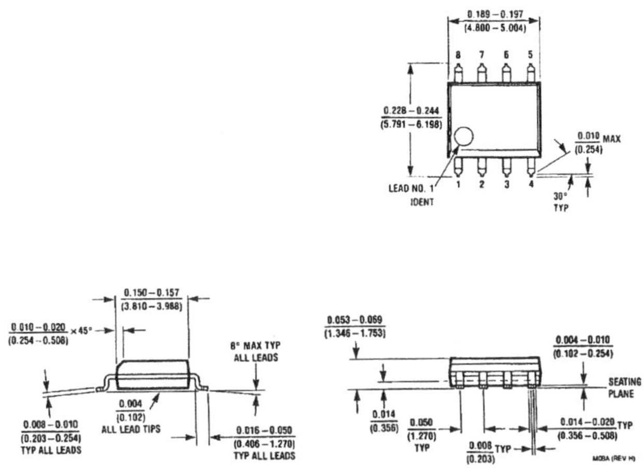

Small Outline Package (M)
NS Package Number M08A

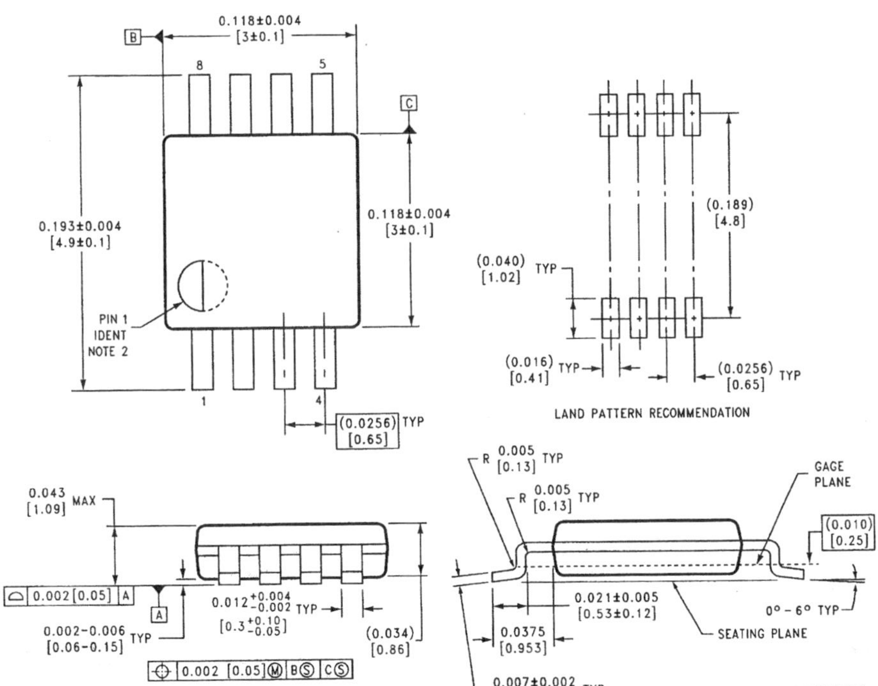

8-Lead (0.118" Wide) Molded Mini Small Outline Package
NS Package Number MUA08A

Physical Dimensions inches (millimeters) unless otherwise noted (Continued)

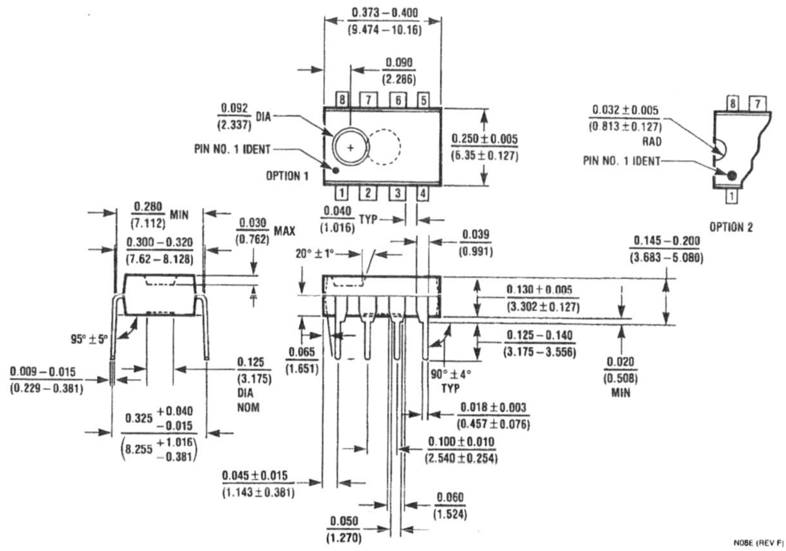

Molded Dual-In-Line Package (N)
NS Package Number N08E

LIFE SUPPORT POLICY

NATIONAL'S PRODUCTS ARE NOT AUTHORIZED FOR USE AS CRITICAL COMPONENTS IN LIFE SUPPORT DEVICES OR SYSTEMS WITHOUT THE EXPRESS WRITTEN APPROVAL OF THE PRESIDENT AND GENERAL COUNSEL OF NATIONAL SEMICONDUCTOR CORPORATION. As used herein:

1. Life support devices or systems are devices or systems which, (a) are intended for surgical implant into the body, or (b) support or sustain life, and whose failure to perform when properly used in accordance with instructions for use provided in the labeling, can be reasonably expected to result in a significant injury to the user.
2. A critical component is any component of a life support device or system whose failure to perform can be reasonably expected to cause the failure of the life support device or system, or to affect its safety or effectiveness.

National Semiconductor Corporation
Americas
Tel: 1-800-272-9959
Fax: 1-800-737-7018
Email: support@nsc.com
www.national.com

National Semiconductor Europe
Fax: +49 (0) 180-530 85 86
Email: europe.support@nsc.com
Deutsch Tel: +49 (0) 69 9508 6208
English Tel: +44 (0) 870 24 0 2171
Français Tel: +33 (0) 1 41 91 8790

National Semiconductor Asia Pacific Customer Response Group
Tel: 65-2544466
Fax: 65-2504466
Email: ap.support@nsc.com

National Semiconductor Japan Ltd.
Tel: 81-3-5639-7560
Fax: 81-3-5639-7507

6. NE/SE566

Function generator NE/SE566

DESCRIPTION

The NE/SE566 Function Generator is a voltage-controlled oscillator of exceptional linearity with buffered square wave and triangle wave outputs. The frequency of oscillation is determined by an external resistor and capacitor and the voltage applied to the control terminal. The oscillator can be programmed over a ten-to-one frequency range by proper selection of an external resistance and modulated over a ten-to-one range by the control voltage, with exceptional linearity.

FEATURES

- Wide range of operating voltage (up to 24V; single or dual)
- High linearity of modulation
- Highly stable center frequency (200ppm/°C typical)
- Highly linear triangle wave output
- Frequency programming by means of a resistor or capacitor, voltage or current
- Frequency adjustable over 10-to-1 range with same capacitor

PIN CONFIGURATIONS

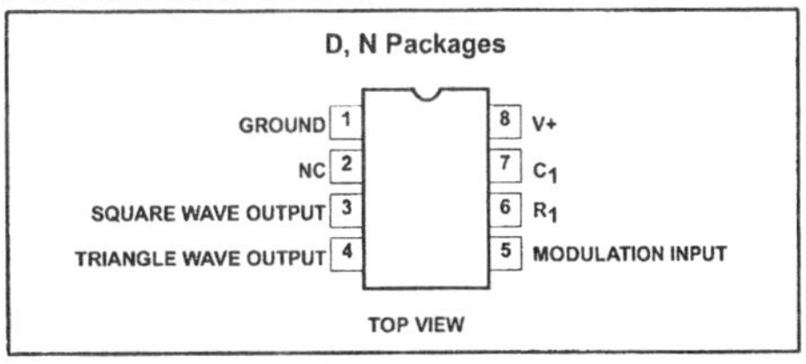

APPLICATIONS

- Tone generators
- Frequency shift keying
- FM modulators
- Clock generators
- Signal generators
- Function generators

ORDERING INFORMATION

DESCRIPTION	TEMPERATURE RANGE	ORDER CODE	DWG #
8-Pin Plastic Small Outline (SO) Package	0 to +70°C	NE566D	0174C
14-Pin Ceramic Dual In-Line Package (CERDIP)	0 to +70°C	NE566F	0581B
8-Pin Plastic Dual In-Line Package (DIP)	0 to +70°C	NE566N	0404B
8-Pin Plastic Dual In-Line Package (DIP)	-55°C to +125°C	SE566N	0404B

BLOCK DIAGRAM

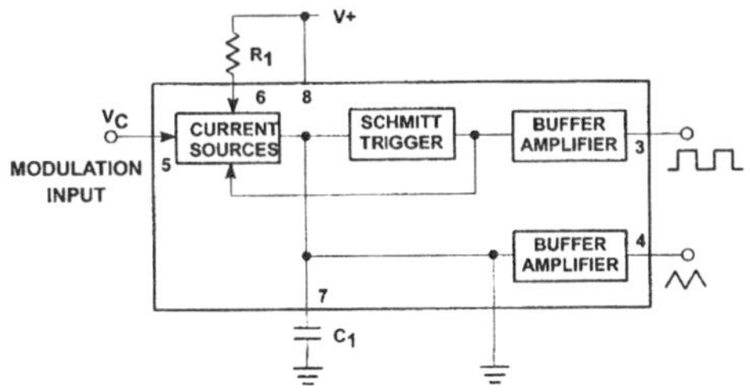

Function generator NE/SE566

EQUIVALENT SCHEMATIC

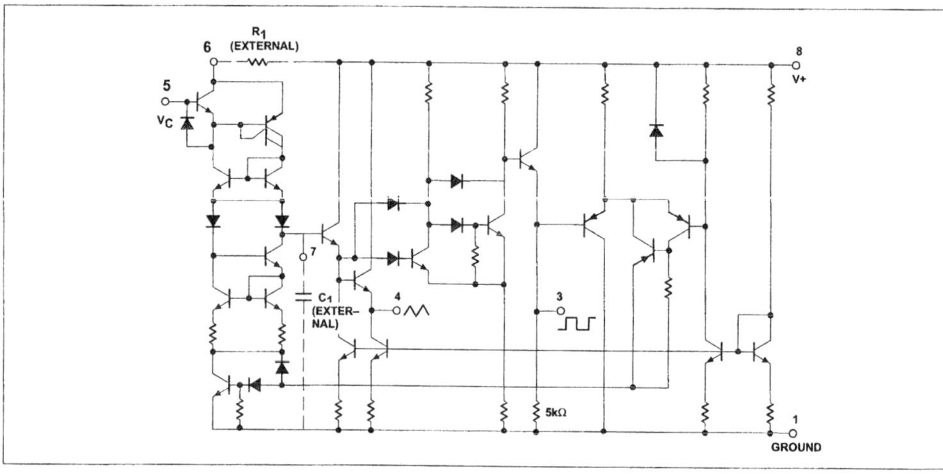

ABSOLUTE MAXIMUM RATINGS

SYMBOL	PARAMETER	RATING	UNIT
V+	Maximum operating voltage	26	V
V_{IN}, V_C	Input voltage	3	V_{P-P}
T_{STG}	Storage temperature range	-65 to +150	°C
T_A	Operating ambient temperature range		
	NE566	0 to +70	°C
	SE566	-55 to +125	°C
P_D	Power dissipation	300	mW

Function generator NE/SE566

DC ELECTRICAL CHARACTERISTICS

T_A=25°C, V_{CC}=±6V, unless otherwise specified.

SYMBOL	PARAMETER	SE566			NE566			UNIT
		Min	Typ	Max	Min	Typ	Max	
General								
T_A	Operating ambient temperature range	-55		125	0		70	°C
V_{CC}	Operating supply voltage	±6		±12	±6		±12	V
I_{CC}	Operating supply current		7	12.5		7	12.5	mA
VCO[1]								
f_{MAX}	Maximum operating frequency		1			1		MHz
	Frequency drift with temperature		500			600		ppm/°C
	Frequency drift with supply voltage		0.1	1		0.2	2	%/V
	Control terminal input impedance[2]		1			1		MΩ
	FM distortion (±10% deviation)		0.2	0.75		0.4	1.5	%
	Maximum sweep rate		1			1		MHz
	Sweep range		10:1			10:1		
Output								
	Triangle wave output							
	impedance		50			50		Ω
	voltage	1.9	2.4		1.9	2.4		V_{P-P}
	linearity		0.2			0.5		%
	Square wave input							
	impedance		50			50		Ω
	voltage	5	5.4		5	5.4		V_{P-P}
	duty Cycle	45	50	55	40	50	60	%
t_R	Rise time		20			20		ns
t_F	Fall Time		50			50		ns

NOTES:
1. The external resistance for frequency adjustment (R_1) must have a value between 2kΩ and 20kΩ.
2. The bias voltage (V_C) applied to the control terminal (Pin 5) should be in the range $V+ \le V_C \le V+$.

TYPICAL PERFORMANCE CHARACTERISTICS

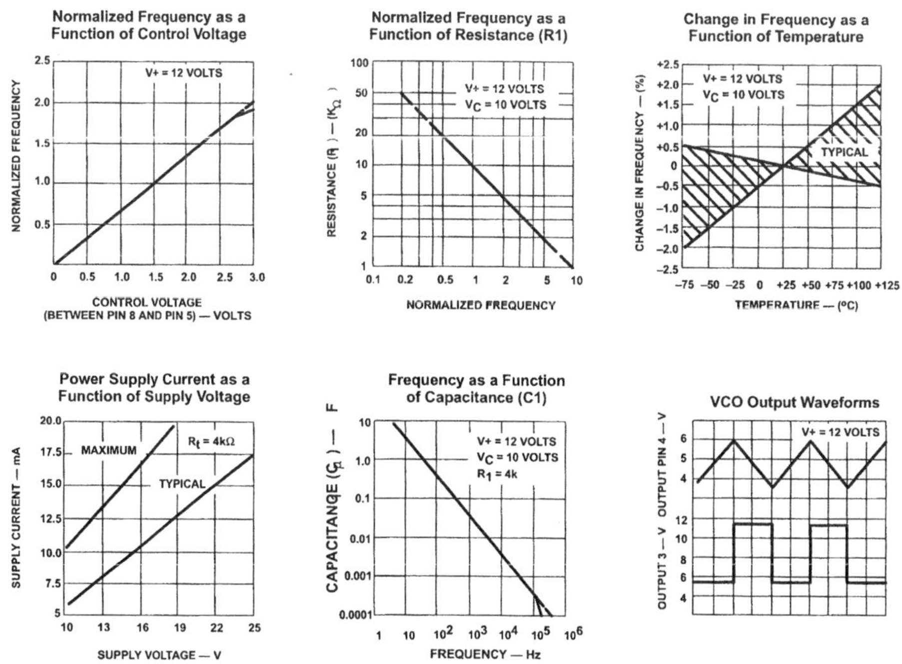

OPERATING INSTRUCTIONS

The NE/SE566 Function Generator is a general purpose voltage-controlled oscillator designed for highly linear frequency modulation. The circuit provides simultaneous square wave and triangle wave outputs at frequencies up to 1MHz. A typical connection diagram is shown in Figure 1. The control terminal (Pin 5) must be biased externally with a voltage (V_C) in the range

$$V+ \le V_C \le V+$$

where V_{CC} is the total supply voltage. In Figure 1, the control voltage is set by the voltage divider formed with R_2 and R_3. The modulating signal is then AC coupled with the capacitor C_2. The modulating signal can be direct coupled as well, if the appropriate DC bias voltage is applied to the control terminal. The frequency is given approximately by

$$f_O = \frac{2\,[(V+) - (V_C)]}{R_1\,C_1\,V+}$$

and R_1 should be in the range $2k\Omega < R_1 < 20k\Omega$.

A small capacitor (typically 0.001μF) should be connected between Pins 5 and 6 to eliminate possible oscillation in the control current source.

If the VCO is to be used to drive standard logic circuitry, it may be desirable to use a dual supply as shown in Figure 2. In this case the square wave output has the proper DC levels for logic circuitry. RTL can be driven directly from Pin 3. For DTL or TTL gates, which require a current sink of more than 1mA, it is usually necessary to connect a 5kΩ resistor between Pin 3 and negative supply. This increases the current sinking capability to 2mA. The third type of interface shown uses a saturated transistor between the 566 and the logic circuitry. This scheme is used primarily for TTL circuitry which requires a fast fall time (<50ns) and a large current sinking capability.

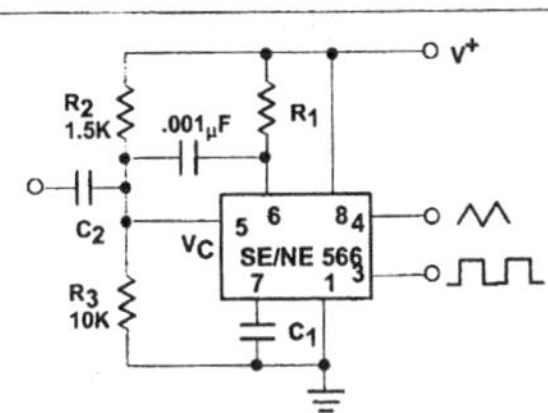

Figure 1.

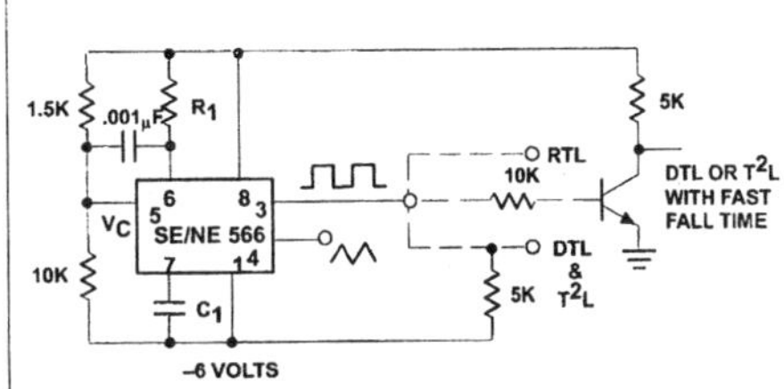

Figure 2.

7. LM13700

National Semiconductor

June 2004

LM13700
Dual Operational Transconductance Amplifiers with Linearizing Diodes and Buffers

General Description

The LM13700 series consists of two current controlled transconductance amplifiers, each with differential inputs and a push-pull output. The two amplifiers share common supplies but otherwise operate independently. Linearizing diodes are provided at the inputs to reduce distortion and allow higher input levels. The result is a 10 dB signal-to-noise improvement referenced to 0.5 percent THD. High impedance buffers are provided which are especially designed to complement the dynamic range of the amplifiers. The output buffers of the LM13700 differ from those of the LM13600 in that their input bias currents (and hence their output DC levels) are independent of I_{ABC}. This may result in performance superior to that of the LM13600 in audio applications.

Features

- g_m adjustable over 6 decades
- Excellent g_m linearity
- Excellent matching between amplifiers
- Linearizing diodes
- High impedance buffers
- High output signal-to-noise ratio

Applications

- Current-controlled amplifiers
- Current-controlled impedances
- Current-controlled filters
- Current-controlled oscillators
- Multiplexers
- Timers
- Sample-and-hold circuits

Connection Diagram

Dual-In-Line and Small Outline Packages

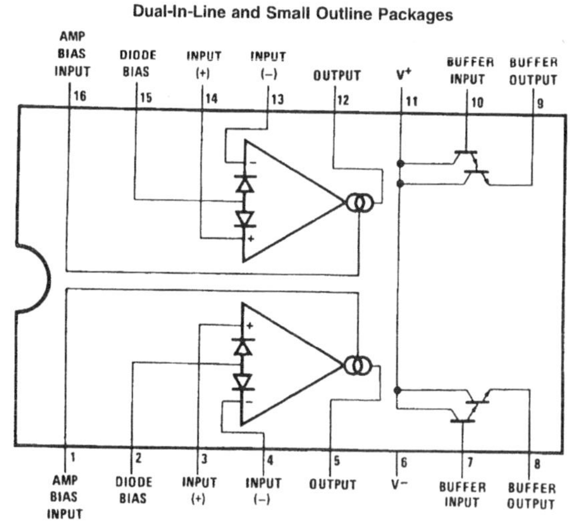

Top View
Order Number LM13700M, LM13700MX or LM13700N
See NS Package Number M16A or N16A

Absolute Maximum Ratings (Note 1)

If Military/Aerospace specified devices are required, please contact the National Semiconductor Sales Office/ Distributors for availability and specifications.

Supply Voltage	
LM13700	36 V_{DC} or ±18V
Power Dissipation (Note 2) T_A = 25°C	
LM13700N	570 mW
Differential Input Voltage	±5V
Diode Bias Current (I_D)	2 mA
Amplifier Bias Current (I_{ABC})	2 mA
Output Short Circuit Duration	Continuous
Buffer Output Current (Note 3)	20 mA
Operating Temperature Range	
LM13700N	0°C to +70°C
DC Input Voltage	$+V_S$ to $-V_S$
Storage Temperature Range	−65°C to +150°C
Soldering Information	
Dual-In-Line Package	
Soldering (10 sec.)	260°C
Small Outline Package	
Vapor Phase (60 sec.)	215°C
Infrared (15 sec.)	220°C

Electrical Characteristics (Note 4)

Parameter	Conditions	LM13700			Units
		Min	Typ	Max	
Input Offset Voltage (V_{OS})	Over Specified Temperature Range		0.4	4	mV
	I_{ABC} = 5 μA		0.3	4	
V_{OS} Including Diodes	Diode Bias Current (I_D) = 500 μA		0.5	5	mV
Input Offset Change	5 μA ≤ I_{ABC} ≤ 500 μA		0.1	3	mV
Input Offset Current			0.1	0.6	μA
Input Bias Current	Over Specified Temperature Range		0.4	5	μA
			1	8	
Forward Transconductance (g_m)		6700	9600	13000	μmho
	Over Specified Temperature Range	5400			
g_m Tracking			0.3		dB
Peak Output Current	R_L = 0, I_{ABC} = 5 μA		5		μA
	R_L = 0, I_{ABC} = 500 μA	350	500	650	
	R_L = 0, Over Specified Temp Range	300			
Peak Output Voltage					
Positive	R_L = ∞, 5 μA ≤ I_{ABC} ≤ 500 μA	+12	+14.2		V
Negative	R_L = ∞, 5 μA ≤ I_{ABC} ≤ 500 μA	−12	−14.4		V
Supply Current	I_{ABC} = 500 μA, Both Channels		2.6		mA
V_{OS} Sensitivity					
Positive	$\Delta V_{OS}/\Delta V^+$		20	150	μV/V
Negative	$\Delta V_{OS}/\Delta V^-$		20	150	μV/V
CMRR		80	110		dB
Common Mode Range		±12	±13.5		V
Crosstalk	Referred to Input (Note 5) 20 Hz < f < 20 kHz		100		dB
Differential Input Current	I_{ABC} = 0, Input = ±4V		0.02	100	nA
Leakage Current	I_{ABC} = 0 (Refer to Test Circuit)		0.2	100	nA
Input Resistance		10	26		kΩ
Open Loop Bandwidth			2		MHz
Slew Rate	Unity Gain Compensated		50		V/μs
Buffer Input Current	(Note 5)		0.5	2	μA
Peak Buffer Output Voltage	(Note 5)	10			V

Note 1: "Absolute Maximum Ratings" indicate limits beyond which damage to the device may occur. Operating Ratings indicate conditions for which the device is functional, but do not guarantee specific performance limits.

Note 2: For operation at ambient temperatures above 25°C, the device must be derated based on a 150°C maximum junction temperature and a thermal resistance, junction to ambient, as follows: LM13700N, 90°C/W; LM13700M, 110°C/W.

Note 3: Buffer output current should be limited so as to not exceed package dissipation.

Electrical Characteristics (Note 4) (Continued)

Note 4: These specifications apply for $V_S = \pm15V$, $T_A = 25°C$, amplifier bias current (I_{ABC}) = 500 μA, pins 2 and 15 open unless otherwise specified. The inputs to the buffers are grounded and outputs are open.

Note 5: These specifications apply for $V_S = \pm15V$, I_{ABC} = 500 μA, R_{OUT} = 5 kΩ connected from the buffer output to $-V_S$ and the input of the buffer is connected to the transconductance amplifier output.

Schematic Diagram

One Operational Transconductance Amplifier

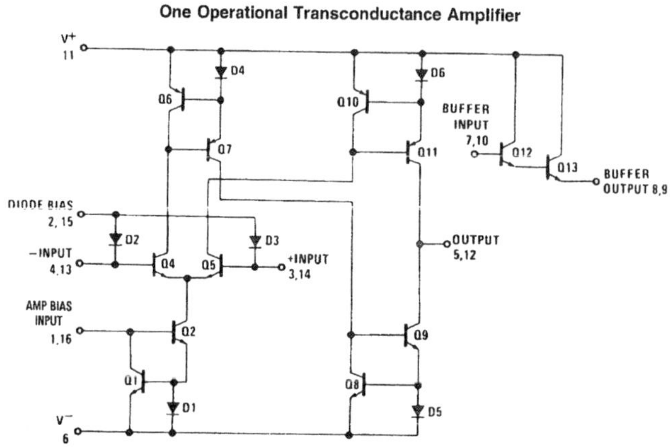

00798101

Typical Application

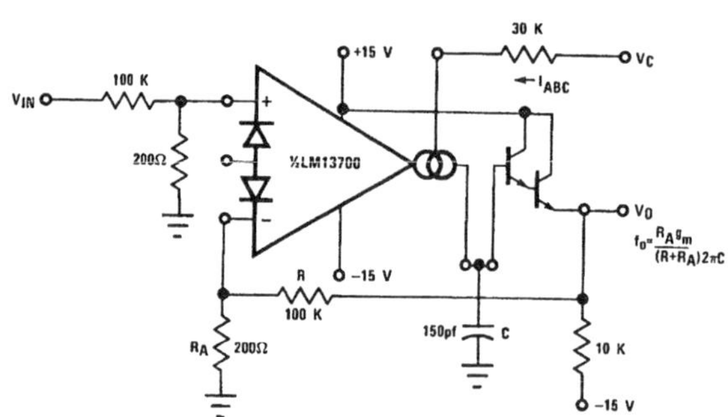

00798118

Voltage Controlled Low-Pass Filter

Typical Performance Characteristics

Input Offset Voltage

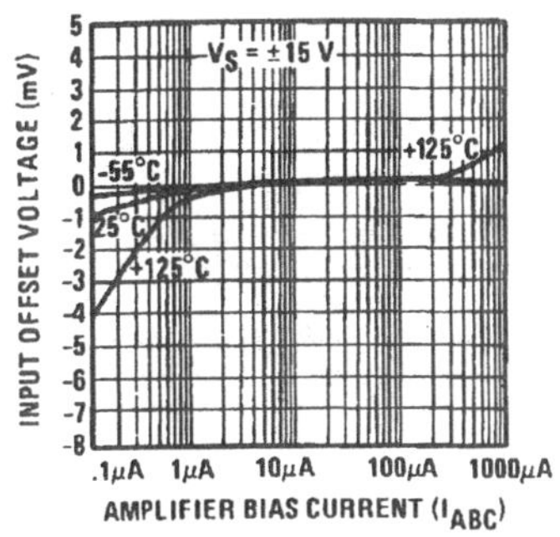

00798138

Input Offset Current

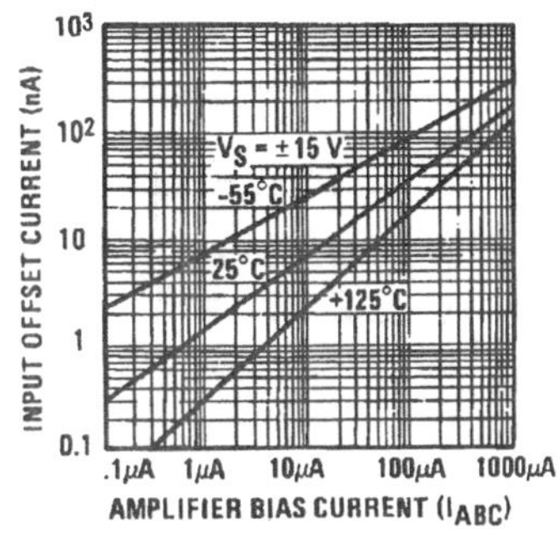

00798139

Input Bias Current

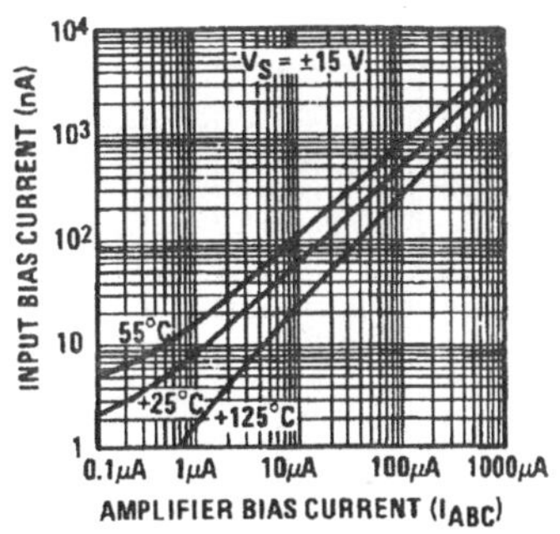

00798140

Peak Output Current

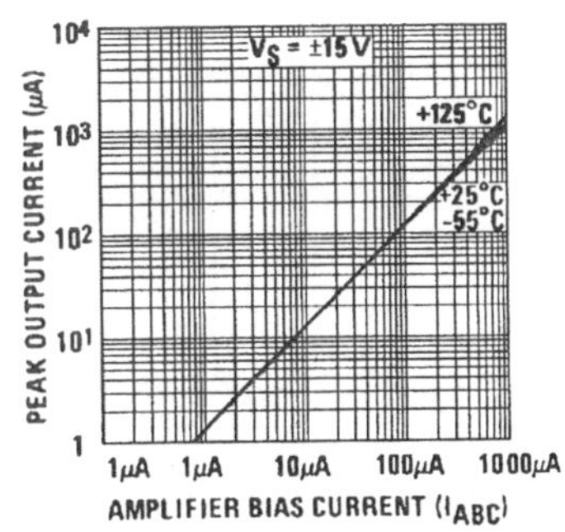

00798141

Peak Output Voltage and Common Mode Range

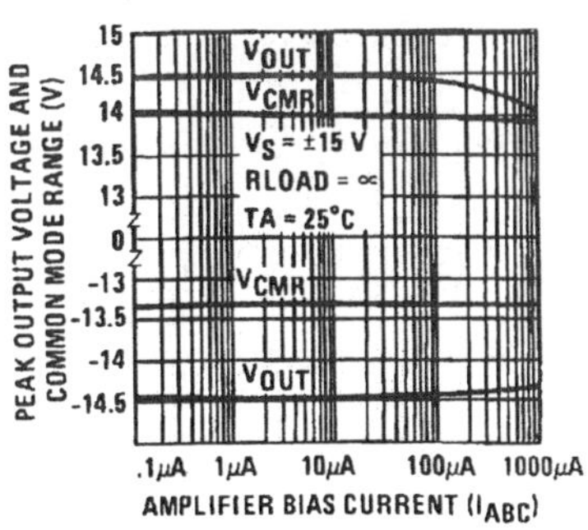

00798142

Leakage Current

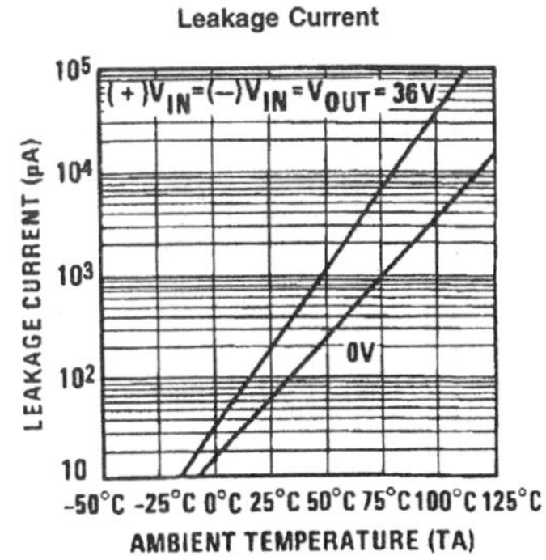

00798143

Typical Performance Characteristics (Continued)

Input Leakage

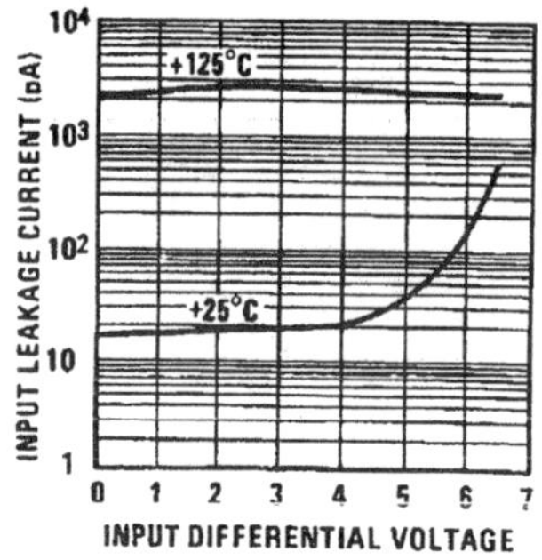

00798144

Transconductance

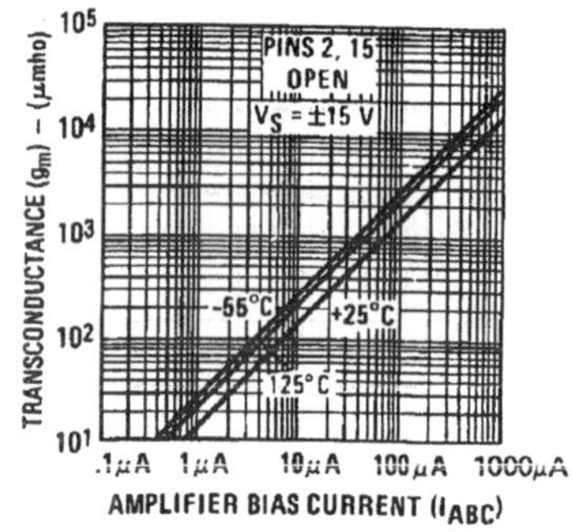

00798145

Input Resistance

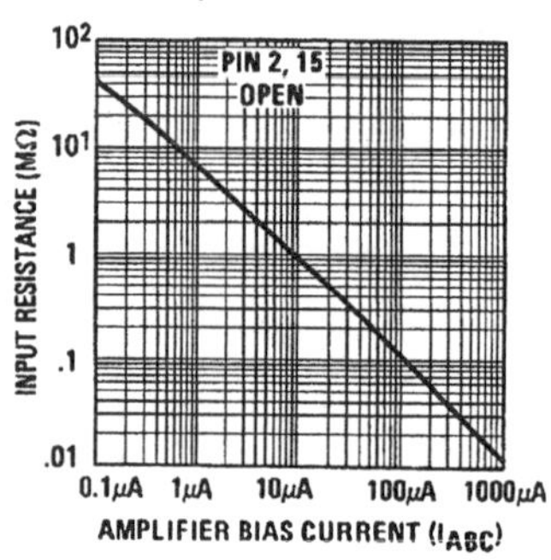

00798146

Amplifier Bias Voltage vs. Amplifier Bias Current

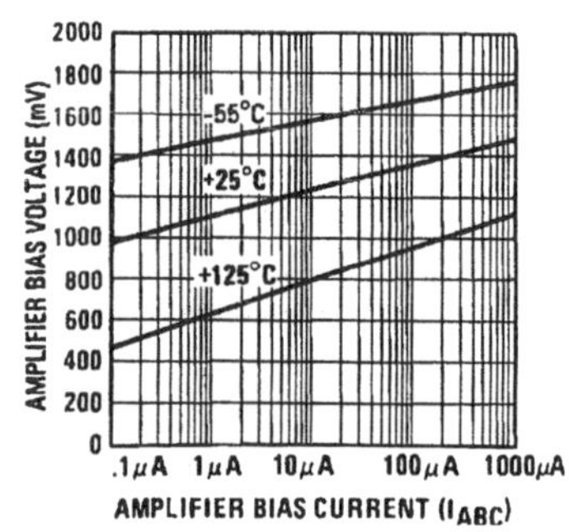

00798147

Input and Output Capacitance

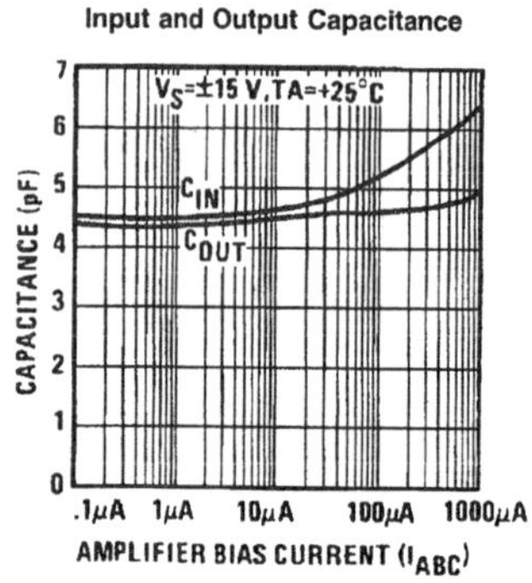

00798148

Output Resistance

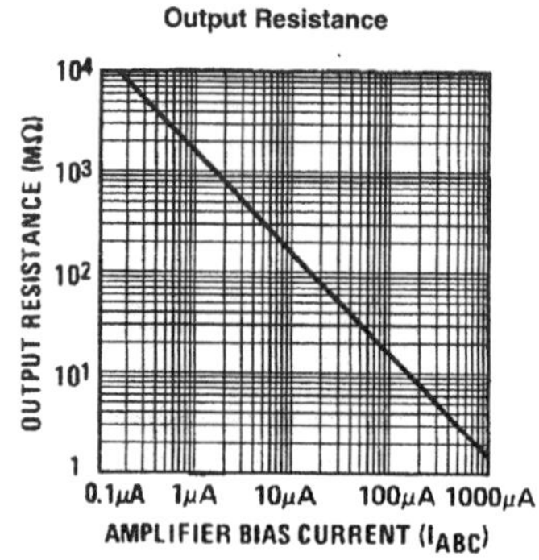

00798149

LM13700

Typical Performance Characteristics (Continued)

Distortion vs. Differential Input Voltage

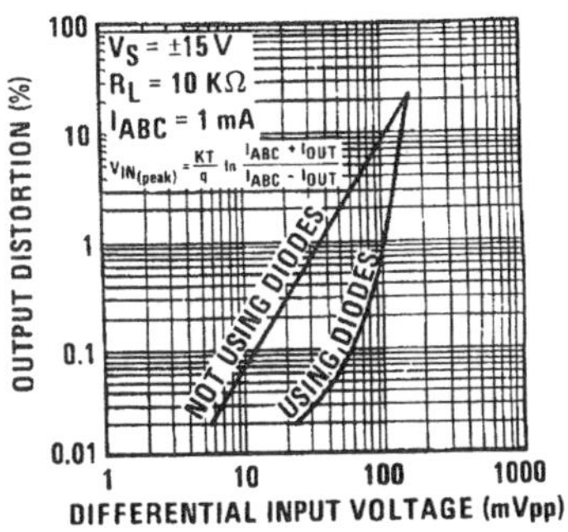

00798150

Voltage vs. Amplifier Bias Current

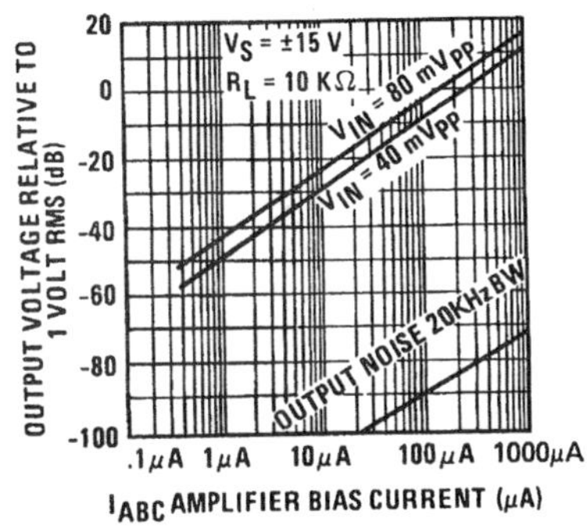

00798151

Output Noise vs. Frequency

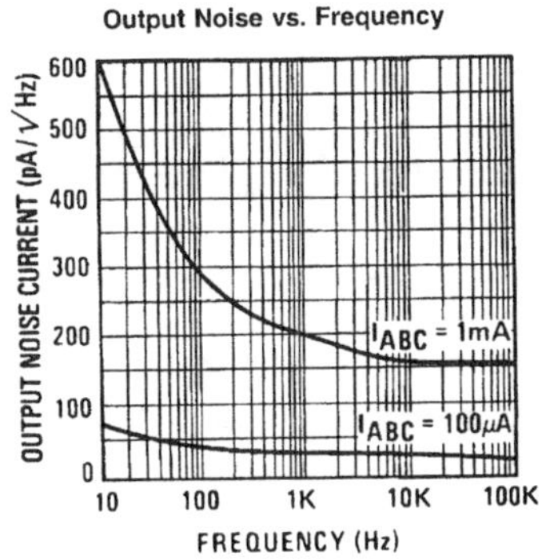

00798152

Unity Gain Follower

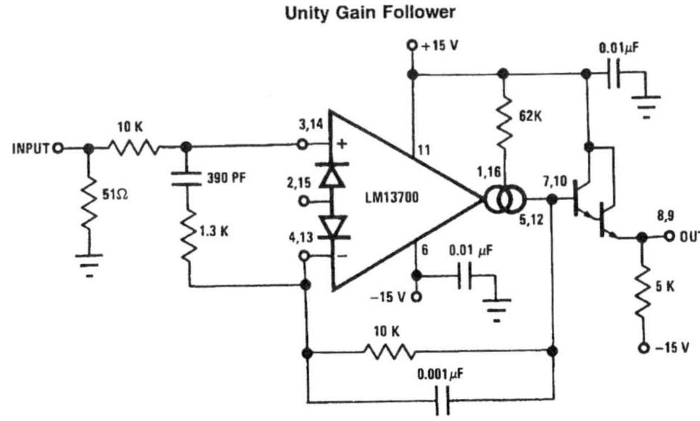

00798105

8. LM2900/LM3900/LM3301

National Semiconductor

February 1995

LM2900/LM3900/LM3301 Quad Amplifiers

General Description

The LM2900 series consists of four independent, dual input, internally compensated amplifiers which were designed specifically to operate off of a single power supply voltage and to provide a large output voltage swing. These amplifiers make use of a current mirror to achieve the non-inverting input function. Application areas include: ac amplifiers, RC active filters, low frequency triangle, squarewave and pulse waveform generation circuits, tachometers and low speed, high voltage digital logic gates.

Features

- Wide single supply voltage 4 V_{DC} to 32 V_{DC}
  Range or dual supplies ±2 V_{DC} to ±16 V_{DC}
- Supply current drain independent of supply voltage
- Low input biasing current 30 nA
- High open-loop gain 70 dB
- Wide bandwidth 2.5 MHz (unity gain)
- Large output voltage swing (V^+ − 1) Vp-p
- Internally frequency compensated for unity gain
- Output short-circuit protection

Schematic and Connection Diagrams

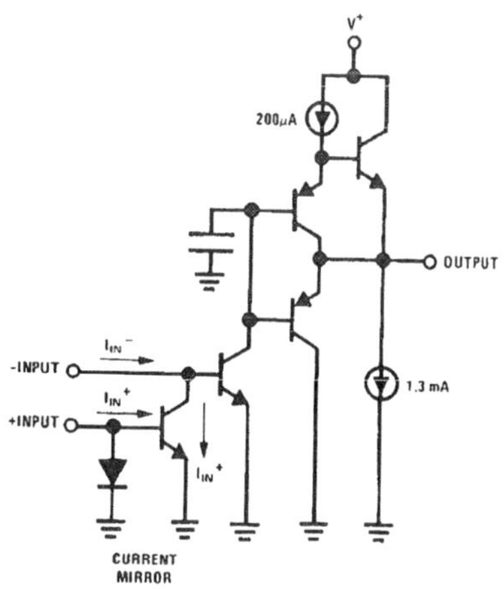

TL/H/7936-1

Dual-In-Line and S.O.

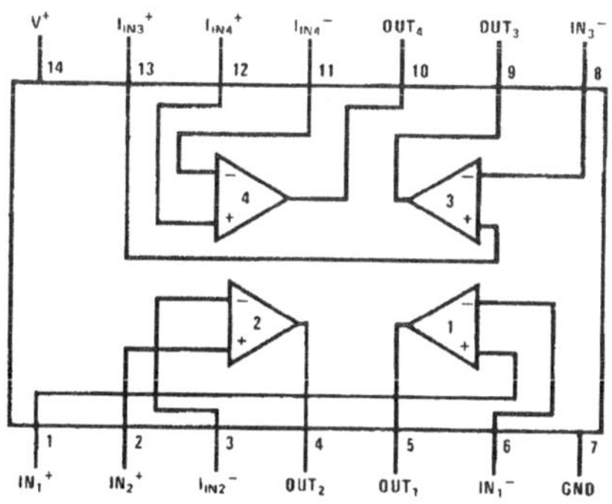

TL/H/7936-2

Top View

Order Number LM2900N, LM3900M, LM3900N or LM3301N
See NS Package Number M14A or N14A

LM2900/LM3900/LM3301 Quad Amplifiers

Absolute Maximum Ratings

If Military/Aerospace specified devices are required, please contact the National Semiconductor Sales Office/Distributors for availability and specifications.

	LM2900/LM3900	LM3301
Supply Voltage	32 V_{DC} ±16 V_{DC}	28 V_{DC} ±14 V_{DC}
Power Dissipation (T_A = 25°C) (Note 1)		
Molded DIP	1080 mW	1080 mW
S.O. Package	765 mW	
Input Currents, I_{IN}^+ or I_{IN}^-	20 mA_{DC}	20 mA_{DC}
Output Short-Circuit Duration—One Amplifier T_A = 25°C (See Application Hints)	Continuous	Continuous
Operating Temperature Range		−40°C to +85°C
LM2900	−40°C to +85°C	
LM3900	0°C to +70°C	
Storage Temperature Range	−65°C to +150°C	−65°C to +150°C
Lead Temperature (Soldering, 10 sec.)	260°C	260°C
Soldering Information		
Dual-In-Line Package		
Soldering (10 sec.)	260°C	260°C
Small Outline Package		
Vapor Phase (60 sec.)	215°C	215°C
Infrared (15 sec.)	220°C	220°C

See AN-450 "Surface Mounting Methods and Their Effect on Product Reliability" for other methods of soldering surface mount devices.

	LM2900/LM3900	LM3301
ESD tolerance (Note 7)	2000V	2000V

Electrical Characteristics T_A = 25°C, V^+ = 15 V_{DC}, unless otherwise stated

Parameter		Conditions		LM2900			LM3900			LM3301			Units
				Min	Typ	Max	Min	Typ	Max	Min	Typ	Max	
Open Loop	Voltage Gain	Over Temp.											V/mV
	Voltage Gain	ΔV_O = 10 V_{DC} Inverting Input		1.2	2.8		1.2	2.8		1.2	2.8		
	Input Resistance				1			1			1		MΩ
	Output Resistance				8			8			9		kΩ
Unity Gain Bandwidth		Inverting Input			2.5			2.5			2.5		MHz
Input Bias Current		Inverting Input, V^+ = 5 V_{DC} Inverting Input			30	200		30	200		30	300	nA
Slew Rate		Positive Output Swing Negative Output Swing			0.5 20			0.5 20			0.5 20		V/µs
Supply Current		R_L = ∞ On All Amplifiers			6.2	10		6.2	10		6.2	10	mA_{DC}
Output Voltage Swing	V_{OUT} High	R_L = 2k, V^+ = 15.0 V_{DC}	I_{IN}^- = 0, I_{IN}^+ = 0	13.5			13.5			13.5			V_{DC}
	V_{OUT} Low		I_{IN}^- = 10 µA, I_{IN}^+ = 0		0.09	0.2		0.09	0.2		0.09	0.2	
	V_{OUT} High	V^+ = Absolute Maximum Ratings	I_{IN}^- = 0, I_{IN}^+ = 0 R_L = ∞,	29.5			29.5			26.0			
Output Current Capability	Source			6	18		6	10		5	18		mA_{DC}
	Sink	(Note 2)		0.5	1.3		0.5	1.3		0.5	1.3		
	I_{SINK}	V_{OL} = 1V, I_{IN}^- = 5 µA			5			5			5		

Electrical Characteristics (Note 6), $V^+ = 15\ V_{DC}$, unless otherwise stated (Continued)

Parameter	Conditions	LM2900			LM3900			LM3301			Units
		Min	Typ	Max	Min	Typ	Max	Min	Typ	Max	
Power Supply Rejection	$T_A = 25°C$, f = 100 Hz		70			70			70		dB
Mirror Gain	@ 20 μA (Note 3) @ 200 μA (Note 3)	0.90 0.90	1.0 1.0	1.1 1.1	0.90 0.90	1.0 1.0	1.1 1.1	0.90 0.90	1 1	1.10 1.10	μA/μA
ΔMirror Gain	@ 20 μA to 200 μA (Note 3)		2	5		2	5		2	5	%
Mirror Current	(Note 4)		10	500		10	500		10	500	μA_{DC}
Negative Input Current	$T_A = 25°C$ (Note 5)		1.0			1.0			1.0		mA_{DC}
Input Bias Current	Inverting Input		300			300					nA

Note 1: For operating at high temperatures, the device must be derated based on a 125°C maximum junction temperature and a thermal resistance of 92°C/W which applies for the device soldered in a printed circuit board, operating in a still air ambient. Thermal resistance for the S.O. package is 131°C/W.

Note 2: The output current sink capability can be increased for large signal conditions by overdriving the inverting input. This is shown in the section on Typical Characteristics.

Note 3: This spec indicates the current gain of the current mirror which is used as the non-inverting input.

Note 4: Input V_{BE} match between the non-inverting and the inverting inputs occurs for a mirror current (non-inverting input current) of approximately 10 μA. This is therefore a typical design center for many of the application circuits.

Note 5: Clamp transistors are included on the IC to prevent the input voltages from swinging below ground more than approximately $-0.3\ V_{DC}$. The negative input currents which may result from large signal overdrive with capacitance input coupling need to be externally limited to values of approximately 1 mA. Negative input currents in excess of 4 mA will cause the output voltage to drop to a low voltage. This maximum current applies to any one of the input terminals. If more than one of the input terminals are simultaneously driven negative smaller maximum currents are allowed. Common-mode current biasing can be used to prevent negative input voltages; see for example, the "Differentiator Circuit" in the applications section.

Note 6: These specs apply for $-40°C \le T_A \le +85°C$, unless otherwise stated.

Note 7: Human body model, 1.5 kΩ in series with 100 pF.

Application Hints

When driving either input from a low-impedance source, a limiting resistor should be placed in series with the input lead to limit the peak input current. Currents as large as 20 mA will not damage the device, but the current mirror on the non-inverting input will saturate and cause a loss of mirror gain at mA current levels—especially at high operating temperatures.

Precautions should be taken to insure that the power supply for the integrated circuit never becomes reversed in polarity or that the unit is not inadvertently installed backwards in a test socket as an unlimited current surge through the resulting forward diode within the IC could cause fusing of the internal conductors and result in a destroyed unit.

Output short circuits either to ground or to the positive power supply should be of short time duration. Units can be destroyed, not as a result of the short circuit current causing metal fusing, but rather due to the large increase in IC chip dissipation which will cause eventual failure due to excessive junction temperatures. For example, when operating from a well-regulated $+5\ V_{DC}$ power supply at $T_A = 25°C$ with a 100 kΩ shunt-feedback resistor (from the output to the inverting input) a short directly to the power supply will not cause catastrophic failure but the current magnitude will be approximately 50 mA and the junction temperature will be above T_J max. Larger feedback resistors will reduce the current, 11 MΩ provides approximately 30 mA, an open circuit provides 1.3 mA, and a direct connection from the output to the non-inverting input will result in catastrophic failure when the output is shorted to V^+ as this then places the base-emitter junction of the input transistor directly across the power supply. Short-circuits to ground will have magnitudes of approximately 30 mA and will not cause catastrophic failure at $T_A = 25°C$.

Unintentional signal coupling from the output to the non-inverting input can cause oscillations. This is likely only in breadboard hook-ups with long component leads and can be prevented by a more careful lead dress or by locating the non-inverting input biasing resistor close to the IC. A quick check of this condition is to bypass the non-inverting input to ground with a capacitor. High impedance biasing resistors used in the non-inverting input circuit make this input lead highly susceptible to unintentional AC signal pickup.

Operation of this amplifier can be best understood by noticing that input currents are differenced at the inverting-input terminal and this difference current then flows through the external feedback resistor to produce the output voltage. Common-mode current biasing is generally useful to allow operating with signal levels near ground or even negative as this maintains the inputs biased at $+V_{BE}$. Internal clamp transistors (see note 5) catch-negative input voltages at approximately $-0.3\ V_{DC}$ but the magnitude of current flow has to be limited by the external input network. For operation at high temperature, this limit should be approximately 100 μA.

This new "Norton" current-differencing amplifier can be used in most of the applications of a standard IC op amp. Performance as a DC amplifier using only a single supply is not as precise as a standard IC op amp operating with split supplies but is adequate in many less critical applications. New functions are made possible with this amplifier which are useful in single power supply systems. For example, biasing can be designed separately from the AC gain as was shown in the "inverting amplifier," the "difference integrator" allows controlling the charging and the discharging of the integrating capacitor with positive voltages, and the "frequency doubling tachometer" provides a simple circuit which reduces the ripple voltage on a tachometer output DC voltage.

Typical Performance Characteristics

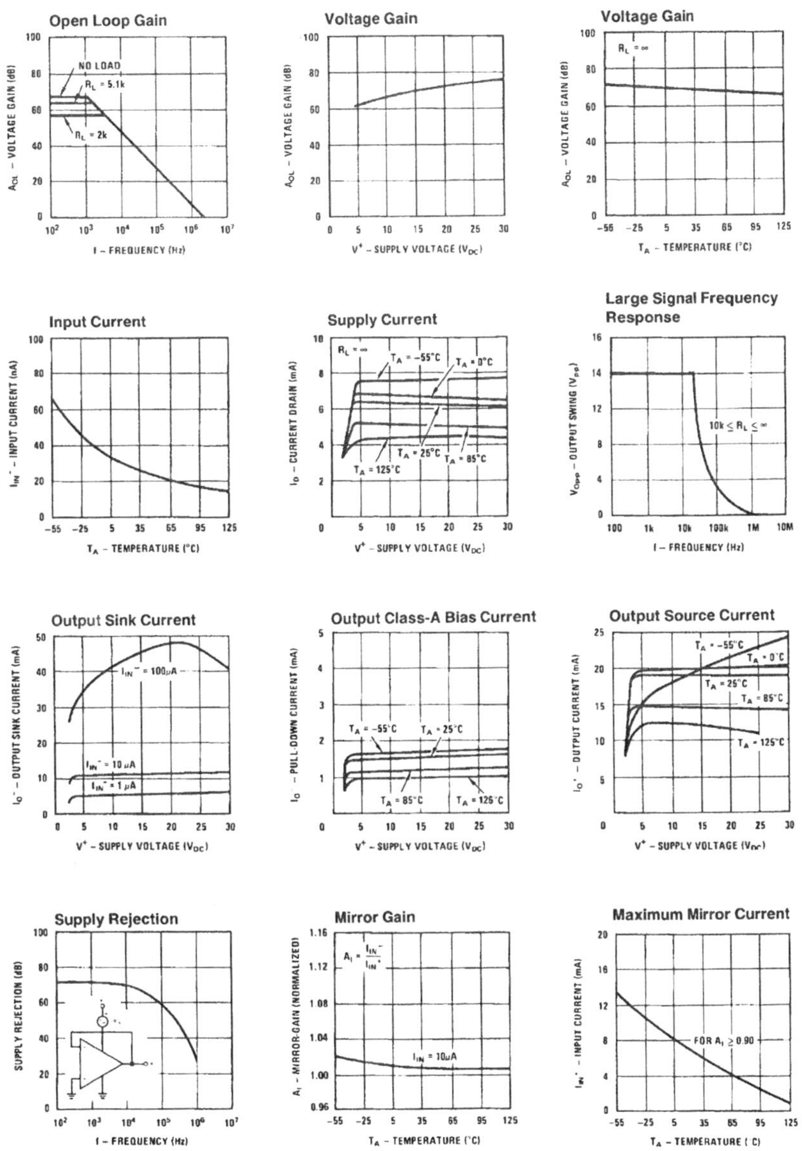

TL/H/7936-9

Typical Applications ($V^+ = 15\ V_{DC}$)

Inverting Amplifier

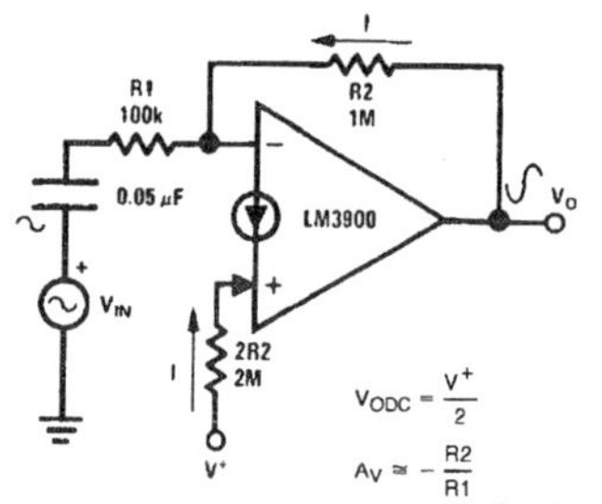

TL/H/7936-3

Triangle/Square Generator

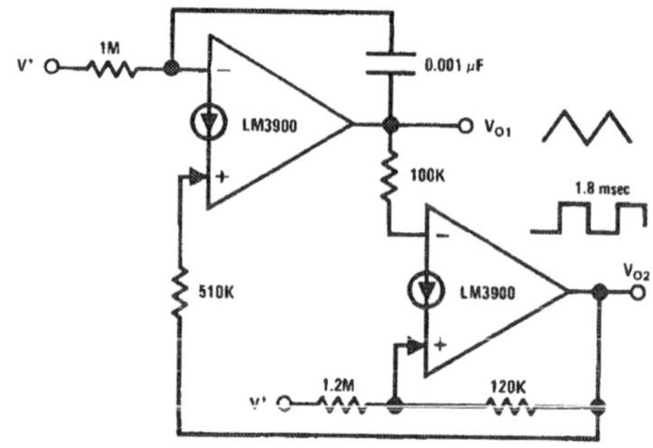

TL/H/7936-4

Frequency-Doubling Tachometer

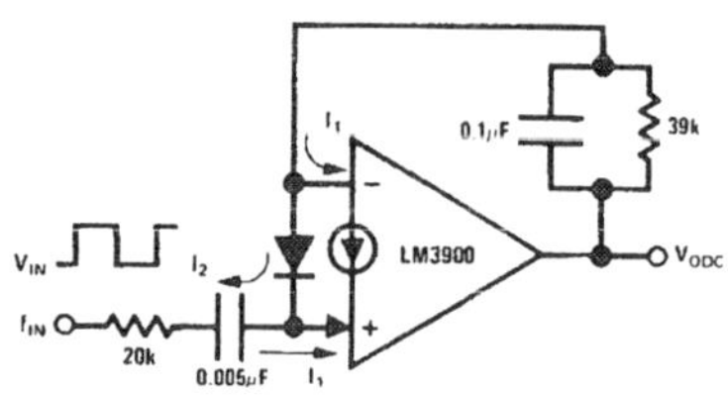

TL/H/7936-5

Low V_{IN} − V_{OUT} Voltage Regulator

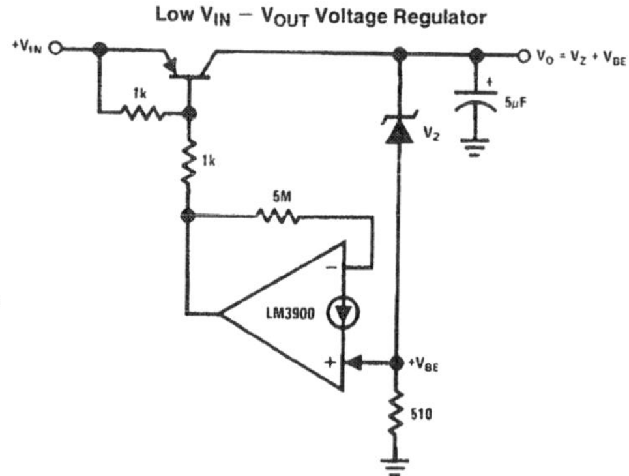

TL/H/7936-6

Non-Inverting Amplifier

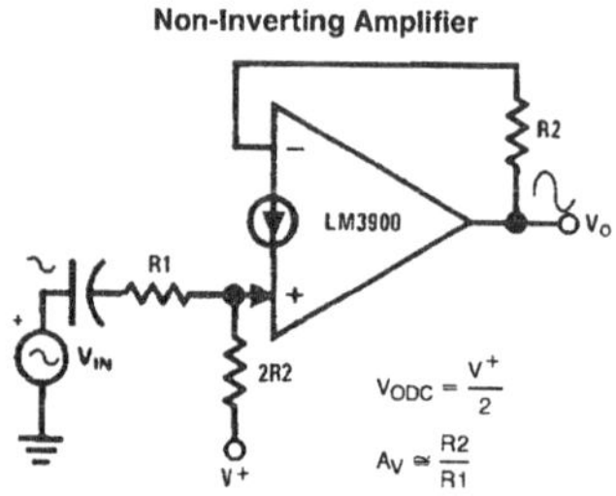

TL/H/7936-7

Negative Supply Biasing

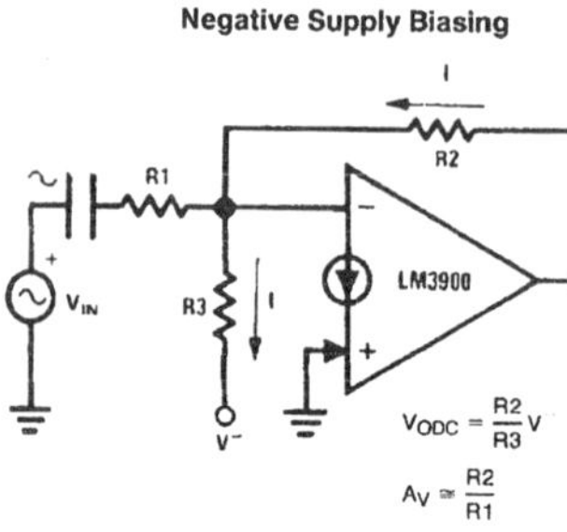

TL/H/7936-8

9. LM3914

National Semiconductor

February 2003

LM3914
Dot/Bar Display Driver

General Description

The LM3914 is a monolithic integrated circuit that senses analog voltage levels and drives 10 LEDs, providing a linear analog display. A single pin changes the display from a moving dot to a bar graph. Current drive to the LEDs is regulated and programmable, eliminating the need for resistors. This feature is one that allows operation of the whole system from less than 3V.

The circuit contains its own adjustable reference and accurate 10-step voltage divider. The low-bias-current input buffer accepts signals down to ground, or V^-, yet needs no protection against inputs of 35V above or below ground. The buffer drives 10 individual comparators referenced to the precision divider. Indication non-linearity can thus be held typically to ½%, even over a wide temperature range.

Versatility was designed into the LM3914 so that controller, visual alarm, and expanded scale functions are easily added on to the display system. The circuit can drive LEDs of many colors, or low-current incandescent lamps. Many LM3914s can be "chained" to form displays of 20 to over 100 segments. Both ends of the voltage divider are externally available so that 2 drivers can be made into a zero-center meter.

The LM3914 is very easy to apply as an analog meter circuit. A 1.2V full-scale meter requires only 1 resistor and a single 3V to 15V supply in addition to the 10 display LEDs. If the 1 resistor is a pot, it becomes the LED brightness control. The simplified block diagram illustrates this extremely simple external circuitry.

When in the dot mode, there is a small amount of overlap or "fade" (about 1 mV) between segments. This assures that at no time will all LEDs be "OFF", and thus any ambiguous display is avoided. Various novel displays are possible.

Much of the display flexibility derives from the fact that all outputs are individual, DC regulated currents. Various effects can be achieved by modulating these currents. The individual outputs can drive a transistor as well as a LED at the same time, so controller functions including "staging" control can be performed. The LM3914 can also act as a programmer, or sequencer.

The LM3914 is rated for operation from 0°C to +70°C. The LM3914N-1 is available in an 18-lead molded (N) package.

The following typical application illustrates adjusting of the reference to a desired value, and proper grounding for accurate operation, and avoiding oscillations.

Features

- Drives LEDs, LCDs or vacuum fluorescents
- Bar or dot display mode externally selectable by user
- Expandable to displays of 100 steps
- Internal voltage reference from 1.2V to 12V
- Operates with single supply of less than 3V
- Inputs operate down to ground
- Output current programmable from 2 mA to 30 mA
- No multiplex switching or interaction between outputs
- Input withstands ±35V without damage or false outputs
- LED driver outputs are current regulated, open-collectors
- Outputs can interface with TTL or CMOS logic
- The internal 10-step divider is floating and can be referenced to a wide range of voltages

Typical Applications

0V to 5V Bar Graph Meter

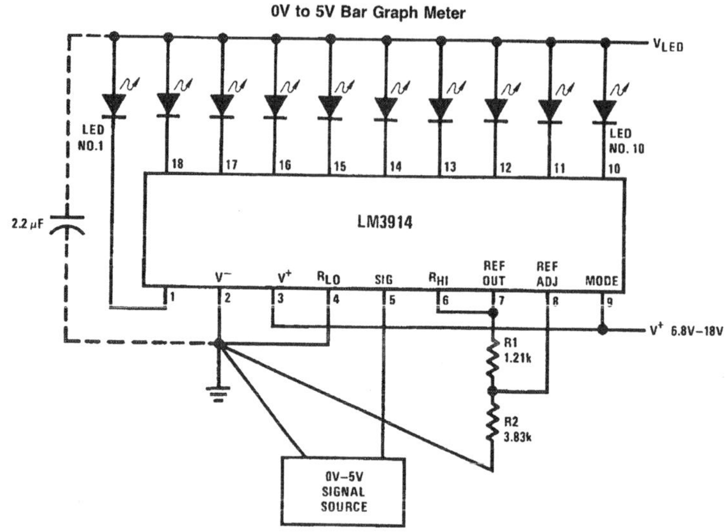

00797001

$$\text{Ref Out V} = 1.25\left(1 + \frac{R2}{R1}\right)$$

$$I_{LED} \cong \frac{12.5}{R1}$$

Note: Grounding method is typical of *all* uses. The 2.2μF tantalum or 10 μF aluminum electrolytic capacitor is needed if leads to the LED supply are 6" or longer.

Absolute Maximum Ratings (Note 1)

If Military/Aerospace specified devices are required, please contact the National Semiconductor Sales Office/ Distributors for availability and specifications.

Power Dissipation (Note 6)	
Molded DIP (N)	1365 mW
Supply Voltage	25V
Voltage on Output Drivers	25V
Input Signal Overvoltage (Note 4)	±35V
Divider Voltage	−100 mV to V^+
Reference Load Current	10 mA
Storage Temperature Range	−55°C to +150°C
Soldering Information	
Dual-In-Line Package	
Soldering (10 seconds)	260°C
Plastic Chip Carrier Package	
Vapor Phase (60 seconds)	215°C
Infrared (15 seconds)	220°C

See AN-450 "Surface Mounting Methods and Their Effect on Product Reliability" for other methods of soldering surface mount devices.

Electrical Characteristics (Notes 2, 4)

Parameter	Conditions (Note 2)		Min	Typ	Max	Units
COMPARATOR						
Offset Voltage, Buffer and First Comparator	$0V \le V_{RLO} = V_{RHI} \le 12V$, $I_{LED} = 1$ mA			3	10	mV
Offset Voltage, Buffer and Any Other Comparator	$0V \le V_{RLO} = V_{RHI} \le 12V$, $I_{LED} = 1$ mA			3	15	mV
Gain ($\Delta I_{LED}/\Delta V_{IN}$)	$I_{L(REF)} = 2$ mA, $I_{LED} = 10$ mA		3	8		mA/mV
Input Bias Current (at Pin 5)	$0V \le V_{IN} \le V^+ - 1.5V$			25	100	nA
Input Signal Overvoltage	No Change in Display		−35		35	V
VOLTAGE-DIVIDER						
Divider Resistance	Total, Pin 6 to 4		8	12	17	kΩ
Accuracy	(Note 3)			0.5	2	%
VOLTAGE REFERENCE						
Output Voltage	$0.1\text{ mA} \le I_{L(REF)} \le 4$ mA, $V^+ = V_{LED} = 5V$		1.2	1.28	1.34	V
Line Regulation	$3V \le V^+ \le 18V$			0.01	0.03	%/V
Load Regulation	$0.1\text{ mA} \le I_{L(REF)} \le 4$ mA, $V^+ = V_{LED} = 5V$			0.4	2	%
Output Voltage Change with Temperature	$0°C \le T_A \le +70°C$, $I_{L(REF)} = 1$ mA, $V^+ = 5V$			1		%
Adjust Pin Current				75	120	µA
OUTPUT DRIVERS						
LED Current	$V^+ = V_{LED} = 5V$, $I_{L(REF)} = 1$ mA		7	10	13	mA
LED Current Difference (Between Largest and Smallest LED Currents)	$V_{LED} = 5V$	$I_{LED} = 2$ mA		0.12	0.4	mA
		$I_{LED} = 20$ mA		1.2	3	
LED Current Regulation	$2V \le V_{LED} \le 17V$	$I_{LED} = 2$ mA		0.1	0.25	mA
		$I_{LED} = 20$ mA		1	3	
Dropout Voltage	$I_{LED(ON)} = 20$ mA, $V_{LED} = 5V$, $\Delta I_{LED} = 2$ mA				1.5	V
Saturation Voltage	$I_{LED} = 2.0$ mA, $I_{L(REF)} = 0.4$ mA			0.15	0.4	V
Output Leakage, Each Collector	(Bar Mode) (Note 5)			0.1	10	µA
Output Leakage	(Dot Mode) (Note 5)	Pins 10–18		0.1	10	µA
		Pin 1	60	150	450	µA
SUPPLY CURRENT						
Standby Supply Current (All Outputs Off)	$V^+ = 5V$, $I_{L(REF)} = 0.2$ mA			2.4	4.2	mA
	$V^+ = 20V$, $I_{L(REF)} = 1.0$ mA			6.1	9.2	mA

Electrical Characteristics (Notes 2, 4) (Continued)

Note 1: Absolute Maximum Ratings indicate limits beyond which damage to the device may occur. Operating Ratings indicate conditions for which the device is functional, but do not guarantee specific performance limits. Electrical Characteristics state DC and AC electrical specifications under particular test conditions which guarantee specific performance limits. This assumes that the device is within the Operating Ratings. Specifications are not guaranteed for parameters where no limit is given, however, the typical value is a good indication of device performance.

Note 2: Unless otherwise stated, all specifications apply with the following conditions:

$3\ V_{DC} \le V^+ \le 20\ V_{DC}$ $V_{REF}, V_{RHI}, V_{RLO} \le (V^+ - 1.5V)$

$3\ V_{DC} \le V_{LED} \le V^+$ $0V \le V_{IN} \le V^+ - 1.5V$

$-0.015V \le V_{RLO} \le 12V_{DC}$ $T_A = +25°C$, $I_{L(REF)} = 0.2$ mA, $V_{LED} = 3.0V$, pin 9 connected to pin 3 (Bar Mode).

$-0.015V \le V_{RHI} \le 12\ V_{DC}$

For higher power dissipations, pulse testing is used.

Note 3: Accuracy is measured referred to $+10.000V_{DC}$ at pin 6, with 0.000 V_{DC} at pin 4. At lower full-scale voltages, buffer and comparator offset voltage may add significant error.

Note 4: Pin 5 input current must be limited to ±3mA. The addition of a 39k resistor in series with pin 5 allows ±100V signals without damage.

Note 5: Bar mode results when pin 9 is within 20mV of V^+. Dot mode results when pin 9 is pulled at least 200mV below V^+ or left open circuit. LED No. 10 (pin 10 output current) is disabled if pin 9 is pulled 0.9V or more below V_{LED}.

Note 6: The maximum junction temperature of the LM3914 is 100°C. Devices must be derated for operation at elevated temperatures. Junction to ambient thermal resistance is 55°C/W for the molded DIP (N package).

Definition of Terms

Accuracy: The difference between the observed threshold voltage and the ideal threshold voltage for each comparator. Specified and tested with 10V across the internal voltage divider so that resistor ratio matching error predominates over comparator offset voltage.

Adjust Pin Current: Current flowing out of the reference adjust pin when the reference amplifier is in the linear region.

Comparator Gain: The ratio of the change in output current (I_{LED}) to the change in input voltage (V_{IN}) required to produce it for a comparator in the linear region.

Dropout Voltage: The voltage measured at the current source outputs required to make the output current fall by 10%.

Input Bias Current: Current flowing out of the signal input when the input buffer is in the linear region.

LED Current Regulation: The change in output current over the specified range of LED supply voltage (V_{LED}) as measured at the current source outputs. As the forward voltage of an LED does not change significantly with a small change in forward current, this is equivalent to changing the voltage at the LED anodes by the same amount.

Line Regulation: The average change in reference output voltage over the specified range of supply voltage (V^+).

Load Regulation: The change in reference output voltage (V_{REF}) over the specified range of load current ($I_{L(REF)}$).

Offset Voltage: The differential input voltage which must be applied to each comparator to bias the output in the linear region. Most significant error when the voltage across the internal voltage divider is small. Specified and tested with pin 6 voltage (V_{RHI}) equal to pin 4 voltage (V_{RLO}).

Typical Performance Characteristics

Supply Current vs Temperature

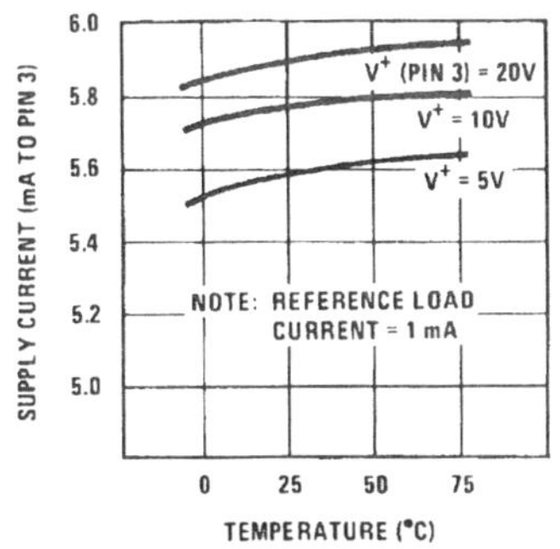

00797002

Operating Input Bias Current vs Temperature

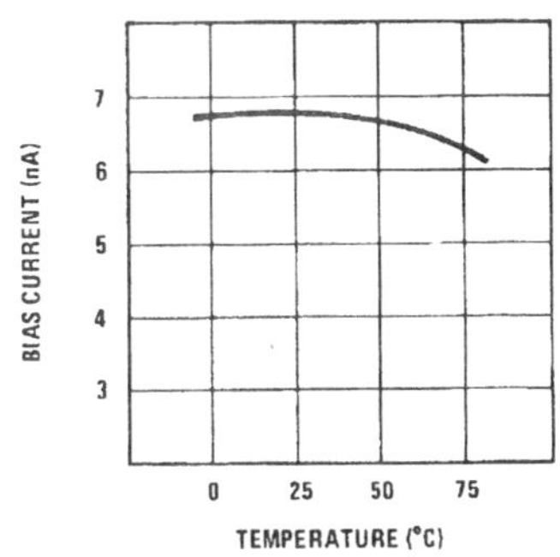

00797020

Reference Voltage vs Temperature

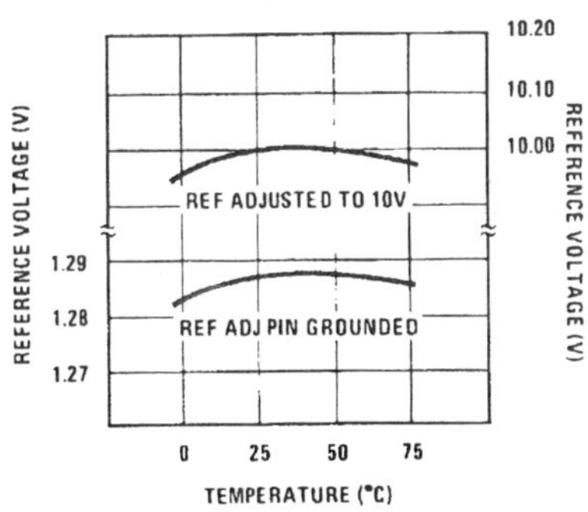

00797021

Reference Adjust Pin Current vs Temperature

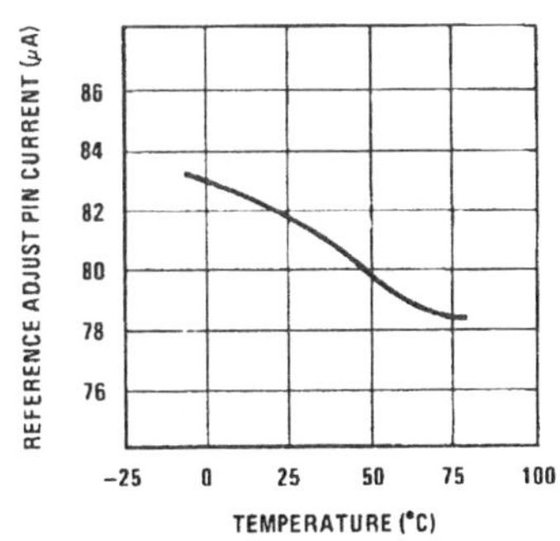

00797022

LED Current-Regulation Dropout

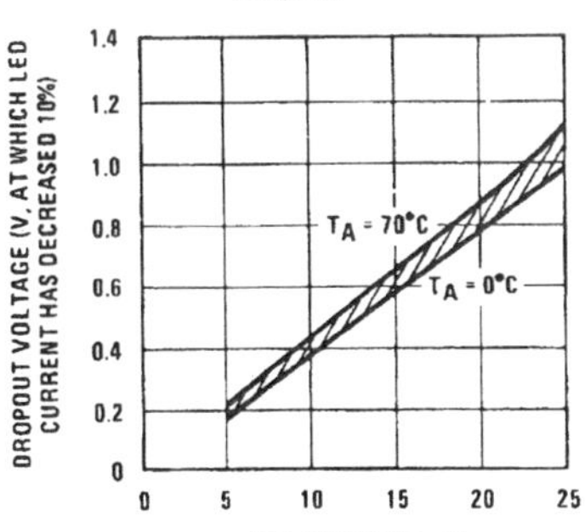

00797023

LED Driver Saturation Voltage

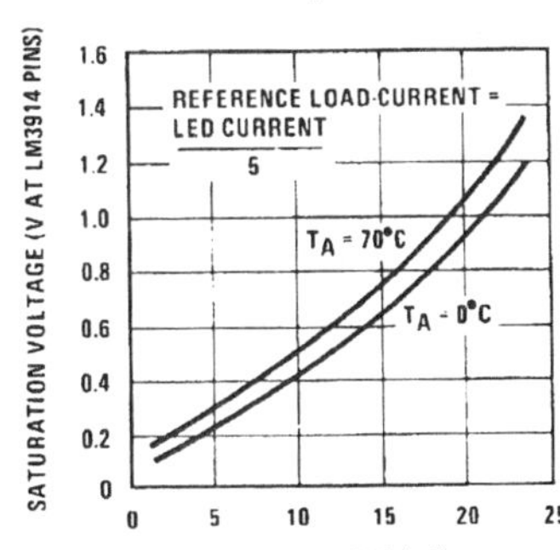

00797024

Typical Performance Characteristics (Continued)

Input Current Beyond Signal Range (Pin 5)

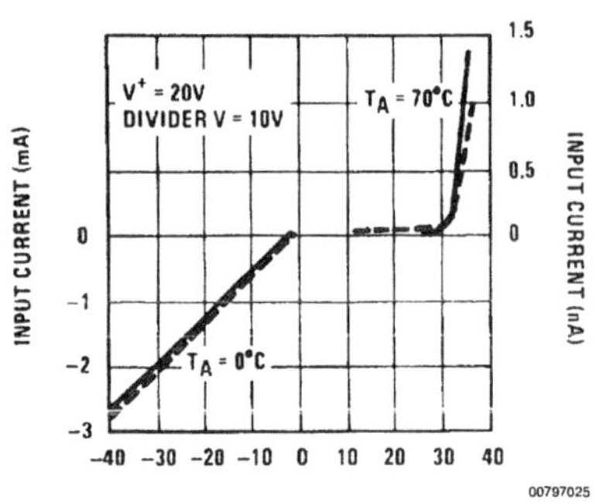

LED Current vs Reference Loading

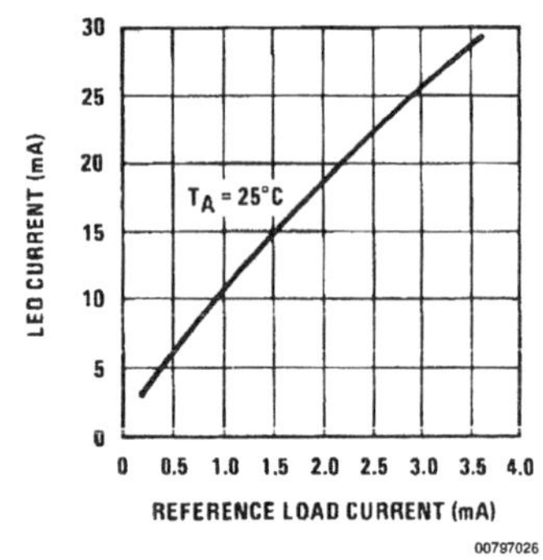

LED Driver Current Regulation

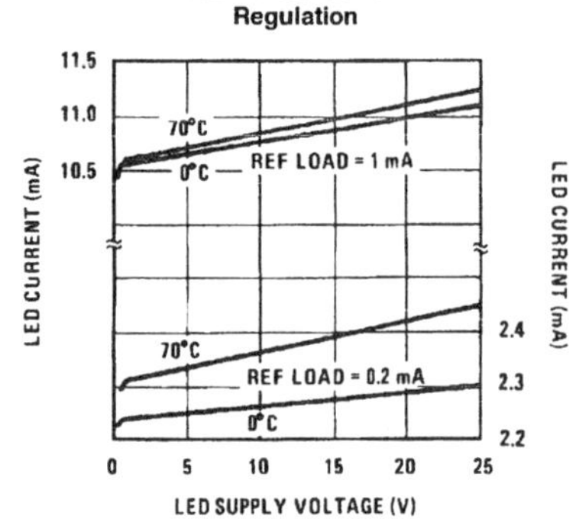

Total Divider Resistance vs Temperature

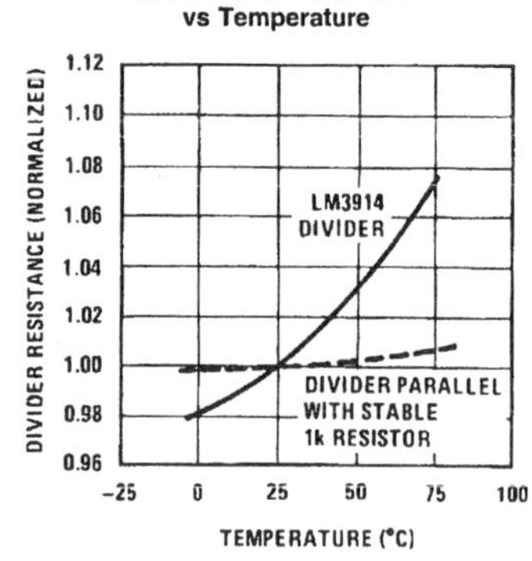

Common-Mode Limits

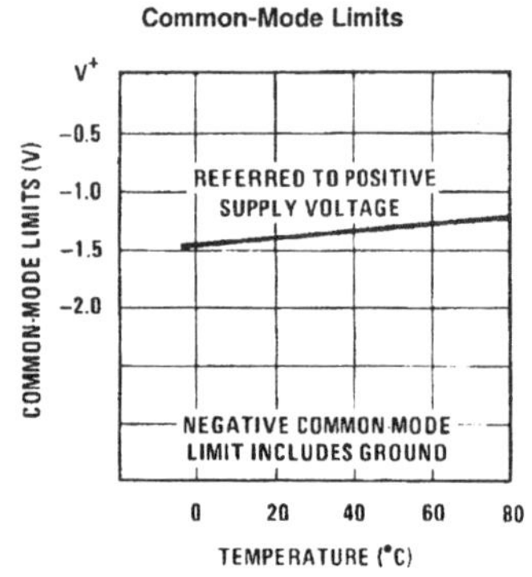

Output Characteristics

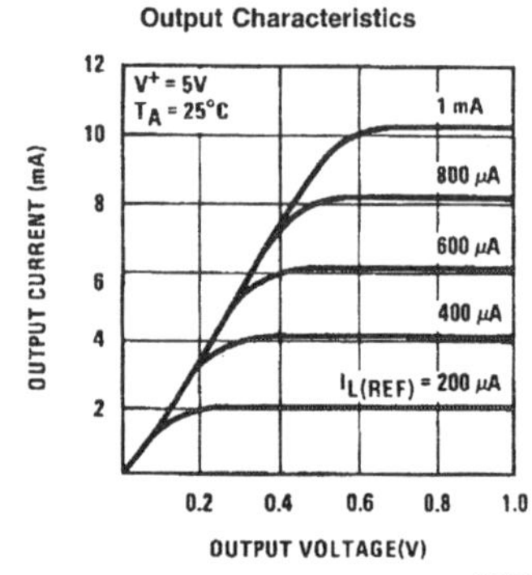

Block Diagram (Showing Simplest Application)

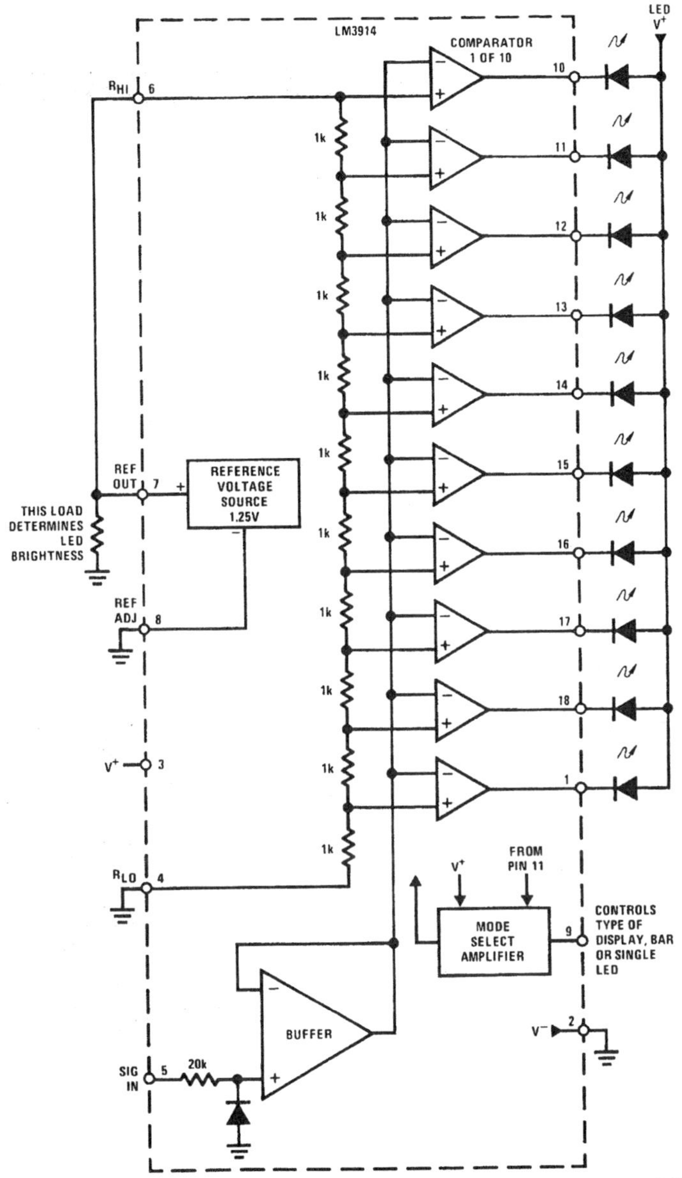

10. CA3080, CA3080A

HARRIS Semiconductor

CA3080, CA3080A

September 1998 File Number 475.4

2MHz, Operational Transconductance Amplifier (OTA)

The CA3080 and CA3080A types are Gatable-Gain Blocks which utilize the unique operational-transconductance-amplifier (OTA) concept described in Application Note AN6668, "Applications of the CA3080 and CA3080A High-Performance Operational Transconductance Amplifiers".

The CA3080 and CA3080A types have differential input and a single-ended, push-pull, class A output. In addition, these types have an amplifier bias input which may be used either for gating or for linear gain control. These types also have a high output impedance and their transconductance (g_M) is directly proportional to the amplifier bias current (I_{ABC}).

The CA3080 and CA3080A types are notable for their excellent slew rate (50V/μs), which makes them especially useful for multiplexer and fast unity-gain voltage followers. These types are especially applicable for multiplexer applications because power is consumed only when the devices are in the "ON" channel state.

The CA3080A's characteristics are specifically controlled for applications such as sample-hold, gain-control, multiplexing, etc.

Ordering Information

PART NUMBER (BRAND)	TEMP. RANGE (°C)	PACKAGE	PKG. NO.
CA3080A	-55 to 125	8 Pin Metal Can	T8.C
CA3080AE	-55 to 125	8 Ld PDIP	E8.3
CA3080AM (3080A)	-55 to 125	8 Ld SOIC	M8.15
CA3080AM96 (3080A)	-55 to 125	8 Ld SOIC Tape and Reel	M8.15
CA3080E	0 to 70	8 Ld PDIP	E8.3
CA3080M (3080)	0 to 70	8 Ld SOIC	M8.15
CA3080M96 (3080)	0 to 70	8 Ld SOIC Tape and Reel	M8.15

Features

- Slew Rate (Unity Gain, Compensated). 50V/μs
- Adjustable Power Consumption. . . . . 10μW to 30μW
- Flexible Supply Voltage Range. . . . . ±2V to ±15V
- Fully Adjustable Gain . . . . 0 to $g_M R_L$ Limit
- Tight g_M Spread:
  - CA3080. . . . . 2:1
  - CA3080A 1.6:1
- Extended g_M Linearity . . . . 3 Decades

Applications

- Sample and Hold
- Multiplexer
- Voltage Follower
- Multiplier
- Comparator

Pinouts

CA3080
(PDIP, SOIC)
TOP VIEW

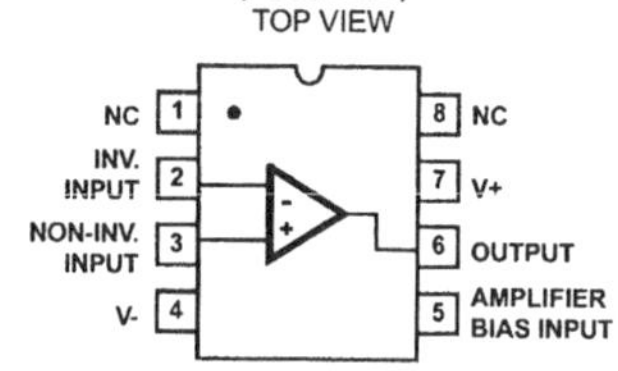

CA3080
(METAL CAN)
TOP VIEW

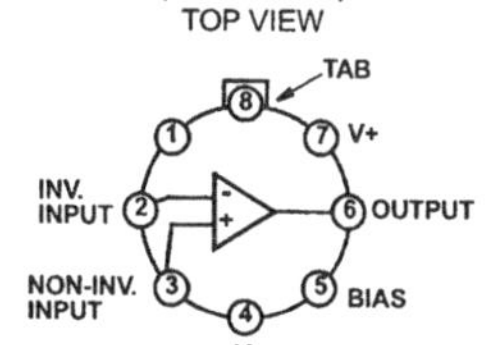

CA3080, CA3080A

Absolute Maximum Ratings

Supply Voltage (Between V+ and V- Terminal) 36V
Differential Input Voltage 5V
Input Voltage . . . . V+ to V-
Input Signal Current. 1mA
Amplifier Bias Current (I_{ABC}). 2mA
Output Short Circuit Duration (Note 1). . . . . No Limitation

Operating Conditions

Temperature Range
CA3080 . . . . 0^oC to 70^oC
CA3080A . . . . -55^oC to 125^oC

Thermal Information

Thermal Resistance (Typical, Note 2)	θ_{JA} ($^oC/W$)	θ_{JC} ($^oC/W$)
PDIP Package	130	N/A
SOIC Package	170	N/A
Metal Can Package	200	120

Maximum Junction Temperature (Metal Can). . . . . 175^oC
Maximum Junction Temperature (Plastic Package) . . . . 150^oC
Maximum Storage Temperature Range. . . . . -65^oC to 150^oC
Maximum Lead Temperature (Soldering 10s) . . . . 300^oC
(SOIC - Lead Tips Only)

CAUTION: Stresses above those listed in "Absolute Maximum Ratings" may cause permanent damage to the device. This is a stress only rating and operation of the device at these or any other conditions above those indicated in the operational sections of this specification is not implied.

NOTES:

1. Short circuit may be applied to ground or to either supply.
2. θ_{JA} is measured with the component mounted on an evaluation PC board in free air.

Electrical Specifications
For Equipment Design, V_{SUPPLY} = ±15V, Unless Otherwise Specified

PARAMETER		TEST CONDITIONS	TEMP	CA3080 MIN	CA3080 TYP	CA3080 MAX	CA3080A MIN	CA3080A TYP	CA3080A MAX	UNITS
Input Offset Voltage		I_{ABC} = 5μA	25	-	0.3	-	-	0.3	2	mV
		I_{ABC} = 500μA	25	-	0.4	5	-	0.4	2	mV
			Full	-	-	6	-	-	5	mV
Input Offset Voltage Change		I_{ABC} = 500μA to 5μA	25	-	0.2	-	-	0.1	3	mV
Input Offset Voltage Temp. Drift		I_{ABC} = 100μA	Full	-	-	-	-	3.0	-	μV/^{o}C
Input Offset Voltage Sensitivity	Positive	I_{ABC} = 500μA	25	-	-	150	-	-	150	μV/V
	Negative		25	-	-	150	-	-	150	μV/V
Input Offset Current		I_{ABC} = 500μA	25	-	0.12	0.6	-	0.12	0.6	μA
Input Bias Current		I_{ABC} = 500μA	25	-	2	5	-	2	5	μA
			Full	-	-	7	-	-	15	μA
Differential Input Current		I_{ABC} = 0, V_{DIFF} = 4V	25	-	0.008	-	-	0.008	5	nA
Amplifier Bias Voltage		I_{ABC} = 500μA	25	-	0.71	-	-	0.71	-	V
Input Resistance		I_{ABC} = 500μA	25	10	26	-	10	26	-	kΩ
Input Capacitance		I_{ABC} = 500μA, f = 1MHz	25	-	3.6	-	-	3.6	-	pF
Input-to-Output Capacitance		I_{ABC} = 500μA, f = 1MHz	25	-	0.024	-	-	0.024	-	pF
Common-Mode Input-Voltage Range		I_{ABC} = 500μA	25	12 to -12	13.6 to -14.6	-	12 to -12	13.6 to -14.6	-	V
Forward Transconductance (Large Signal)		I_{ABC} = 500μA	25	6700	9600	13000	7700	9600	12000	μS
			Full	5400	-	-	4000	-	-	μS
Output Capacitance		I_{ABC} = 500μA, f = 1MHz	25	-	5.6	-	-	5.6	-	pF
Output Resistance		I_{ABC} = 500μA	25	-	15	-	-	15	-	MΩ
Peak Output Current		I_{ABC} = 5μA, R_L = 0Ω	25	-	5	-	3	5	7	μA
		I_{ABC} = 500μA, R_L = 0Ω	25	350	500	650	350	500	650	μA
			Full	300	-	-	300	-	-	μA

Electrical Specifications For Equipment Design, V_{SUPPLY} = ±15V, Unless Otherwise Specified **(Continued)**

PARAMETER		TEST CONDITIONS	TEMP	CA3080			CA3080A			UNITS
				MIN	TYP	MAX	MIN	TYP	MAX	
Peak Output Voltage	Positive	I_{ABC} = 5μA, R_L = ∞	25	-	13.8	-	12	13.8	-	V
	Negative		25	-	-14.5	-	-12	-14.5	-	V
	Positive	I_{ABC} = 500μA, R_L = ∞	25	12	13.5	-	12	13.5	-	V
	Negative		25	-12	-14.4	-	-12	-14.4	-	V
Amplifier Supply Current		I_{ABC} = 500μA	25	0.8	1	1.2	0.8	1	1.2	mA
Device Dissipation		I_{ABC} = 500μA	25	24	30	36	24	30	36	mW
Magnitude of Leakage Current		I_{ABC} = 0, V_{TP} = 0	25	-	0.08	-	-	0.08	5	nA
		I_{ABC} = 0, V_{TP} = 36V	25	-	0.3	-	-	0.3	5	nA
Propagation Delay		I_{ABC} = 500μA	25	-	45	-	-	45	-	ns
Common-Mode Rejection Ratio		I_{ABC} = 500μA	25	80	110	-	80	110	-	dB
Open-Loop Bandwidth		I_{ABC} = 500μA	25	-	2	-	-	2	-	MHz
Slew Rate		Uncompensated	25	-	75	-	-	75	-	V/μs
		Compensated	25	-	50	-	-	50	-	V/μs

Schematic Diagram

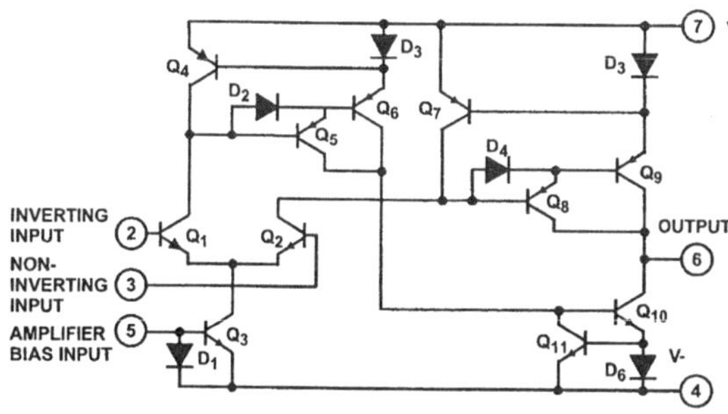

Typical Applications

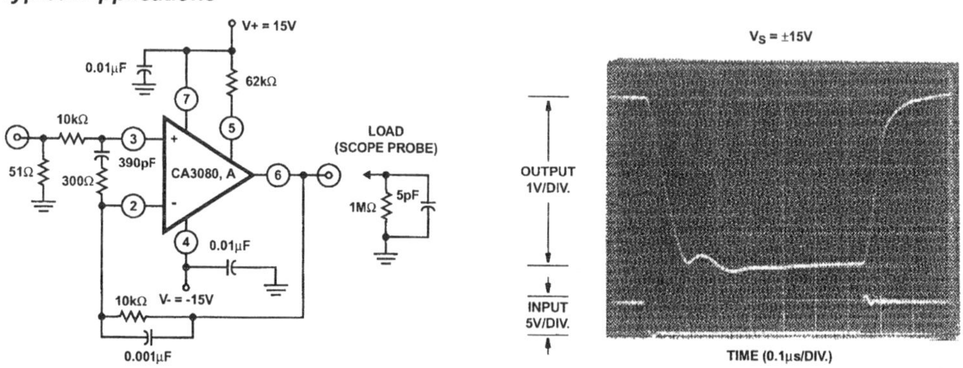

FIGURE 1. SCHEMATIC DIAGRAM OF THE CA3080 AND CA3080A IN A UNITY-GAIN VOLTAGE FOLLOWER CONFIGURATION AND ASSOCIATED WAVEFORM

11. XR-2206

XR-2206
Monolithic
Function Generator

EXAR ...*the analog plus company*™

June 1997-3

FEATURES

- Low-Sine Wave Distortion, 0.5%, Typical
- Excellent Temperature Stability, 20ppm/°C, Typ.
- Wide Sweep Range, 2000:1, Typical
- Low-Supply Sensitivity, 0.01%V, Typ.
- Linear Amplitude Modulation
- TTL Compatible FSK Controls
- Wide Supply Range, 10V to 26V
- Adjustable Duty Cycle, 1% TO 99%

APPLICATIONS

- Waveform Generation
- Sweep Generation
- AM/FM Generation
- V/F Conversion
- FSK Generation
- Phase-Locked Loops (VCO)

GENERAL DESCRIPTION

The XR-2206 is a monolithic function generator integrated circuit capable of producing high quality sine, square, triangle, ramp, and pulse waveforms of high-stability and accuracy. The output waveforms can be both amplitude and frequency modulated by an external voltage. Frequency of operation can be selected externally over a range of 0.01Hz to more than 1MHz.

The circuit is ideally suited for communications, instrumentation, and function generator applications requiring sinusoidal tone, AM, FM, or FSK generation. It has a typical drift specification of 20ppm/°C. The oscillator frequency can be linearly swept over a 2000:1 frequency range with an external control voltage, while maintaining low distortion.

ORDERING INFORMATION

Part No.	Package	Operating Temperature Range
XR-2206M	16 Lead 300 Mil CDIP	-55°C to +125°C
XR-2206P	16 Lead 300 Mil PDIP	–40°C to +85°C
XR-2206CP	16 Lead 300 Mil PDIP	0°C to +70°C
XR-2206D	16 Lead 300 Mil JEDEC SOIC	0°C to +70°C

EXAR Corporation, 48720 Kato Road, Fremont, CA 94538 ◆ (510) 668-7000 ◆ (510) 668-7017

XR-2206

EXAR

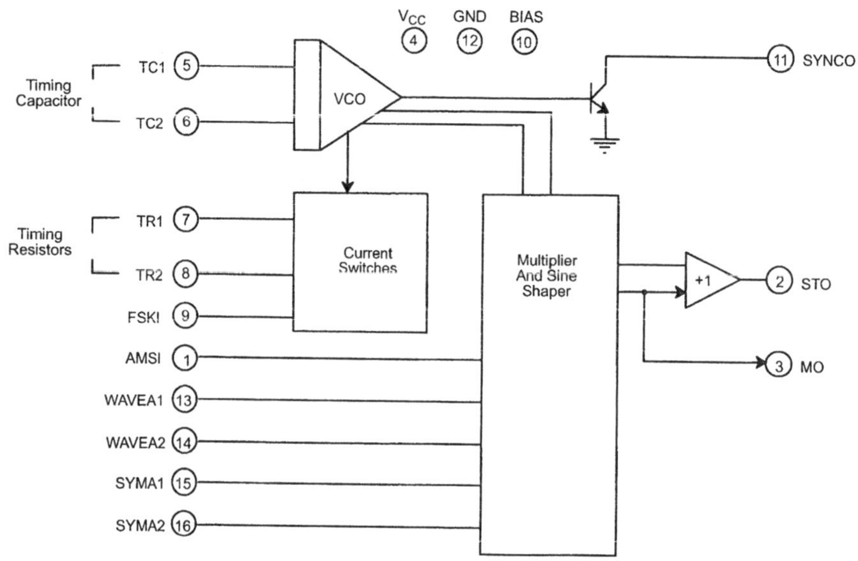

Figure 1. XR-2206 Block Diagram

EXAR

XR-2206

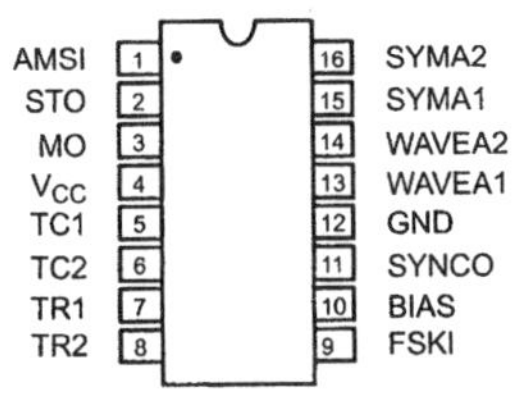

16 Lead PDIP, CDIP (0.300")

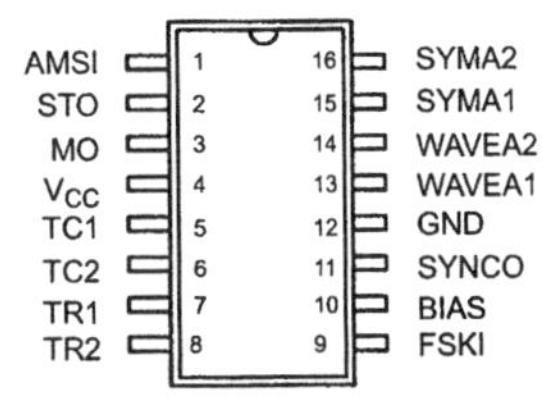

16 Lead SOIC (Jedec, 0.300")

PIN DESCRIPTION

Pin #	Symbol	Type	Description
1	AMSI	I	**Amplitude Modulating Signal Input.**
2	STO	O	**Sine or Triangle Wave Output.**
3	MO	O	**Multiplier Output.**
4	V_{CC}		**Positive Power Supply.**
5	TC1	I	**Timing Capacitor Input.**
6	TC2	I	**Timing Capacitor Input.**
7	TR1	O	**Timing Resistor 1 Output.**
8	TR2	O	**Timing Resistor 2 Output.**
9	FSKI	I	**Frequency Shift Keying Input.**
10	BIAS	O	**Internal Voltage Reference.**
11	SYNCO	O	**Sync Output.** This output is a open collector and needs a pull up resistor to V_{CC}.
12	GND		**Ground pin.**
13	WAVEA1	I	**Wave Form Adjust Input 1.**
14	WAVEA2	I	**Wave Form Adjust Input 2.**
15	SYMA1	I	**Wave Symetry Adjust 1.**
16	SYMA2	I	**Wave Symetry Adjust 2.**

DC ELECTRICAL CHARACTERISTICS

Test Conditions: Test Circuit of *Figure 2* **Vcc = 12V, T_A = 25°C, C = 0.01μF, R_1 = 100kΩ, R_2 = 10kΩ, R_3 = 25kΩ** Unless Otherwise Specified. S_1 open for triangle, closed for sine wave.

Parameters	XR-2206M/P			XR-2206CP/D			Units	Conditions
	Min.	Typ.	Max.	Min.	Typ.	Max.		
General Characteristics								
Single Supply Voltage	**10**		**26**	10		26	V	
Split-Supply Voltage	**±5**		**±13**	±5		±13	V	
Supply Current		12	**17**		14	20	mA	$R_1 \geq 10k\Omega$
Oscillator Section								
Max. Operating Frequency	**0.5**	1		0.5	1		MHz	C = 1000pF, R_1 = 1kΩ
Lowest Practical Frequency		0.01			0.01		Hz	C = 50μF, R_1 = 2MΩ
Frequency Accuracy		±1	**±4**		±2		% of f_o	$f_o = 1/R_1C$
Temperature Stability Frequency		±10	**±50**		±20		ppm/°C	$0°C \leq T_A \leq 70°C$ $R_1 = R_2$ = 20kΩ
Sine Wave Amplitude Stability[2]		4800			4800		ppm/°C	
Supply Sensitivity		0.01	**0.1**		0.01		%/V	V_{LOW} = 10V, V_{HIGH} = 20V, $R_1 = R_2$ = 20kΩ
Sweep Range	1000:1	2000:1			2000:1		$f_H = f_L$	f_H @ R_1 = 1kΩ f_L @ R_1 = 2MΩ
Sweep Linearity								
10:1 Sweep		2			2		%	f_L = 1kHz, f_H = 10kHz
1000:1 Sweep		8			8		%	f_L = 100Hz, f_H = 100kHz
FM Distortion		0.1			0.1		%	±10% Deviation
Recommended Timing Components								
Timing Capacitor: C	**0.001**		100	0.001		100	μF	*Figure 5*
Timing Resistors: R_1 & R_2	**1**		2000	1		2000	kΩ	
Triangle Sine Wave Output[1]								*Figure 3*
Triangle Amplitude		160			160		mV/kΩ	*Figure 2*, S_1 Open
Sine Wave Amplitude	**40**	60	80		60		mV/kΩ	*Figure 2*, S_1 Closed
Max. Output Swing		6			6		Vp-p	
Output Impedance		600			600		Ω	
Triangle Linearity		1			1		%	
Amplitude Stability		0.5			0.5		dB	For 1000:1 Sweep
Sine Wave Distortion								
Without Adjustment		2.5			2.5		%	R_1 = 30kΩ
With Adjustment		0.4	**1.0**		0.5	1.5	%	See *Figure 7* and *Figure 8*

Notes

[1] *Output amplitude is directly proportional to the resistance, R_3, on Pin 3. See Figure 3.*

[2] *For maximum amplitude stability, R_3 should be a positive temperature coefficient resistor.*

***Bold face parameters** are covered by production test and guaranteed over operating temperature range.*

DC ELECTRICAL CHARACTERISTICS (CONT'D)

Parameters	XR-2206M/P			XR-2206CP/D			Units	Conditions
	Min.	Typ.	Max.	Min.	Typ.	Max.		
Amplitude Modulation								
Input Impedance	50	100		50	100		kΩ	
Modulation Range		100			100		%	
Carrier Suppression		55			55		dB	
Linearity		2			2		%	For 95% modulation
Square-Wave Output								
Amplitude		12			12		Vp-p	Measured at Pin 11.
Rise Time		250			250		ns	C_L = 10pF
Fall Time		50			50		ns	C_L = 10pF
Saturation Voltage		0.2	**0.4**		0.2	0.6	V	I_L = 2mA
Leakage Current		0.1	**20**		0.1	100	μA	V_{CC} = 26V
FSK Keying Level (Pin 9)	0.8	1.4	**2.4**	0.8	1.4	2.4	V	See section on circuit controls
Reference Bypass Voltage	2.9	3.1	**3.3**	2.5	3	3.5	V	Measured at Pin 10.

Notes

[1] Output amplitude is directly proportional to the resistance, R_3, on Pin 3. See Figure 3.

[2] For maximum amplitude stability, R_3 should be a positive temperature coefficient resistor.

***Bold face parameters** are covered by production test and guaranteed over operating temperature range.*

Specifications are subject to change without notice

ABSOLUTE MAXIMUM RATINGS

Power Supply 26V
Power Dissipation 750mW
Derate Above 25°C .... 5mW/°C
Total Timing Current 6mA
Storage Temperature .... -65°C to +150°C

SYSTEM DESCRIPTION

The XR-2206 is comprised of four functional blocks; a voltage-controlled oscillator (VCO), an analog multiplier and sine-shaper; a unity gain buffer amplifier; and a set of current switches.

The VCO produces an output frequency proportional to an input current, which is set by a resistor from the timing terminals to ground. With two timing pins, two discrete output frequencies can be independently produced for FSK generation applications by using the FSK input control pin. This input controls the current switches which select one of the timing resistor currents, and routes it to the VCO.

XR-2206

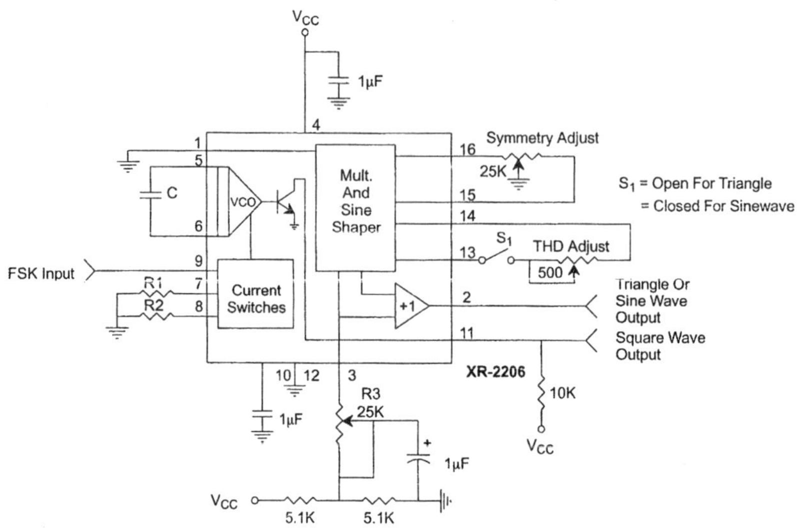

Figure 2. Basic Test Circuit

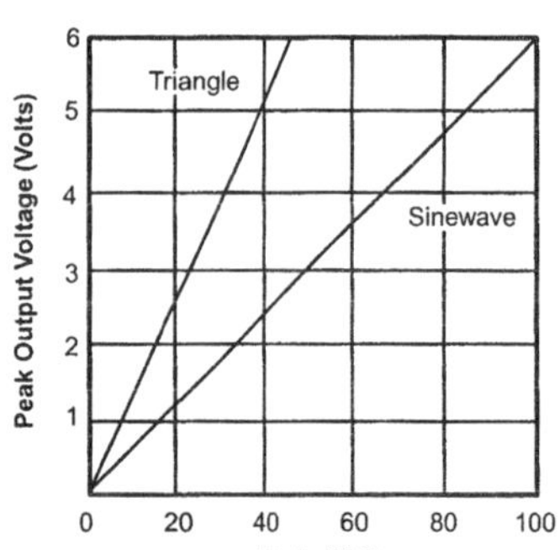

Figure 3. Output Amplitude as a Function of the Resistor, R3, at Pin 3

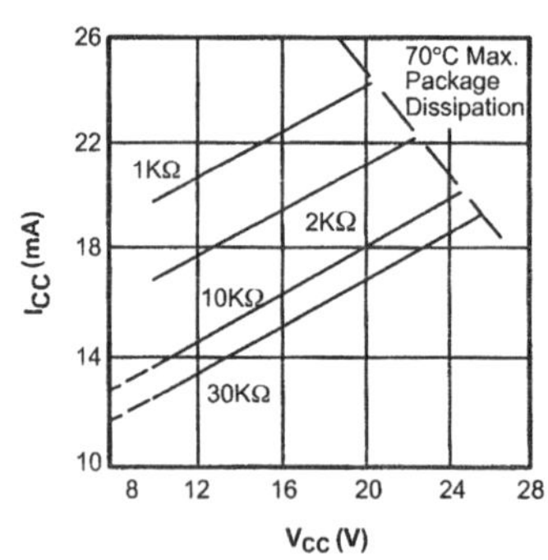

Figure 4. Supply Current vs Supply Voltage, Timing, R

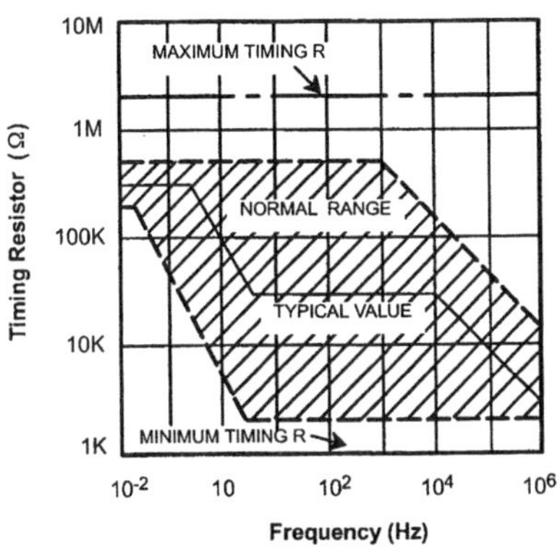

Figure 5. R versus Oscillation Frequency.

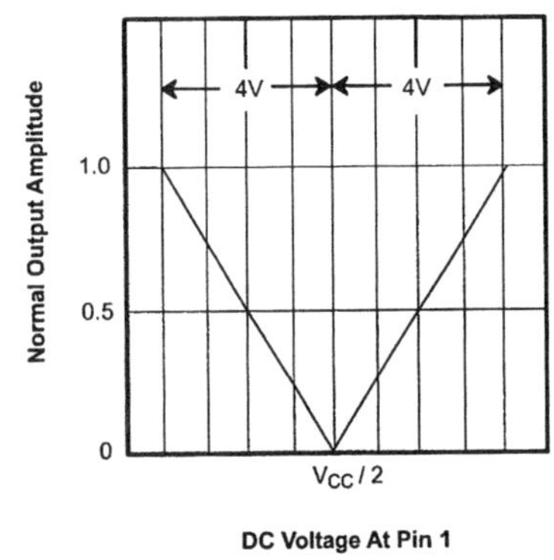

Figure 6. Normalized Output Amplitude versus DC Bias at AM Input (Pin 1)

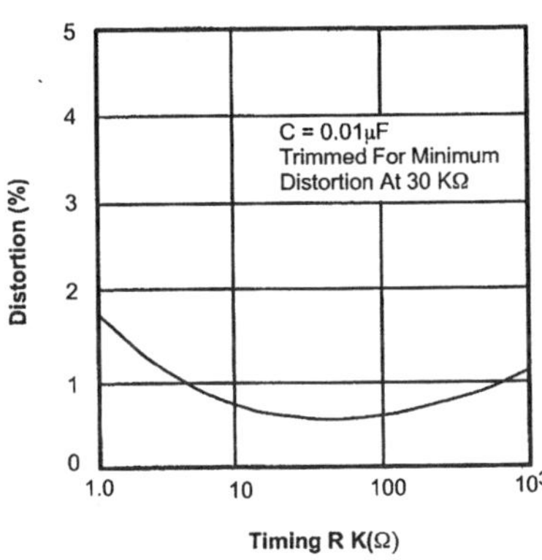

Figure 7. Trimmed Distortion versus Timing Resistor.

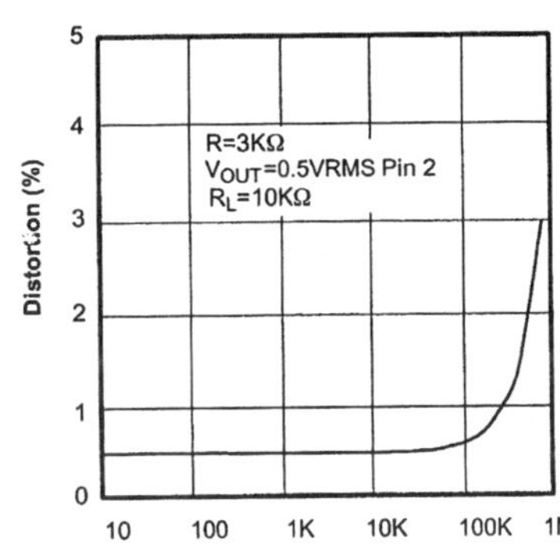

Figure 8. Sine Wave Distortion versus Operating Frequency with Timing Capacitors Varied.

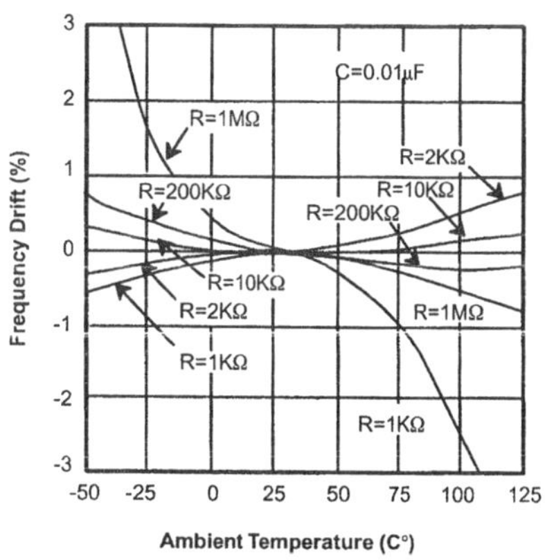

Figure 9. Frequency Drift versus Temperature.

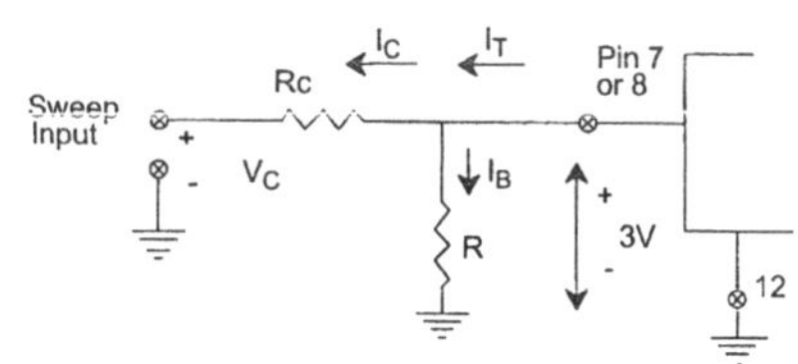

Figure 10. Circuit Connection for Frequency Sweep.

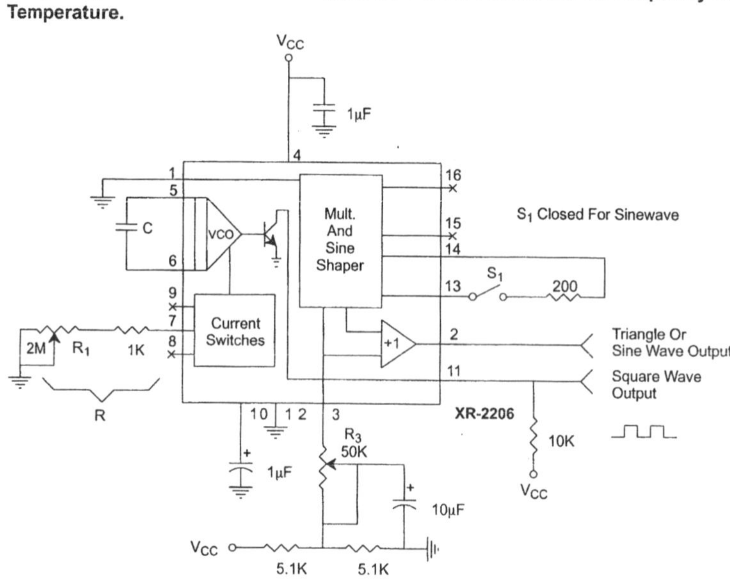

Figure 11. Circuit tor Sine Wave Generation without External Adjustment. (See *Figure 3* for Choice of R_3)

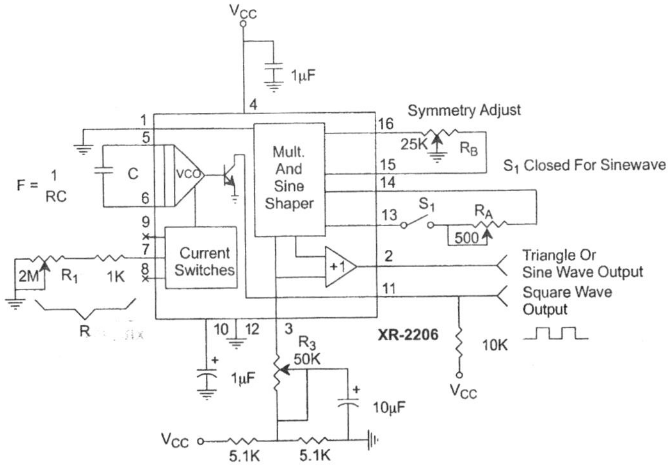

Figure 12. Circuit for Sine Wave Generation with Minimum Harmonic Distortion. (R_3 Determines Output Swing - See *Figure 3*)

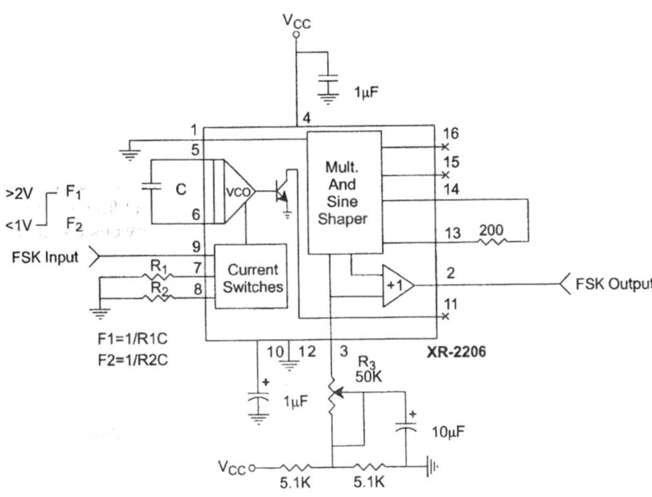

Figure 13. Sinusoidal FSK Generator

XR-2206

EXAR

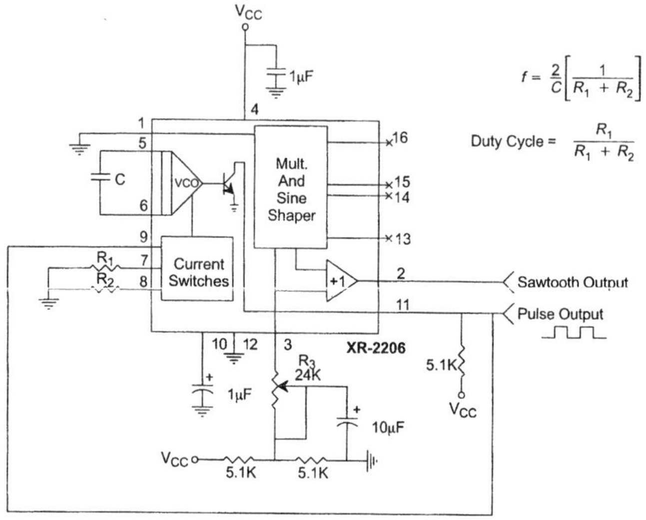

Figure 14. Circuit for Pulse and Ramp Generation.

Frequency-Shift Keying

The XR-2206 can be operated with two separate timing resistors, R_1 and R_2, connected to the timing Pin 7 and 8, respectively, as shown in *Figure 13*. Depending on the polarity of the logic signal at Pin 9, either one or the other of these timing resistors is activated. If Pin 9 is open-circuited or connected to a bias voltage $\geq$ 2V, only R_1 is activated. Similarly, if the voltage level at Pin 9 is $\leq$1V, only R_2 is activated. Thus, the output frequency can be keyed between two levels. f_1 and f_2, as:

$f_1 = 1/R_1C$ and $f_2 = 1/R_2C$

For split-supply operation, the keying voltage at Pin 9 is referenced to V^-.

Output DC Level Control

The dc level at the output (Pin 2) is approximately the same as the dc bias at Pin 3. In *Figure 11*, *Figure 12* and *Figure 13*, Pin 3 is biased midway between V+ and ground, to give an output dc level of $\approx V^+/2$.

APPLICATIONS INFORMATION

Sine Wave Generation

Without External Adjustment

Figure 11 shows the circuit connection for generating a sinusoidal output from the XR-2206. The potentiometer, R_1 at Pin 7, provides the desired frequency tuning. The maximum output swing is greater than $V^+/2$, and the typical distortion (THD) is < 2.5%. If lower sine wave distortion is desired, additional adjustments can be provided as described in the following section.

The circuit of *Figure 11* can be converted to split-supply operation, simply by replacing all ground connections with V^-. For split-supply operation, R_3 can be directly connected to ground.

With External Adjustment:

The harmonic content of sinusoidal output can be reduced to -0.5% by additional adjustments as shown in *Figure 12.* The potentiometer, R_A, adjusts the sine-shaping resistor, and R_B provides the fine adjustment for the waveform symmetry. The adjustment procedure is as follows:

1. Set R_B at midpoint and adjust R_A for minimum distortion.
2. With R_A set as above, adjust R_B to further reduce distortion.

Triangle Wave Generation

The circuits of *Figure 11* and *Figure 12* can be converted to triangle wave generation, by simply open-circuiting Pin 13 and 14 (i.e., S_1 open). Amplitude of the triangle is approximately twice the sine wave output.

FSK Generation

Figure 13 shows the circuit connection for sinusoidal FSK signal operation. Mark and space frequencies can be independently adjusted by the choice of timing resistors, R_1 and R_2; the output is phase-continuous during transitions. The keying signal is applied to Pin 9. The circuit can be converted to split-supply operation by simply replacing ground with V^-.

Pulse and Ramp Generation

Figure 14 shows the circuit for pulse and ramp waveform generation. In this mode of operation, the FSK keying terminal (Pin 9) is shorted to the square-wave output (Pin 11), and the circuit automatically frequency-shift keys itself between two separate frequencies during the positive-going and negative-going output waveforms. The pulse width and duty cycle can be adjusted from 1% to 99% by the choice of R_1 and R_2. The values of R_1 and R_2 should be in the range of 1kΩ to 2MΩ.

PRINCIPLES OF OPERATION

Description of Controls

Frequency of Operation:

The frequency of oscillation, f_0, is determined by the external timing capacitor, C, across Pin 5 and 6, and by the timing resistor, R, connected to either Pin 7 or 8. The frequency is given as:

$$f_0 = \frac{1}{RC}\ Hz$$

and can be adjusted by varying either R or C. The recommended values of R, for a given frequency range, as shown in *Figure 5.* Temperature stability is optimum for 4kΩ < R < 200kΩ. Recommended values of C are from 1000pF to 100μF.

Frequency Sweep and Modulation:

Frequency of oscillation is proportional to the total timing current, I_T, drawn from Pin 7 or 8:

$$f = \frac{320 I_T(mA)}{C(\mu F)}\ Hz$$

Timing terminals (Pin 7 or 8) are low-impedance points, and are internally biased at +3V, with respect to Pin 12. Frequency varies linearly with IT, over a wide range of current values, from 1μA to 3mA. The frequency can be controlled by applying a control voltage, V_C, to the activated timing pin as shown in *Figure 10.* The frequency of oscillation is related to VC as:

$$f = \frac{1}{RC}\left(1 + \frac{R}{R_C}\left(1 - \frac{V_C}{3}\right)\right) Hz$$

where V_C is in volts. The voltage-to-frequency conversion gain, K, is given as:

$$K = \partial f / \partial V_C = -\frac{0.32}{R_C C}\ Hz/V$$

CAUTION: *For safety operation of the circuit, I_T should be limited to $\leq$ 3mA.*

Output Amplitude:

Maximum output amplitude is inversely proportional to the external resistor, R_3, connected to Pin 3 (see *Figure 3*). For sine wave output, amplitude is approximately 60mV peak per kΩ of R_3; for triangle, the peak amplitude is approximately 160mV peak per kΩ of R_3. Thus, for example, R_3 = 50kΩ would produce approximately 13V sinusoidal output amplitude.

Amplitude Modulation:

Output amplitude can be modulated by applying a dc bias and a modulating signal to Pin 1. The internal impedance at Pin 1 is approximately 100kΩ. Output amplitude varies linearly with the applied voltage at Pin 1, for values of dc bias at this pin, within 14 volts of $V_{CC}/2$ as shown in *Figure 6.* As this bias level approaches $V_{CC}/2$, the phase of the output signal is reversed, and the amplitude goes through zero. This property is suitable for phase-shift keying and suppressed-carrier AM generation. Total dynamic range of amplitude modulation is approximately 55dB.

CAUTION: *AM control must be used in conjunction with a well-regulated supply, since the output amplitude now becomes a function of* V_{CC}.

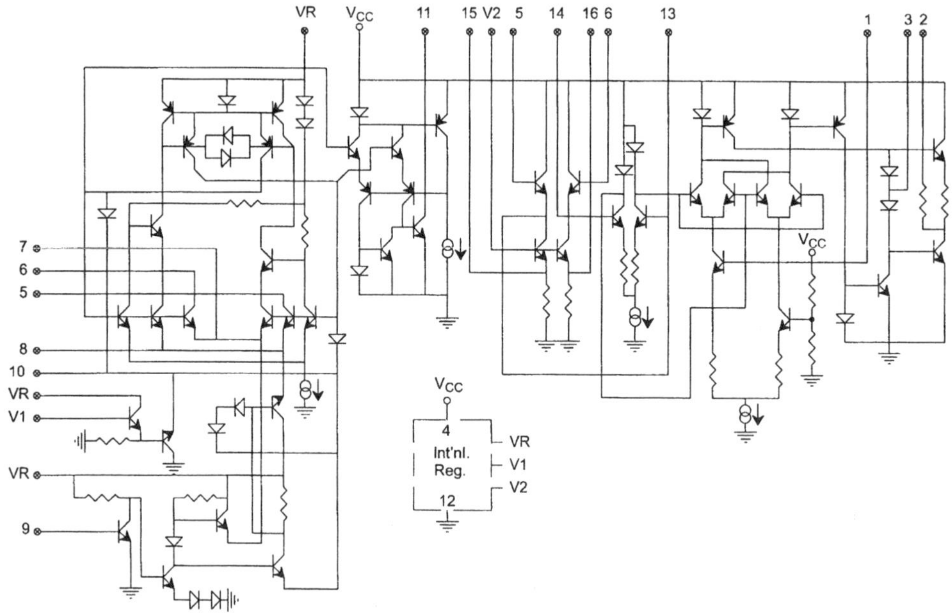

Figure 15. Equivalent Schematic Diagram

연습문제 풀이

제1장

1. 다 **2.** 나 **3.** 가 **4.** 가 **5.** 다 **6.** 나 **7.** 가 **8.** 가 **9.** 가 **10.** 가

11. $V_E = V_B - 0.7\,[\mathrm{V}] = 0 - 0.7 = -0.7[\mathrm{V}]$

$$I_{RE} = V_E - \frac{V_{EE}}{R_E} = \frac{0.7-(-12.7)}{10\times10^3} = 1.2\times10^{-3}\,[\mathrm{A}]$$

$$I_C \fallingdotseq I_E = \frac{I_{RE}}{2} = \frac{1.2\times10^{-3}}{2} = 0.6\times10^{-3}\,[\mathrm{A}]$$

$$V_C = V_{CC} - I_C R_C = 12.7-(0.6\times10^{-3}\times15\times10^3) = 12.7-9 = 3.7\,[\mathrm{V}]$$

12. $CMRR = \dfrac{A_{dm}}{A_{cm}} = \dfrac{2,000}{0.1} = 2\times10^4$

$$CMRR_{dB} = CMRR = 20\log(2\times10^4) = 20(\log2 + \log10^4) = 20(\log2 + 4\log10)$$
$$= 20(0.3+4) = 20\times4.3 = 86\,[\mathrm{dB}]$$

13. 슬루율 $= \dfrac{\Delta V_o}{\Delta t} = \dfrac{1.2}{0.2} = 6\,[\mathrm{V}/\mu\mathrm{S}]$

14. $A_{cl}\cdot f_{ch} = f_{unity}$로부터

$$f_{ch} = \frac{f_{unity}}{A_{cl}} = \frac{2.5\times10^6}{50} = 50\times10^3 = 50\,[\mathrm{kHz}]$$

제2장

1. 다 **2.** 나 **3.** 나 **4.** 라 **5.** 가 **6.** 가 **7.** 라 **8.** 다 **9.** 가 **10.** 다

11. $A_v = \dfrac{A_{ol}}{1+\beta A_{ol}} = \dfrac{1,000}{1+(0.05)\times1,000} = \dfrac{1000}{51} \fallingdotseq 19.6$

12. $A_v = -\dfrac{R_2}{R_1} = -\dfrac{50}{1} = -50$

$$\beta = \frac{R_1}{R_1+R_2} = \frac{1}{1+50} = \frac{1}{51} \fallingdotseq 0.0196$$

$$R_{i(I)} = (1+\beta A_{ol})R_i = (1+0.0196\times20,000)\times1.2\times10^6$$
$$= 392\times1.2\times10^6 \fallingdotseq 470\times10^6 = 470\,[\mathrm{M\Omega}]$$

$$R_{o(I)} = \frac{R_o}{1+\beta A_{ol}} = \frac{60}{1+0.0196\times20,000} \fallingdotseq \frac{60}{392} = 0.153\,[\Omega]$$

13. $A_v = 1+\dfrac{R_2}{R_1} = 1+\dfrac{18}{1.5} = 1+12 = 13$

$$\beta = \frac{R_1}{R_1+R_2} = \frac{1.5}{1.5+18} = \frac{1.5}{19.5} \fallingdotseq 0.077$$

$$R_{i(NI)} = (1+\beta A_{ol})R_i = (1+0.077\times 20,000)\times 1.2\times 10^6$$
$$= 1.541 + 1.2\times 10^6 \fallingdotseq 1.85\times 10^9 = 1.85\ [\text{G}\Omega]$$

$$R_{o(NI)} = \frac{R_o}{1+\beta A_{ol}} = \frac{60}{1+0.077\times 20,000} \fallingdotseq \frac{60}{1541} \fallingdotseq 0.039\ [\Omega]$$

14. 식 (2.31)에 의해

$$f_{cl} = \frac{1}{2\pi R_i C_i} = \frac{1}{2\times 3.14\times 10\times 10^3\times 1\times 10^{-6}} = \frac{100}{6.28} \fallingdotseq 15.9\ [\text{Hz}]$$

15. 전압 폴로워의 이득(A_{dm})은 1이므로

$$CMRR = \frac{A_{dm}}{A_{cm}} = \frac{1}{0.002} = 500$$

16. $v_o = \frac{1}{3}\left(1+\frac{R_2}{R_1}\right)(v_{i1}+v_{i2}+v_{i3}) = \frac{1}{3}\left(1+\frac{10}{10}\right)(3+2+4) = \frac{2}{3}\times 9 = 6\ [\text{mV}]$

17. 식 (2.63):

$$\pm\Delta V_o \fallingdotseq \pm V\left(\frac{R_4}{R_3}\right)\left(\frac{R_1'}{R_1'+R_2}\right),\quad 10\times 10^{-3} = \pm 10\left(\frac{R_4}{2,000}\right)\left(\frac{2,000}{2,000+18,000}\right)$$

$$\rightarrow\ 10\times 10^{-3} = \frac{R_4}{2,000},\qquad \therefore\ R_4 = 10\times 10^{-3}\times 2,000 = 20\ [\Omega]$$

제 3 장

1. 다 **2.** 다 **3.** 라 **4.** 가 **5.**나 **6.** 가 **7.** 가 **8.** 나

9. 식 (3.8)에서 $f = f_c$일 때의 전압 증폭도를 A_v라 하고, $f = 10f_c$일 때의 전압 증폭도를 A_v'라 하면 $A_v' \fallingdotseq A_v/10$이고, 이를 [dB]로 환산하면

$$A_v'\ [\text{dB}] = 20\log\left(\frac{A_v}{10}\right) = 20(\log 10^4 - \log 10) = 20(4-1) = 20\times 3 = 60\ [\text{dB}]$$

10. 전압이득 보드선도를 그리면 그림 3.10T와 같다. 보드선도가 1 [kHz]와 만나는 점의 전압이득은 60dB(=1,000)이다.

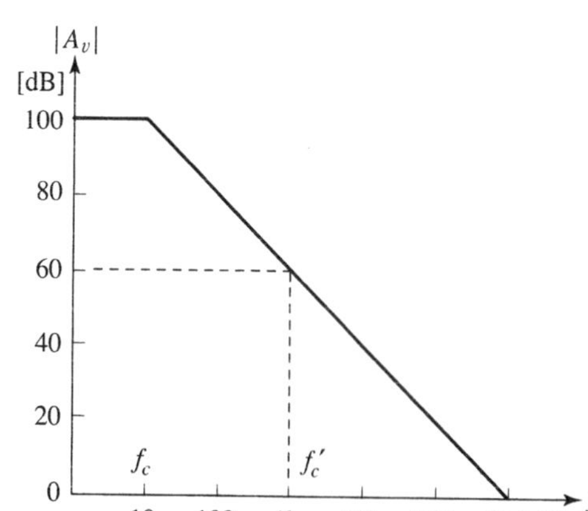

그림 3.10T 문제10의 전압이득 보드선도

따라서 반전 증폭기의 관계식에 의해서 R_2를 구하면 아래와 같다.

$$-1,000 = -\frac{R_2}{R_1} = -\frac{R_2}{1}, \quad \therefore\ R_2 = 1,000\ [\text{k}\Omega]$$

11. 차단 주파수를 구하면 아래와 같다.

$$f_c = \frac{1}{2\pi RC} = \frac{1}{6.28\times10^4\times2.2\times10^{-10}} \fallingdotseq 72.4\times10^3 = 72.4\ [\text{kHz}]$$

따라서 보드선도는 그림 3.11T와 같다.

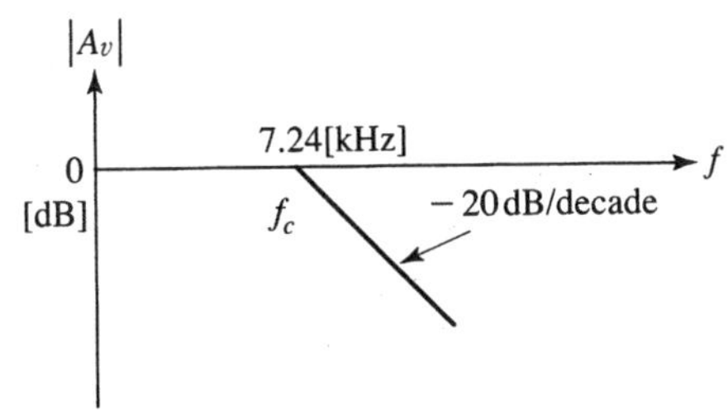

그림 3.11T 문제11의 전압이득 보드선도

12. 식 (3.10)에 의하여

$$\Phi = -\tan^{-1}\left(\frac{f}{f_{c1}}\right) - \tan^{-1}\left(\frac{f}{f_{c2}}\right) = -\tan^{-1}\left(\frac{2,000}{100}\right) - \tan^{-1}\left(\frac{2,000}{100,000}\right)$$

$$= -\tan^{-1}(2) - \tan^{-1}(0.02) = -2.9°$$

13. 밀러의 효과에 의해 환산 입력 콘덴서 정전용량은

$$C_i = (1+A)C = (1+20,000)\times20\times10^{-12} \fallingdotseq 4\times10^{-7}\ [\text{F}]$$

이고, 차단 주파수는

$$f_{c1}' = \frac{1}{2\pi R_i C_i} = \frac{1}{6.28\times10\times10^3\times4\times10^{-7}} = \frac{1,000}{25.12} \fallingdotseq 40\ [\text{Hz}]$$

따라서 C 보상 후의 보드선도는 그림 3.13T와 같다.

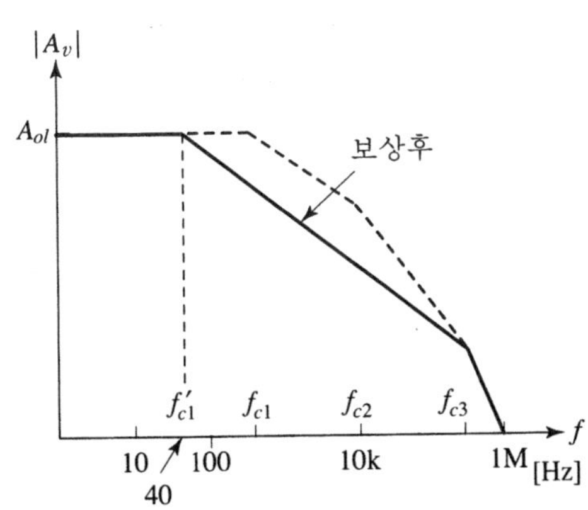

그림 3.13T 보상 후의 보드선도

14. 차단 주파수는 식 (3.15)에 의해 아래와 같다.

$$f_{c1}' = \frac{1}{2\pi(R_1 + R_c)C} = \frac{1}{6.28 \times (10+1) \times 10^3 \times 1.5 \times 10^{-6}}$$

$$= \frac{100}{10.36} \fallingdotseq 10 \text{ [Hz]}$$

감쇠 전압 증폭도는

$$A_v = 20\log\frac{R_c}{R_1 + R_c} = 20\log\left(\frac{1}{10+1}\right) \fallingdotseq 20\log 10^{-1} = -20 \text{ [dB]}$$

따라서 보상 후의 보드선도는 그림 3.14T와 같다.

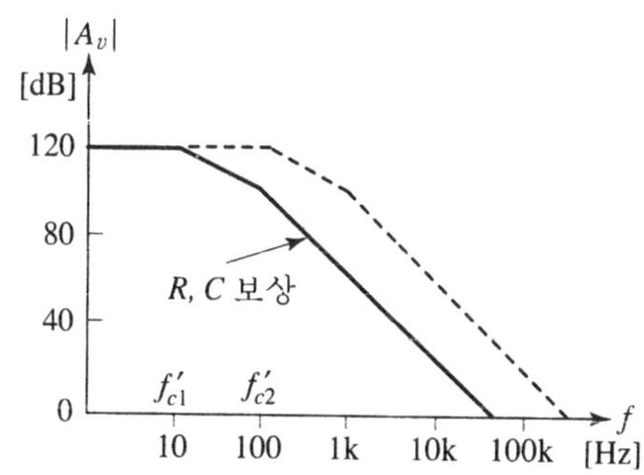

그림 3.14T R, C 보상 후의 보드선도

제 4 장

1. 다 **2.** 나 **3.** 나 **4.** 나 **5.** 가 **6.** 다 **7.** 가 **8.** 나 **9.** 라 **10.** 나

11. 기준전압이 0 [V]이고, 비반전 증폭기이므로 그림 4.11T와 같이 정(+) 주기 파형만 나타난다.

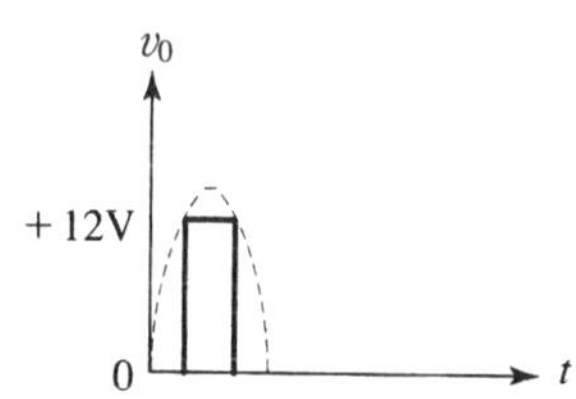

그림 4.11T

12. $V_r = \frac{10}{10+15} \times (-15) = -6 \text{ [V]}$

따라서 −6 [V]보다 큰 전압은 +12 [V]가 되고, −6 [V]보다 작은 전압은 −12 [V]가 되므로 입력전압에 대한 출력전압의 파형은 그림 4.12T와 같다.

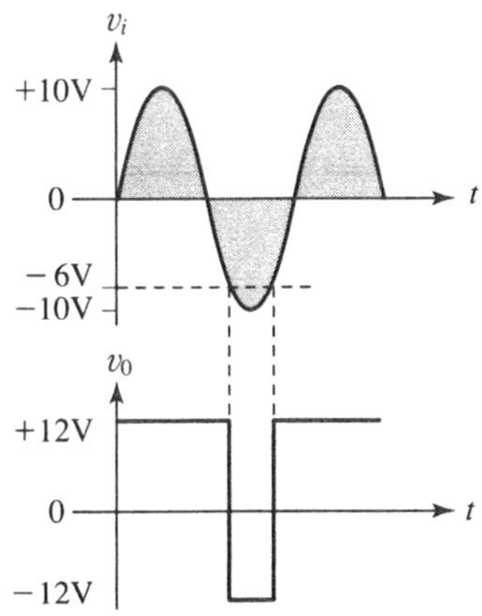

그림 4.12T

13. $V_T = \frac{R_1}{R_2} \cdot V_{sat} = \frac{1}{3} \times 12 = 4\,[\mathrm{V}] \qquad -V_T = -4\,[\mathrm{V}]$

따라서 입력전압에 대한 출력전압의 파형은 그림 4.13T와 같다.

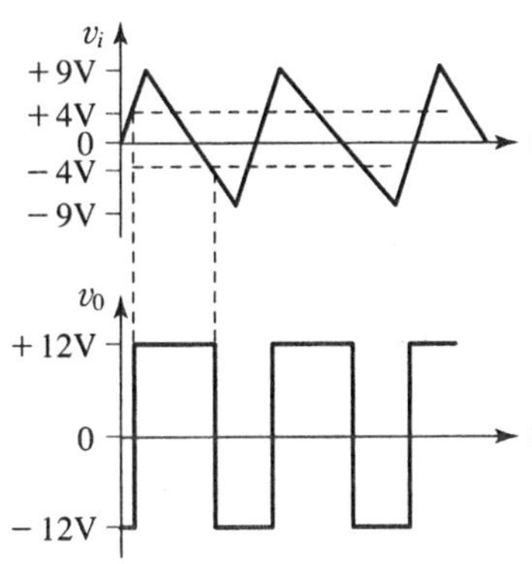

그림 4.13T

14. $V_U = \frac{R_1}{R_1} + R_2 \cdot V = \frac{2.7}{2.7+3.3} \times 12 = 5.4\,[\mathrm{V}]$

15. $\frac{2.7}{2.7+R_2} \times 12 = 2.4$, $6.48+2.4R_2 = 32.4$, $2.4R_2 = 25.92$

$\therefore R_2 = \frac{25.92}{2.4} = 10.8\,[\Omega]$

16. 출력전압은 $3[\mathrm{V}] < v_i$, $v_i < 6[\mathrm{V}]$에서는 H 레벨, $3[\mathrm{V}] < v_i < 6[\mathrm{V}]$에서는 L 레벨이 되므로 그림 4.16T와 같다.

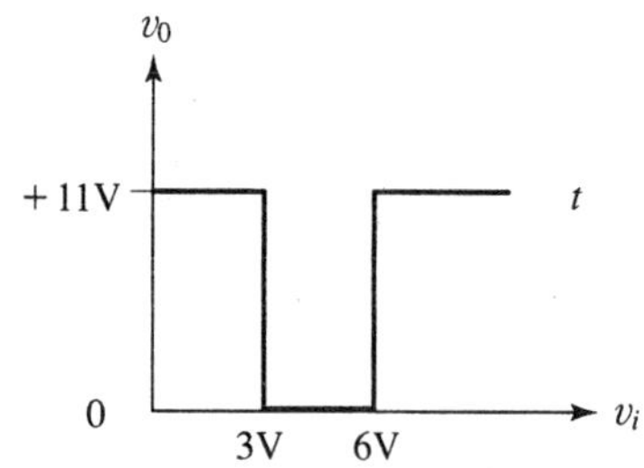

그림 4.16T

제 5 장

1. 나 **2.** 가 **3.** 다 **4.** 가 **5.** 다 **6.** 나 **7.** 나 **8.** 가 **9.** 라 **10.** 라

11. 라 **12.** 나 **13.** 라 **14.** 나 **15.** 라

16. $f_{cl}=\dfrac{1}{2\pi RC}=\dfrac{1}{2\times3.14\times1.8\times10^3\times0.15\times10^{-6}}=\dfrac{1,000}{1.6956}\fallingdotseq 590\ [\mathrm{Hz}]$

$\alpha=2-\dfrac{R_2}{R_1}=2-\dfrac{12}{10}=0.8$

17. $C=\dfrac{1}{2\pi f_{ch}R}=\dfrac{1}{2\times3.14\times5\times10^3\times1\times10^3}=\dfrac{1}{31.4}\times10^{-6}\fallingdotseq 0.032\ [\mu\mathrm{F}]$

18. $\mathrm{BW}=5,000-590=4,410\ [\mathrm{Hz}]$

$f_o=\sqrt{5,000\times590}\fallingdotseq 1.718[\mathrm{Hz}]\fallingdotseq 1.72[\mathrm{kHz}]$

19. 버터워스 응답특성을 얻자면 $R_2=0.5858R_1$이 성립해야 하므로

$R_2=0.5858\times2.2\times10\fallingdotseq 1.29\ [\mathrm{k\Omega}]$

20. 그림 5.20T와 같이 1개의 단위이득 1차 H.P.F.와 1개의 VCVS H.P.F.를 종속접속하면 3차 고역통과 필터가 된다.

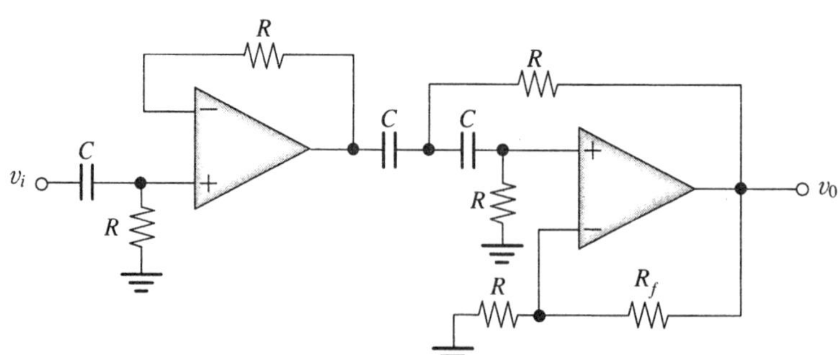

그림 5.20T

R 값이 주어졌으므로 C와 Rf의 값을 구하면 된다.

$$C = \frac{1}{2\pi f_{ch}R} = \frac{1}{2\times3.14\times2.4\times10^3\times1.2\times10^3} = \frac{1}{18.0864}\times10^{-6} \fallingdotseq 0.055\ [\mu\text{F}]$$

버터워스 특성을 갖자면 표 5-3에서 $R_f = 1R$이므로 $R_f = 1.2\ [\text{k}\Omega]$

21. 그림 5.21T와 같이 2개의 VCVS 저역 필터를 종속접속하면 4차 L.P.F.가 된다.

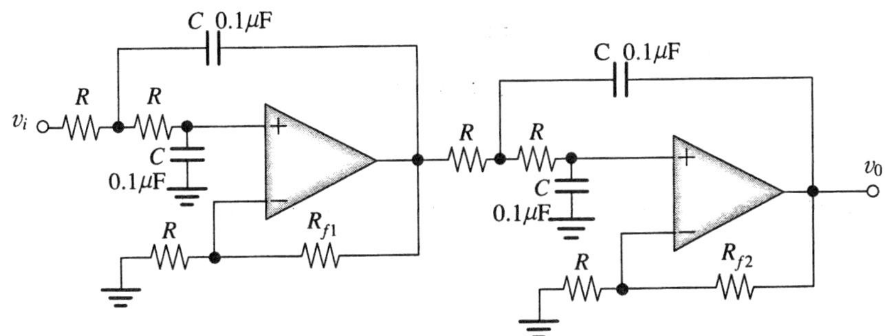

그림 5.21T

R, R_{f1}, R_{f2} 값을 구하여 이 회로에 적용하면 된다.

$$f_{cl} = \frac{1}{2\pi RC} \text{ 로부터 } R = \frac{1}{2\pi f_{cl}C} = \frac{1}{2\times3.14\times620\times0.1\times10^{-6}}$$

$$= \frac{10}{3.8936}\times10^3 \fallingdotseq 2.57\ [\text{kHz}]$$

표 5-3에서 $R_{f1} = 0.1523R$, $R_{f2} = 1.2346$이어야 하므로

$$R_{f1} = 0.1523\times2.57\times10^3 \fallingdotseq 391\ [\Omega]$$

$$R_{f2} = 1.2346\times2.57\times10^3 \fallingdotseq 3.173\times10^3 = 3.173\ [\text{k}\Omega]$$

22. $f_{ch} = \dfrac{1}{2\pi RC} = \dfrac{1}{2\times3.14\times2\times10^3\times0.047\times10^{-6}} = \dfrac{1}{0.59032}\times10^3 \fallingdotseq 1.694\ [\text{kHz}]$

23. $f_o = \sqrt{f_{ch}\cdot f_{cl}} = \sqrt{1694\times620} \fallingdotseq 1,025\ [\text{Hz}] = 1.025\ [\text{kHz}]$

기울기는 4차이므로 $-20\ [\text{dB/decade}]\times4 = -80\ [\text{dB/decade}]$

24. $f_o = \dfrac{1}{2\pi C}\sqrt{\dfrac{R_1+R_3}{R_1R_2R_3}} = \dfrac{1}{6.28\times0.01\times10^{-6}}\sqrt{\dfrac{(20+180)\times10^3}{(20\times180\times2.5)\times10^9}} =$

$$= \frac{10^6}{0.0628}\times\sqrt{\frac{10^{-6}}{45}} = \frac{10^6}{0.0628}\times0.15\times10^{-3} = 2389\ [\text{Hz}] = 2.389\ [\text{kHz}]$$

$$Q = \pi f_oR_2C = 3.14\times2.389\times10^3\times180\times10^3\times0.01\times10^{-6} \fallingdotseq 13.5$$

$$A_v = -\frac{R_2}{2R_1} = -\frac{180}{2\times20} = -4.5$$

25. 상태변수 필터의 고역통과(H.P.) 출력과 저역통과(L.P.) 출력을 그림 5.25T와 같이 가산기에 넣으면 된다.

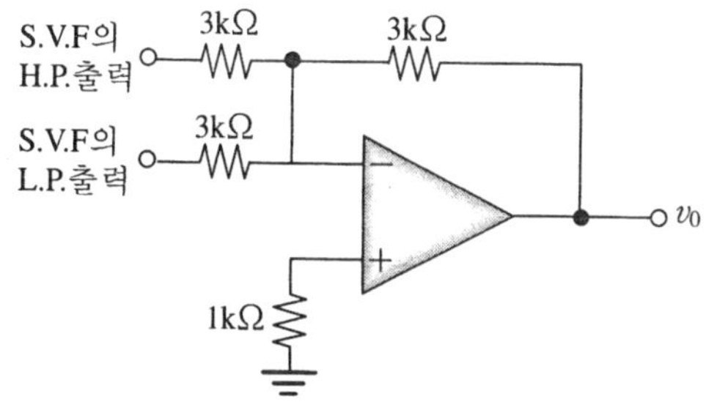

그림 5.25T

$$f_o = \frac{1}{2\pi R_t C_t} = \frac{1}{2\times 3.14\times 10\times 10^3\times 0.022\times 10^{-6}} = \frac{10}{0.13816} \fallingdotseq 724\ [\text{Hz}]$$

제 6 장

1. 나 **2.** 다 **3.** 가 **4.** 나 **5.** 가 **6.** 가 **7.** 라 **8.** 나

9. $v_o = -\frac{1}{RC}\int v_i dt = -\frac{1}{RC}v_i t$이므로

$$v_o = -\frac{1}{20\times 10^3\times 10\times 10^{-6}}\times 6\times 0.1 = \frac{0.6}{0.2} = 3\ [\text{V}]$$

10. $f_{\min} = \frac{5}{\pi R_f C} = \frac{5}{3.14\times 1.5\times 10^3\times 1\times 10^{-6}} = \frac{5,000}{4.71} \fallingdotseq 1.062\ [\text{kHz}]$

11. $0\sim t_1$: $\frac{dv_i}{dt} = \frac{3}{0.5} = 6$, $t_1\sim t_2$: $\frac{dv_i}{dt} = -\frac{3}{0.3} = -10$

$v_o = -RC\frac{dv_i}{dt}$ 에서 $RC = 1$ [s]이므로

0~0.5 [s], 0.8~1.3 [s] : $v_o = -1\times 6 = -6$ [V]

0.5~0.8 [s], 1.3~1.6 [s] : $v_o = -1\times(-10) = 10$ [V]

따라서 출력전압 파형은 그림 6.11T와 같다.

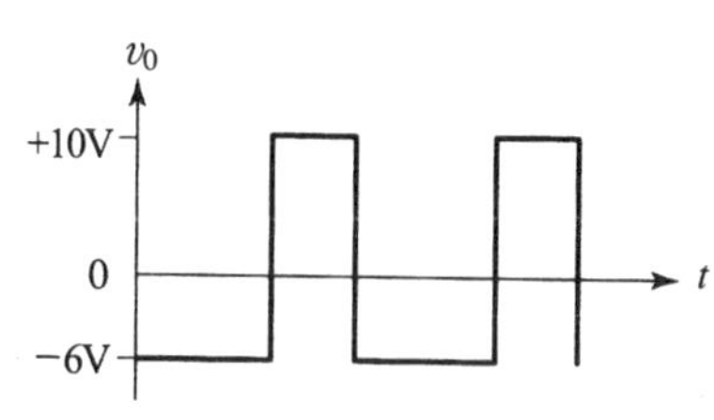

그림 6.11T

12. $v_o = -RC\frac{dv_i}{dt} = -RC\frac{d}{dt}(10\sin 2\pi ft) = -RC\times 10\times 2\pi f\times \cos 2\pi ft$

$= -1\times 10^3\times 1\times 10^{-6}\times 10\times 2\times 3.14\times 100\times \cos 2\pi ft \fallingdotseq -6.3\cos 2\pi ft = -6.3\cos\omega t$

따라서 출력전압 파형은 그림 6.12T와 같다.

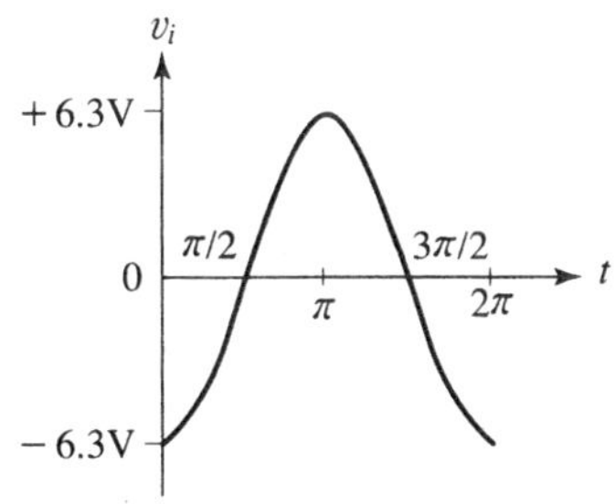

그림 6.12T

제 7 장

1. 가 **2.** 가 **3.** 다 **4.** 라 **5.** 나 **6.** 라 **7.** 나 **8.** 다 **9.** 라 **10.** 가

11. $R_2 \fallingdotseq 1.16R_1$에 가까운 값이므로

$$T = 2RC = 2\times 18\times 10^3\times 0.022\times 10^{-6} = 0.792\times 10^{-3} = 0.792\ [\text{ms}]$$

$$f = \frac{1}{T} = \frac{1}{0.792\times 10^{-3}} = \frac{1,000}{0.792} \fallingdotseq 1,263[\text{Hz}] \fallingdotseq 1.26[\text{kHz}]$$

12. $T_H = 0.695(R_1 + R_2)C = 0.695\times(4.7+3.3)\times 10^3\times 0.1\times 10^{-6} = 0.556\times 10^{-3}\ [\text{s}]$

$T_L = 0.695R_2C = 0.695\times 3.3\times 10^3\times 0.1\times 10^{-6} \fallingdotseq 0.23\times 10^{-3}\ [\text{s}]$

$$\text{듀티비} = \frac{T_H}{T_H + T_L}\times 1000\% = \frac{0.556\times 10^{-3}}{(0.556+0.23)\times 10^{-3}}\times 100 \fallingdotseq 71\ [\%]$$

13. $f = \dfrac{1.44}{(R_1 + 2R_2)C}$ 로부터

$$C = \frac{1.44}{f(R_1 + R_2)} = \frac{1.44}{1.5\times 10^3\times(4.7+2\times 3.3)\times 10^3} = \frac{1.44}{16.95}\times 10^{-6} \fallingdotseq 0.085\ [\mu\text{F}]$$

14. $R_2 = 0.582R_1 = 0.582\times 15\times 10^3 = 8.73\times 10^3 = 8.73\ [\text{k}\Omega]$

15. $f = \dfrac{1}{2\pi RC\sqrt{6}} = \dfrac{1}{2\times 3.14\times 10\times 10^3\times 0.15\times 10^{-6}\sqrt{6}} = \dfrac{100}{0.942} \fallingdotseq 106\ [\text{Hz}]$

$R_f = 29R = 29\times 10\times 10^3 = 290\ [\text{k}\Omega]$

16. $V_T = \dfrac{R_2}{R_1}\cdot V_{sat} = \dfrac{3}{12}\times 13.6 = 3.4\ [\text{V}]$

$$f = \frac{1}{4RC}\cdot\frac{R_1}{R_2} = \frac{1}{4\times 22\times 10^3\times 0.068\times 10^{-6}}\times\frac{12}{3} = \frac{1200}{17.952} \fallingdotseq 66.8\ [\text{Hz}]$$

17. 식 (7.30)으로부터

$$V_P = \frac{|V_i|}{fRC} + 1 = \frac{2}{2\times 10^3\times 1\times 10^3\times 0.2\times 10^{-6}} + 1 = 5+1 = 6\ [\text{V}]$$

18. $T_H = \dfrac{5}{3}R_AC$, $T_L = \dfrac{5}{3}\cdot\dfrac{R_AR_BC}{2R_A - R_B}$ 이므로

$$\text{듀티비} = \frac{T_H}{T_H + T_L} = 1 - \frac{R_B}{2R_A} = 0.6,\quad R_B = 0.8R_A = 0.8\times 10\times 10^3 = 8\ [\text{k}\Omega]$$

19. 식 (7.36)으로부터

$V_C = V^+(1-0.5fRC) = 15\times(1-0.5\times100\times20\times10^3\times0.2\times10^{-6}) = 15\times0.8 = 12$ [V]

20. $f = \frac{1}{RC} = \frac{1}{20\times10^3\times1\times10^{-9}} = \frac{100}{2}\times10^3 = 50$ [kHz]

제 8 장

1. 다 **2.** 나 **3.** 다 **4.** 나 **5.** 라 **6.** 다 **7.** 가 **8.** 라 **9.** 나 **10.** 라 **11.** 다 **12.** 가

13. $v_o = iR_f$이므로 $i = -\frac{v_o}{R_f} = -\frac{6}{150\times10^3} = 0.04\times10^{-3}$ [A]

식 (8.2)로부터 $i = \frac{V_{cc}}{R_{CS}+R_i}$ 이므로

$R_i = \frac{V_{cc}}{i} - R_{CS} = \frac{12}{0.04\times10^{-3}} - 220\times10^3 = (300-220)\times10^3 = 80$ [kΩ]

14. 식 (8.11)로부터 $R_3 = -\frac{V_i}{i_L} = -\frac{-5}{2.5\times10^{-3}} = 2$ [kΩ]

$R_2/R_1 = 1.5$이므로 $R_4/R_3 = 1.5$에서 $R_4 = 1.5R_3 = 1.5\times2\times10^3 = 3$ [kΩ]

15. $R_2/R_3 = 16.7$이므로

$v_o = -0.026\log\frac{v_i}{R_1I_{EO}} = -0.026\log\frac{3}{150\times10^3\times100\times10^{-9}} = -0.026\log\frac{300}{1.5}$

$= -0.026\log200 = -0.026(\log2+\log10^2) \fallingdotseq -0.026(0.30+2) = -0.06$ [V]

16. 식 (8.35)에 의해

$v_o = 0.06\log5 = 0.06\log\frac{10}{2} = 0.06(\log10-\log2) \fallingdotseq 0.06\times(1-0.3) = 0.042$ [V]

17. 식 (8.50), 식 (8.51)에 의해

$t_- = \frac{12\times20\times10^3\times0.2\times10^{-6}}{15} = 3.2\times10^{-3}$ [s]

$t_+ = \frac{12\times10\times10^3\times0.2\times10^{-6}}{15} = 3.2\times10^{-3}$ [s]

$T = (3.2+3.2)\times10^{-3}$ [s], $\therefore\ f = \frac{1}{T} = \frac{1}{6.4\times10^{-3}} = \frac{1,000}{6.4} \fallingdotseq 156.25$ [Hz]

18. $R_A/R = 2/\pi$이어야 하므로 $R_A = \frac{2}{\pi}\ R = \frac{2}{3.14}\times18\times10^3 \fallingdotseq 11.5$ [kΩ]

제 9 장

1. 다 **2.** 라 **3.** 가 **4.** 나 **5.** 다 **6.** 라 **7.** 다 **8.** 가

9. $V_o = \left(1+\frac{120}{15}\right)\times0.55 = 0.55\times9 = 4.95$ [V]

10. 식 (9.13)에 의해

$A_v = 12 = \frac{R_2}{100\times10^3}$, $R_2 = 12\times100\times10^3 = 1.2$ [MΩ]

11. 식 (9.20)에 의해 $I_{bias} = \frac{17.3}{10\times10^3} = 1730\,[\mu\text{A}]$

식 (9.19)에 의해 $g_m = 22[\mu\text{S}/\mu\text{A}]\times1730[\mu\text{A}] = 38,060\times10^{-6} \fallingdotseq 3.8\times10^{-2}\,[\text{S}]$

식 (9.18)에 의해 $A_v = 3.8\times10^{-2}\times10\times10^3 = 380$

12. 식 (9.24)에 의해 $6 = \frac{10}{5}\times\left(1+\frac{2\times2}{R_1}\right) = 2+\frac{8}{R_1}$,

$4 = \frac{8}{R_1}$, $\therefore R_1 = \frac{8}{4} = 2\,[\text{k}\Omega]$

제10장

1. 가 **2.** 라 **3.** 라 **4.** 나 **5.** 라 **6.** 나 **7.** 다 **8.** 라

9. $v_o = \frac{R_2}{R_1}v_i = \frac{20}{10}\times6 = 12\,[\text{V}]$

따라서 정류 파형은 그림 10.9T와 같다.

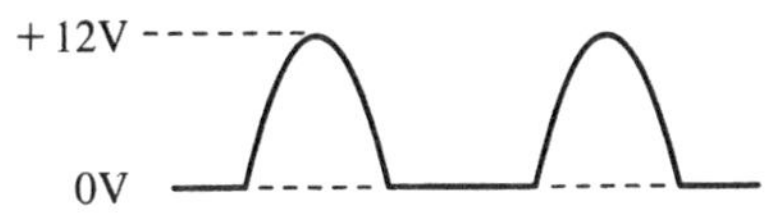

그림 10.9T

10. $V_o = \frac{15+33}{15}\times(6.8+0.7) = \frac{48}{2} = 24\,[\text{V}]$

11. $18 = \frac{33+R_3}{R_3}(6.8+0.7)$, $247.5 = 18R_3-7.5R_3 = 10.5R_3$

$\therefore R_3 = \frac{247.5}{10.5} \fallingdotseq 24\,[\text{k}\Omega]$

12. $\frac{33+15}{15}\times(5.6+0.7) = \frac{302.4}{15} = 20.16\,[\text{k}\Omega]$

13. $I_L(\max) = \frac{14}{0.4} = 0.35$, $\therefore R_4 = \frac{0.7}{0.35} = 2\,[\Omega]$

14. $6.5 = \left(1+\frac{R_2}{5\times10^3}\right)\times1.25+100\times10^{-6}R_2$,

양변에 10^3을 곱하면

$6500 = 1,250+0.25\ R_2+0.1R_2$, $5,250 = 0.35R_2$

$\therefore R_2 = \frac{5,250}{0.35} = 15,000 = 15\,[\text{k}\Omega]$

제11장

1. 나 **2.** 라 **3.** 다 **4.** 가 **5.** 나 **6.** 나

7. $V_m = I_{FS}r_m = 100\times10^{-6}\times200 = 0.02\,[\text{V}]$

$$V_o = \left(1+\frac{R_2}{R_1}\right)V_i = \left(1+\frac{9}{1}\right)V_i = 10V_i$$

$$V_m = \frac{r_m}{R_m + r_m}V_o = \frac{200}{9,800+200}\times 10V_i = 0.2V_i$$

$$0.02 = 0.2V_i, \quad \therefore \; V_i = \frac{0.02}{0.2} = 0.1\,[\text{V}]$$

8. $V_o = (R_m + r_m)I_{FS} = (9.9+0.1)\times 10^3 \times 1\times 10^{-3} = 10\,[\text{V}]$

$$V_o = 10 = \left(1+\frac{R_m + r_m}{R}\right)V_i = \left(1+\frac{(9.9+0.1)\times 10^3}{R}\right)\times 1 = \frac{R\times(10\times 10^3)}{R}$$

$$10R = R + 10\times 10^3, \quad 10R - R = 9R = 10\times 10^3, \; \therefore \; R = \frac{10}{9}\times 10^3 \fallingdotseq 1.1\,[\text{k}\Omega]$$

9. 전압분할에 의해

$\frac{3}{3+R}\times 12[\text{V}] = 2[\text{V}]\times 3 = 6\,[\text{V}]$이므로

$$18+6R = 36, 6R = 36-18 = 18, \; \therefore \; R = \frac{18}{6} = 3\,[\text{k}\Omega]$$

10. $V_{FSD} = 1.2\left(1+\frac{R_2}{R_1}\right)$에 의해

$$50 = \left(1+\frac{R_2}{10\times 10^3}\right)\times 1.2, \; \frac{50}{12} = 1+\frac{R_2}{10\times 10^3}, \; \frac{19}{6} = \frac{R_2}{10\times 10^3}, \; 6R_2 = 190\times 10^3.$$

$$\therefore \; R_2 = \frac{190}{6}\times 10^3 \fallingdotseq 31.7\,[\text{k}\Omega]$$

찾아보기

ㅊ

ㅌ

ㅍ

ㅎ

■ 저자약력

박 건 작

인하대학교 전기공학과 졸업

서울대학교 대학원 공학석사

연세대학교 대학원 공학박사

한국과학기술연구소(KIST) 연구원 역임

대우전자 개발관리실장 역임

삼도전자 기술부장·공장장 역임

맥슨전자 기술고문 역임

광전자그룹 기술고문 역임

창원기능대학교 교수·생산기술연구소장 역임

군장대학 자동차디지털공학부 교수 역임

연산증폭기

2006년 4월 5일 1판 1쇄 발행

2013년 1월 15일 1판 3쇄 발행

저 자 ◎ 박 건 작

발행자 ◎ 조 승 식

발행처 ◎ (주) 도서출판 북스힐

서울시 강북구 수유2동 240-225

등 록 ◎ 제 22-457 호

(02) 994-0071(代)

(02) 994-0073

bookswin@unitel.co.kr
www.bookshill.com

값 16,000원

잘못된 책은 교환해 드립니다.

ISBN 89-5526-287-6